U0340984

鐘曉青

中國古代建築史論文集

遼寧美術出版社

图书在版编目（C I P）数据

当代中国建筑史家十书．钟晓青中国古代建筑史论文集 / 钟晓青著．-- 沈阳 ：辽宁美术出版社，2012.8
ISBN 978-7-5314-4730-6

Ⅰ．①当… Ⅱ．①钟… Ⅲ．①建筑史—中国—文集
Ⅳ．①TU-09

中国版本图书馆CIP数据核字(2011)第053372号

出 版 者：辽宁美术出版社
地　　址：沈阳市和平区民族北街29号　邮编：110001
发 行 者：辽宁美术出版社
印 刷 者：沈阳新华印刷厂
开　　本：889mm × 1194mm　1/16
印　　张：35
字　　数：730千字
出版时间：2013年4月第1版
印刷时间：2013年4月第1次印刷
责任编辑：范文南　王　申　光　辉
装帧设计：范文南　彭伟哲
技术编辑：鲁　浪
责任校对：张亚迪　侯俊华
ISBN 978-7-5314-4730-6

定　　价：175.00元

邮购部电话：024-83833008
E-mail:lnmscbs@163.com
http://www.lnmscbs.com
图书如有印装质量问题请与出版部联系调换
出版部电话：024-23835227

策　划

王贵祥　吴晓敏　范文南

学术委员会委员

（按姓氏笔画排序）

王世仁　王其亨　王贵祥

张十庆　陈　薇　钟晓青

常　青　曹　汛　傅熹年

潘谷西

编辑委员会主任

吴晓敏

编辑委员会委员

王　申　彭伟哲　申虹霓

光　辉　童迎强　苍晓东

刘志刚　方　伟　李　彤

严　赫　罗　楠　关　立

林　枫　郭　丹　郝　刚

薛　丽　王　楠　李冀弢

装帧设计

范文南　彭伟哲

技术编辑

鲁　浪

「钟晓青简历」

钟晓青，女，研究员。

祖籍浙江嵊县。

1951年出生。

1966年北京景山学校初中毕业。

1969年浙江奉化江口公社插队。

1971年浙江省建设兵团司令部打字员。

1973年浙江省工业设计院民用室参加建筑设计培训。

1974年北京市建筑设计院四室从事建筑设计工作。参加首都机场、毛主席纪念堂以及中南海、礼王府改建等工程设计项目。

1978年考入清华大学建筑系研究生班，师从莫宗江先生。

1981—2006年中国建筑设计研究院建筑历史研究所主要从事中国古代建筑史研究以及与之相关的建筑设计工作。参加《中国大百科全书》建筑卷、《中华文明史》第四卷（魏晋南北朝）、《中国古代建筑史》第二卷（三国至五代）、《中国古代建筑工程管理和建筑等级制度研究》等撰写工作，发表论文十余篇。

「出版者的话」

中国传统建筑在世界建筑发展史上具有鲜明的特点，其宫殿明堂的壮美庄严、寺观坛庙的肃穆规整、民居草堂的朴素优雅、园林景观的和谐美妙，以及城市规划的严谨统一、建筑构件的精致灵巧、彩绘雕刻的斑斓绚丽，无不体现出中华民族的伟大智慧和创造力。它留给了全人类无可估量的物质财富和精神财富，对世界文明的进程作出了卓越的贡献。

研究中国传统建筑的发展脉络、建筑理论、风格形式、文化内涵、建筑经典和艺术审美诸方面问题，便形成了社会科学的一门独立学科——中国建筑史学科。从事这门学科研究的学者专家是值得人们尊重和敬仰的人。20世纪40年代著名的建筑学家梁思成在战火纷飞的环境中系统地调查、整理和研究了中国古代建筑的历史和理论，出版了第一本由中国人自己编写的《中国建筑史》，为世界建筑史学界所瞩目。梁思成先生成为这一学科的开拓者和奠基者。60年代，在国家经济困难时期，著名的建筑学家刘敦桢主编的《中国古代建筑史》《中国建筑简史》的问世，树立了中国建筑史学的新的历史坐标。半个世纪以来，梁思成、刘敦桢等老一辈学者的弟子门生在中国建筑史学的研究领域从未停止过脚步，特别是在中国改革开放后，他们在继承前人研究的基础上开拓创新，学术思想活跃，学派纷呈，著述成果累累，给中国建筑史学界带来了一派繁荣景象，推动了这一领域的发展。

梳理和总结各名家的研究成果和研究方法，是一项十分有意义有价值的工作，是认认真真在做中国传统文化积累的事情。为此，辽宁美术出版社策划组织了《当代中国建筑史家十书》，意在把当代中国建筑史学研究领域的领军人物以及学术成就突出者的著述结集出版并形成系列丛书传之后世。这十位建筑史家是潘谷西、傅熹年、王世仁、曹汛、王其亨、王贵祥、钟晓青、陈薇、常青、张十庆。他们之中有新中国成立初期党和国家培养的知名老专家，还有改革开放以来成长起来的优秀中年学者。

以上各名家的文集是以个人独立研究成果为主，各自精选最具代表性的学术研究著述进行总结性的展示。所包含的主要内容可概括为四大方面：建筑考古、遗址复原；探赜索隐、钩沉致远；古建保护、古都风貌；史论研究、学术动态。所涉及的专题有，宫殿建筑、宗教建筑、礼制及祠祀建筑、桥梁建筑、古塔石窟、传统民居、园林陵寝，以及中国少数民族传统建筑和中国近代建筑等，皆为当代中国建筑史学从宏观到微观的重要问题。人们从中可以看到当代中国建筑史学研究的较高水平和成就，了解这一研究领域不同的学术观点、不同的研究角度和研究方法。这里值得注意的是，20世纪80年代以来中国建筑史学界有一个十分重要的动向，就是从文化的角度探讨建筑现象，无论是阐发建筑理论，还是剖析典型建筑，大都从建筑的文化特征着眼。尽管观点不同、角度不同、方法不同，但都承认建筑是一种文化形态，具有深刻的文化内涵，这确实是认识上的一个重大飞跃，是把建筑历史的属性和价值提升到社会人文学科的层次，而不是停留在一般意义上的科学技术史层面。这套《当代中国建筑史家十书》的许多论文篇章，就着力把建筑的文化意义展开得更深更广，从而反映出中国建筑史学研究复兴与转型的这一时代特征。

中国传统建筑也是整个中华民族艺术体系中的一个重要门类。建筑是人类按照实用要求，在对自然界加工改造的过程中创造出的物质实体。但是在这个加工改造过程中，中国历代建筑大师和建筑工匠都运用了美的规律，注入了审美理想，融入了艺术设计的元素，显示了建筑的审美价值。这套《当代中国建筑史家十书》的许多论文篇章，就是把建筑作为审美对象、艺术作品加以研究，而且收录了大量精美的图片加以说明，从而反映出中国建筑史学研究的美学功能和艺术价值。

在编辑出版这套《当代中国建筑史家十书》的过程中，我们也深深为专家学者们高度的社会文化责任感、严谨的治学精神和选编文集的认真态度所感动。一些作者已年逾古稀，不顾疾病缠身，一丝不苟地整理书稿、编选目录、耙梳方格、修改文字、核对文献、加注释文，以保证书稿的学术质量。在文字的表述上大多数作者都力求深入浅出，通俗易懂，其中有一些文章不乏文采飞扬，力求学术性和可读性兼具。

全套丛书在尊重和保留各文集的特色和文风的基础上，以相对统一的体例和版式进行编排，图文并茂、装帧精美，力求形式与内容的完美统一。

我们衷心地期望这套《当代中国建筑史家十书》能够为弘扬和传承中国传统建筑文化精髓，加强民族文化自主创新精神而尽一份力量，能够引起中国建筑史学、建筑技术、建筑考古、建筑艺术等学术界的普遍关注，并给我们提出批评意见和改进的建议，以便日后继续出版此类大型文集丛书可资借鉴、取得经验。

范文南

2010年12月于沈阳

#「前言」

本集共收入中国古代建筑史论文27篇。所涉年代为新石器时期至宋代（约公元前3000年～1100年），其中又以魏晋南北朝时期（4～6世纪）为主；所涉内容主要与木构建筑、佛教石窟、砖石塔等建筑类型相关；探讨重点主要在建筑的年代、规制、做法、风格及装饰特点等方面。

这些探讨大都尚属初步，有些甚至没有得出自认为确切可靠的结论，之所以提供给大家，一方面是希望“抛砖引玉”，另一方面则是因为相对于终结观点的追求，个人似乎更为在意研究思路与方法的尝试，并认为它们同样赋予学术论文以价值意义。按照当今学界的常规要求，得以投中发表的论文往往是观点明晰、结论确切、言之凿凿甚至不留余地者，但实际上，研究过程中思路方法、得失体会的交流对于学术的进步同样是一个很重要的方面。

个人在探讨中较为习用的一个方法，是通过对事物之间的相互比较来加深认识。特别是对具有同一背景条件的事物（如同一遗址、同一时期、同一类型等），探寻其间各方面差异之中反映出来的问题（如发展阶段、技术水平、等级规制、形式特点等）。如在对甘肃秦安大地湾新石器建筑遗址的探讨中，便尝试了三个方面的比较分析：通过不同规模房址的分布与数量，了解该聚落社会中存在的建筑规制差别；通过前后不同分期大型房址（F405和F901）的比较，了解其功能与设计的改变以及营造技术的发展；通过与中原地区相近时期建筑遗址的比较，分析其营造方法的不同及技术水平的高下。

另外一种对建筑史研究大有助益的方法是借助其他专业门类的知识和资料，这对一些自身信息及文献资料严重不足的个案探讨尤为重要，在以往的建筑史研究中即有不少这方面的经典案例。个人对河南安阳灵泉寺双石塔建造年代的探讨便是学习应用了前辈学者的方法，基于对塔身题铭字体的分析比较，推定西塔建于北齐；之后再通过细部样式的比较，提出双塔并非同时建造的观点。又如对古代建筑中木构彩画及地面装饰材料与纹饰的探讨，当参考古代服饰和染织业方面的文献与形象资料。若要对中国古代建筑的发展演变特点有相对确切的认识，亦须了解营造业及从业匠人在古代社会中所处的地位，考虑建筑与其他工艺门类之间的联系，以及不同时期社会上层对各种行业重视程度上的差异。

为了对特定时期的建筑样式风格特点有所认识，需要选择某些富有时代特征的典型事物进行形态演变与流行时段的探讨；遇到信息匮乏的时期，则尽可能利用其前后关联时期的信息，通过其间的延续、变化来加以推测。如通过对火珠柱、响堂山石窟和北朝晚期建筑与装饰样式的探讨，间接了解北魏洛阳时期木构建筑营造技术的发展阶段和风格特点。

对敦煌莫高窟早期洞窟位置，以及修定寺塔出土模砖尺度与用途的推测性探讨，则是希望通过对已知遗存现状以及现有考古成果的分析考察，对其中反映出的历史现象作进一步的推测。个人认为，只要是抱着探真求实的目的和态度，这种方式对建筑史研究也是有意义的。

论文的编排不按内容分类，也不按发表时间，而是按初稿的写作时间排序，目的是为自己保留一份“兴趣档案”，或曰“思考轨迹”。因为这些论文当中，除了与工作项目相关者之外，大部分是不受任务周期限定的随性之作，从初稿到定稿的时间跨度，少则数年，多则十年以上，反映出从关注到思考、到落笔，逐步积淀，修改补充，走走停停，反反复复直至告一段落的过程。

之所以长时间地将文稿留存不发，主要由于缺乏自信，总觉得事情有可能不是自己所想的那样，总希望还能在更全面地获取相关资料的基础上作进一步的思考。在这个过程当中往往“觉今是而昨非”，不断修正甚至颠覆自己。

这种不自信，基于对历史研究局限性的认识，其中又有内外两个方面：

首先是我们对古代社会方方面面的了解受到历史信息遗存的限定。

前些年整理出版20世纪50年代梁思成先生带领王其明、傅熹年等先生一同完成的调查研究成果《北京近代建筑》，发现今天要想完整地了解一百年前北京的城市与建筑已是不可能了。如当时有些建筑只是拍摄了外景，没有机会获得内景资料。而当年调查的建筑物，留存至今者已不足十分之一。

一百年前的北京尚且如此，那么我们怎么可能真切地了解古代中国的城市与建筑呢？

近古时期的留存，除了见诸史籍碑刻等的相关文字记述，只有为数不多的建筑实例和不断被现代城市设施和建筑压在脚下的遗迹；中古时期留下的，只有少许文献资料、极少量的建筑实例与尚待发掘的地下遗迹；远古社会的信息更是渺茫，考古发掘所得所知不及万一。

而我们所从事的建筑史研究，正是完全依赖于古代文献、考古发现与现存实例所提供的这些“点滴”信息，这不能不说是一项艰巨的工作。因此，对我们已经取得的工作业绩，以及建筑史研究的终极目标，都需要有一个恰当的认识。

其次是我们对历史问题的看法与判断受到个人学识水平的限定。

除了遗存实物与资料的局限之外，资料占有的间接性与片面性，个人学识的疏浅，知识结构的欠缺等，都必然影响到研究者对事物认识的准确度，影响到学术探讨的质量。因此可以说，我们所取得的成果都是阶段性的，都还有进一步充实、修订乃至变更的可能。

与这种不自信并存于心的，还有一种貌似相反的东西，即自主情结（这里并非针对抄袭剽窃而言，采用此类手段的人，若非贪图其他“好处”，从事研究工作一定是件无趣甚至痛苦的事情）。对自己感兴趣的东西，往往长期关注，放而不收。在各种外界信息的作用下，时有新的想法萌生，星星点点，随思随记。待到形成相对稳定成熟的看法，才开始正式动笔梳理成文。这是我喜欢的方式，也是影响成稿速度的一个原因。

窃以为，历史研究也和文学创作一样具有个性化的特点。人有独立性格，或大江大河，静水深流；或山涧小溪，清澈激荡，文章亦然。由于研究者性格、兴趣、思想方法、知识结构等各方面的个体性差异，即使是同一命题的探讨，或者说相同课题的研究，各人的出发点和角度亦皆会有所不同，而这恰可成为各人的闪光之处和价值所在，也正是学术研究之需——在共同的资料基础之上，只有经过多方位的反复深入的思索探讨，才有可能获得相对坚实可信的研究成果和阶段性的进步。这种成就不属于某个个人、某个集体甚至某一代人，而是属于整个研究群体。因此，一篇论文的结论正确并不代表终结性的答案，一项课题的完成也不表明探讨可以到此为止。建筑史研究中不存在任何专属领域，也不应排斥具有独特眼光、思路、角度的“重叠”研究，重要的是倡导坚守独立自主的原则，激发出研究者的自身价值。

每个人的研究都能够最大限度地贡献自己之所得、发挥自己之所长，各个领域（方面）的课题都能够吸引更多的研究者相继不断地为之思索探究，是中国古代建筑史学术研究事业之大幸！

由此又联想到中国古代营造中习用的一种方式——夯筑。这种方式在先秦时期普遍用于建造高台（又称台榭）。其规模之大小，取决于底基的宽广尺度；质量之高下，则取决于夯筑的坚实程度。

中国古代建筑史领域的学术研究，也是一个层叠累积的过程，与古人的高台夯筑很是相似。需要底基宽广，才能达成高度；必须层层叠加、细细夯遍，方能坚实稳固。以现有的研究成果作为底基，整体来看，已经具有一定的规模，不过仍然还比较薄弱，也还不够宽广。不仅空白缺失之处有填土夯实之必要，即便是已经多次夯筑的部分，也还有进一步细密紧致之可能。

古人夯筑，以土质纯、夯层薄、夯窝密而紧致者为上。以其中诸因素相喻：

基础资料好比土质，资料的质量与可靠程度相当于土质的纯净程度，即土中掺杂物的多少。这通常由资料的来源、种类所决定，因此在选择应用时不可大意，宁缺毋滥。

课题内容好比夯层，一次性研究中的内容繁简相当于夯层的厚薄，即一次垫土量的多少。需根据情况作恰当选择，不可急于求成，欲速则不达；

后续研究好比夯窝的密度与夯打的遍数。许多问题限于当时资料条件和囿于个人能力不可能一次性解决，需随相关资料的逐步发现和后人的进一步研究探讨不断“夯实”。

学术功力好比夯打的紧致程度（即夯力的大小）。包括知识结构、思维能力、学术眼光等各个方面。功力深浅关乎研究工作的品相质量，需在学习与研究过程中注重培炼。

希望我们的每一项研究、每一篇论文、每一次思考都能够成为添加在已有基础之上的一抔黄土和一次夯筑，留下一片夯层甚或一个夯窝，以使中国古代建筑史研究的高台在一代代学人的相继努力之下，日益坚实、宽广、高大。

故不揣浅陋，捡扫收拾，将历年夯迹，铺陈展示。其中错漏不实之处，望得大家挖补夯实，不胜感激，以其不唯个人之益也！

2011年4月

「目录」

福州华林寺大殿复原

福州华林寺大殿复原

（1978级清华大学建筑系研究生毕业论文。部分刊载于《建筑史》第9辑）

建筑物本是无生命的，却也和自然界的生物一样，各自按照故乡的传统方式“生长”，形成不同的风格与特色。即使有“移植”，也会在成长过程中出现一定程度的变化。因此，在建筑历史的语言中，“代表”与“典型”只有在特定时期、特定地区的情况下才能够成立。

1980年3月，我们在导师莫宗江教授的带领下，赴闽进行了华林寺大殿的测绘工作。这座建筑物和我以往所见的古建筑是那样不同，特别是与北方现存唐辽建筑相比，做法相近而气质各异。虽然它只保留了原构的结构部分，但仍然使人感到，是南国的水与土，南国的文化与传统，造就了它的“生命”。

对华林寺大殿的认识便从那时开始，对它的兴趣也随之而产生。同时——也许因为我是南方人——对南方的古代建筑开始抱有一种特殊的感情。

真想知道，在南国大地上，洒下过多少心血与汗水；

真想看到，生命之花盛开时的风貌！

我认为，华林寺大殿留给人们的财富，远胜过我们今天所能为它做到的一切。

我相信，人们将会用新的眼光看待它，看待我国南方的古代建筑遗产。

正是怀着这样的心情，我选择了“华林寺大殿复原”作为我的论文题目。

本文首先对华林寺大殿进行了综合分析，阐明了大殿的历史价值及各方面的成就。随后，通过对大殿现状的分析研究，对我国早期实例，特别是江浙闽地区实例以及日本早期建筑的分析比较，并参考《营造法式》等文献资料，对大殿各部分的复原做法进行了一系列探讨。

由于测绘阶段时间紧迫，资料不足，水平所限，文中必然存在欠缺、谬误之处，存在观点不成熟以至片面之处。恳切希望得到各位老师和同志们的批评指正。

华林寺位于福州城北越王山南麓（图1），创建于五代吴越钱氏十八年（964）[1]，至今已经历了一千余年的历史变迁。寺内建筑物大部无存，只有一座主要建筑物——大殿——保留到了今天。

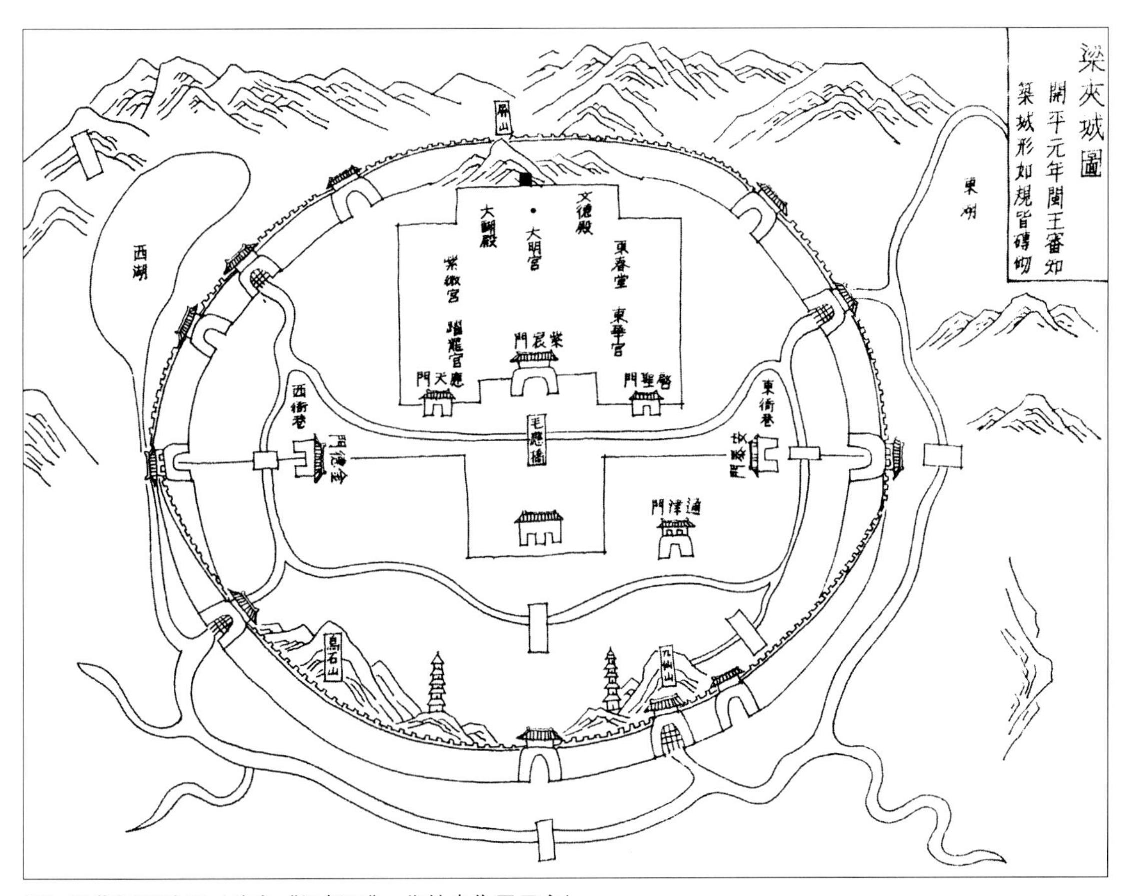

图1 五代福州城图（选自《闽都记》 华林寺位置示意）

一　大殿现状简述

大殿的原构部分被包围在一圈墙柱之中，从平面看，等于向四外扩出了一间，故此大殿的现状外观已非原貌（图2、3）。

图2-1 华林寺大殿形状外观

图2-2 华林寺大殿内景

图2-3 华林寺大殿内景

图2-4 华林寺大殿内景

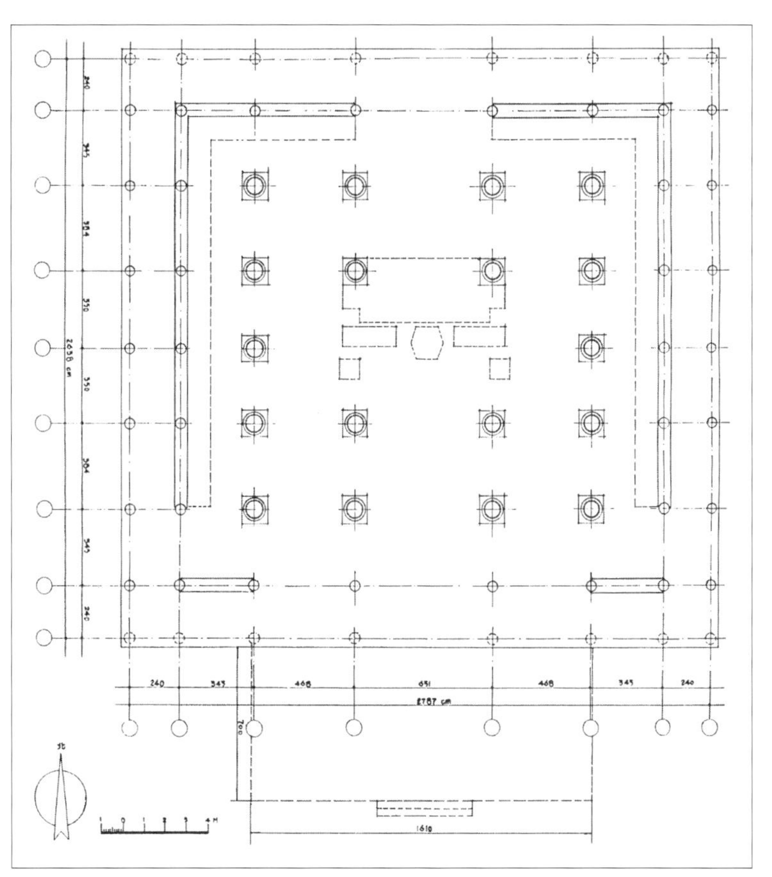

图3 华林寺大殿现状平面

现将大殿原构情况简述如下（主要结构尺寸均为经过整理的测绘数据。单位：mm，测绘日期：1980年4月）：

•平面（图4）

通面阔15870，三间（4680，6510，4680）。

通进深14680，四间（3840，3500，3500，3840）。

殿内无中柱，则为三间（3840，7000，3840）。

檐柱径625，内柱径675。

櫍形石柱础径720，方形础石1080见方。

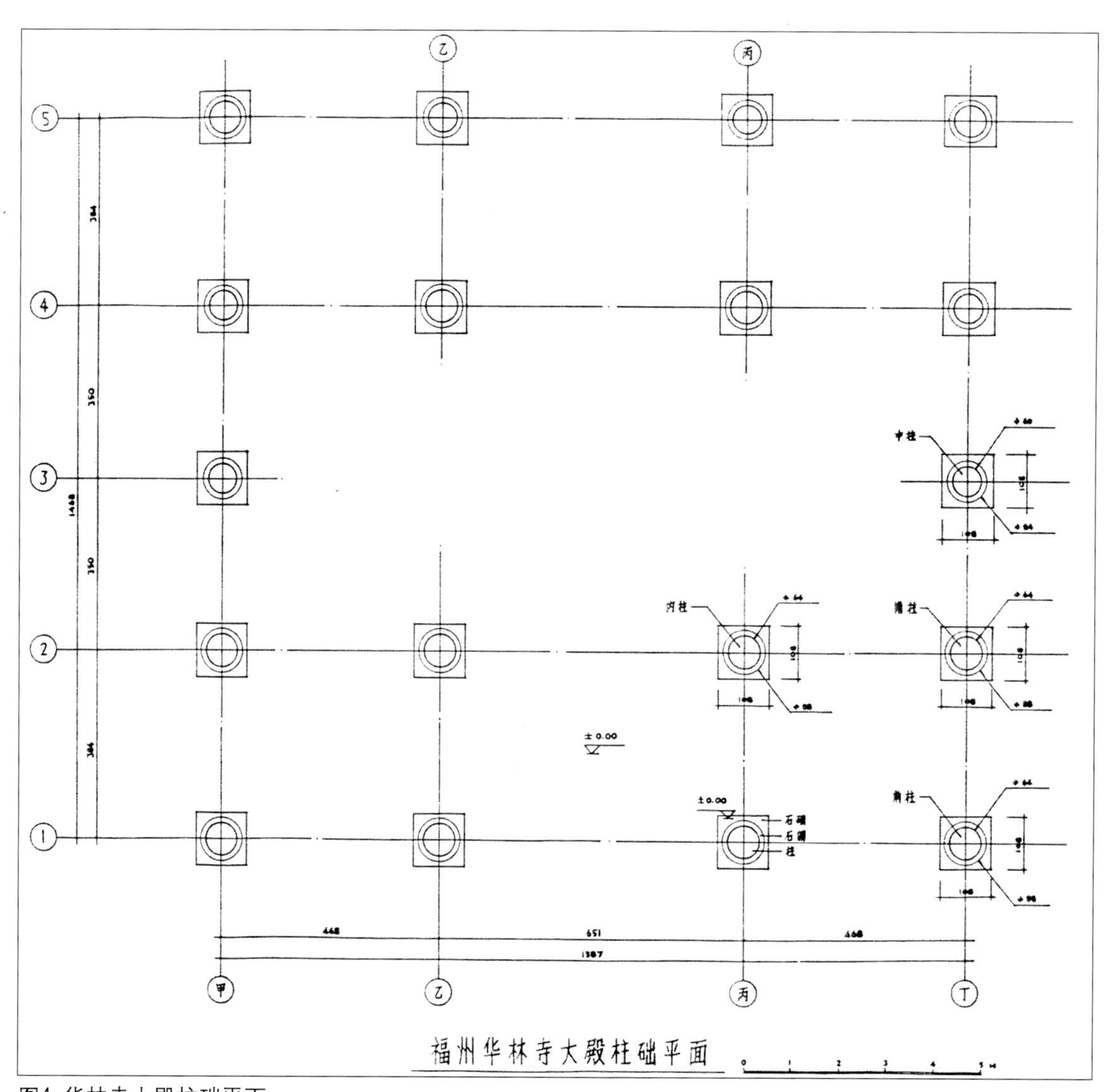

图4 华林寺大殿柱础平面

• 立面（图5、6、7）

方形础石与殿内地面平，櫍形石柱础高200。

平柱高4580，角柱高4660，生起80。

檐柱一律无侧脚。

阑额分两种：前檐为月梁造，径560；

山面及后檐为矩形，断面440×180。

阑额转角出头长150，无普拍枋。

斗栱总高3490（栌斗底至压槽枋上皮）。

橑檐枋上皮距地7430。

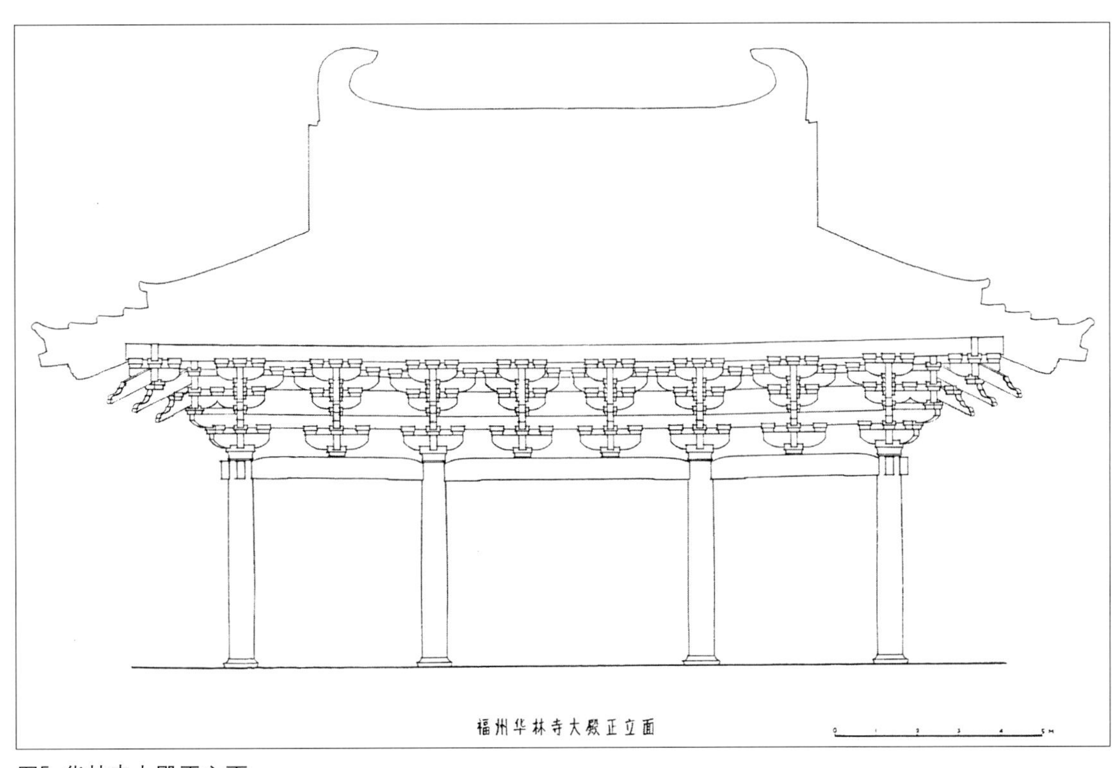

图5 华林寺大殿正立面

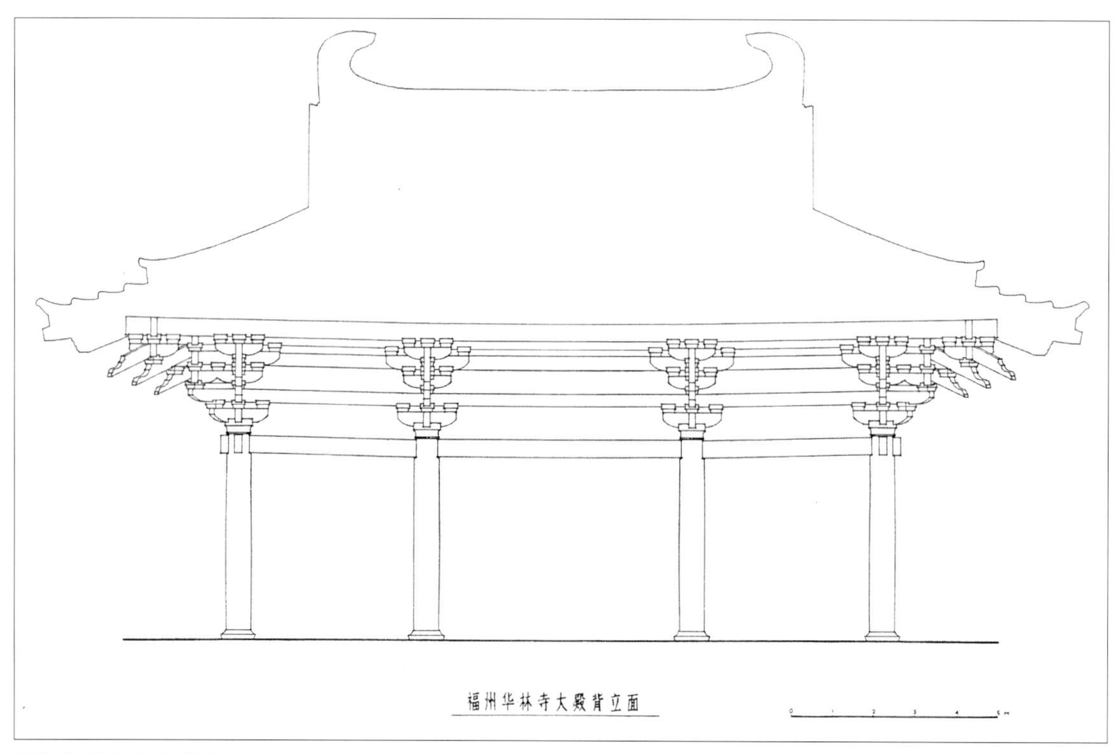

图6 华林寺大殿背立面

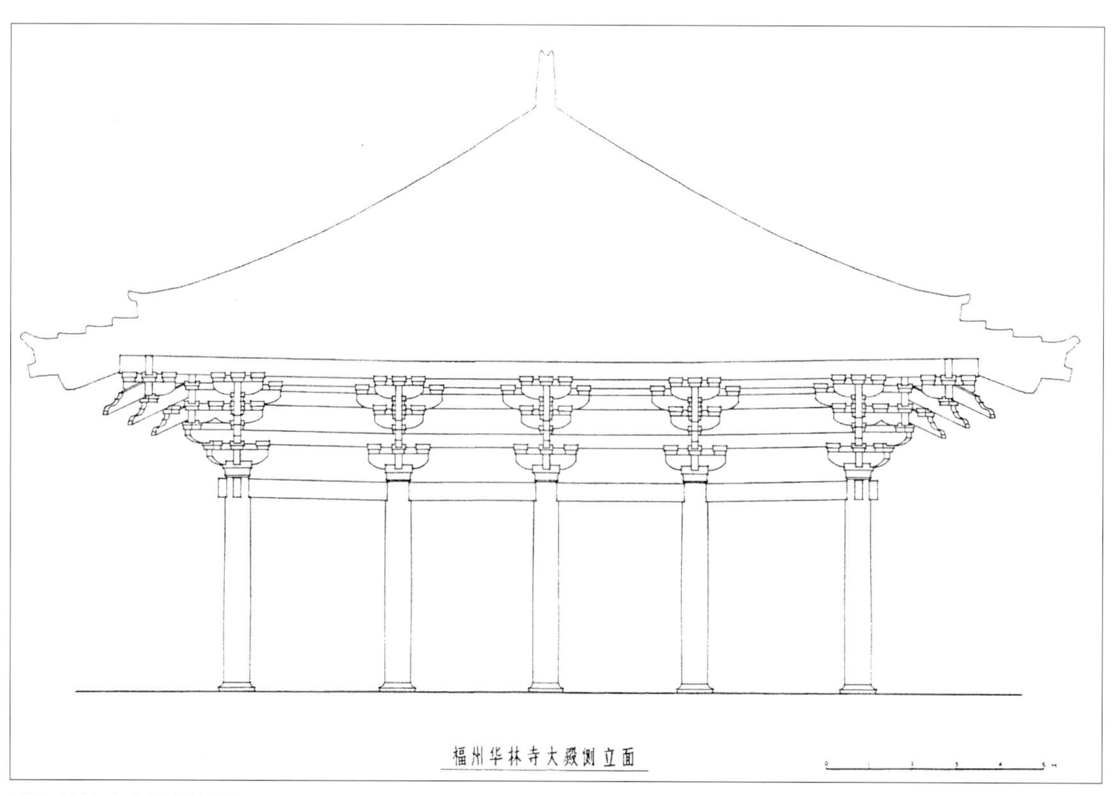

图7 华林寺大殿侧立面

• 仰视平面（图8）

檐柱无侧脚，故上部柱距尺寸同平面。

梁架布置基本为“井”字形。

因转角平面非二椽正方，在四椽栿外侧840处增加了一缝梁架。

铺作形式共有九种：外檐铺作（柱头及补间）均为双抄三下昂七铺作重栱造，外跳一、三跳偷心，二、四跳计心。它们之间的区别在于“里转”之不同。原因是：1. 前檐内有算程枋而后檐内没有；2. 山面外檐有中柱而殿内没有。

补间铺作只用于前檐，当心间两朵，梢间各一朵。山面及后檐均无补间铺作。

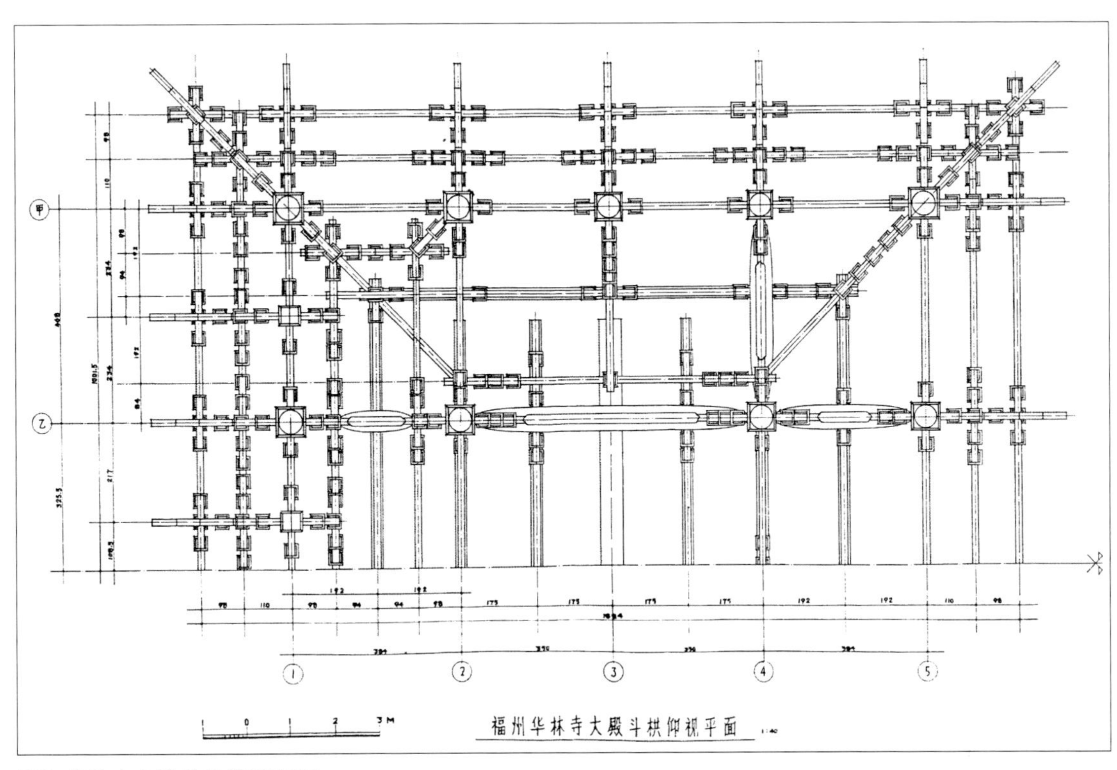

图8 华林寺大殿斗栱仰视平面

• 横剖面（图9、10）

八椽四柱，椽架作2、4、2分配。前为短月梁（φ510）、后为乳栿（φ540）、当中四椽栿（φ650），皆圆形断面月梁造。

内外柱不同高。外柱高4780，内柱高7200，高差2420。

前檐柱与前内柱之间有算程枋，其余部分为彻上明造。

内柱柱头铺作出三跳偷心华栱承四椽栿，栱尾与外檐铺作昂尾相叠交于下平槫下。四椽栿背两端置驼峰，上托二跳偷心华栱承平梁（φ480），平梁背上并列三斗，共同托起一座驼峰，驼峰正中剜半圆槽安置脊槫（ф480）。

四椽栿外侧梁架为双层枋（上340×180，下400×180），上层枋上置令栱承平梁（300×160），平梁正中立柱承脊槫。

脊槫上皮距地11940，橑檐枋上皮距地7430，前后橑檐枋距18840，屋面举高为（11940-7340）/18840=1/4.17。

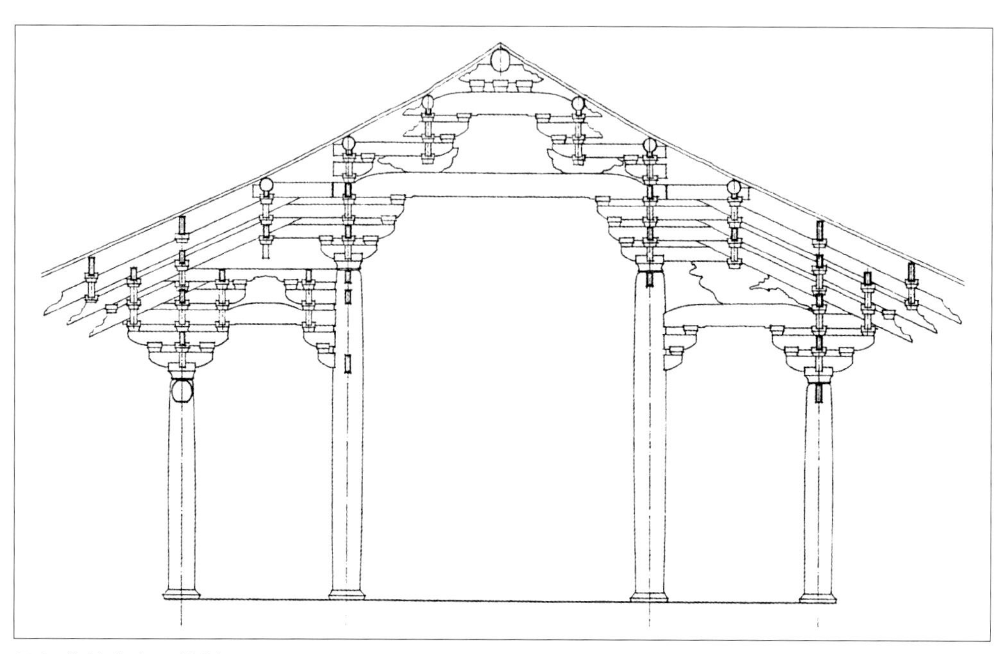

图9 华林寺大殿横剖面1

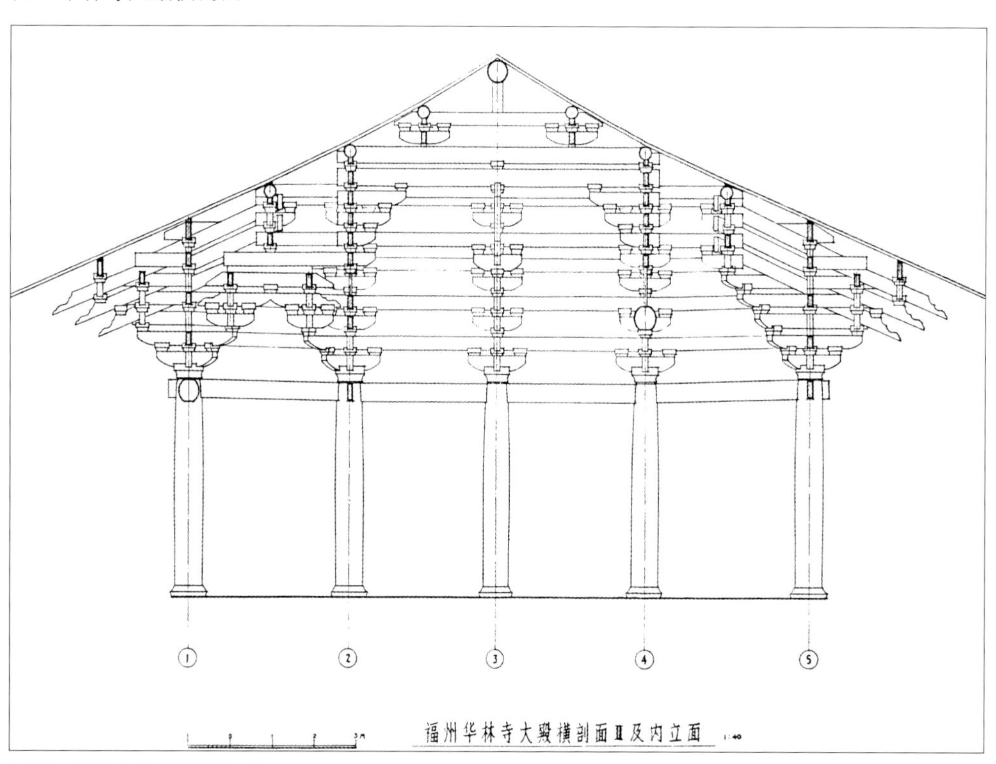

图10 华林寺大殿横剖面2

• 纵剖面（图11、12）

分前、后两部分。

后部四柱之间，两侧乳栿、当中单层额，额上正中置驼峰，上托一斗三升斗栱及素枋。素枋二重，两端伸过内柱头，与内柱柱头铺作栱尾相间，形成一个“四层枋组”，并与外檐柱头铺作昂尾相叠交于山面下平槫下。

前部四柱之间，在相当于外檐阑额的高度上，以内额相连，断面与阑额相同（440×180）。其上，相对于后部两侧乳栿及当中单层额的位置上，是双层额（枋）。当中双层额（枋）上构件残缺，但内柱柱头铺作上有二重单栱素枋的痕迹，素枋两端做法与后部相同（图13）。

脊槫及前后上、中平槫出际长度为1360。

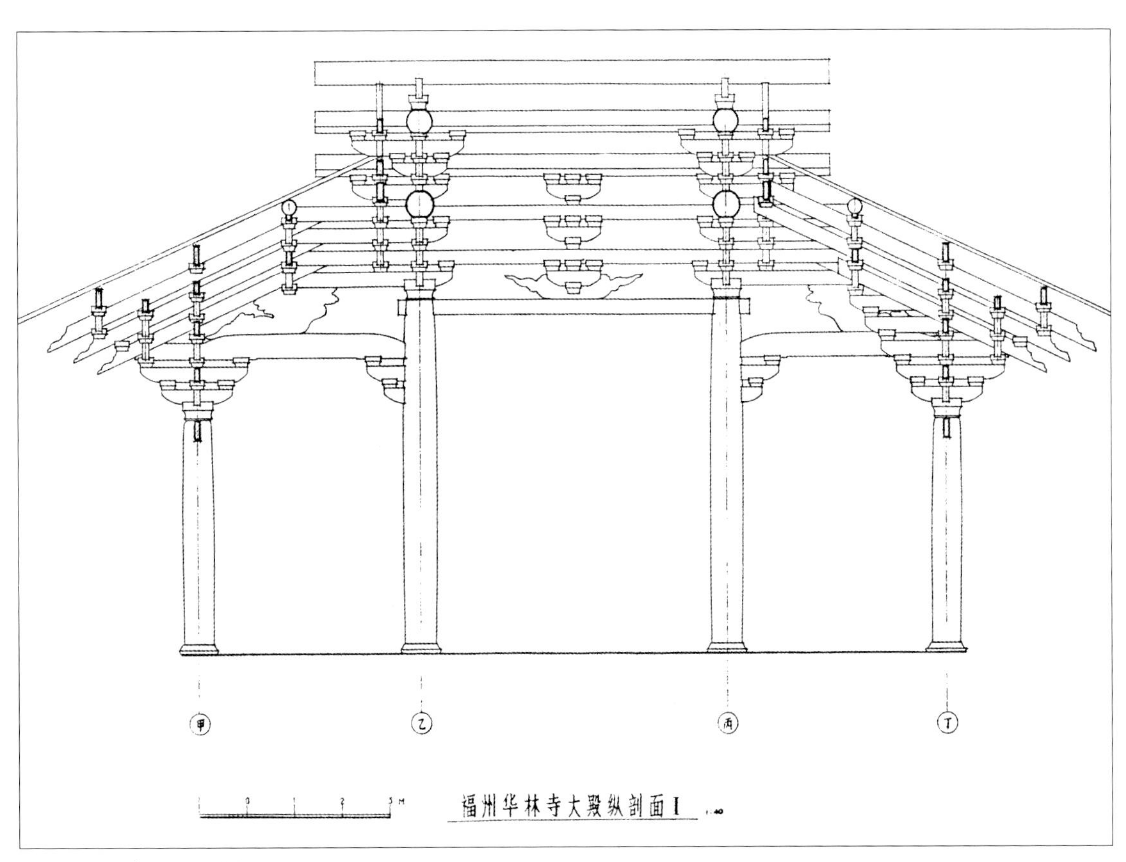

图11 华林寺大殿纵剖面1

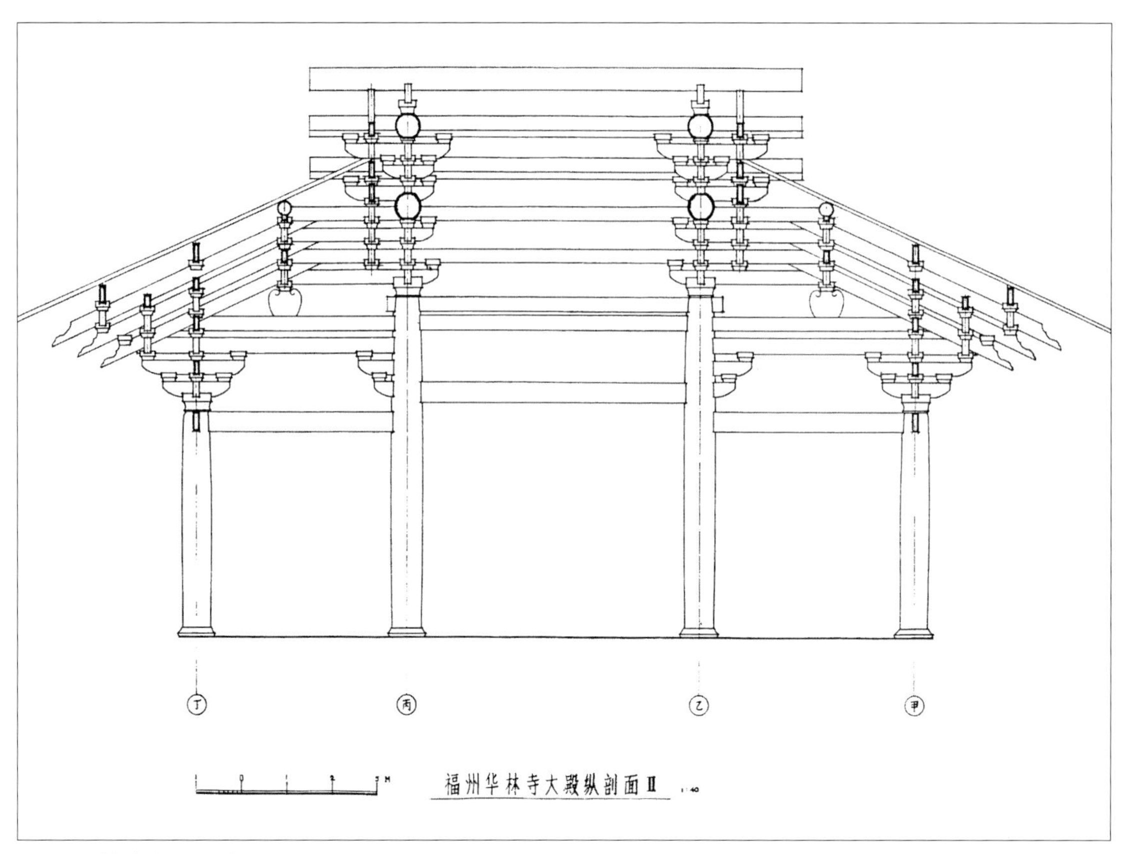

图12 华林寺大殿纵剖面2

图13—1 前内柱之间的枋额做法1

图13—2 前内柱之间的枋额做法2

• 材栔及椽架尺寸（图14）

材高300、宽160；栔高150；分°值为20。

椽架平长1920，合96分°、6宋尺（1宋尺按320mm计算）。

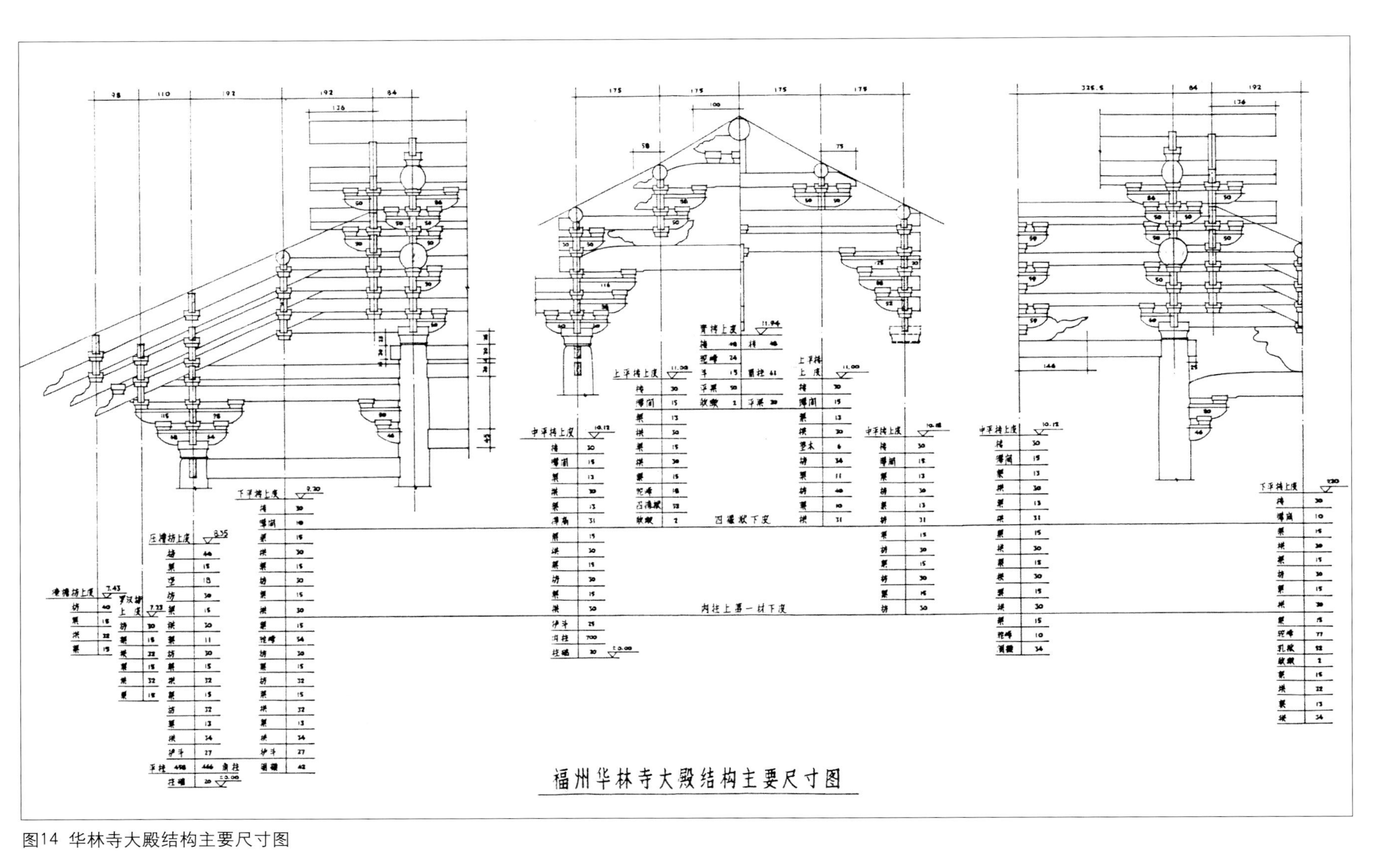

图14 华林寺大殿结构主要尺寸图

• 装修

只保留了驼峰与枋上团窠两部分。

驼峰有五种形式。其中乳栿上、四椽栿上及后部内柱头单层额上的三种云形驼峰，明显地具有装饰特性（图15、16、17）。

团窠也有五种形式（图18），位于枋形阑额、内额及外檐铺作的各层枋子上，并随着枋子的高度、位置不同而变换着形式。

大殿原构现状简述如上。

由于条件所限，没有对殿内各种构件的木料进行年代测定。据现状分析，原构部分的主要结构构件，即大多数檐柱、全部内柱、梁栿，是未经更换的原构材。檐柱中有三根采用拼合料，显然是重修时更换过的。其余构件，如阑额、柱头枋、斗栱等，有1/3左右经过更换，其断面、做法基本上与原构件相同，但构件表面及外形轮廓加工比较粗糙，甚至有些变形。在更换过的构件中，也有新旧之分，说明大殿经历过多次修葺。根据大殿本身题记和史料记载[2]，可以得到以下重修记录：

明宣德中重建（1426—1435年）

清顺治初重建（1644—1648年）

康熙七年重建（1668年）

康熙三十六年重修（1697年）

乾隆三十八年重修（1773年）

嘉庆二十三年重修（1818年）

同治十三年重修（1874年）

从以上记录中可以看出，重修的时间是在明清两代，尤以清代最为频繁。

浙闽地区一些历史悠久的寺院建筑，如浙江的天童寺、育王寺、国清寺、福建的西禅寺、雪峰寺、开元寺等，虽负隋唐古刹之盛名，都已因历代重修而失去原貌，使人无法重睹当年风采。而华林寺大殿之所以可贵，恰恰在于它历经修葺之后，依然保留了创建时代的结构特征，为人们留下了南方木构建筑的最早实例，也为它本身的复原提供了可靠的依据。

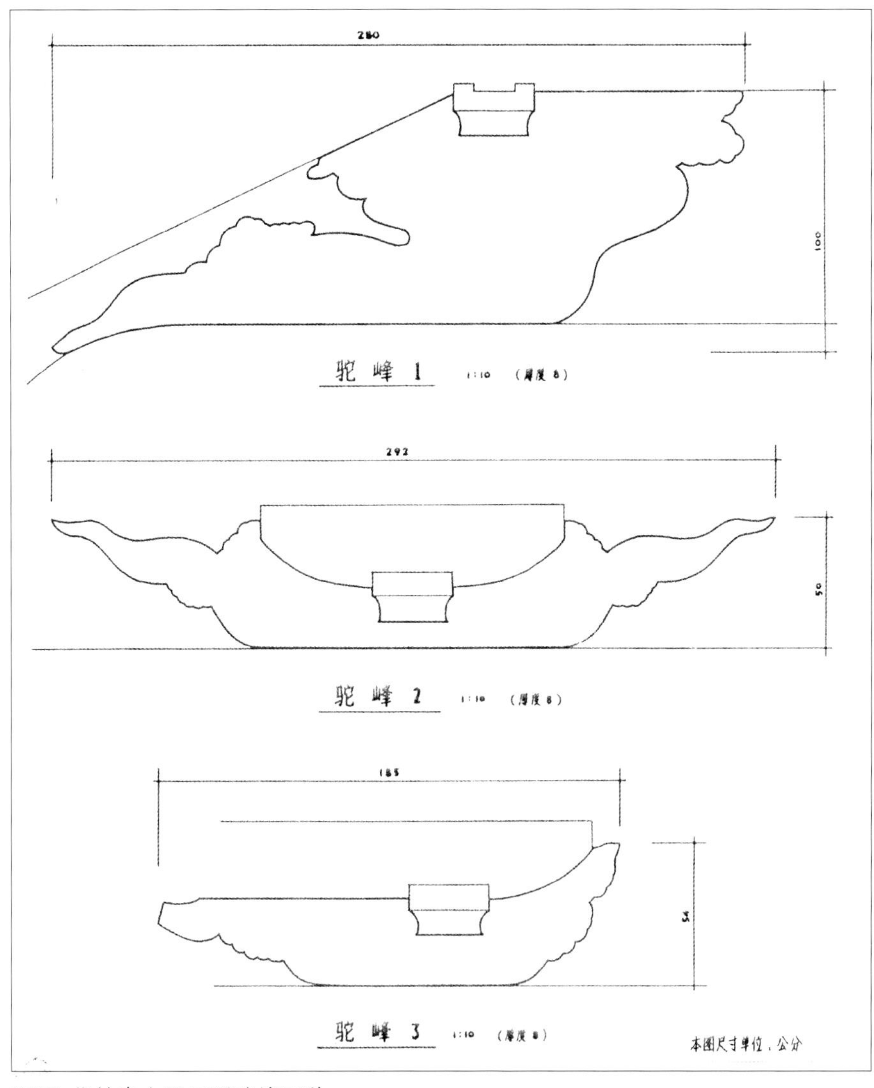

图15 华林寺大殿云形驼峰三种

图16 乳栿上云形驼峰

图17 后内柱隔架上云形驼峰

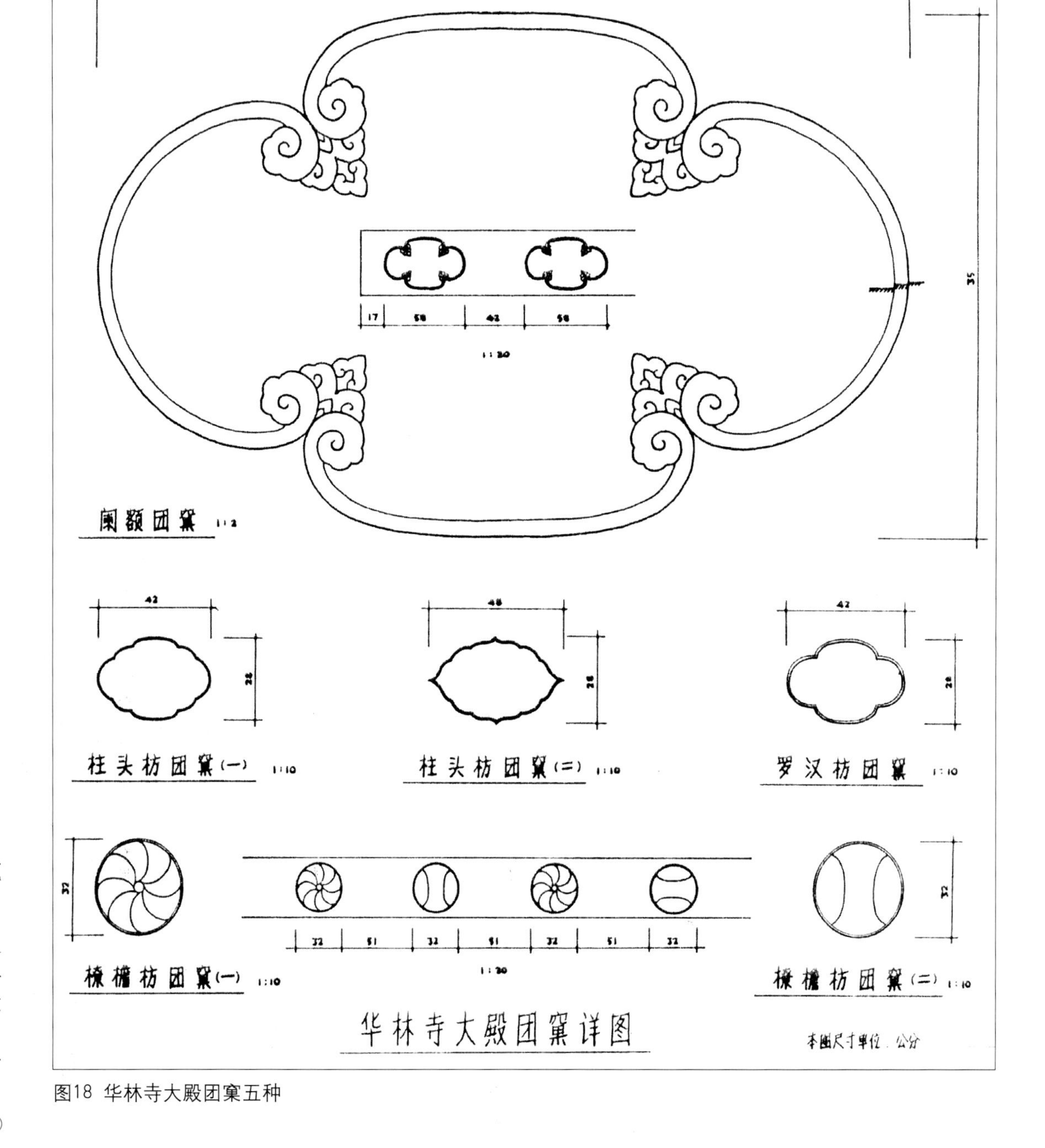

图18 华林寺大殿团窠五种

二 大殿特征分析

进行特征分析的目的，首先在于肯定大殿的历史、科学及艺术价值。其次，是通过对大殿本身的了解，为复原探讨打下一个比较确定可靠的基础。从某种意义上说，像华林寺大殿这样一类建筑物的复原，最主要、最根本的依据，应该是建筑物本身。

（一）时代特征

1.材高30cm。

我国现存早期木构实例中，只有佛光寺大殿（唐大中十一年，857年）和华严寺大殿（金天眷三年，1140年）的材高与之相等，其余各例均小于此值。但这两例是面阔七间、九间的大殿，而华林寺大殿的面阔只有三间。根据《营造法式》（宋崇宁二年刊行，1103年，下称《法式》）中的规定，一等材高九寸，即29.6cm，用于九～十一间大殿；三间殿一般用三～四等材，即材高21～24cm。因此，华林寺大殿的材高是一个特例，说明大殿在这一点上采用的是早于北宋的做法，也说明北宋以前的木构建筑在用材上具有比《法式》规定更大的灵活性。

2.外檐铺作中外跳华栱偷心（图19）。

图19 华林寺大殿外檐铺作

这一做法多见于唐辽实例，如佛光寺大殿、独乐寺山门、观音阁、应县木塔、奉国寺大殿等，宋以后逐渐改为计心。

3. 外檐铺作里转五跳单材华栱连续偷心（图20）。

在一些唐辽实例，如佛光寺大殿、阁院寺文殊殿[3]、奉国寺大殿、广济寺三大士殿中，都有类似做法，但一般采用足材栱，而且很少连续出五跳。以做法而论，单材栱偷心似应属于更早的时期。

4. 外檐铺作柱头枋采用单栱素枋的形式（图20）。

图20 华林寺大殿山面中柱柱头铺作

这是唐代建筑的做法，从大雁塔门楣石刻及敦煌壁画中可以清楚地看到，在《法式》中，虽然还有所体现，但随着外跳华栱计心造和泥道重栱的出现，这种做法到宋代以后就不再被普遍采用了。

5. 外檐铺作总高（3570）与檐柱高（4780）之比为1/1.33。

这一比值与镇国寺大殿[4]相近，后者为1/1.4。这样的比值在宋以后的建筑中是没有的。从梁思成先生编著的《中国建筑史图录》中的历代斗栱演变图可以看出，斗栱总高与柱高之比，是随着年代的晚延而趋向于越来越小的。

6. 铺作中，栱之长短无瓜子栱与令栱之分，斗之大小无交互、齐心、散斗之分，一概相同。这种做法还见于镇国寺大殿、莆田玄妙观三清殿[5]等早期实例。而在《法式》中，就已经明确规定了各种栱之名分长短和各种斗的大小尺寸。

7. 屋面举高为1/4.17。

这一比值略大于唐代实例，但小于辽宋诸实例（表1）。

表1 各例屋面举高　　单位：cm

年　代	名　称	橑檐枋上皮标高	脊槫上皮标高	前后橑檐枋距	举　高
782	南禅寺大殿	539	740	1129	1/5.61
857	佛光寺大殿	748	1189	2160	1/4.89
963	镇国寺大殿	527	887	1363	1/3.78
964	华林寺大殿	743	1194	1884	1/4.17
984	独乐寺山门	619	876	1036	1/4.03
1020	奉国寺大殿	863	1591	2895	1/3.97
1023	晋祠圣母殿	976	1450	1472	1/3.10

8. 柱高与柱径之比为7.32∶1（不包括柱础）。

这个比例十分接近于镇国寺大殿（7.38∶1）以及日本奈良前期的海龙王寺五重塔（7.13∶1）[6]，与我国辽宋时期面阔三间的实例比较，也显得短粗（表2）。

表2 各例檐柱高径比 单位：cm

年　代	名　称	檐柱高	檐柱径	檐柱高：檐柱径
963	镇国寺大殿	342	46	7.38∶1
964	华林寺大殿	458	62.5	7.32∶1
966	阁院寺文殊殿	435	52	8.36∶1
984	独乐寺山门	434*	50	8.68∶1
1008	永寿寺雨花宫	408*	48	8.50∶1
1098	龙门寺大殿	342	36	9∶1
1125	初祖庵大殿	341	48	7.1∶1

带 * 者包括柱础高度。

9. 构件的卷杀曲线。

柱　当中偏下部分最粗，上下略收，顶部紧收，接近义慈惠石柱屋及日本法隆寺中门、金堂的柱身卷杀曲线（图21）。

栱　曲线似刀刃般刚健有力，富有弹性。与《法式》中的分瓣卷杀方式不同，而与唐墓壁画中的斗栱及日本奈良平安时期建筑的栱头卷杀曲线相近（图22）。

斗　栌斗底部为皿板形曲线，小斗中也有类似形式，与南北朝石窟建筑、义慈惠石柱屋及日本法隆寺中门的皿斗形式相近（图23）。

上述特征中有些在江浙闽地区宋代建筑及砖石塔中也有所见。如偷心栱、单栱素枋、斗底皿板形曲线等。但是一座建筑物具有全部上述特征与只具其中一二是有本质区别的，后者只能被认为是传统做法的下沿，而前者却应成为该建筑物建造年代的有力证

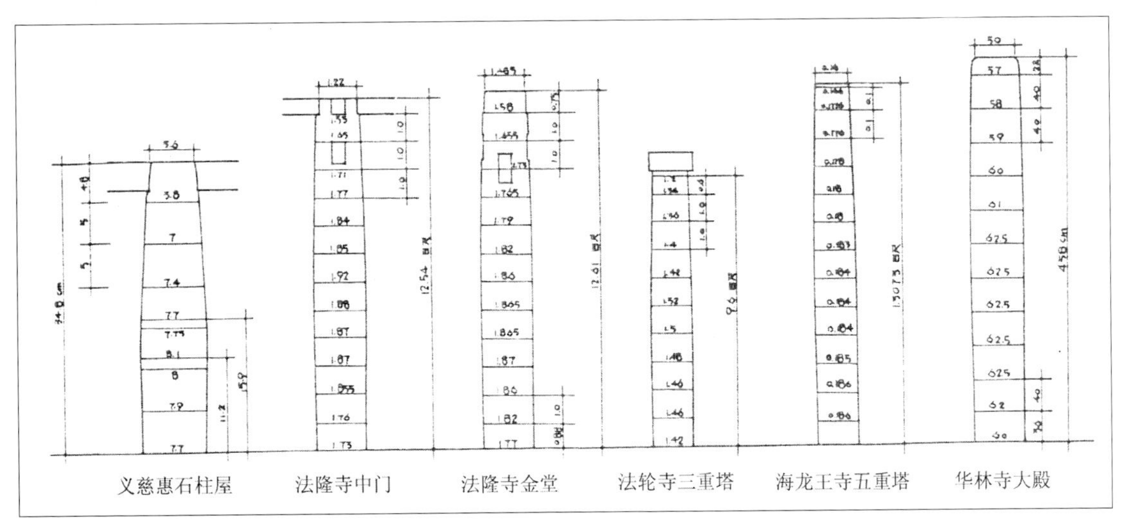

图21 柱身卷杀曲线参考图

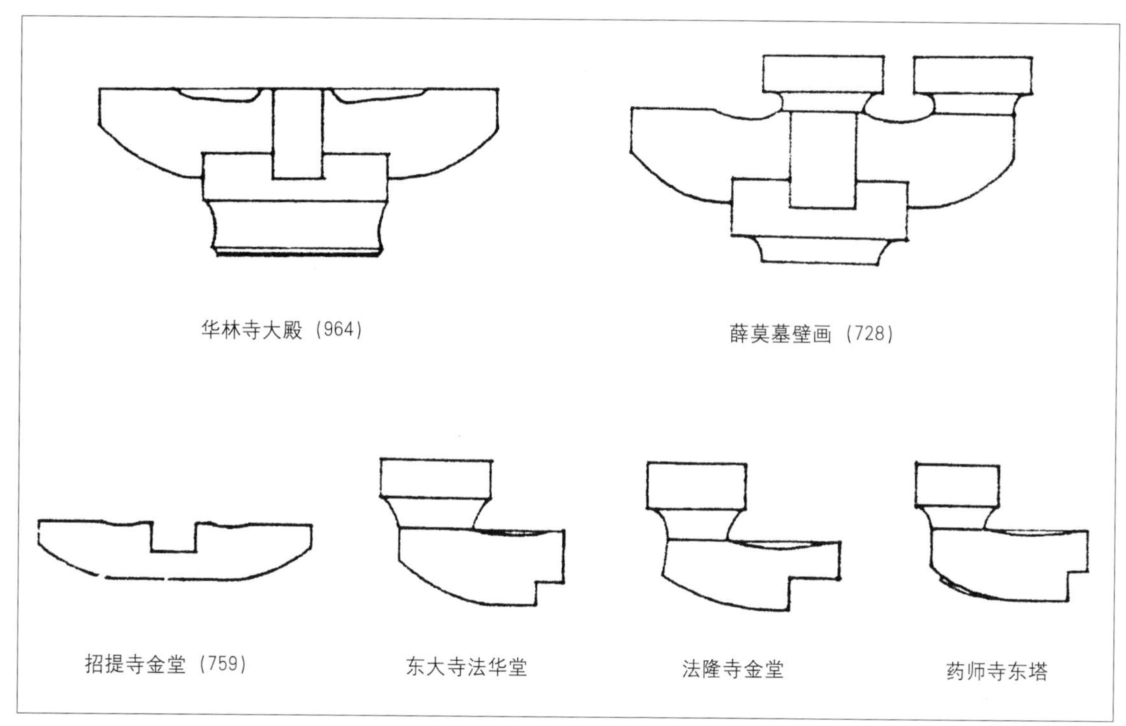

图22 栱头卷杀曲线参考图

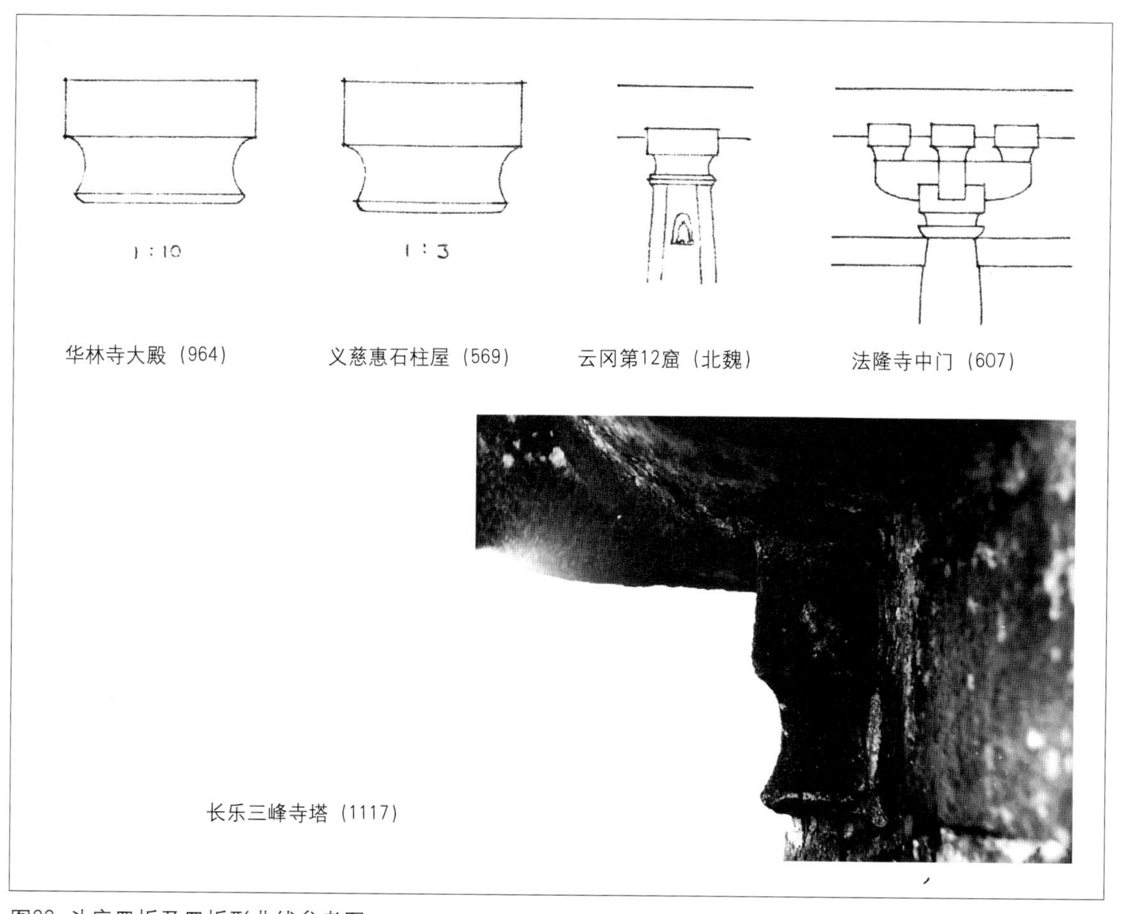

图23 斗底皿板及皿板形曲线参考图

明。特别是材高、铺作总高、屋面举折这几点，可以证明大殿的原构部分确实是五代末、北宋初这一时期所建，也就是史料记载中的吴越“钱氏十八年”，亦即北宋“乾德二年”（见注1）。从当时历史情况看，北宋虽已建国，但吴越王尚未纳土[7]，按朝代划分，应属五代时期。

因此，华林寺大殿是我国南方目前所发现的最古老的木构建筑物。

（二）地方特点

除了时代特征之外，大殿还体现出江浙闽地区以及福建地区早期木构建筑的特点。

1.双补间

这一做法从北方木构实例来看，是在南宋以后才普遍出现的；从《清明上河图》[8]中，则可看到北宋时已出现双补间甚至三补间的做法（图24）。但是江浙地区五代末期的枋木构砖石塔，如苏州云岩寺塔（959年）、杭州灵隐寺双塔（960年）和闸口白塔（年代不详，从外观形式判断，与灵隐塔同期抑或更早）以及倒塌掉的雷峰塔（975年）上，都已出现了双补间。云岩寺塔与雷峰塔的底层原都是有副阶的，可以认为在木构副阶上也会采用双补间的做法。因此创建于964年的华林寺大殿采用双补间不仅没有什么奇怪，更说明双补间的出现，南方很可能早于北方。

图24 北宋《清明上河图》中的补间铺作

2.外檐铺作昂尾直达中平榑下

这一做法在现存国内实例中，只有宁波保国寺大殿[9]与华林寺大殿两例。特别是华林寺大殿，下昂总长7.8m，在同类构件中是首屈一指的，并且起到承托山面梁架的结构作用（而保国寺大殿昂尾上段实际上不起结

图25 余姚保国寺大殿（1016）昂尾做法

图26 莆田玄妙观三清殿局部

构作用。图25）。这一方面与浙闽地区盛产杉木有关，另一方面也体现出南北方建筑在空间处理上的区别。

3. 丁头栱

这一做法在现存唐辽实例中很少出现，即使出现也就只有一跳，如阁院寺文殊殿等，而南方实例，如华林寺大殿、保国寺大殿、莆田玄妙观三清殿等，均采用了双抄丁头栱的做法（图26）。

4. 团窠

这是造成南北方建筑风格迥异的因素之一。虽然《法式》中记载了团窠宝照、柿蒂罗文等做法，但北方实例中较少见到。而苏州云岩寺塔、福州乌塔[10]以及南唐木屋[11]上，都和华林寺大殿一样，有各种形式的团窠雕饰（图27）。

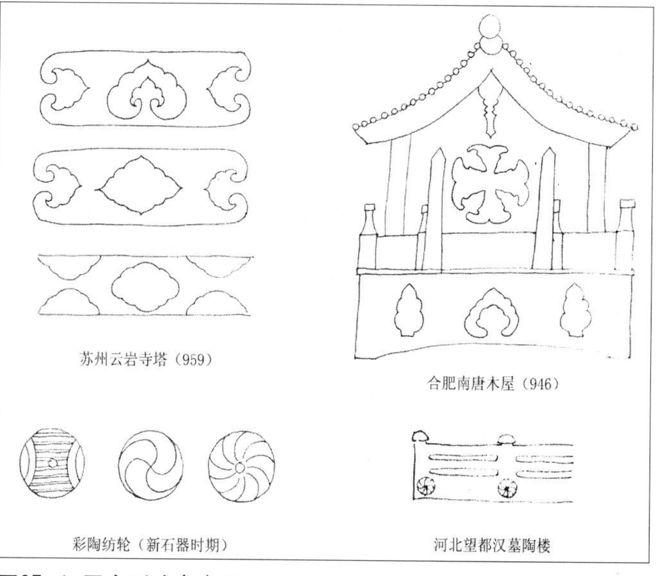

图27-1 团窠形式参考图

图27-2 福州乌塔（941）

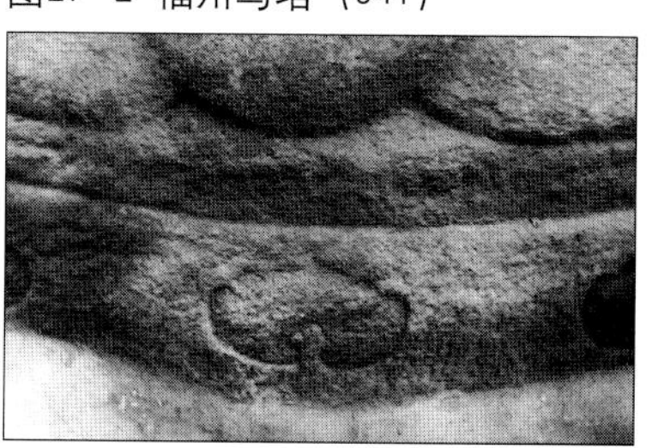

图27-3 福州王审知德政碑座

以上是华林寺大殿有别于北方建筑的一些特点。

在大殿的构件处理上，则又带有强烈的福建地区特色。

1. 大殿外檐铺作昂头、平梁头以及算程枋下交首栱尾、平梁下栱尾等，均处理成双枭双混的曲线形式，莆田玄妙观三清殿亦如此（图28），福建地区宋代枋木构石塔上也多有所见，如三峰寺塔（1117年）、广化寺塔（1165年）、开元寺双塔（1228年、1238年）、福清水南塔（1119—1125年）[12]等。

2. 大殿的梁枋断面很有特点。首先，所有月梁造的梁栿、阑额均为圆形断面；其次，所有非月梁造的阑额、枋子，包括栱臂、昂身的断面，均为高宽比在2∶1左右的狭

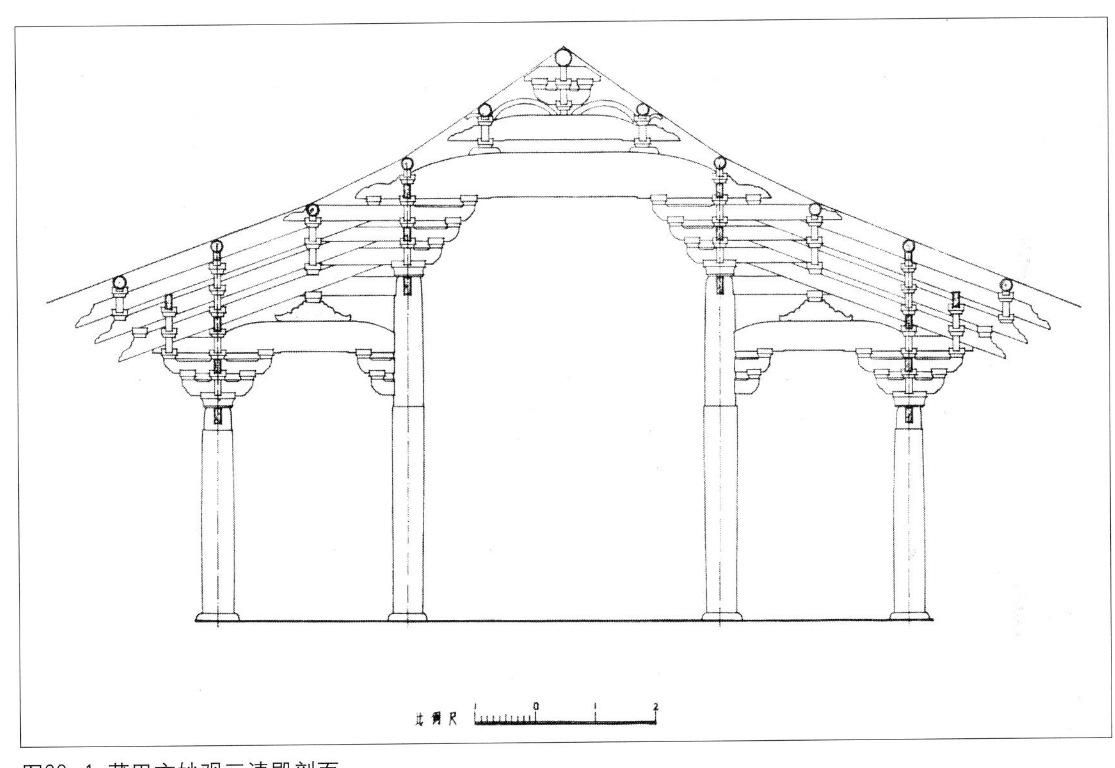

图28-1 莆田玄妙观三清殿剖面

图28-2 三峰寺塔昂头

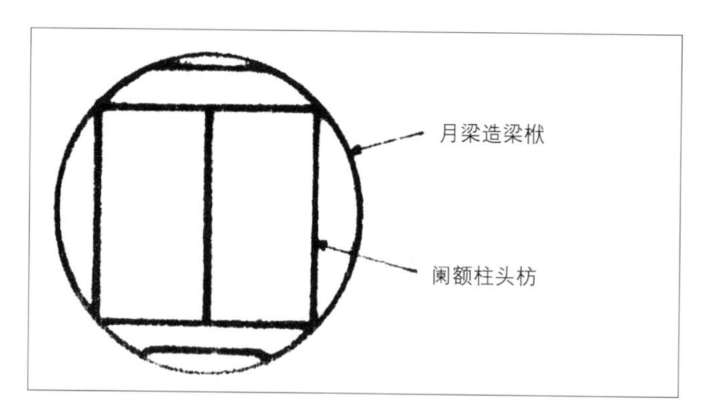

图29 华林寺大殿的取材方式

长矩形。如外檐阑额440×180，橑檐枋400×180，外檐铺作头层华栱340×170，二层华栱320×160，下昂、罗汉枋、柱头枋等300×160。根据断面木纹判断，是采用了一根整木取二根枋子的取材方式。这说明大殿创建时的用料是极大的，同时，这无疑是一种省工省料的方法：只需加工五面，就可以得到两根枋子；圆中取方，则是充分利用了木料（图29）。圆形断面月梁的采用，也可以认为是在考虑结构需要的同时，又依照了这种省工省料的原则。莆田玄妙观三清殿也采用了这两种断面形式的构件（图26）。

3. 斗的比例及斗底皿板曲线。这在前面曾经提到过。大殿栌斗及小斗的立面比例，都是耳、平部分小于欹䫜部分。这种比例的斗，在其他实例中很少见到，只有北齐义慈惠石柱屋上的栌斗，也是这种比例（图23）。

斗底皿板曲线的做法，应该说是南北朝建筑的影响在福建地区遗存下沿的结果。皿斗早在战国时期就有所应用，南北朝石窟中遗例很多，但唐代壁画及实例中却不大出现。福建地区除了华林寺大殿之外，在玄妙观三清殿及大多数宋代石塔上都可以见到。联系到大殿的柱身卷杀方式，似可认为确实包含有南北朝建筑的遗风。从历史上看，东晋时（400年前后）中原离乱，衣冠士族纷纷南渡，福建的晋江地区就是当时晋人安堵之地[13]。一种可能性是，士族南渡使中原的建筑技术、形式流传到了福建地区；另一种可能性是当时整个南方地区均有这类建筑形式，并且影响到日本。福建地区由于地处边远、交通不便，相对闭塞，因此这类做法与形式得以下延到宋代以后。这个问题希望能通过考古发掘进一步得到解答。

上述三点特征在我国其他地区古建实例中很少看到，但值得注意的是，12世纪末日本出现的天竺样（大佛样）建筑中，却明显地具有这类特征。

中日两国自894年曾一度中断过交往，到956年，吴越王钱俶造八万四千金涂塔，以其中五百遣送日本[14]，重新开始了两国之间的相互往来。日本天竺样建筑的出现，据关野贞先生所著《日本の建筑と艺术》上卷中所述，是由我国南方传往日本的。其典型实例为东大寺南大门（1195年建）。构件中出现圆梁、曲线梁头、皿斗及丁头栱（图30）。在饭田须贺斯先生所著《中国建筑の日本建筑に及ほせゐ影响》一书中曾写道，插栱加上斗底曲线的形式，是天竺样建筑最显著的特征。而这类形式的构件，在我国恰恰只见于福建地区。因此，天竺样之传入日本，无疑与福建地区早期木构有密切关系。如果从华林寺大殿身上开始这一问题的研究探讨，就目前来看，是有着充分理由的。

大殿的地区性特点不仅为我们提供了研究南方建筑发展史的重要资料，同时为中日两国的关系史增添了一处补证。

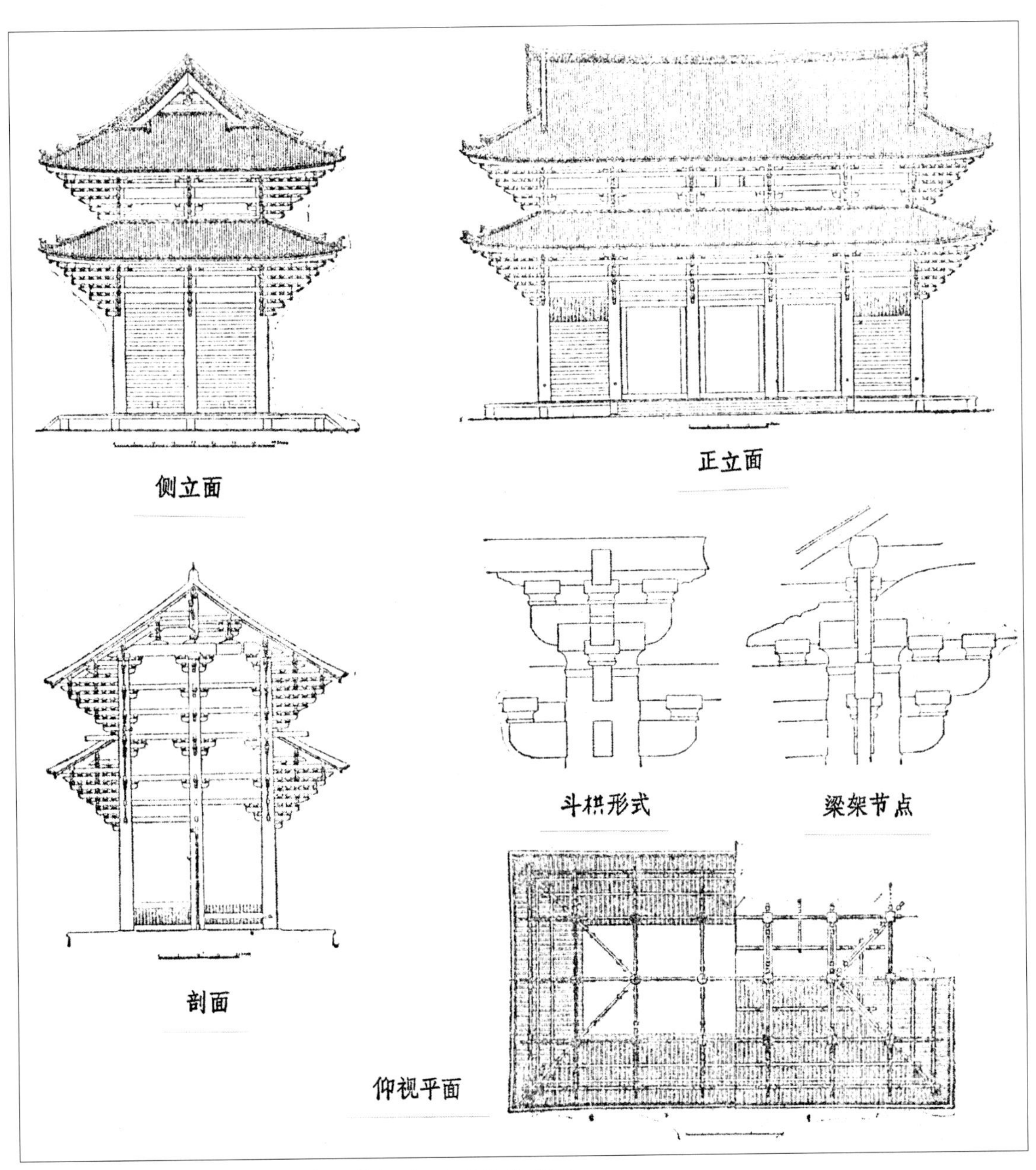

图30 日本东大寺南大门（1195年，摘自《日本建筑样式》）

（三）结构特征

大殿结构处理上最突出的特点，在于斗栱的运用。

首先，大殿的外檐柱头铺作与内柱柱头铺作之间，是采用三层昂尾与多层栱尾直接叠交的做法，并不采用劄牵之类的构件。四椽栿外侧梁架的两端，便是直接坐于多层栱尾之上，而梁架底部正中，则由山面中柱柱头铺作的昂尾托住，使长度近8m的下昂成为一个名副其实的杠杆，这的确是运用斗栱的一个大胆特例（图31）。

其次，大殿横剖面的主要梁架部分，看不到叉手、托脚、蜀柱等构件，却代之以各种不同跳数的华栱和不同形式的驼峰。整个梁架结构轮廓奇特而丰满，具有一种连续上升的韵律感。试将华林寺大殿这一梁架处理方式与佛光寺大殿、南禅寺大殿作一比较（图32）：在佛光、南禅两座大殿中，是“利用叉手托脚分解垂直荷载”的做法，而华林寺大殿则是“利用华栱出跳缩减梁栿跨度”的做法。如平梁跨度实际上缩短了4/7（2m），四椽栿跨度缩短了1/2.7（2.6m）。因此，屋面荷载主要是通过斗栱而不是通过梁栿传到柱子上，以至于大殿“结构公式”可以简化为“斗栱+柱子”。联系到大殿檐柱无侧脚的情况，固然有可能由于平面外扩，使原构檐柱取消了侧脚，但是否可以做这样的推测：侧脚的出现是伴随着叉手托脚的运用，因此华林寺大殿没有必要采用侧脚的做法。

图31 华林寺大殿山面梁架

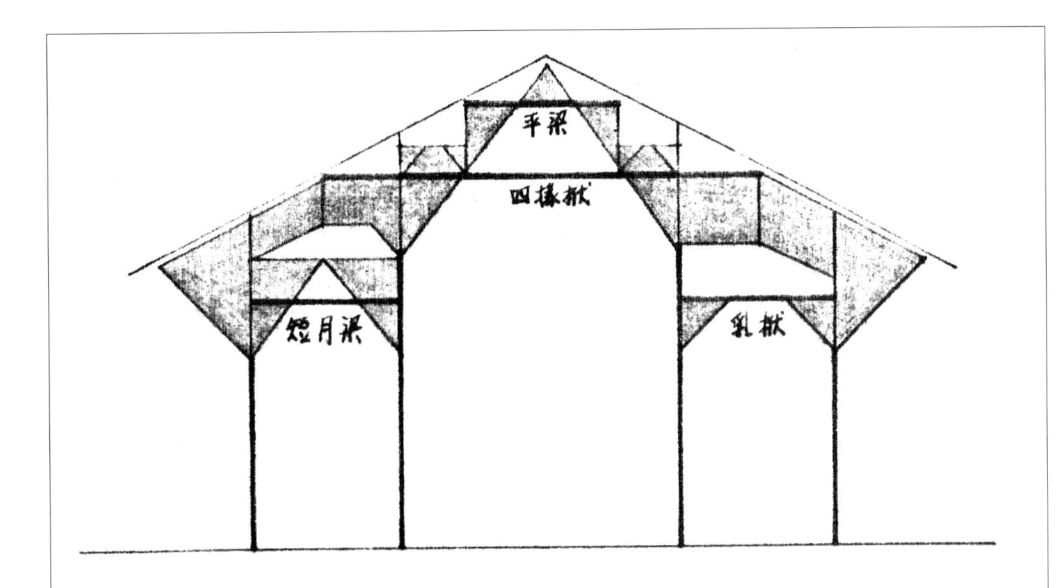

华林寺大殿（964）

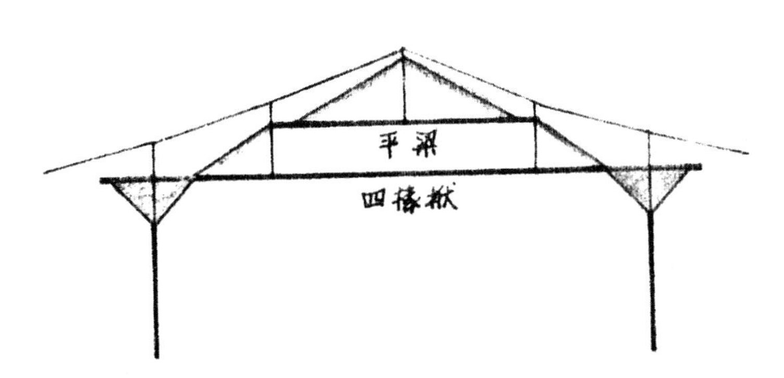

南禅寺大殿（782）

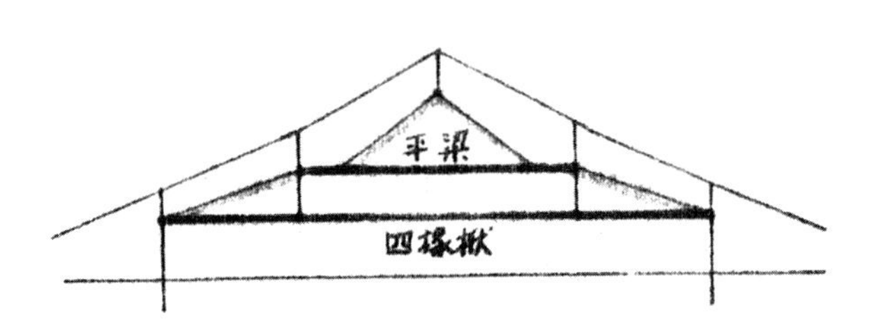

佛光寺大殿草栿以上部分（857）

（注：深色部分示斗栱）

图32 结构形式比较图

大殿斗栱在用材上并不一律。外檐铺作各层栱的断面上小下大，第一跳华栱340×170，而令栱只有300×160；角华栱及45°虾须栱为足材栱，其余皆为单材栱。这显然是从实际经验出发，因用择材，使构件断面与受力情况相适应（图33）。

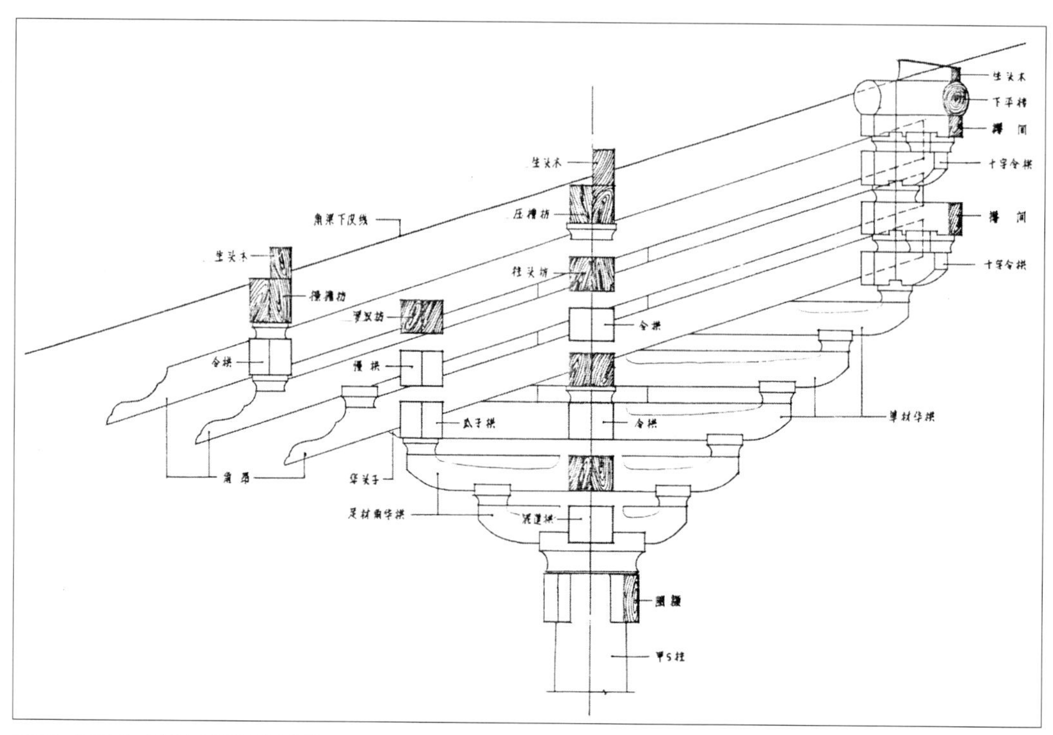

图33 华林寺大殿后檐转角铺作

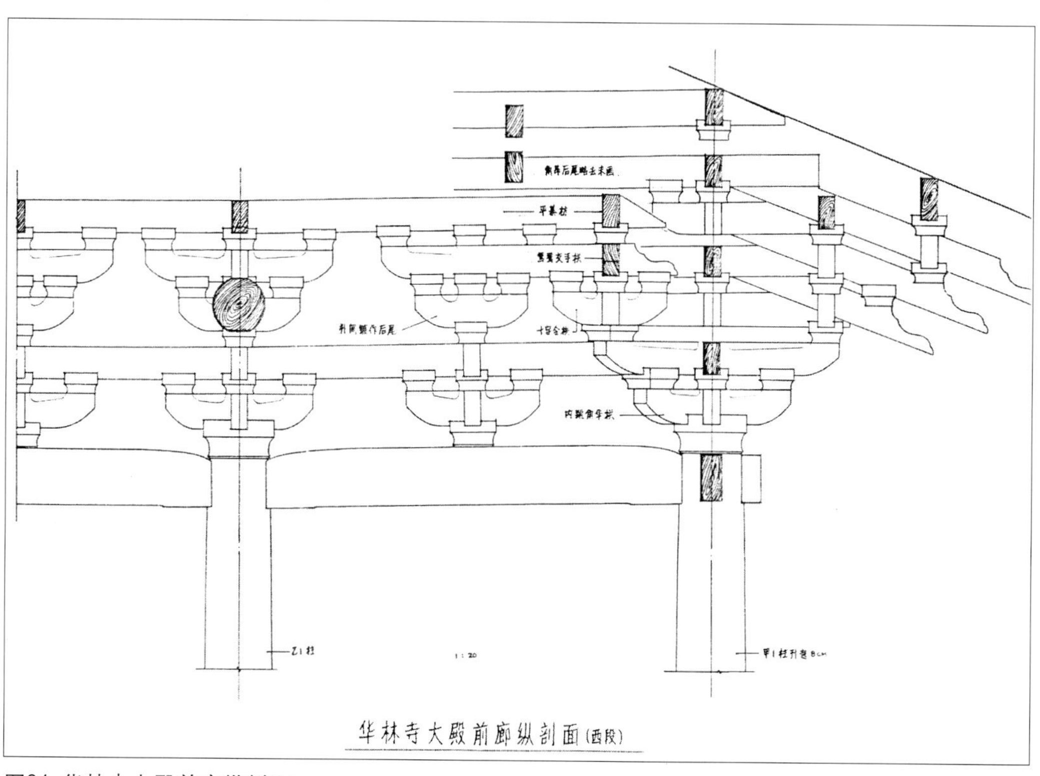

图34 华林寺大殿前廊纵剖面

大殿的小斗虽大小基本相同，但斗口深浅不一。特别是在梢间角柱生起的情况下，水平的栱与微具斜度的枋子之间，明显是用斗口的深浅变化来加以调节的。这种处理手法表明，斗在整个构架中是起着一种必不可少的调节作用（图34）。

大殿斗栱的形式，同时满足结构与空间两方面的要求。殿内的栱大都为单材偷心[15]，并根据需要而采用不同跳数的组合：四椽栿下用三跳华栱，挑出1250；平梁下用二跳，挑出970；而后檐转角铺作及山面中柱柱头铺作里转则连续五跳偷心，挑出2000以上。偷心栱作为悬挑构件，在解决结构问题的同时，使殿内空间明显地具有一种向心、向上的趋势。而且由于使用单材栱，使人没有隔阻空间的感觉。

华林寺大殿采用的结构方式充分体现了结构形式与建筑功能的统一，体现出古代匠师在处理两者关系上的创造力和想象力，也体现出斗栱的发展在当时已达到相当高的水平，工匠们能够随心所欲地运用这一手段来解决各种问题。

我认为，在我国现存木构实例中，华林寺大殿是运用斗栱最杰出的范例之一。

（四）构图技巧

通过对华林寺大殿的一些粗浅分析，发现它在比例、尺度、视线等方面都进行过处理。说明当时的工匠对这些问题已有一定认识，并具备一定的经验与技巧。

在大殿的比例分析中，发现平、立、剖面的主要结构尺寸除了相互之间的比例关系外，都与檐柱的高度有一定关系（图35，表3），而且其中一些数值与镇国寺大殿、独乐

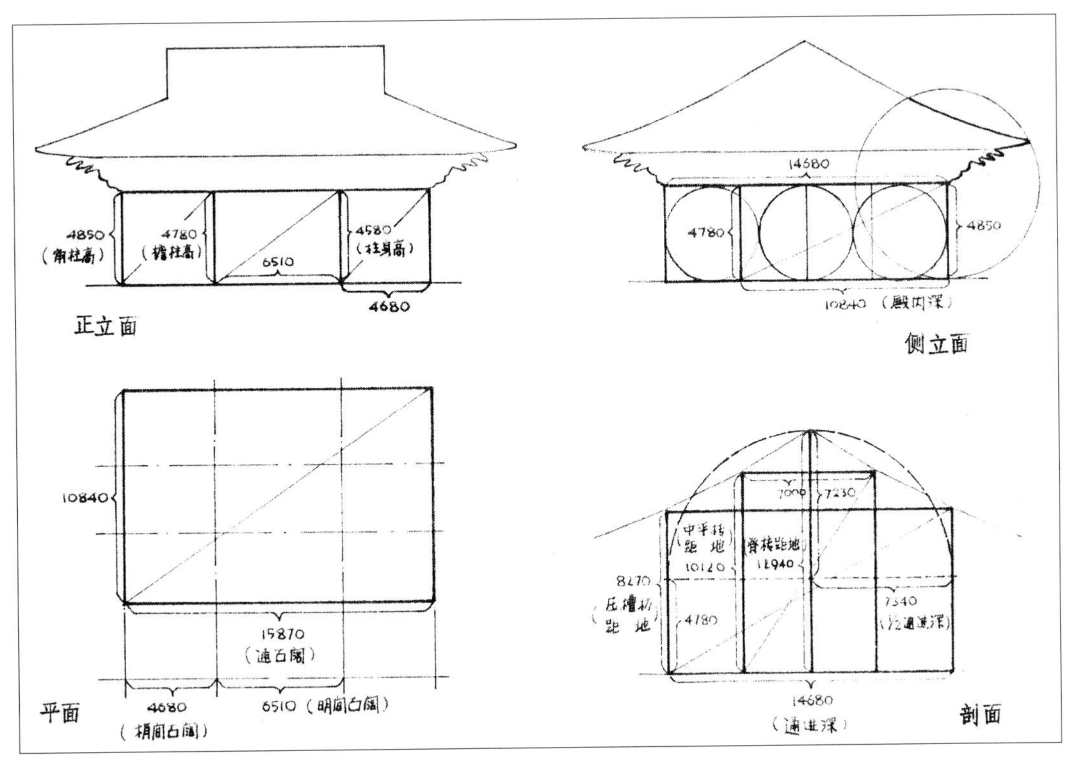

图35 华林寺大殿比例分析

寺山门很接近（表4），说明这很可能是产生于一定历史时期的经验总结，并非偶然。欧洲近代建筑理论家们曾煞费苦心地探讨建筑物的比例问题，曾有人提出过无公约数的比例，即通过图解方式得到的√厂矩形[16]。而华林寺大殿则告诉人们，早在一千多年以前，我国工匠很可能已经开始了这类比例的探讨与运用。

与比例密切相关的另一个问题是尺度。

大殿面阔只有三间，但檐柱、月梁、斗栱的断面都十分粗大。作为一座宗教性质的建筑物，采用夸大的尺度是合理的，但若处理不当，则会因构件尺度过大而使整个建筑物体量显得偏小。华林寺大殿在这一点上的处理是成功的。

从表5中可以看出：

1. 华林寺大殿的明间间广是最大的，檐柱径也是最大的；

2. 三间殿的檐柱径与明间广正常比例在1∶10左右。

华林寺大殿在采用粗大檐柱的同时，采用了略大于正常比例的间广，因此使人感到

表3　华林寺大殿的总体比例关系　　单位：cm

	比例	其他尺度	
檐柱高 478 （包括柱础）	•$\sqrt{2}$	明间面阔	651
	•1	梢间面阔	468
	•$\sqrt{5}$	殿内深	1084
	•$\sqrt{3}$	压槽枋标高	835
	•3	总进深	1468
	•3/2	檐柱顶至脊槫上皮	716
		内柱高	720

表4　各例总体比例　　单位：cm

	华林寺大殿	镇国寺大殿	独乐寺山门
明间面阔 / 檐柱高	651 / 478 = 1.36 / (458) = (1.42)	455 / 342 = 1.33	610 / 434 = 1.4
总进深 / 檐柱高	1468 / 478 = 3.07	1077 / 342 = 3.15	
压槽枋标高 / 檐柱高	835 / 478 = 1.74	587 /342 = 1.72	
总进深 / 檐柱顶至脊槫上皮	1468 / 716 = 2.05	1077 / 545 = 1.98	876 / 444 = 1.97

表5　各例檐柱径与明间面阔比例　　单位：cm

	檐柱径	明间面阔	檐柱径 / 明间面阔
华林寺大殿	62.5	651	1 / 10.4
镇国寺大殿	46	455	1 / 10
独乐寺山门	50	610	1 / 12.2*
保国寺大殿	56	562	1 / 10
永寿寺雨花宫	48	485	1 / 10

* 山门的尺度比例可能与大殿有所不同。

说明：表1～5中的数据均取自陈明达先生所著《宋〈营造法式〉大木作制度研究》一书（下同）。

构件尺度与整体尺度都很适当。

在殿内构件的处理上，也体现出这一点。例如山面中柱柱头铺作里转五跳华栱之上的令栱，高达37cm，比一般令栱高7cm，但它处于五跳华栱与长大昂尾之间，却显得大小合适。后部内柱隔架上的云形驼峰，宽2.9m，但外形轮廓自由，并不使人感到笨重。内柱径67.5cm，与11～12m高、6～7m宽的殿内空间相配合，使人既得到高大宽广的空间尺度感，又感觉到大殿的庄重气氛。适当的尺度取决于工匠对建筑物各部比例的推敲及视觉上的经验，华林寺大殿的建造者，在这座三开间的建筑物中，成功地使用“巨型构件”来获得理想效果，体现了他们在尺度处理上的经验与能力。

大殿前内柱之间的内额比两侧内额抬高了27cm。从复原后的情况看，这很可能是既突出中心入口位置，又照顾到视觉效果的两全之计（图36）。

关于空间处理，大殿所提供给我们的，是存在主次空间的区别及高低、向背的变化。如前檐内有算程枋，就使这一部分空间独立出来，从高度和形式上，都表现为殿内

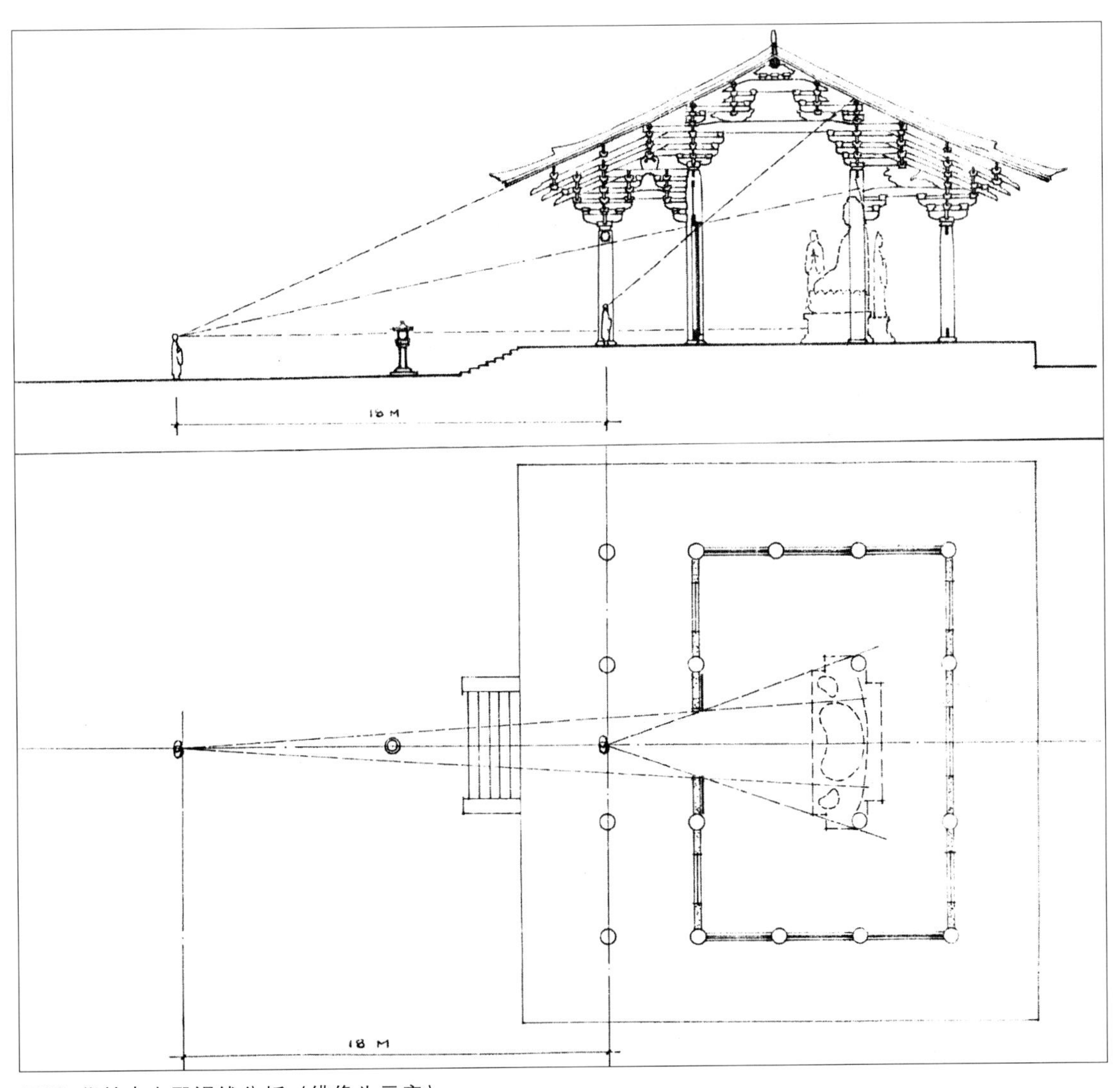

图36 华林寺大殿视线分析（佛像为示意）

主要空间的“前奏”，又是庭院空间与殿内空间之间的联系与过渡。殿内其余部分，则以四根内柱的连线为界，明确地划分了主次空间，并通过昂尾、驼峰等构件形式，使次要空间具有内向趋势，好像吸附于主要空间四周，显得紧凑而和谐。

这一方面说明在木构架建筑中，结构形式是空间处理中的重要因素，空间的区分与变化往往通过平面与结构形式的结合加以体现。另一方面说明寺院单体建筑的内部空间，由于功能基础的不同，可能不像园林、居住建筑那样富于转折与变化，而是力求突出主要空间，并配合院落及过渡建筑的处理，来体现群组中的序列与高潮。

（五）艺术风格

谈到风格，容易使人联想到某一历史时期的风格：汉唐建筑或是明清建筑的风格等。但事实上，无论古今，真正有风格的建筑物总是各个不同的。风格应该体现建筑物之间在功能上的差别，体现出建筑师之间对功能与形式问题的理解以及本人造诣上的差别。一座建筑物的风格，与产生它的那个时代环境的艺术风格之间，有着特性与共性的关系，不能截然分开，也不能相互等同。

华林寺大殿虽然只保留了结构部分，却依然表现出特有的建筑风格，也可以说是个性。这种建筑个性的创造，是出自于建造者对宗教的热情，突出表现了当时人们对佛国境界的向往和追求，而不是表现出宗教对人类精神的威慑与压抑。这一点同样表现在唐代敦煌壁画中。但在我国早期木构实例中，体现这一点的并不多。在日本，则当以平等院凤凰堂为例[17]。

大殿的风格主要体现在两方面：

首先，通过平面、立面及空间尺度的处理——方形平面、由四根内柱构成的方形中心区、明间的扁阔比例、粗壮有力的檐柱、层层高叠的斗栱、平缓的屋面举折等——呈现出庄重而沉稳的总体效果。这是符合于时代风格的。

其次，又通过构件与细部的处理，显露出富丽华贵的气质。如正立面的双补间、曲线昂头、云形驼峰、枋上团窠以及柱身、月梁、斗栱等卷杀曲线的精致优美，甚至连栱眼部分也毫不放松（图22）。可以看出工匠是像对待一件手工艺品一样地进行建筑创作，借以展现他们心目中的美好境界，这也许带有一定的地方传统色彩。尤其是大殿后内柱隔架正中及两侧的驼峰，外形轮廓是那样自由流畅，恰似朵朵浮云，轻而易举地托住了上面的昂枋交接点。赋予承重构件以自然上升的形象，这本身就是极巧妙、极富想象力的做法，然而对照一下敦煌壁画中对西方净土的描绘，就不难猜出这种想象力的来源和用意了（图37）。这一组云形驼峰对大殿宗教性格的刻画，堪称“画龙点睛”之笔。

图37 敦煌壁画中的云纹

殿内采用彻上明造，升高内柱，抬高四椽栿，连续出跳的斗栱构成具有动态的结构轮廓，这与内外柱同高、平綦（闇）压顶的做法相比，显然给人以两种不同的空间感受。从建筑物的体量来说，华林寺大殿不像奉国寺、华严寺大殿那样高大，令人感到自我的微渺，而是以适当的空间体量，造成“与佛同在”的环境气氛。

因此我认为，华林寺大殿从整体到细部，从建筑到结构，存在着一种内在意图的联系，这种内在意图与大殿的基本功能完全一致。这座建筑物虽然失去了完整的外观，却有着完整的艺术风格。这同时显示出古代工匠高超的结构技能和深厚的艺术造诣，也体现出五代时期南方宗教建筑与唐代宗教绘画之间可能有一定的联系。

通过对华林寺大殿的概析，对这座建筑物有了进一步的认识：它的价值不仅仅在于年代的久远，更在于结构、艺术方面的成就。对大殿的复原则产生了一种“成见”：要想使复原达到原构的水平，是一件不可能的事。因为今天的人们，已不再具有那样的宗教热情和启发构思的直接源流，只有依据对历史了解和理解的程度，进行推测与模仿。总之，复原是“今天”的产物。

三 大殿复原的原则与依据

大殿原构在历代修葺中不断被加以“改造”，大殿的复原也就面对着一份既复杂而又丰富的现状资料。因此，首先需要对现状所提供的一切加以辨证取舍。其次，在复原中，若把握了确凿的证据，则忠实地再现原状；但事实往往没有那样理想，因此必须根据建筑物的风格特征进行各种设想及可能性的选择。只有这样，才真正有希望使复原后的形式接近建筑物的原貌。这种“接近”不一定表现在所有构件的形式、所有细部的处理，而在于建筑物的内在气质。也只有这样，才有可能再现一座具有统一风格和鲜明特色，并体现其历史价值的“古”建筑。从这个意义上说，复原是再创作。

大殿复原的主要文献依据是《营造法式》（下称《法式》）。从年代来看，《法式》成书于北宋末期（1100），比大殿创建时间晚136年，但从《法式》的内容及现存实例来看，其中记载了不少南方地区早期建筑的做法。因此，《法式》作为华林寺大殿复原的主要文献依据是可行的。

为了解当时当地的结构做法和建筑风格，我们考察了闽浙地区一些早期木构、佛塔及出土文物，并以此作为大殿复原的实物依据。

另外，我国唐宋界画、崖窟墓葬中的壁画以及日本现存早期建筑，对于我国南方木构实例缺乏的情况，是一种可贵的补充，是大殿复原必不可少的参考资料。

四 大殿复原

复原需要解决的主要问题是：

1.平面

2.台基高度与形式

3.出檐长度及做法

4.角梁

5.屋面（山面出际）及瓦件形式

6.后檐明间补间铺作

7.前檐转角内部

8.前部驼峰

9.门窗做法与形式

10.泥道栱壁做法

11.前檐算程枋上做法

12.遮椽版

13.彩画

大殿原构中尚有个别部分的处理，使人既无法完全相信其为原有做法，又没有理由认为它完全改变了原有做法。如山面梁架上的平梁蜀柱、脊槫下驼峰等。故此在复原中予以保留。

下面对复原中的主要问题进行逐一探讨：

1. 平面

大殿现状在原构基础上，向四外均扩出一间，因而破坏了原构的建筑平面。需要通过对构件现状的分析，重新加以确定。

（1）根据现状柱身上的腰串、地栿榫眼痕迹及阑额团窠的分布情况（图38、39）判断，大殿原构平面是有前廊部分的。

图38-1 大殿柱身榫卯

大殿的全部柱子经砍凿、剥落表皮之后，可以清楚地看出，除了前檐柱、后内柱及二根拼合柱外，其余柱子的柱身上均有腰串榫眼，榫眼高30cm左右，宽18cm，上皮距地140cm。这表明前檐柱与前内柱之间是一个开敞的空间，从团窠的分布也可以看出这一点。因此，大殿平面是由前廊及殿内两部分组成，即进深四间中，前面一间为前廊，后面三间为殿内。

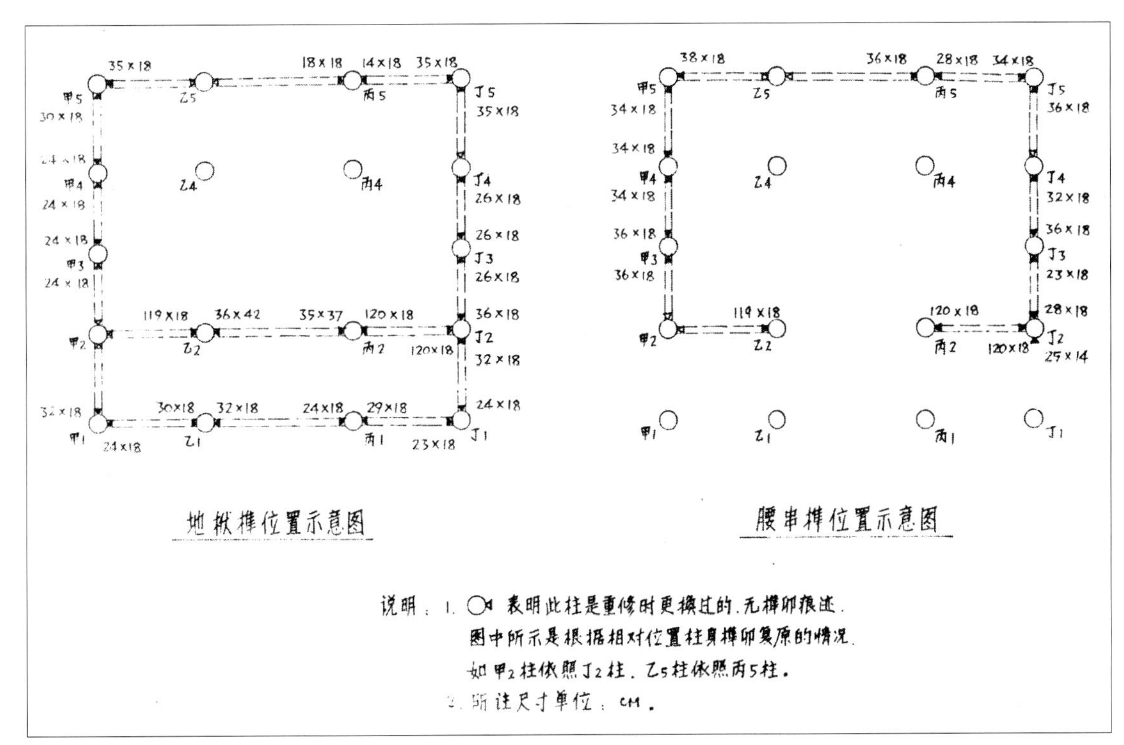

图38-2 华林寺大殿腰串、地栿榫位置图

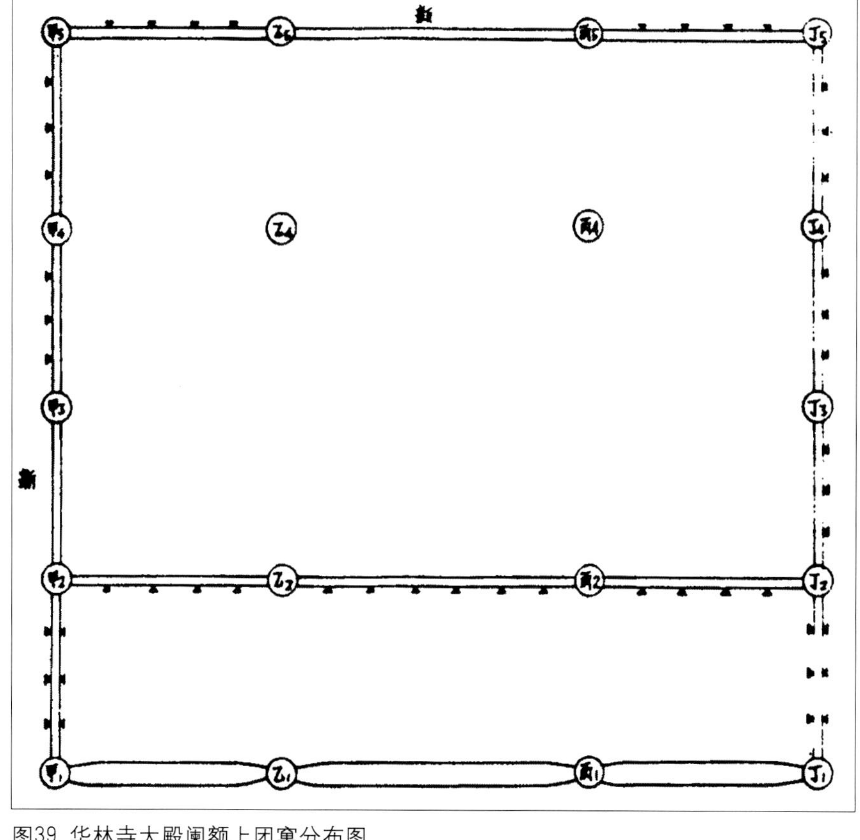

图39 华林寺大殿阑额上团窠分布图

（2）在确定前廊的同时，也就确定了大殿门窗的位置。

前次角柱与前内柱一排：梢间有腰串痕迹，而明间没有，说明是梢间立窗，明间开门。各间内额底部两端均有宽4cm、深2cm的槽，每端槽长占额长的1/4，内柱柱身相对的一面，有10cm宽的夹泥墙迹（图40），说明门窗两侧很可能都有长度为额长1/4的实壁，而门窗本身宽度只占额长的1/2左右。

后檐柱中，有一根平柱是抽换过的拼合柱，上无榫卯痕迹，而另一根平柱两侧仍有腰串榫眼。据此判断，后檐明间不可能开门。明间阑额也是后换的新料，无槽痕，梢间阑额底部两端有槽，说明梢间立窗，而明间一般不开窗，因此有可能是隔断一类做法。

山面檐柱均有腰串痕迹，但阑额底部并非两端开槽，而是通长槽（图40）。如果同样是立窗的做法，则没有必要与上述前后梢间阑额采取不同的开槽方式，因此我认为山面虽有腰串，但其上并非立窗，而是某种形式的隔断。

（3）到目前为止，大殿台基遗址尚处发掘之中，还没有发现原状确切位置及残块。因此，台基的平面位置，只有先根据一般性规律来加以推测，准确的结论，还有待于进一步的发掘与分析。

国内现存实例的台基边线位置，大都在檐椽头与飞椽头的平面投影线之间，离开外檐铺作的外端线尚有相当距离。但南禅寺大殿、佛光寺大殿以及大雁塔门楣石刻中佛殿

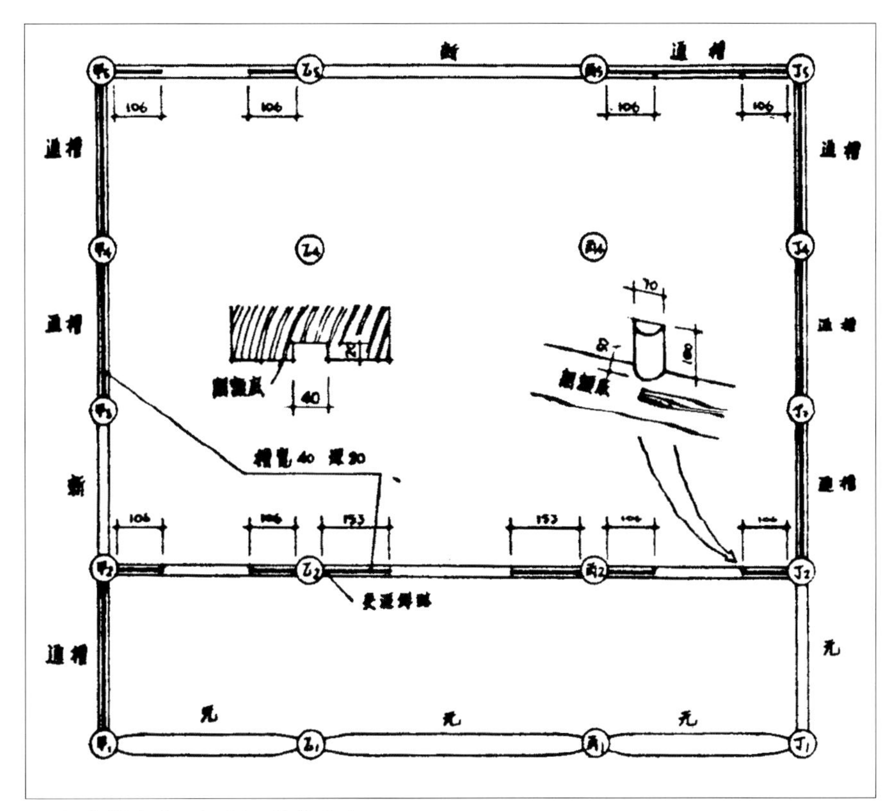

图40 华林寺大殿阑额下榫槽分布图

的台基边线却在檐椽头垂线以内，似乎说明唐代以前的建筑物，台出与檐出的比例小于辽宋以后的建筑物。据福州市文管会杨秉纶同志提供的情况，近期发掘中发现探坑内有夯土遗迹，边缘位置在第二层昂头下（距檐柱中2.7m左右）。假定这便是原夯土基础的外缘，则台基边线到檐柱中的距离应该再加上基石宽度（《法式》规定为“广二尺”，即65cm），也就是270+65=335cm左右，比铺作外端（三层昂头）伸出少许，与大雁塔门楣石刻中的形象相近。平面中即按此复原，并可以得出整个台基的平面尺寸为22.57m×21.38m。

大殿正面需要有台阶上下，按《法式》规定，阶“长随间之广”、“两边副子，各宽一尺八寸”。但根据大殿实际情况，台阶随明间之广似乎太大，而且在台出较大的情况下，台阶的宽度与间广在视觉上并无直接关系，故此适当缩小，但副子宽度仍按《法式》规定，在60cm左右。

殿内佛座的位置，在本文中拟略去不谈。

大殿平面复原见图41。

2.台基高度与形式

由于平面外扩，原构台基被破坏，这在前面已经提到。

建筑物台基的高度，按《法式》规定，是“其高与材五倍，如东西广者，又加五分至十分，若殿堂中庭修广者，量其位置，随意加高，所加虽高，不过与材六倍”。又有

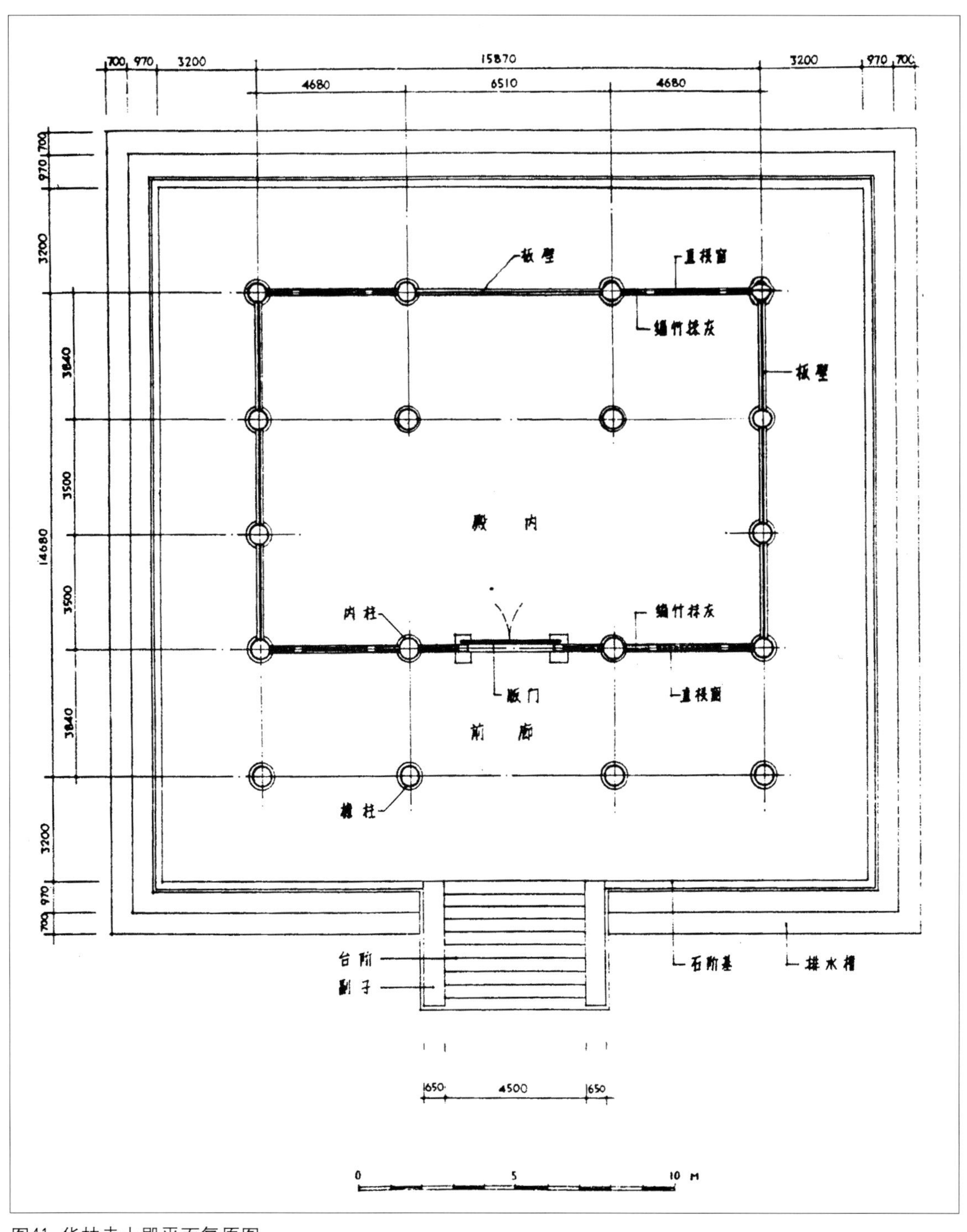

图41 华林寺大殿平面复原图

叠涩座台基“令高五尺”的规定。华林寺大殿只有三间面宽，所以如按《法式》规定，台基高度当在“五材～五尺”，即1.5～1.6m。

而《梦溪笔谈》[18]记载，《木经》中有“若楹高一丈一，阶高四尺五”的规定，假如这一记载不是谬传，且是指檐柱高与台基高之间的比例关系而并非特指“楹高一丈一”情况下台基的高度，那么，按照这一比例，华林寺大殿檐柱高4.78m，台基就将高达1.96m。这样的高度只适于平砌的做法，如果做成叠涩座或须弥座，则各部分尺度显然太大。

对于华林寺大殿来说，高大的平砌台基过于朴素，也过于威严，与大殿的立面风格及面宽比例不相协调，低矮的台基又显得分量不够，应当采用略低于正常视高的叠涩座石台基。因此，大殿台基的高度，拟在1.5m左右，接近《法式》中“其高与材五倍”的规定。

表6中所列实例的台基高度，说明我国现存早期实例的台基高度一般低于《法式》中的规定，与《木经》中所述相去更远，但日本法隆寺金堂的台基高度，却完全符合《木经》中关于“楹”、“阶”的比例，即2.4∶1，这也许是一种巧合。北宋以后的实例，台基高度也是高矮不齐，与《法式》规定没有必然联系，一种可能是台基非原状，另一种可能是因为《法式》中所规定的台基高度，均指叠涩座或须弥座而言，而这些实例中大都是平砌台基。

因此，华林寺大殿若采用叠涩座台基形式，除《法式》外，还须从其他方面寻找参考依据（图42）。

表6　各例台基尺度　　单位：cm

	年代（公元）	间数	台基面宽	柱高	台基高（材）
南禅寺大殿	782	三	1350	382	50（2）
佛光寺大殿	857	七	4200	499	70（2.3）
独乐寺山门	984	三	1900	434	50（2）
独乐寺观音阁	986	五	2700	406（下层）	100（4.2）
永寿寺雨花宫	1003	三	1800	408	100（4.2）
晋祠圣母殿	1023	五	3200	787	270（12.6）
龙门寺大殿	1098	三	1250	324	140
善化寺大雄殿	11世纪	七	4800	626	280（10.8）
少林寺初祖庵	1125	三	1380	353	130（7）
善化寺山门	1128	五	3200	586	130（5.4）
隆兴寺转轮藏殿	12世纪	三	1800	475	85（4）
法隆寺金堂	607	五	2850	510（下层）	210（6.4）
招提寺金堂	759	七	3850	526	130（4.8）

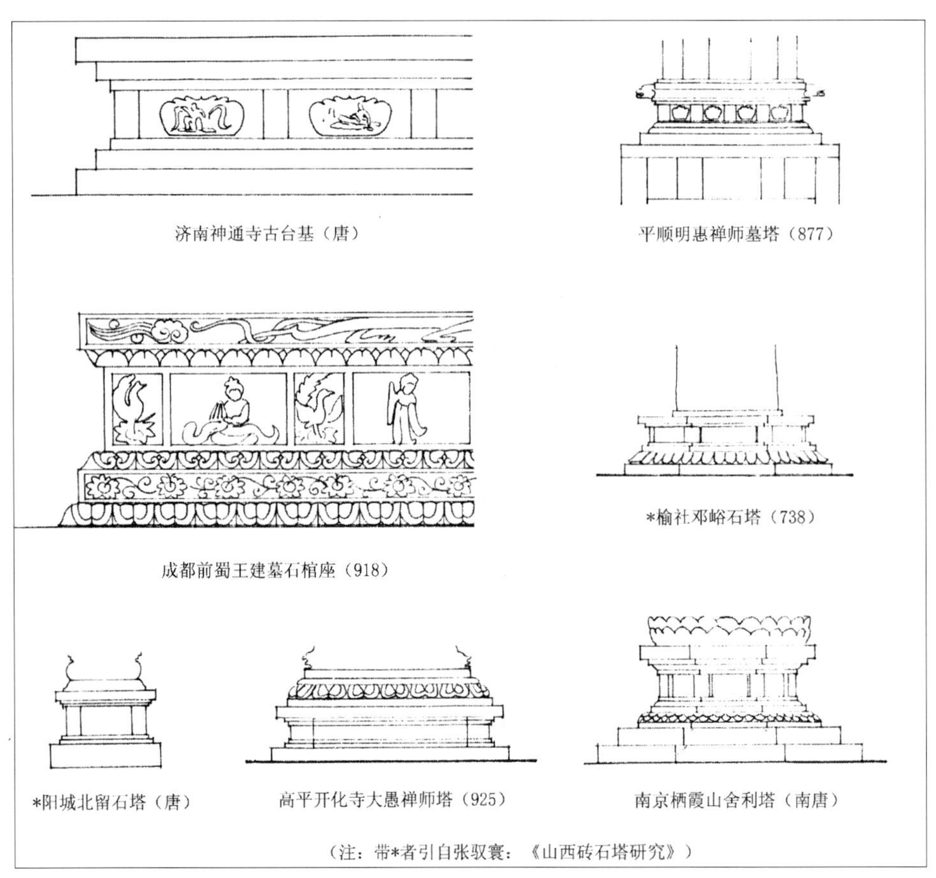

图42-1 台基、基座形式参考图

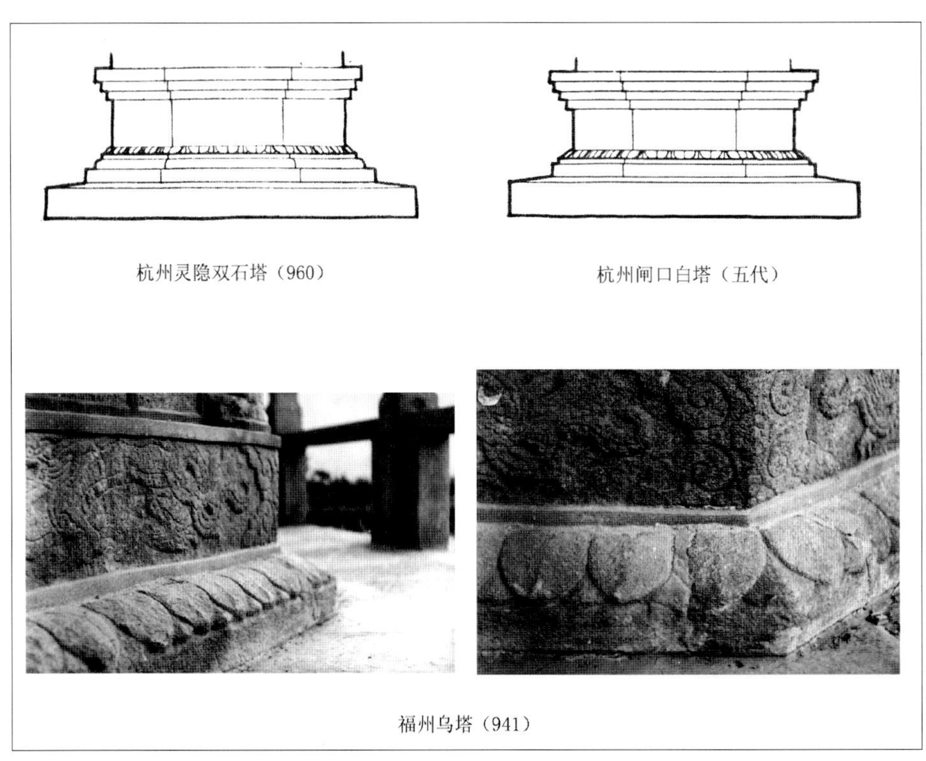

图42-2 台基、基座形式参考图

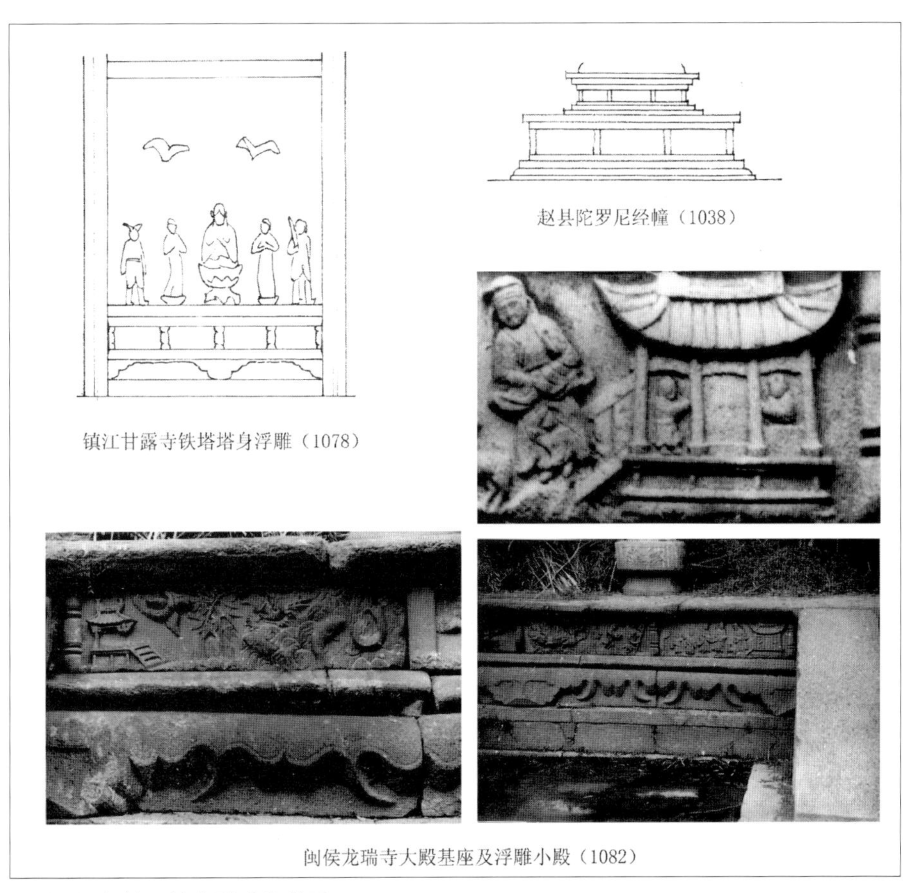

赵县陀罗尼经幢（1038）

镇江甘露寺铁塔塔身浮雕（1078）

闽侯龙瑞寺大殿基座及浮雕小殿（1082）

图42-3 台基、基座形式参考图

三峰寺塔（北宋，1117）

尚干塔（北宋）

图42-4 台基、基座形式参考图

从神通寺古台基[19]、明惠禅师塔、榆社邓峪石塔[20]等唐代石塔的基座处理上可以看出，唐末叠涩座的特点是：上下多层叠涩，当中壶门版柱，壶门内则为团窠曲线和各种题材的雕刻。

前蜀王建墓石棺座没有多层叠涩，而是枋子、莲瓣与壶门版柱的组合。枋子及版柱上刻夔龙、朱雀，壶门内雕歌舞伎，没有团窠曲线；莲瓣三层，其中二层为宝装莲瓣。这显然是一种十分讲究的基座做法。墓主人死于918年，从帝王生前经营墓室的习惯推测，这石棺可能是五代初年（910年前后）的作品。

福州乌塔（941）的基座处理则比较简单，无壶门版柱，而是转角合页之间雕夔龙。莲瓣宽大，同层相并。

灵隐双石塔（960）与闸口白塔的基座，仍采用上下叠涩、当中束腰及覆莲的组合，无壶门版柱，亦无雕刻。而栖霞山舍利塔（937—975年）则采用上下枋与叠涩相结合的方式，枋子与版柱上布满雕刻，而壶门内无雕刻（错！壶门内不仅有雕刻，且极其精美。此误由《中国古代建筑史》（八稿）线图中未示意壶门内纹饰，而自己又未能认真核查实例照片所致2010年补注）。

赵县陀罗尼经幢（1038年）的基座虽然仍保持了多层叠涩的做法，但版柱已变成了束莲柱。

镇江甘露寺铁塔[21]塔身雕刻中的台基形式，束腰内也是束莲柱，台基底部已出现龟脚；闽侯龙瑞寺大殿[22]的台基与其十分相像，明确分为上下枋、束腰、龟脚几部分，奇特的是大殿台基壶门内雕刻的建筑物台基竟与大殿台基本身一般无二。

福建地区宋代石塔的基座，如三峰寺塔、尚干塔、开元寺双塔等，都是由上下枋、仰覆莲、壶门圆柱、龟脚这几部分组成，而且各部高度比例大致为壶门1分、龟脚1分、枋0.5分、仰覆莲0.5分，壶门内雕刻题材丰富，莲瓣变窄，同层不相并。

从这些实例中可以大致看出：从晚唐五代到宋代，台基不仅有形式上的变化，而且经历了一个从自由比例组合向规格化、定型化发展的过程。晚唐五代时期台基的特点是：

（1）多层叠涩

（2）隔身版柱

（3）莲瓣宽大

（4）组合自由

（5）无龟脚

而到了宋代，则以上下枋及仰覆莲代替了多层叠涩，用束莲圆柱代替了隔身版柱，莲瓣变窄，出现龟脚，各层呈规律性组合。

《法式》关于殿阶基形式的规定，仍保留了叠涩露棱及隔身版柱的做法，但明确规定阶高五尺，束腰露身一尺。与上述福建实例的比例不同。从《法式》图样部分可以看到，台基底部有龟脚。

龟脚的出现，可能自梵塔上开始。如五代末敦煌壁画中的阿育王塔、福州鼓山的神晏国师塔[23]上都有龟脚形式出现，甚至有两重龟脚的做法（图43）。龟脚用于建筑物基座的底部，当不早于北宋。

从华林寺大殿创建的年代看，距唐末只有57年，而与龙瑞寺大殿、甘露寺铁塔等相距一百多年。因此在台基形式上，因袭晚唐风格的可能性是很大的。与大殿年代相近的灵隐、闸口塔、栖霞山舍利塔的基座形式可以间接地说明这一点。在复原中，大殿台基拟采用与五代各实例相近的形式，即叠涩覆莲、壶门版柱、下无龟脚的形式。壶门内雕团窠曲线，版柱、枋子上刻减地平钑云纹及卷草纹（图44）。

3.出檐长度及做法

根据檐椽断面（板椽）及屋面瓦件（板瓦）判断，现状出檐不是原构做法。

按《法式》规定，建筑物出檐的长度取决于椽径大小，而椽径大小又取决于用材的等级。《法式》卷五规定："造檐之制，皆从橑檐枋心出。如椽径三寸，即檐出三尺五寸；椽径五寸，即檐出四尺至四尺五寸。檐外别加飞檐，每檐一尺，出飞子六寸……"又有"用椽之制，每架平不过六尺。若殿阁，或加五寸至一尺五寸，径九分°至十分°，若厅堂，椽径七分°至八分°，余屋六分°至七分°……"（从文中看来，"出"是指水平长度。）表7为不同材等情况下各种建筑物椽径的大小，依材等及建筑物规格高低排列。可以看出，从一等材殿堂到六等材余屋，椽径的数值组成了一个连续的序列。但是在《法式》的"造檐之制"中，只规定椽径三寸及五寸情况下的檐出长度，这也许是以三等材、六等材为例的规定方式，但五寸椽径檐出四尺至四尺五寸，显得不够明确。

我认为《法式》之所以做这样的规定，与屋面结瓦的做法有关。从《法式》卷十三中可以看到，屋面结瓦有两种做法。其一，"若版及笆箔上用纯灰结瓦者，不用泥抹，并用石灰随抹抱瓦"。其二，"只用泥结瓦者，并用泥先抹版及笆箔，然后结瓦"。在卷二十六的诸作料例中，又规定用泥结瓦每方一丈，需"土四十担"，并注明"如纯灰于版并笆箔上结瓦者不用"。这说明屋面结瓦有纯灰结瓦与泥结瓦两种做法。显而易见，事先用二十担土合成的泥抹版及笆箔，再用四十担土合成的泥结瓦的屋面重量，要比"版及笆箔上用纯灰结瓦者"重得多。因此，《法式》在檐出长度上给出一个变化的范围，供工匠依具体情况进行选择，其下限，适用于屋面较重者，而上限，适用于屋面较轻者。

从传统屋面做法看，北方多用厚达二三十厘米的"苫背"，因此屋面较重。而南方不用此法，因而屋面较轻（保国寺大殿在重修时曾采用过苫背，结果证明这种做法不适用于南方气候潮湿多雨地区）。所以，若决定檐出长度，南方建筑可取《法式》规定中的上限数值。这样大致上可以得出各种椽径情况下的檐出长度（表8），其中椽径与檐出

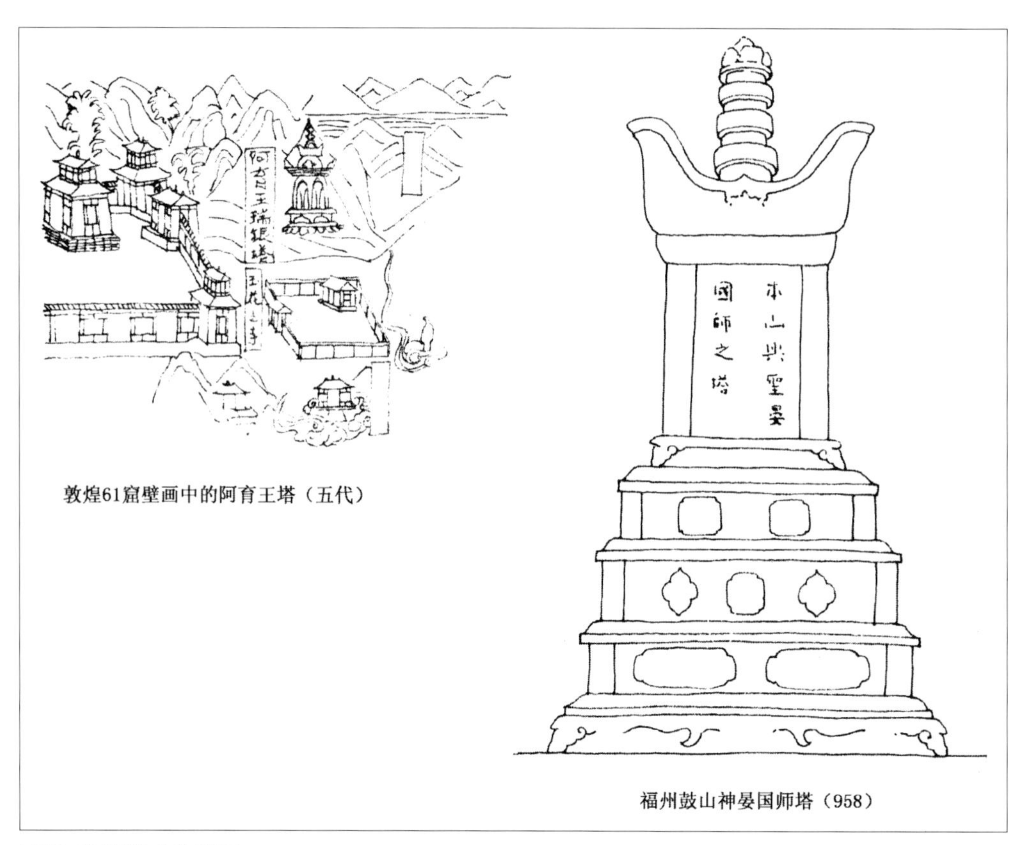

图43 龟脚形式参考图

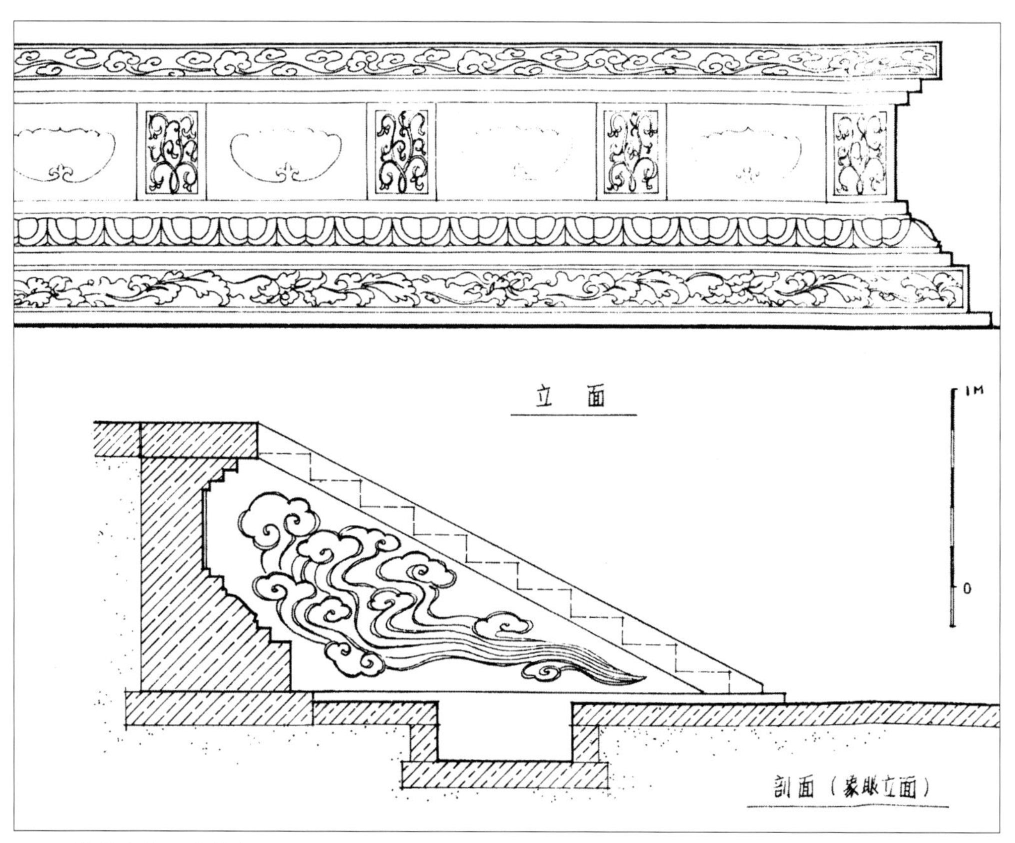

图44 华林寺大殿台基复原图

表7 《法式》造檐之制一

椽径分°值	材等	椽径（寸 / cm）
殿阁 9～10分°	一	5.4～6 / 17.3～19.2
	二	5～5.5 / 16～17.6
	三	4.5～5 / 14.4～16
	四	4.3～4.8 / 13.8～15.4
	五	4～4.4 / 12.8～14.1
厅堂7～8分°	三	3.5～4 / 11.2～12.8
	四	3.4～3.8 / 10.9～12.2
	五	3.1～3.5 / 9.9～11.2
	六	2.8～3.2 / 9～10.2
余屋5～6分°	四	2.4～2.9 / 7.7～9.3
	五	2.2～2.6 / 7～8.3
	六	2～2.4 / 6.4～7.7

表8 《法式》造檐之制二

椽径（寸）	檐椽出（尺寸/cm）	飞椽出（尺寸/cm）	檐出（尺寸/cm）	椽径 / 檐椽出
三	三尺五寸 / 112	二尺一寸 / 67	五尺六寸 / 179	0.086
四	四尺 / 128	二尺四寸 / 77	六尺四寸 / 205	0.1
五	四尺五寸 / 144	二尺七寸 / 86	七尺二寸 / 230	0.11
六	五尺 / 160	三尺 / 96	八尺 / 256	0.12

表9 各例檐出 单位：cm

	年代	材等	檐出	铺作出
奉国寺大殿	1020	一	242	191
华严寺大殿	1140	一	276	100
应县木塔（底层）	1056	二	198	179
善化寺大殿	11世纪	二	212	88
独乐寺山门	984	三	169	80
独乐寺观音阁（下层）	986	三	156	166
镇国寺大殿	963	四	151	143
晋祠圣母殿	1023	四	157	110

表10　各例檐出与铺作出比例　　单位：cm

	檐椽出	飞椽出	檐出	铺作出	檐出／铺作出
佛光寺大殿	166	（83）	166（249）	197	0.84（1.26）
镇国寺大殿	96	55	151	143	1.06
保国寺大殿	130	（65）	130（195）	165	0.79（1.18）
奉国寺大殿	162	80	242	191	1.27
应县木塔一层	129	69	198	179	1.11
二层	128	56	184	180	1.02
崇福寺弥陀殿	164.5	64.5	229	173.5	1.32
华严寺薄伽教藏殿天宫楼阁			29.1	26.2	1.11

注：华严寺薄伽教藏殿天宫楼阁数据取自莫宗江教授的测稿。
（括号内为按《法式》檐飞椽比例测算的虚拟数值。2010年加注。）

表11

	材等	檐出	铺作出	檐高	总出／檐高
奉国寺大殿	一	242	191	843	51%
崇福寺弥陀殿	三	229	173.5	801	50%
永寿寺雨花宫	三	170	78	562	44%

表12

年代		檐出	铺作出	檐高	总出／檐高	檐出／檐高
963	镇国寺大殿	151	143	527	55%	29%
1056	应县木塔二层	184	180	655	56%	28%
1038	华严寺薄伽教藏殿天宫楼阁	29.1	26.2	94	59%	31%
986	独乐寺观音阁下层	156	166	666	48%	23%
	上层	142	190	642	52%	22%
1020	奉国寺大殿	242	191	843	51%	29%
1033	开善寺大殿	181.5	85	655.5	41%	28%
1038	华严寺薄伽教藏殿	198	81	668	42%	30%
11世纪	华严寺海会殿	168	61	535	42%	31%
995	虎丘二山门	131.5	42.5	469.5	37%	28%
1024	广济寺三大士殿	137	88	613	37%	22%
11世纪	善化寺大殿	212	88	819	37%	26%

的比值为递增数字。

华林寺大殿的椽径应按9～10分°计算，即18～20cm，根据表8，檐出可达250～260cm。这是依据《法式》得出的结果。

国内现存实例的檐出长度，一般小于《法式》规定。可能有两个主要原因：其一，在历次重修中椽头因腐烂糟朽而被截短，檐出便小于原来的长度。如正定开元寺钟楼、善化寺普贤阁的飞椽，广济寺三大士殿的檐椽，都明显失去正常比例。可以说，现存各实例的檐出长度最多也只是接近于原状。只有天宫楼阁、壁藏、转轮经藏等殿内小木作的出檐有可能保持原状。其二，檐出的长度不仅与椽径有关，还可能受其他因素影响。如镇国寺大殿用四等材，按《法式》计算，椽径应为4.3～4.8寸，檐出可达220cm以上，但其檐高只有527cm，显然不合比例。

下面对檐出与铺作出、总出、檐高之间的关系做一大致分析：

檐出——橑檐枋心至飞椽头的距离。

铺作出——压槽枋心至橑檐枋心的距离。

总出——檐出与铺作出之和。

檐高——橑檐枋上皮距地高度。

檐出与铺作出之间并不成正比。同是七铺作情况下的檐出与铺作出，除无飞椽的两例外，有着一定的比例关系（表9、10）。

檐出与材等的关系，有时会受檐高的影响而显得十分灵活（表11）。

檐出与檐高的比值，其变化幅度似乎比总出与檐高的比值更小一些；而总出与檐高的比值，出现了多种情况（表12）。

从以上分析可见，诸因素与檐出之间并不存在严格的比例关系。因此，这些比值，只能作为华林寺大殿檐出的参考及对比验算数据；并且，应尽量采用其中的上限数值。比如取华严寺薄伽教藏殿天宫楼阁的几项比值，可以推算出华林寺大殿檐出为230cm，这一数值略小于《法式》中的规定。而如果取奉国寺大殿檐出与铺作出的比值，则推算出华林寺大殿檐出在263.5cm，与《法式》基本相符。另外，佛光寺大殿现状只有檐椽而无飞椽，但唐代壁画中的建筑物均有飞椽，因此佛光寺大殿的飞椽估计是损坏后被拆除了。如予以恢复，长度按檐椽的1/2计算，为83cm，则佛光寺大殿檐出与檐高的比值就达到249/748=33%，总出与檐高的比值为446/748=60%。用这两个比值推算华林寺大殿的檐出长度，则为245与238cm。再举日本招提寺金堂为例，虽然它与华林寺大殿的铺作数不同，出檐做法也与国内实例不同，但若按其总出与檐高的比值63%来推算大殿的檐出长度，则得到260cm，也与《法式》相符。

因此我认为华林寺大殿的椽径及檐出长度基本可按《法式》规定复原。考虑到大殿分°值较大，所以应该取下限数值。椽径18cm，檐椽出150cm，飞椽出90cm，檐出2400cm。从华林寺大殿外檐铺作三层下昂的情况出发，考虑适当调整檐、飞椽长度，使檐椽不致显得过短（图45）。

大殿翼角部分的椽子分布方式，是短椽，还是“扇椽”。这是两种不同的做法。区别在于：（1）短椽做法需加大连檐；（2）在日本用短椽的实例中檐口部分的屋面重量基本上用尾梿承托。

我国唐辽木构实例中，未见有短椽做法，但南北朝时期的义慈惠石柱屋、炳灵寺石窟塔柱及唐代大雁塔门楣石刻、房山云居寺小塔、敦煌壁画中，都体现了短椽的做法。这说明短椽与扇椽两种做法很早就是并存的。

浙闽地区早期佛塔中，福州龙瑞寺双陶塔[24]、泉州开元寺双塔，檐下都是短椽的刻法。而杭州灵隐寺双塔、闸口白塔则是扇椽的刻法（图46）。从年代上说，灵隐、闸口塔与华林寺大殿相近，而龙瑞、开元塔稍后；但是从细部构件形式，如栌斗、栱头、下昂、阑额等看，却又是龙瑞、开元塔与大殿相近（图47）。因此，它们所体现的可能是福建地区的传统做法，并为福建早期建筑颇有南北朝遗风又提供了一点证据。

查阅日本古代建筑的有关资料，发现《世界建筑全集》日本古代一册中所列载的建筑物（7～12世纪）几乎都是采用短椽的做法。

所以，在华林寺大殿创建的年代，短椽的出现还是很可能的，但这样做，必须保证

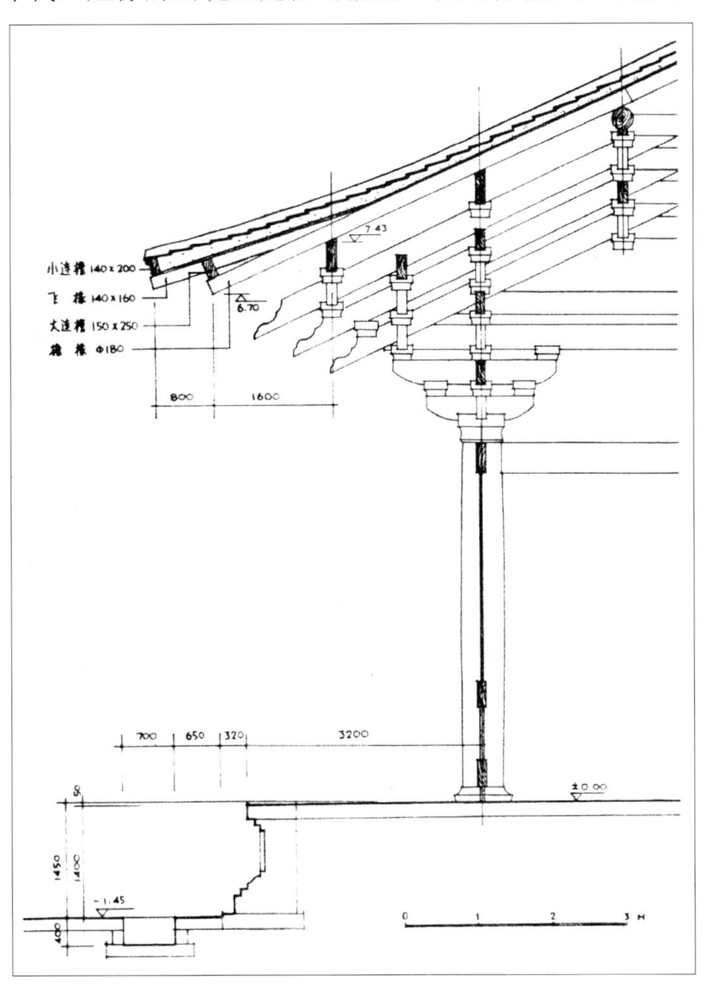

图45 华林寺大殿外檐复原图

泉州开元寺西塔（1228）

杭州闸口白塔（五代）

福州鼓山龙瑞寺陶塔（1082）

图46 檐椽分布形式参考图

图47 泉州开元寺塔局部

图48-1 杭州闸口白塔檐部（五代）

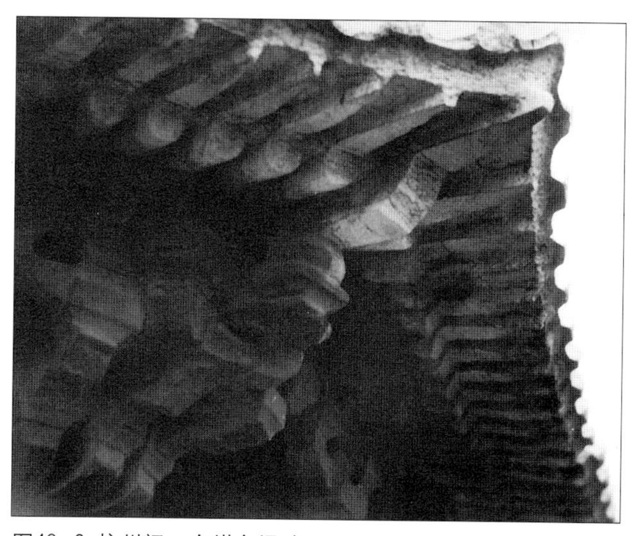

图48-2 杭州闸口白塔角梁头

图48-3 莆田广化寺塔檐部（1165）

角梁与连檐的强度。

4. 角梁

大殿现状角梁直径只有25cm左右。按复原后椽径为18cm，角梁的断面必须比现状大得多。现状橑檐枋交角处，留有原来安置角梁的卯口，宽度为22cm，这应该是角梁下暗榫的宽度。《法式》“造角梁之制”中规定，大角梁宽18～20分°。因大殿分°值较大，构件分°值一般小于《法式》规定，因此大角梁宽度定为16分°，即32cm，高度按《法式》应为28分°～2材，但考虑到适当减低垂脊高度，可使山面立面比例得到改善，因此定大角梁高24分°，即48cm。这虽然不符合大殿一般构件断面的高宽比，但从受力角度看是合理的（今天看来，取卯口宽度、按大殿构件高宽比也是可行的，即大角梁断面为22×44cm。2010年补注）。

大角梁的水平长度一般应为下平榑交角至檐椽头连线交点的水平距离。按《法式》规定，椽头自次角补间铺作心起，“皆生出向外，渐至角梁。若一间生四寸，三间生五寸，五间生七寸”。我国唐辽实例中有椽头不伸出的做法，如佛光寺大殿等[25]，但从杭州闸口白塔的檐部曲线可以明显看到椽头的伸出，广化寺塔的檐下虽未刻椽子，但也可以看到檐部到角梁处向外伸出（图48）。因此，大殿复原取

《法式》中的做法，椽头伸出五寸，即16cm。按此，大角梁的水平长度即为：

$$(192+208+160+16)\cdot\sqrt{2} = 814.5\text{cm}$$

从正定隆兴寺摩尼殿角梁实测图中可见，大角梁尾是放置在下平槫交角之上的[26]（图50）。从敦煌壁画中的《拆屋图》（图49）中则可看到，大角梁后没有续角梁。这也许是一种简化的画法。但考虑到华林寺大殿本身的需要与可能，如果材料长度允许的话，应该不用续角梁，而将大角梁延长到中平槫交角处。大角梁的水平长度即为：

$$(814.5+192)\cdot\sqrt{2} = 1086\text{cm}$$

图49 敦煌拆屋图

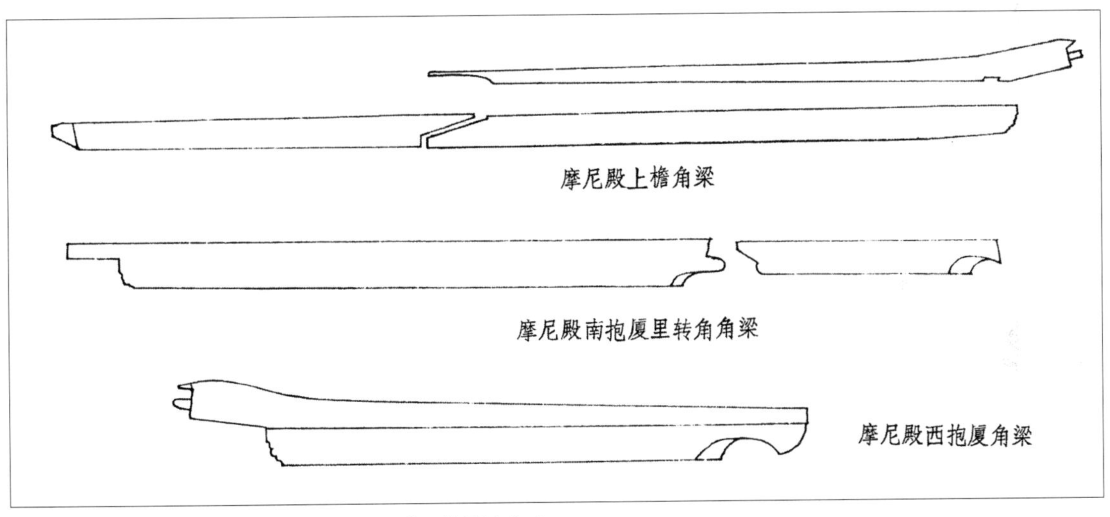

图50 正定隆兴寺角梁（摘自张静娴：《飞檐翼角》）

子角梁的做法与翼角起翘问题有关。我国唐辽实例，如佛光寺大殿、镇国寺大殿、独乐寺观音阁、应县木塔等，檐部曲线都比较平缓，翼角起翘不大。唐代敦煌壁画、大雁塔门楣石刻及北宋表现市民生活的界画如《清明上河图》中的建筑物，也不大起翘。但在一些表现宫廷生活的界画中，却出现翼角高翘的建筑形象，同时伴随着屋面举折的高大（图51）。宋元南方木构实例中，也出现了这类做法。如元代金华天宁寺大殿，就采用了形子角梁（图52）。但如果认为，唐五代以前的建筑物起翘小，宋以后加大；北方建筑起翘小，南方建筑比较大，这也是片面的。唐长安韦洞墓壁画中，同一组建筑物，前者翼角平直，后者翼角高翘，并带有装饰性人字补间；唐李寿墓壁画中的重楼也是翼角高翘；而五代杭州灵隐、闸口塔的起翘都很小（图53）。这就说明，除了结构方面的因素外，起翘的出现还包含有一定的装饰意义，对建筑物的风格有一定影响。

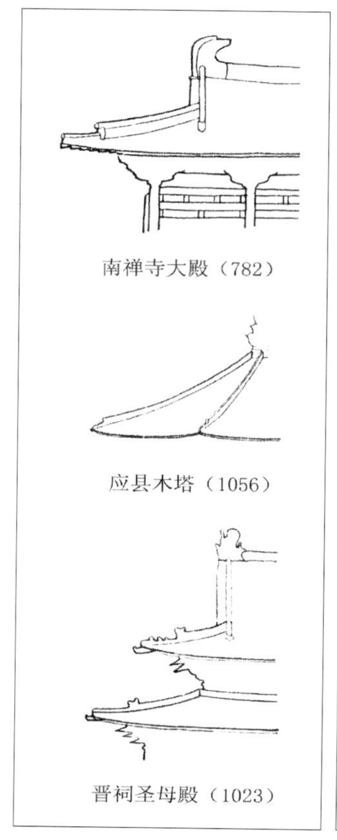

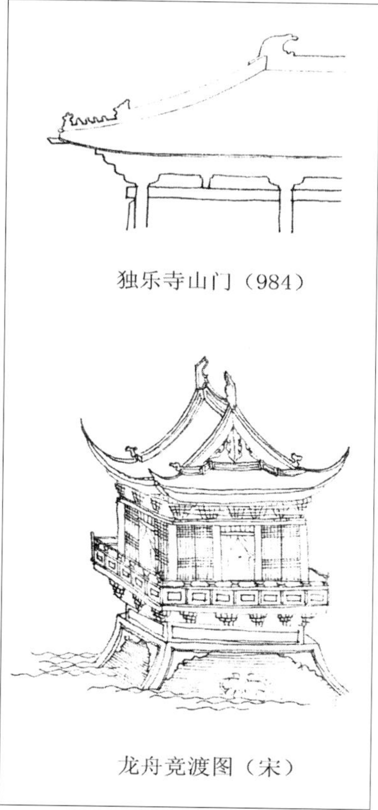

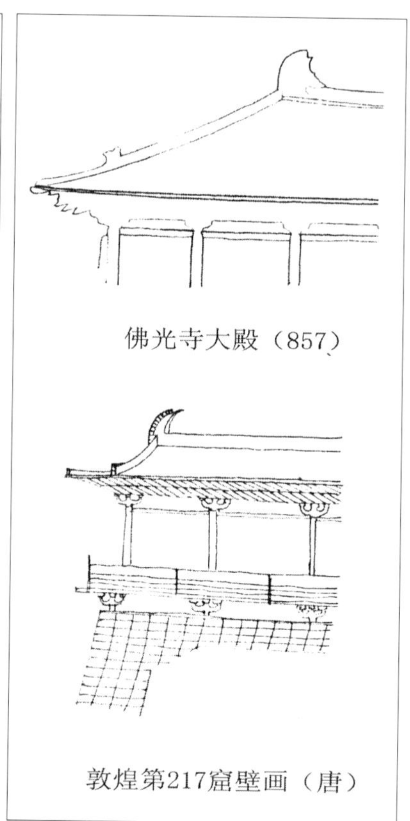

图51 檐口晋祠圣母殿（1023）曲线参考图

图52 金华天宁寺大殿角梁

韦洞墓壁画局部（唐）

杭州闸口白塔（五代）

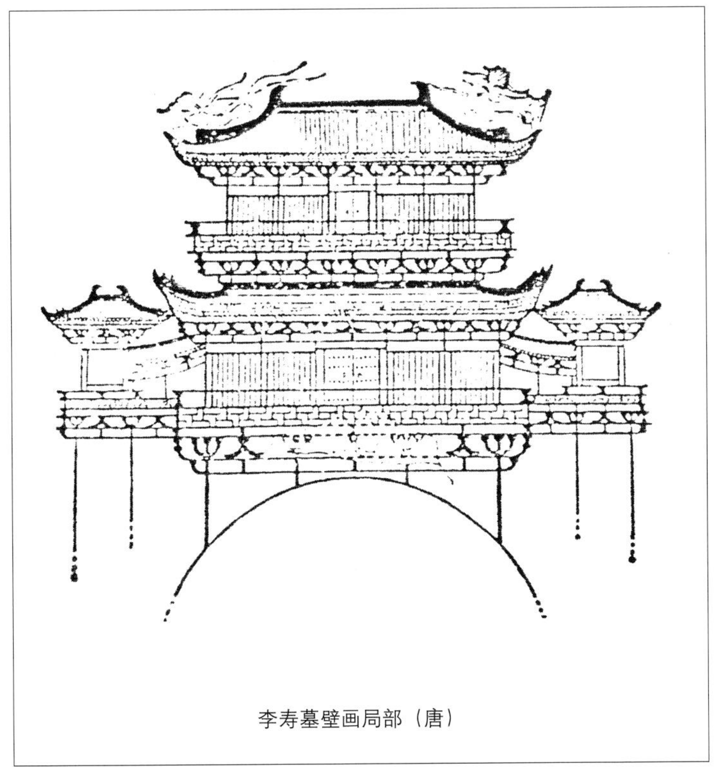
李寿墓壁画局部（唐）

图53 翼角曲线参考图

起翘大殿檐口曲线使建筑物显得轻巧秀丽，适用于园林建筑和宫廷中的楼阁亭榭；而平直的檐口曲线使建筑物显得稳重大方。华林寺大殿虽然采用了一些装饰手法，如曲线昂头、团窠等，但构件的粗壮硕大，说明它的风格中，并无轻巧成分。因此，大殿的檐部曲线相应地应当比较平缓，这与它平缓的屋面举折也是相适应的，两者结合而产生的，是舒展、有力的屋面效果，使人有境界宽广、包容一切的感觉。复原中，大殿子角梁头不出现折翘，而是上皮平直，梁头砍成直角。子角梁高度按《法式》规定，与大角梁宽度相同，宽"减大角梁三分°"。但大殿子角梁因采用短椽的缘故，须从头至尾隐出椽槽，因此断面须适当加大，定为高38cm，宽28cm。子角梁尾到下平槫交角处，子角梁梁头自飞椽头连线伸出的长度，复原中定为20cm，由此可得子角梁水平长度为：

$$(192+208+240+16)\cdot\sqrt{2}+20=947.6\text{cm}$$

橑檐枋、压槽枋、下平槫、中平槫上的生头木皆自次角补间铺作心起，到大角梁止，上皮与大角梁背平齐。

角梁复原见图54。

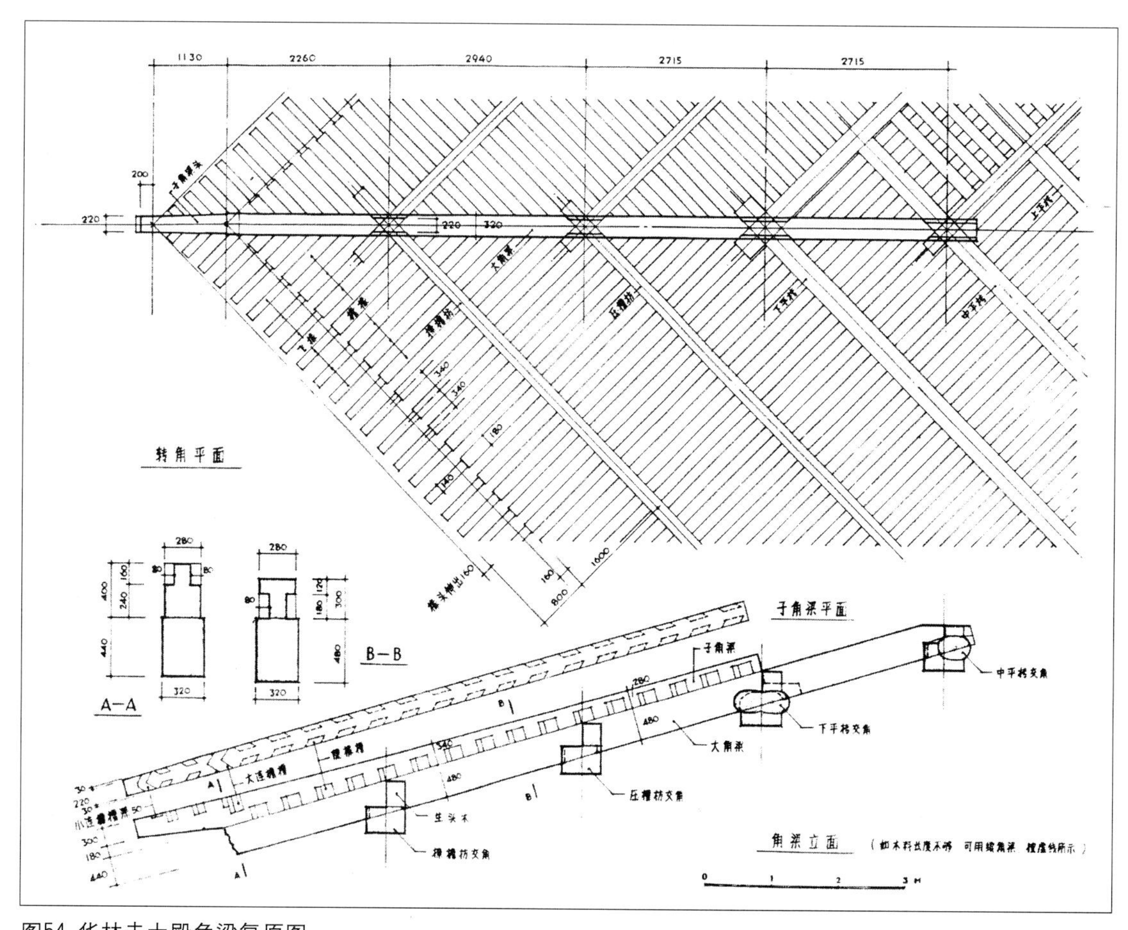

图54 华林寺大殿角梁复原图

5. 屋面（山面出际）及瓦件形式

·屋面

大殿的梁架形式说明大殿的屋面做法是“殿阁转角造”而不是四阿顶。《法式》中有“厅堂并厦两头造”的做法，在“出际之制”中又提到“殿阁转角造”，两者在做法上略有出入，实属一种屋顶类型。

按《法式》规定，“若殿阁转角造，即出际长随架”，意即按椽架之长确定出际的长度。华林寺大殿椽架长192cm，但现状出际长度只有136cm，显然不是原状（即使按《法式》中厅堂出际长度计算，八椽至十椽屋出四尺五寸至五尺，也应当在148～165cm）。所以，首先应将大殿出际长度复原为随架之长，即192cm。

山面出际的做法，按《法式》为“于屋两际出槫头之外安博风版，广两材至三材，厚三分°至四分°……（转角者至曲脊内）”。这种博风版与曲脊的做法在唐、五代壁画及界画中也多有所见（图55），说明唐宋期间变化不大。但是悬鱼惹草的形式却发生

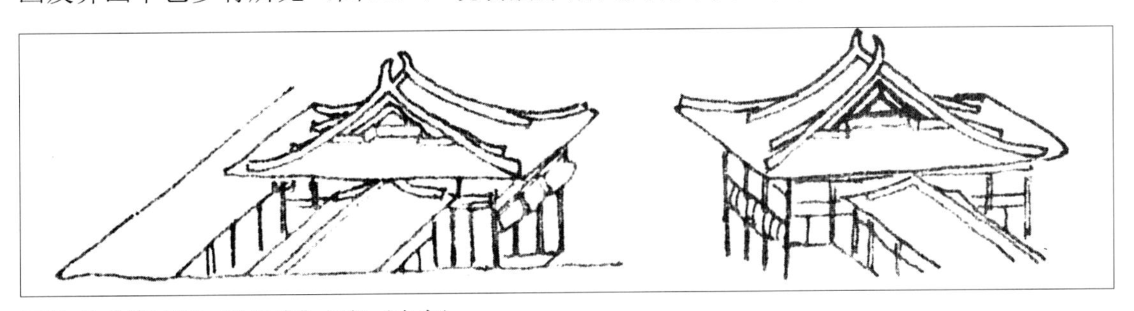

图55 敦煌第148窟《弥勒变》局部（中唐）

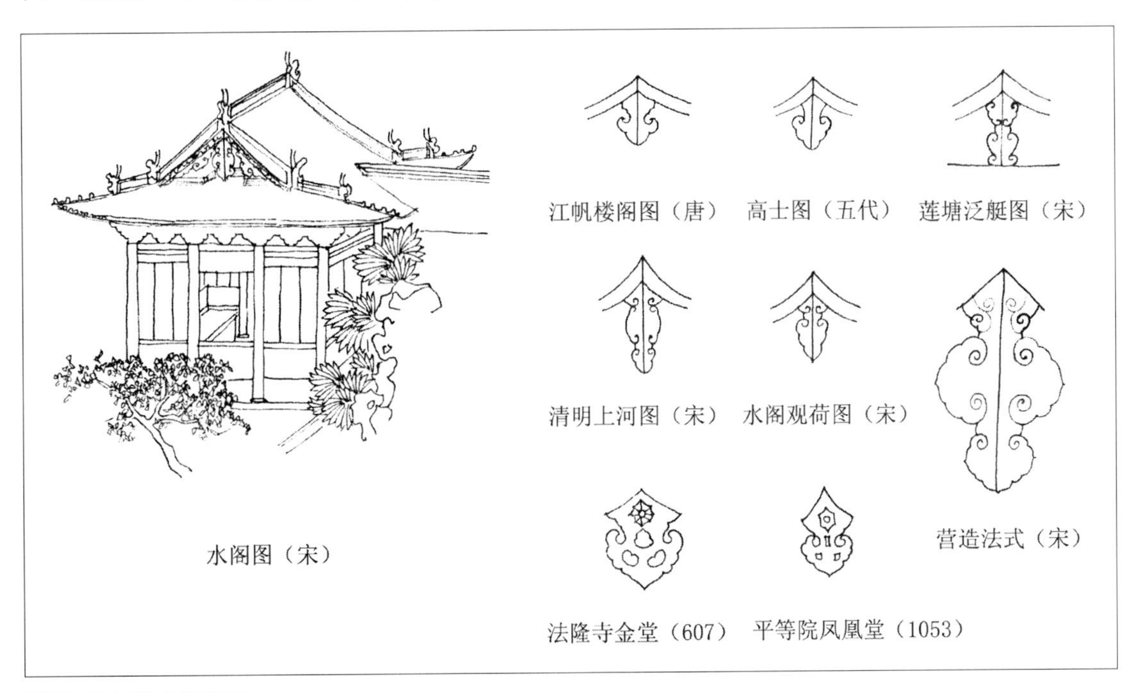

图56 悬鱼形式参考图

了显著的变化。首先，唐、五代时悬鱼较短，宋代悬鱼较长；其次，唐、五代时未见有惹草，而《法式》中，惹草的使用已成一定之规。宋代界画中的建筑物，悬鱼惹草几乎将整个出际山面遮住（图56）。这一变化的原因，很可能在于唐、五代建筑物举高较小，出际山面相应低矮，因此悬鱼较短，亦无须使用惹草；而宋代以后举高加大，出际山面相应高大，故不仅拉长了悬鱼，同时加用惹草。从华林寺大殿出际山面的情况看，应属低矮之列：从脊槫上皮到山面下平槫上皮，不过2.8m。所以宜用短悬鱼，并不用惹草。《法式》规定博风版“广二至三材”，悬鱼“长三尺至一丈”，采用其中下限恰好合适，即博风版宽70cm，悬鱼长100cm。

·鸱尾（吻）与脊

早在中唐，史料中就已有关于鸱吻的记载[27]。宋初《说郛》中有彭乘的《墨客挥犀》篇，记曰：“汉以宫殿多灾，术者言，天上有鱼尾星，宜以其象冠于室以禳之。不知何时易名为鸱吻，状亦不类鱼尾。”唐代乐山凌云寺及龙泓寺摩崖（石刻）中，也已出现鸱吻的形象[28]。敦煌61窟壁画（五代）中的鸱吻形象也十分明确（图57）。这都说明，鸱尾向鸱吻的演变，自中唐始，而且最早可能出现于唐长安的宫殿建筑。到宋初，鸱吻的使用已相当普遍。但令人奇怪的是：成书于北宋末期的《法式》中并没有“鸱吻”的提法，只有“用鸱尾之制”。这可能说明《法式》的编撰者的确是“考阅旧章”来编写《法式》的，也可能说明当时存在着鸱尾与鸱吻两种做法，因此《法式》并不具体说明形式，而只是规定了构件高度。

福建地区现存实例及出土物，也证明五代末、北宋初同时有这两种做法存在。福州布政司遗址[29]出土的物件中有吻兽的残部，据推测应为闽王宫殿遗物。史料中记载闽王宫殿建于930年前后[30]。而同安石亭[31]上有“建隆四年岁次癸亥九月一日建竖”的题刻（是年十一月改号乾德元年，即963年），却采用了鸱尾的形式。

因此华林寺大殿创建时，采用鸱尾或鸱吻都是有可能的，这里做两种方案。鸱尾在造型上参照同安石亭及日本玉虫厨子鸱尾等，鸱吻则参照布政司出土残片、敦煌61窟壁画、龙瑞寺大殿台基石刻及宁波出土的宋代陶屋（图57）。鸱尾（吻）的高度，按《法式》规定：“殿屋……五间至七间（不计椽数）高七尺至七尺五寸，三间高五尺至五尺五寸。”华林寺大殿面阔三间，进深较大，鸱尾（吻）高度取五尺五寸，即1.8m（图58）。

屋脊的做法，应为垒瓦。按《法式》规定：“垒屋脊之制：殿阁若三间八椽或五间六椽，正脊高三十一层，垂脊低正脊两层（并线道瓦在内）。”大殿正脊高按板瓦长一尺三寸、厚六分（1.92cm）计算，三十一层则为60cm。垂脊高按板瓦长一尺二寸、厚五分五（1.76cm）计算，二十九层则为51cm。山面曲脊按低垂脊二层、瓦厚五分考虑，为44cm。“垂脊之外横施华头筒瓦及重唇板瓦”，即“华废”（图59）。

《法式》卷十三中又规定了“佛道寺观等殿阁正脊当中用火珠等数，殿阁三间火珠径一尺五寸，……（火珠并两焰其夹脊两面造盘龙或兽面，每火珠一枚内用柏木竿一

大雁塔门楣石刻

乐山龙泓寺、凌云寺摩崖（唐）

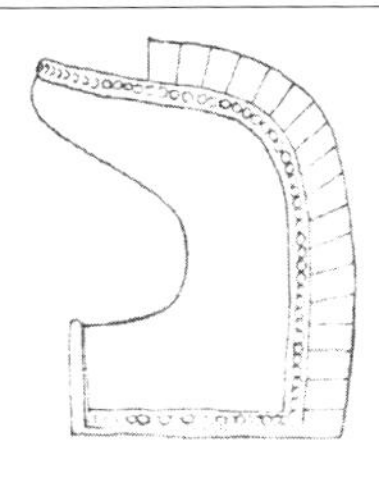

［日］奈良招提寺金堂（759）

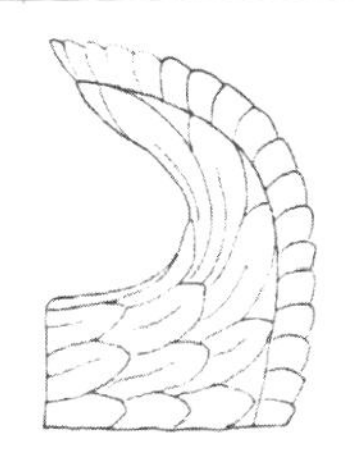

奈良法隆寺玉虫厨子

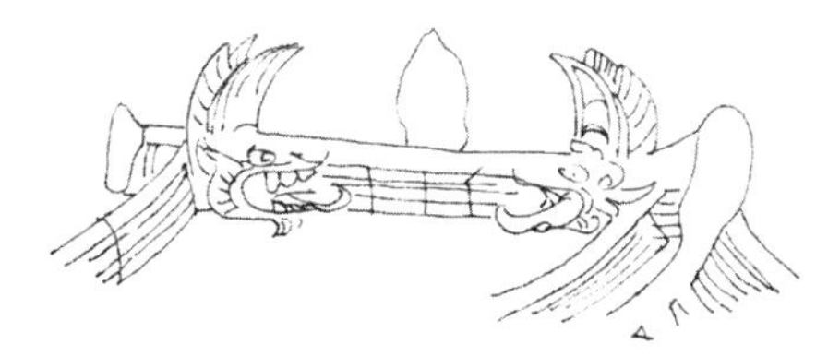

敦煌第61窟壁画（五代）

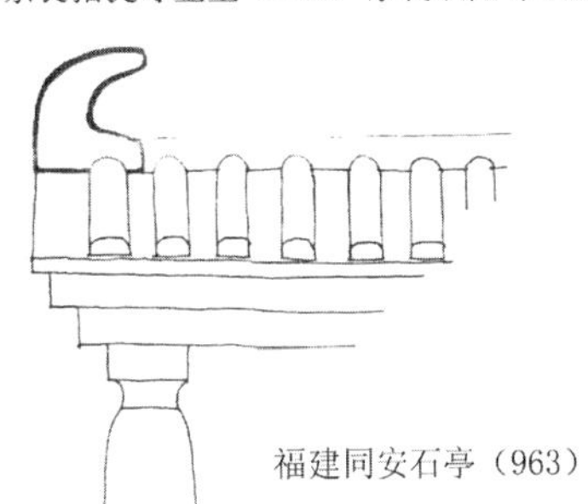

福建同安石亭（963）

闽侯龙瑞寺台基浮雕之一

闽侯龙瑞寺台基浮雕之二

福州布政司遗址出土吻兽残部（五代）

余姚保国寺藏宋代陶屋

图57 鸱尾（吻）形式参考图

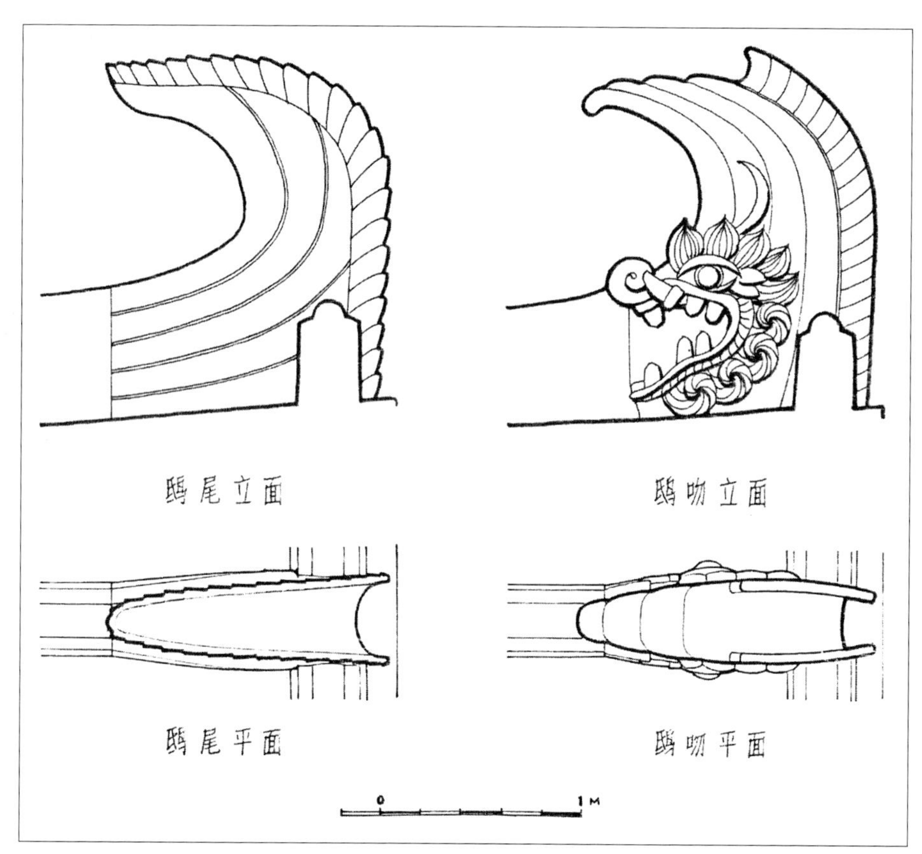

图58 华林寺大殿鸱尾（吻）复原图

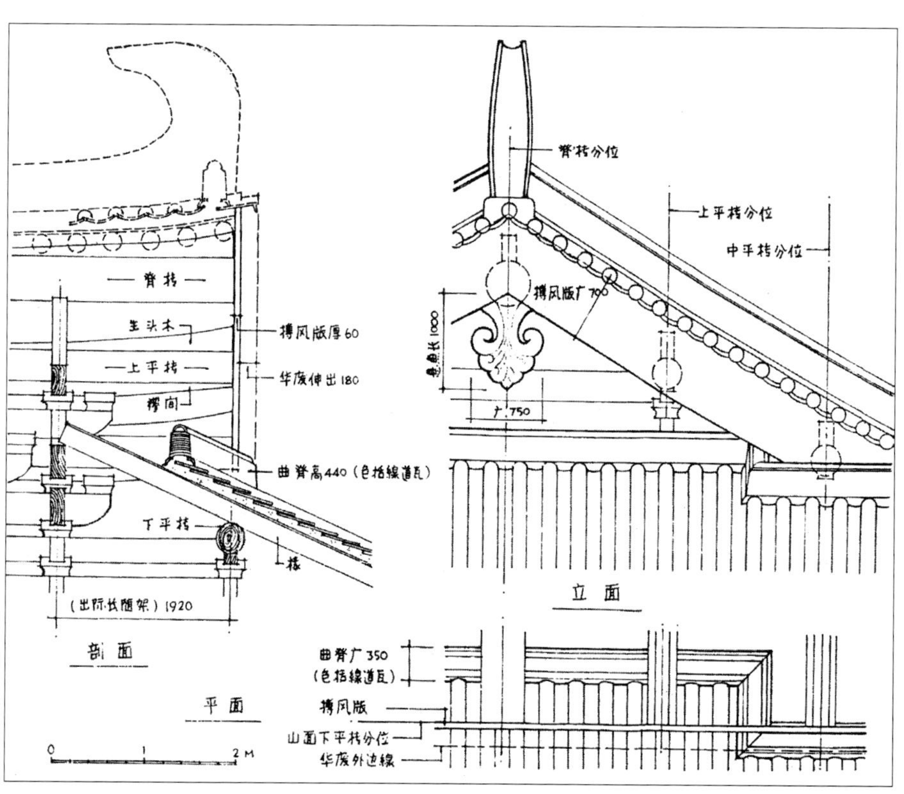

图59 华林寺大殿出际复原图

条）”。但更早的形式，似乎不是火珠。如南北朝龙门古阳洞、云冈石窟及河北涿县石造像碑中的建筑物正脊（垂脊）当中，均为飞鸟形雕饰物。而大雁塔门楣石刻、长安韦洞墓壁画中的建筑物，正脊（垂脊）当中却是莲华宝珠类雕饰。从敦煌61窟壁画中可以看出，佛教建筑正脊当中多有雕饰（图60）。因此，华林寺大殿的正脊当中很可能也有火珠或莲华宝珠一类的脊饰（图61）。

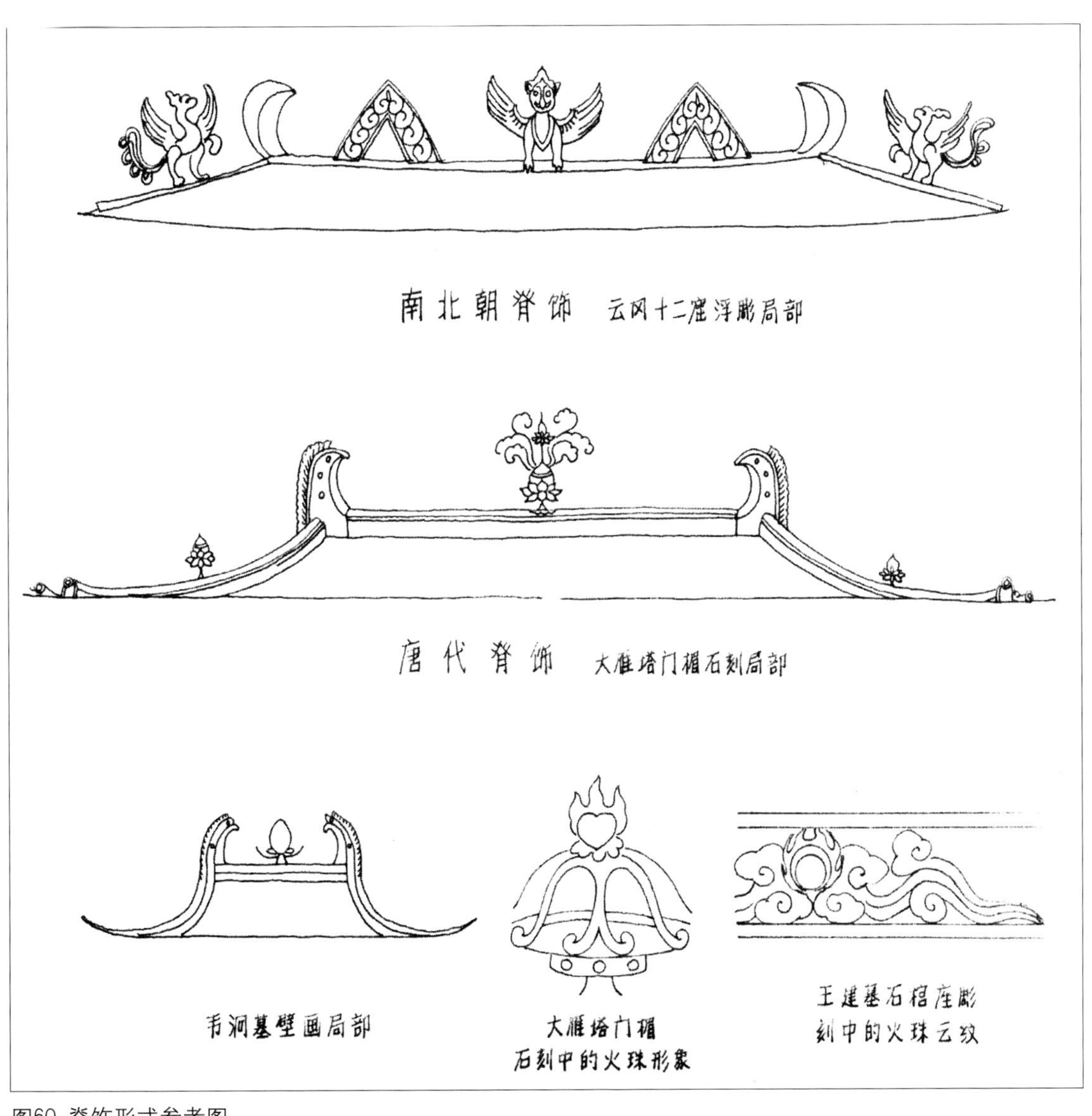

图60 脊饰形式参考图

图61 华林寺大殿脊饰复原图

脊头形式。从福建地区宋代石塔的脊头形式看，多重筒瓦头相叠而出的形式比较普遍，与敦煌壁画及韦洞墓壁画中的脊头形式相近。同时也有仙人坐脊头、龙首衔脊头的做法（图62）。《法式》中的脊头做法则是用垂脊兽，“转角上下用套兽、嫔伽、蹲兽、滴当、火珠等”，并注明“套兽施之于子角梁首，嫔伽施于角上，蹲兽在嫔伽之后，其滴当、火珠在檐头华头筒瓦之上下”。这种形式的脊头在宋界画中多见，如《焚香祝圣图》《水殿招凉图》《滕王阁图》《黄鹤楼图》等，但这种做法在界画中都是与“头朝外”的鸱吻同时出现，很可能是北宋中期（1050前后）中原或是汴梁一带的做法。因此用于华林寺大殿是不大合适的。

大殿的脊头拟采用三重脊头瓦、一重华头筒瓦相叠而出的形式（图63）。

·瓦件形式

在华林寺大殿西檐下的探坑中先后出土了三种形式的瓦当（图64）。

莲华瓦当残片。复原后直径13.5 cm、厚2cm；

宝相花瓦当残片。直径13.5 cm、厚2.3cm；

兽面瓦当。直径13 cm、厚2.1cm。

从布政司遗址出土的瓦当中也有这三种形式，可见是五代时期福州地区常用的瓦当形式。

福建地区宋代石塔，如尚干塔、开元寺塔、广化寺塔上，多用狭瓣莲华瓦当（图64）。从我国及日本、朝鲜出土的唐代前后瓦当形式来看，也以莲华瓦当为最普遍。

华林寺大殿作为佛教建筑，采用莲华瓦当是比较合适的。西檐下出土的莲华瓦当，没有连珠，这一点与朝鲜出土的南朝时期瓦当及日本出土的飞鸟时期瓦当有些相像。我认为它应该是华林寺本身的遗物，不太可能是从别处搬来的。并且同一地点出土的另外两种瓦当形式，在布政司遗址中都有所见，说明是年代相近的物件。因此在没有发现新的出土实物之前，复原中拟采用这种莲华瓦当形式。

板瓦根据《法式》及早期实物判断，无疑应当采用重唇板瓦形式。从广化寺塔及闸口白塔的重唇板瓦形式看，与河南嵩岳寺旧址及济南神通寺古台基基址出土的重唇板瓦形式比较相像[32]（图65）。板瓦的宽度，据布政司遗址出土的实物量测，为28cm。广化寺塔的筒瓦直径略小于相隔净距，也就是说，板瓦宽度略大于筒瓦直径的二倍。按此，若大殿筒瓦直径为13.5cm，则板瓦宽度应在30cm左右。大殿筒、板瓦及脊头瓦复原见图66。

大殿筒板瓦及鸱尾（吻）、脊、脊头等均用浅灰色陶质构件。

敦煌第172窟壁画（盛唐）

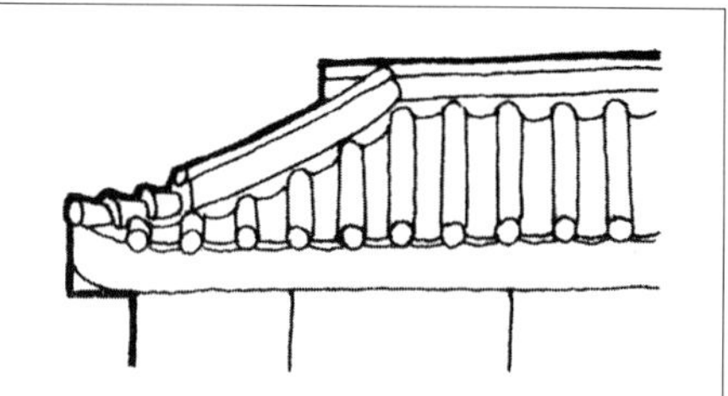

韦洞墓壁画（盛唐，708）

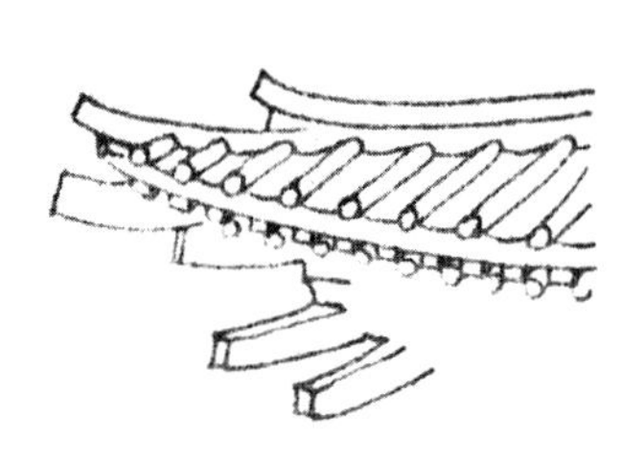

[日]海龙王寺小塔（奈良时期）

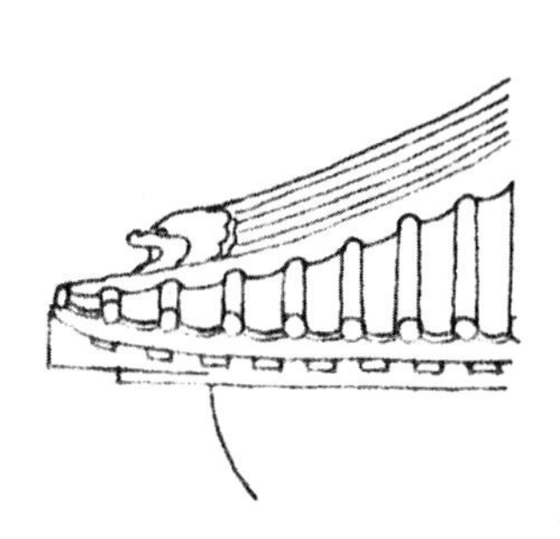

明惠禅师墓塔（877）

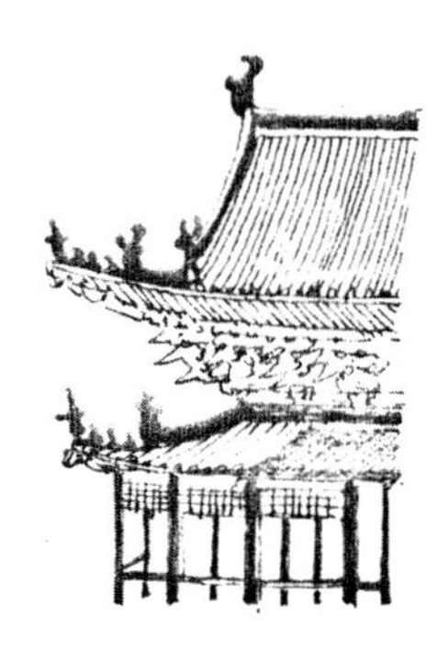

焚香祝圣图（宋）

长乐三峰寺塔（北宋，1117）

泉州开元寺东塔（南宋，1238）

莆田广化寺塔（南宋，1165）

图62 脊头形式参考图

图63 华林寺大殿脊头复原图

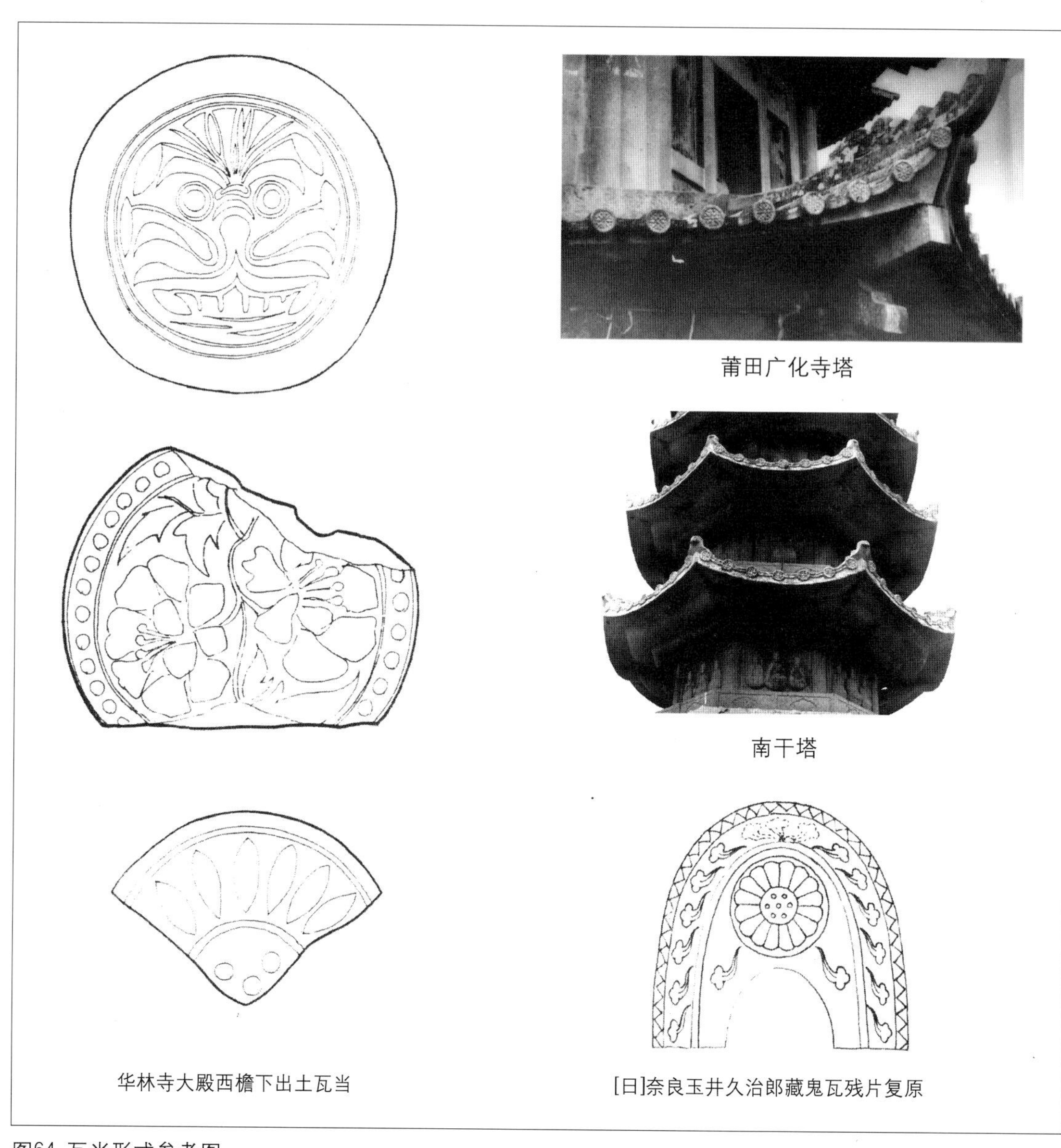

莆田广化寺塔

南干塔

华林寺大殿西檐下出土瓦当

[日]奈良玉井久治郎藏鬼瓦残片复原

图64 瓦当形式参考图

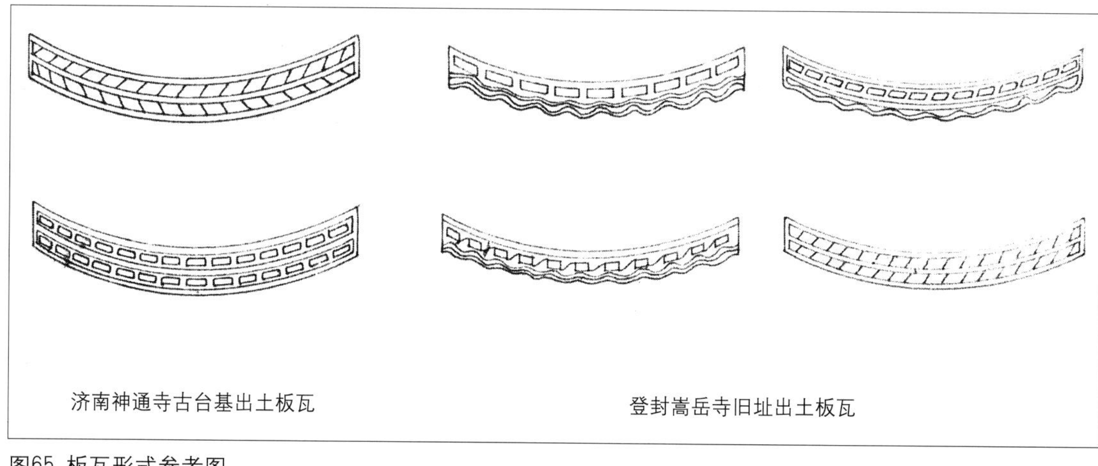

济南神通寺古台基出土板瓦

登封嵩岳寺旧址出土板瓦

图65 板瓦形式参考图

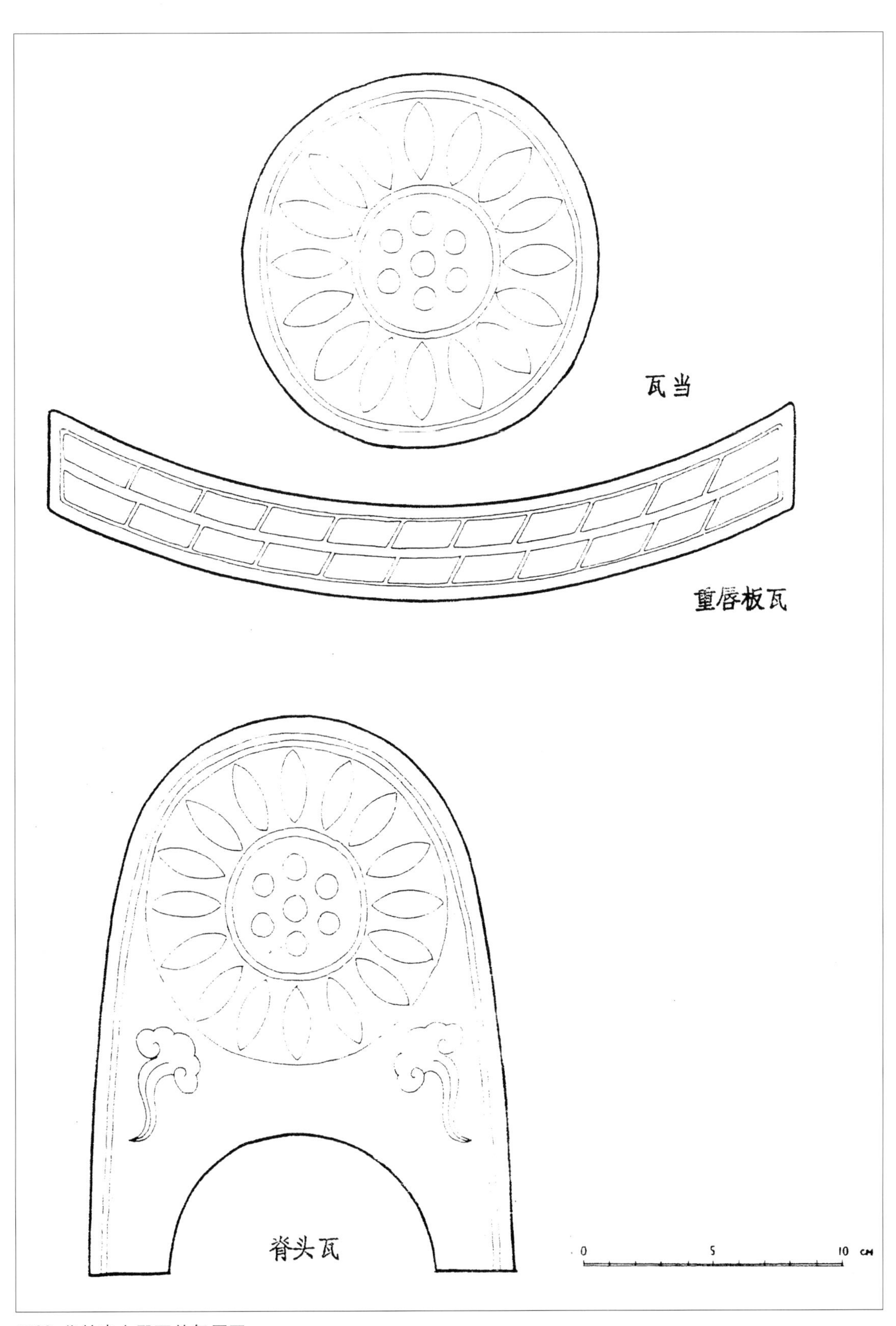

图66 华林寺大殿瓦件复原图

6.后檐明间补间铺作问题探讨

大殿现状东、西、北三面皆无补间铺作。阑额上没有放置栌斗的痕迹，各层柱头枋、罗汉枋上也没有昂身穿过的痕迹。大殿东西山面没有前檐那种补间，可以从开间广度上得到解释，因为山面各间间广都不够放置一组七铺作重栱造的补间铺作。同时也不存在斗子蜀柱与人字栱补间的可能性，因为阑额上没有插柱的卯口，只有四道坡槽，第一层柱头枋底，则是四个狭长榫眼，与阑额上的坡槽相对，这显然不会是斗子蜀柱或人字补间留下的痕迹（图67）。

后檐梢间的阑额、柱头枋与东西山面一样，有坡槽榫眼，因此也是无补间的。只有后檐明间的阑额及柱头枋是新料，上面没有任何榫卯痕迹，需要探讨原来是否有补间铺作。

首先排除七铺作单、双补间的可能性，一则因为两侧梢间无补间，二则因为昂尾无法处理。前檐补间昂尾是在算程枋上，因此可以随意处理，截断在下平槫下。而后檐若同样处理，就会与殿内其余昂尾的形式很不协调。若采取山面中柱柱头铺作昂尾直上中平槫的做法，则必然与后内柱之间的隔架发生矛盾。

不出跳的单、双补间，我认为也与后檐明间缺乏必然的联系。大殿内部有不出跳的单补间，用在后内柱之间隔架上。如果仅仅是为设补间而设，就没有必要在补间下采用云形驼峰，也完全可以像保国寺大殿那样做成双补间。所以，它明显是与殿内佛像相互关联并具有特定的装饰作用。而后檐明间若也采用这种补间形式，则没有什么意义。而且，前内柱之间，也就是正面大门之上，也没有补间铺作痕迹，而是和山面一样，在内额和柱头枋上，有均匀分布的榫眼坡槽。这种情况下，如果后檐明间出现补间铺作，会显得十分偶然，并破坏了殿内四壁的统一感。因此在复原中，后檐明间与两侧梢间一样不用补间铺作。这样虽然从局部间广来看似乎过于空荡些，但整体看来是协调的。

华林寺大殿这种补间铺作集中于前檐的处理方式，似乎表明木构建筑中补间铺作向多铺、多组的发展，首先是基于装饰风格上的需要。大殿不仅把补间铺作都用于前檐，而且还配之以月梁造阑额、前廊、算程枋等，这绝非无意之举，目的在于突出大殿的正立面，也就是给人以第一眼印象的部位。这种对建筑物采取重点装饰手法的例子不仅华林寺大殿一个，晋祠圣母殿也如此。圣母殿的补间铺作与蟠龙柱都只限于前檐，台基上的栏板也是从前立面起，到山面梢间为止。另外，如泉州承天寺大殿，前后有双补间，东西山面无补间。这种重点装饰的手法，使华林寺大殿带有一种过渡时期建筑的特征，并反映出当时社会风尚及艺术思想的影响，既不满足于旧的形式与做法，又尚未形成新的框框套套，是突破陈规之后自由变化时期的产物，有一股新奇的魅力，容易形成自己的特色。

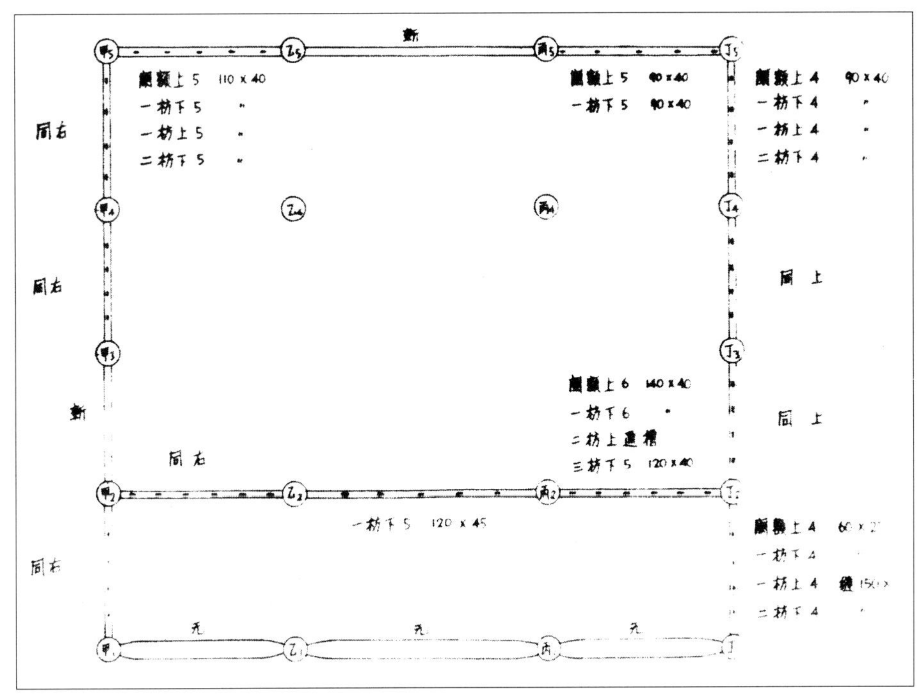

图67—1 华林寺大殿阑额、柱头枋榫槽分布图

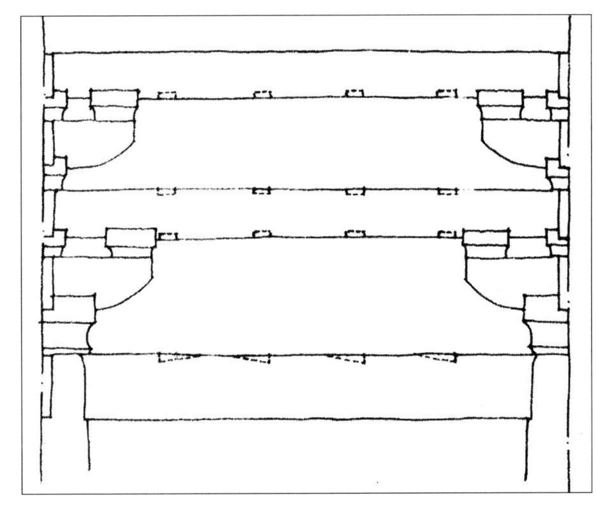

图67—2 华林寺大殿柱头枋榫槽图

7.前檐转角内部

从图68中可以看到大殿前檐内转角的现状，是在算程枋上支起一堆木块，托住第二层角昂，而头层及第三层角昂均被截断，在周围残断的构件中，最引人注意的是瓮形驼峰上的令栱。它朝向殿内的一头，与其他栱头无异，而朝向算程枋的一头，却是一截30cm左右的枋头（图69）。从底部无卷杀、上部无栱眼的情况看，不是栱头截断后的残段，也就是说，这只令栱伸向算程枋、角昂尾的一头，不是栱，而是枋子。这根枋子的作用，很可能就是用来支撑转角铺作的后尾。那么，枋子的另一端应当有支点。一种可能，是在前檐梢间第三层柱头枋上找支点。但如果原构是采用这种做法，则在柱头枋上必然留下开榫的痕迹，而现状柱头枋十分完整。另一可能，是在算程枋上找支点。但算程枋上也没有留下任何痕迹。于是就有第三种可能性，即此枋为悬臂端，转角铺作依靠

角昂后尾

下平槫交角处

下平槫交角处加撑

图68 华林寺大殿前檐转角内部现状

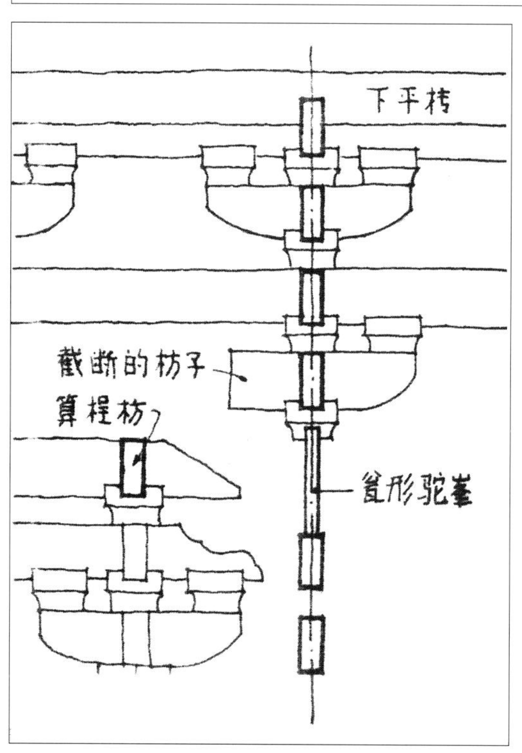

图69 瓮形驼峰上令栱（断枋）

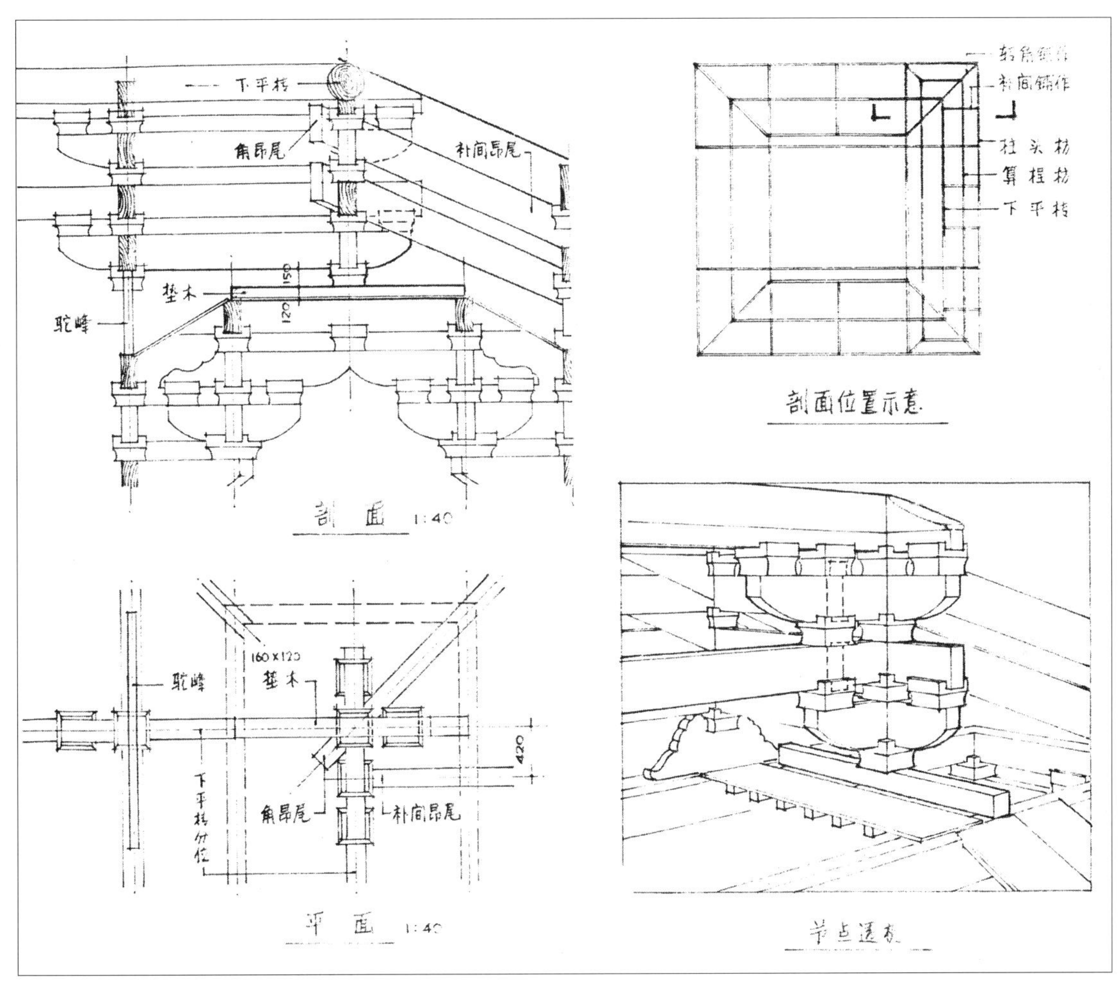

图70 华林寺大殿前檐转角内部复原图

本身的受力平衡保持昂尾的上挑，并托住下平槫交角，这根悬臂的枋子和下平槫襻间，只起一定的辅助作用。这种做法虽有可能，但复原中似应采取保险措施。因此，拟在算程枋上加置一横枋，当中置斗，托住转角铺作后尾及襻间枋交角。转角铺作的头层昂尾因算程枋之故确实需要截断，但二、三层昂尾应该延伸上来，与十字令栱相交。另外，还有一个问题：前檐梢间补间铺作的第三层昂尾，正好与下平槫交角下的十字令栱在栱眼部位相交。这就需要将栱臂延长，其上加置一斗，使一个栱臂上出现两个栱眼，这样，补间昂尾就可以在两个栱眼之间找到落脚之处了。

前檐转角内部做法复原（图70）。

8. 驼峰

大殿后部乳栿上云形驼峰的形式是统一的。由此可以推测，大殿前部的相应位置上也应该有形式统一的驼峰。

大殿前部的驼峰位置，在两侧双层额及两道横向算程枋上。现状情况是：两侧双层额上有瓮形驼峰，而横向算程枋上只用短木支撑（图71）。

如果认为瓮形驼峰是原构做法，则横向算程枋底部正中的线脚令人无法理解。不能想象古代工匠会在承受集中荷载的地方削弱构件强度。因此我认为瓮形驼峰不是原构做法。

从图72中可见，早期实例多采用扁阔的桥形驼峰，而且两肩做法有出瓣、入瓣之分。根据瓮形驼峰及殿内各种云形驼峰的形式判断，大殿前部驼峰很可能是两肩入瓣的做法，类似莆田玄妙观三清殿中的驼峰形式。这样的驼峰由于双层额或横向算程枋上都比较合适（图73、78），同时与殿内其余云形驼峰有所呼应。

图71 华林寺大殿横向算程枋上现状

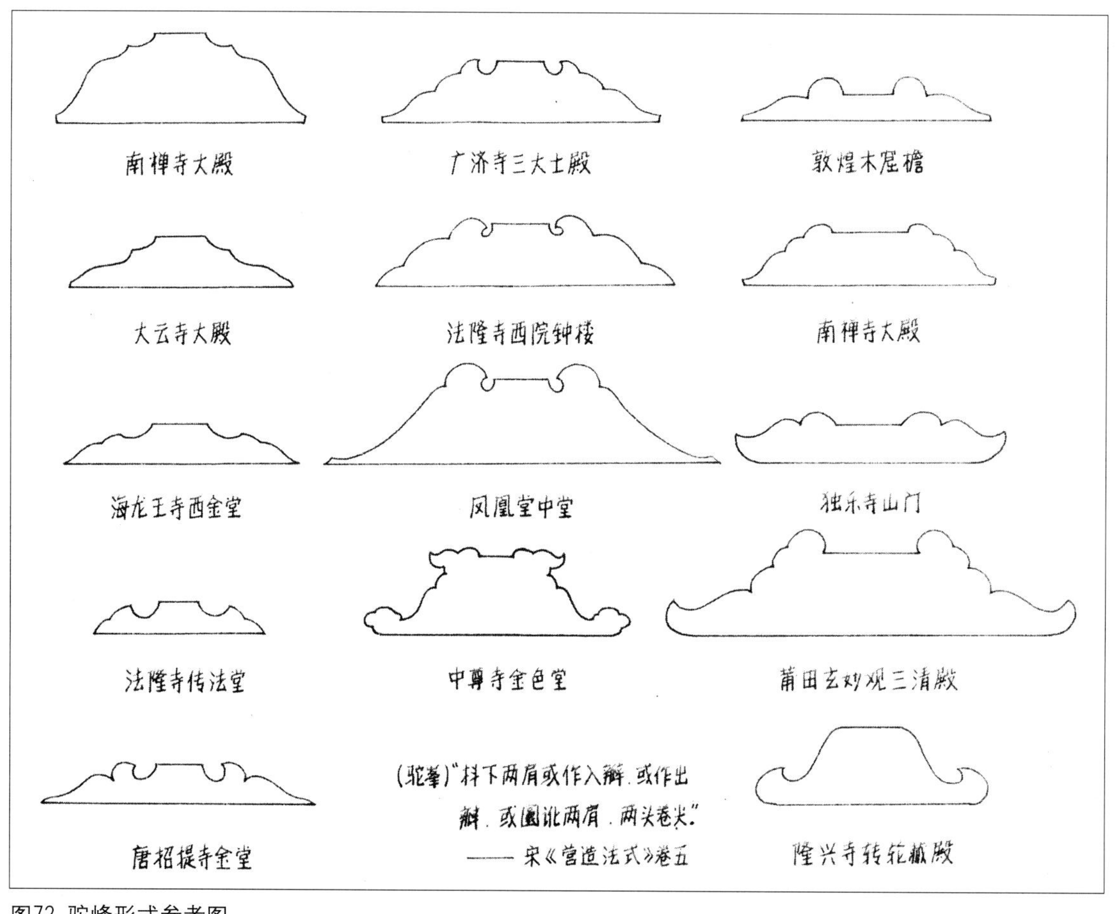

图72 驼峰形式参考图

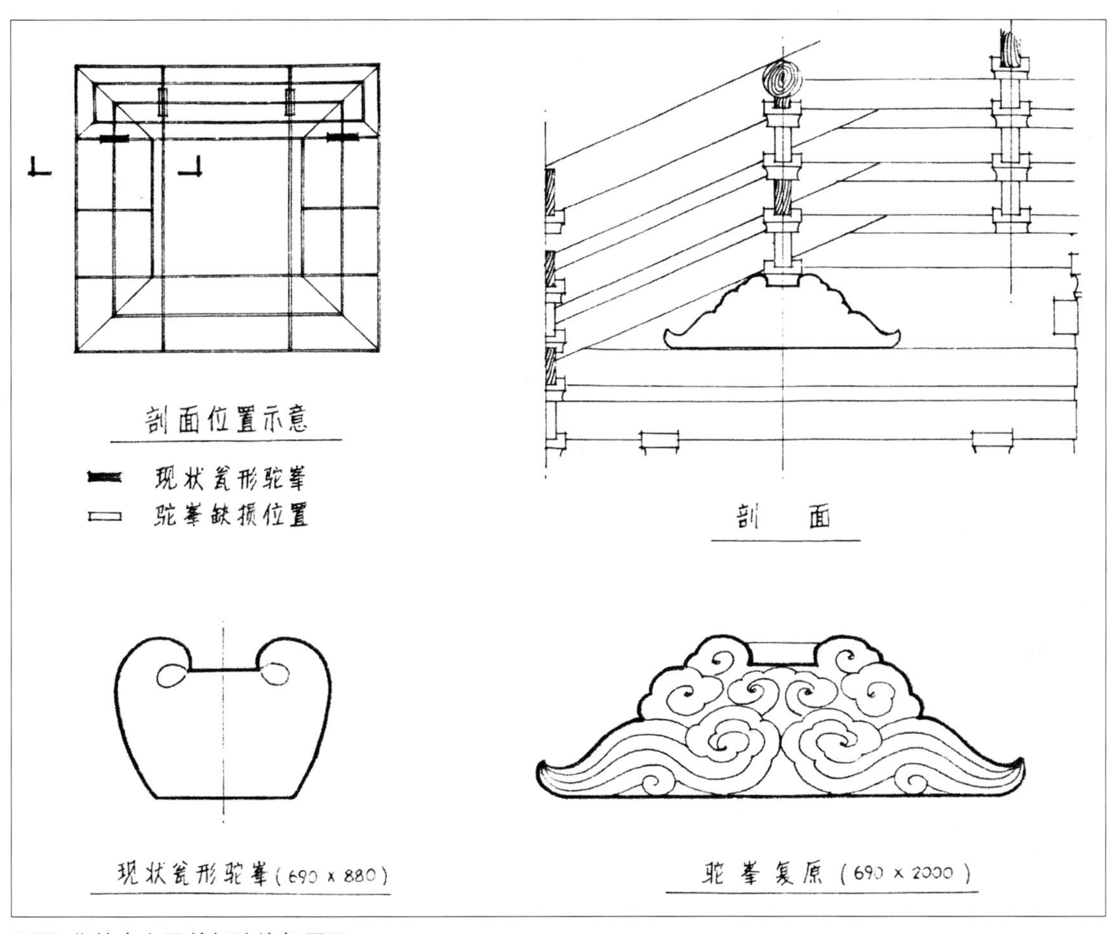

图73 华林寺大殿前部驼峰复原图

9.门窗做法与形式

门窗的位置在平面部分已基本确定。即：

前内柱一排，当中为门，两侧为窗；

后檐两侧为窗，当中为隔断；

东西山面为隔断。

大殿正门的立面高度，根据阑额及地栿榫卯的位置，应为4.37m；宽度根据额下凹槽的距离，应为2.85m，高宽比为1.53∶1。窗的高度，根据阑额及腰串榫卯的位置，应为2.94m，宽度根据额下凹槽，应为1.96m，高宽比为1.5∶1。

按《法式》规定，门的比例（版门、合版软门、乌头门）都是“广与高方”，即高宽比为1∶1。窗则以间广为宽度，自然是扁阔的。在北方一些实例中，门窗的比例符合于《法式》的规定，如佛光寺大殿门高4m，宽4.4m，窗高2m，宽3.3m。独乐寺山门门高宽皆为4m，窗高2.9m，宽4.6m。但浙闽地区一些枋木构石塔，如灵隐双塔、闸口白塔、广化寺塔、开元寺塔等，在间广大于柱高的情况下，门的比例都在1.5∶1～1.7∶1之间，门两侧均有约占开间宽度1/4的实墙面，上刻菩萨、罗汉等形象（图74），明显与《法式》规定做法不同，也许是这一地区佛寺建筑专用的一种大门形式。

杭州闸口白塔

泉州开元寺西塔

长乐三峰寺塔

苏州罗汉院双塔

图74 门的比例参考图

以创建年代判断，大殿正门采用版门形式是比较稳妥的办法，因为现存实例及宋代界画都表明，版门的做法不仅在唐、五代，一直到宋代仍然流行。但我认为从大殿正门的比例来看，有可能采用另外一种形式的门扇，及上部带有直棂窗的版门，姑且称之为“直棂版门”。在灵隐双塔、闸口白塔上部都可看到这种门扇形式，只是外面有花头版。上部直棂窗高度约占门高的1/3～4，下部2/3为实板，四道穿带，外置门钉金环。另外，镇江甘露寺铁塔下出土的南唐禅众寺及长干寺舍利棺椁[33]上所刻的大门形式，则是不带花头版的直棂版门（图75），说明晚唐五代时期江浙闽一带寺院建筑中很可能流行过这类门扇形式。这种形式就好像是在方形版门上加了一道直棂窗，故此把门的比例也拉长了。

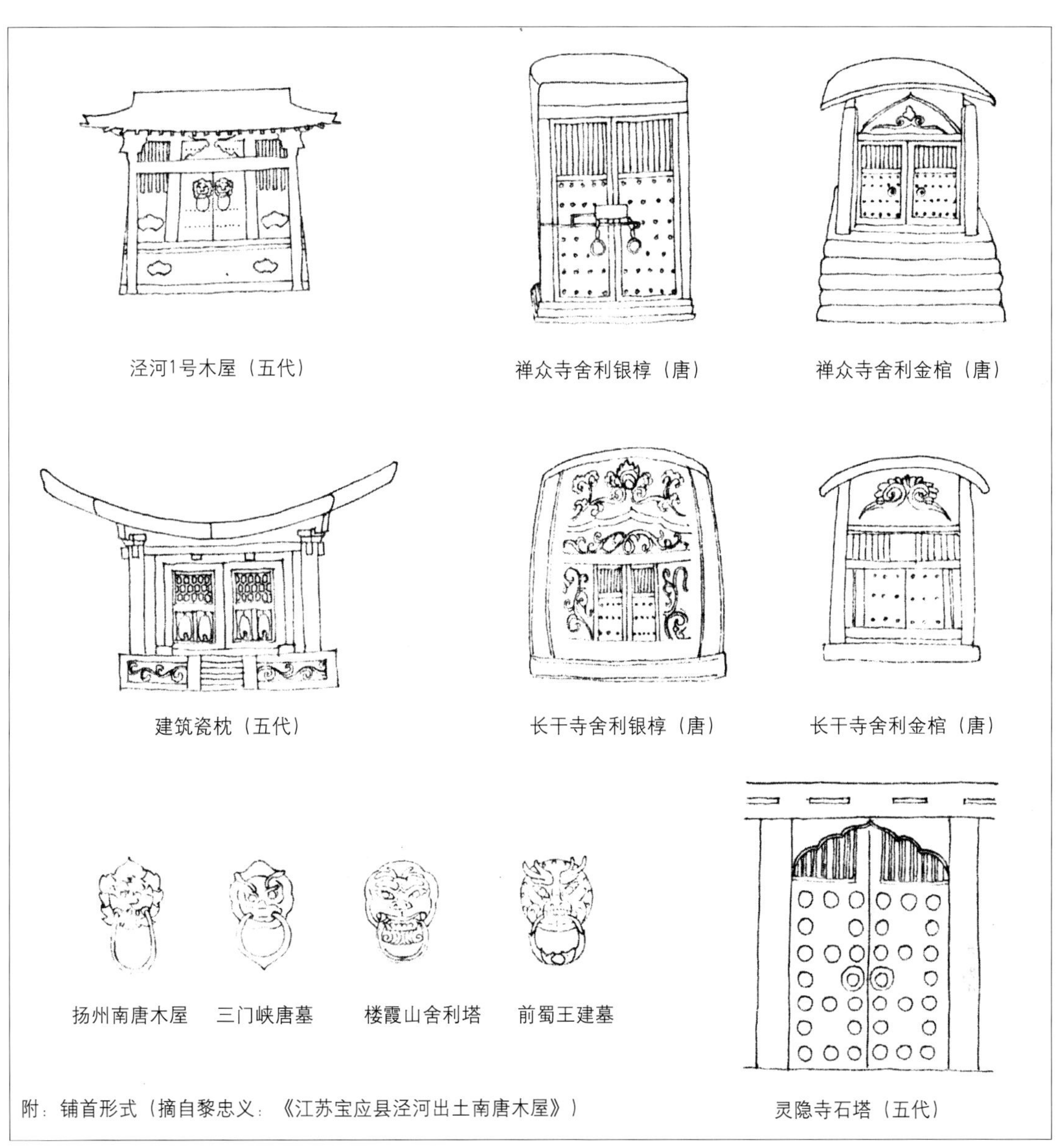

图75 门的形式参考图

大殿前后梢间立窗的阑额底部，有两个半圆槽（图40），这似乎说明窗的形式是双扇内开。但唐、五代实例及壁画中，除了单扇固定的直棂窗做法外，没有发现过开启窗的做法。五代南唐木屋中，是单扇固定直棂窗的形式（图76），《法式》中也未提到双扇开启窗的做法。宋代界画、墓葬壁画中，虽然出现了大量格子窗、菱花窗，但在比较正规的建筑物上，如城楼、衙署、寺院等，仍采用固定直棂窗的做法。因此，认为华林寺大殿创建时采用双扇开启窗形式似乎依据不足。至于阑额下的半圆槽，有可能是明清重修时留下的痕迹。

前面提到阑额底部有凹槽，一种是通长的，一种是在两端。槽宽4cm、深2cm。这意味着两种可能性。一种是夹泥墙的做法。前内柱上的灰迹，说明大门两侧可能是夹泥墙。《法式》卷二十五泥作功限中有“用坯……侧劄照壁（窗坐门颊之类同）每

合肥南唐木屋

九成宫避暑图（宋）

重庆井口宋墓

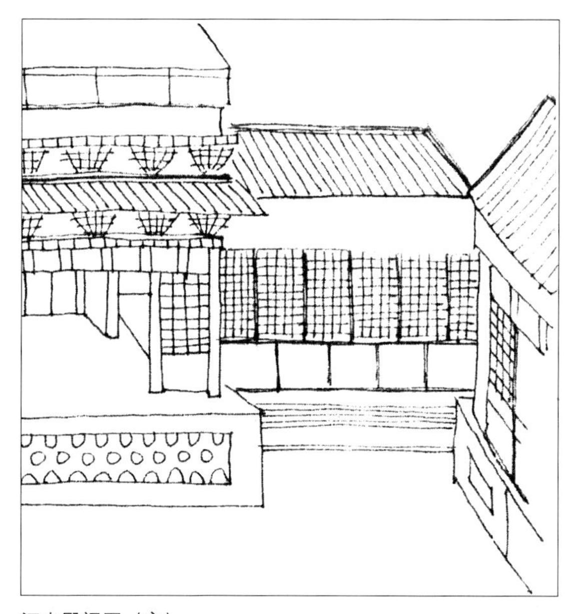

江山殿阁图（宋）

图76 窗的形式参考图

三百五十口……右各一功”。说明门窗两侧有夹泥墙做法。另一则是嵌板的做法，类似《法式》中的“截间版帐”。板的“上下四周并缠难子，腰串下地栿上用心柱编竹造”。这种做法可以使取出枋子后的圆木板皮得到充分利用，并适宜在南方气候条件下采用。日本一些建筑中也有类似做法，如平等院凤凰堂中堂内部及两翼外壁，都使用了嵌板的做法。日本天竺样建筑的特征之一，便是“嵌板涂壁”（壁は板壁ごすゐ）。因此华林寺大殿的后檐明间及东西山面，阑额下出现通长凹槽的部位，都有可能采用这种做法。

大殿门窗复原见图77。

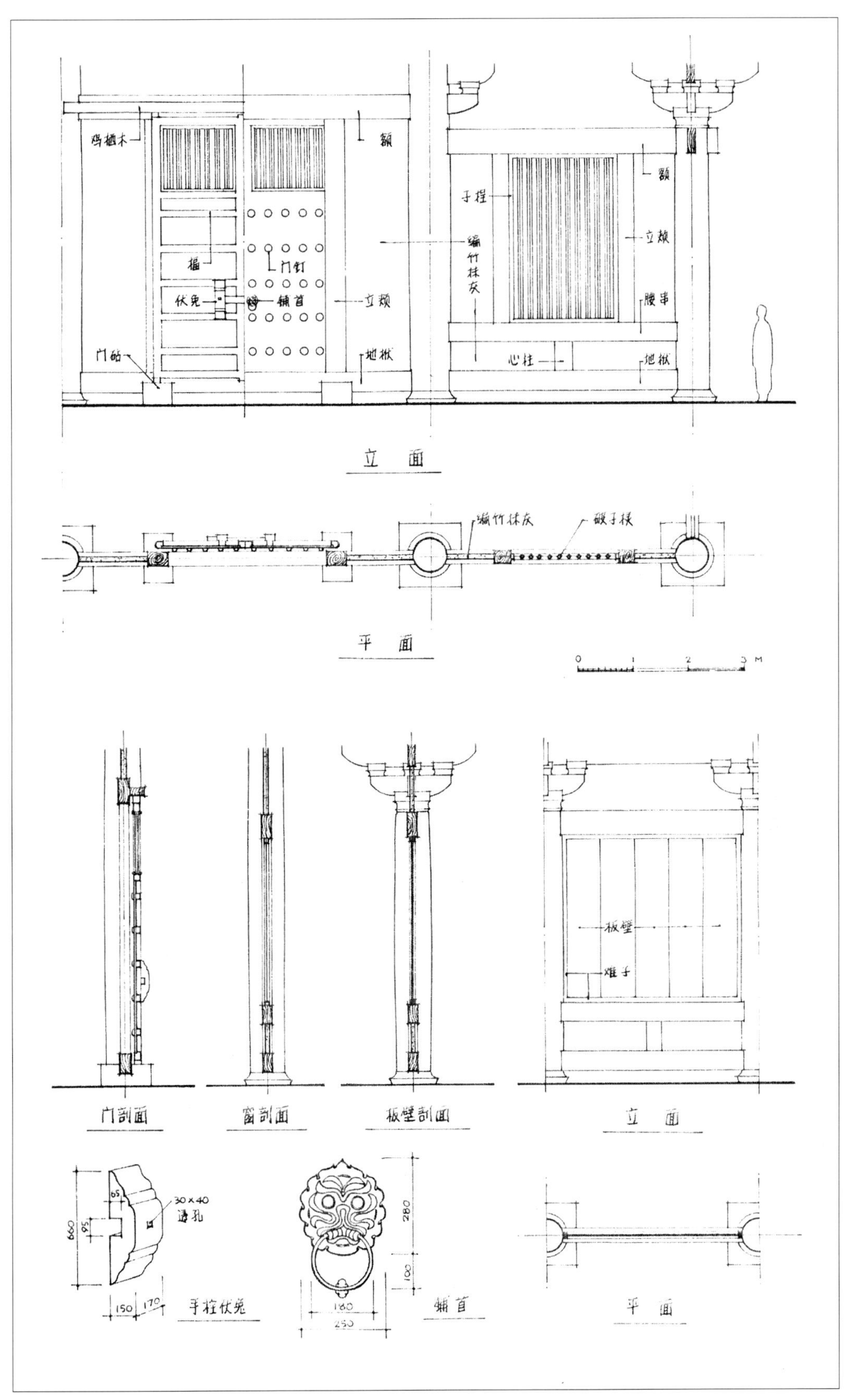

图77 华林寺大殿门窗复原图

有两个问题目前尚未解决：

（1）立门窗的阑额底部未发现立颊卯口。一般说来，门窗两侧应有立颊，这在佛塔、舍利棺椁及木屋中看得很清楚。由于立颊并不受力，因此榫卯不必深大。但是否以阑额下的凹槽就可解决问题，尚不能肯定。

（2）前檐柱脚有地栿卯口，大小与其余檐柱相近（图38），但内表面比较粗糙，怀疑是后来重修时所凿。可是为何要在前檐柱之间安装地栿？是为了扩大殿内空间？但前檐阑额下并没有安置门窗的痕迹与可能；是为了在前廊部分支铺架空地板？似乎没有功能上的必要。这个问题还需进一步探讨。

10.泥道栱壁做法

这是大殿东西北三面与前廊内面，即殿内“四壁”存在的问题。这四个面的阑额、柱头枋上，除新换构件外，都有上下相对的坡槽榫眼，大小、位置都很规则（图67）。这些榫眼出现在大殿平面外扩之前，是可以肯定的。从室内外空间分隔的要求来看，原构中这一部分也不可能空然无物。因此，这些坡槽榫眼应当是原构泥道栱壁留下的痕迹。

从坡槽与榫眼之间的关系，及其本身加工规则程度看，是用来立木旌的，木旌断面在9×4cm左右。从榫眼的密集程度看，这些木旌不会外露，而应作为内部骨架。木骨架上很可能再采用编竹抹灰的做法。《法式》中关于“栱眼壁”有两种做法，除木板外，另外一种则与“沙泥画壁”同，其中不用木旌，只用竹泥。华林寺大殿如用木旌，显然是更为讲究的做法。

《法式》图样中的“栱眼壁”部分是绘有彩画的，题材有人物、盆景等。华林寺大殿的泥道栱壁上，也有可能采用这类做法，但题材会有所不同，甚至有可能绘出带装饰性的人字补间。

11.算程枋上做法

前廊算程枋现状是有枋无板，枋子周圈为“□”形断面，斜面在外侧。枋子转角处为一宽16cm的凹槽，斜向角华栱和虾须栱根部，估计是为了安置一道45°方向的短枋子。

从算程枋的高度位置看，华林寺大殿与佛光寺大殿有相似之处，都是乳栿（短月梁）上华栱出跳承横向算程枋。算程枋高度与罗汉枋平齐。

佛光寺大殿是平闇做法。另外，独乐寺观音阁、日本招提寺金堂前廊，也都是平闇做法。

保国寺大殿原构部分虽然也有前廊，但廊深为三椽架，因此采用了镂空藻井的做法，这在华林寺大殿中是不大可能的。

根据年代相近之实例的做法判断，华林寺大殿前廊算程枋上应采用平闇做法（图78）。但大殿算程枋上没有椽头卯口痕迹，所以也可能是平板彩绘的做法。

图78—1 华林寺大殿前廊平闇现状

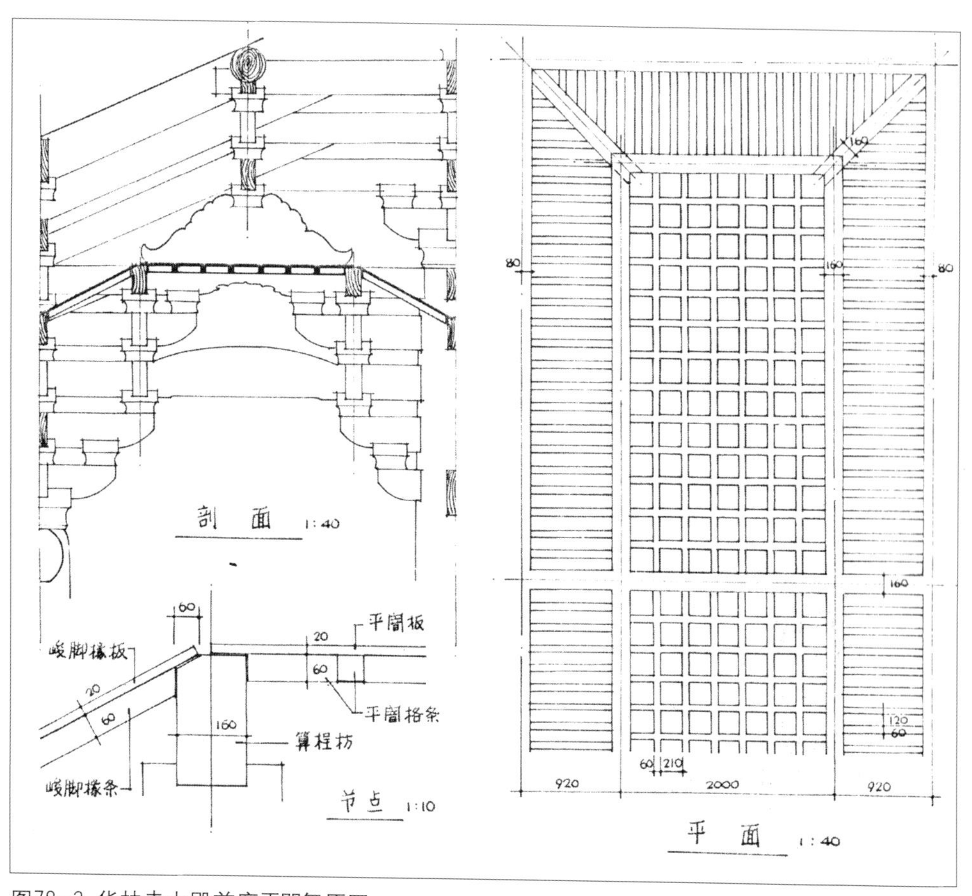

图78—2 华林寺大殿前廊平闇复原图

图79 杭州闸口白塔局部

长乐三峰寺塔

莆田文化寺塔

泉州开之寺塔

图80 护殿檐雀眼网形式参考图

12. 遮椽版

杭州灵隐双塔、闸口白塔上，共有三种“版”的形式（图79）：一为方格平闇，用于水平部位，如底层柱头枋与罗汉枋之间；二为峻脚椽版，用于倾斜部位，见于平坐下及上层檐下；三为斜格平闇，用于垂直部位，见于平坐下栱眼壁内。说明这三种形式的“版”在当时都有所应用，而且各自用于一定的部位。这样看来，大殿的遮椽版有可能采用峻脚椽版的形式。还有一种可能性，即不用遮椽版，而用竹篾编成的网子，也就是《法式》中记载的“护殿檐雀眼网”。从龙瑞寺双陶塔及三峰寺塔、广化寺塔檐下的弧形曲线看来（图80），华林寺大殿采用这种做法也是很可能的。

13. 彩画

虽然在后世重修中，大殿构件表面均被土朱颜料涂盖，但今天透过剥落的外皮，仍可看到斗栱、枋子上有十分丰富的色彩痕迹，似有靛、朱、黄等色。柱身上也有许多深入木质的黑色斑痕，尚未查明是何种涂料的痕迹。这些色块及斑痕，已不能反映当时彩画的具体形式。从色彩分布看，类似《法式》记载的“碾玉装”或“五彩遍装”做法。大殿内唯一保留了彩画线条的部分是云形驼峰。虽然痕迹很淡，但大部分线条尚可明辨来去，其形式与风格十分令人惊喜。几座轮廓相同的云形驼峰上，彩画的线条并不完全一样，可以想象工匠操作之熟练已达到自由自在的水平。

现将云形驼峰上的彩画之一试作线条复原。与福建几处宋代石塔上的云纹比较，可以看出它们之间有一定的联系（图81）。

本文对华林寺大殿复原中主要问题的探讨到此为止。其中有些问题，还需要获得更多的资料之后作进一步的研究确定。

大殿整体复原图见图82～86。

三峰寺塔基座

尚干塔基座

广化寺塔基座

图81-1 云纹形式参考图

图81-2 华林寺大殿云形驼峰彩画线条复原

图82 华林寺大殿正立面复原图

图83 华林寺大殿侧立面复原图

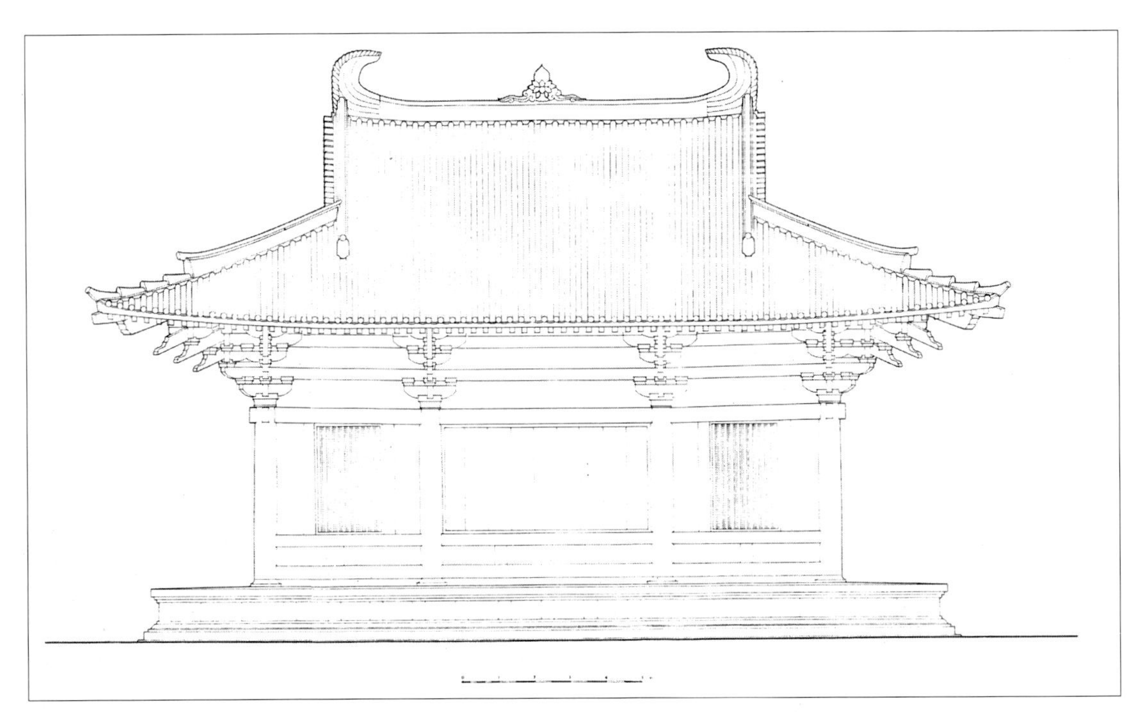

图84 华林寺大殿背立面复原图

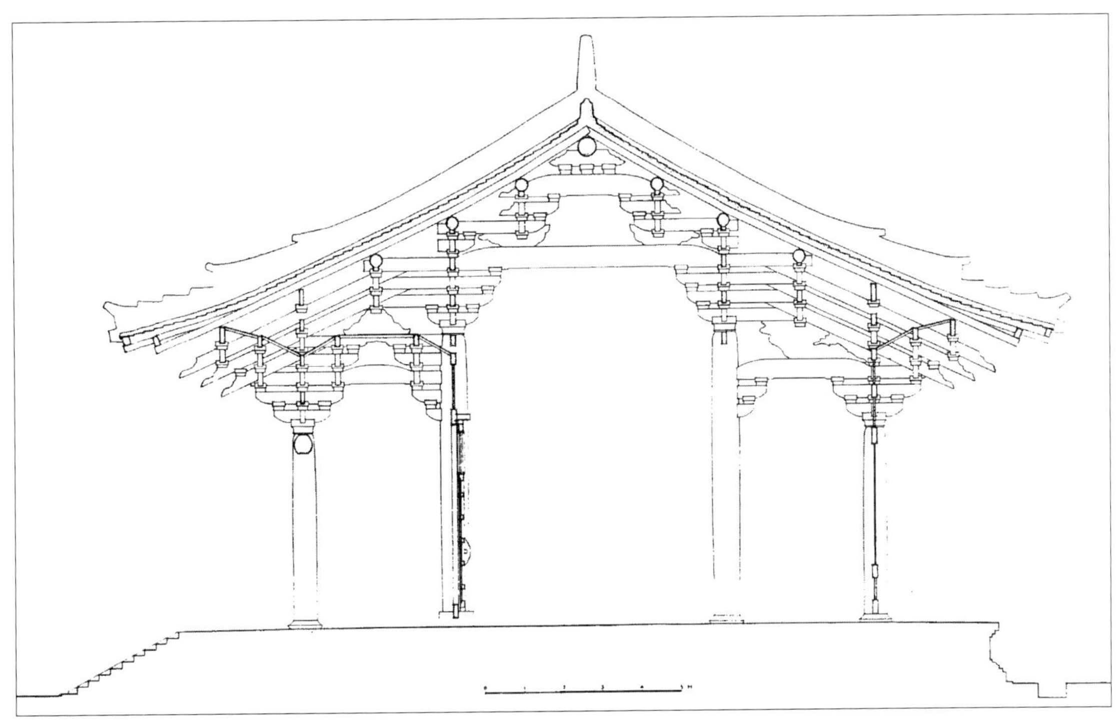

图85 华林寺大殿剖面复原图

图86 华林寺大殿复原透视图

五 华林寺总体复原

华林寺大殿现在处于新建福建省委办公楼（八层）的脚下，也就是说，省委大楼建在了华林寺寺址内（图2）。因此，华林寺“以越王山为斧扆”的情景是不可能再现了。

从尊重历史、保护古迹的角度出发，我倾向于在原址上进行总体布置，但这样做，大殿之后不能再有任何寺内建筑物，而必须留出绿化地带，以求与省委大楼有一树之隔。并且为了解决人流交通问题，山门外必须留出一定的空地。所以只能采取“开门见佛”，即山门之内便是大殿的处理方式。这实际上已不是一座寺院，而是一座古代建筑的展览馆，这样做的确不能令人满意，但至少不使它有“背井离乡”之憾。

如果想得到比较完整的寺院总体平面，则只有迁移他处，但到目前为止，尚未确定选址。因此下面这个总体复原并不是迁建华林寺的方案，只是对华林寺原有的规模布局作一大致推测。

我国自古以来就有依山筑寺的传统，“古刹”与“名山”常常是相关联的。宋代就有《大唐五山诸堂考》传往日本，后又改称《五山十刹图》。大概是取山高林深泉净，与尘世相隔之意境。

华林寺则与越王山相依。据《三山志》记载，华林寺创建时，是“诛秽夷巘为佛庙”，巘，一曰山峰，一曰与大山相连之小山。可见华林寺是建在越王山南麓一块经过平整的山地上。

寺的规模，从《三山志》中列举的诸寺旧产钱来看，属于中下等[34]，所以规模不大。从大殿面阔三间也可以推测出这一点。

《闽都记》中关于华林寺的格局，有如下记载：“……宋乾德二年，吴越钱氏臣鲍修让为郡守，始创寺。后增数寺，并入华林。西廊有转轮经藏，今圮。东廊有文昌祠、普陀岩，正殿之后为法堂，法堂西祖师殿。以越王山为斧扆。”我认为这里所列举的建筑物，多半应是华林寺最初规模所具，而不是后人添建的成分。因为记载中所说“并入华林”的，是“数寺”，而不是“数殿”、“数阁”。《三山志》中并未提到增建之事，可推测此举当于其后发生。《三山志》写于1182年，《闽都记》作于1426年，相隔仅二百多年。如果是1182年以后增建的建筑物，西廊转轮经藏是不大可能于1426年“倾圮”的。所以我推测，它是华林寺创建时的一部分。正殿之后设法堂的做法，在我国及日本寺院建筑中都很普遍。《闽都记》中记载：“于山南法云寺，五代唐清泰五年建。……大雄殿之北为法堂，其西为千佛阁。”证明这一做法在福建地区五代时期的确是流行的。“其西为千佛阁”的格局与华林寺“法堂西祖师殿”也很相像。只是“文昌祠”不像是寺院建筑的名称，或许是乡试前考生们必到之处，总之与佛寺没有必然的联系。“岩”意即石窟或山崖。

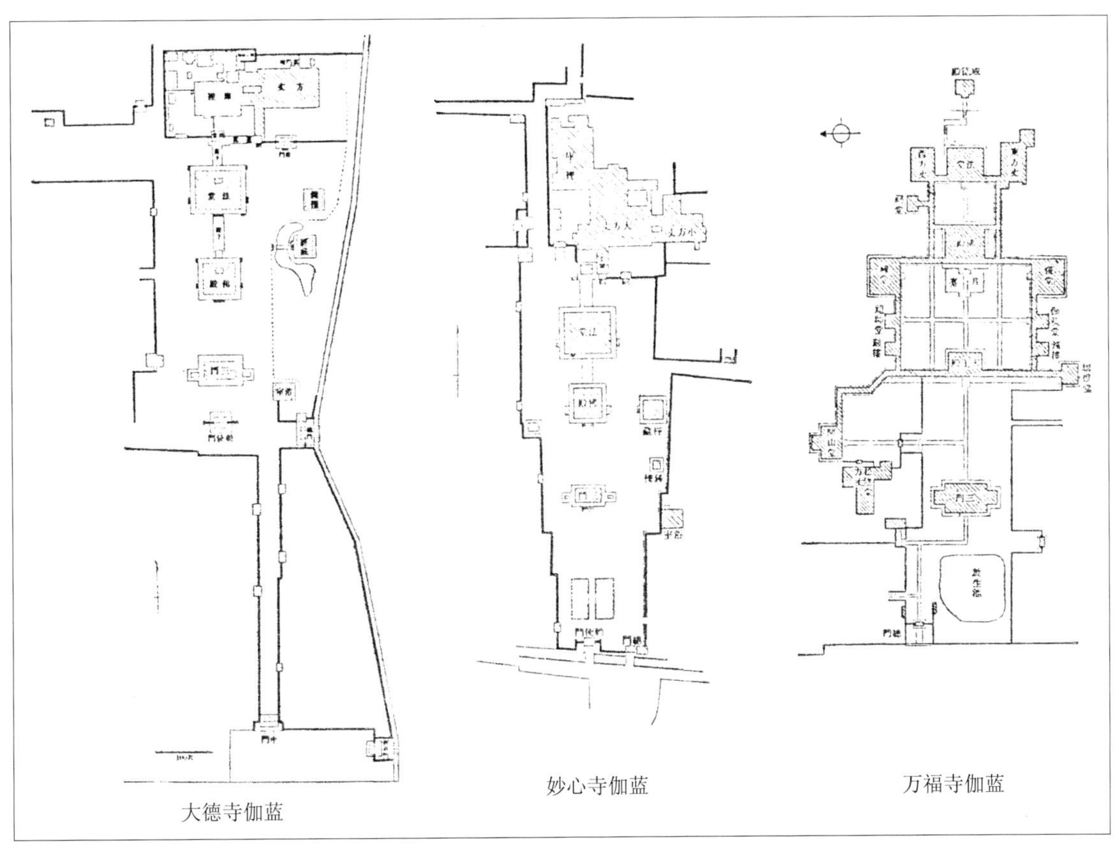

图87 日本寺院伽蓝布置（引自《日本的建筑和艺术》）

据《闽都记》中记载，已可以得到华林寺建筑格局的概貌。但寺庙建筑群中，还应有“门”。

明人郑若霖有咏华林寺诗，诗曰：“越麓开幽刹，闲来白日遊。众峰环寺翠，一水抱门流……”[35]这不仅证明华林寺有门，而且门外还有一水流过。《闽都记》中关于南法云寺还有“山门之内，砌石数十级以登，乃为二门”的记载，说明当时依山势而筑的寺院中，山门之内尚有二门。日本一些寺院的伽蓝布置，也是在总门之内又有二门或三门（图87）。因此华林寺也可能有两重“门”。据福州同志介绍，原大殿前有天王殿，我认为这很可能就是原来的“二门”。

这样，可以大致确定，华林寺的建筑格局为：山门之内，以二门、大殿、法堂为中轴线上的建筑，东西有回廊，西廊有转轮经藏，法堂西为祖师殿。另外，可能还有方丈僧房等若干附属建筑。

有两个问题特别说明一下：

1. 东西回廊与大殿前廊相衔。大殿前廊两端阑额、柱头枋上的榫槽现状是2×6cm或1×15cm的细长凹缝，比其余各间小得多，说明这里的做法本与其余各处不同。但它又没有像前檐那样，将阑额做成月梁状，而是和山面其余各间一样用矩形阑额。并且阑额内外两面都刻有团窠。因此设想在这个位置上，是大殿与东西回廊的连接处。大殿或法堂外接回廊的做法，我国现存早期实例中很少，但在日本早期寺院建筑中并不乏见。如四天王寺（飞鸟时期）、观世音寺（白凤时期）、兴福寺（天平时期）等，都有东西回廊与金堂或讲堂相接的做法。日本《高等建筑学》卷一中的唐招提寺主要堂宇复原图，金堂前廊两端也是与东西回廊相接的。这种做法可能多用于气候多雨的地区，因此在我国北方寺院建筑中很少采用（图88）。

2.一般说来，大殿之后如有法堂，则大殿北面应有门与法堂相通。但华林寺大殿现状后檐明间有腰串痕迹，这就使人产生这样两种猜测：一是大殿与法堂之间有地面高差；二是大殿与法堂之间仅仅通过东西回廊联系，不穿越庭院。从大殿东、西、北三面无补间的情况来看，第一种猜测是有可能的，即这三个立面是面临比较狭窄，令人无观瞻余地的空间。这种情况在南方寺院建筑中多见。建筑物坐落在几重“大台阶”之上，大殿后面出现“高坎”。如浙江的保国寺、天童寺、国清寺等，皆如此。保国寺大殿的北面，与一道高坎相隔不过3米。特别是福州崇福寺大殿的北面，紧挨着一道石砌高台，台身收分曲线很是精美，大殿与法堂之间则通过两侧坡廊联系（图89）。

华林寺大殿北面现状是一斜坡，虽经平整，但仍与殿内地面有4米左右高差。而且据《三山志》记载，寺内原有山亭、绝学寮等建于山上的建筑物。另外，在明人曹学佺咏华林寺的诗中，也有“参差兰若香分径，高下松根翠作梯”之句，似乎是描述了寺内建筑物作高下分布，结合于地形山势、融合于环境之中的情景。因此，复原中考虑将大殿与法堂之间处理成具有一定的高差。

以上是对华林寺原貌的大致推测，并据此试作复原（图90）。

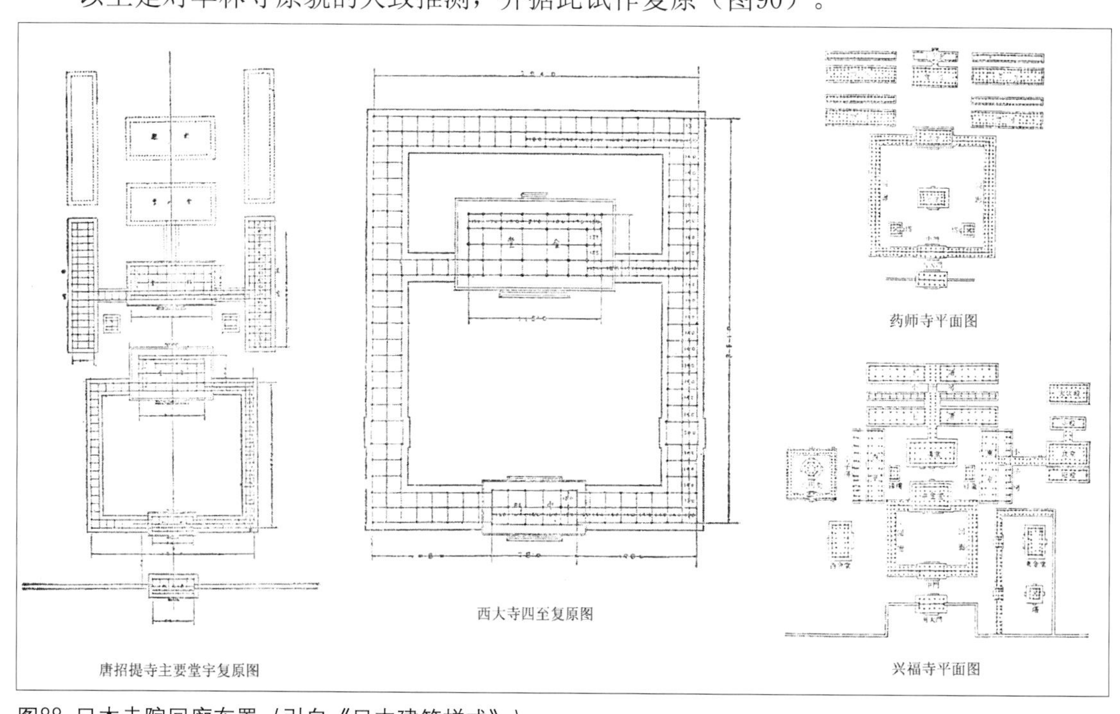

图88 日本寺院回廊布置（引自《日本建筑样式》）

图89 山地寺院建筑中的高低错落

图90 华林寺总体格局复原示意图

结束语

本文写作过程中，有以下两点体会：

1. 中国古代建筑史不仅仅是一部工程技术史，同时也是一部造型艺术发展史。不同时期、不同地区的建筑物，在立面、装修以及空间、比例等方面的不同形式和处理手法，为今天留下了一座极其丰富的传统艺术宝库。对它的了解和开发，还需要做许多工作，这对建筑学工作者来说，是很有意义、值得重视的一项工作。

在新建筑的创作中完全摆脱传统是并不高明的做法，问题在于怎样看待需要继承的“传统”。这取决于对传统理解的深度，也取决于掌握传统知识的程度。如果仅仅把传统看成是这样或那样的形式，则恰恰是背离了传统本身。因为艺术形式从来就不是固定不变，而是随着各种社会因素的变化、发展而不断兼收并蓄、不断创新的。进行建筑造型艺术发展史研究的意义也正在于此。

2. 只有全面了解、比较各时期、各地区建筑物之间的相互关系，才能真正把握建筑的发展史，否则就是泛泛的、孤立的实例介绍。同样，对一座建筑物的研究，确定其在建筑史中的地位与价值，也不仅仅在于它本身的年代久远、规模大小及保存完整的程度，还在于它与其他时期、其他建筑物及其他艺术领域之间的有机联系。

因此，建筑史的研究应注重“关系”研究。例如：福建地区早期建筑与南北朝建筑之间的关系、与日本中世纪建筑之间的关系；建筑艺术与绘画艺术、文学艺术之间的关系等。这种“关系”研究的发展，将深入建筑史的研究，这一点是可以肯定的。

在华林寺大殿测绘、古建考察、资料收集以及本文写作过程中，曾得到以下有关部门和各位老师、同志们的热情帮助与指导：

福建省文管会、福州市文管会、福建省博物馆、莆田县文管部门、长乐县文管部门、泉州市文管会、金华地区文管会、宁波地区文管会、浙江省文管会、苏州市博物馆、（国家）文物局古建筑保护研究所、北京市图书馆柏林寺分馆、本系图书馆、资料室等。特别是福州市文管会杨秉纶同志，为本文提供了大量宝贵资料；中国建筑科学研究院陈明达先生、文物局古建所罗哲文、杜仙洲、祁英涛、李竹君、梁超以及本系徐伯安、郭黛姮、张静娴、楼庆西、周维权等各位老师曾给予热情指导。

特在此一并表示衷心的感谢。

1981年1月

主要参考文献

[宋]李诫：《营造法式》

梁思成：《宋〈营造法式〉注释》选录，《科技史文集》第2辑

梁思成：《中国建筑史图录》

梁思成：《宋营造法式图注》
《中国建筑》，文物出版社1958年版
《中国古代建筑史》，中国建筑工业出版社1980年版
《建筑史论文集》第二、三辑，清华大学建工系1979年版
《科技史文集》第2、5辑，上海科技出版社1979、1980年版
梁思成：《中国的佛教建筑》，清华大学学报第8卷2期
[宋]梁克家：《三山志》
[明]王应山：《闽都记》
《八闽纵横》，福建日报社编
林钊：《福州华林寺大雄宝殿调查简报》，《文物》1956年第7期
张步骞：《福州华林寺大殿》，1958年
陈明达：《宋〈营造法式〉大木作研究》
[日]关野贞：《日本の建筑と艺术》上卷
[日]常盘大定、关野贞：《支那文化史迹》解说第四、六卷及图版
[日]天沼俊一：《日本建筑史要》
[日]饭田须贺斯：《中国建筑の日本建筑に及ほせゐ影响》
[日]《世界建筑全集》第1集日本古代　平凡社版
[日]增山新平：《日本古社寺建筑构成图鉴》
[日]太田博太郎等：《建筑学大系4　日本建筑史•东洋建筑史》
[日]大冈　实等：《高等建筑学第一卷第一编　日本建筑样式》

这篇研究生毕业论文，是除了报考与就学期间的应试论文和科目论文之外所写的第一篇建筑史论文，导师是莫宗江先生。回想当时文稿撰写，心境泰坦，节奏平稳，每于子时坐定，听邓丽君，写两千字，半月而成。交先生过目，回说："要看到图才作数。"但自己心里已然笃定：做复原设计，先文后图，是不会错的。

1981年1月完稿，2010年10月整理并记

注释

[1]据《闽都记》中记载："华林寺旧名越山吉祥禅院……以越王山为斧扆。"又《三山志》卷33中"越山吉祥禅院"条下曰："怀安越山吉祥禅院，乾元寺之东北，无诸旧城处也。晋太康三年即迁新城，其地遂虚，隋唐间以越王故禁樵采。钱氏十八年，其臣鲍修让为郡守，遂诛秽夷巘为佛庙，乾德二年也。"这里所说"以越王故禁樵采"之地，即越王山。钱氏十八年，是吴越王钱俶在位之年，时964年。

[2]殿内题记与历次修葺有关者：

"皇清康熙三十有六年岁次丁丑嘉平穀旦重建"（脊槫下）。

"同治十三年岁次甲戌孟夏吉旦信士林怡然重修敬立"（乳栿下）。

"住山沙门洞宗四十世××重修"（短月梁下）。

史料中关于华林寺重修的记载：

华林寺于"宣德中重建，正德中赐今额"（《明一统志》）。

"乾隆三十八年僧本馥重葺"（清《华林寺志》）。

"国朝顺治初年、康熙七年两修之，月异岁迁，分改将半。乾隆初，有住持本馥和尚者，重葺坏坠椽桷一新。三传为今主僧牧庵上人，虑梵宇之就颓也，出橐中金，庀工建廊庑……工兴于嘉庆二十三年四月，至今夏竣事，……里人林则徐撰，黄其棻书，道光六年六月×日立"（清林则徐《重修越山华林禅寺碑记》）。

[3]阁院寺文殊殿建于辽应历十六年（966）。莫宗江：《涞源阁院寺文殊殿》，《建筑史论文集》第二辑，1979年5月出版。

[4]镇国寺大殿建于北汉天会七年（963）。祁英涛等：《两年来山西省新发现的古建筑》，《文物参考资料》1954年第11期。

[5]莆田玄妙观三清殿重建于北宋大中祥符八年（1015）。林钊：《莆田玄妙观三清殿调查记》，《文物》1957年第11期。

[6][日]增山新平：《日本古社寺建筑构成图鉴》

[7]吴越王于太平兴国三年（978）纳土。《十国春秋》卷82，忠懿王世家下："太平兴国三年……五月乙酉，丞相崔仁冀劝王纳土，不然祸且立至，王遂决策。"

[8]《清明上河图》作于北宋晚期。张安治：《张择端〈清明上河图〉》，《清明上河图》，文物出版社1979年版。

[9]保国寺大殿建于北宋大中祥符间（1008—1016）。窦学智执笔：《余姚保国寺大雄宝殿》，《文物》1957年第8期。

[10]乌塔原建于唐贞元十五年，五代晋天福六年（941）闽王王延曦重建。《八闽纵横》第一集，福建日报社1980年版。

[11]南唐合肥木屋年代为保大四年（946）。石谷风、马人权：《合肥西郊南唐墓清理简报》，《文物》1958年第3期。

黎忠义：《江苏宝应县泾河出土南唐木屋》，《文物》1965年第8期。

[12]三峰寺塔创建于北宋政和七年（1117）。

（据此塔顶层题刻）。

广化寺塔建于南宋乾道元年（1165）。

开元寺双塔分别建于南宋绍定元年（1228）及嘉熙二年（1238）。

《八闽纵横》第一集。

水南塔建于北宋宣和年间（1119—1125）。《营造学社汇刊》卷5第2册。

[13][清]毕沅：《晋书地理志新补正》

[14][日]《世界建筑全集》第1集日本古代年表。

[15]据现状统计，殿内共出华栱及丁头栱158跳，其中120跳偷心。

[16]南京工学院建筑系：《构图原理》第四章，1979年6月版。

[17]京都平等院凤凰堂建于天喜元年（1053）。[日]建筑学会：《日本建筑史参考图集》，昭和五年版。

[18][宋]沈括：《梦溪笔谈》。

[19]王建浩：《济南神通寺发现古代台基》，《文物》1965年第4期。

[20]张驭寰：《山西砖石塔研究》，《科技史文集》第5辑。

[21]甘露寺铁塔建于北宋元丰元年（1078）。江苏省文物工作队镇江分队、镇江市博物馆：《江苏镇江

甘露寺铁塔塔基发掘记》，《考古》1961年第6期。

[22]龙瑞寺大殿建于北宋。现仅存台基部分为原构。（根据台基形式及陶塔年代判断。）

[23][日]常盘大定、关野贞：《支那文化史迹》解说第六卷，昭和十四年版。

[24]龙瑞寺双陶塔建于北宋元丰五年（1082）。《八闽纵横》第一集。

[25]杨鸿勋：《中国古典建筑凹曲屋面发生、发展问题初探》，《科技史文集》第2辑。

[26]张静娴：《飞檐翼角（上）》，《建筑史论文集》第三辑，1979年版。

[27]据《旧唐书》中记载："开元十四年，风害鸥吻"。时726年。

[28]辜其一：《四川唐代摩崖中反映的建筑形式》，《文物》1961年第11期。

[29]福州布政司遗址在八一七路北端东侧。为历代州府所在地。本文所述出土物是在距地面4～5米的发掘层中发现的，据推测为五代闽王宫殿遗物，详细情况见福州市文管会的发掘报告。

[30]据《御批历代通鉴辑览》卷67中记载："丙戌后唐同光四年冬十月，王延翰自称闽王。……宫殿百官，皆仿天子之制。"又《三山志》卷七记载："通文永隆之间，宫有宝皇、大明、长春……殿有文明、文德……门有紫宸、启圣……"通文、永隆为闽王年号，即公元936—942年。后唐同光四年为公元926年。

[31]曾凡：《闽南新发现的历史建筑物》，《文物》1959年第2期。

[32]河南省文化局文物工作队：《在嵩岳寺旧址发现的瓦件》，《文物》1965年第7期。神通寺旧址出土瓦件见注19。

[33]金棺银椁年代为唐大和三年（829）。见注21。

[34]据《三山志》记载各寺之旧产钱：

怀安所列之十八所寺，以下列序：

乾元寺……13贯121文。

大中寺……11贯845文。

开元寺……11贯978文。

景星尼院……1贯339文。

剑池院……481文。

庄严院……2贯324文。

太平寺……7贯343文。

荐福光严藏院……1贯801文。

天宫院……4贯911文。

庆城寺……4贯192文。

法性院……1贯540文。

北法云院……1贯750文。

越山吉祥禅院……3贯43文。

……

[35][明]王应山：《闽都记》

华林寺大殿以不迁为好

华林寺大殿以不迁为好

（原载《福州历史与文物》1983年第1期）

现在，福州华林寺大殿已被提为全国重点文物保护单位。建筑史界对它作了重新评价和进一步研究，已经肯定：

1. 这座建筑物是我国南方迄今所发现的最古老的建筑物；

2. 大殿的结构与构造不仅具有极高的水平，同时具有许多不同于北方古建筑的特点；

3. 大殿的这些特点表明，我国唐末宋初时期的东南沿海地区建筑，对日本中世纪天竺样建筑的形成有着直接的影响[1]。

因此，各有关方面对大殿的保护问题十分重视。去年5月，我们陪同清华大学建筑系莫宗江教授赴闽进行古建考察，福建省及福州市有关部门的领导曾专门召集会议，研究华林寺大殿的维修及搬迁问题。

之所以提出大殿的搬迁问题，我理解有两个主要原因：

1. 大殿现正位于新建省府大楼南侧，与八层大楼相距不过数十米，周围又都是省委机关所在地，整个环境显得很不协调；

2. 大殿位于省委机关院内，面临的街道又十分狭迫，无法解决车、人流问题，因此给对外开放参观带来困难。

于是，便初步提出了在福州市郊重新选址，将华林寺大殿迁出省委大院的方案。

对于这一方案，我想谈一点不同看法，有不当之处，恳请指正。

首先，对于古迹来说，只有保持其原貌，才能保持其历史价值。华林寺大殿本是五代末期福州郡守鲍修让所建“越山吉祥禅院”中的主殿，在《三山志》等古籍中还有该寺当时建筑环境布局的有关记载。因此，不应把这座建筑物看做是孤立的古建标本，而应看成是“越山吉祥禅院”遗址的最后残存部分。如果将大殿搬迁他处，那不仅是使它脱离了原生环境，同时也无疑是将“越山吉祥禅院”这一历经千年的古迹从此抹去了。

其次，据史料记载，福州一地原有唐宋古刹几百座，而到清代，已所剩无几，且大都残破不堪，只有华林寺“独岿然”[2]。从我国古代建筑发展的一般情况来看，同一历史时期、同一地区的建筑物，其结构形式及构造做法多有相同之处。因此，华林寺大殿之所以能够完好地保留至今，除了其本身结构合理坚固之外，必然还有其他诸方面因素的作用，如地基、气候、环境，等等。这需要作进一步的探讨才能得出结论。在目前尚未把握这座建筑物成功秘诀的情况下，同样也无法预料，一旦将其迁移他处，会出现怎样的不利情况。所以，重新选址是一件非常困难的事情，因为它将决定这座建筑物的存亡。

再者，城市规划与建筑形式总是要随着社会经济和人民生活水平的提高而不断发展的。明天的变化，今天难以准确预料，但可以而且应该根据一般规律加以推测。如果仅仅依照眼前的情况作出我们的决策，则不免会有“失策”的可能。

现在看来，华林寺大殿与新建省府大楼相比，的确显得十分陈旧，以至有碍观瞻，但不妨设想一下，再过一二百年，会出现怎样的情况呢？可以肯定，那时华林寺大殿的历史价值，它在人们心目中的地位，将会随着现代化的进程、随着人们对古代文明的珍视而有增无减。这一点可以从目前一些较发达国家的情况中得到证实：许多十几层以至几十层的现代化建筑物，由于种种原因而被采用人工定向爆破的方法毁于一旦，可是对于古代建筑艺术的珍品，却倍加重视和保护，即使它处在新建筑之中，也千方百计地加以保留。如意大利罗马新车站的候车大厅，就是紧贴着一处古罗马遗址的废墟；有的则为了保留古代遗迹而将整座摩天大楼的底层架空。之所以这样做，是因为现代建筑日新月异，而古代文化遗产却不可复得。

所以，我的想法是：华林寺大殿以不迁为好。目前的任务，就是进行原地修缮。如果今天还不具备开放参观的条件，那宁可暂缓，也不要操之过急。当然，提出大殿搬迁问题的出发点是可以理解的：希望将这座古代建筑物早日修复，对外开放，为更多的人提供参观和学习的机会，为开展旅游事业作出一些贡献。但是对于我们承担文物保护任务的同志们来说，首要的任务就是使这座建筑物能够长久、牢固地保存下去，将这份古代建筑艺术遗产传给世世代代的后人。我相信，随着国民经济的发展和社会文明水平的提高，将来的条件会越来越好，道路会拓宽、旧房会拆除，到那时，不用说复原一座大殿，就是整座“越山吉祥禅院”的复原，也是完全有可能的。

以上是有关华林寺大殿搬迁问题的一些想法，之所以提出来，是希望和大家一起讨论，提出更多更好的解决办法；希望有更多的领导和同志们来关心这座建筑物，关心今天的文物保护工作，帮助我们把这项工作做好。

1981年8月

注释

[1]傅熹年：《福建的几座宋代建筑及其与日本镰仓“大佛样”建筑的关系》，《建筑学报》1981年第4期。

[2][清]林则徐：《重修越山华林禅寺碑记》。

魏晋南北朝时期的都城与建筑

魏晋南北朝时期的都城与建筑

（原《中华文明史》第四卷第十六章《建筑形制与风格》）

秦汉时期，北方的都城建设与建筑活动在规模、数量上都远远超过南方，南北建筑文化的发展是不均衡的。魏晋以后，这种情况开始转变。江左以建康为政治中心的东晋政权的建立，大量中原人民的徙居江南各地，对南方地区的开发建设起到巨大的推动作用。到南朝初期，荆扬地区的建筑文化已达到相当高的水平。北方的鲜卑北魏政权为确立其政治上的合法地位，也强调对汉文化的认同，北魏实行汉化改制时，在都城建制方面除依循古礼外，还参照并仿效了南朝的做法。都城规划与建筑营构，开始逐渐呈现出北方接受南方影响的趋势。

由于地理、气候以及历史文化等因素的影响，南、北方建筑历来在结构形式和艺术风格上存在相当大的差异。北方以关中地区为代表，采用土木混合的结构方式。除木构架外，并以夯土台与夯土墙作为承重围护结构，建筑形象坚实厚重，装饰风格粗犷鲜明。南方吴越荆楚地区，则采用单纯的木结构方式，建筑形象轻灵空透，装饰风格精巧纤柔。东晋南朝时期，由于士族与素族政治地位的逆转，礼法荡然，导致了社会价值观念的改变。与北朝强调礼制化相反，南朝建筑出现摆脱礼制束缚、追求奢侈宏丽的倾向，在建筑造型、装饰色彩以及构造处理上进一步采用新颖奇巧的做法，木结构技术也更加成熟、发达。隋代统一中国之后，南方建筑文化的特点大量为北方所吸收，特别是在长安与洛阳，形成了将北方的坚实浑厚与南方的精巧华美融为一体，因而与汉代建筑风格迥异的盛唐建筑风格。

魏晋南北朝时期，社会动荡离乱，战争破坏严重，但这种局面反过来又成为都城与建筑发展的契机与背景。由于各个时期割据政权的建立，开展了频繁而广泛的都城建设，在新的政治、经济形势和历史地理条件下，汉代以宫城为主体的都城格局逐步演变为城郭一体、分区明确、宫北里南的规划格局，为隋唐都城规划提供了经验模式；随着佛教在动乱社会中的广泛传播，佛教建筑极度兴盛发展，大量吸收外来宗教艺术并加以本土化改造，形成具有中国特色的佛教建筑形象及寺院布局；传统礼制观念和社会风气在政权不断更替的情势下发生变化，相应地影响了宫室、住宅建筑的布局、风格以及陵墓形式的演变，突出体现了社会建筑活动中的时代特征。

一 割据形势下的都城建设

魏晋南北朝是中国历史上都城数量最多的时期。随着割据政权在各地的不断形成和发展，出现了为数众多的以王都规格建设起来的各国都城，前后共计20余座。魏晋南北朝又是历史上都城破坏最为惨重的时期。洛阳于公元190年毁于董卓之乱后，又遭受过三次严重的破坏；长安、邺城、建康等，也都在战乱中数遭焚毁。相应地，这一时期也是都城建设最为频繁的时期。洛阳屡毁屡建，在曹魏和北魏两代，都有空前规模的建设，邺城在曹魏之后，也历经后赵、北齐两度重建。由于新的社会因素与历史条件的影响和限定，都城的面貌在不断重建的过程中发生着变化，在规划上进行了新的探索与改革，并形成了新的布局形式。因此，这一时期在中国封建社会城市发展史上，是一个承前启后、不断变革的转折时期。

（一）三国时期的都城

魏、蜀、吴三分天下之后，各自建立了自己的都城。曹魏的第一个都城是邺，即东汉冀州魏郡的郡治所在地。魏文帝曹丕于黄初元年(220)接受汉帝禅让之后，将都城迁往原东汉的都城洛阳。蜀汉都成都，即东汉益州蜀郡的郡治所在地。孙吴初都武昌，吴大帝孙权于黄龙元年(229)沿江水而下，迁都建业(东汉扬州丹阳郡秣陵县)。由此可见，三国的都城，除曹魏洛阳外，都是在东汉时期的郡县城基础上营建起来的。因此，这些都城在规划上不可避免地要受到诸种既定因素的限制，会保留郡县城的某些特点。而正是由于这些特点，促成了都城规划中新布局的出现。

1. 曹魏邺城（图1）

魏武帝曹操于建安十三年(208)开始营建邺城作为国都。

邺城北临漳水，颇似西汉长安北临渭水的地理环境。

根据考古发掘提供的资料，大致可知邺城的平面为规则的长方形，东西约3000米，南北约2160米。四面城门的数量不等：南三北二、东西各一。如果标画出城门的位置和通向城门的城内道路，那么，整个邺城的功能分区便清楚地显示出来了。贯穿东西城门的大道，是全城规划的主干，将城区分为南北两部分。北部是宫廷区，包括宫城、衙署和戚里；南部是居民区，辟为方整的里坊。而北城墙东门内的南北向道路，则是宫城与贵族居住区的分界线。城内道路均为垂直相交，在道路交叉处立阙。宫城的中部为大朝，东部为中朝，西部为铜雀园。大朝的正门南止车门和主殿文昌殿，正对南城墙中门中阳门和门内南北向大道。中朝的正门司马门和主殿听政殿，则与南城墙东门广阳门及门内南北向大道相对，形成全城的两道主要南北轴线。据《魏都赋》中描写，大朝的宫殿颇为壮丽，“造文昌之广殿，极栋宇之弘规”，而中朝、后宫则较为简朴。在大朝与西城墙之间是禁苑铜雀园。园西有三台，跨西城墙而建，中为铜雀台，南为金虎台，北

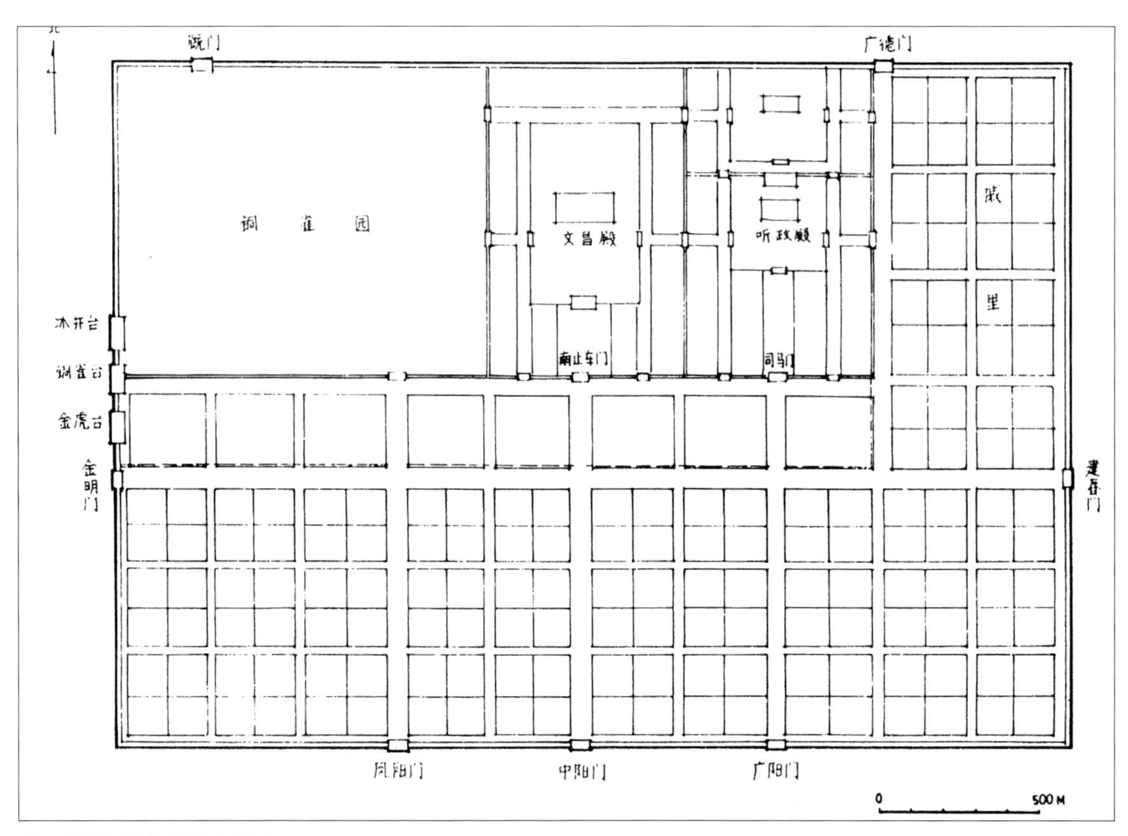

图1 曹魏邺城平面示意图

为冰井台。三台上下，以阁道相通。西城墙下又有白藏库与乘黄厩，与三台共同形成一组战备工事，平时作为仓廪府库，战时可供防御固守之用。这显然是战争时期都城规划中出现的特殊内容。按魏尺折算，邺城周回约24里，与汉代郡治城的规制相符，说明曹魏邺城是利用原有城址改建而成的。城内东西大道、中阳门内御道以及全城街衢辐辏、闾巷通达的道路系统，则是在原有道路的基础上拓宽修整而成。虽然是依旧城改建，但是，由此所构成的便捷有效的交通网络和方整明确的功能分区，以及宫北市(里)南的格局，尤其是宫廷区前临东西交通干道的做法，表现出一种新的规划布局方式，不仅对魏晋洛阳、北魏平城等后期都城规划有着直接的影响，甚至在以后的历代都城规划中也仍被继承和发展着。

2. 孙吴建业（图2）

孙权于229年自武昌徙都秣陵，改称建业。

建业东北有钟山，北接玄武湖，西有石头山、马鞍山，南部亦有山冈丘陵，又有秦淮河环绕西南两面。这样的地理环境对建业的城市发展及规划特点有相当大的影响。

孙权迁都之初，并未营建新宫，只是把原府寺略加修缮使用。至赤乌十年(247)，才改作新宫，名太初宫，方三百丈(约合两里)。至后主孙皓宝鼎二年(267)，又于太初宫东面起昭明宫，方五百丈。吴宫在建业北部，自宫门南出，有七八里长的驰道，直抵秦淮河北岸的朱雀门。驰道两侧，均为府寺廨署及军屯营地。建业没有筑城，仅在秦淮河

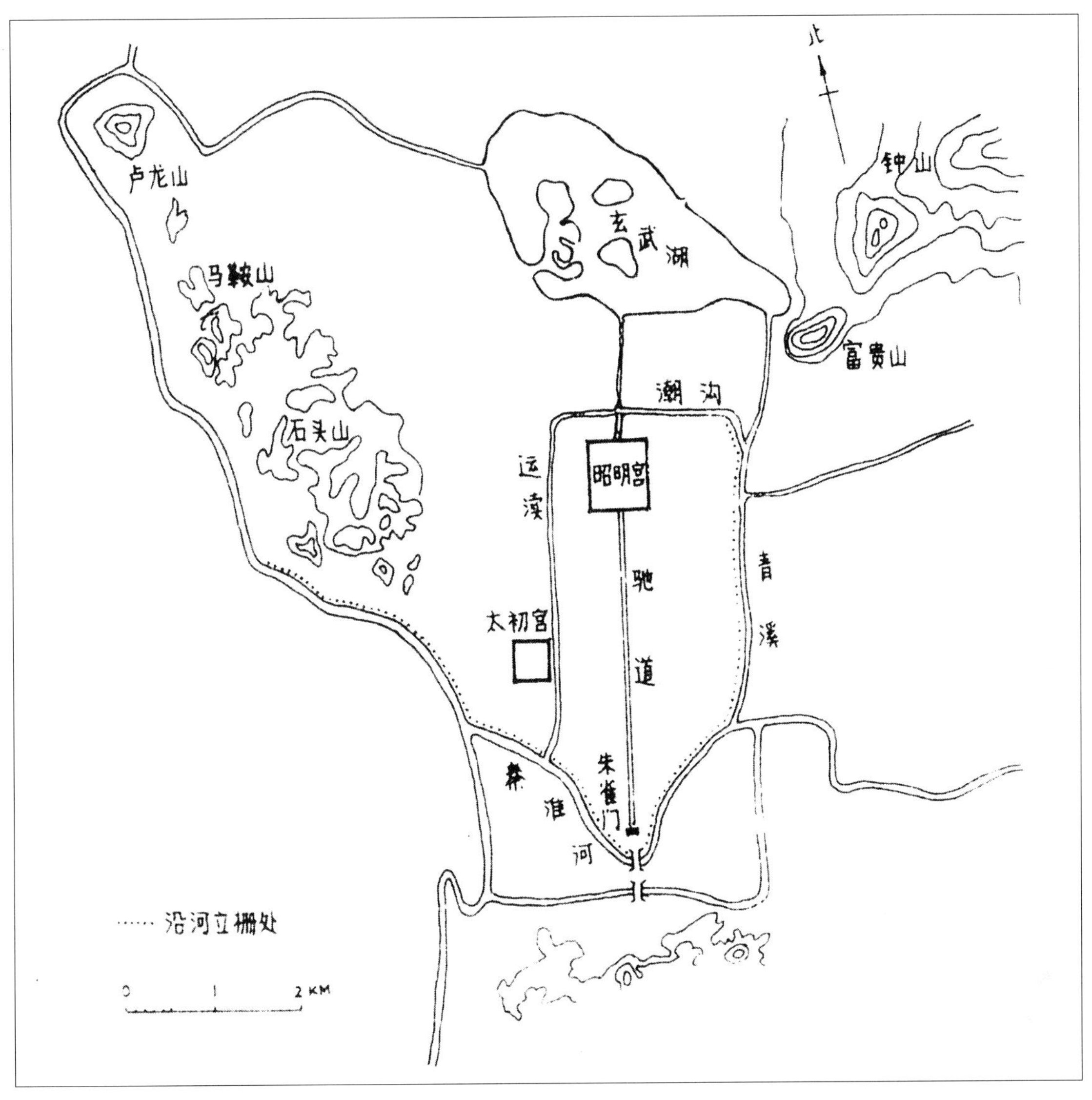

图2 孙吴建业平面示意图

沿岸立栅设防。河北岸为宫廷、衙署、贵族居住区，河南岸则有横塘、查下、长干等居民里坊区。由于里坊只能在冈阜之间的平坦地带中设置，因此不可能像邺城那样规则整齐，闾巷通达。建业因受地理条件的限制，加以原有建设基础的薄弱，规划上选择了较为自由舒展的布局方式。在钟山与石头山之间，北起玄武湖，南至秦淮河道向南凸出部分，形成一条南北向的轴线，其功能分区沿着这条轴线呈带状连续的形式，依次布置着禁苑、宫城、官署营屯和居住里坊区。建业的都城规划形态与块状分布的邺城相比，有明显的不同。东晋南渡之后，建业改称建康，成为东晋的都城，在吴宫及苑城基址上。按照西晋洛阳的格局，修筑了新的宫城，称作台城，并延展扩大了沿淮立栅的防御范围。其后南朝宋、齐、梁、陈四代相继都此。陆续经营扩建，筑南北驰道，在城门外筑立双阙。于后宫苑囿内增建殿舍楼阁，等等，但在总体规划上，始终未能打破由地理因素所限定的模式。

3.蜀汉成都

秦惠王二十七年(公元前310)灭蜀，张仪在成都筑城，每面3里，周回12里，是为大城。后又在大城西墙外接筑少城，与大城隔墙并列。汉代依秦旧址，州治在大城，郡治在少城。蜀先主刘备章武二年(222)，曾诏令丞相诸葛亮于成都营南北郊，已有建都之意。后主刘禅袭位，成都正式作为蜀汉的都城。据《蜀都赋》的描写，这时的成都依然保持秦汉时大城少城并列的格局。大城中有宫城，位置偏北，很可能是在原州治廨署基础上改建而成。少城中则“市廛所会，万商之渊，列隧百重，罗肆巨千”，俨然是一商业都会。成都的城门有18座之多，立于汉武帝元鼎三年(前114)，《蜀都赋》中也记载“辟二九之通门，画方轨之广涂”，又有“轨躅八达，里閈对出，比屋连甍，千庑万室”的描写，说明自汉代起，城内就已经形成方格网状的道路系统和整齐密集的居住里坊。蜀汉因袭其原有形状，故史书中很少有新建、改建的记载。成都这种大小城并列的规划模式与战国时期的城市布局有一定的渊源关系。

（二）十六国时期的都城

西晋永嘉乱后，称帝建国的北方各族政权同时开始了各自的都城建设。从公元304年前赵刘渊称帝，到439年北魏灭北凉统一北方，在百余年间，前后营建的都城，有13处之多(表1)。其中除洛阳、长安、邺城外，多是依所在郡县城的基础加以建设的。这批自冕的帝王都不是汉族士族出身，但却有一个基本的共同点，即对汉文化的倾慕，崇尚汉族传统礼制和儒家思想。因此在有些都城建设中，出现了比附汉家传统制度，依宫室、宗庙、社稷、郊坛的次序营建一系列礼制建筑、修建学宫以施行教化等情况。其中如前赵平阳、后赵襄国，都有较大规模的宫室建筑。长安、邺城等原有都城，在前秦、后赵、前燕建都时期，也不断得到修复并进行新的建设。但由于战乱频频，政权更迭迅速，这一时期的大多数都城建设仍以建立政治、军事据点为目的，规划中对宫廷活动以外的因素考虑不多，唯有政权日趋稳固、国力不断强盛者，才有条件逐步把都城建设的目标推向新的高度。由鲜卑拓跋部建立的北魏政权，在建国一百年(338—439)的时间中，由小到大，由弱到强，最终统一北方。它先后营建都城三处，规模渐次扩大，结构不断完善，是魏晋南北朝时期都城规划发展最有代表性的范例。

（三）北魏的都城建设

北魏政权在道武帝拓跋珪迁都平城之前，一直没有彻底摆脱其游移迁徙的传统。据《魏书》记载，北魏初期多次迁徙都城，仅在盛乐就曾建都三次。341年，第三次时“筑盛乐城于故城南八里”，并在城外西北方向规划了皇室陵墓区金陵。但史料中没有发现在盛乐建立宗庙社稷的记载，因此，从礼制角度衡量，这样的城还不完全符合都城的标准。

表1　十六国都城表

国 名	营 建 者	都 城	营 建 年 代	原 建 制
前赵	刘　渊	平阳	永嘉二年（永凤元年）308	西晋司州平阳郡平阳县
	刘　曜	长安	太兴元年（光初元年）318	
成汉	李　雄	成都	永兴二年　305	三国蜀汉都城
前凉	张　寔	姑臧	永兴中	匈奴城
后赵	石　勒	襄国	太兴二年　319	西晋司州广平郡襄国县
		邺	咸和五年（建平元年）330	三国曹魏都城
前燕	慕容皝	龙城	咸康七年　341	西晋平州昌黎郡
	慕容儁	邺	升平元年（光寿元年）357	后赵都城
前秦	苻　健	长安	永和七年（皇始元年）351	前赵都城
后秦	姚　苌	长安	太元九年　384	前秦都城
后燕	慕容垂	中山	太元十一年（建兴元年）386	西晋冀州中山国
西秦	乞伏国仁	枹罕	太元年间	西晋凉州金城郡县
后凉	吕　光	姑臧	太元十一年（太安元年）386	前凉都城
南凉	秃发檀	姑臧		后凉都城
南燕	慕容德	广固	隆安二年　398	西晋青州
夏	赫连勃勃	统万	义熙九年（凤翔元年）413	无建制
北燕	冯　跋	龙城	义熙五年（太平元年）409	前燕都城
北凉	沮渠蒙逊	姑臧	义熙八年（玄始元年）412	南凉都城
代	什翼犍	盛乐	咸康七年（建国四年）341	东汉并州云中郡成乐县
北魏	拓跋珪	平城	隆安二年（天兴元年）398	西晋并州雁门郡平城县

注：（　）内为十六国年号。

1.平城

398年2月，道武帝平定山东六州，特地前往曹魏邺城，“巡登台榭，遍览宫城”，了解邺城的规划布局情况。并凿通恒岭，作五百里驰道，从望都直达平城。他北还时，又将大批民吏及百工技巧10万余口迁往平城，为进行大规模的新都城建设做了充分的准备。同年7月，“迁都平城，始营宫室、建宗庙、立社稷”，并诏令有关部门“正封畿、制郊甸”，依靠以崔浩为首的汉族官员制定郊庙、社稷、朝觐、饗宴等一系列典章制度以及相应的建筑布局，按照王都的规格开始了平城的建设。宫中主殿天文殿于10月动工，仅用了两个月时间，便完工并在其中举行了大典。假如没有熟练的工匠参与其事，这样的建造速度是不可能的。之后又用了五年时间，从南往北陆续建成了太庙、宫内前朝宫殿天华殿、西武库、寝殿中天殿、云母堂、金华室、西昭阳殿，以及紫宸殿、玄武楼、凉风观、石池、鹿苑台等后宫和宫苑建筑。《南齐书·魏虏传》中对平城的规划情况有较为详细的描述。据载，平城的西部为宫城所在；宫城南门外依左祖右社的方位，立宗庙及太社；太子宫在宫城东，故宫城又称“西宫”；宫城及太子宫内均有府库窖穴；宫城中还有织造、酿酒、牧畜、种菜等各种经营场所和铁木工作坊。平城的外郭城筑于明元帝拓跋嗣泰常七年(422)，周回32里。据《南齐书》记载，“郭城绕宫城南，悉筑为坊，坊开巷”。这表明平城的规划格局的确与曹魏邺城相类似，都是宫城在北、市里在南，居住区实行里坊制。泰常八年，扩建西宫，“起外垣墙，周回二十里”，并在其中添置新的宫室。至此，西宫的规模已超过了邺城的宫城(周回约十六里)。

在平城的营建初具规模之时，天赐三年(406)，道武帝曾经提出过一个构筑平城外城的宏大设想：“规立外城，方二十里，分置市里，经涂洞达。”(《魏书·太祖纪》)在同书莫含传附孙题传中，又有“太祖欲广宫室，规度平城四方数十里，将模邺、洛、长安之制”的记载。但实际上。邺城、洛阳、长安当时都没有方广数十里的外城，可知道武帝营建平城的构想，不仅是比照了邺城和中原王都的规划，甚至有超越它们的野心。道武帝死于天赐六年(409)，他绝对没有想到，一百年之后，这座曾经出现在他梦想之中的方20里的巨大都城，竟会在他的后代孝文帝拓跋宏(元宏)的手中成为现实。

2.洛阳（图3）

孝文帝即位于延兴元年(471)，当时，北魏统治着淮河以北的整个中原地区。由于形势的变化，平城显得地处边远，地理、气候条件皆逊于中原一带。为了进一步巩固政权并继续向南扩展，孝文帝毅然决定自平城迁都洛阳。太和十七年(493)九月，孝文帝幸洛阳周巡西晋故宫基址，“定迁都之计”。十月，“诏徵司空穆亮与尚书李冲、将作大匠董爵经始洛京”。至太和十八年十月，洛阳金墉宫初就，孝文帝即率先迁洛。太和十九年九月，“六宫及文武尽迁洛阳”(皆见《魏书·高祖纪》)。

洛阳城规划的主导方针十分明确。首先，要借洛阳作为东汉、西晋都城的历史形象来确立北魏政权继承汉室正统的政治形象。因此，规划的第一步便是在洛阳城原有轮

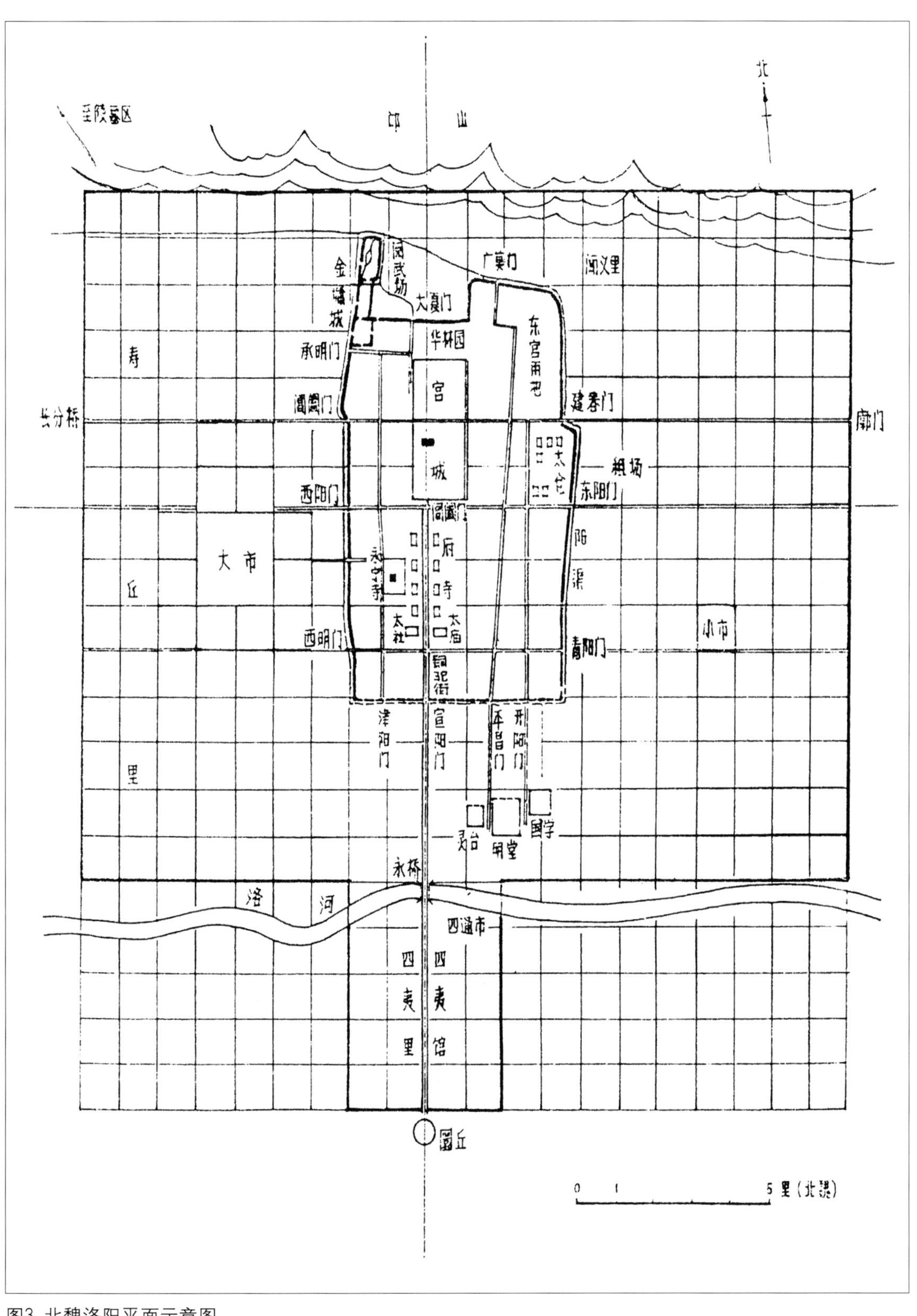

图3 北魏洛阳平面示意图

廓、布局的基础上，将其改建成为北魏洛阳的内城，以保持历史的延续性。同时，又必须利用洛阳优越的地理位置，突出其作为全国政治经济中心的首要地位。因此，规划上又以9里长、6里宽的内城作为核心，在其周围建立东西20里、南北15里(局部20里)的巨大郭城，使北魏洛阳成为有史以来规模最大的都城。

北魏洛阳内城保留了魏晋洛阳的城墙、城内道路、城门位置和宫廷区部分基址。城内的道路系统经过修整开拓，显得整齐通畅。特别是开通了从东阳门至西阳门的城内主要东西干道，无疑是从邺城规划中继承下来的做法。据考古发掘，城内主要交通干道的宽度均在40米以上。宫城位于魏晋宫城旧址之上，南北轴线的位置不变，但东西方向的宽度明显缩减，或许是受儒家“卑宫室”的传统思想影响所致。宫城南门阊阖门与南城正门宣阳门之间的御道两旁则是太庙、社稷及官署所在地。这一布局方式与建康颇相类似。鉴于《南齐书》中记载，太和十五年(491)，北魏匠师蒋少游曾作为副使出使南朝，并被怀疑是为观摩建康宫室而来，因而在北魏洛阳规划中局部套用南朝建康的模式，这种可能性是存在的。北城墙一带，仍然保持着魏晋以来作为军事防御区的建筑形态。城墙上宫观相连，与北门外的阅武场及西北城角的金墉城联为一体，成为宫城的屏障。

孝文帝迁都之后，未及完成郭城中里坊的修建，便死于南伐途中。宣武帝元恪景明二年(501)，“筑京师三百二十三坊，四旬而罢”(《魏书·世宗纪》)，坊每面长300步，周1200步。另据《洛阳伽蓝记》，则有“京师东西二十里，南北十五里”，“庙社宫室府曹以外，……合有二百二十里(坊)”之说。这两种不同的说法也许并不矛盾。洛阳郭城的规模很可能在孝文帝时便已确定为20里见方，即道武帝规划平城外城时所设想的数字。而《洛阳伽蓝记》所载应为后来实际使用的情况。洛水以南地区除中部20坊外，东西两部分的里坊可能由于某些不利因素的影响而逐渐荒废，因此到北魏后期便弃而不用了。

北魏洛阳的郭城中，有明确的区划。西部南北15里、东西2里的地带，专辟为皇室居住区，名为寿丘里。洛河南岸的干道东西两侧，则为侨民与外商使节专用区，名为四夷里和四夷馆。东部为一般居住区。此外，各条交通干道两侧的地带，又多为达官府第所占据。北魏洛阳内城中不设市，所有的市都在郭城之中，这一点与以往的都城有很大不同。市的设置又与居住区的性质有明显关联。大市在城西，靠近皇室居住区；小市在城东，位于一般居住区之中；四通市则在洛南的侨民外商区中。手工业区和工商居住区根据“工商近市”的原则，均安排在大市、小市的四周。整个郭城的规划分区明确、秩序井然，显示出相当高的水平。从历史文献中可以看出北魏洛阳的确是当时中国最繁华的都市。从西域、中亚、东北亚各国派遣来朝觐献的使节络绎不绝，各地的商人更是如潮涌至。使天南地北，四方财货，集散于洛中。城市商业的发展，大大促进了北魏的经济繁荣和国力强盛，也从此改变了都城单纯作为政治统治中心的传统面貌，使中国封建社会的都城规划进入了一个新的历史阶段。

（四）都城格局的演变和发展

魏晋南北朝时期的都城格局，与汉代相比发生了相当大的变化。如果拿北魏洛阳直接与西汉长安作比较。会感到两者的规划布局与城市结构几无相同之处。但如果对这一时期出现的都城作一个全面的比较分析，则不难看出其演变发展的过程和一条嬗递相继的关系链(表2)。从这条关系链中可以看出，除开政治、经济等社会因素之外，都城规划还受到来自多方面的影响和限定。首先，是对自身传统模式的扬弃和发展；其次，是对其他现有经验的吸收和利用；再者，则是对旧城原有格局的因袭与改造。

表2　都城格局演变关系示意

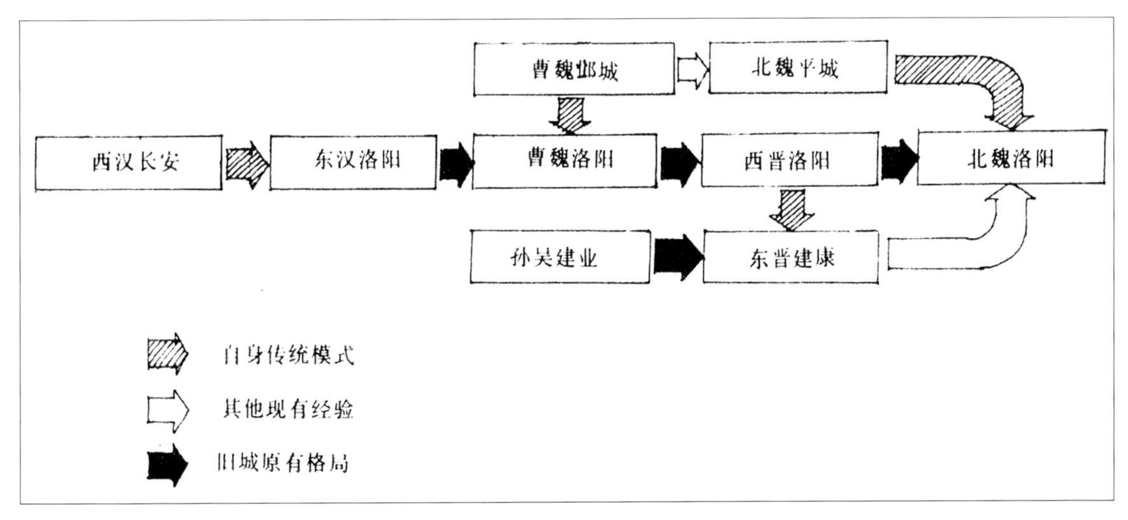

西汉长安与东汉洛阳，都是先建宫殿，后筑城墙。就城墙范围之内而言，实际上都可视为帝王一家的宅院。纵或其中有些居住区及市里，也只是在服从皇室生活需要或无碍于宫室发展的情况下允许其存在的。长安城中宫室的面积约占全城的3／5，在城北宫室与城墙之间的空隙中，设置了集中的市和密集的住宅里坊。很显然，宫室是都城的主体，其余一切都处于从属地位。与长安一样，东汉洛阳围绕南北二宫所形成的道路系统，将全城分割成若干零落不整的地块。只是由于北宫与左右的永安宫、太仓及濯龙园连成一片，致使全城的重心北移，才显得与长安有所不同，但以宫室为主体的格局是完全一致的。

从曹魏邺城开始，改变了这种宫室凌驾一切的布局方式，采取通盘考虑都城中宫室、衙署、里市的结构比例关系、区划井然的规划手法，将全城分为南北两半，宫城在北、市里在南，同时又用南北轴线将它们联系起来。规整的道路网格成为划分功能分区的有效手段，都城的面貌为之一新。

曹魏洛阳是在东汉洛阳的废墟上建立起来的。除了在城西北角仿照邺城三台修建金墉城外，整个城区的轮廓、城门位置及道路系统都没有大的改动。但主要的宫殿都建在原东汉北宫的基址之上，原东汉南宫所在地，则很可能依据邺城的做法，开辟为

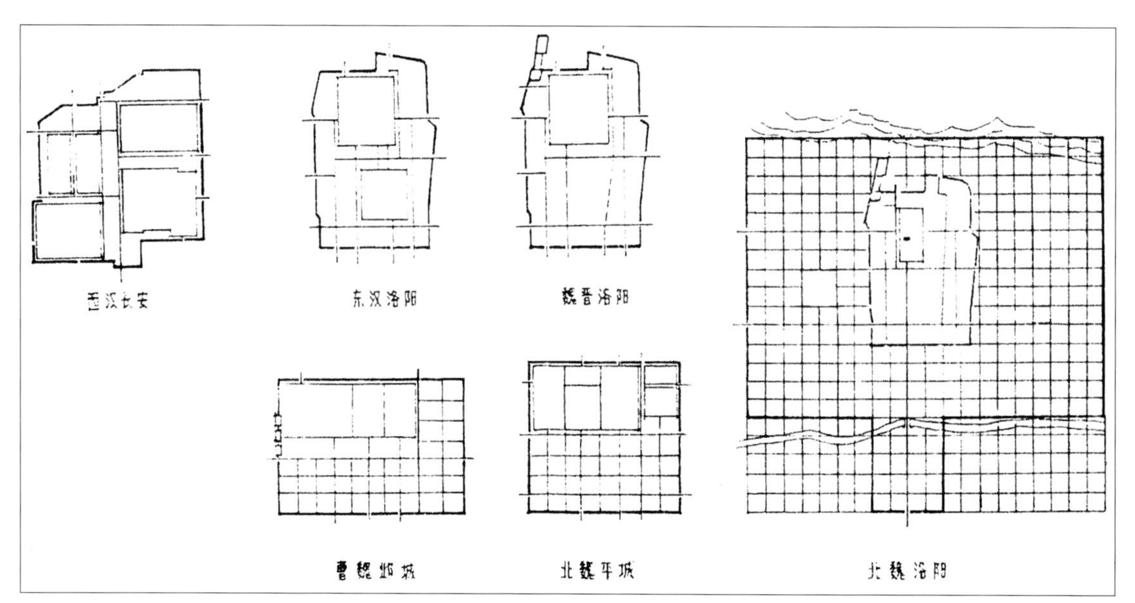

图4 都城格局演变示意图

里坊居住区，安置从邺城迁洛的王室贵戚及大小官员，并在其中设市，以满足商业贸易往来及居民日常生活之需。这时的洛阳，已被改造为和邺城相似的宫城在北、市里在南的格局。

北魏平城的规划直接承袭曹魏邺城宫北市南的传统。由于都受邺城格局的影响，曹魏洛阳与北魏平城的总体布局已有许多趋于一致之处。

北魏洛阳的内城又是在魏晋洛阳城的基础上重建而成的。宫城依然在城北。城内道路系统经过调整，形成主次分明、规则通畅的交通网络。通往各个城门的干道继续向郭城延伸，成为郭城规划的主干。郭城中排列着大片整齐的里坊。其城郭格局，与西汉长安已经没有什么相似之处了（图4）。

经过魏晋南北朝时期频繁而广泛的都城建设，为以后的封建社会都城规划提供了新的模式，积累了新的经验。其中曹魏邺城和北魏洛阳是两个重要的范例。前者是在郡县城基础上进行城郭分区式都城规划的新起点，而后者则是完成了向功能相对完善、结构更为合理的中期封建社会城市的过渡。

二 佛教建筑的发展及社会背景

中国的佛教建筑是在东汉时期开始传入的外来宗教建筑形式上发展起来的。最初出现的形式是佛塔。随着外国僧人以及国内出家人数的增多，两晋之际出现了以僧舍、讲堂为主体的佛教寺院。到南北朝时期，上层统治者中佞佛之风越来越盛，他们积极倡导并率先建造大批的佛塔和寺院，在各地开始了大规模的石窟开凿活动。民间对佛教的崇信也日益加深，人们为逃避现实苦难而纷纷入寺出家。洛阳、建康等大都城中出现了成百上千座佛教寺院。这时的寺院大量由住宅改建而成，因此没有特定的规制。由帝后们兴建者状如宫殿，由王侯士大夫们“舍宅为寺”者则形同宅园。佛塔的形式、体量也随建造者的经济实力和个人趣味而各异。北朝中晚期出现的大型楼阁式木塔，是中国佛教建筑中最为壮观的一种形式。这一时期的佛教建筑活动带有浓厚的世俗化色彩，深受传统观念和社会风气的影响，因此在建筑形式与活动方式上表现出越来越多的中国特色。

（一）初期佛教建筑活动

东汉末年(192年左右)，在江苏徐州一带出现了一座由汉人所建的浮屠寺。据《后汉书•陶谦传》，陶谦使同郡人笮融督广陵、下邳、彭城运粮。笮融“遂断三郡委输，大起浮屠寺。上累金盘，下为重楼，又堂阁周回，可容三千许人”。这是文献记载中最早的以佛塔为主的佛教建筑。据《魏书·释老志》，三国时魏明帝“曾欲坏宫西佛图”，外国沙门“以佛舍利投之于水，乃有五色光起”，于是魏明帝信其灵异，将佛图“徙于道东，为作周阁百间”。这里，佛图(浮屠)已明确作为佛塔之代称。在佛塔四周建阁（阁道）的做法，与笮融所起浮屠寺中“堂阁周回”的布局十分类似，有可能是根据外来僧人对印度佛教寺院的描述所仿造的。

当时洛阳、彭城、姑臧、临淄等地，都有阿育王寺(《魏书·释老志》)，是依印度阿育王作八万四千舍利塔的传说而建立于中国者。东吴孙权赤乌十年(247)，也因于建业宫内立坛求得佛舍利而在其地立建初寺(《建康实录》)。又据《释老志》记载，当时“凡宫塔制度，犹依天竺旧状而重构之”，“谓之‘浮图’，或云‘佛图’”，西晋时，“洛中佛图有四十二所”。可知这一时期流行于中国的佛教活动方式，主要是对佛塔的礼拜。这很可能与印度佛教大乘教派中所奉行的佛舍利塔崇拜有直接的渊源关系。佛塔与寺院的形式明显受印度佛教寺塔格局的影响。

（二）早期寺院建筑的出现

东晋十六国初期，有不少西域佛教僧人沿着丝绸之路进入中国，到达北方的凉州、长安、洛阳、邺城等地。国内也出现了一批佛学造诣颇深的僧人，以其学识广博，法术灵验，相继赢得了后赵石勒、石虎、前秦苻坚、后秦姚兴以及北魏拓跋族帝王们的敬重尊崇，并获得生活上的优遇，为他们建造住所或寺院，逐渐改变了以往外来僧徒居无定所，被称为“乞胡”的状况。如佛图澄在邺时(335—348)，居邺宫寺，寺在宫中寝殿之东。鸠摩罗什在长安(401)，被姚兴待以国师之礼，迎入宫中居住，后又为其单独建造宅邸。由于这些高僧得到帝王的恩宠，有了相当的地位，拜在他们门下的弟子也日渐增多，寺院规模随之扩大。百姓们也因此信奉佛教，相竞出家。这时又出现专为僧徒居住而设的僧坊。北魏天兴元年(398)，道武帝在平城下诏“于京城建饰容范，修整宫舍，令信向之徒，有所居止”。可知这时的出家人已有集中聚居之地。但这种居所似乎不完全等同于寺院，寺院除容纳僧徒之外，主要还是传播佛教义学、供僧徒们研习、翻译佛经的场所。除了以聚居形式受皇室或官方供养的僧徒外，这时也还有许多受民间信徒供养的散居僧徒。舍宅为寺现象的出现，当与此有关。

东晋初期，士大夫中多有研习佛经之人、辞不受职之士。虽不出家，但往往倾囊而出以助佛事，甚至于舍宅为寺。据《建康实录》记载，成帝时中书令何充(330年前后)，便“崇修佛寺，供给沙门，以至贫乏”。穆帝永和三年(347)，山阴许询隐居萧山，将山阴、永兴两处宅邸舍为寺院，并在其中建四层塔。永和四年，尚书仆射谢尚“舍宅造寺，名庄严寺”，寺临秦淮河。又废帝时中书令王坦之所造临秦、安乐二寺，也是南门临秦淮水，均在建康城中。可知舍宅为寺的风气，是从东晋初期的士大夫阶层中兴起的。既是依宅立寺，则佛寺的格局必然与传统住宅建筑相类似，而与初期那种仿造印度寺塔旧式所立者有所不同。

（三）鼎盛期的佛教建筑活动

南北朝时期(420—580)，是中国佛教建筑发展的第一个鼎盛期。当时北方的佛教中心，先是平城，后为洛阳；南方则是建康。

北魏太武帝拓跋焘在位期间，受崇扬道教的汉族士大夫影响，对佛教采取限制政策。但在太延五年(439)十月平定凉州之后，太武帝将当地百姓3万余家迁往了平城。凉州地接西域，正是佛教从西域进入中国的大门，因此受佛教影响颇深，“村坞相属，多有塔寺”。这3万户佛教信徒给平城风气带来的影响，可想而知。正是这位不信佛的皇帝，为北魏时期佛教建筑的广布林立打下了丰厚的基础。

太武帝死后，佛教便在北魏各代帝后的大力倡导下，迅速发展起来。自兴光元年到太和元年(454—477)，平城建寺100所，全境建寺6478所；迁都洛阳之后，到宣武帝延昌年间(515)，境内寺院的数量又翻了一番，多达13727所。单只洛阳城内，便有1367所。

佛教为求得自身的地位和发展，必须首先迎合并满足统治阶级的欲望。佛教赖以依存的建塔立寺等建筑活动，更是离不开世俗的经济基础。因此，佛教只能靠世俗热情来养活，只能在不断迎合世俗心理的过程中向前发展。北魏中期开始出现的佛教建筑活动高潮，正反映出佛教逐渐被世俗热情所包裹的趋向。这时的建寺、立塔、开窟、造像，无一不是以祈福消灾为主要目的，成为统治阶级敬事祖先并祈求政权巩固的一种新方式，同时也成为佛教僧人依附并取悦于世俗皇权的有效手段。

这时对佛像的礼拜，已取得和佛舍利并重的地位。而所造的佛像中，有不少是佛化的帝王像。452年，北魏佛法初复，便造石像，令如帝身。454年，又在平城五级大寺内，“为太祖以下五帝，铸释迦立像五”。在太后们执政时期，佛像的面容则呈现出女像的特征，令人怀疑在工匠和营造者之间存在着某种默契。由帝后们建造起来的佛寺，也同样仿照世俗帝王宫殿的形式。除佛塔之外，在寺院的中轴线上安置佛殿(往往为前塔后殿)，佛像和帝王一样，高踞于殿中宝帐之内，受人礼拜。建造佛塔开始成为炫耀权势、财富的一种方式。孝文帝延兴二年(472)下诏，“内外之人，兴建福业，造立图寺，高敞显博”，“然无知之徒，各相高尚，贫富相竞，费竭财产，……自今一切断之。”从中可以看出北魏上下已是将建寺立塔作为争奇斗奢的手段，而并非出于对佛教的崇拜。这一切正是在统治阶级尤其是帝后们大兴佛事的影响下所造成的。

在此期间，北魏有两位与佛教建筑兴盛颇为相关的人物。一位是文成帝的皇后，献文、孝文帝时的文明皇太后；另一位是宣武帝的皇后，孝明帝时的胡灵太后。自文成帝死后，到孝文帝太和十四年(465—490)，文明太后一直主掌朝政；胡灵太后则继承文明太后的衣钵，在儿子孝明帝即位之后，临朝听政，独断专权。可以说，平城与洛阳两地最著名的佛教建筑，都分别是在这两位太后的主导之下，由太后集团中的阉宦、大臣或沙门主持建造起来的。如平城的天宫寺、永宁寺及武州山石窟寺(即云冈石窟)，都是文明太后时期所建的著名佛教建筑。又为退位的献文帝造北苑鹿野佛图、为太后之母造龙城思燕佛图。承明元年(476)，孝文帝年方9岁，诏罢鹰师曹，以其地为太后造报德佛寺，又诏起建明佛寺，这些显然都是秉承了太后的旨意，或是太后左右的宦官所为。胡灵太后在洛阳兴建的佛教建筑，有著名的永宁寺，寺内九级佛塔，其体量之大，不仅在当时名冠天下，就是在整个中国佛教建筑史上，也是空前绝后的。又于景明寺中造七级佛塔，是洛阳城中仅次于永宁寺塔的第二大塔。又为亡母造太上君寺，与皇姨同为亡父造太上公寺二所，寺内又各造五层佛塔一座。在胡灵太后时期，舍宅为寺已属平常之举，佛教建筑活动已升级到争相建造大型木构佛塔的阶段。

南方佛教建筑活动的兴盛更在北魏之前。东晋自穆帝起，至孝武帝太元元年(345—376)，为崇德太后执掌朝政时期。太后信佛，对帝王臣民不无影响。孝武帝于太元六年(381)初奉佛法，于宫中立精舍，供养沙门。从此东晋境内佛事大兴。至刘宋元嘉十二年(435)，丹阳尹萧摹之给宋文帝的奏文中便有“佛化被于中国，已历四代，形象塔寺，所在千数”的描述。并指出，“自顷以来，情敬浮末，不以精诚为至，更以奢竞为重”，“甲第显宅，于兹殆尽”（《宋书》）。其时尚在北魏太武帝平定凉州之前四年，而南朝佛寺已发展到如此程度。梁武帝萧衍是南朝帝王佞佛之代表人物。登极之初，便舍私宅为寺。自天监元年(502)立长干寺后，相继又为亡后、亡父等建寺多所。大通元年(527)，更于宫北为自己造同泰寺，并三次入寺不出，舍身为奴，令皇太子及群臣出资亿万将其奉赎回宫。帝王如此，则王侯贵族以至平民百姓中信奉佛教、造塔立寺之风气盛行自不待言。

（四）佛教建筑的类型与形式演变

魏晋南北朝时期佛教建筑的类型大致可分为佛塔、寺院与石窟三种。

1. 佛塔

初期建造的佛塔，现已无实例可考。据文献记载，多为佛舍利塔。从石窟雕刻和壁画中所见到的舍利塔形象，则是一种印度风格的单层砖石小塔。底座与塔身一般为方形或圆形平面，塔身四面有门龛，顶盖周边出檐。檐口上饰山花蕉叶，塔顶正中有半圆形覆钵，上立刹竿，刹竿上有相轮及宝瓶等（图5）。除舍利塔之外又有多层佛塔。塔的层数一般为奇数如三、五、七、九等。依建筑材料分类，则有木塔、石塔和砖塔三种。早期砖石塔的形式，多受印度风格影响，木塔则完全是中国独创的佛塔形式。

木塔的形象构思与结构技术有可能来源于汉代流行的台榭建筑与多层楼观。东汉笮融所建“上累金盘、下为重楼”的佛塔，实际上就是在多层楼观的顶部，加以刹竿相轮等佛塔标志物的做法。用木材建造佛塔，无论从材料上还是施工上，都比砖石塔更易于为汉族人士特别是工匠们所接受。因此，木塔便很快流行开来。从十六国及北朝遗留下来的小型石塔和石窟中出现的多层木塔形象，可以推测当时木塔的平面一般为方形，每层都有柱身、枋额、斗栱和出檐部分（图6）。塔顶的形式与舍利塔十分相似，只是刹竿部分为适应塔身比例而加高。到北魏晚期，木塔的高度和体量以惊人的速度发展。其中胡灵太后于熙平元年(516)建洛阳永宁寺塔，塔的高度据《洛阳伽蓝记》为一百丈，据《水经注》则为“浮图下基方十四丈，自金露盘下至地四十九丈”。1972年考古工作者曾对塔基进行了发掘。塔基三层，均为方形平面（图7）。底层方100米，中层方50米，均为夯土台基，与《水经注》所载“方十四丈”的数字相近，可知《水经注》中的记载相对来说比较接近实际。但塔的高度如按0.29米／北魏尺折算，竟合142米，仍然令人难以置信。据《洛阳伽蓝记》中的描述，塔高九层，每面九开间，三门六窗。柱身与斗栱装饰华丽，使用了大量金属饰件。塔顶置金露盘及宝瓶，由自塔身中伸出的刹竿所支承。这座巨型木塔建成18年后，于北魏政权分裂的那年(534年)毁于大火。

在木塔兴盛一时的情况下，出现了仿木构的石塔。北魏皇兴元年(467年)，继平城永宁寺七级木塔建成之后，又在平城建造了一座三层石塔。整座塔身“榱栋楣楹，上下重结，大小皆石，高十丈。镇固巧密，为京华壮观”（《魏书•释老志》）。这是关于仿木构石塔的最早记载。

建于北魏正光四年(523)的河南登封嵩岳寺塔也许是今天所能见到的唯一的南北朝地面建筑，也是现存年代最早的砖塔。这座塔的平面及外观形式都与同时期大量出现的楼阁式木塔截然不同。塔的平面作十二边形，是从古至今绝无仅有的一例。砖砌的塔身上部有14层密檐叠涩，塔身收分曲线柔和优美。塔顶为石质塔刹，以仰覆莲花承托相轮。塔身下部用雕砖的方式砌出角柱及莲瓣形柱头、柱脚，柱间为拱券门或同样形式的

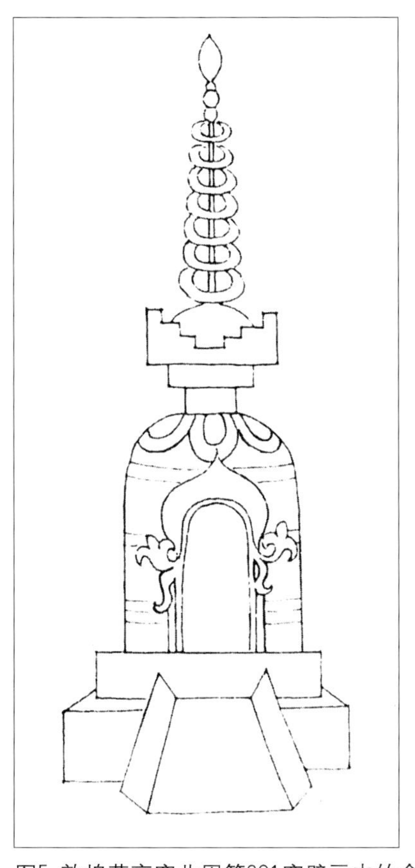

图5 敦煌莫高窟北周第301窟壁画中的舍利塔

图6 大同云冈第39窟中心塔柱

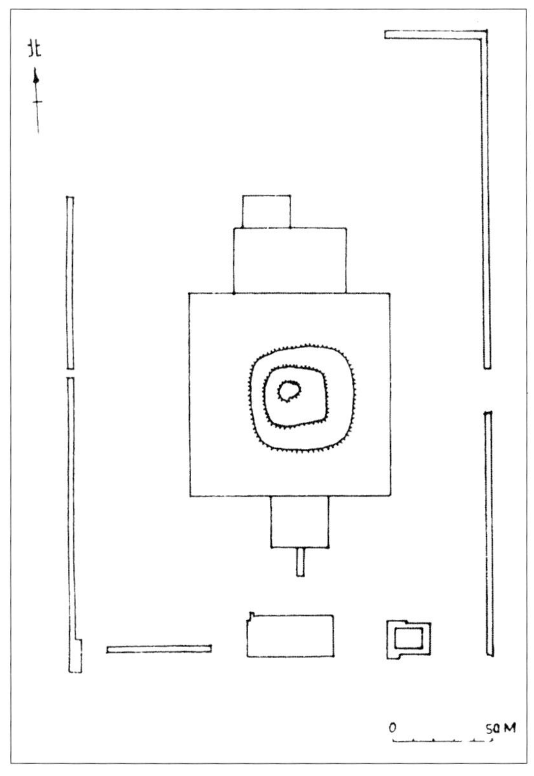

图7 北魏洛阳永宁寺塔基平面图

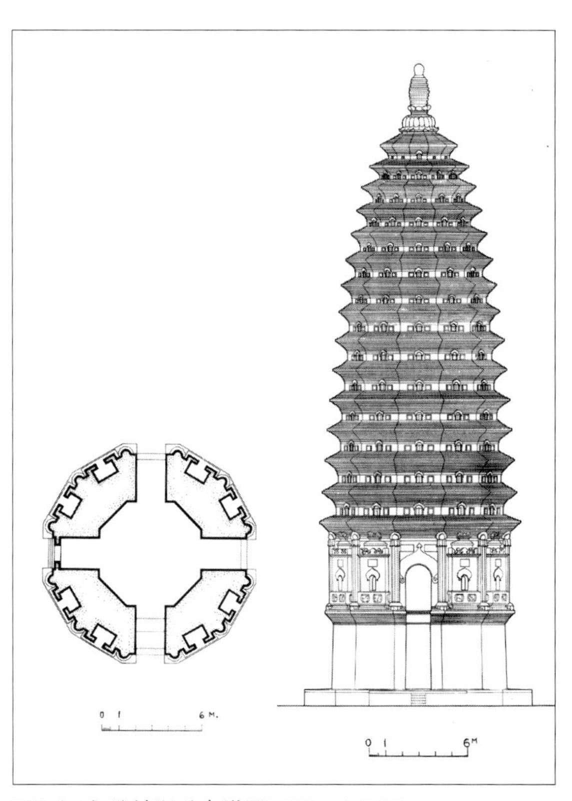

图8 河南登封嵩岳寺塔平面图、立面图

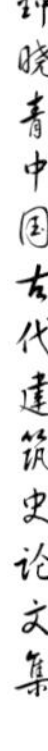

小龛，龛上均为尖券装饰。在同时期的石窟雕刻和其他佛塔形象资料中，塔身上多置佛像。有的是每间一龛，有的则是密排千佛。但嵩岳寺塔的塔身上似乎未见佛像，也是其与众不同之处（图8）。

2.寺院

早期寺院建筑的形式与佛塔同样无实例可考。依据文献记载，大致是以佛塔为中心，四周设置僧房的格局。寺院中有讲堂，作为僧人听讲佛经之所。

东晋十六国以后，佛教造像之风大盛。除开凿石窟外，多用金铜铸像，置于殿堂之内，行禅观膜拜之礼。寺院中开始设置佛殿，随着佛像数量增多、体量高大，佛殿也日趋壮丽。如北魏文明太后于平城天宫寺铸释迦立像，高43尺。如此巨大的佛像，势必要有更为高广的建筑空间加以安置，可以想见寺内佛殿的规模必定十分宏伟壮观。膜拜佛像的兴起，导致了寺院布局从以佛塔为中心向以塔、殿为中心的演变。这时的佛殿与佛塔，在寺院中几乎占有同样重要的位置，都位于寺院的中轴线上，但一般是佛塔在前，佛殿在后。在统治阶级所建的大寺中，佛殿的规模往往极大，甚至与宫中主殿不相上下。东晋孝武帝太元四年(379)，在荆州南岸建东、西二寺以安置南渡的北岸寺僧。寺中“大殿一十三间，惟两行柱，通梁长五十五尺，栾栌重叠，国中京冠”（《法苑珠林》），殿前有佛塔，是典型的前塔后殿格局。又北魏洛阳永宁寺，在九层佛塔的北面，“有佛殿一所，形如太极殿。中有丈八金像一躯，中长金像十躯”（《洛阳伽蓝记》），寺内又有“僧房楼观，一千余间”，寺院围墙的做法与宫墙相同，“皆施短椽，以瓦覆之”，围墙四面各开一门，南门楼三重，通三层阁道，去地20丈，形制与宫中前朝正门端门相似。东西二门，门楼二重，只有北门“上不施屋，似乌头门”。考古发掘也证实在佛塔夯土台基的北面，有一座较大的夯筑遗迹，当系佛殿遗址。塔基东西两侧，又有大量的砖瓦堆积层，估计为僧房楼观的遗迹。

除了像永宁寺这种形制规整的皇家寺院之外，当时洛阳城内大量存在的是由王室贵戚及达官显富们建造的宅第式寺院。据《洛阳伽蓝记》中记载，当时洛阳城内外共有寺院1000多所，书中所列仅为其中规模较大者，计50余所。其中，帝后所立者8所，诸王所立者14所，权贵所立者15所，富人所立者4所，比丘沙门所立者2所。又文中明确记载为舍宅而立者18所，有的虽未说明，但从文字描述中可看出为住宅格局。这时期贵邸盛行建宅园，舍为寺后成为寺园。影响所及，遂使后世一些寺庙也建有园林。孝文帝的儿子广平王元怀舍二宅立为平等寺与大觉寺。大觉寺以宅中主要居室充作佛殿，寺内林池飞阁，茂树名花。初时寺中并无佛塔，后于永熙年中“造砖浮图一所，土石之工，穷精极丽”。平等寺内则“堂宇宏美，林木萧森，平台复道，独显当世”。孝文帝的另一个儿子清河王元怿也同样舍二宅立为冲觉寺和景乐寺。冲觉寺在西明门外，寺内“土山钓池，冠于当世”，有儒林馆、延宾堂，为当时才子臣僚辐辏之处。元怿死后，为其追福而于寺内“建五层浮图一所”，也是先舍宅为寺而后立佛塔的做法，说明这时佛塔在寺院中的地位已不像早期那样居中显要。北魏末年，皇室成员皆死于尔朱荣之乱。寿丘里内，“王侯宅第，多题为寺”。其中河间王宅题为河间寺，宅内廊庑绮丽，后园山石嶕峣，池上飞梁跨阁。每逢大作佛事之日，这里便成为京城士女观光游览的名胜地之一。宦官贾璨为亡母追福，于城北舍宅立凝玄寺，同样是“房庑精丽，竹柏成林，王公卿士来游观为五言者，不可胜数”。这样的寺院，虽名为佛寺，实在并无多少宗教意味，寺内建筑也无一定格局，甚至无须立塔，只不过是在满足建造者舍宅追福(祈福)愿望的同时，提供一处公众游览场所而已。

佛寺在城市中急剧发展是从南北朝时期开始出现的特殊社会现象。到南北朝后期，洛阳和建康已成为两座被佛教建筑充溢的城市。洛阳除宫城、衙署、市肆、府库外，二百余坊中，竟有寺院千余所。正如任城王元澄于神龟二年(518)上书所言，洛阳自迁都以来，“寺夺民居，三分且一”。其中有的大寺如融觉寺，一寺便占尽三坊之地。城东建阳里内居士庶2000余户，共同担负里内十所寺院的供养任务。如按一坊之内居400户计算，此里应占五坊之地，则平均一坊之中便有两所寺院。帝后建寺，多选择城中冲要之处，王侯舍宅，其宅亦往往位于城中显赫之地。因此，城内大寺，几乎都位于都城交通干道(即御道)的两旁。《洛阳伽蓝记》所列诸寺中，临御道者有26所之多，主要分布在宫城的东、西、南三面。其中位于穿通西阳门和东阳门的全城主要东西干道两侧的，便有10所。如此之多的佛寺列座在城市主要街道两旁，崇刹相望，宝塔高凌，对城市面貌有很大的影响，这在此前的中国封建社会都城中，是不曾有过的现象。佛寺的这种畸形发展，不仅造成了财力、人力、物力的极大浪费，也对城市经济发展和社会风气带来了消极影响。

3.石窟

魏晋南北朝时期开凿的佛教石窟约有20余所，分布的地域很广，西起敦煌，东至辽西，绝大部分在北方地区。南方也有少量石窟寺，但若论规模宏大和历史悠久，都不能与北方石窟相比。

开窟造像之风起于东晋十六国时期。永靖炳灵寺169窟中，有秦建弘元年(420)的墨书题记；关于敦煌莫高窟，有晋司空索靖题壁号仙岩寺的记载，经专家研究确定其现有洞窟最早开凿于前凉至北凉期间(366—439)；天水麦积山的开凿，不晚于后秦姚兴时(394—416)；大同云冈和洛阳龙门两处，则是北魏皇室的御窟，相继开凿于北魏文成帝兴安二年(453)至孝文帝太和年间；巩县石窟寺也开凿于北魏时。至东魏、北齐时，又开凿了太原天龙山和邯郸南北响堂山石窟。

早期石窟多为受到统治者尊崇的外来僧人所开凿。如炳灵寺169窟的供养人像中，为首的就是被西秦奉为国师的西域僧人昙摩毗。大同云冈石窟中年代最早的第16～20窟，即著名的“昙曜五窟”，是来自凉州，当时身为沙门统的僧人昙曜所开。佛教僧人与世俗帝王之间相互尊崇、相互利用的特殊关系，必然反映到石窟造像中来。炳灵寺、麦积山等处早期佛像的面容，明显是依照当地少数民族统治者的形象塑造的，而昙曜所开的五个洞窟，则很可能是为北魏道武帝以下五位帝王各开一窟的做法。联系当时有造石像以像帝身的做法，那么造佛像以显帝容也是完全可能的事。这时的窟形一般为接近天然洞窟的穹隆窟。窟内除高大的佛像及背光外，壁面很少有其他内容的雕刻。后期大量出现的佛塔、佛传故事等内容，均不见于早期大像窟中。从这一点便可看出，中国佛教石窟的出现除受西域风格影响外，又有其独特的政治背景。因此从一开始，便出现了不同于印度传统佛教石窟中支提窟(塔庙窟)与毗诃罗窟(精舍窟)的形式。另外，这一时期的佛像虽然在形态、衣饰、比例等方面具有北印度贵霜王朝晚期造像的某些特点，但在石像的雕刻手法和塑像的制作方法上明显采用了中国的传统技艺和做法。因为从事石窟开凿的工匠主要是本地匠人，作为外来事物的佛教石窟的本土化是不可避免的。

在早期穹顶大像窟之后，中期出现了大批模仿佛殿形式的洞窟，形成有层次的窟内空间和殿堂形式的洞窟外观。这时的石窟形制一般为前廊后室，窟室中心出现佛塔或塔形方柱，窟室四周壁面设置佛龛，并用雕刻或绘画的方式，分层表现佛塔、佛经故事，甚至将窟室四壁的下层雕刻成回廊的形式(云冈第6窟)，为当时佛寺布局在石窟中的反映。窟顶有平顶和双坡顶、叠顶等形式，雕成传统木构建筑中的平棊、藻井或帐顶的样式。这种洞窟与早期穹顶大像窟相比，室内外空间感觉起了根本性的变化。云冈9、10二窟是一组双窟，开凿于太和八年(484)，是云冈石窟中最为精美的洞窟之一，也是同时期

图9 大同云冈第9、10窟外观

石窟艺术的代表作（图9）。洞窟的立面表现为并联的两座带有前廊的三开间殿堂。廊柱间的中心距离约为4米，柱高8米(不含柱础)。柱础方2米左右，高1米，四面浮雕两两相对的白象、狮子，柱础之上为一体态壮硕的白象，背负着高大的八角形廊柱。柱身自下而上斜收，并满雕千佛。前廊净深也是4米，与柱距相同。于是前廊的平面正好为边长1∶3的矩形。内室平面约为10米见方(含后甬道)，高度也同样为10米。可知洞窟在开凿时经过精心的比例设计。整个洞窟的壁面，布满了内容丰富、形式多样的雕刻，反映出中西方艺术的汇集与交融。佛龛中既有印度式的尖拱龛，又有帐幔垂悬的楣栱龛，更有纯粹中国式的屋形龛。支撑龛楣的柱式中，有外来的涡卷形柱头，又有中国的栌斗式柱头。屋形龛的铺作部分，竟出现波斯风格的对兽形栱与中国传统人字补间的巧妙结合。兼收并蓄、不拘一格，正是此期石窟艺术风格之特点所在，无论是窟形，还是装饰题材，都处于中外交融、各尽其用的发展过程中。

天水麦积山28、30两窟，虽不并联。但形制相同，相距甚近，也应是同一时期开凿的一对双窟（图10）。窟廊立面完全是中国传统建筑形式，四柱三间，单檐庑殿顶，并精确地表现出屋顶正脊、垂脊、鸱尾的形象和屋面覆盖筒板瓦的做法。开间与柱高的比例为扁方形，符合传统居住建筑开间广比高宽的比例关系。开间、柱高均为3米多，也十分接近居住建筑的尺度。与窟廊开间相对，在廊内后壁上开凿了三间小小的椭圆形平面窟室，入口上饰尖拱券。与外廊立面相比配，显然是中西合璧。

麦积山石窟的壁面普遍较少装饰，风格清丽，不同于云冈石窟繁富堂皇的装饰风格。

在敦煌莫高窟早期洞窟中，佛龛的形式主要为阙形龛，特别是在北凉开凿的275窟中，六个佛龛中有五个阙形龛（图11），另一个为形象独特的树形龛。阙形龛的形式与汉代画像石上的阙门形象十分类似。值得注意的是，在云冈乃至龙门石窟中，从未出现过阙形龛；而莫高窟中，也从不采用云冈、龙门石窟中最常见的楣栱龛（图12）。这些差别均应与窟像输入的来源、地区传统建筑风格的影响以及石窟建造者地位等级的差别有关。

龙门石窟开凿于北魏迁都洛阳之前，时间上与云冈石窟前后相继。二者在佛龛造型等方面有沿袭继承的关系，但洞窟形制与装饰风格，已显得截然不同。龙门早期洞窟如古阳洞、莲花洞、宾阳三洞，均为长马蹄形平面，无前廊后室之分；洞窟立面即为上饰火焰券的龛门，不再采用殿堂形式。窟内四壁虽同样布满雕刻，但再也看不到云冈中期洞窟表现出的自由变化、随心所欲的创作激情。内容上以造像龛为主，还出现以帝王为首的供养人礼佛行列，表现出一种在石窟造像中突出供养人形象、地位的主导思想。从造像龛的分布情况，可以看出是采取了预先划定龛位的开凿方式。将整块壁面划分成大小相近的数排方格，每格即为一龛之地。龛与龛之间的空隙，用来安置造像碑或其他附属雕刻内容。同一水平线上的佛龛多采用同样形式的龛楣，而上下行则各不相同。甚至佛像的坐姿也随行各异。如上行为结跏趺坐，佛像身着通肩大衣，中行为交脚弥勒，下

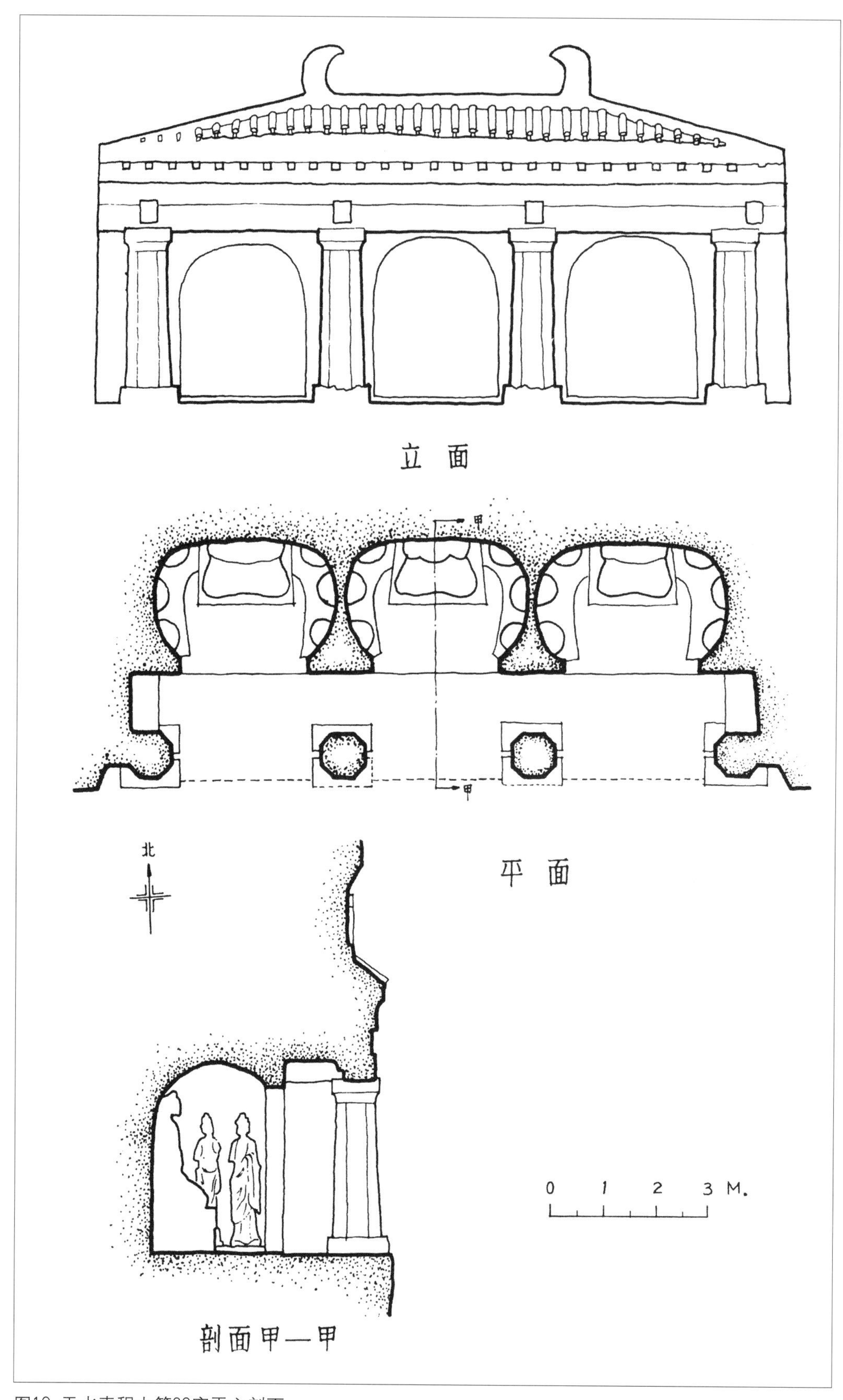

图10 天水麦积山第30窟平立剖面

图11 敦煌莫高窟北魏第275窟阙形龛

图12 大同云冈第10窟前室楣拱龛

行则垂足而坐，佛像为褒衣博带装束。

在西魏、北周和北齐时，敦煌、麦积山、天龙山、南北响堂山等处，都继续开凿了大批石窟。石窟的形式及佛像的衣饰、面容都继承和发扬了北朝中期的风格特点，更进一步民族化。太原天龙山16窟完成于北齐乾明元年(560)，是南北朝时期最后阶段的作品，也是窟廊建筑形式最为精美的一处（图13）。八角形廊柱，莲瓣形柱础，柱头上的栌斗、阑额、斗栱等，均形象准确，刻画精致，造型优美。但窟室的入口与佛龛上仍然

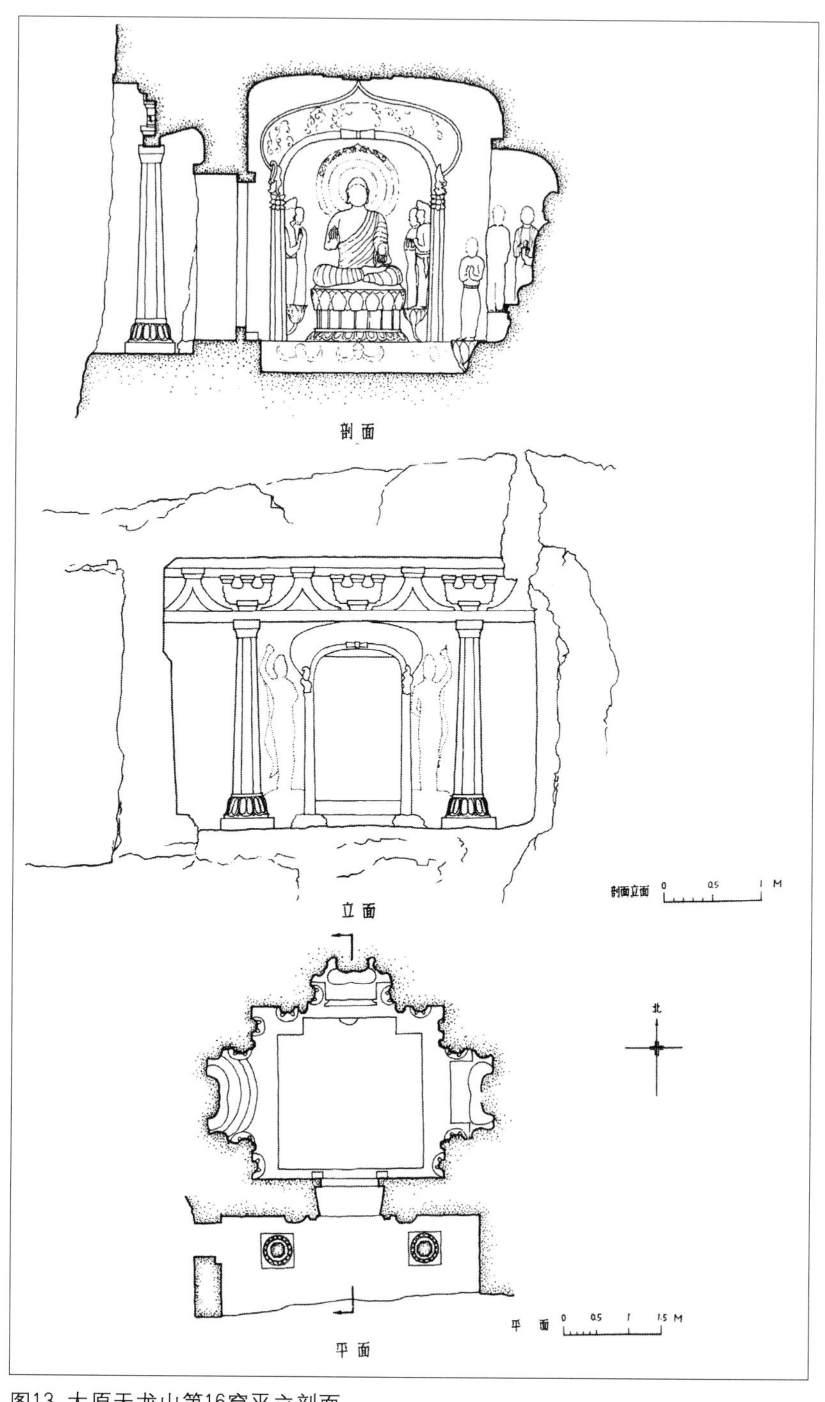

图13 太原天龙山第16窟平立剖面

是外来的尖拱券形式，与麦积山28、30窟相同。若以石窟形象的民族化程度而论，麦积山第4窟应该说是最为彻底的一座（图14）。第4窟俗称七佛阁，开凿于西魏北周之际。前廊面阔七间，间广4.5米，柱高8.9米，接近1：2的比例。前廊深4米，与云冈9、10窟相近，应为当时大型殿堂建筑的尺度比例。庑殿式屋顶，正脊两端置鸱尾。前廊顶部雕长方形平棊，廊内每间设一座佛龛，龛外上雕华盖边饰，下垂帐幔流苏，表现为一座大殿内设七座佛帐的形式，龛内还真实地表现出佛帐的节点构造。

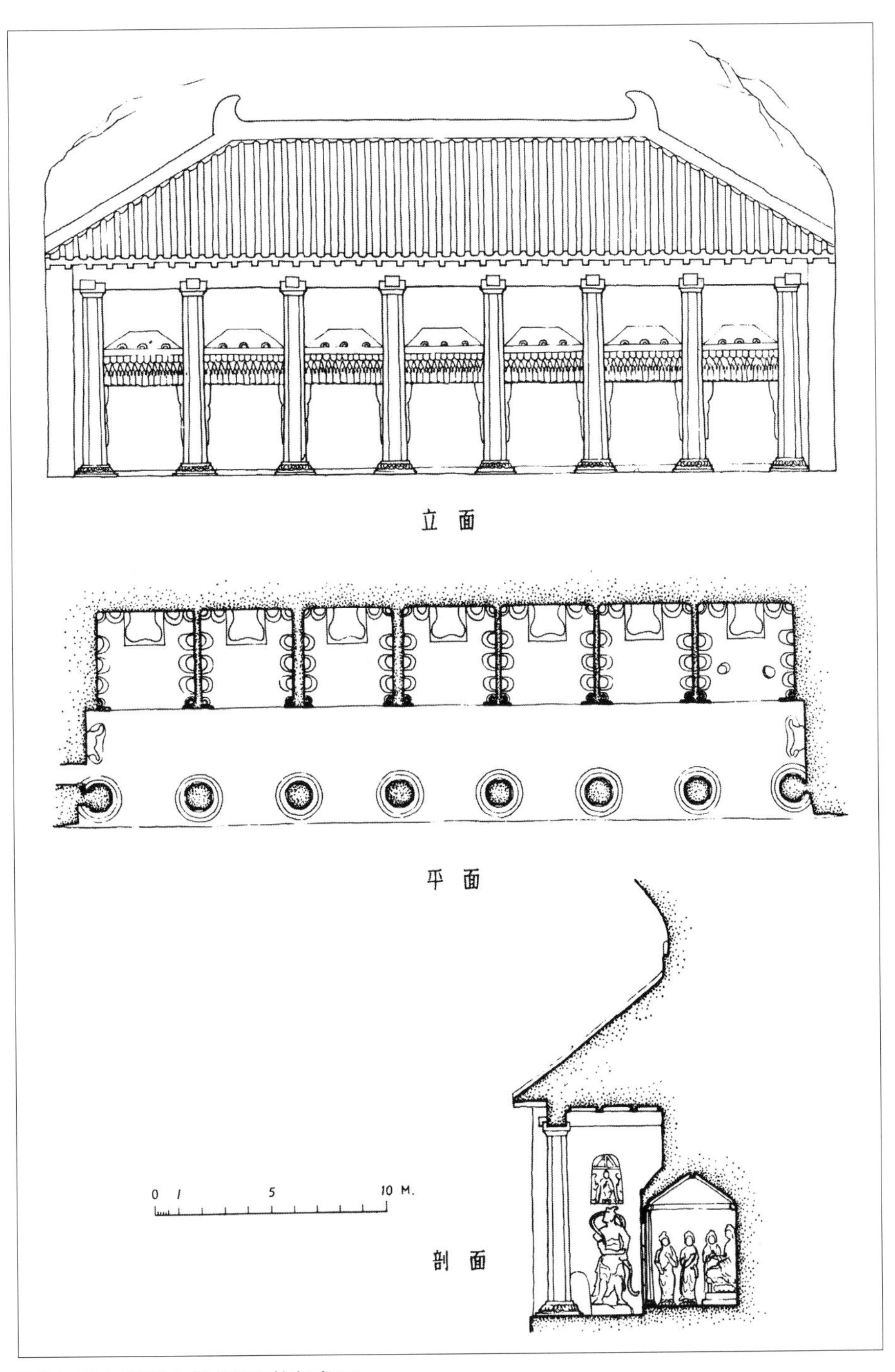

图14 天水麦积山第4窟原状想象图

三 宫室、宅园与陵墓

（一）宫室格局

魏文帝曹丕于黄初元年(220)接受汉献帝禅让之后，迁都洛阳，依东汉北宫故址，初营洛阳宫。至明帝曹叡时开始大规模兴建宫室。起前朝太极殿、东西堂并后宫昭阳诸殿。于宫北芳林园中起景阳山(后因避齐王曹芳之讳，改称华林园)。从此便奠定了两晋南北朝宫廷建筑的基本格局，即从南往北，由前朝、后宫及禁苑三部分组成。太极殿、东西堂成为宫中前朝宫殿的固定格局和专用名称，而华林园、景阳山则是宫后禁苑的通称。若以此作为建筑史的断代依据之一，倒是与政治史颇相吻合。此中主要原因有两个：其一，在于政权更替的方式以禅让为主。自曹魏而至两晋、宋、齐、梁、陈，各代皆禅让相继，并沿用前朝宫室。东晋偏安江左，虽依吴都旧地，但宫室格局依然承袭西晋洛阳宫。故自曹魏洛阳至南朝建康，宫室格局实为一脉相承，其中虽有变化增损，尤其是后宫及宫苑部分的建筑形式与风格各朝不尽相同，但整个宫城的大格局基本上是不变的。其二，则与北方十六国统治者崇尚汉代礼制，接受汉族文化的风气有关。各国营建宫室，皆以魏晋洛阳宫为楷模，尤其是前朝宫殿，竞相比附太极殿东西堂的制度。如前秦苻健于永和八年(352)“即皇帝位于太极前殿”(《晋书》)，可知其长安宫中主殿以太极为名；后赵石勒太兴二年(319)于襄国“拟洛阳之太极起建德殿”，名虽不同，但规制相仿；前赵平阳光极殿有东堂、西室，也是比附太极殿东西堂的格局。北魏孝文帝在迁都洛阳之前，为实行汉化改制的需要，也于太和十六年(492)将平城宫内主殿太华殿拆毁，仿照魏晋宫室格局建造太极殿。迁都洛阳之后，依魏晋宫城旧址立宫，虽宫城面积缩减，但仍然保持原有格局及宫中主要建筑物所在的南北轴线位置，甚至有可能利用遗留下来的建筑基址进行重建。因为当时主要殿堂多以纹石为基，因此是不容易被焚毁殆尽的。

（二）前朝宫殿

以太极殿为前朝主殿，并在其东西两侧各立一座朝向相同而体型略小、规格略低的殿堂，称为东西堂，是魏晋南北朝时期特有的前朝宫殿布局方式。太极殿一般为举行盛大典礼的场所，东西堂则是皇帝日常召见群臣、宴宾、论学、议政之所。在太极殿和东西堂之间各有一门，称东西阁门，入门以北便是后宫。据文献记载，晋初时太极殿为12开间，至南朝梁武帝时改作13间，“以象闰焉”(《梁书》)。似乎表明原12间也是依月份之数而定的。又《水经注•洛水注》中关于魏明帝建太极殿有“上法太极”的说法，则太极殿的建造很可能是与天文月令有关。梁武帝于天监十二年(513)新作太极殿，高8丈，长27丈，广10丈，殿基皆用锦石砌筑。殿前为“方庭六十亩”。以25cm／尺折算，太极殿高约20米，长68米，进深25米，间广平均为5米，与现存唐长安大明宫中主殿含元殿遗址的规模相仿。按太极殿面阔13间，东西堂面阔各7间，加以东西阁门的宽度，推测殿前广场的总宽在150米以上。

在太极殿庭的东面，为台省官署所在地，实际也应包含在前朝范围之内。从魏晋洛阳、北魏洛阳和南朝建康的宫城平面可以看出，主要建筑物所在的南北向轴线并不像隋唐以后那样位于宫城的正中而是偏于西侧，宫中前朝部分的东部用来设置尚书朝堂、上省、下省等机构，单成一区，另有门出入。这也是魏晋南北朝时期宫廷前朝布局的特点之一。

（三）后宫殿舍

宫廷中后宫部分的建筑形态与风格，不仅是帝后们生活方式的写照，也必然反映出政治、经济形势以及社会风气的变化对宫廷生活所产生的影响。

魏武帝曹操定都邺城后，作玄武池以肄舟师，并建三台、宗庙，偏重于政权建设与军事防御设施。据《魏都赋》中描写，曹操的后宫殿舍是比较简朴的。“匪朴匪斲，去泰去甚。木无雕锼，土无绨锦”。曹丕初营洛阳宫，仿邺城三台的做法，建金墉城，穿灵芝、天渊二池，筑凌云、九华二台，于天渊池南建茅茨堂，以示尊崇古礼、恪守恭俭之意。至明帝青龙二年(234)，西蜀丞相诸葛亮亡故，政治压力减轻，节俭收敛之风便荡然无存，开始大治宫室，“增崇宫殿，雕饰观阙”，除前朝宫殿外，更营后宫昭阳、徽音、含章诸殿，改筑崇华殿为九龙殿，“通引穀水过九龙殿前，为玉井绮栏，蟾蜍含受，神龙吐出”（《三国志•魏书》注引《魏略》文)，以为厌胜。又亲率公卿百僚，于芳林园中起陂池土山，名景阳山。明帝时，后宫“妇官秩石拟百官之数，自贵人以下至掖庭洒扫，凡数千人”(《资治通鉴》)，在后宫诸殿之北，立八坊，作为贵人以下诸才人的居住区。曹魏的宫室建设，在明帝时已达高潮。这时的建筑风格上追求宏伟壮丽，主体突出，左右对称，布局严整，虽有过分豪奢精丽之嫌，但尚无杂乱流俗之弊。

吴帝孙权初都建业，更是俭约从事，不理营造。十八年后，因府寺屋宇破坏严重，才决定修建新宫。新宫名太初宫，方三百丈，南面开五门，东西各一门。所用木料材瓦，皆取自武昌宫的旧材。到末帝孙皓宝鼎年间(267)，吴地风俗已经大变。从上到下，奢侈虚荣，竞相仿效。又在太初宫之东新作昭明宫，方五百丈。并大开苑圃，起土山楼观，穷极技巧，功役之费以亿万计，开六朝奢靡风气之先河。

西晋武帝平吴之后，逐渐怠于政事，耽于享乐，将东吴宫人五千迁入洛阳宫中，“掖庭殆将万人”(《晋书》)。从此，宫廷中奢靡之风大盛，后宫规模扩大，殿舍数量剧增，但建筑风格则很可能受吴宫影响而趋于艳俗。

东晋南朝建康的后宫建筑，在建造技术上比以往有新的进展，建筑类型与形式也更为丰富新颖。但修建殿舍仍以满足帝王后妃的生活享乐为主要目的，其布局、造型则受帝王审美情趣所支配。特别是在各朝末代帝王时期，后宫建筑的兴建，全无礼制约束。南齐东昏侯时，后宫因失火重修，起殿十余座。殿屋尚未造好，梁枋椽桷皆未安置，皇帝已急不可耐，在地上依自己的想象涂画模样，令工匠照作。“唯须宏丽，不知精密，酷不别画，但取绚曜而已，故诸匠赖此得不用情。”（《南史·齐纪》）因急于速成，乃至剔取寺院佛殿中的装饰物件，在宫殿内到处悬挂堆砌。园池山石，竟都涂以彩色。陈后主时，于后宫起临春、结绮、望仙三阁，阁高数丈，各有数十间。阁中门窗、壁带、枋楣、栏槛之类，都用沉香木或檀香木制作，香气飘溢。又用金玉珠翠等贵重材料作为装饰。三阁之间，以复道相连。阁下积石为山，引水为池。整组建筑豪华侈丽，穷极一时。

（四）宅园

自西晋太康之后，不仅宫廷风气奢侈淫逸，外戚与显贵之间更是争奇斗奢、任意挥霍。在贵戚王恺与达官石崇的竞争中，发展到用赤石脂涂壁、用紫丝布、锦缎作步障的地步。与此相反，在士大夫中则有崇尚玄谈、遗落世务的倾向。二者追求意趣虽不相同，但目的都在于享乐。与此相应，这一时期开始广为流行的造园风气也表现为两种形式：王侯贵族为显示其豪富新奇，在城市宅第中大起人工山池园，园中泉石之美，殆若自然，栋宇飞甍，宛如仙居。而士大夫们为标榜其超凡脱俗，则于山川平野之中建别业、庄园以领略自然风光之情趣，傍水临溪、凉台小筑，松竹交植，苔痕铺阶。在各种不同环境中的造园活动，对山石树木的经营布置，对建筑物与水面的结合处理，逐步培养了人们的审美意识，并积累起丰富的实践经验，使造园艺术及技术不断提高和发展。东晋孝武帝时，诸王宅邸中多有假山，并冠之以桐山、首阳山等美称。会稽王司马道子新建了一所宅第，在其中筑山穿池，耗费无数。但皇帝临幸时，竟然看不出土山是人工夯土版筑而成。可见当时人工堆筑假山已具相当水平，但也说明这时的堆山仍处于以人工模仿自然的阶段，尚未进入超越自然，“以小见大，以低见高”的艺术境界。

宅园的大量出现，实际上是仿效帝苑，仿效宫廷生活方式的结果。南北朝末期，政治腐败，礼制松弛，宫廷生活中无严格的上下尊卑之分，而社会上僭越逾制的现象越来越多。王侯帝宅规模宏大，僭拟帝宫，地方官吏也多非法逼买民宅，广兴屋宇，规格逾制。据《洛阳伽蓝记》，北魏高阳王元雍，正光中为丞相，“贵极人臣，富兼山海，居止宅第，匹于帝宫”，“竹林鱼池，侔于禁苑”。而清河王元怿“熙平神龟之际，势倾人主，宅第丰大，逾于高阳”，宅内堂馆的形制，如同后宫中的清暑殿。又其时宦官司空刘腾的住宅，占地一坊。“屋宇奢侈，梁栋逾制，堂比宣光殿，门匹乾明门，博敞弘丽，诸王莫及”。物极必反，不久，这些宅园便都因主人罹祸而题为佛寺，又因北魏的分裂而被遗弃乃至荒废。

（五）陵墓

魏晋初期，社会上流行薄葬的风气。曹魏时，曹操和他的儿子曹丕都自作终制，明示俭省，视厚葬为“愚俗”。认为汉末丧乱、诸帝陵皆被发掘，掠财寻仇之风大盛，都

图15—1 江苏句容梁萧绩墓石兽、墓表

图15—2 江苏丹阳梁武帝萧衍修陵石天禄

是由于不遵古礼、厚葬封树的缘故。魏明帝生前虽大治宫室，死后陵墓仍遵旧制(《三国志》)，朝中大臣如高堂隆等，死后也都遗令薄葬。至西晋武帝时，便有诏令禁断墓前石兽碑表之物，可见当时受奢靡风气的影响，陵墓的建造已开始趋于奢大。东晋南朝时也曾多次朝议禁断，申明葬制，“凡墓不得造石人、兽、碑，惟听作石柱记名位而已。”但帝王陵墓不受此约束，从遗留至今的地面实物来看，南朝帝王陵墓神道的两侧，除石柱外，还有麒麟、辟邪、天禄等大型石兽，神态威武，造型奇特(图15)。这种带翼神兽的形象中是否有来自波斯一带西方艺术的影响成分，目前尚无统一说法。但神道柱的柱身刳槽形式，则明显可以看出是受了西方柱式的一定影响（图16）。十六国及北朝统治者中，有两种不同的葬式。一为

图16 江苏丹阳梁萧景墓墓表立面图

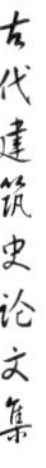

图17 南京西善桥南朝大墓室内花砖

厚葬。如前凉张骏墓，承后汉遗风，陪葬品中水陆奇珍，不可胜记。又前赵刘曜葬其父其妻，“二陵皆下锢三泉，上崇百尺”（《晋书》），陵区有门屋、寝堂及外垣墙。北魏皇室墓葬也颇为豪侈，文明太后生前便亲自选定茔域，起造陵墓；胡灵太后为其母“起茔域门阙碑表”，并依汉制。另一种则为虚葬。如后赵石勒死后，夜埋山谷，使人不知其所；南燕慕容德死，“夜为十余棺，分出四门，潜葬山谷”（《晋书》）；北齐高欢死后，“潜凿成安鼓山石窟佛寺之旁为穴，纳其柩而塞之，杀其群匠”（《资治通鉴》）。这种葬式主要与其本民族风俗有关。

两晋南北朝时期的陵墓，据考古发掘的资料，大量为单室或前后室砖墓。墓室一般又分为正方形四面结顶式与长方形筒壳顶式两种。若双室墓，则前室多为方形而后室为长方形，前后室之间或以甬道相连。正方形墓室的四壁向外微凸呈弧状，是这时墓室平面的特点之一。南朝的帝陵中又有一种大型椭圆形平面的墓室，墓室发展了东汉以来用花纹砖和画像砖砌筑的传统，并出现了纪年砖。花纹砖与画像砖的制作达到相当高的艺术水平。如南京西善桥南朝晚期大墓的甬道墙面，全部满砌花纹砖（图17）。花砖图案饱满、形式简洁。在花砖排列组合的方式上，似乎带有一些波斯萨珊艺术风格的影响。河南邓县曾发现一座彩色画像砖墓，墓壁砖柱上，皆饰以画像砖。砖面纹样的题材丰富、构图均衡，线条如行云流水，疏密有致，颇具楚汉之风（图18）。

北魏太和八年(484)的司马金龙墓与太和十四年(490)的方山永固陵(即文明太后墓)，是已经发掘的北朝墓葬中规模较大者，均在今山西大同。司马金龙墓为三室墓，平面皆近方形，四壁外凸，顶部为四角攒尖式，甬道部分则为筒栱顶（图19）。墓中出土

图18 河南邓县南朝墓画像砖

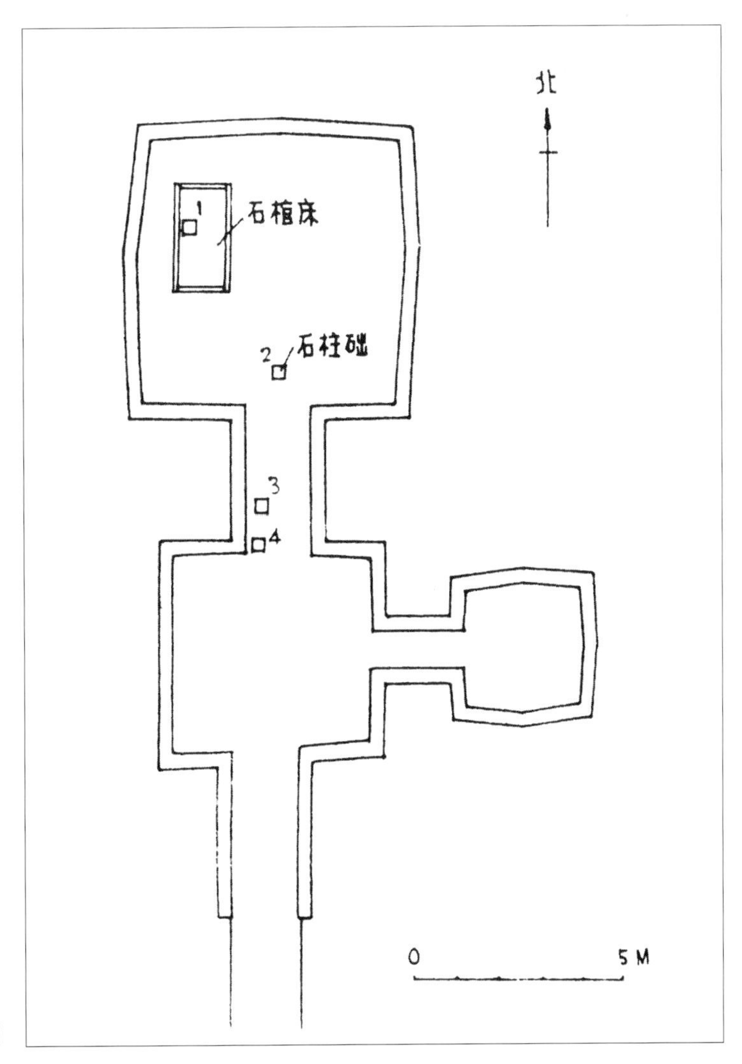

图19 大同司马金龙墓平面图

图20 大同司马金龙墓出土石帐座

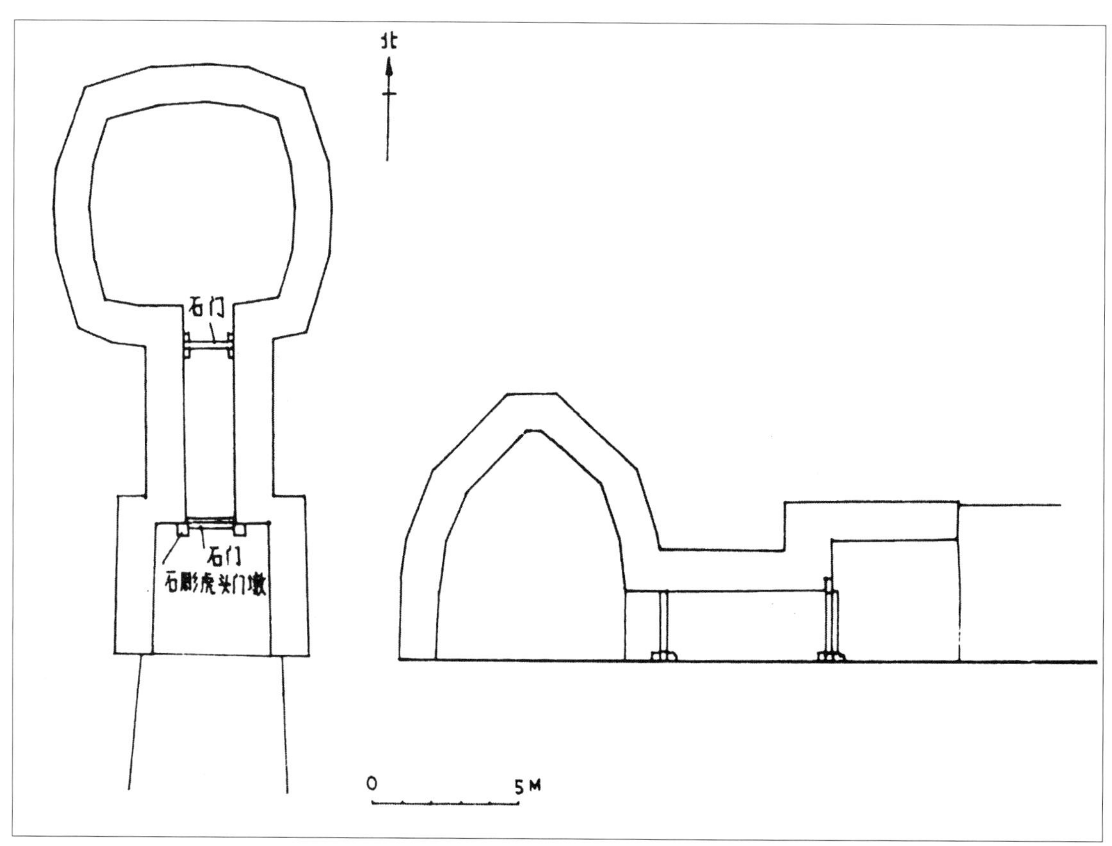

图21 大同方山永固陵平剖面图

石雕柱础四件，当为室内帐柱所用。础方32厘米，高16.5厘米，雕工精细，造型优美，反映出当时统治阶级居室内部穷极绮丽的装饰风格(图20)。永固陵为双室墓，墓室同样为方形平面，最大边长将近7米，大大超出一般墓室的规格（图21）。墓室用砖量多达20余万块。甬道前后两端各有一道大型石券门，石门由门楣、门柱、门槛、石雕虎头门墩及门扇组成，形式完整，制作精密，很可能是当时宫中大门形制的反映。

云南昭通东晋太元年间(386—394)霍承嗣墓，墓室形制十分规则。正方形平面，边长3米。覆斗形墓顶，顶部中央覆盖正方形石块，上雕垂莲。墓室四壁绘有内容丰富的壁画，壁画中表现的建筑形象显示出四川地区汉代建筑的某些特点（图22）。此墓室平面

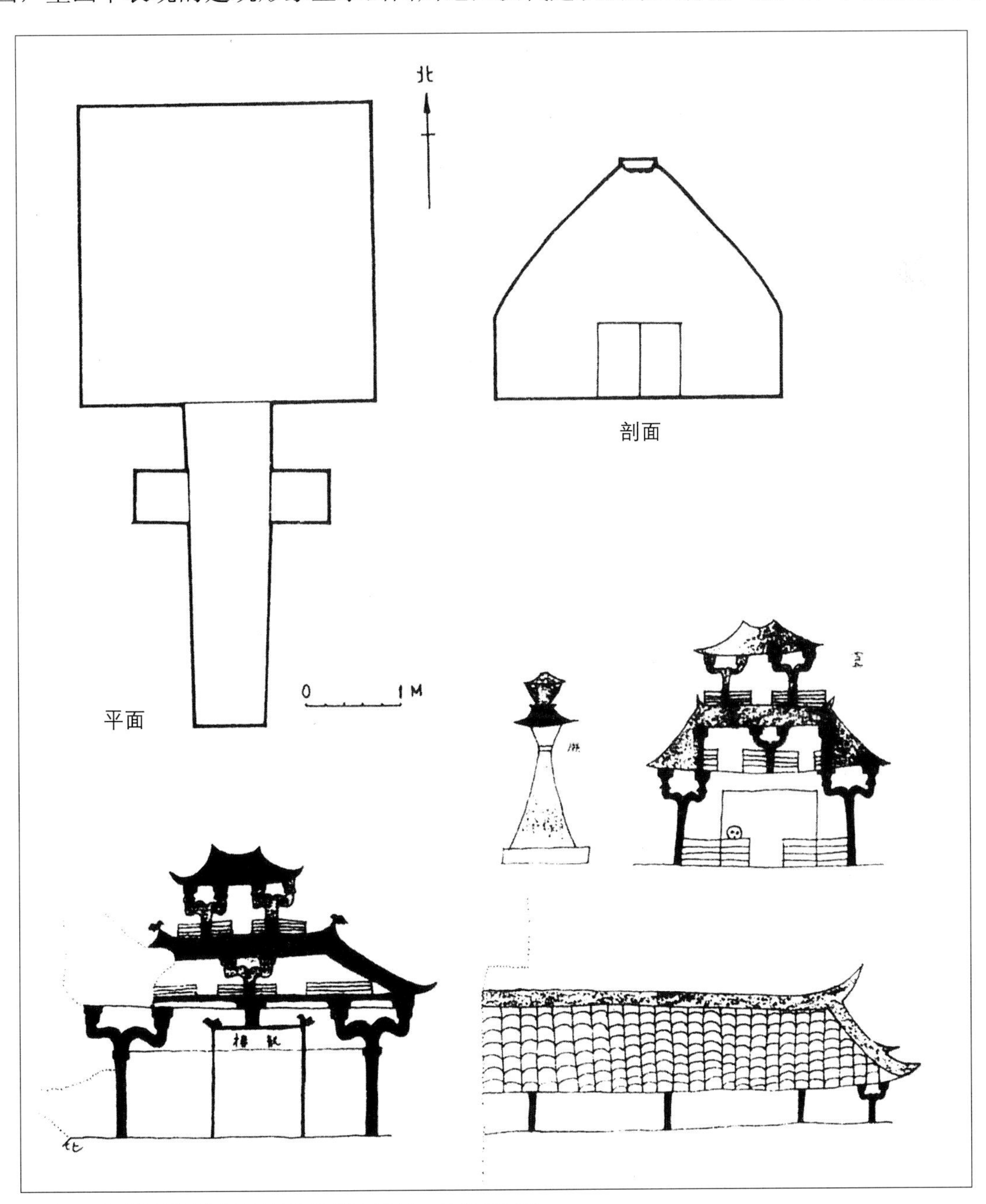

图22 云南昭通霍承嗣墓平剖面及墓室壁画中的建筑形象

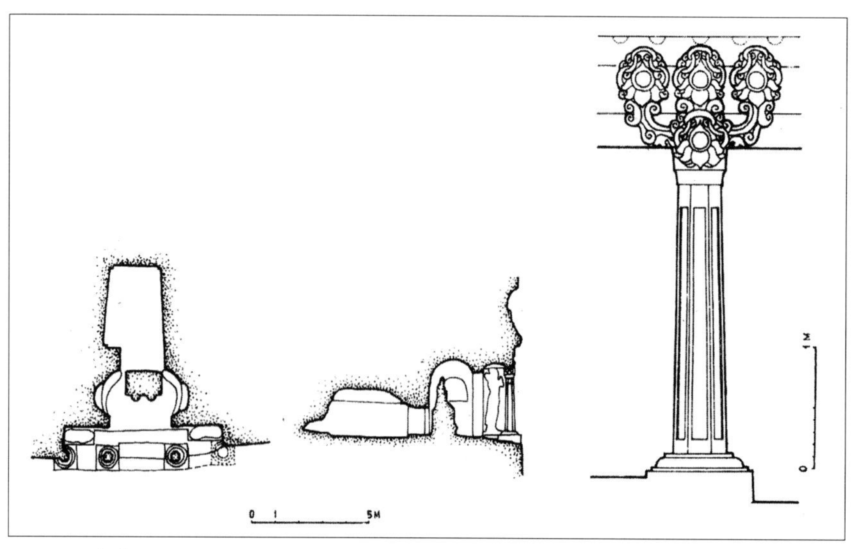

图23 天水麦积山第43窟平剖面图及柱式（摹自傅熹年先生图）

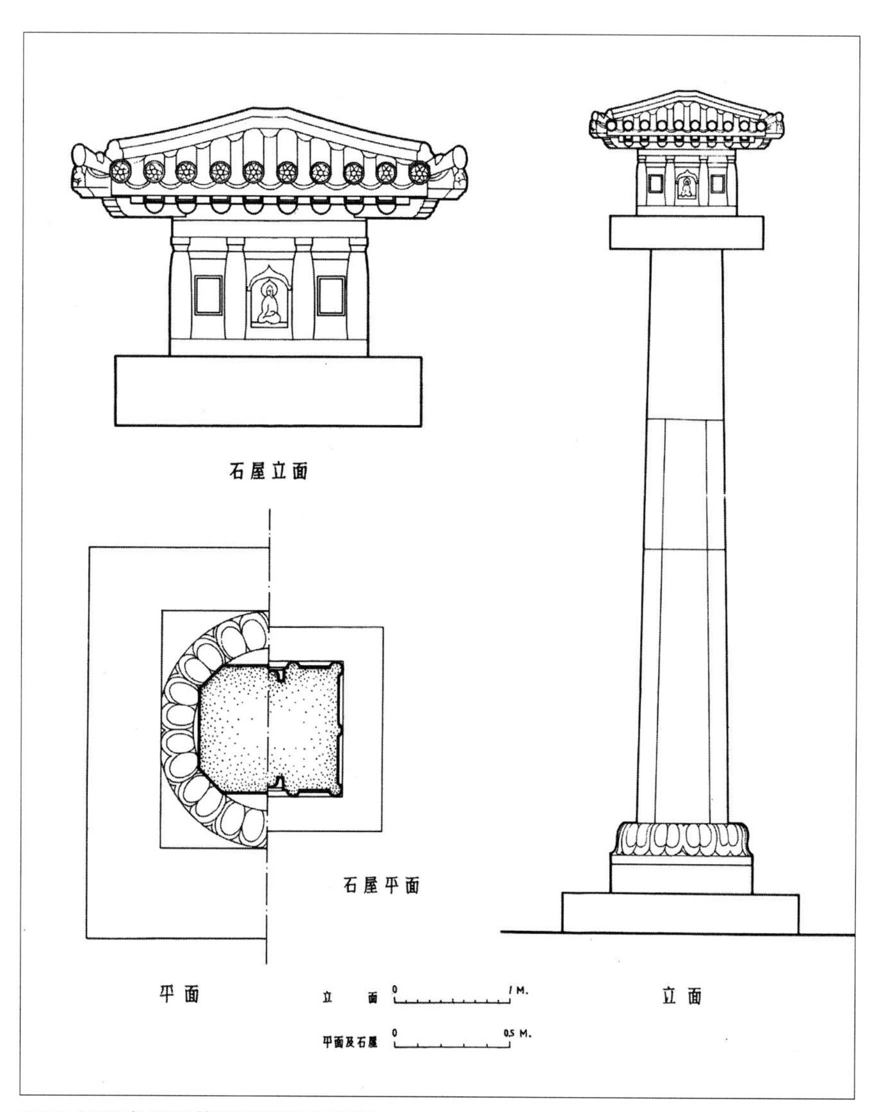

图24 河北定兴义慈惠石柱平立面图

及顶部形式与麦积山、天龙山等处某些洞窟的方形平面及帐顶式窟顶有相似之处。这一时期也确有以佛窟为墓室的做法。如麦积山43窟，洞窟前为享堂、后为墓室，立面为三开间殿堂形式。其柱头及屋顶雕刻是麦积山石窟窟檐中最为精美的作品（图23）。据文献考证，此窟为西魏帝后乙弗氏墓。前述北齐高欢墓，即在今河北邯郸北响堂山附近的石窟寺中，但尚未考订其确切位置。这种以窟为墓的做法，形式上当源于汉代的崖墓，而主导思想上则又受佛教与传统观念的双重影响。北齐时，又出现将佛殿建筑形式移植于墓表石柱的做法。河北定兴大兴二年(562)的义慈惠石柱，柱高7米，下为莲瓣柱础，八角形柱身，柱顶上置一座造型精美、比例准确的小型石雕佛殿。佛殿面阔三间，当心间雕佛龛并坐佛一尊。屋顶为单檐庑殿顶，方形底座恰似佛殿的台基。这根造型奇特的墓表柱，表现了在人们心目中佛教建筑与传统纪念性建筑两种形式达成的完美统一（图24）。而多种社会、思想、宗教、文化因素的相互结合，正是魏晋南北朝时期各种类型建筑中所反映出来的最大的共同特点。

1990年5月完稿

主要参考书目

1. 《洛阳伽蓝记》，[魏]杨衒之撰，周祖谟校释，中华书局，1963年版。
2. 《建康实录》，[唐]许嵩撰，张忱石点校，中华书局，1986年版。
3. 《历代宅京记》，[清]顾炎武著，中华书局，1984年版。
4. 《两晋南北朝史》，吕思勉著，上海古籍出版社1983年版。
5. 《中国古代建筑史》，刘敦桢主编，中国建筑工业出版社，1980年版。
6. 《中国古代城市规划史论丛》，贺业钜著，中国建筑工业出版社，1986年版。
7. 《中国佛教》，中国佛教协会编，知识出版社，1980年版。

响堂山石窟建筑略析

响堂山石窟建筑略析

（原载《文物》1992年第5期）

1991年4月，随傅熹年先生一行前往邯郸，得国家文物局文管处大力协助，考察了响堂山石窟之大部。现据此次考察所获，从建筑角度，对石窟的总体布局、洞窟形式、窟内空间以及窟檐部分略作分析。

南北朝是我国佛教石窟开凿最为兴盛的时期。北魏中晚期，云冈、敦煌、麦积山、龙门等处相继开凿了规模宏大的石窟群。北魏政权分裂后，各地开窟造像的势头并未因此而消减。西魏北周境内，最主要的石窟实例是甘肃天水麦积山；东魏北齐境内，都城邺城（今河北临漳）继北魏洛阳之后成为新的北方佛教中心。在邺城、晋阳（今山西太原）以及两都间往来的路上，即今河北、山西、河南交界一带，开窟建寺活动频繁。太原天龙山、安阳宝山、邯郸响堂山等处，都开凿了颇具规模的石窟群。这一时期的石窟在形式与风格上虽然与北魏晚期石窟有一定承袭关系，但更多地具有新时期的特点。其中最显著的一点，是石窟外观的建筑化，即窟檐的形式直接写仿木构建筑的外檐。这种做法或许和北朝佛教中流行的末法思想有关，旨在以石崖的坚固不朽来保存易于毁灭的木构佛教建筑形象。另外一点，由于佛教崇拜与传统意识的混杂，或者还有本土及外来崖墓形式的影响，出现了石窟与陵墓相结合的做法。

响堂山石窟位于河北省邯郸市西南的鼓山。山形为南北走向，主要开窟地点有两处：一在南，近滏水，称滏山石窟寺（或磁州响堂寺）；一在北，山之西侧，称鼓山石窟寺。两处相距约10公里，现以南、北响堂山石窟分称之（以下简称“南响堂”、“北响堂”）。此外，与北响堂相背的鼓山东麓，又有水浴寺石窟，俗称“小响堂”。

北响堂中未见开窟时留下的纪年题记，史籍中亦缺乏准确记述。关于石窟的开凿年代，大致有以下两种有关的记载：

其一，《资治通鉴》卷160，梁武帝太清元年（东魏武定五年，547年）记，东魏大将军高澄“虚葬齐献武王（高欢）于漳水之西，潜凿成安鼓山石窟佛寺之旁为穴，纳其柩而塞之”。依此，则北响堂的开凿当在东魏武定五年之前。

其二，鼓山常乐寺金正隆四年（1159）碑[1]，记北齐文宣帝高洋“于此[山]腹见数百圣僧行道，遂开三石室，刻诸尊像，因建此寺”。依此，则北响堂三座主窟的开凿，均应在北齐天保元年（550）高洋即位之后，也就无法解释其兄高澄于547年凿穴纳柩之说。

按北响堂三座主窟现状分析，年代相距不会太远。以北洞略早，中洞、南洞继之。现南洞外北侧壁上有《齐晋昌郡公唐邕刻经记碑》，碑文记载，北齐晋昌郡开国公唐邕“于鼓山石窟之所，写《维摩诘经》一部、《胜鬘经》一部、《孛经》一部、《弥勒成佛经》一部。起天统四年（568）三月一日，尽武平三年（572）岁次壬辰五月廿八日”。其中《维摩诘经》刻在南洞外廊东壁，可知南洞造成于武平三年之前。此为北响堂完工年代之下限。因此，如果认为北响堂始凿于东魏武定初年、成于北齐武平初年（543—570年）左右，应是有可能的。

南响堂开窟年代较北响堂为晚，今下层第2洞外壁有隋代《滏山石窟之碑》，碑文记载：“有灵化寺比丘慧义，仰惟至德，俯念巅危，于齐国天统元年乙酉之岁，斩此石山，兴建图庙……[惜]功成未[几]，武帝东并，扫荡塔寺，寻纵破毁。”则南响堂开窟时间为北齐天统元年至北齐末年（565—576年）。

小响堂西窟中有武平五年（574）造像，又有“昭玄大统定禅师供养佛”题铭[2]，与南响堂第2洞中的“……统定禅师敬造六十佛”的题记当有所关联。估计小响堂的开凿可能晚于南响堂。因小响堂规模较小，仅东、西二窟，故本文所析，以南、北响堂为主。

一　总体布局

响堂山石窟在总体布局上独具特色，显示出极为明确的规划意识。南北两组石窟群，由于性质不同，使用了两种截然不同的布局手法。

北响堂所在，为鼓山北端西侧。石窟位于群峰之中一前凸峰头的半腰一线。上距峰顶数十米，下距山脚近百米。崖面宽阔平整，从南至北，广逾百米。按地形条件而论，此地是大面积开窟的极佳处所。但所奇者，这里的主要洞窟仅南、北、中三座：中洞位于山崖正中略偏北，南洞、北洞分处南北两端，洞窟间距在30～50米左右。综观我国各大石窟，广如云冈，绵延里许；高若麦积，上下数层；而很少见这种“踞独峰而开三窟”的格局（图1）。因此，北响堂虽被称作石窟寺，但与一般佛教石窟实有性质上的不同。前文引《通鉴》，东魏齐献武王高欢死后，曾纳柩于此[3]。又《续高僧传•明芬传》记载：“（石窟）寺即齐文宣之所立也。大窟像背文宣陵，藏中诸雕刻，骇动人鬼。”明指高洋墓室位于石窟佛像背后[4]。如上述记载准确，可以认为北响堂是北齐高氏政权所开佛窟，或即帝陵所在。石窟的选址与布局，也可能是由这一特殊性质所决定的。

南响堂开凿于鼓山的最南端，前临滏水，朝向西南。所在之处山势平缓多折，不宜

图1 北响堂石窟远景

于大面积开凿。现石窟群南北总长不过20余米，南端第3洞为山势所限，尚不得不退后数米开凿[5]。石窟总体布局分上下两层。下层是两座形式相同、位置并列的双窟，窟形高大；上层为5座并列的小窟，以下层窟顶作为窟前平台，宽约3米。这种分层区划的布局手法，不仅很好地解决了山势平缓、用“地”狭窄给石窟开凿带来的问题，而且应寓功能分区的规划意识在内。北朝佛教素重禅法，东魏北齐时，邺城既为佛教中心，当时的著名禅师便多至邺地弘道，并得上层统治者优礼相待。南响堂的开凿，或与此情势有关。是否石窟中下层大窟为礼佛之所，而上层小窟为行禅法之用？最值得注意的是上层五窟正中的第5洞，若以面积论，是五窟中最小的一座，尚不足4平方米，但窟内雕刻之精，为他窟所不及，且上层洞窟又以其为中心对称布列。从总体上看，第5洞与下层第2洞的位置相对应，形成总体布局中的轴线关系（图2），可见其在规划上的重要地位。关于南响堂的布局，也有学者认为，其1～6洞有上下对应的关系。即1洞与3洞，2洞与4、5、6洞皆表现为上下相叠的双层佛塔形象[6]。按前述隋碑中有“斩此石山、兴建图庙”之说，或即指此而言。但现状上下层洞窟平面前后相错，特别是1洞与3洞的洞口水平距离为7米余，从建筑角度看，若视二者为一体，恐有些勉强。故本文中仍以上下层洞窟分别作为独立的洞窟来加以分析。

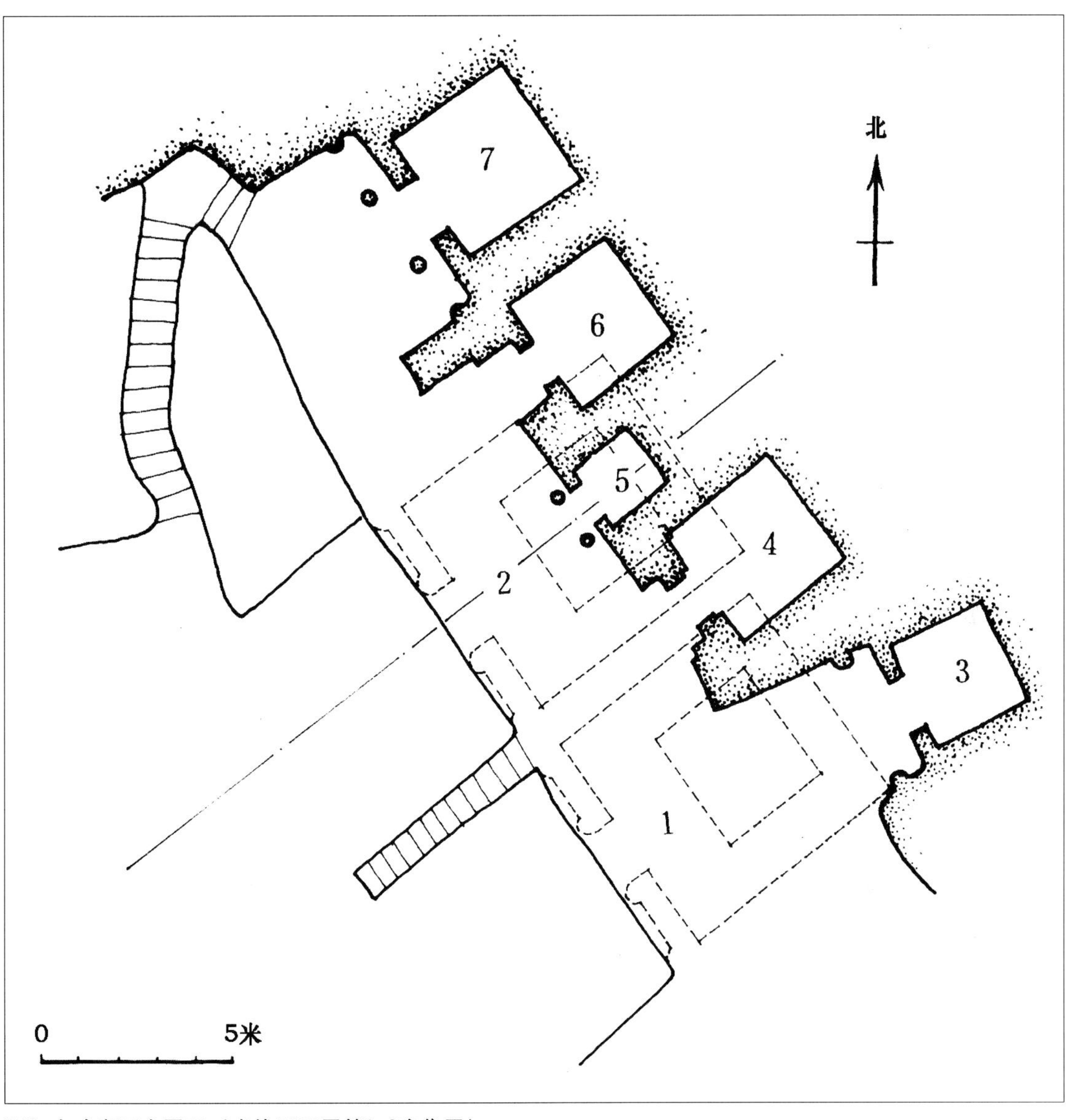

图2 南响堂石窟平面（虚线示下层第1.2窟位置）

综上所述，北响堂虽自然形胜，气势雄大，却仅以三窟点住全峰；南响堂虽用地窘迫，但结体紧凑，以分层布列及轴线关系分明主次。两处环境、布局、手法皆不同，但却共同说明当时的造窟活动，确以规划意图为本。洞窟的布局方式，或取决于造窟的根本目的，或因地制宜，凭“险”巧构。与国内大多数分层分段开凿的石窟相比，响堂山石窟的洞窟数量虽然不多，却可以说是总体规划意识表现得最为强烈的一处。

二 平面形式

响堂山石窟中，隋以后开凿的洞窟很少，因此总体布局基本保持了原状。但由于自然力及各种人为因素（如凿龛造像、维护修葺等）的作用，洞窟现状与原貌之间已有相当差距，特别是洞窟外观，破坏尤甚。

北响堂三窟的外壁皆局部坍塌。后世或砌石封堵（北洞、南洞），或加建木构窟檐（中洞），使洞窟立面有很大改观；南响堂上层洞窟前的平台曾向外延展约5米，下砌砖墙，于是将下层双窟的立面包砌在内，仅余洞口，以券顶门道与外部砖墙上所开的券门相接，使洞窟外观几近河南地区的窑洞。上层第3窟也曾作同样处理。近年来，当地文管部门对南响堂进行了大规模的清理修整工作，拆除了窟外附加的砖墙门道以及窟群上方的明清木构建筑等，使石窟的外貌得以重现。

响堂山石窟共有主要洞窟十座，南七北三。洞窟平面均属方形单室。按规模大小与内部空间形式，可分为两类：

1. 北响堂北洞、中洞和南响堂下层双窟，为中心方柱式大窟。平面宽广6～12米，内高4～8米，平顶。洞窟前壁下辟门洞，上开明窗，窟内正中稍偏后处设立方形直柱，柱身宽广约为洞窟的1/2，因此方柱两侧，实为狭长通道，方柱后部，上与洞窟后壁相连，下为高度2米左右的甬道。

2. 北响堂南洞和南响堂上层五洞，为方形中空式小窟。平面宽广3米左右，内高不足3米，平顶。前壁正中辟门，其余三壁设龛或基坛。这类洞窟平面差别较大，又可细分为有前廊与无前廊两种：南响堂第7窟有前廊三间，第3洞有前廊一间，北响堂南洞立面虽为砖墙封堵，但距洞口约1米处，有一柱暴露在外，另据外壁面阔及壁面佛龛位置判断，原貌也应为前廊三间。故以上三窟为方形中空有前廊式平面；南响堂上层第5洞外原有门柱一对（现已不存）[7]，但柱身向内倾斜，上部与洞窟外壁相连，不足以构成前廊空间。第4、6洞虽有进深1米左右的前室，但无柱。因此这三座洞窟均为无前廊式[8]。

南响堂上层五窟的平面形式变化，明显与各自的规划位置有关。两侧的第3洞与第7洞，同为有前廊式，但4、6洞设前室，而居中的第5洞，更以一对门柱突出了它作为规划中心窟的地位。

响堂山石窟的洞窟平面形式与其他同期石窟相比，有两点值得注意之处：

一是中心方柱式大窟在响堂山石窟中占有相当大的比例，并在窟群中居主要位置。而同期开凿的太原天龙山、安阳灵泉寺及小南海石窟中，却极少有这一窟型出现。这是否反映出响堂山石窟在北齐石窟中的特殊地位与不同性质。

二是方形中空式小窟虽为当时流行的石窟样式，如天龙山石窟中的大多数洞窟均属此类，但两者的窟顶形式完全不同。天龙山的窟顶多为覆斗式，接近敦煌、麦积山的同期洞窟，而响堂山的窟顶基本为平顶，洞窟内部轮廓近乎立方体。这是响堂山石窟内部空间形式的独特之处，下文还将详谈。

三 窟檐形式

石窟窟檐，应指洞口之外、依附于洞窟外壁的屋檐形构造部分，包括木构与石构两种。在中国早期佛教石窟中，一般不设窟檐，或只有洞口自然凹入崖壁、不加其他处理所形成的前室或前廊。出现中国建筑形式的窟檐无疑是外来的石窟形式本土化与建筑化的标志之一，而响堂山石窟的窟檐形式则是石窟本土化建筑化最成熟的典范。

据现状推测，响堂山十座主要洞窟中，除南响堂上层三座无前廊的小窟（第4、5、6洞）外，其余七座洞窟都有石雕窟檐。

北响堂北洞的洞口及四周外壁为后世堵砌，明窗左右的外壁也已风化为平整的陡直崖面。但正中明窗上方约5米处，尚残存一浮雕宝珠。从所在位置判断，应为佛塔刹顶之物。明窗之上又有一道水平方向的浅槽，从长度看似乎是檐口线位置。浅槽与明窗之间，一片凹凸不平，无法辨认是否为斗栱残迹。初步判定，北洞原有佛塔状窟檐，至于塔顶为覆钵还是瓦顶，则无法考定了。

中洞窟檐的下部保存尚好，为四柱三间，上部原为砌筑齐整的石壁，壁面上嵌置石雕构件，现已散落不齐。在后世加建的木构窟檐上方，有形似覆钵的大块平整岩面，其上石壁正中为三只蹲兽的下足，两旁立火柱束莲柱，依南响堂7洞窟檐形式判断，中洞窟檐也应为佛塔形式。

南洞现状立面为后砌石墙及三座券门，其上为平台。在平台上，可以看到原状石雕窟檐的檐口以上部分，筒瓦屋面，上压叠瓦围脊，并出45° 角脊。屋脊之上立高大的山花蕉叶，并有两侧转角。内起低平的覆钵顶，正中立刹，作三枝卷蔓莲瓣宝珠形状。很明显是佛塔的造型。窟檐下部依平面推测，应为四柱三间的外廊。

据上述，则北响堂三座主窟的窟檐外观均为佛塔形式，这在我国佛教石窟中是独一无二的。按《魏书•释老志》中，有“塔庙”之称。佛教僧人又有“入塔观像”的做法，则塔亦即佛殿。将洞窟外观处理为佛塔形式，或是反映了当时这一地区特有的一种佛殿样式。另外，佛塔又有藏置佛舍利的功能，联系前述北响堂的总体布局与文献记载，则窟檐形式也有可能与之有某种内在的联系。

南响堂第7洞与第3洞的窟檐，也同样是佛塔形式。第7洞檐下为三间四柱前廊，柱上有枋楣、斗栱、檐椽，筒瓦屋面，脊上立山花蕉叶，正中为一金翅鸟，覆钵低平，宝珠形刹，两侧有短柱，柱头为莲瓣宝珠（图3）。第7窟窟檐的格局与北响堂中洞、南洞皆

图3 南响堂第7窟窟檐

有形似之处，其檐柱形式（火柱束莲柱、柱身向内倾斜、对门二柱下踞蹲兽、上托圆栱火焰形门楣）与洞口雕饰纹样（券面为大叶卷蔓忍冬纹、外框用卷云纹），则与中洞尤为接近。

第3洞窟檐，仅檐柱与檐口以上部分成形，铺作部分浑然未凿，显然没有完工，可知为南响堂诸窟中最后开凿的洞窟。檐柱与屋顶形式与第7窟相近，所不同的是屋脊上先设一道仰莲纹饰，其上山花蕉叶，造型极为怪异，似有汉风。顶平，无覆钵，正中有宝珠。

南响堂下层双窟（第1、2洞）的窟檐形式相同，均为四柱三间仿木构佛殿形式。考察中发现一个有趣的现象：柱身样式上下不同。下部为粗大的圆柱形束莲柱，柱头为火珠；上部却是纤细的方柱，柱头立小斗托斗栱。从侧面看，上下两部分并不相对，下柱靠前约10余厘米（图4），两者之间没有表现出任何结构上或形式上的联系。如同浮雕作品以毫厘之差刻画前后场景一样，这种处理手法也很可能是为了表现前后两个空间层次，即下部四柱为立于佛殿之前的火珠束莲柱[9]，上部四柱才是表现佛殿本身的檐柱形式。因此，本文对于这两座窟檐的分析，以上部仿木构部分为主。

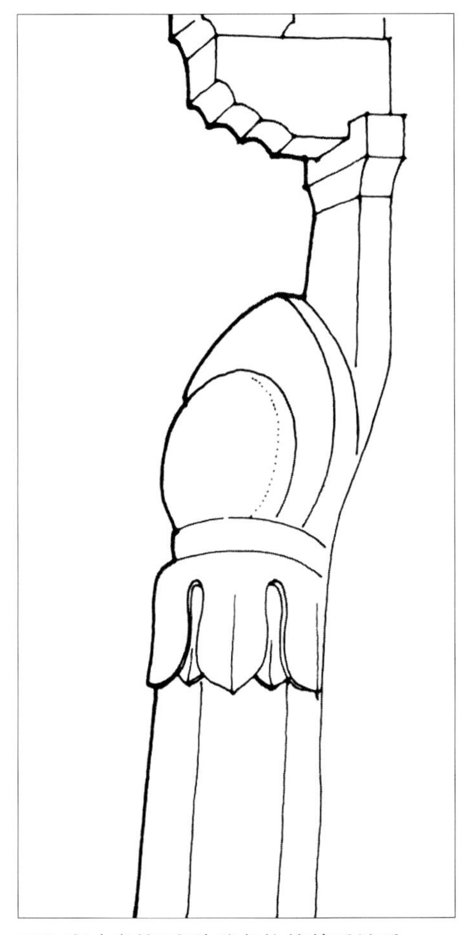

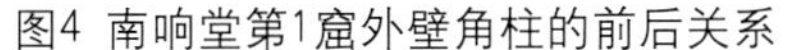

图4 南响堂第1窟外壁角柱的前后关系

图5 南响堂第1窟窟檐局部

两座窟檐的当中部分均已坍塌。根据两端保存较好的部分以及第1洞外壁面上残留的方柱与小斗痕迹，推测窟檐原状大致如下：三间四柱，均为方形檐柱，柱头置斗，斗口向外出两跳（华栱），第二跳跳头之上托横栱（令栱），横栱与外壁之间有枋子联结（衬方头），栱身为足材，栱腹作三瓣内顱卷杀。横栱上承橑檐枋，枋上出圆形檐椽，其上连檐，又出方形飞椽。檐口用瓦当，筒瓦屋面（图5）。整座窟檐的构件之间相互关系交代得十分清楚，构件形状尺寸亦雕凿得相当精确。其中栱腹卷杀形式，与北齐河清元年（562）的厍狄回洛墓出土木制斗栱相近[10]，同时也见于太原天龙山第16窟窟檐[11]。檐椽上方下圆，又见于北齐天统五年（569）的河北定兴义慈惠石柱[12]。除了出檐长度受石窟本身条件所限相对缩短之外，几乎称得上是现实木构建筑外檐部分的翻版。尤为重要的是窟檐中的“五铺作出双抄”斗栱形象，以往只见于唐代的石刻线画与石窟壁画。在北齐石雕窟檐中采用如此复杂的斗栱样式，不仅是当时木构建筑发展已趋成熟的重要例证，也可见凿窟工匠非凡的胆识与技艺。在国内迄今所知的石窟窟檐中，这是写实程度最高、造型最复杂因而堪称最杰出的窟檐实例。图6是第1洞窟檐复原示意图，关于它所体现的木构架形式，下文还将进一步探讨。

图6 南响堂第1洞窟檐复原示意图

在我国佛教石窟中，仿木构形式的窟檐主要集中在云冈、麦积山、天龙山、响堂山几处，年代大约自北魏太和年间始。在此之前，北魏平城已有仿木构石塔出现[13]，因此石窟中出现仿木构窟檐是很自然的事。自北魏至西魏北周、东魏北齐，这一做法相因沿袭。比较各期实例可以看出，越到后期，窟檐雕刻的写实倾向越明显、技术水平越高超。如麦积山北周石窟窟檐的屋面部分，已不似云冈在垂直崖面上作平面浮雕，而是采用刳入崖壁的方式作出曲线屋面，并以石雕或木骨泥塑作出檐椽。但檐下斗栱仍是相对简单的浮雕做法。而北齐天龙山与响堂山的仿木构窟檐，均为立体石雕，从屋面、屋脊、瓦件到檐椽、斗栱，各个部分皆刻画得精细逼真。说明北齐石窟在自然条件选择、规划设计、工匠技艺等各方面都达到了更高的水平。按窟檐的规模，则响堂山石窟又远在天龙山之上（也可见响堂山是北齐开窟的重点所在）。自此以后，隋唐石窟虽多有开凿，但艺术表现的重点已是佛像与壁画，再也没有出现类似的仿木构石雕窟檐。

四 窟内空间形式

一般说来，石窟内部的空间形式，往往通过窟顶的形式加以表现。如敦煌北魏洞窟多用前部人字披与后部平棊的形式变换，来表现前后两重室内空间；麦积山北周洞窟则多以覆斗顶及帐内构件的形式将窟内表现为帐内空间。但在响堂山石窟中，如前文所述，无论大小洞窟，基本均为平顶。因此，佛龛的形式与设置方式，成为构成石窟内部空间形态的主要因素。由平顶与佛龛所构成的内部空间，与外部窟檐的建筑特性取得了协调一致。

响堂山诸窟中的佛龛形式，以佛帐式为主。龛楣表现为佛帐立面：上部为帐楣与鳞片、三角纹饰，下垂帷幔，用束带扎系，分至两旁，下露帐柱及趺石，帐下为基坛。在方形中空式窟内，南响堂第5洞、第7洞皆在正壁及两侧壁各设一座佛帐式龛；而北响堂

图7 北响堂南洞内部空间

图8 麦积山第141窟（北周）内部空间

南洞内，则是正壁设佛帐式龛，两侧壁为天盖式龛。这三窟窟顶正中均雕大朵莲花，四周绕飞天或忍冬纹饰，以示藻井。在中心方柱式窟内，北响堂北洞于方柱正侧三面设佛帐式龛；而中洞及南响堂下层双窟，皆于方柱正面设单座佛帐式深龛，使方柱看上去就像是一顶置于窟室正中的方形佛帐。

前文已述，响堂山诸窟的窟檐大都为建筑形式，因此，站在洞外，看到的是佛殿或佛塔的外观；自外而入内，不论是面对中心单座佛帐式龛，还是周壁三座佛帐式龛，都会令人感到是进入了建筑内部，置身于殿内陈设的佛帐之前。佛在帐内，人在帐外，分处两种空间之中（图7）。比较麦积山北周石窟中的帐内空间，入窟使人感觉置身帐中（图8），显然是两种不同的空间表现意向。再看北魏石窟，以云冈第6窟为例。窟顶雕平棊，所示为殿内空间，但四壁下部周圈雕刻回廊立面，又仿佛表现为佛寺内院空间。说明当时石窟内部空间的表现意向不够明确，设计思想不够成熟，尚处于不拘一格的自由创作时期。相比之下，麦积山北周石窟的内部空间形式协调统一，表现手法娴熟精到，已进入相对规范化阶段。而响堂山北齐石窟，进一步使石窟的内部空间形式与外观窟檐形式在建筑化的前提下趋向完美的统一，以成熟的设计思想与富有创造力的表现手法，造就了中国石窟史同样也是建筑史上的一个独特范例。

五 窟檐所反映的建筑样式与结构形式

关于南北朝时期的建筑形式及其演变，由于缺少实例，因此只能借助间接的形象资料加以了解和研究。于是，从建筑史角度看，石窟中最有价值的部分，莫过于建筑化的窟檐以及雕刻、壁画中所表现的建筑与空间形式了。

据前文所述，响堂山石窟的窟檐形式共分两类：一为佛塔，见于北响堂第3洞及南响堂第7洞、第3洞；一为佛殿，见于南响堂下层双窟。如果考虑到石窟本身的构造特点及其特有的建筑表现手法，并对两类窟檐形式加以综合分析，便可以对它们所分别反映出来的两种建筑物形象以及结构形式作一大致上的推测。

1. 据北响堂南洞平面与窟顶形式，特别是窟顶山花蕉叶的转角部分和45°角脊的形式（图9），推测它所表现的应是一座面阔、进深皆为三间的方形建筑。当中为内室，四周有檐廊。内室上部成覆钵形，正中立刹。结合南响堂第7洞立面，推测外檐做法为檐柱、阑额、斗栱、单椽，筒瓦屋面，叠瓦屋脊。建筑的立面，同时具有佛塔与佛殿的特点，或可称之为“塔殿”（图10）。如果与南响堂第1洞内的浮雕佛塔（图11）比较一下，可以看出

图9 北响堂南洞窟檐上部

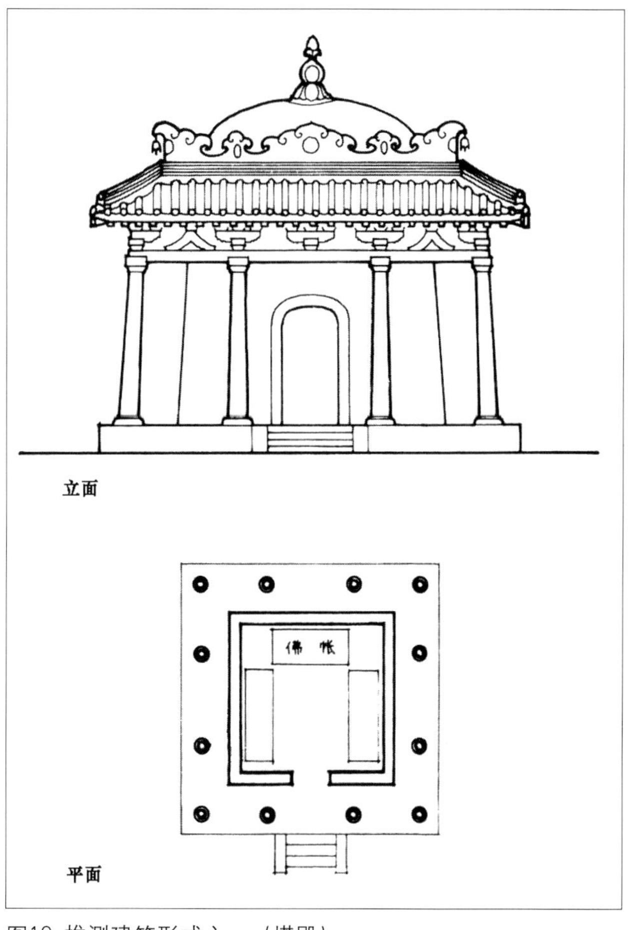

图10 推测建筑形式之一（塔殿）

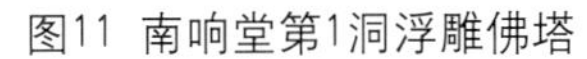

图11 南响堂第1洞浮雕佛塔

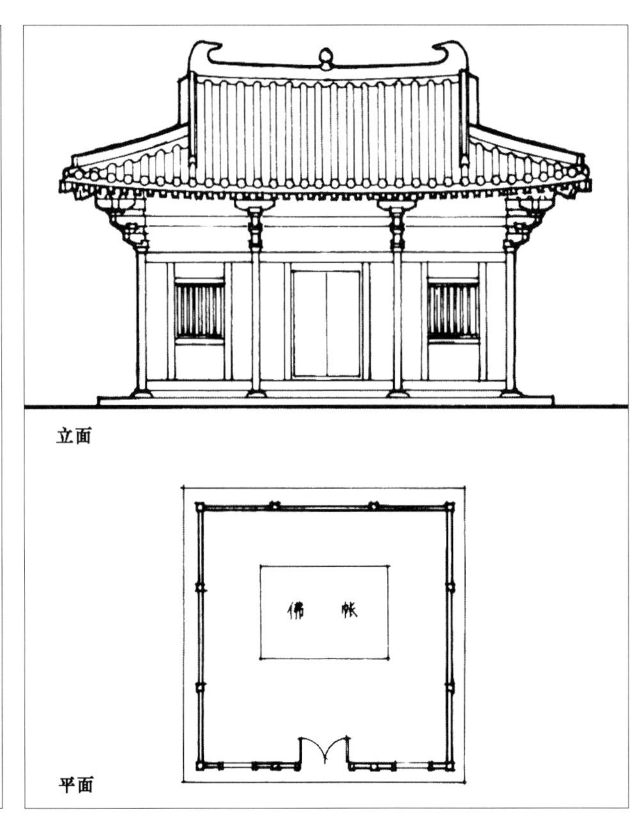

图12 推测建筑形式之二（佛殿）

这实际上是一种在佛塔四周加建木构檐廊（即唐宋时所谓的“副阶”）的做法，其目的当在于更加完善佛塔的绕塔礼拜及入塔观像等建筑功能。

在北响堂中洞、南响堂第7洞、第3洞的窟檐中，檐柱的柱身都明显地向内倾斜。这或是结构做法的反映，以抵消内部构架及覆钵栱顶所产生的水平推力，一如唐宋建筑中的“侧脚”；或是当时流行的一种特殊外檐形式，不包含结构上的意义。由于表现这种建筑形式的窟檐只见于响堂山，因此，其真实性还有待其他实例或形象资料的确证。

2.图12是根据南响堂下层双窟窟檐与平面形式推衍而成的佛殿建筑示意图。同样为面阔三间的方形建筑，但无前廊内室之分。立面开间比例，即明间与次间广度之比，据双窟及上层第7洞现状，均为10：8，似乎不应视为巧合，很可能是当时木构设计规范之反映。明间开门，次间设窗，外壁厚度不超过檐柱断面，或为木骨泥墙。檐柱直接承托斗栱，斗栱为五铺作出双抄，橑檐枋，双层椽，筒瓦屋面。窟檐中未见完整的屋顶形式，图中作歇山顶，是参照了河南省博物馆藏、标定为隋代的陶屋（图13）屋顶形式。

在窟檐所显示的外檐做法中，有两个须加特别说明之处：

（1）檐柱与柱头铺作之间，形成独立单元构架，相互之间不设阑额、枋子等联系构件，也没有补间铺作。是否由于石窟中开凿明窗及佛龛等做法的缘故，而忽略了横向联

图13 河南省博物馆藏隋代陶屋

系构件的表现？即便如此，也可见阑额在这里并非不可或缺的主要结构构件。

（2）檐柱与栱的截面相同。因此，柱头与栱头之上，斗的大小也相同，没有栌斗与小斗之分。按窟檐现状，当初若加大檐柱与栌斗的截面，不仅完全可能，且于增加整体强度有益。但窟檐的写实程度表明，这种不加区分的做法应为现实木构建筑形式的真实反映，而不是由于工匠的疏忽或客观条件局限所致。

以上两点表明，这两座窟檐所表现的建筑外檐形式，与其他北朝石窟中的仿木构窟檐以及雕塑、壁画中的建筑形象之间有着相当大的差别，从中反映出两种不同的结构形式。

云冈石窟的仿木构建筑形象，如窟檐、屋形龛及中心塔柱等所表现的外檐形式中，阑额是重要的结构构件之一，横贯于檐柱柱头的栌斗之上。在方形平面的塔柱中，可以见到阑额四面交圈的情形，阑额之上安置斗栱与补间叉手。因此斗栱与柱头栌斗之间没有结构上的直接联系，两者甚至可以不对位（图14）。塔柱上的斗栱层就像是一格以阑额为底盘的“笼屉”，放在了柱头之上，构成水平方向的结构层。斗栱用材明显小于檐柱、栌斗，斗栱形式一般为与阑额平行的横栱，栱下正中垫小坐斗，置于阑额上。继云冈之后，龙门、麦积山、天龙山的北朝石窟窟檐或屋形龛，都一直延续着这种以阑额作为斗栱层底盘的外檐形式，姑且称之为“圈额式”。直到麦积山第5窟（隋）和天龙山第

图14-1 云冈石窟中所表现的木构外檐做法（第39窟中心塔柱）

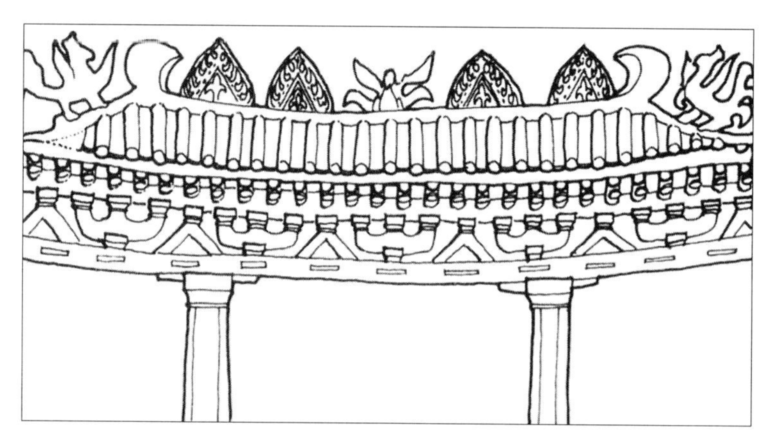
图14-2 云冈石窟中所表现的木构外檐做法（第9窟前廊东壁屋形龛）

8窟（隋），才出现了阑额位置的改变：从栌斗之上，下移至柱头之间，斗栱则与栌斗直接发生结构上的联系，出现名副其实的“柱头铺作”。阑额的位置虽然改变了，但仍在柱头之间形成水平结构层面，阑额上的斗栱与补间叉手几乎没有变化，只是由栌斗取代了原来的小坐斗，仍然保持了“圈额式”的基本特点。

而前述南响堂窟檐所表现的外檐形式则不同，构件中没有出现阑额，因此至少可以说是不强调水平方向的结构层面。檐柱与斗栱上下相接，用材大小一致，两者表现为一个完整的独立构架。石窟窟檐不可能表现出整座建筑的构架形式，但按照一般木构建筑的柱网分布规律推测，这种檐柱构架必然前后对应。从窟檐所表现的斗栱是自柱头小斗的斗口出跳，而不是自柱身出跳的“插栱”（亦称“丁头栱”），又可推测此檐柱构架并非擎檐壁柱之类，而应是前后对应的承重构架。在前后对应的柱头铺作之间，应以枋木联结，构成片状排架。排架之间，搁檩架椽，以承屋面。这种以排架为主的结构形式，与前面所说的“圈额式”有明显不同，或可称之为“排架式”。表现这种形式的仿木构窟檐，迄今所知只有南响堂一处。

同样，完整的外檐出跳斗栱形象，也是其他石窟所没有的。仅龙门古阳洞的屋形龛中，有以出跳栱头（不设斗）直接承托枋头的形象。而南响堂窟檐中，是形式已臻成熟的双抄令栱五铺作斗栱形象。联系上述两种结构形式的差别，则斗栱出跳的实质，正可看做是“排架式”中枋木出头的特殊处理方式。如果不加处理，枋木向外延伸，层层相叠，其形式便与河南的陶屋十分相近了。而“圈额式”中没有向外伸出的枋木，因此不出现外跳的栱头。

在没有见到南响堂这两座窟檐之前，我们很难将河南陶屋的铺作形式与国内其他实例联系起来。但在上述分析比较之后，可以作如下推测：南响堂窟檐与河南陶屋所表现的，同为“排架式”结构形式。其显著特点之一，是外檐柱头铺作为内部构架的延伸，呈片状出跳形式。这种样式的木构建筑现在已无实例可寻，但我国南方流行的穿斗架民

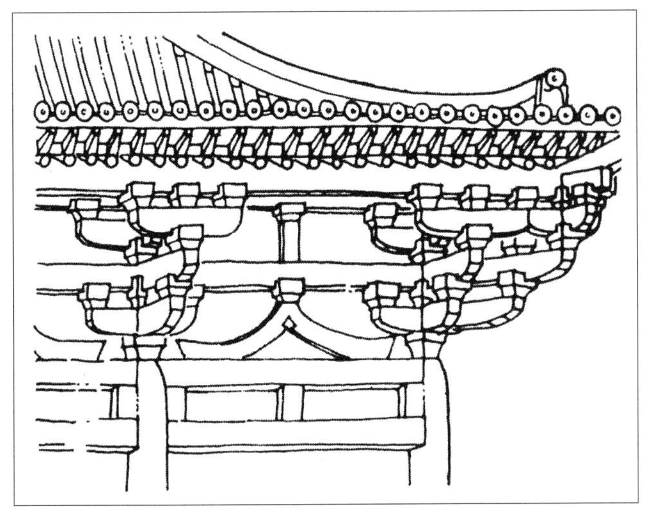

图15-1 西安大雁塔门楣线刻佛殿局部

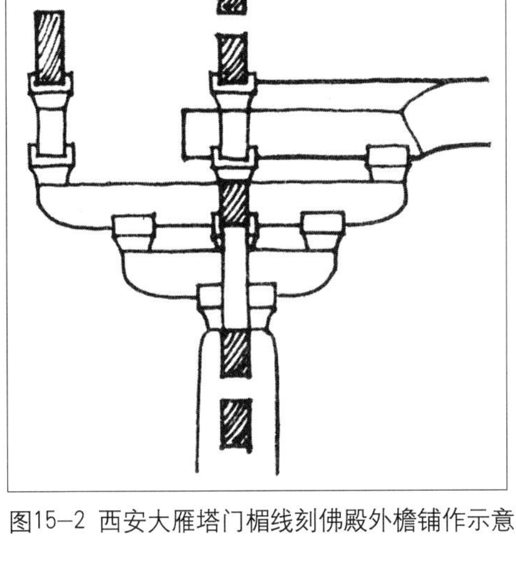

图15-2 西安大雁塔门楣线刻佛殿外檐铺作示意

居，是与之十分接近的一种建筑样式。在浙闽一带的宋代建筑中，可以见到这一形式经数百年演变之后的情形；日本飞鸟时期（7世纪）的木构建筑，如法隆寺三重塔、四天王寺金堂（重建）等，也有类似的柱头铺作形象。说明这种形式的木构建筑南北朝时或曾广泛流行于我国的南方地区。而北朝石窟中的“圈额式”木构建筑形象，则应是写仿了当时北方地区所常见的建筑样式。这两种形式在南北朝后期的南北文化交流中逐渐结合，而使木构建筑的结构体系得到进一步发展。“圈额式”构架中的阑额位置下降，斗栱中出现横栱与出跳栱的组合，“排架式”构架则增加了柱间及铺作间的水平联系构件。不过在两者之间依然保持着一定的差别，如敦煌初唐321窟壁画和西安大雁塔门楣石刻（704）所表现的建筑外檐铺作中，斗栱已是双抄令栱（或替木）五铺作，但令栱与外伸的梁头是断开的，证明与内部构架仍无直接关系（图15）。从宋代《营造法式》一书的殿堂与厅堂两类建筑样式之间，我们依然可以看到“圈额式”与“排架式”两类结构形式的根本区别。这样，我们便在南北朝和唐宋建筑之间找到了一个转折变化、承前启后的关键所在，而南响堂窟檐正是极为重要的例证之一。

以上从建筑角度对响堂山石窟的窟型、窟檐及内部空间进行了概略的分析，有关而未能涉及的问题还有很多，如窟檐雕刻的表现手法、窟檐细部的艺术风格及源流、与当时佛教发展及社会背景之联系，等等。另外，除了窟檐，响堂山石窟内还有一些反映建筑形象的雕刻作品，如前述南响堂第1洞中的浮雕佛塔。同时，在《响堂山石窟》一书图版中，我们发现南响堂第1洞方柱正面与门洞的上方，有两处面对面的塑绘说法图，表现手法虽然粗略，但整个构图却与美国华盛顿弗利尔博物馆（Freer Gallery of Art）所藏、传说出自响堂山的两块浮雕几乎相同，大小也一样，显然是后者的仿制品。因此，美国藏的这两块浮雕极有可能是从这座洞窟里盗卸出去的。原应位于方柱正面佛龛上方的说法图，已具有西方净土变的特点。佛前有莲池，两侧有楼阁。楼阁为上下两层，面阔三间，歇山顶。底层柱高是面阔的两倍，四周有围栏，上层有平坐，其形式与新疆阿斯塔那出土的木楼阁模型[14]以及唐代敦煌壁画中的楼阁形象很接近，是同类建筑形象中年代最早的一例。

文稿初就，承陈明达先生悉心指导；改正后的二稿，又蒙宿白先生审阅，并提供南响堂隋碑录文。特此谨表谢忱。

1991年10月完稿

注释

[1]邯郸市文物保管所、峰峰矿区文物保管所：《河北邯郸鼓山常乐寺遗址清理简报》，《文物》1982年第10期。

[2]邯郸市文物保管所：《邯郸鼓山水浴寺石窟调查报告》，《文物》1987年第4期。

[3]《畿辅通志》卷148引《通鉴》文作“潜凿鼓山石室佛顶旁为穴”。《永乐大典》卷13824引《元一统志》，记高欢“默置（棺椁）于鼓山天宫之傍”。今北洞俗称高欢墓窟，窟内中心柱顶部南侧有洞口外露，据说内中便是高欢瘗窟。

[4]颇疑今中洞的中心柱背后，即原文宣陵所在。现方柱中空为大龛，龛后壁两侧下方各开一矮洞，与柱后甬道相通，龛内矮洞前蹲踞石狮，并有菩萨坐侍，情形极为特殊。

[5]南响堂总体朝向西南偏南，故此处洞窟位置仍以南北分之。

[6]如丁明夷先生在《巩县天龙响堂安阳数处石窟寺》一文中，认为“南响堂第二窟在拆除后代附加部分后，也与上方一窟合为一塔形窟。”《中国美术全集•雕塑编13•巩县天龙山响堂山安阳石窟雕刻》，文物出版社，1989年。

[7]水野清一、长广敏雄：《响堂山石窟》图版，日本东方文化学院京都研究所，1937年版。

[8]前廊与前室之别一般在于有无外柱。有时两者之间从平面看差别不大，但窟檐形式截然不同。

[9]火珠束莲柱是响堂山石窟中出现最频繁的雕刻题材之一。这种形式是否源于印度、西域一带，是否与《弥勒成佛经》中关于明珠柱的记述有关，皆待考证。

[10]王克林：《北齐厍狄回洛墓》，《考古学报》1979年第3期。

[11]刘敦桢主编：《中国古代建筑史》，中国建筑工业出版社，1980年版。

[12]同上。

[13]《魏书•释老志》记献文帝：“皇兴中，又构三级石佛图。榱栋楣楹，上下重结，大小皆石，高十丈。镇固巧密，为京华壮观。”

[14]新疆维吾尔自治区博物馆、西北大学历史系考古专业：《1973年吐鲁番阿斯塔那古墓群发掘简报》，《文物》1975年第7期。

关于莫高窟早期洞窟位置的一点推测

关于莫高窟早期洞窟位置的一点推测

据史料记载，莫高窟于“永和八年癸丑岁（353）创建窟”（《沙州土镜》）[1]，“前秦建元二年（366年）有沙门乐僔……造窟一龛。次有法良禅师，从东届此，又于僔师龛侧，更即营建。伽蓝之起，滥觞于二僧”（唐李怀让《重修莫高窟佛龛碑》）。422年，“罽宾僧昙摩密多从龟兹至敦煌，建立精舍”（《高僧传》卷三），正是北凉沮渠蒙逊灭西凉、据敦煌之后。蒙逊时佛事极盛，此时造窟活动亦应有所开展。因此，至迟于5世纪初，莫高窟应已凿有一定数量的洞窟。但是，在现存的400余座洞窟中，既未见年代早于北凉的洞窟，也没有经专家一致确认为北凉开凿的洞窟[2]。

一般说来，洞窟的毁失，原因不外两种：一是崩塌，二是改造。前者是自然破坏，后者是人力所为。本文试图从莫高窟现存最早的北朝一期洞窟的位置，及其后二、三期洞窟的发展[3]，对前者的可能性作一大致推测。即：莫高窟一部分早期洞窟，很可能是在北朝末年因崖壁坍塌而毁失，其所在位置后来逐渐为隋唐洞窟所填补。

莫高窟现存北朝洞窟共40余座，其中除第461窟之外，其余皆分布在窟群的南区中段。图1是孙儒僩先生的《莫高窟总立面图》（局部），图2是据之所绘的莫高窟北朝洞窟分布示意图。从图中可见，一、二期窟均位于崖壁中层，沿水平方向分布；三、四期窟也基本位于崖壁中层，但分上下两层水平分布。同时，在一、二期与三、四期窟之间，明显有一处长约30米的“空档”，这里正好是一处崖壁凹入部分。而莫高窟现存年代最早的洞窟之一——第275窟，恰临凹入部分的南侧边缘，与之仅一壁之隔。

依这些北朝洞窟的分期顺序，它们的开凿，应是自凹入部分的南侧开始，先由北向南，然后再折回头来，越过凹入部分，继续向北发展。这表明，现存的这些北朝洞窟，是以这处凹入部分为中心，先南后北而凿。

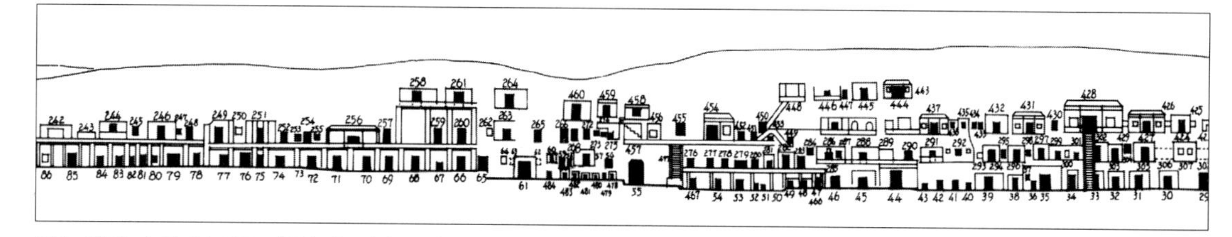

图1 莫高窟总立面图（局部）孙儒僩绘

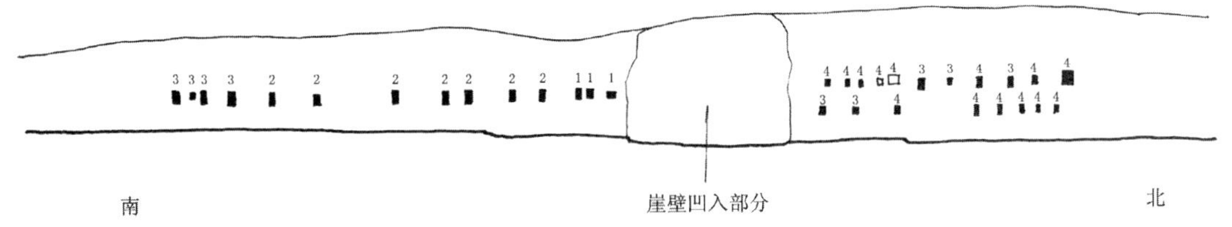

南

崖壁凹入部分

北

注：洞窟上方标注的数字为敦煌文物研究所划定的洞窟分期，1为第一期（北凉），2为第二期（北魏），等等。

图2 敦煌莫高窟北朝洞窟分布示意图

目前位于崖壁凹入部分的洞窟约近30座，分上、中、下三层。上层与北朝一、二期窟处于同一水平位置，其中有隋窟5座，唐窟2座，宋窟2座；中层9座窟室皆为隋窟；下层为8座唐窟、1座宋窟。三层洞窟的上下前后对应关系为：中、下层窟基本上下相叠，上层窟的位置则向后退入约4米左右。其中上层窟与南北两侧北朝洞窟的位置关系则为大约退入5米左右。值得注意的是，退入最多的正是与北朝洞窟处在同一水平位置的中上层洞窟。

假如此处崖壁的凹入即为莫高窟初创时的崖体原状，那么至少有两个问题很难加以解释：

1. 莫高窟北朝洞窟的分布范围从南至北不过200米，就窟群的整体地貌而言，绝无必要在创建洞窟时选择形态变化的地段并将其“夹”在当中。

2. 在开凿北朝最早的洞窟（第268、272、275窟）时，放弃完整齐平的崖壁不用而选择濒临山体变形的不利位置，这在通常情况下是极为不合情理的做法。

因此，结合上述北朝洞窟的分布及其与崖壁凹入部分的关系，凹入部分的洞窟年代以及上下层地形变化，可以作出如下的推测：

现状崖壁凹入部分的形成，并非莫高窟创建时的原状，应属自然破坏所致。此处崖壁原应与南北两侧齐平相连。同时，就北朝一、二期洞窟的位置来看，这里原来很可能凿有与现存一期洞窟同期甚至年代更早的洞窟，史料中所谓乐僔、法良及北凉时期开凿的洞窟，皆有可能开凿于此。洞窟的位置应与一期窟处于同一水平面，即位于崖壁的中层。崖体坍塌之后，这批早期洞窟大部毁失，第275窟等三座一期窟，实是当时的幸存者（第275窟东北角外壁的缺损，抑或与此相关）。

按凹入部分的洞窟中不见北朝窟，而有相当数量的隋窟与少量唐窟，大致可以推测崖壁的坍塌是发生在北朝末年。

因崖壁坍落致使早期洞窟被毁的情况，在中国石窟中多有发生。如天水麦积山石窟的西崖下部可能原有十六国时期的洞窟，第78、165窟以东的崖壁上，原亦应有一部分北魏窟室。本来在坍落后的崖壁上还留有窟龛痕迹，现在经过壁体加固已全部湮灭了。武威天梯山石窟中的两座北凉石窟——第1窟与第4窟——也紧挨着其西侧的一片山体崩塌处。据50年代的调查了解，这里原有大量洞窟，均毁于历代地震。仅在1927年的大地震中，就约有10座洞窟被毁。这些洞窟的位置在第1窟的西侧，其中有的窟型与之相同，估计应属同期洞窟[4]。

至于崖壁坍塌的原因，各处石窟可能不尽相同。除地震之外，也许与洞窟的开凿也有关系，或更有其他种种原因，这一问题需另行探讨。

现将上述推测归纳如下：

1. 在莫高窟南区中段、现第275窟至第286窟之间长约30米的崖壁中层，曾凿有一批年代与现存北朝一期洞窟相当甚至更早的洞窟；

2. 莫高窟现存北朝洞窟的开凿，即是在这批早期洞窟的基础上，向南北两侧的延展；

3. 这批早期洞窟于北朝末年随崖壁坍塌而毁失；

4. 自隋代起，在此陆续开凿了新的洞窟。

由于史料中未见有关莫高窟北朝洞窟毁失的记载，也缺乏敦煌地区历代自然灾害及其后果的相关记录，又写作此文时未经实地考察，仅凭图片推测，故文中所提出的看法尚待进一步确证，希望得到有关专家学者的帮助与指正。

另外还有一个需加关注的问题。今莫高窟第454窟恰居崖壁凹入部分中层的正当中，虽然从壁画内容分析这是一座宋窟，但从北朝窟群总体上看，此窟所据地位十分显要。现第454窟的外观颇似一座前部坍毁的窟室后壁，它的左右与下方均为隋代洞窟所包围。有可能隋代在此补凿洞窟时，仍保留或利用了一部分残存的早期窟龛或佛像。就当时情景推测，这里应该是整个莫高窟的中心所在，因此有必要对其作进一步的深入探究。

1992年2月20日完稿

记得此稿完成后，曾呈请宿白先生赐教，之后便搁置一旁，日久不知去向。近日查对《中华文明史》章节稿的写作时间，蓦然见其夹于昔日笔记本中。

不意复得，欣之；回首时年，慨之。

2010年7月26日录毕并记

注释

[1]据历代纪年，癸丑岁应为永和九年（353年）。

[2]敦煌文物研究所的分期中有三座洞窟归入北凉时期，但另有学者认为现存洞窟中没有早于北魏时期者，见宿[1]白：《敦煌莫高窟现存早期洞窟的年代问题》，《香港中文大学中国文化研究所学报》，1989年第20卷。

[3]本文中关于莫高窟洞窟的分期，暂均以敦煌文物研究所发表的资料为据。

[4]史岩：《凉州天梯山石窟的现存状况和保存问题》，《文物参考资料》1955年第2期。

魏晋南北朝建筑装饰研究

（据《中国古代建筑史》第二卷第二章第七节《建筑装饰》删节，
原载《文物》1999年第12期）

传世的汉魏六朝文献中，有相当一部分与都城、宫室或佛寺相关，如两都赋、两京赋、三都赋、《鲁灵光殿赋》《景福殿赋》《殿赋》《中寺碑》《郢州晋安寺碑》等。根据其中对于建筑装饰的描绘可知，当时的大型建筑内外，凡人们进出观望所及之处，如屋顶、檐口、斗栱、楹柱、门窗、外墙、台基勾栏以及殿内的藻井、梁架、壁面等，皆遍布装饰。虽然结合后人注疏，可以在一定程度上了解赋中所述的装饰部位、大致做法与形式特点，但由于缺少形象资料，难以确知其具体样式。本文拟据文献中的描述，对照现存实物及考古发现，就魏晋南北朝时期的建筑装饰做法及传承等问题谈一些看法。不当之处，敬祈指正。

一

由于建筑物的外观形式、结构做法与构造方式并未出现根本性的改变，因此从总体上看，魏晋南北朝时期建筑物的重点装饰部位，与汉代基本相同。限于篇幅，下文所述仅为部分文献与考古资料中反映出来的做法，引文也尽量入注。

檐口

檐口是屋顶与屋身构架的交接处，装饰做法通常也分为上下两层：上层是屋顶的边饰，即瓦当与滴水瓦；下层是檐椽。汉魏赋文中，凡言宫殿必及檐椽，说明其装饰效果之显著；但不知为什么，却未见提到瓦饰[1]。

檐椽在赋中多称作“榱”、“桷”，其装饰做法主要在于椽身与椽头的处理。

椽身装饰有磨砻、雕镂、髹漆、彩绘等多种方式， 文献中以“华榱”、“绣桷”[2]相称；其中以龙蛇为饰者，又称“龙桷”、“螭桷”[3]。汉魏宫室不存，现知较早实物为敦煌莫高窟北朝早期窟室的人字披部分，椽身彩绘为赭红底色，上饰黑色藻纹，间以束带纹与山形纹，椽间为白底色，上饰忍冬纹与供养天人等，虽反映为佛寺建筑中特有的做法，但装饰手法应与汉魏时期有密切关联（图1）。

图1-1 敦煌莫高窟北朝第263窟人字披装饰纹样

图1-2 敦煌莫高窟北朝第431窟人字披装饰纹样

椽头装饰据文献记载似有两种：一种是以金铜或玉石，裁磨成玉璧的形状，贴饰在檐椽的端部，赋中谓之“璧珰”、“琬琰之文珰”。因椽端亦称“题”，故又有“玉题”、“璇题”之谓[4]；另一种是不贴金玉，仅作绘饰的做法。据梁陈赋中有“绣棁玉题”、“华榱璧珰”[5]等描述，可知椽头贴饰璧珰的做法，至南朝后期依然存在；北朝文献中尚未查到类似记载，但北魏云冈第 6 窟中心塔柱下层椽头有双鱼（太极）形雕饰（图2），北齐邺都太极、昭阳殿椽头饰以金兽头[6]，应该都是与璧珰性质相同的装饰做法。遗憾的是，文献中屡见的椽珰，实物形象却未曾得见，推测应是直径（长宽）在15厘米左右的圆（方）形金属（玉石）饰片，表面穿孔，与椽头固定。日本现存飞鸟奈良时期木构建筑物椽头的矩形金属饰片，应可视为这种做法的遗存形式。期待在以往或今后的考古发掘中能够辨析出这类装饰构件。

作为屋顶边饰的瓦当，是考古发掘中最常见的建筑瓦件之一，已证明为周代以降历代宫室建筑中所习用。据河北临漳邺北城遗址发掘，曹魏、后赵、东魏北齐三度兴建邺宫，所用瓦当的基本造型一致，只是在纹样、色质、尺寸上有所变化，早期多文字与蕨纹，后期则多莲花与兽面，反映了这一时期瓦当样式的变化特点（图3）。滴水瓦的汉魏

图2 大同北魏云冈石窟第6窟中心柱下层椽头雕饰

图3 河北临漳邺北城遗址出土三国——北齐瓦当

实物未见发表。但至迟北魏时，已出现瓦口边缘下折，并捏成波浪形的滴水瓦[7]，且瓦唇厚度逐渐增加，唇面纹饰渐趋复杂，出现双重波纹及弦纹、忍冬纹等形式，不仅在功能上有明显改进，同时具有更为明显的装饰效果。自十六国时起，屋顶瓦件的表面出现刷饰黑色的做法[8]。北魏石子湾古城（属平城期）和北魏洛阳城址出土的筒瓦表面多呈现黑色[9]，邺北城出土的东魏北齐瓦件，亦多素面黑瓦，表面光润，是瓦面经过打磨后又以油烟熏烧而成，南朝也有类似做法。这种瓦在唐长安宫室遗址中常见，应是唐代极为流行的做法，在北宋《营造法式》中谓之“青棍瓦”。

斗栱

木构架的外观处理，是建筑装饰的重要部分，以柱、楣、梁、斗栱为主要对象，往往兼用造型、纹饰、敷色等手法。班固《西都赋》中有“屋不呈材，墙不露形”之句，说明汉代宫室中已然如此。

斗栱是木构架中最富装饰性的构件。斗在古代文献中有“栌”、“楶”、“节”、“楄”、“枅”诸称，平面一般作方形。也有圆形平面的斗，称“圜斗”，新疆楼兰古城曾出土一件，直径18～24厘米，年代约在4世纪纪初[10]。斗身上下分耳、平、欹三部。魏晋南北朝时期的木构实例不存，从现存的石雕仿木构实例来看，当时最具特点的是欹下加垫板的“皿斗”，其形象在四川汉代崖墓中即有所见，北朝实物见于北魏云冈、龙门石窟的屋形龛与塔柱，以及北齐定兴石柱等（图4）。南朝实物虽未得见，但据日本飞鸟时期木构建筑中底部带有皿板的栌斗造型推测，应该也是南朝地区的流行做法。在我国福建东部地区，这种做法甚至延续到宋代以后。栱又称“栾”，汉赋中指“柱上曲木，两头受栌者”（见薛综《西京赋》注）。北朝石窟中的斗栱，一般为栱上两头、中间共受三斗，且出现重栱相叠（龙门古阳洞屋形龛），北朝后期开始出现双抄斗栱的形象（图5）。栱头卷杀的形式有多种，其中比较有特点的数瓣内䫜做法，目前多见于北齐实例（这种做法在浙闽等地的宋代遗存中仍可见到）。斗栱表面装饰以雕镂和彩绘为主，赋中的“雕栾镂楶”、“山节”、“云楄”皆是。北魏云冈石窟第9、10窟窟檐栌斗上的雕刻纹样有三角纹、忍冬卷草纹、莲瓣纹等（图6）；安阳修定寺塔塔基出土的北齐模砖斗栱表面，满布云纹，雕镂精巧，应是当时木构中最高等级做法的反映。现知年代最早的斗栱彩画样式见于敦煌莫高窟北魏第251、254窟，红底上绘忍冬卷草纹与藻纹，边棱转折处界以青绿色[11]（图7）。

藻井天花

魏晋时期的藻井，仍与汉代一样，是宫殿中特有的装饰做法；到南北朝时始用于佛殿。殿内装饰藻井的主要目的是为了突出位于中心部位的御座或佛座。据汉赋描写，藻井的位置在建筑物明间（当心间）脊槫下的两道梁栿之间。做法是在梁间架设木枋，作

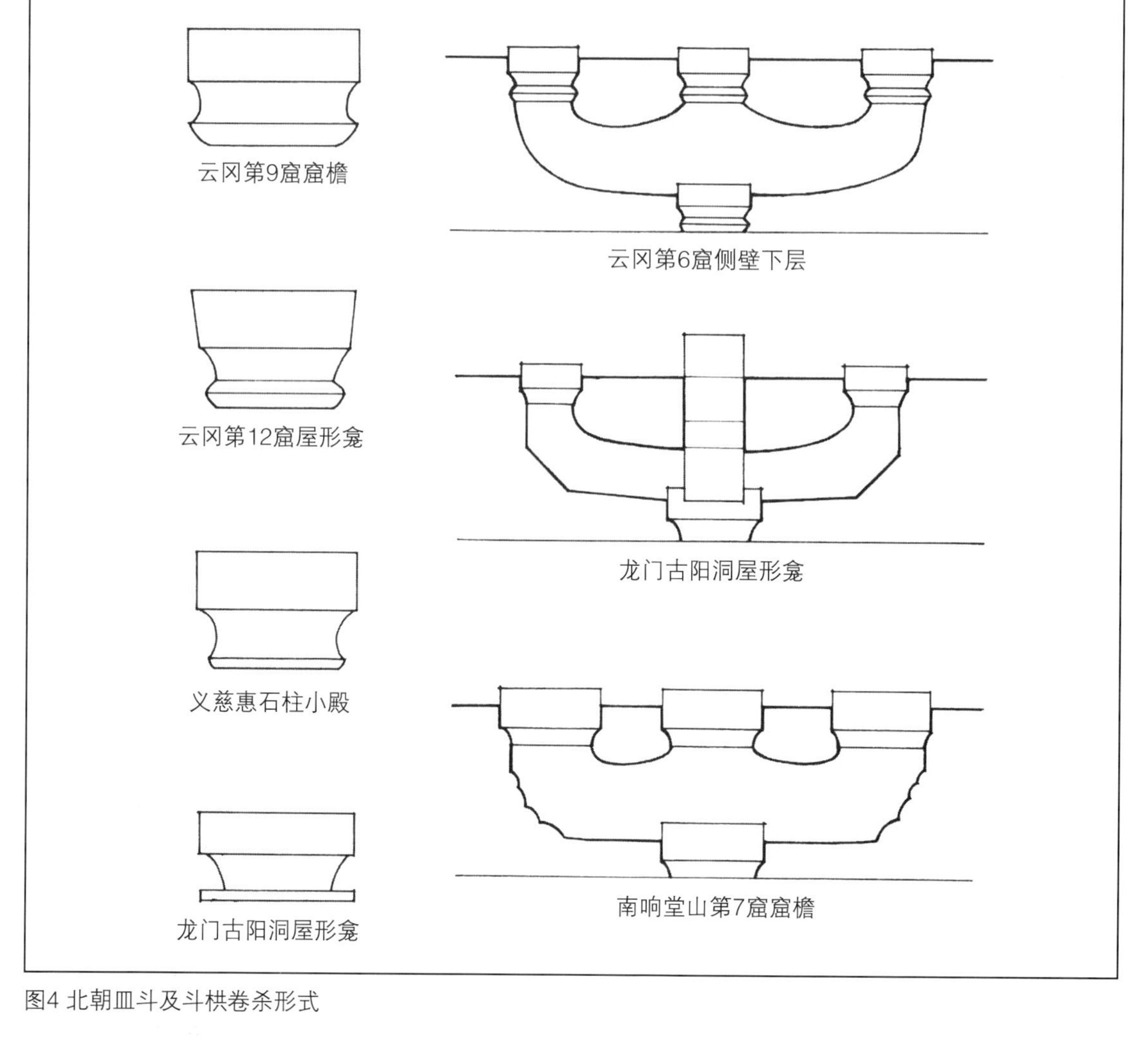

图4 北朝皿斗及斗栱卷杀形式

图5—1 安阳修定寺塔出土斗栱模砖

图5—2 安阳修定寺塔出土斗栱陶范

图6 大同北魏云冈石窟二期洞窟中的栌斗装饰纹样

图7 敦煌莫高窟北魏第251窟木制斗栱及壁画立柱

图8—1 敦煌莫高窟第268窟斗四天花

图8—2 敦煌莫高窟第435窟斗四天花

图8—3 敦煌莫高窟第285窟斗四天花

图9 洛阳龙门石窟北魏宾阳中洞内顶展开图

方形覆井状，当中向下倒垂莲荷，井内并镂绘水纹、藻纹，遍施五彩[12]，除了作为装饰外，也有祈避火灾的含义。藻井的基本做法自汉代至南北朝没有大的改变[13]，但实物不存，唯北朝石窟中的天花样式或可视为参照。

石窟中所反映出来的室内天花样式，主要为斗四、平棊两种或两者混用，也有直接在椽板上施以彩绘的做法。

斗四天花，又称叠涩天井，是流行区域很广、年代很久的一种内顶形式[14]，在内地汉墓和新疆地区石窟中常见，似表现为一种屋顶结构形式。在敦煌莫高窟北朝洞窟和云冈石窟中，则大多表现为木构平棊方格中的斗四（四边形）或斗八（八边形）样式，中心往往雕（绘）饰圆莲，四周饰飞天、火焰纹等（图8），明显为不具结构功能的装饰性做法，近似于前述殿内藻井的形式，但位置大多不在窟顶中心，而是围绕中心方柱（敦煌莫高窟第251、254窟等）或位于前廊顶部（云冈第9、10、12窟），因此尽管做法、形式相近，斗四天花与藻井在规格上应该说是不同的。

以纵横木枋垂直搭交构成方格网状的平棊，是中国古代建筑中最基本、最常用的天花形式。木枋（又称“支条”）表面彩绘，搭交处或加饰花形金属构件，方格内盖封平板或做叠涩。云冈与巩县石窟的窟顶形式以平棊为主，表现出当时佛殿与佛塔底层的内顶形式。

敦煌北魏窟室中的人字披顶以及敦煌、麦积山西魏、北周窟室中的覆斗顶形式，分别表现为厅室彻上明造和殿内佛帐内顶的做法。而龙门宾阳三洞的窟顶雕刻，则反映了佛殿中于佛像上方张挂织物天盖的做法（图9）。

门窗

门窗历来是建筑物中的重点装饰部位，特别是人们出入必经的门，尤为显示主人身份的标志。历代赋文与文献中关于门上装饰的记述，多见“青琐”、“金（银）铺”、“朱扉”之类[15]，是专用于宫殿、佛寺或王公府邸等较高等级建筑物的做法。“青琐”为门侧镂刻琐纹，涂以群青[16]。《景福殿赋》有“青琐银铺，是为闺闼”，即宫中门户皆饰青琐。南北朝时期的宫殿佛寺，仍沿用这种做法[17]；“金（银）铺”是门扉上所饰的衔环兽面，亦称“铺首”，以铜制作，镀以金银。铺首的规格大小依门的尺度而变化[18]。“朱扉”为朱红刷饰的门扇，是北朝皇家建筑、贵邸中的做法[19]。

以夯土墙为围护结构的房屋，门窗往往“镶嵌”于厚墙之中，墙体与门上框楣，以斜面或叠涩的方式相交接。汉代画像石中常见门扇之上雕刻朱雀形象，文献记载东晋时建康朱雀门上“有两铜雀”[20]，显然沿袭汉代规制。门饰朱雀的做法到南北朝时同样流行，只是从现有形象资料来看，朱雀的位置一种是在墓室门楣上（汉墓中也见这种做法），如洛阳北魏画像石棺前档为门形，门楣上左右刻朱雀，中为莲花宝珠[21]；另一种是将朱雀饰于明间阑额之上，如云冈第12窟前廊东壁屋形龛明间人字栱两侧，即雕有一对相向的朱雀。朱雀亦称“凤鸟”，因此，这种形式沿用至唐代，又称“对凤”。南北朝时，门扇上的饰物除铺首外，还有门钉、角页[22]。在大同南郊北魏宫殿遗址中，出有鎏金门钉、角页、各式铺首等饰件（图10）。门砧石见有兽头或兽面装饰[23]。

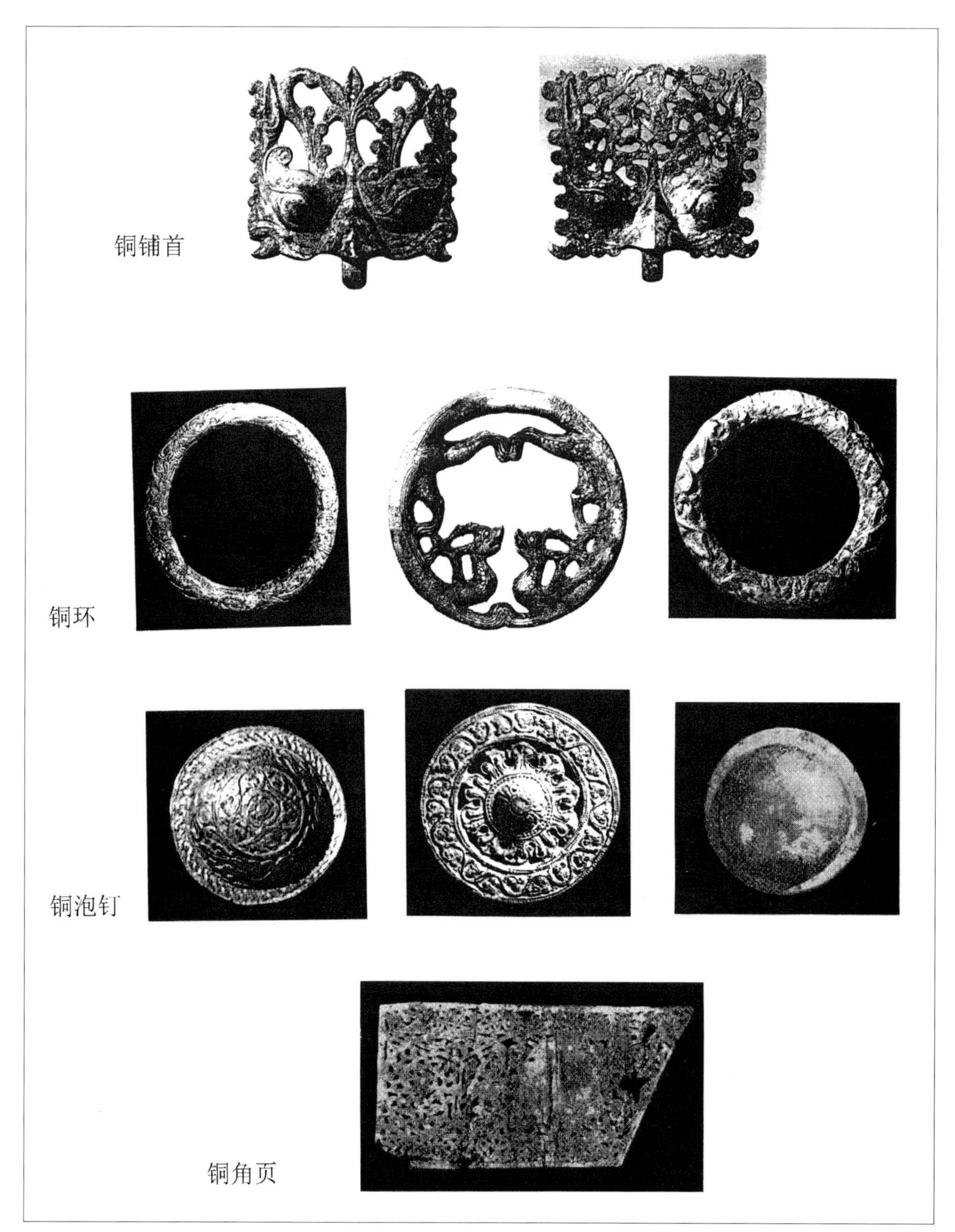

图10–1 大同南郊北魏建筑遗址出土铜饰件

图10-2 宁夏固原出土铺首（112×105cm）

图10-3 宁夏固原出土铜环(110×75cm,同墓出)

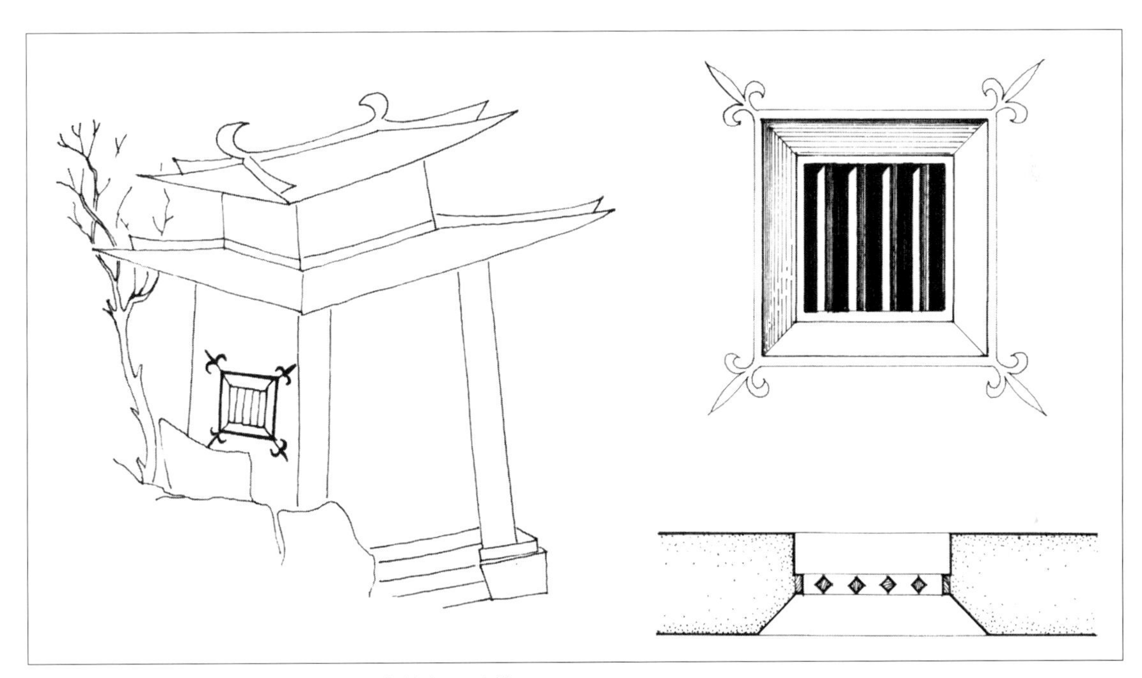

图11 敦煌莫高窟第303窟隋代壁画中的窗口装饰

宁夏固原北魏墓出土的房屋模型中，门窗框四角皆向外做放射状凹纹，窗框内做四道棂条。敦煌莫高窟壁画中的窗口饰有红色边框及忍冬纹角饰（图11），南朝墓室中则于壁面砌出上有烛台的直棂窗形象。窗框的色彩一般与门相同，涂饰朱红，窗棂或饰青绿一类的冷色[24]。另据赋文，有壁上开小窗并雕刻镂空花纹的做法，称“绮寮”（盖因窗格形式与织物中的绮纹相似之故），常用于廊、阁、台榭之上[25]。

阶墀

墀，即室内地面。依古礼，惟天子以赤饰堂上[26]。秦咸阳宫一号遗址地面为红土色[27]，汉长安未央宫前殿作“丹墀”，后宫为“玄墀”[28]，皆其例。《魏都赋》中记邺城三台

图12 洛阳龙门石窟北魏宾阳中洞地面雕刻纹样复原

图13 内蒙古白灵淖北魏城址出土装饰构件

"周轩中天，丹墀临飙"，有僭越之嫌。南北朝时期的宫室地面情况不详[29]，梁赋中屡见"金墀"一词[30]，具体做法不明。

北朝石窟和墓室地面，多有雕刻纹饰。云冈第9、10窟檐柱中心线以外的路面雕有纹饰，当中作龟纹，边缘饰连珠及莲瓣纹；龙门北魏宾阳中洞的窟内地面，正中路面纹饰与云冈同，两侧各雕两朵大圆莲，圆莲之间刻水涡纹，似乎表现为莲池（图12）；北魏皇甫公窟的地面也采用类似的构图；北齐南响堂山第5窟地面，中心雕刻圆莲，四角饰忍冬纹；东魏茹茹公主墓墓道地面的两侧，则绘有连续的忍冬花叶纹饰。从这些雕刻纹样来看，很有可能是表现建筑地面铺设罽毯的做法。

已知南北朝时期的出土建筑构件中，罕见铺地砖。内蒙古白灵淖古城出有一种三角形砖，厚5厘米，有可能用作铺地（图13）[31]。北齐石刻中，见有花砖铺设阶前踏道的建筑物形象（这在唐长安宫室遗址中常见）。联系汉赋中的描述以及考古发掘出土大量秦汉时期的空心砖、铺地砖[32]，推测南北朝时期用花砖铺设室外踏道、地面以防滑的做法也应是很普遍的。

墙壁

魏晋南北朝时期，北方木构建筑中仍沿用秦汉时期的夯土承重墙结构做法。在墙体的表面，嵌入隔间壁柱，柱身半露。柱间又以水平方向的壁带作为联系构件。据汉代文献记载，汉长安未央宫昭阳舍，壁带上以金釭、玉璧、明珠翠羽为饰[33]，《景福殿赋》中亦记"落带金釭"。"金釭"是壁带与壁柱上所用的铜质构件，一方面起连接固定木构件的作用，同时起装饰作用[34]。汉宫中又有在金釭上镶嵌成排玉饰，形如列钱的做法[35]。曹魏时仍以金釭装饰壁带，但是否还有衔璧列钱，不得而知。东晋墓室所用壁砖中常见钱纹，似乎表明这种装饰做法仍在延续。北朝建筑中仍有壁带，但文献中不再提到金釭，时或言及列钱，也似乎已演变为一种彩绘纹样[36]。

壁画是宫室中最常用的壁面装饰手法，一般用于内壁。魏晋南北朝时期的壁画题材，仍沿袭汉代，以云气、仙灵、圣贤为主，佛寺画壁亦然[37]。佛教题材的壁画，早期仅有维摩、文殊、菩萨诸相，至南朝梁武帝时渐趋兴盛。南朝墓室侧壁往往装饰"竹林七贤"等题材的画像砖，或使用大量的莲花纹砖。

《景福殿赋》中记墙面色彩为"周制白盛，今也惟缥"，可知曹魏宫室外墙上承周制，作青白色，实际上这也是汉代建筑中的常用做法[38]。南北朝时除了白色涂壁之外，佛寺中还出现红色涂壁，如洛阳永宁寺塔（516），内壁彩绘，外壁涂饰红色[39]；南朝建康同泰寺和郢州晋安寺中，墙面也饰红色[40]。又西晋国戚王恺，"用赤石脂泥壁"[41]。这种使用昂贵材料饰壁的做法历来被视作一种豪侈竞富的行为。

纹饰

魏晋南北朝时期不仅在装饰做法上与汉代相承续，同时也大量沿用汉代纹饰。如云纹（云气、卷云、云矩纹等）、四神（青龙、白虎、朱雀、玄武）、传说中的人神怪兽（伏羲、女娲、羽人、飞廉、方相氏等）之类，在现存魏晋南北朝陵墓、石窟中多有所见。

云纹是一种以连续的、变换方向的漩涡纹构成的纹样，是中国固有的图案做法，其源头可上溯到新石器时代的彩陶艺术。这种纹样在汉代非常流行，大量见于传世的石刻、织物、玉器及漆器纹饰之中。魏晋南北朝时期，云纹仍然作为建筑装饰中的主要纹样之一。 如北魏平城方山永固石室檐柱雕饰为“以金银间云矩”，是柱身雕刻云矩纹、以金银色间衬的做法；北朝石窟的窟门及龛柱上也多以卷云纹作为装饰带。北朝卷云纹的形式虽较汉代繁复，但基本的图案做法没有改变（图14）。

在汉代造型纹饰中，添入外来的装饰题材，是南北朝装饰中常用的手法。如北魏铺首中出现了忍冬纹与异域人像等外来因素；在传统的四神、云气纹构图中，加入莲花、宝珠、忍冬纹等（图15）。

卷草纹是一种带状植物纹样，因植物类别不同又有各种具体名称如忍冬纹、葡萄纹、花叶纹等，其中忍冬卷草纹是最常见的一种。北朝石窟中有以忍冬卷草纹装饰门框、台座及壁面水平饰带的做法，推测当时建筑物的基座、台帮、门窗、楣额及壁带上，也都可能雕刻或彩绘这种纹饰。北朝早期忍冬卷草纹构图规整，线条有力，茎叶粗细一致，雕刻手法非中夏所有（图16）。至南北朝后期，南北两地的忍冬卷草纹形式已十分接近，呈现为一种花叶饱满、风格华丽的样式。

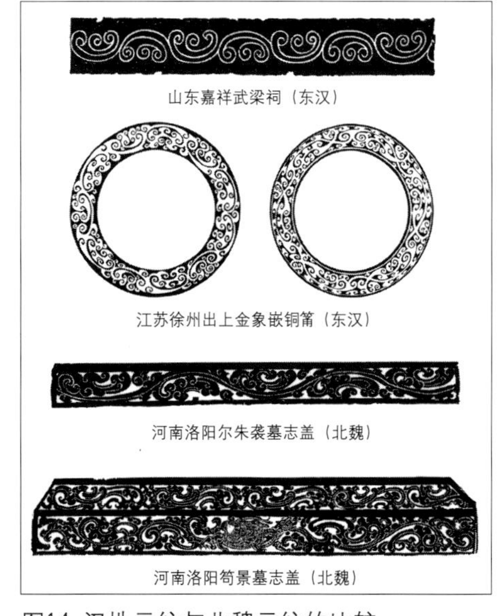

图14 汉地云纹与北魏云纹的比较

图15 北魏侯刚墓志雕刻中的四神纹

图16-1　大同北魏云冈石窟二期窟中的横向装饰纹带

图16-2　大同北魏云冈石窟第9窟中的竖向装饰纹带

图16-3　洛阳龙门石窟古阳洞中的装饰纹样

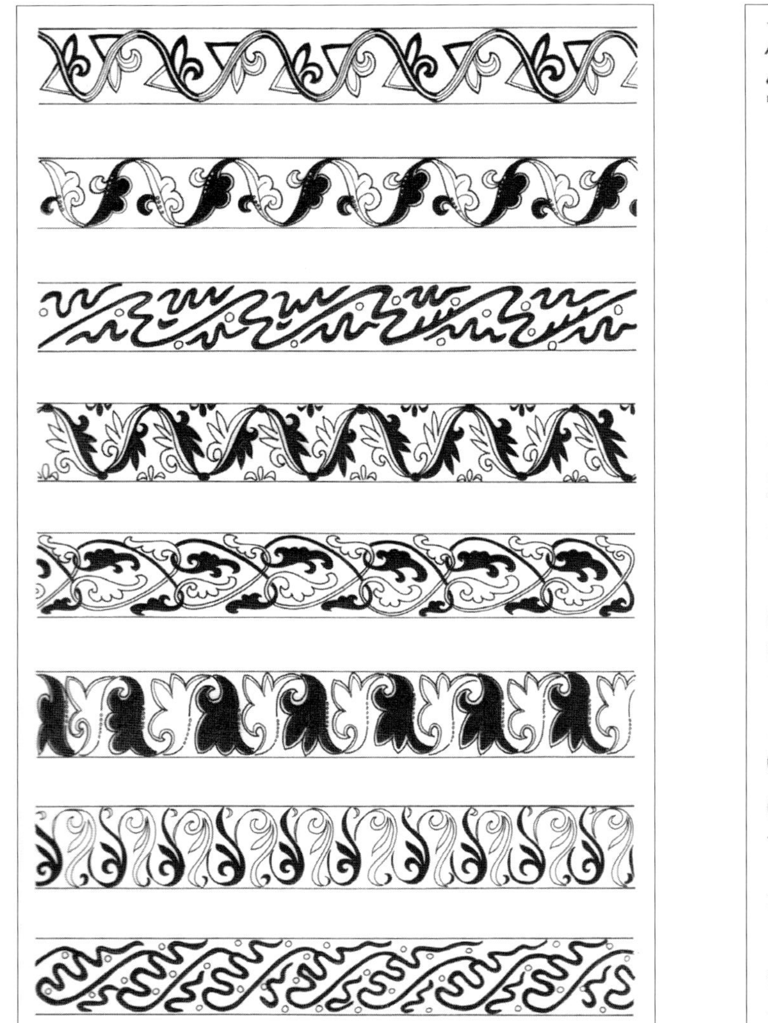

图16-4 敦煌莫高窟北朝窟室中的忍冬纹与藻纹装饰纹带（一）

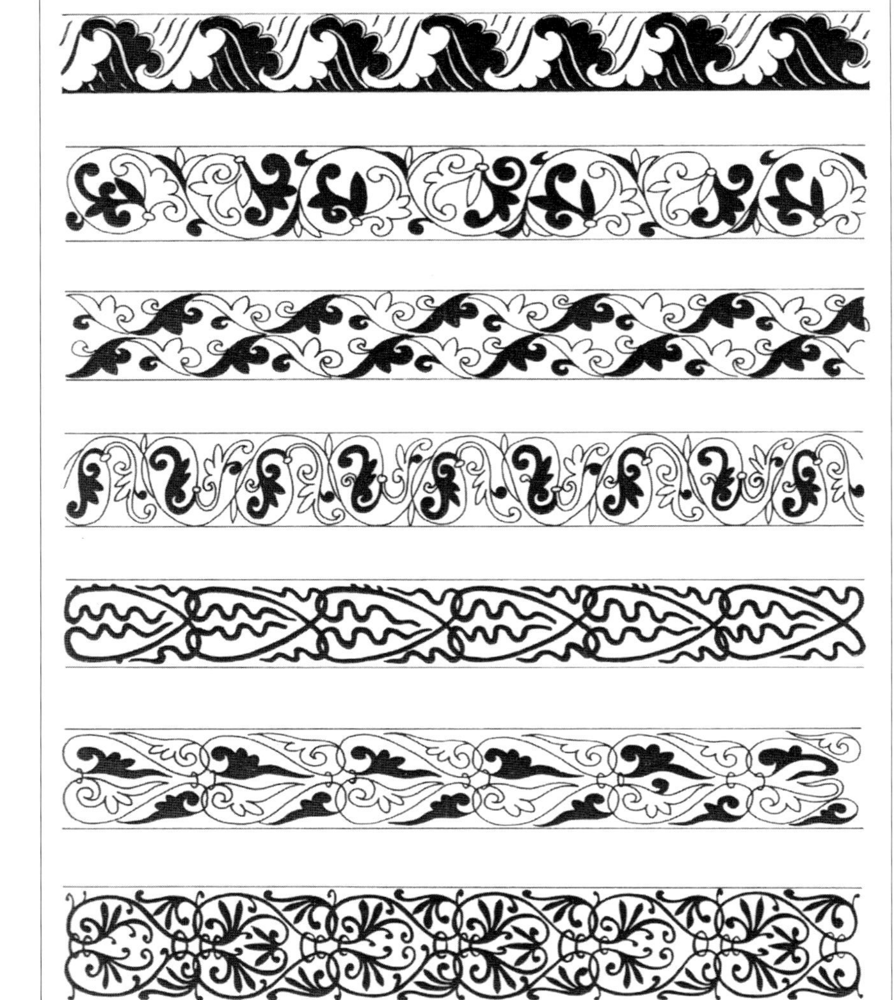

图16-5 敦煌莫高窟北朝窟室中的忍冬纹与藻纹装饰纹带（二）

图17-1　团花模砖（安阳修定寺塔下出土，引自《安阳修定寺塔》，余同）

图17-2　菱格云龙纹模砖

图17-3　束莲模砖

图17-4　连珠纹模砖

图17-5　卷草团花模砖

图17-6　云龙纹模砖

图17-7　云龙纹模砖

连珠纹也是南北朝时期最常见的装饰纹样之一，北朝实例中，以单珠相连者多见，唯北齐时，开始广泛流行一种形式复杂的连珠纹，以本身带有连珠圈的椭圆形宝珠相并联（图17—3、4）。连珠纹通常用做辅助纹样。或与忍冬卷草纹相配，饰于带状构件表面，如门框等；或与莲花纹相配，用于方、圆形构件表面，如瓦当、地砖等；它的流行年代，似乎比忍冬纹更为长久。

二

自古以来，建筑装饰就和舆服、器物一样，成为封建礼制的一部分，起到定尊卑、明贵贱的作用。不同等级的建筑群，以及同一建筑群中不同等级的建筑物，在装饰做法上都会因遵照一定之规而有所差异，包括纹样、色彩、材料做法甚至物件数量等。为此，历代皆有所谓的“僭越”现象出现以及政府有关禁令的颁布。同样，装饰做法的延续也必然与审美观念、礼制仪规的沿袭相关。

汉末战乱，都城洛阳与长安的宫殿毁坏殆尽，汉代最高等级的建筑及装饰，后人已不复得见，全凭文字记载和观者忆述流传于世。但是，汉朝的礼制仪规，不仅为魏晋、南朝的汉族政权所继承，同时也为十六国、北朝中的少数民族政权所仿效。三国时期，各国均以郡县级地方治所为基础建都立宫，且创业之君大都奉行“卑宫室”的儒家古训，因陋就简，不事铺张，故建筑装饰也往往采用规格较低的做法。如左思《魏都赋》中记邺宫文昌殿“榱题黮䨴”，依注，椽头为深黑色，疑为髹漆，是比较简朴的做法。又记“朱桷森布而支离”，可知椽身饰朱，似无藻绣，与椽头做法的规格相一致。至东晋偏安，更是国力衰微，建筑装饰的整体水平去汉已远。鼎盛辉煌的汉代文化艺术，一直为其后历代统治者所追之不及。这种情形不仅从历代赋文的描写，而且从出土文物的精美程度变化中也可以看到。北魏太和年间（477—499年），由于统治者的倡导，社会上崇尚汉文化的风气十分浓厚。《水经注》的作者郦道元，曾随孝文帝北巡，并将沿途所见的汉代墓葬及地面石刻、建筑等详尽记入书中，反映出对汉代文化艺术遗产极为注重的心态。北魏迁都洛阳以后，更是全面接受汉族文化。洛阳北魏画像石棺侧帮线刻仙人骑飞廉的形象，几乎是汉代石刻中同类形象的翻版。北朝后期的石窟壁画、墓志石刻以及南朝画像砖石中，大量出现东王公、西王母、伏羲、女娲、羽人、飞廉、四神以及乌获、开明、雷公等种种属于汉族古代传说中的神怪形象。这类装饰题材在南北朝后期不仅没有被佛教题材所排斥，相反有复兴的趋势。

实际上，内地与西域、中亚地区的接触，早在商周时代便已开始[42]，文化艺术的交流及相互影响也必然从此发生。自商周以降，内地各个时期的艺术发展都包含有继承自身传统与吸收外来样式这两个方面，也即是说，在“传统”之中已然包含了前代所吸收的外来因素在内。汉代的建筑装饰艺术中，就有不少外来的形式和做法，如采用异域人形作为构件造型[43]。一些外来的艺术造型，如在墓道两侧设立成对石雕翼兽、墓表（又称石柱），在魏晋南北朝时期，其实也是被视为汉代规制而加以继承仿效的。柱身作周圈竖向刳棱的石柱形式，在北京东汉秦君墓和洛阳西晋韩寿墓的墓表上均可见到[44]；翼兽形象，最早见于河北战国中山王墓出土器物；又见于汉代玉器和铜器；四川雅安东汉高颐墓前，仍有一对翼兽存世。这两类造型一般被认为是从中西亚地区传入[45]，但传入的时间、过程不详。据史料记载，汉晋墓中皆有在阙下、庙前排列成对石兽、石柱的做法[46]。

在北魏宣武帝即位后的50年中（亦即南朝梁武帝在位期间，约500—550年），南北双方进入一个和平共处并相互“倾慕”的时期，文化交流频繁，装饰艺术风格，特别是装饰题材、造型及纹饰渐趋相近。如前述南朝墓室与北魏巩县石窟内顶装饰图案题材的一致、神王异兽等题材在北朝后期石窟及南朝陵墓中的大量流行等，以及最近在河北邢台电视台的有关报道中见到当地出土北朝石辟邪，造型特点与南朝神兽相同，都反映了当时南北方装饰艺术融汇一体、共同发展的总体趋势。而归根结底，是汉代的礼制与时尚观念，始终作为一种潜在的约束力，对魏晋南北朝的建筑及建筑装饰的发展起着限定性的作用。

但是，就建筑装饰的造型、纹样而言，魏晋南北朝时期又是一个充满活力、不拘仪

图18–1 北齐石棺床a

图18–2 北齐石棺床b

图18–3 北齐石棺床c

规、广采博收、富于变化的历史时期。传统的与外来的装饰艺术始终并存交融，是这一时期建筑装饰中的突出特点。其中又有多种情况：一是装饰题材的混用以及不同纹样的组合，如上述将四神纹与莲花、忍冬纹组合在一起的做法；二是在雕刻外来纹样时使用传统的技法，如线刻、压地等，是北魏中期以后常见的做法；三是将外来纹样移植于传统的造型之中，现藏美国弗利尔美术馆的北齐石棺床即为典型例证。棺床的整体造型仍是传统的床榻形式，但上面的雕刻纹样既可以是传统样式，也可以是外来样式（图18）。

南北朝时期有大量的外来装饰艺术传入内地。由于各国使节、商人及佛教僧人的媒介作用，大量异域装饰题材、造型与纹饰进入中土，并应用于建筑装饰。北魏时，西域乌苌国僧人昙摩罗在洛阳立法云寺，“佛殿僧房，皆为胡饰”[47]，便是一个极端的例子。在现存北朝石窟的雕刻壁画中，可以见到不少用于建筑装饰的外来样式，如卷涡式柱头、对兽形柱顶装饰、须弥座、莲座、束莲柱等造型，忍冬、莲瓣、卷草、连珠、花绳以及莲花、飞天、宝珠、火焰、迦楼罗鸟等纹饰，里面包含有罗马、波斯及印度诸种艺术成分，目前尚难辨认每一种样式的确切来源。其中比较常见、对南北朝及后代建筑装饰具有较多影响的，有须弥座、覆莲座、束莲柱等造型以及莲花、卷草、连珠等纹饰。一些原属佛教题材的装饰样式到南北朝后期逐渐广泛应用于一般建筑构件的装饰，如台基、柱础、瓦件及木构件表面的雕饰彩画等，是此期建筑装饰发展中的一个重要方面。

由于政权分立，一些装饰样式流传分布的地域与时间受到限定。如北魏正光四年（523）所建嵩岳寺塔的底层倚柱、北齐南北响堂山石窟以及西魏北周麦积山石窟龛柱中所见的火珠垂莲（束莲）柱式（可参见《火珠柱浅析》一文），以及洛阳龙门古阳洞中的束莲龛柱（图19），是北朝

图19-1 洛阳龙门古阳洞比丘惠珍造像龛龛柱

图19-2 惠珍造像龛局部（金属质感的束莲纹）

后期最为典型的装饰造型之一；又如北齐棺床雕饰，以及修定寺塔基出土的北齐模砖纹饰，风格独特，含有较多的外来艺术成分（其来源尚有待进一步探讨）。这些装饰造型与纹样在其前的北朝石窟中与其后的隋唐遗存中都很少见到，似乎成为北朝后期（约520－570年）标志性的装饰样式与风格。

综上所述，南北朝时期的建筑装饰中虽然包含有大量外来因素，但最终皆依附于汉地传统的建筑样式、构件形式及工艺做法之中；即便有一些独立的造型，也只是作为局部点缀，对建筑物的整体风格并不起决定性作用。纵观整个中国封建社会时期的建筑与建筑装饰发展，这一点始终不变，由此亦可见封建礼制的根本性限定作用。

1997年5月

注释

[1]唯《史记•司马相如列传》记“华榱”，下有司马彪注：“以璧为瓦当”。中华书局标点本⑨p. 3026。参照其他文献中关于璧珰的注释，疑此说不确。

[2]《上林赋》：“华榱璧珰”。韦昭注：“裁金为璧，以当榱头也。”《西京赋》：“饰华榱与璧珰。”薛综注：“华榱，画其榱也。”《景福殿赋》：“列髹彤之绣桷，垂琬琰之文珰。”李善注：“言桷以髹漆饰之，而为藻绣，以琬琰之玉，而为文珰。”皆见《文选》，中华书局版（下同，略）上册。

[3]《鲁灵光殿赋》：“龙桷雕镂。”张载注：“龙桷，画椽为龙。”李善注：“楚辞曰，仰观刻桷画龙蛇。”《文选》上册p. 170。

梁元帝：《郢州晋安寺碑》：“螭桷丹墙。”《全上古三代秦汉三国六朝文•全梁文》，中华书局版（下同，略）④p. 3056。

[4]《蜀都赋》：“玉题相晖。”刘逵注：“玉题，以玉为之。孟子曰，榱题数尺。扬雄曰，旋题玉英。”《文选》上册p. 78。又梁简文帝：《七励》：“回风烟于璇题。”《全上古三代秦汉三国六朝文•全梁文》④p. 3014。

[5]梁王僧孺：《中寺碑》：“绣棁玉题，分光争映。”《全上古三代秦汉三国六朝文•全梁文》④p. 3251； 又梁元帝：《郢州晋安寺碑》：“绮井飞栋，华榱璧珰。”同上p. 3056。

[6]顾炎武：《历代宅京记》邺下引《邺都故事》，“（太极殿）椽端复装以金兽头”，“（昭阳殿）椽首叩以金兽”。中华书局版p. 183。

[7]俞伟超：《邺城调查记》，《考古》1963年第1期。

[8]后赵石虎建武二年（336）起太武殿，“皆漆瓦、金珰”。《晋书》卷106石季龙载记上，中华书局标点本⑨p. 2965。漆，黑也。

[9]内蒙古语文历史研究所崔睿：《石子湾北魏古城的方位、文化遗存及其他》，《文物》1980年第8期。中国科学院考古研究所洛阳工作队：《汉魏洛阳城一号房址和出土的瓦文》，《考古》1973年第4期。

[10]新疆楼兰考古队：《楼兰古城址调查与试掘简报》，《文物》1988年第7期。

[11]敦煌文物研究所考古组：《敦煌莫高窟北朝壁画中的建筑》，《考古》1976年第2期。

[12]《西京赋》：“带倒茄于藻井，披红葩之狎猎。”薛综注：“藻井，当栋中，交方木为之，如井干也。”又曰：“茄，藕茎也。以其茎倒殖于藻井，其华下向反披。”《文选》，上册p. 38。 薛综，齐孟尝君之后，世居沛郡竹邑。东吴赤乌六年（243），官至太子少傅卒。见《三国志》卷53《吴书•薛综传》，中

华书局标点本⑤pp. 1250—1254。以其为汉末时人，所注应相对可信。

[13]《魏都赋》："绮井列疏以悬带，华莲重葩而倒披。"《文选》上册p. 99。《鹿苑赋》（北魏高允）："列荷华于绮井。"《全上古三代秦汉三国六朝文•全后魏文》④p. 3651。

[14]叠涩天井的做法在中西亚地区宫殿遗址及石窟、墓室中均有发现，在我国各地汉墓、石窟中也十分多见。高句丽墓室中也采用这种形式。参见［日］通口隆康：《巴米羊石窟》，刘永增节译。载《敦煌研究》创刊号p. 227。

[15]《西京赋》："青琐丹墀。"《吴都赋》："青琐丹楹。"刘逵注："琐，户两边以青画为琐文。"《蜀都赋》："金铺交映。"刘逵注："金铺，门铺首以金为之。"《文选》上册p. 39、88、78。《冯翊王修（洛阳）平等寺碑》："朱扉玉砌，青琐金铺。"《全上古三代秦汉三国六朝文•全北齐文》④p. 3881。

[16]《汉书•元后传》："曲阳侯根骄奢僭上，赤墀青琐。"孟康注："以青画户边镂中，天子制也。"如淳曰："门楣格再重，如人衣领再重。里者青，名曰青琐，天子门制也。"师古曰："孟说是。青琐者，刻为连环文，而青涂之也。"《汉书》卷98，中华书局版p. 4025。

今按，如淳所注为青琐所饰部位。在汉代用夯土墙作围护结构的建筑中，门与墙的厚度不同，故门框或采用多层叠涩的方式与壁面相接。这种方式在北魏建筑模型中也可见到。其曰"里者"，当指最贴近门扇的楣框，即镂绘青琐之处。

[17]北魏洛阳永宁寺南门"列钱青琐，赫奕华丽"；又河间王府后园迎风馆"窗户之上，列钱青琐"。《洛阳伽蓝记校释》，中华书局版p. 23、165。 梁简文帝：《七励》："青钱碧影，金墀玉律。""青钱"当即"列钱青琐"。《全上古三代秦汉三国六朝文•全梁文》④p. 3014。

[18]山西大同南郊北魏平城宫殿遗址出土铜铺首，有长16. 5厘米与13. 3厘米两种规格，又有铜环，其中直径16. 6厘米与13. 1厘米两种可与上述铺首相配，另外还有10. 2厘米的一种，当为规格更小的铺首上所用。依此推测，当时的铺首规格应与门的大小有对应关系。大同市博物馆：《山西大同南郊出土北魏鎏金铜器》，《考古》1983年第11期。另据大同博物馆王银田先生认为，这批铜构件也可能为墓葬中的棺椁附件。

[19]北魏洛阳永宁寺浮图"面有三户六窗，户皆朱漆"。《洛阳伽蓝记校释》，中华书局版，p. 20；宁夏固原北魏墓出土房屋模型，外壁涂白灰，门扇及门框涂朱红彩。宁夏固原博物馆：《彭阳新集北魏墓》，《文物》1988年第9期。

[20]《建康实录》卷9《孝武帝纪》，中华书局版p. 265。

[21]洛阳博物馆：《洛阳北魏画像石棺》，《考古》1980年第3期。

[22]《洛阳伽蓝记》永宁寺条记寺内九层浮图，四面各有三户六窗，"扉上各有五行金钉，合有五千四百枚。复有金环铺首"。是以每扇门上有金钉五行、行各五枚为计。

[23]曹魏邺城遗址出土门砧石正面雕饰铺首形象。俞伟超：《邺城调查记》，《考古》1963年第1期；北魏平城永固陵甬道石券门用虎头形门砧。大同市博物馆、山西省文物工作委员会：《大同方山北魏永固陵》，《文物》1978年第7期。

[24]见敦煌莫高窟第275窟壁画。《中国石窟•敦煌莫高窟•一》，图版17。

[25]《魏都赋》："暾日笼光于绮寮"，是指三台之上；《蜀都赋》："列绮窗而瞰江"，亦指阳城门阁道；又《西京赋》："交绮豁以疏寮"，李善注："交结绮文，豁然穿以为寮也。《说文》曰，绮，文缯也。《广雅》曰，豁，空也。然此刻镂为之。《苍颉篇》曰，寮，小窗也。古诗曰，交疏结绮窗。"《文选》上册p. 100、78、40。

[26]许慎：《说文》："墀，涂地也。从土犀声。礼，天子赤墀。"段玉裁注："尔雅，地谓之黝。然则惟天子以赤饰堂上而已。"《说文解字段注》，成都古籍书店版，下册p. 726。

[27]秦都咸阳考古工作站：《秦都咸阳第一号宫殿建筑遗址简报》，《文物》1976年第11期。

[28]《西京赋》："（汉长安未央前殿）青琐丹墀。"《文选》，上册p. 39；《西都赋》："（未央后宫昭阳舍）玄墀釦砌，玉阶彤庭。"同上p. 26；另见《汉书》卷97〈外戚传下〉。中华书局标点本p. 3989。

[29]洛阳永宁寺塔基发掘简报中提到“墙基内外地面上，皆铺有一层白灰硬面”，但不能确定为地面色彩。见《文物》1981年第3期。

[30]梁简文帝：《七励》：“金墀玉律。”《全上古三代秦汉三国六朝文•全梁文》，p. 3014；萧统：《殿赋》：“造金墀于前庑。”同上p. 3059。

[31]内蒙古文物工作队、包头市文物管理所：《内蒙古白灵淖城圐圙北魏古城遗址调查与试掘》，《考古》1984年第2期。

[32]《西京赋》：“右平左碱。”薛综注：“（天子殿）侧阶各中分左右。左有齿，右则滂沱平之，令辇车得上。”《文选》，上册p. 38；《西都赋》：“于是左碱右平。”李善注：“平者，以文砖相亚次也。”同上p. 25。是殿阶坡道以纹砖铺砌。 秦咸阳宫一号宫殿遗址中，有用空心纹砖砌筑的台阶以及用花纹砖铺设的踏道。《中国古建筑》，中国建筑工业出版社版p. 35。

[33]《汉书》卷97下《外戚传下》，中华书局标点本p. 3989。

[34]这类构件最早见于战国时期的宫殿。见凤翔县文化馆、陕西省文管会：《凤翔先秦宫殿试掘及其铜质建筑构件》。《考古》1976年第2期。

[35]《西都赋》：“金釭衔璧，是为列钱。”《鲁灵光殿赋》：“齐玉珰与璧英。”指壁带上的玉饰与椽头玉珰水平相齐。皆见《文选》上册。

[36]北魏洛阳永宁寺南门饰“列钱青琐”，河间王元琛府迎风馆“窗户之上，列钱青琐”，均指门窗框上的雕绘纹样。见《洛阳伽蓝记校释》，中华书局版p. 23、165。

[37]《景福殿赋》：“图像古昔，以当箴规。”《吴都赋》：“图以云气，画以仙灵。”《文选》上册p. 175、88；《七励》：“图以珍怪，画以祯祥。”《全上古三代秦汉三国六朝文•全梁文》④ p. 3014；《七召》：“图云雾之蔽兮，状神仙之来往。”同上p. 3364；北魏洛阳永宁寺南门“图以云气，画彩仙灵”；《洛阳伽蓝记校释》，中华书局版p. 23。梁张僧繇于江陵天皇寺柏堂“画卢舍那佛像及仲尼十哲”。《历代名画记》卷7，《古画品录（外二十一种）》，上海古籍出版社版p. 334。

[38]《鲁灵光殿赋》：“皓壁皜曜以月照。”《文选》上册p. 169。

[39]宁夏固原北魏墓房屋模型外壁涂白灰。宁夏固原博物馆：《彭阳新集北魏墓》。《文物》1988年第9期。 中国社会科学院考古研究所洛阳工作队：《北魏永宁寺塔基发掘简报》。《文物》1981年第3期。

[40]《大法颂》：“红壁玄梁。”《全上古三代秦汉三国六朝文•全梁文》④p. 3022；《郢州晋安寺碑》：“螭桷丹墙。”同上p. 3056。

[41]《晋书》卷93，外戚传。中华书局标点本⑧p. 2412。

[42]林梅村：《开拓丝绸之路的先驱——吐火罗人》，《文物》1989年第1期。

[43]《鲁灵光殿赋》：“胡人遥集于上楹，俨雅跽而相对。”汉明器与画像石中有建筑上层用人形柱（又称奴隶柱）的形象，当即此。《文选》，上册p. 170。

[44]秦君墓墓表见《中国古代建筑史》，中国建筑工业出版社版，图38；韩寿墓墓表见洛阳博物馆黄明兰：《西晋散骑常侍韩寿墓墓表跋》插图，《文物》1982年第1期。

[45]刳棱柱的形式，公认为外域传入。公元前500年之前，埃及、希腊、波斯等地均已有这种柱身形式，后又传至印度。但究竟何时、何地、通过何种途径传入中国，尚不清楚。有翼神兽的造型，一般认为是以狮子为原型，也有人认为是中国古代传说中的“飞廉”，是与羽化升仙思想有关的一种神兽（见孙作云：《敦煌画中的神怪画》，《考古》1960年第6期）。但中国古代传说中的许多形象，如西王母等，皆与西域有关，“飞廉”的原型究为何物，没有一致说法。

[46]《水经注》卷22《洧水注》：“（汉弘农太守张伯雅墓）庚门表二石阙，夹对石兽于阙下。……又建石楼。石庙（楼）前，又翼列诸兽。”《水经注校》，上海人民出版社版，p. 700；又卷23〈濄水注〉：“濄水南，有谯定王司马士会冢，冢前有碑，晋永嘉三年（309）立。碑南二百许步，有两石柱，高丈余，半下为束竹交文，作制乃工。”同上p. 744。

[47]《洛阳伽蓝记》卷4，法云寺条。《洛阳伽蓝记校释》，中华书局版p. 154。

隋唐建筑装饰研究

隋唐建筑装饰研究

（《中国古代建筑史》第二卷第三章第十一节《建筑装饰》）

隋唐时期的建筑装饰，在做法与规制上，仍沿袭南北朝甚至汉晋的传统，只是装饰题材、造型纹样及艺术风格有较大的改变。

隋与唐代前期，属统一后的开创阶段。宫室营造中追求规模，尚不过分注重细节。建造大明宫含元殿时，“去雕玑与金玉，绌汉京之文饰”[1]，有鄙视装饰，以示简朴的意思。含元、麟德两殿遗址中，均出土有不加雕饰的大型素面覆盆式柱础（方1.2～1.4米，应为殿内所用）[2]，也证实此点。在这之后，侈靡风气渐长。据史料记载，武则天时期至玄宗开元天宝年间，贵戚、官僚以及豪富的宅邸，多大事铺张、争奇斗富。宫殿和佛寺的内外装饰也渐趋华丽。这种风气至晚唐时愈甚，不仅宫中装饰金碧辉煌，社会上也普遍盛行各种装饰做法。文宗太和六年（832）敕中引《营缮令》之文，有如下规定：

> 王公已下舍屋不得施重栱、藻井……非常参官不得造轴心舍及施悬鱼、对凤、瓦兽、通栿乳梁装饰……（庶人所造堂舍）仍不得辄施装饰[3]。

反映出当时建筑营造中不依礼制、滥用装饰的风气已经到了必须严加禁止的地步。尽极装饰的风气到五代时期随着国家分裂、政权更替频繁、经济实力不足而有所衰退。但在局势相对稳定的时期和地区，唐代的建筑装饰做法依旧得以延续发展并下传至宋代。

北朝后期，波斯、西域诸国与汉地之间交通频繁，炀帝时更意图向西域地区扩张统治，不仅通过暴力手段获取大量财富与珍奇物品，同时采用遣使、通商等和平手段，沟通与西方各国的联系，艺术文化方面的交流也进入了空前繁荣的阶段。自南北朝晚期至唐代早期这段时间内，陆续出现了汉地仿制的粟特、波斯甚至拜占庭样式的各类工艺品，如织锦、金银器等[4]，其中的各种装饰纹样，如连珠、团窠、卷草等，受到社会各阶层的喜爱，开始广泛用于建筑装饰和墓室石刻之中。尽管在这些外来纹样的使用中逐渐融入了汉地传统与民间的艺术成分，但它们无疑为隋唐时期建筑装饰新风格的形成提供了丰富的营养。

隋唐时期的建筑装饰艺术，在从西域、中亚引进各种装饰纹样的同时，又向东方的日本、朝鲜等国家大量输出。在保留至今的日本奈良、平安及镰仓初期的建筑实例中，仍可见到隋唐风格的装饰纹样与做法。朝鲜地区的古代遗址中，也出土有精美的唐代纹样花砖与瓦件。这一进一出，反映了隋唐帝国在文化艺术上包容兼收的强盛活力，以及在东西方交通中所起到的中心枢纽作用。

一 木构件表面装饰

彩绘是隋唐建筑木构件表面最普遍、最常用的一种装饰做法。唐代石窟与墓室壁画中，有不少风格写实的建筑形象，其中对建筑外观各部分构件的色彩，有相当细致的描绘。如敦煌莫高窟盛唐第148、172窟经变画所表现的建筑群中，殿阁的檐柱、枋楣、椽、栱等，表面一般作赭色或红色，廊柱有的用黑色。构件的端面，如椽头、枋头、栱头、昂面等，用白色或黑色（正与《魏都赋》中的“榱题黮䨴”同）。栌斗与小斗多用绿色。构件之间的壁（板）面，如重楣之间、椽间、枋间、窗侧余塞板、窗下墙等，一般作白色，也有作黑色或青绿相间的。白色的栱眼壁中央，绘有青绿杂色的忍冬纹驼峰（在墓室壁画中，则多作红色的人字栱）。门扇的颜色与柱身相同，为红色，窗棂则多

图1 敦煌莫高窟盛唐第445窟阿弥陀经变中的乐舞楼台

作绿色。敦煌初唐壁画中的楼阁平坐下，开始出现装饰性的雁翅板，其形式为通长水平立板上，饰有连续的开口向下的半圆弧或三角纹，将板面分为上下两部分，敷色方式为上黑（红）下白。这种形式唐人称之为“雁齿”，白居易诗“雁齿小桥红”即指此，后世讹转为“雁翅”（图1）。

壁画中所表现的，只是建筑物外观上各种构件的立面色彩，至于具体纹样以及建筑物内部的情形，只能根据现有实例及文物资料加以了解。敦煌宋初窟檐内部的构件表面，保留了大量彩绘原作。从纹样来看，仍具有晚唐五代时期的特点。柱身绘连珠束莲纹，是早在北朝石窟中即已出现的装饰样式；梁枋表面满绘连珠纹带饰与团花、龟纹、菱格等纹饰，都是唐代流行的纹样；栱身侧面绘团花，栱底作白色朱绘燕尾纹（图2、图3）。山西五台南禅寺和佛光寺大殿的内外檐斗栱及枋额上，也都残留有彩绘的痕迹。佛光寺大殿栱底所绘，有紫地白燕尾与白地紫燕尾两种，从它们的分布情形推测，白地紫燕尾可能是早期做法[5]（图4）。南禅寺大殿的阑额与柱头枋内面，绘有直径约10厘米的白色圆点，沿枋额均匀分布（图5）。根据后代在白点上压绘木纹推测，可能是年代较早的彩绘遗迹。已知唐代彩绘颜料，均为水粉，不调油漆，

图2 敦煌莫高窟第444窟北宋木构窟檐斗栱

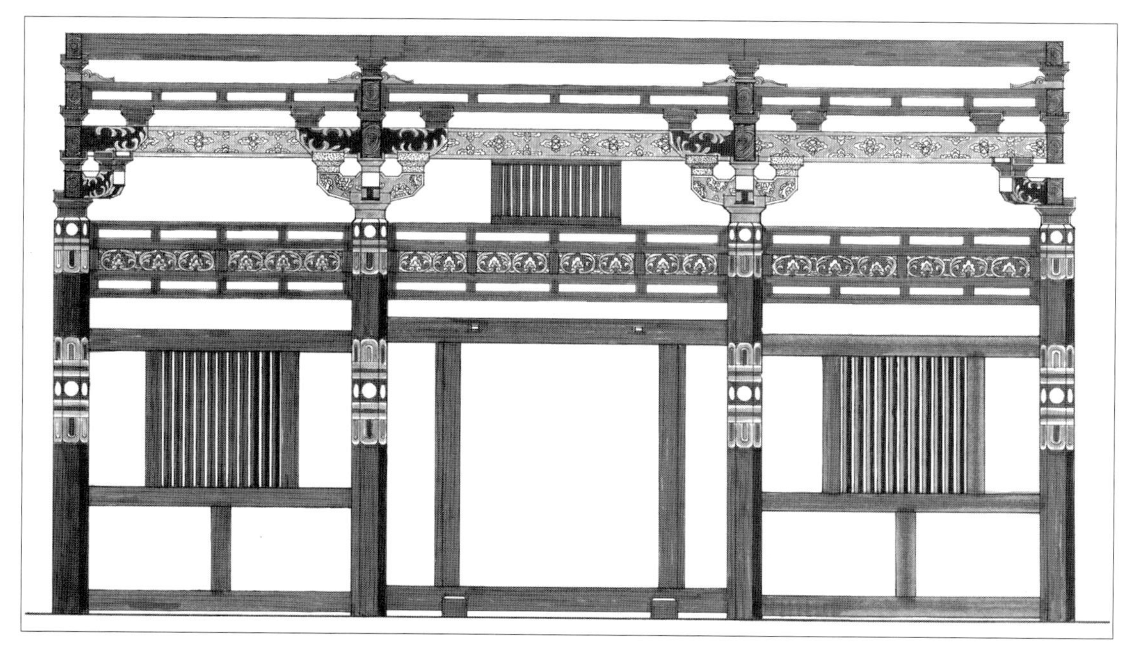
图3 敦煌莫高窟北宋木构窟檐内立面（孙儒侗先生提供）

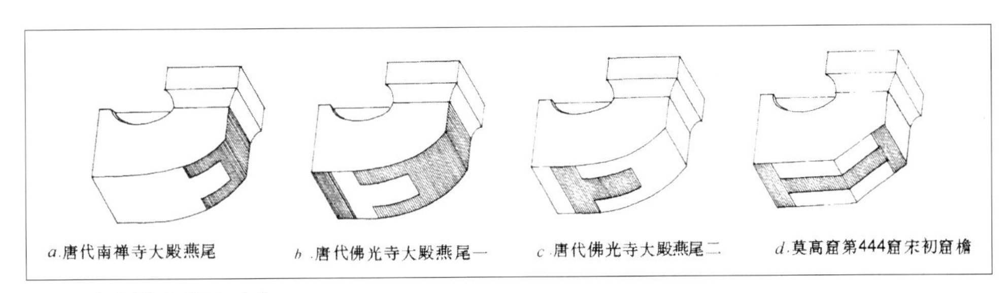

图4　唐宋栱头彩画形式

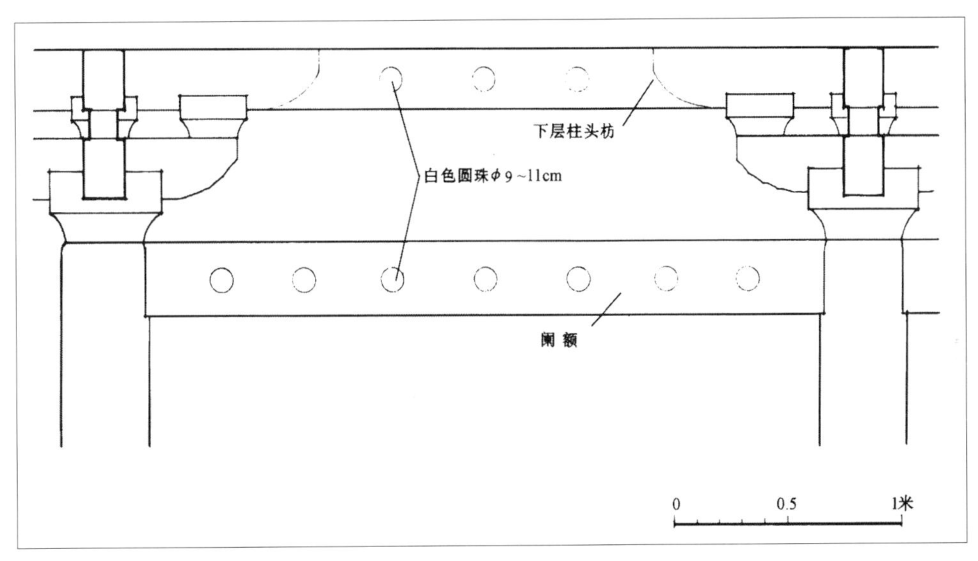

图5 山西五台唐南禅寺大殿枋额彩画

难以耐久，故大都只保存了室内部分。据史料记载，唐代佛寺殿阁，也多采用内外遍饰的做法。如五台山金阁寺中的金阁，“壁檐椽柱，无处不画”[6]。敦煌中唐第158、237诸窟壁画中，也有檐柱上绘有团花、束带的建筑形象。五代南唐二陵墓室中，砖构仿木的斗栱、楣、柱皆施彩绘（图6），也说明唐、五代时期木构件表面彩绘做法之流行。

彩绘同样用于室内的木质平闇、平棊以及室外的木质勾栏。平闇（棊）的格条一般饰红色，格内白地，上绘花饰，峻脚椽及椽间板做法亦同。敦煌唐代窟室内的龛顶，也见有绿色格条、格内青绿相间绘饰团花的平闇形象（见图29）。勾栏的望柱、寻杖、唇木、地栿等多作红色，栏板用青绿间色。间色是唐代彩绘中流行的艺术手法，即色彩呈现有规律地间隔相跳。一般以青绿二色相间，也有用多色相间的。甚至壁画中的城墙与建筑物基座的表面，也表现为条砖平缝间色的形象。

等级较高的建筑物中，梁柱等主要构件表面又用包镶（古称“帖”）木皮的装饰做法，材料一般用沉香、檀香等具有特异香气的木料，或是纹理优美的柏木等。这种做法可能源自南朝。隋开皇年间造荆州长沙寺大殿，“以沉香帖遍”，寺内东西二殿，“并用檀帖”[7]。唐武则天时，恩幸张易之造宅内大堂，即以“文柏帖柱”[8]。由此也演变出在木构表面彩绘木纹的做法，宋《营造法式》彩画作制度中称之为“松文装”和“卓柏装”[9]。

另外，木构件表面又有包裹锦绮类织物的做法。前述彩绘纹样中，有不少是织物纹样，即可视为一种替代性的表现方式。《西京赋》记汉长安北阙甲第“木衣绨锦”[10]。据史料分析，这种做法到唐代依然存在[11]，并至今保留在藏式古建筑中。

建于五代后期的福州华林寺大殿，阑额、柱头枋及橑檐枋的外表面，分别镌刻均匀分布的海棠瓣形、菱花形与圆形纹饰（图7）。前两种在宋《营造法式》中称“四入瓣科（窠）”与“四出尖科”，属团窠类[12]。并且，在团窠之间的枋额表面及窠内，还应施以彩绘。这种做法，当时流行于吴越、南唐等地区。

据文献记载和考古发掘，并参照日本平安、镰仓早期的建筑装饰实例，推测唐代宫殿与佛寺中，最为豪华讲究的装饰，是在木构件表面贴敷黄白金箔、镶嵌螺钿与铜件，以取得辉煌效果的做法[13]。

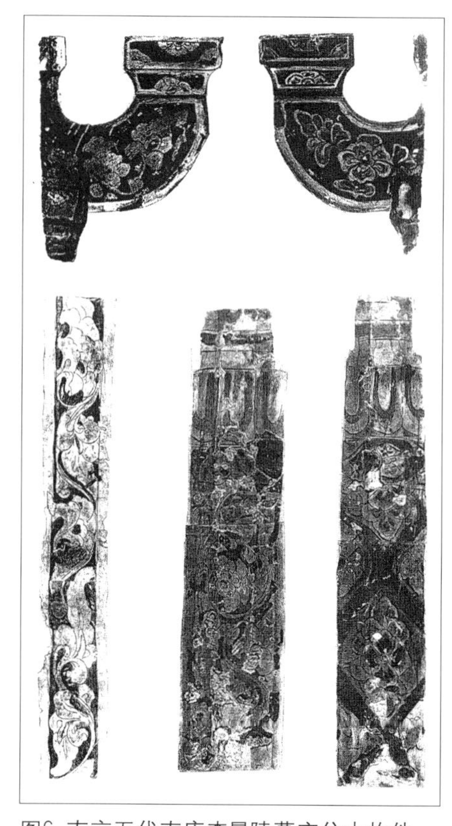

图6 南京五代南唐李昪陵墓室仿木构件上的彩绘

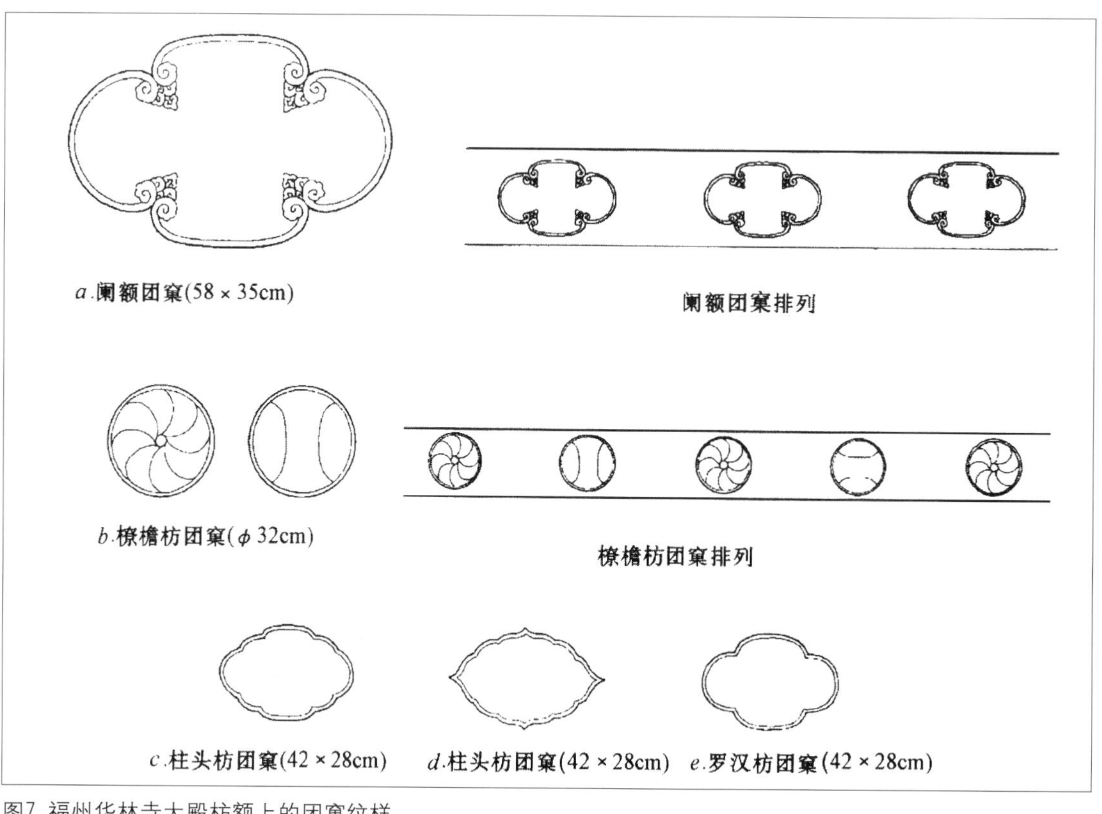

图7 福州华林寺大殿枋额上的团窠纹样

二 地面与墙面

唐代宫殿建筑的地面色彩，据《含元殿赋》记载，仍和南北朝时一样，依循汉代礼制。大明宫中，前殿为“彤墀”（红色），后宫为“玄墀”（黑色）[14]。具体材料做法未见详述。据考古发掘，大明宫遗址中的室内地面，有铺石与铺砖两种做法。如麟德殿的前、中、后三殿中，前殿、中殿与通道的地面，大部分采用表面磨光的石材铺砌，应属比较讲究的做法；中殿西梢间以50厘米见方的黑色素面大方砖铺地，后殿与回廊则用35厘米见方的灰色素面砖[15]。铺地材料及尺寸的不同，显然与建筑物各部分使用性质相关联。敦煌唐代壁画中可以见到回廊内以花砖墁地（图8），这种做法在敦煌一些窟室内也可见到，但时代或稍晚（图9）。文献记载又有殿内铺地中镶嵌花砖以标示人员站位的做法[16]。壁画中出现的另一种室内地面疑为彩色石子铺地。西汉司马相如《长门赋》中有“致错石之瓴甓兮，象玳瑁之文章”[17]，所指的大约即是这类做法（图10），但实际情形尚有待考古发现。另外，在宫殿、佛寺中某些重要或特殊的场所，又有在地面上满铺地毯的做法[18]。

室外地面的铺装，多用花砖，特别是台阶、慢道等处。长安大明宫三清殿基台高10余米，西侧慢道长40余米，坡度约为1∶3，上面满铺海兽葡萄纹砖[19]；骊山华清宫汤池大殿北面慢道，坡度亦近1∶3，用莲花砖铺装[20]；洛阳东都城遗址中，殿（F2）外残存踏道二级，阶面铺吉字凤鸟砖，砖方即为踏步的宽度[21]（图11）。推测当时宫中路面，平直处用素面砖，斜坡、踏道、阶级处便用花砖以防滑。另外，敦煌壁画中所绘歌舞平台也采用花砖墁地（图12）。据史料记载，唐玄宗年间，长安巨富“以铜线穿钱甃于后园花径中，贵其泥雨不滑”[22]，当然是极为奢侈的特例。唐代殿宇四周则一般用黑色青棍方砖为散水。

图8 敦煌莫高窟盛唐第148窟壁画中的廊内花砖铺地

图9 敦煌莫高窟晚唐五代窟室中的花砖铺地

图10 敦煌莫高窟盛唐第148窟壁画中的彩色石子地面

图11 洛阳唐东都殿亭遗址（F2）花砖铺阶

图12-1 敦煌莫高窟初唐第71窟壁画中的地面纹砖　图12-2 线图

隋唐建筑的墙面色彩，仍大抵与南北朝时期相同。外墙多作白色。敦煌隋窟壁画中的讲堂，白色外壁之上镶嵌红色门窗框[23]。《含元殿赋》中的“炯素壁以留日”，也说明外墙为白色，亦即汉魏之“缥壁”。考诸日本现存飞鸟、奈良、平安时期的建筑实例，以及敦煌五代第61窟五台山图中的佛寺建筑，均为白色外壁。但今天所见的五台山佛光寺与南禅寺大殿，以及其他辽金时期的建筑实例，均为红色外墙。其中究竟，还有待进一步的研究。按南北朝时，确有赭色及红色外墙的做法，如北齐高欢庙，“内外门墙，并用赭垩”[24]。到隋唐时，或许成为地区性和特定性的做法。

建筑物的内壁，通常也作白色。大明宫含元殿遗址残存夯土墙以及重玄门附近殿庑残墙的内壁均为白色粉刷，靠近地面处绘有紫红色饰带[25]，应为大明宫前期建筑中的普遍做法。但豪门贵邸中，仍有两晋南北朝时流行的“红壁”做法，以朱砂、香料和红粉泥壁，以示豪侈[26]。唐代佛寺的壁面，多用来绘制壁画[27]，有的还加以琉璃、砖木雕刻等贴饰[28]。另外，自汉代以降，建筑物中还一直存在以织物张挂于墙面、称之为“壁衣”的做法。

三　台基与勾栏

唐代建筑物的台基形式，仍以轮廓方直的砖石基座为主。另外，自隋唐时起，须弥座不仅用于佛塔，也同样用于佛殿的基座[29]。在一些规格较高的建筑物中，则使用木平座与砖石须弥座、大台基相层叠的复杂台基形式。

城楼与阙楼的台基，因体量高大，侧壁与城墙一样采用向内收分的做法。据唐代壁画所绘，阙台表面通常贴砌条砖或方砖，比较讲究的做法是在四角与上沿包砌台帮、台沿石，表面雕刻卷草等带状纹饰；普通建筑物的台基表面及散水，用方砖或花砖铺砌（图13），殿堂、佛塔的基座，一般以石质的角柱、隔间版柱及阶条组成基本框架。版

图13—1 a.唐代壁画中的建筑台基形式。西安唐懿德太子墓墓道壁画中的阙楼（引用傅熹年先生图）

图13—2 b.敦煌莫高窟中唐第468窟壁画中的建筑物

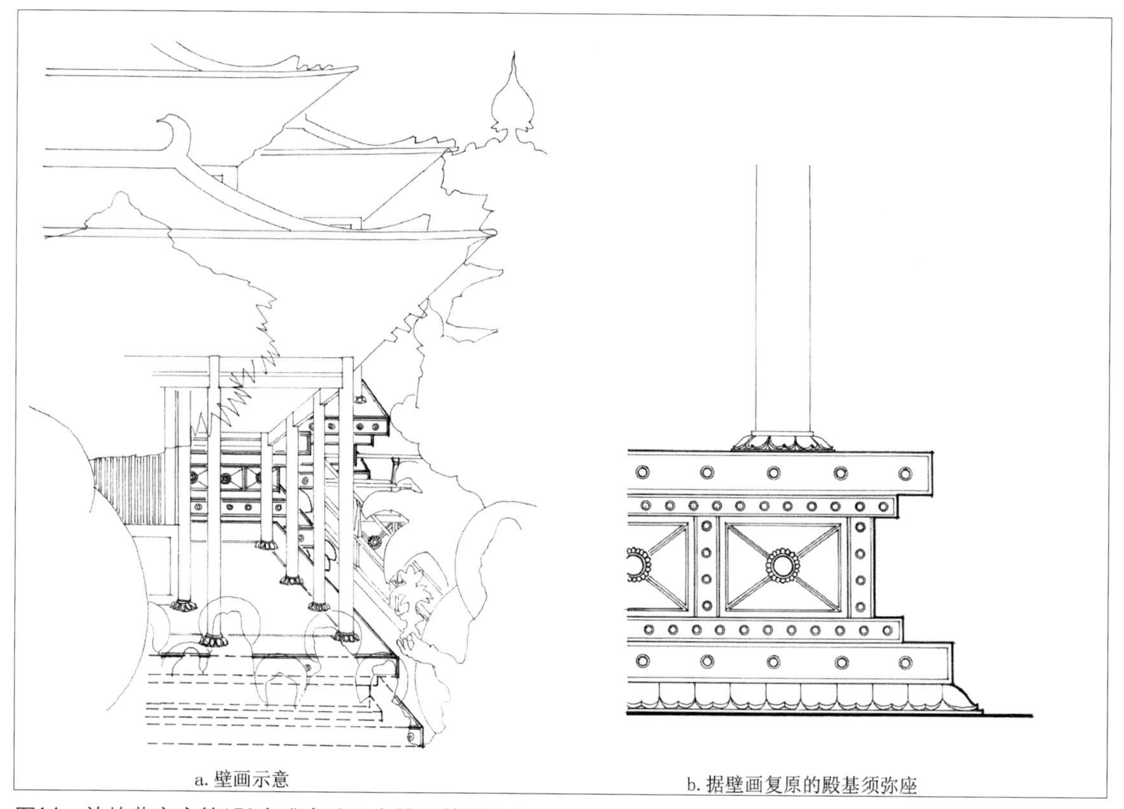

图14　敦煌莫高窟第172窟盛唐壁画中的殿基须弥座

图15 陕西扶风唐代法门寺塔地宫出土汉白玉阿育王小塔

图16 敦煌莫高窟中唐第158窟壁画中的勾栏

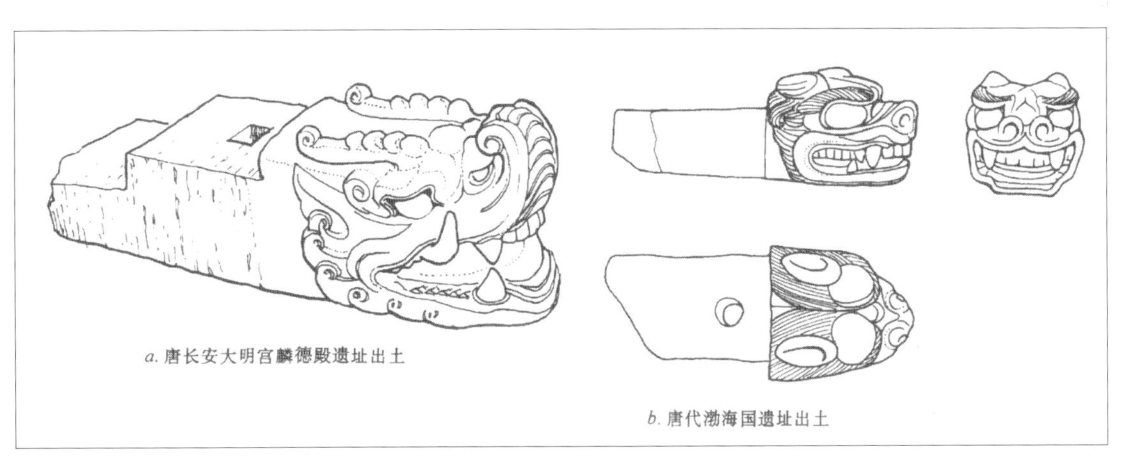

图17　唐代石螭首（左图引傅熹年先生图）

柱之间的凹入部分，或用砖贴砌（其中有的采用磨砖对缝做法），或用雕花石板。须弥座台基以上下叠涩、当中束腰为基本特征。束腰部分的隔间版柱之间，饰以团花或中心点缀花形饰件（图14）。又有雕饰壶门或团窠的做法，在隋唐五代时期甚为流行，壶门中或雕狮兽，或雕伎乐人像。陕西扶风法门寺塔唐代地宫出土的汉白玉塔，须弥座束腰部分四面，各雕有三个人面造型的团窠，属隋代装饰风格[30]（图15）。

敦煌唐代壁画中所见，殿阁楼台等建筑物的木平坐与砖石基座的边缘上，均立有通长的木勾栏。勾栏以望柱、寻杖、盆唇、地栿与斗子蜀柱结构而成。盆唇、地栿及蜀柱

之间设长方形栏板，形式通常作镂空勾片或平板雕绘。勾栏转角处或立望柱，或采用构件相交出头的做法。在望柱头以及木构件的交接部分，用铜皮包饰，其上錾花鎏金，成为木勾栏上的显著装饰品（图16）。

石勾栏的形象未见于唐代各种形象资料中。其现存最早实例，恐属五代南唐所建的南京栖霞寺舍利塔。但唐代建筑遗址，如长安大明宫、兴庆宫、临潼庆山寺及渤海国遗址的考古发掘中，皆有石螭首、石栏板等构件出土[31]（图17）。宋《营造法式》中除木勾栏外，在石作制度下又有石勾栏的规制与图样。据此可知，石勾栏应用于石台基之上，也和木勾栏一样，是唐代宫殿、佛寺建筑中常用的栏杆做法。

石勾栏的造型与木勾栏大致相同。只是由于材料性质的不同，不可能像木勾栏那样采用横竖构件穿插结构，只能在整块石板上雕出各部分构件的形象；也不可能采用通长的水平构件，只能通过单元组合的方式获得连续的整体形象。因此，石勾栏的做法，一般是在每块栏板的两端，或者说每两块栏板之间设立望柱，栏板侧端上下以榫头与望柱上的卯口固定，望柱的下脚则插入石螭首后尾的预留卯口中。从历代石螭首的形式来看，这种石勾栏的做法，可能从汉魏一直下延至明清。

四 门窗

自南北朝至唐，建筑物的门窗形式没有太大的变化。北魏时期即已流行的版门与直棂窗，仍是唐代最基本的门窗样式。

版门一般用做门屋、殿堂、佛塔等建筑物的入口大门，其形制在南北朝时已经成熟。版门的主要构件有门扇、门额、立颊、地栿、鸡栖木及门砧等。另外又有门簪、门钉、角页、铺首等装饰构件。

隋唐石刻中所见的版门、楣额、立颊、地栿上均雕刻纹饰（图18、图19），反映出当时宫殿、佛寺、贵邸等较高规格建筑物中的入口装饰做法。另外，长安明德门遗址正中门道内出土一段制作精美的石门槛，表面满布以减地手法雕刻的卷草纹样[32]（图20）。在木构件表面，这种雕刻手法会与彩绘相结合。

南北朝时期的对凤门饰，同样用于唐代建筑。在墓门等栱券形门洞中，门额上方通常有半圆形门楣，上雕“对凤”（图21）；长安慈恩寺塔门楣石刻和隋代李静训墓石椁上，“对凤”则见于建筑物明间阑额甚至各间门窗上部的人字栱两侧。虽然形式有所变化，但仍属沿袭汉晋南北朝建筑礼制的做法之一。

门砧石实物，隋代多见蹲兽或兽头，仍是北朝风格（图22）；唐代又见有方形抹棱、上雕植物花纹的样式（图23）。

铜质的角页与门钉，在北魏平城时期的宫殿遗址中已有发现，表面錾刻花纹并鎏金，极为精致华美。隋唐实物所见不多，据石刻、壁画中的有关形象推测，仍是沿用了

图18　西安出土隋李静训墓石椁（引用傅熹年先生图）

图19　西安唐懿德太子墓石椁正面刻纹拓片

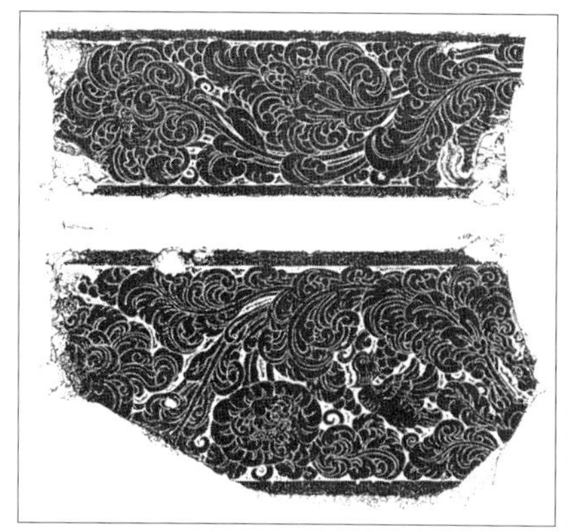

图20 西安唐长安明德门遗址出土石门槛刻纹拓片

图21 唐杨执一墓石门楣刻纹拓片

图22-1 隋代石门砧 a.安徽合肥隋墓

图22-2 b.河南安阳灵泉寺

图23-1 唐代石门砧a.西安唐章怀太子墓石门拓片

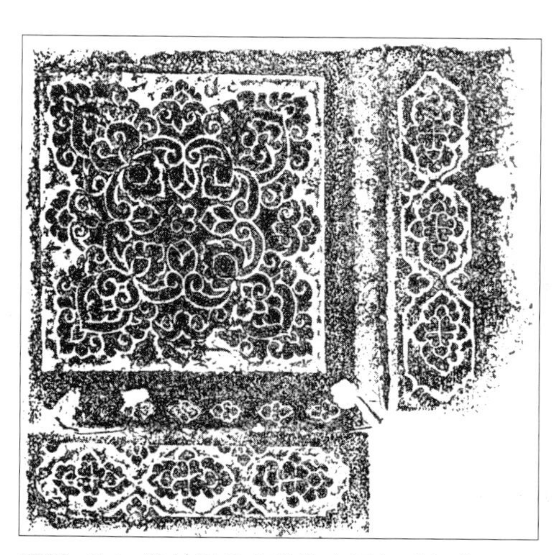

图23-2 b.登封嵩岳寺塔地宫石门砧拓片

前代的做法。《洛阳伽蓝记》中记北魏洛阳永宁寺塔门扇上门钉五行、行各五枚。隋唐墓室石门及石刻中所见，多为三或五行，各行钉数也多为五枚。门钉的数量，当与礼制有关，等级最高者，应用“九五”之数。唐代铺首的形象与南北朝时相比，最明显的变化在于由鼻下勾环演变为口中衔环（图24、图25）。在一些建筑物形象中，则不用兽面而用花叶柿蒂形门钉与门环。

五代时期的南唐、吴越一带，流行门扇上部带有直棂窗的版门形式[33]，门外或罩有花头版，门的比例较普通版门瘦高，似是由版门与上部横窗结合而成的样式（图26）。这种版门未见于北方实例，敦煌莫高窟宋初窟檐中，仍于版门上部开一小横窗，而没有将其合而为一。

唐代壁画建筑群中，主要建筑物多绘版门、直棂窗，次要建筑往往在檐柱之间绘出可上下卷落的帘架作为内外隔断，南唐栖霞寺舍利塔须弥座壶门雕刻中也有极为精致的檐额与卷帘形象（图27），并未见槅扇门的形象。但山西运城唐代寿圣寺小塔上已见格子门，北宋绘画及《营造法式》小木作制度中也有形式多样的格子门，估计槅扇门的做法至迟在唐代晚期已然出现，并主要用于居住建筑之中。

隋唐木构建筑中窗的形式，以直棂窗为主。其中又有破子棂、板棂与闪电窗数种，均为竖向立棂、棂间留空的做法，只是棂条的形式有所不同。破子棂窗的形象在北魏固原出土的房屋模型中已可见到，唐代实例如净藏、明惠禅师墓塔中，也都有这种窗式。建筑物正面次梢间，通常用破子棂或板棂窗，窗口宽广与版门相适配；山墙、后壁以及

图24 河南安阳隋张盛墓出土青瓷贴花兽环壶局部（开皇十五年，595）

图25 湖南益阳唐墓出土铜铺首

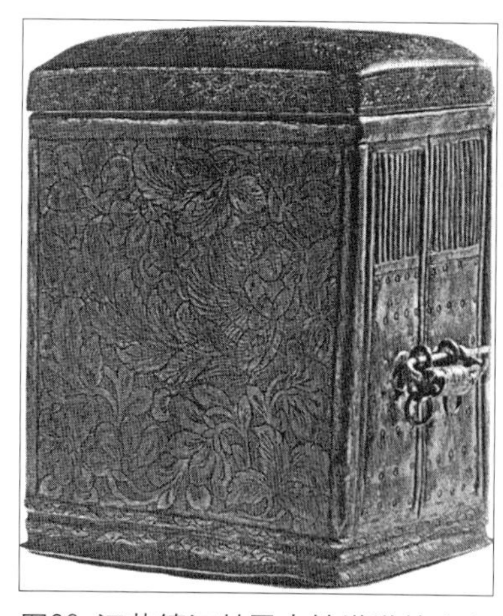
图26 江苏镇江甘露寺铁塔塔基出土唐代禅从寺舍利银椁

图27 南京栖霞寺南唐舍利塔基座壶门雕刻

正面门窗之上，通常开扁长的横窗和高窗。另外，汉魏赋文中所谓的“绮寮”，即菱格纹小窗，也在隋唐时期继续使用，并出现了龟纹等其他花饰纹样。

五 天花与藻井

唐代建筑中的天花形式，主要为平闇与平棊两种。平闇方一尺左右，方椽细格，上覆板，实例见于山西五台唐佛光寺大殿，椽条搭接处绘白色交叉纹（图28）；平棊分格较宽大，平板上贴花或彩绘。敦煌唐窟中佛龛顶部以及西安唐永泰公主、懿德太子墓墓道的过洞顶部，都绘有平棊，板上以间色绘团花，周边的峻脚椽板上则绘折枝花草或佛、菩萨立像（图29、图30）。

天花的使用，与建筑物的使用性质及结构方式有直接的关联。一般说来，只有采用殿堂结构的建筑中才可设置天花，而厅堂结构的建筑，即使是宫中便殿，也不用天花，而用彻上明造的做法[34]。另外，在一些建筑物中，也出现依不同空间采用不同做法的情

图28 山西五台唐佛光寺大殿平闇

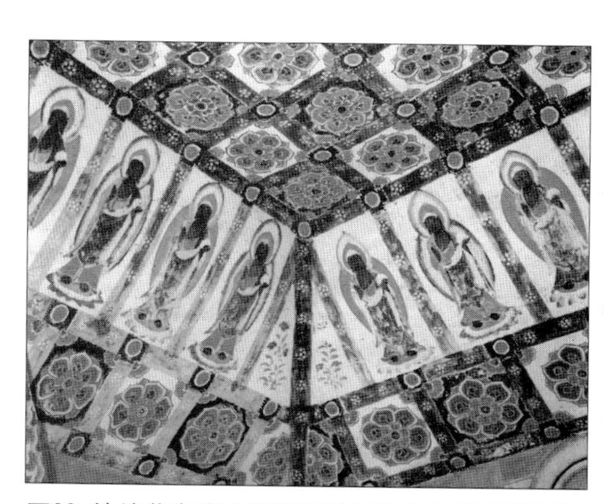
图29 敦煌莫高窟中唐第197窟西壁龛顶彩绘平棊

况。如五代福州华林寺大殿，前廊顶部作平闇（綦），而殿内为彻上明造。这种情形在浙闽一带的宋代建筑中也比较常见。

唐代藻井实物不存，据石窟中叠涩天井的形式推测，仍以斗四或斗八的传统形式为主。藻井一设置于殿内明间顶中，依间广作方井。其余部分及次梢间，皆应作平闇（綦）。佛殿中也有依主像数量及位置设置多个藻井的做法。宋《营造法式》中有大、小藻井之分，大藻井用于殿内，小藻井用于副阶。这种做法是否始于宋代以前，尚有待发现与探究。

图30 陕西乾县唐懿德太子墓前甬道顶部彩绘平綦

六 脊饰与瓦件

隋唐时期，鸱尾仍是建筑物正脊两端最常用的饰物。不仅宫殿、佛寺、衙署，王公贵戚的宅邸之中也可使用鸱尾。唐长安宫殿遗址出土的鸱尾实物，造型比例基本统一，但规格大小有很大差别，大者高逾1米，小者仅高30厘米左右，分

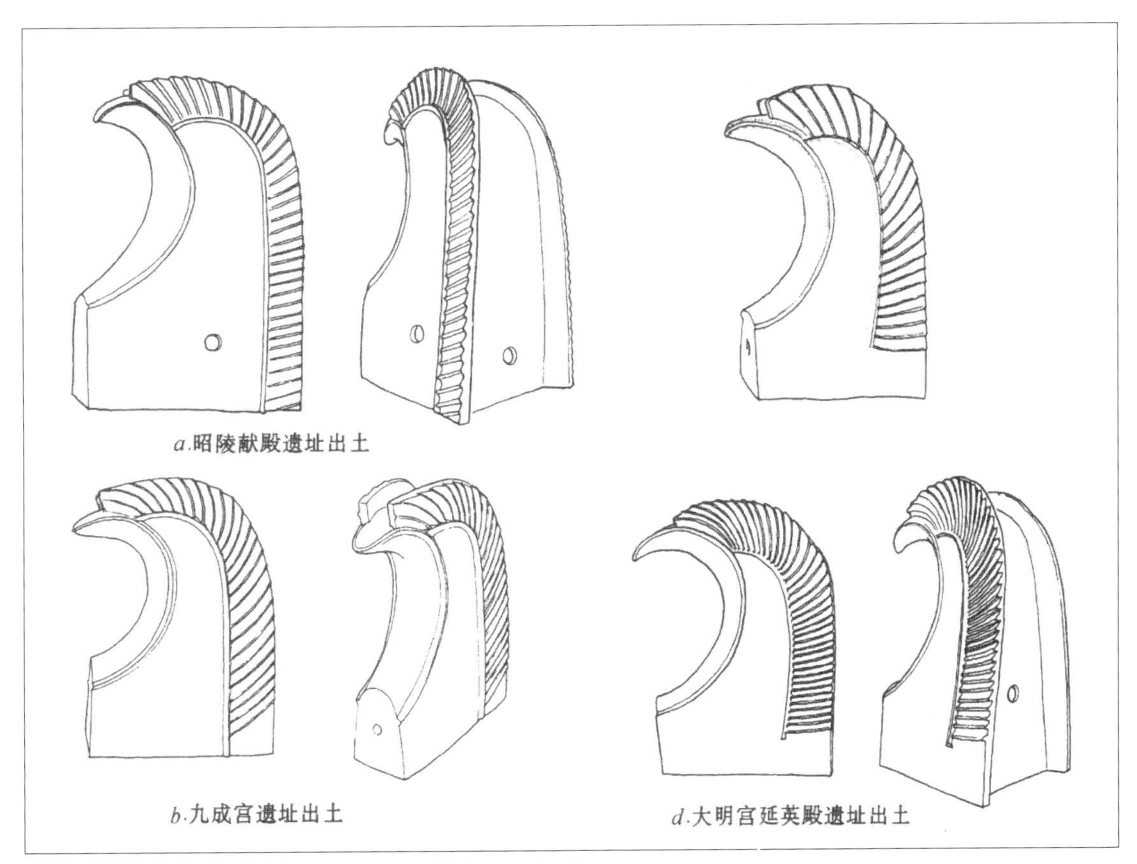

图31 西安唐代宫殿遗址出土鸱尾（引用傅熹年先生图）

别用于不同规模的建筑物（图31）。隋代鸱尾未见实物，在石窟壁画和墓室石椁上则可见到瘦直或扁平等不同形式（图32、图33）。以龙或兽口衔正脊的鸱尾称作鸱吻，实物虽见于北魏遗址，但为孤例。已掘隋唐遗址中，也不曾发现鸱吻。石窟壁画及雕刻中，至中唐以后才有鸱吻形象出现。《旧唐书·五行志》多处记有长安建筑物上鸱吻毁落[35]，说明至迟在盛唐时已用鸱吻。成书于中唐时期的《建康实录》中已出现将鸱吻与鸱尾相混同的现象[36]，依此则鸱吻的广泛使用有一个时间过程，大约到中唐以后逐渐取代鸱尾。

隋与初唐时期，佛殿的屋脊（垂脊）中央，已不见北朝时的立鸟，而代之以宝珠或火珠（图34），这种做法一直延续到五代以后，北宋时甚至成为定制[37]。

图32 敦煌莫高窟隋代第423窟顶部壁画

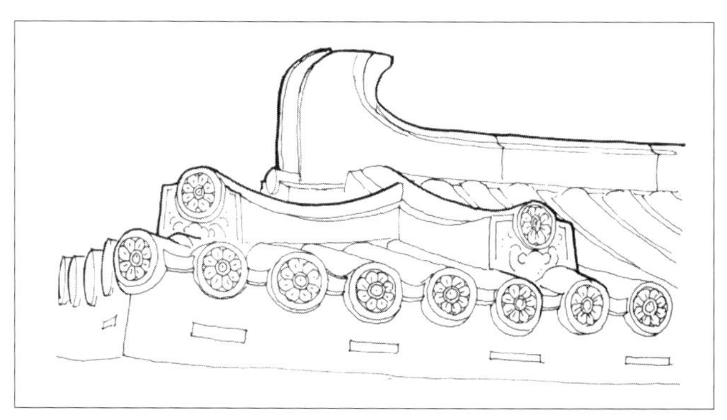

图33 西安出土隋李静训墓石椁脊饰（引用傅熹年先生图）

图34 西安唐大慈恩寺塔门楣线刻佛殿

隋唐瓦当纹样，与南北朝相沿，以莲花与兽面纹为主，另外，在出土实物中，又见一种花头板瓦，上饰飞天、朱雀等（图35～图38）。同一类瓦当的纹样往往大同小异，并无统一模式。如长安西明寺遗址出土的莲花瓦当，多达40余种[38]；又大明宫含元、麟德两殿，建造年代相去不远，但遗址所出瓦当中，不见相同的样式。初唐瓦当的纹样和制作，均不及隋代精美，而当径却有增大的趋势。已知唐代瓦当直径，为10～21厘米不等，以15厘米左右者居多，适用于不同规模的建筑物。重唇板瓦的形式自魏至唐没有大的改变，只是唇厚加大，且层数增多。

角脊端头饰脊头瓦，其前又顺列翘头或折腰筒瓦，是唐代建筑中常用的做法。脊头瓦除用于角脊外，也用于正脊两端外侧鸱尾座下和垂脊下端。脊头瓦正面与屋脊断面相同，作上大下小的竖向梯形，表面一般装饰兽面，也见有宝相花纹。唐代后期，又出现兽头状脊端饰件。折腰筒瓦实物见于渤海国遗址，出土位置在建筑物的四角，其中东北角出土5枚之多，应是屋顶角脊瓦件的遗存[39]（见图38）。另外，陕西铜川唐代三彩作坊遗址中出土有三彩龙头形建筑构件，长24、宽13.5、高17.5厘米，背部有“V”形卯口，后部开口，中空（图39），推测是用于角梁端头的套兽[40]。

a. 花砖

b. 莲花瓦当一

c. 莲花瓦当二

图35 西安唐长安大明宫遗址出土花砖、瓦当

图36 西安唐长安西明寺遗址出土饰面瓦（引用傅熹年先生图）

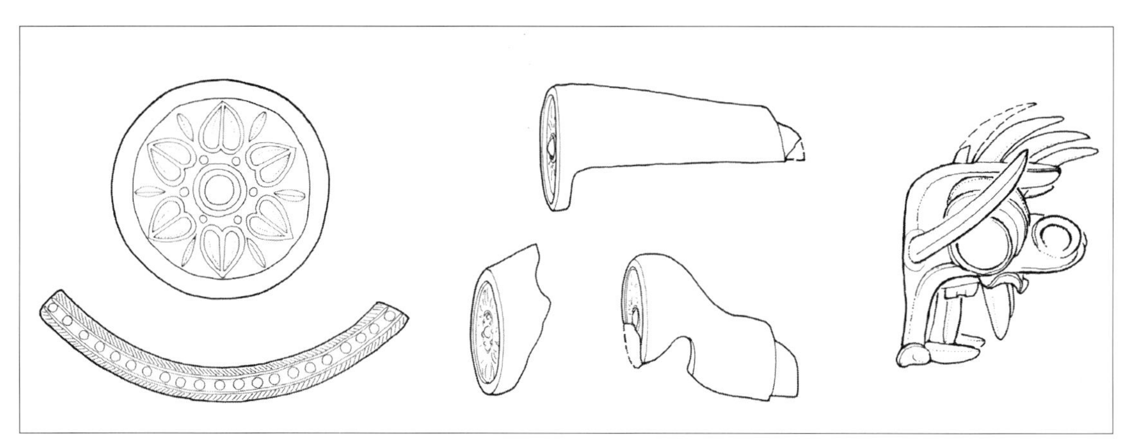

图37 黑龙江宁安唐渤海国遗址出土瓦件

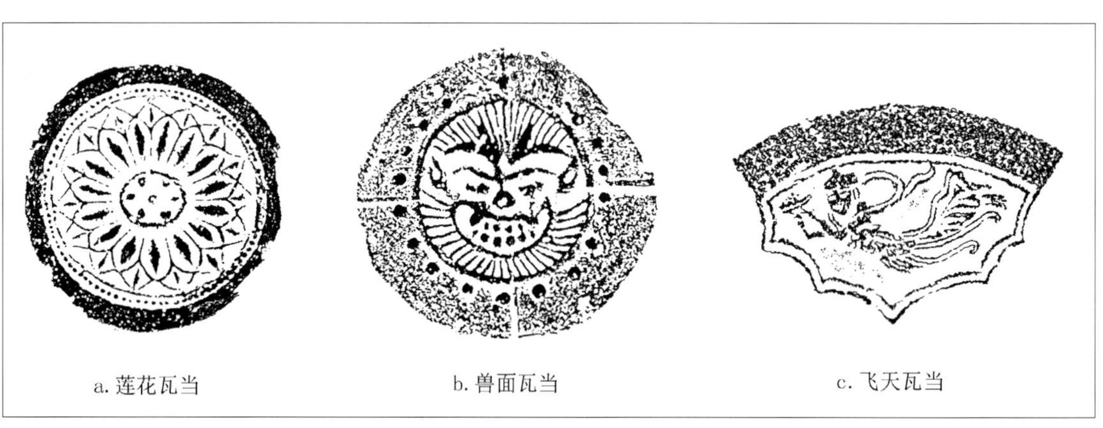

a. 莲花瓦当　　b. 兽面瓦当　　c. 飞天瓦当

图38 河南登封嵩岳寺遗址出土唐代瓦件

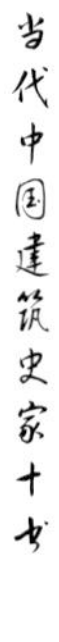

图39 陕西铜川黄堡耀州窑遗址出土唐代三彩套兽

据已知实物，北魏时已出现黑瓦，瓦上刻有磨昆人姓名[41]。初唐时，宫殿中大量使用黑色的青掍瓦[42]；盛唐时期的宫殿中，流行单色及三彩的琉璃瓦[43]。又据文献记载，武则天立东都明堂，“以木为瓦，夹纻漆之”[44]，是十分考究的做法。青掍瓦是唐代建筑中颇有特色的瓦件，但考古发现所见，这种瓦件只限于筒板瓦。敦煌莫高窟初唐壁画中所示，建筑物屋面覆以黑瓦，而屋脊、鸱尾都用绿色的琉璃瓦，屋顶轮廓鲜明，具有强烈的色彩反差，与暖色的木构殿身及浅色的石构基台相配，呈现为典型的唐代建筑外观。

七 纹饰

北朝石窟中的纹饰，以用于佛像、龛帐之上者最为华美，窟室本身的装饰纹样相对比较单一，以忍冬、莲花两类为主。这种情形自北齐时起有所改变。河南安阳修定寺塔基出土的陶片中，便有大量新奇的呈现西域、中亚风格的装饰纹样，均为塔身外观所用。只是未及流行，便被扫荡殆尽了。隋代时起，又重新进入装饰艺术的繁荣期。装饰纹样在南北朝的基础上，向种类丰富、形态繁复、风格瑰丽的方向迅速发展。特别是通过西域地区的中介作用，引进了大批外来纹样。在使用过程中，一方面逐渐融入传统的、民间的成分，另一方面又在形式上极力追求完美。敦煌莫高窟壁画中，尤以隋与初唐时期不厌精细的特点最为突出。中唐以后，便出现形式渐趋简化、色彩流于艳俗的倾向。

唐代用于建筑装饰的纹样，主要有连珠、卷草、团花、莲瓣等，其中团花为唐代始兴，其他三种纹样形式则在南北朝基础上有所变化。

1. 连珠纹

用做构件或器物边饰的连珠纹带饰在隋、初唐时期仍然十分流行。敦煌莫高窟隋窟中，往往用来装饰龛口及窟内四隅、四脊和天井四周，直至盛唐以后，这种做法才逐渐被卷草和团花带饰所取代；已知隋唐时期的瓦当、地砖、脊头（饰面）瓦等，绝大多数饰有连珠纹边饰。然而最具有隋唐时期特点的连珠纹装饰，是以圆形连珠圈为独立单元的图案。这种图案形式自中亚一带传入[45]，多见于织锦及石刻、彩画纹样中。珠圈之内，饰鸟兽、花叶，据隋代实物所见，尤其喜用人面、兽头等，又有对鸟、对兽的形象，是将传统的纹样特点融入于外来的艺术形式之中[46]（图40、图41、图42）。

图40　陕西三原隋李和墓石棺盖线刻纹饰拓片

图41 敦煌莫高窟隋代第402窟人字披彩绘

图42 敦煌莫高窟中唐第361窟龛顶彩绘

2. 卷草纹

隋唐卷草的纹样题材较之南北朝时期有很大变化。北朝卷草以忍冬纹为主，而隋唐壁画石刻中，更多地使用云气纹与花叶纹。北朝云气纹卷草在做法上未出汉代窠臼，隋代以后，形式上有所变化（图43）；北朝后期流行的大叶忍冬纹卷草，隋代尚有所见，但在唐代实物中已经见不到了。继之而大量流行的是种类繁多的葡萄、海石榴、西番莲、牡丹花等风格写实的花叶纹卷草。图案特点是花叶肥大、形态繁复，枝茎细长或隐而不见，有的还在其中杂以鸟兽、人物等（图44）。

就构图形式而言，唐代卷草纹可分作两类：一为单枝曲折，另一为双枝相并或交缠，形成中轴对称的构图，与前者相比，称之为“缠枝”似更为贴切（图43）。

花叶纹卷草是隋唐时期建筑物中最常用的装饰纹样。石构件如台基、台帮、柱础等，雕刻手法多采用线刻以及线刻与减地相结合（宋代称作减地平钑）的方式。敦煌唐代石窟中，往往沿四壁的顶部一周及四隅装饰卷草纹带。壁面中部也有水平的带饰，据此推测，建筑物室内四壁的梁枋、壁带彩画也很可能采用类似的形式。除带形纹样之

图43 唐代碑刻纹饰拓片

外，又有中心构图的卷草纹，如敦煌莫高窟初唐第42窟的叠涩天井中心，绘四出葡萄卷草纹，带有明显的东罗马艺术风格，是一个较特殊的例子（图45）。

3.团花

团花是一种圆形构图的花状纹饰，唐代称作“（团）窠”，用于服饰者，有大小之分用以标志织物的等级[47]。按花瓣的形状，团窠又可分为宝相花与普通团花两类。宝相花一般被认为是源自西域的装饰纹样。它的图案做法似乎与卷草中的缠枝纹有相因关系，特别是与金银器外壁缠枝纹样的底视效果颇相类似。其突出特点是花瓣的轮廓由两片相向卷曲的忍冬纹合抱而成，故作桃形，据实物所见，宝相花多作八瓣，中心圈内或饰鸟兽，或作小团花（图46）。唐代石窟天井所饰宝相花图案，多在外来图形的基础上，又融入中国民间的花朵形象，只是外圈花瓣仍保留着合抱忍冬纹的形状（图47）；

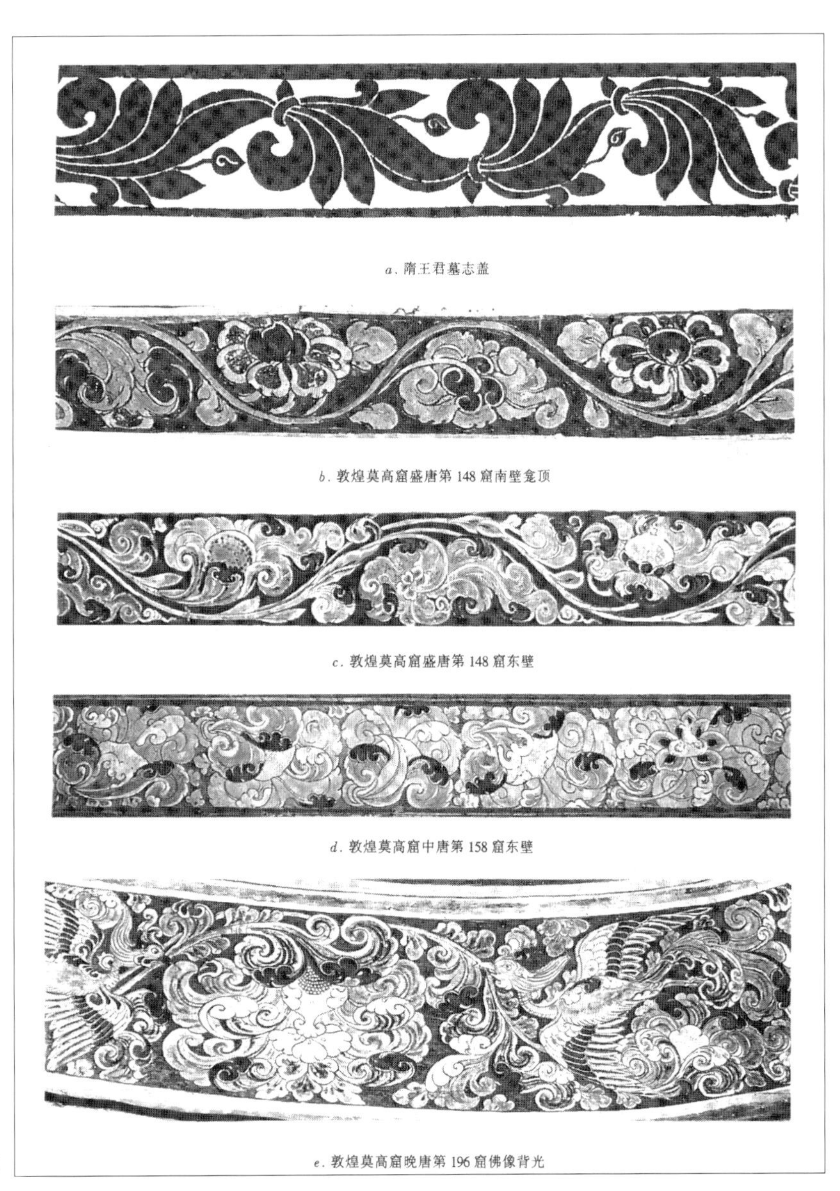
a.隋王君墓志盖

b.敦煌莫高窟盛唐第148窟南壁龛顶

c.敦煌莫高窟盛唐第148窟东壁

d.敦煌莫高窟中唐第158窟东壁

e.敦煌莫高窟晚唐第196窟佛像背光

图44 隋唐时期的卷草纹样

图45 敦煌莫高窟初唐第209窟藻井绘四出葡萄纹

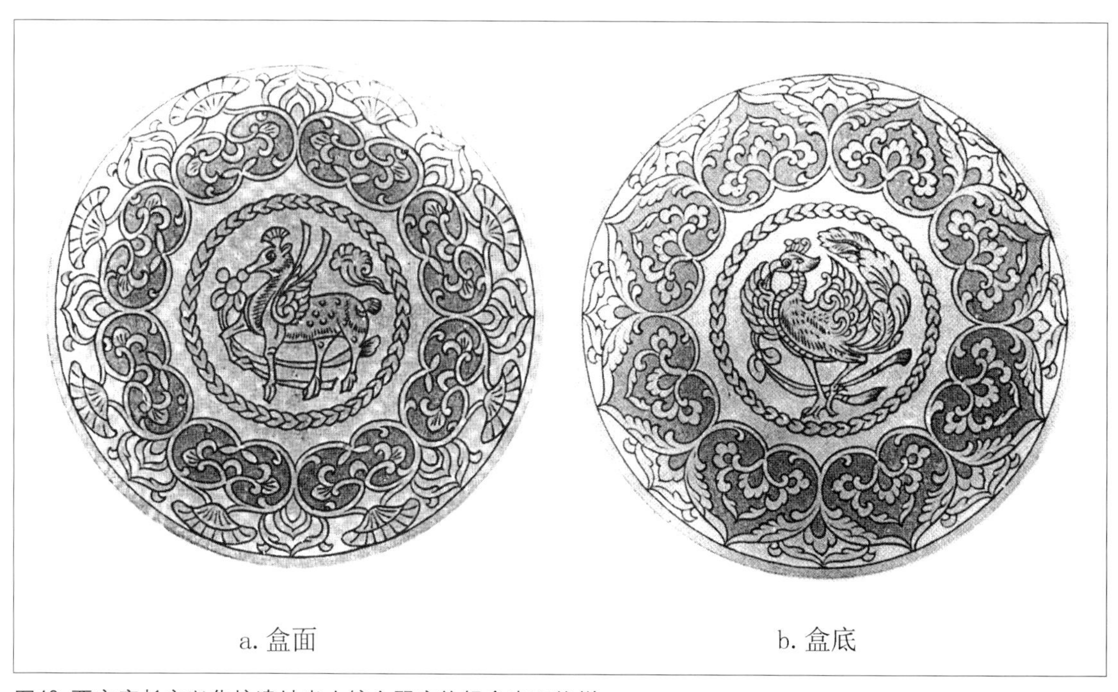

a. 盒面　　b. 盒底

图46 西安唐长安兴化坊遗址出土镀金翼鹿纹银盒表面纹样

图47 敦煌莫高窟初唐第334窟藻井中的宝相花纹样

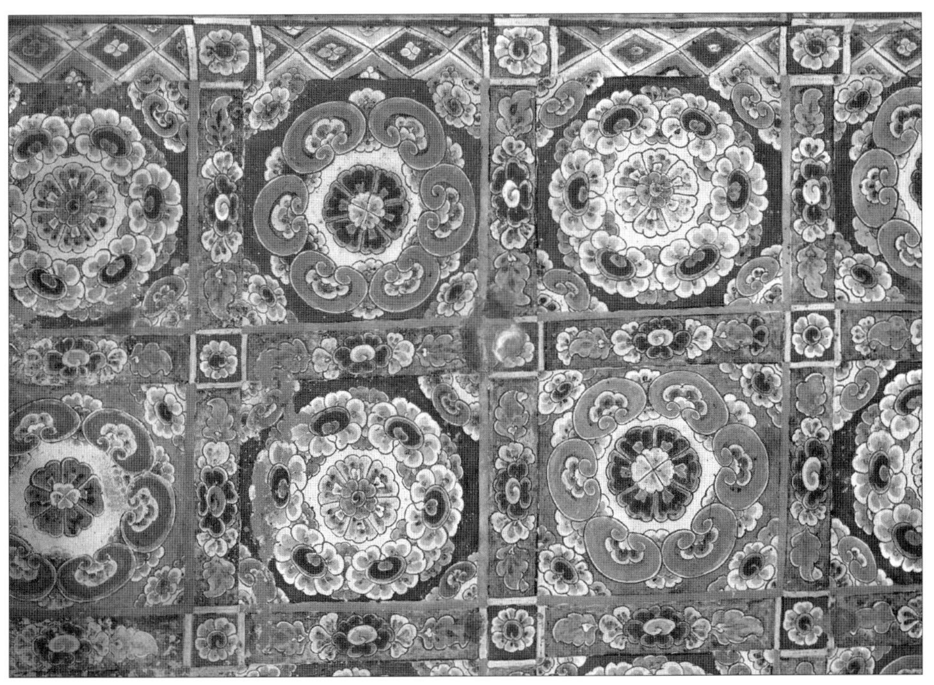
图48 敦煌莫高窟中唐第159窟西壁龛顶团花纹样

普通团花是以传统花形依照宝相花的构图蔟合而成，多数作六瓣。花瓣作花蕾、如意云头或卷叶状（图48）。

团花在唐代流行的程度，几乎相当于南北朝时期的莲花。在敦煌莫高窟中，作为北朝时平闇天井中心纹样的莲花，自初唐时起，便彻底地让位于宝相团花了。盛唐第148、172窟的观无量寿经变中，团花被大量用作建筑物台基侧壁、廊内地面及屏风隔断上的装饰。宝相花纹还用于唐代地砖、脊头瓦以及门砧石表面的雕刻纹饰[48]。盛唐时期的宝装莲瓣造型，也明显具有宝相花的纹样特征（见图51）。

除了以单朵花形用作装饰之外，唐代还流行团花带饰，就已知实例看，其数量与卷草带饰几乎不相上下。构图多作“一整二破”或“双破”，恰与卷草带饰中的两种构图形式相对应。其中“双破”的构图方式似来自将团花织物裹于物体之上的立面效果（图49）。敦煌宋初木构窟檐中的窗框、梁身与栱身上绘有“双破”团花，纹样、色彩均与晚唐窟室中的团花相近，无疑是沿自晚唐五代时期的做法。

4.莲花与莲瓣

南北朝时期曾广为流行的莲花纹，至隋代已呈衰落的趋势，敦煌隋窟天井纹饰中出现的变形莲花，已开始接近团花的形式（图50）。入唐之后，莲花纹在建筑中的应用大抵只限于地砖与瓦当的纹样，从出土实物看，纹样和制作似乎均不及南北朝时期精美。

图49 敦煌莫高窟中唐第159窟菩萨服饰

图50 敦煌莫高窟隋397窟藻井中的莲花纹

图51 陕西临潼骊山朝元阁老君像宝装莲瓣台座

图52 山西五台唐佛光寺大殿外檐宝装莲瓣柱础

莲瓣纹却是建筑中应用年代最久的一种纹样。自南北朝以来，仍一直用做台基须弥座及柱础的装饰。唐代早期的莲瓣造型，与北朝后期基本相同。盛唐以后流行宽阔扁平的莲瓣样式，晚唐五代时，莲瓣样式纷呈。如前蜀王建墓棺座上，便同时使用了三种不同的莲瓣纹。

宝装莲瓣是莲瓣纹中最华贵的样式，至迟在盛唐时已经出现。莲瓣尖端翻卷作如意头状；或采用宝相花的纹样特点，叶瓣边缘作忍冬合抱（图51）。除台座外，宝装莲瓣也大量用于柱础（图52）。

5. 其他

自汉以后,龙纹作为四神之一多用于墓室壁画及棺椁墓志碑刻中。北朝石窟的窟门上方，也往往雕饰交龙以示护卫佛法之意。从北朝后期开始，不论是浮雕还是线刻，龙纹的形式都开始变得繁复而立体。南响堂山第1、2窟的窟门两侧，雕龙体盘柱而上，至窟门上方交颈回首；建于隋代的赵州安济桥，栏板雕刻龙纹，形象灵活生动，具有极高的技艺水平。推测这种做法也可能用于建筑物。

另外，菱格、龟甲等也是唐代流行的装饰纹样，被用做石窟壁画及窟檐梁枋彩画纹饰。其中菱格纹带饰在新疆克孜尔石窟4～5世纪的窟室中很常见，敦煌莫高窟隋代窟室中开始出现这种纹样，用作叠涩天井及龛口的边饰，但形式上已有所变化。同时，文化艺术的交流从来都不是单向的，汉地的装饰纹样，也同样流传到西域一带。克孜尔石窟的叠涩天井中，便绘有四叶毬文、穿壁纹等汉地风格的纹样，其年代也大约在隋唐之际。

注释

[1]见《含元殿赋》。《唐文粹》卷一，四部丛刊本。

[2]有关两殿的遗址发掘，详见《唐长安大明宫》。科学出版社版；另《新中国的考古发现和研究》，文物出版社版，P. 580。

[3]《唐会要》卷31〈杂录〉，太和六年六月敕条。丛书集成本，P. 575。

[4]《隋书》卷68《何稠传》：“（开皇年间）波斯尝献金绵（线）锦袍，组织殊丽，上命稠为之。稠锦既成，逾所献者。”中华书局标点本，⑥P. 1596。

汉地仿制西亚纹样特点的连珠纹锦，自南北朝晚期始。见薄小莹：《吐鲁番地区发现的连珠纹织物》。《纪念北京大学考古专业三十周年论文集》，文物出版社版，P. 333。

对粟特、萨珊、拜占庭系统金银器的仿制，在唐代特别流行。但年代更早的仿制品，出现在隋代以前的南方地区。见齐东方、张静：《唐代金银器皿与西方文化的关系》。《考古学报》1994年第2期。

[5]佛光寺大殿栱头燕尾的分布情况是：外檐后部及殿内外槽后部等较少受到光线照射的部位为白地紫燕尾；外檐及殿内外槽的其余部分以及殿内内槽等部位为紫地白燕尾，故推测前者为早期遗存，后者是后期重修时所绘。

[6]《入唐求法巡礼行记》卷3。上海古籍出版社版，P. 126。

[7]《法苑珠林》卷13《敬佛篇•观佛部•感应缘》：“开皇十五年，黔州刺史田宗显至（长沙）寺礼拜，像即放光。公发心造正北大殿一十三间，东西夹殿九间……大殿以沉香帖遍……乃至榱桁藻井，无非宝花间列。其东西二殿，瑞像所居，并用檀帖……穷极宏丽，天下第一。”上海古籍出版社版，P.111。

[8]《朝野佥载》卷6：“张易之初造一大堂，甚壮丽，计用数百万。红粉泥壁，文柏帖柱，琉璃沉香为饰。”中华书局版，P.146。

[9]《营造法式》卷14《彩画作制度》杂间装条下。商务印书馆版，③P.92。

[10]《西京赋》：“北阙甲第，当道直启……木衣绨锦，土被朱紫。”《文选》卷2，中华书局版，P.42。

[11]《朝野佥载》卷3，记安乐公主造庄园，其中“飞阁步檐，斜桥蹬道，衣以锦绣，画以丹青，饰以金银，莹以珠玉”。中华书局版，P.70。文中“衣以锦绣”与“画以丹青”相提，当指壁衣。

[12]《营造法式》卷14《彩画作制度》五彩遍装条下，柱身纹饰“或间四入瓣科，或四出尖科（科内间以化生或龙凤之类）”。商务印书馆版，③P.82。

[13]《旧唐书》卷153《薛存诚传附子廷老传》：“敬宗荒姿，宫中造清思院新殿，用铜镜三千片，黄白金薄十万番。”中华书局标点本，12 P.4090。

据西安大明宫清思殿遗址发掘，出土铜镜残片17片，鎏金铜装饰残片多片。见马得志：《唐长安城发掘新收获》，《考古》1987年第4期。

日本岩手县中尊寺金色堂，建于1124年，为平安晚期作品，堂内木构表面，镶嵌金铜、螺钿，纹样以大小团窠与团花、连珠带饰为主，均为唐代流行样式。虽年代较晚，仍在一定程度上反映了唐代建筑装饰的面貌。

[14]《含元殿赋》中记前殿为“彤墀夜明”，后宫深闺秘殿则“玄墀砥平”。《唐文粹》卷1，四部丛刊本。

[15]《唐长安大明宫》。科学出版社版，P.34。

[16]《唐国史补》卷下：“御史故事，大朝会则监察押班，常参则殿中知班……殿中得立五花砖。”《西京杂记》，上海古籍出版社版，P.441—442。

[17]《文选》卷6。中华书局版，P.228下。

[18]《入唐求法巡礼行记》卷3，记五台山竹林寺阁院铺严道场“杂色罽毯，敷遍地上”。上海古籍出版社版，P.105。

[19]马得志：《唐长安城发掘新收获》。《考古》1987年第4期。

[20]唐华清宫考古队：《唐华清宫汤池遗址第一期发掘简报》。《文物》1990年第5期。

[21]中国社会科学院考古研究所洛阳唐城队：《洛阳隋唐东都城1982年考古工作纪要》。《考古》1989年第3期。

[22]《开元天宝遗事》卷下。上海古籍出版社版，P.85。

[23]《中国石窟•敦煌莫高窟（二）》。文物出版社版，图版34。

[24]《齐献武王庙制议》。《全上古三代秦汉三国六朝文•全北齐文》，中华书局版，④P.3862。

[25]《唐长安大明宫》。科学出版社版，P.34、28。

[26]《朝野佥载》卷3：“宗楚客造一新宅成，皆是文柏为梁，沉香和红粉以泥壁，开门则香气蓬勃。”中华书局版，P.70。另见前注。

[27]参见《历代名画记》卷3《记两京外州寺观画壁》。人民美术出版社版。

[28]北魏洛阳永宁寺塔基中出土不少影塑小像，当为墙面饰物；麦积山北周窟中也有壁面贴塑的做法；日本京都平等院凤凰堂（平安时期，1035年建）的内壁，以木雕供养天小像为缀饰。据这些资料分析，唐代佛寺中也应有类似做法。

[29]佛殿采用须弥座式基座的形象，最早见于敦煌莫高窟盛唐第148、172窟壁画 ，其后便屡见于中、

晚唐各窟壁画，说明这一做法大约出现于盛唐时期。见《中国石窟•敦煌莫高窟（四）》，图版13、36、82、147、152等。

[30]陕西省法门寺考古队：《扶风法门寺塔唐代地宫发掘简报》。《文物》1988年第10期文，并彩色插页一。

[31]出土石勾栏构件中，螭首占多数，栏板、望柱较少见。今陕西省博物馆中，藏有一块兴庆宫遗址出土的石栏板残块。大明宫遗址管理处展室内藏有数段石望柱，作八棱形断面，上有寻杖卯口。庆山寺出土石螭首藏于陕西临潼县博物馆。其余可参见《唐长安大明宫》，科学出版社版。

[32]中国科学院考古研究所西安工作队：《唐代长安城明德门遗址发掘简报》。《考古》1974年第1期。

[33]南唐禅众寺及长干寺舍利棺椁上所刻，既有上带直棂窗的门，也有门上横窗的形式，或能反映出这种直棂版门演变之由来。江苏省文物工作队镇江分队、镇江市博物馆：《江苏镇江甘露寺铁塔塔基发掘记》，《考古》1961年第6期。

[34]《朝野佥载》卷4，记武则天时，内宴甚乐，河内王懿宗忽然起奏，“则天大怒，仰观屋椽良久，曰：‘朕诸亲饮正乐，汝是亲王，为三二百户封，几惊杀我，不堪作王。’令曳下。”是宫中宴乐之所为彻上明造无疑。

[35]《旧唐书》卷37《五行志》：

“（开元）十四年（726年）六月戊午，大风拔木发屋，端门鸱吻尽落，都城内及寺观落者约半。”中华书局标点本，④P.1357。

“开元十五年七月四日，雷震兴教门两鸱吻，栏槛及柱灾。”同上，P.1361。

“（大历）十年（775）四月甲申夜，大雨雹，暴风拔树，飘屋瓦，宫寺鸱吻飘失者十五六。”同上。

“（太和）九年（835）四月二十六日夜，大风，含元殿四鸱吻皆落。”同上，P.1362。

唯有一处记述鸱尾：“（元和）八年（813年），大风拔崇陵上宫衙殿西鸱尾。”同上。

[36][梁]沈约《宋书•五行志》记：“（东晋）义熙五年（409）六月丙寅，震太庙，破东鸱尾，彻壁柱。”中华书局标点本，③P.968。

[唐]许嵩《建康实录•安帝纪》记：“（义熙六年六月）丙寅，震太庙鸱尾。”中华书局标点本，P.333。注者以纪年前后相差一年，疑为一事之误重。而将“鸱尾”改称“鸱吻”，说明后者已为中唐时人所习用，并不在意二者之区别。

[37]《营造法式》卷13：“佛道寺观等殿阁正脊当中用火珠等数，殿阁三间，或珠径一尺五寸，……”商务印书馆本。

[38]中国社会科学院考古研究所西安唐城工作队：《唐长安西明寺遗址发掘简报》。《考古》1990年第1期。

[39]吉林市博物馆：《吉林省蛟河市七道河村渤海建筑遗址清理简报》。《考古》1993年第2期。

[40]陕西省考古研究所铜川工作站：《铜川黄堡发现唐三彩作坊和窑炉》。《文物》1987年第3期文并彩色插页二。

[41]中国科学院研究所洛阳工作队：《汉魏洛阳城一号房址和出土的瓦文》。《考古》1973年第4期。

[42]据考古工作者研究，唐代青掍瓦系采用表面磨光、油雾渗碳技术制成，这也应即是北朝黑瓦的制作方式。“青掍”一名见于宋代《营造法式》，其做法当早已有之。

[43]唐长安大明宫三清殿遗址出土的琉璃瓦件中，除黄、绿、蓝等单色瓦外，还有三彩瓦。见马得志：《唐长安城发掘新收获》。《考古》1987年第4期。

[44]《旧唐书》卷22《礼仪二》：（武则天明堂）“刻木为瓦，夹纻漆之。”中华书局标点本，③P.862。

按：明堂之所以用木瓦，恐有其客观原因。由于明堂上层为圆形平面，顶作攒尖顶，故瓦垅不能平行，瓦件宽窄不能统一。在这种情况下，采用刻木为瓦、即直接将望板面刻成瓦垅形状的做法，可以避免烧制陶瓦之不便。其上再覆盖纻麻织物，并用胶漆粘固以防雨。

[45]从已知实物及形象资料中看，初唐以后珠圈团窠即已有被团花团窠所取代的趋势，敦煌初唐壁画中，已不见隋窟中龛口、天井常用的珠圈团窠图案。但至吐蕃统治时期（781—848）所开的洞窟中，又出现了中亚、波斯样式的珠圈团窠，说明这种纹样在吐蕃等少数民族统治地区一直流行到唐代后期。

[46]见孙机：《中国古舆服论丛·两唐书舆(车)服志校释稿》。文物出版社版，P. 341—342。另见薄小莹：《吐鲁番发现的联珠纹织物》。《北京大学考古三十周年纪念文集》，文物出版社版，P. 331—332。

[47]《旧唐书·舆服志》："（武德）四年八月敕：'三品以上，大科（通窠）细绫及罗，其色紫，饰用玉。五品以上，小科细绫及罗，其色朱，饰用金。"中华书局标点本，⑥P. 1952。

据孙机：《两唐书舆（车）服志校释稿》，"细绫"当做"细绫"，并引清·王琦《李长吉歌诗汇解·梁公子》注："所以窠者，即团花也。"文物出版社版，P. 331、343。

[48]宝相花纹砖见于唐长安九成宫遗址，又见于韩国庆州雁鸭池遗址，年代在初唐（680）；宝相花纹脊头瓦见于唐长安西明寺遗址，中国社会科学院考古研究所西安唐城工作队：《唐长安西明寺遗址发掘简报》，《考古》1990年第1期，P. 52。

介绍《中国古代城市规划史》一书

介绍《中国古代城市规划史》一书

（原载《城市规划》1996年第2期）

《中国古代城市规划史》是一部系统论述我国古代城市规划体系形成与发展的学术性专著，即将由中国建筑工业出版社出版。

这本书是贺业钜先生在80年代出版的《考工记营国制度研究》和《中国古代城市规划史研究》两部专著基础上进一步加以深化、系统化的研究成果，全书约110万字。书中结合社会背景详述了我国古代自原始社会至后期封建社会中从聚落、城堡到城市、都会的城市规划发展，首次提出并论证了我国远在公元前11世纪的奴隶社会，即已初步形成了一套城市规划体系（营国制度传统），这一体系随着社会的演进而不断革新和发展，其传统一直延续到封建社会后期的明清两代，历时三千年，在我国城市规划史上的作用、影响是巨大而至关重要的。这一规划体系学说的提出，为我国古代城市规划发展史的研究，开拓了一个新的领域，率先将学科研究水平推进到了体系研究的理论高度。

一

作者在研究中特别注重历史条件的转变对城市规划制度的形成和发展所起的作用。书中详述了营国制度产生的渊源以及促使其建立并不断变革的各种社会环境因素，如政治、思想、军事等，并尤其强调封建礼制和经济发展这两个方面的作用：

营国制度是西周（前11—前8世纪）时期在奴隶制宗法分封政体之下，根据封国建侯、营都建邑的形势需要而制定的，是在商代国都以宫为中心的分区规划结构形式的基础上发展而成的，由此创立了我国古代城市规划体系。体系严格规定了各级都邑的建设规模和营建规制，并将都城规划的概念扩大为两都（东、西都）通圻的王畿规划。

春秋战国时期，社会发展跨入封建制历程，各国为增强国力、发展经济，纷纷改造旧城、营建新城，改变城市分布格局，以适应封建城市经济发展的需求，对营国制度进行了必要的改革。秦统一全国后，对战国以来的一系列探索经验加以总结提高，形成“秦制”，其模式为西汉长安规划所继承。

进入东汉，由于儒家思想渐居主导地位，城市规划中，周人创立的营国制度传统重新得到重视，并吸收“秦制”，加以充实。这种倾向在曹魏邺城与南朝建康规划中明显反映出来，北魏洛都规划则是这一阶段的总结性成果。此期成就为以后的隋大兴（唐长安）、唐洛阳规划一脉相承。

中唐以后，商品经济的发展与城市旧市制（封闭式市、坊）之间的矛盾愈加突出。至晚唐，城市规划制度的改革已呈刻不容缓之势。经北宋汴梁而至南宋临安，凭借江南优越的经济条件，终于使旧坊市改革“得竟全功”，也使营国制度传统在新的历史条件下得到进一步发展。

元大都（明清北京）规划体现了外族获取汉族政权后以正统自居的心态，故都城规划强调采取传统的规划概念，以宫为全城规划结构中心，按周人营国制度“左祖右社，面朝后市”及经纬制道路网布局，城郭分工，重心突出，井然有序，是营国制度传统发展至封建社会后期的重要里程碑。

故而，密切结合社会背景来阐述城市规划史的发展，是本书非常突出的一个特点。

二

基于对营国制度传统发展的深入研究，作者对中国古代规划史分期问题，提出了自己的看法：以往按社会发展史进行分期，无法体现城市规划的自身特征与发展规律，应按社会发展而引起的规划制度变革，亦即古代城市规划体系自身的发展特点及转折环节来进行规划史分期的研究。作者认为，在这一体系的发展过程中，大致出现过六个转折环节：

第一环节标志着“城”的原始雏形和体系胚胎的发生，出现在父系氏族社会向奴隶社会过渡时期。已知例证有登封王城岗、淮阳平粮台等遗址；

第二环节表明正式“城”的诞生和体系的成长，发生在夏、商两代，偃师、郑州、盘龙城等商代城址均为其例；

第三环节标志体系的建立，出现在西周初期，周王城与曲阜鲁国故城遗址可作为参考；

第四环节标志封建制度下的城市替代了奴隶社会的都邑，为两种不同性质城市的转轨环节，发生在春秋战国之际。其代表作有齐临淄、燕下都等；

第五环节为自东汉开始，逐渐形成以营国制度传统为核心、“秦制”为补充的城市规划格局。曹魏邺城规划是此环节中值得注意的一例；

第六环节出现在北宋晚年，其实质是由于商品经济发展而导致市坊制度的改革，并由此产生整个规划制度的大调整。南宋临安规划是这一环节中最重要的例证。

这六个转变环节和例证的确定，是作者在有关方面研究中首次提出的重要理论观点，书中有关规划史分期的探讨，无疑将对本学科的研究起到相当大的推动作用。

三

近年来，我国城市规划史的研究在考古发现与各方面研究成果的基础上，不断取得新的进展，但对象仍多限于城市单体，范围多囿于城墙之内。而本书着重强调且落墨甚多的，则是历代都城和经济都会的区域性规划。对于都城总体布局、经济区中心城以及副中心城的布局，采用"鸟瞰式"的研究方法，进行宏观的分析探讨，这也是本书的鲜明特点之一。如作者在论及秦咸阳和汉长安规划时指出，秦都咸阳规划，旨在突出帝都的宏伟与尊严，故扩大规划境界，运用天体观念进行规划，打破建造外郭的传统，利用复道、驰道网将都城周围数百里的宫观、郊县紧密联结，同时又利用天然河山以为城池门阙。如果"联系以咸阳城为中心，布遍全国的庞大驰道系统来考察这套规划结构，更可看出它所据有的广阔基础和浩浩无垠的磅礴气势"（作者语）；西汉长安所采用的开放型区域规划方式，将渭南、渭北分别处理为都城的政治、经济分区，也正是"览秦制，跨周法"的结果。若非如此，则无法解释汉长安城中宫城密集这一似乎极不合理的规划布局形式。另外，汉唐以来主要经济区的划分以及重要都会的规划布局，在以往的规划史研究中也尚未得到足够的重视，但在本书中则成为中国古代城市规划史上的重要篇章。

四

本书展现在读者面前的，不仅仅是一部自成体系的古代城市规划史学说，同时也是一套立体构架式的学术研究方法：

以论证中国古代城市规划体系（营国制度）的产生、充实、变革、演进为纵向主干，亦即通贯全书的主脉；

以研究历代城市规划中所包含的区域规划制度、都邑建设体制、都邑规划制度及礼制营建制度等各方面内容作为横向层面的铺开；

在每一层面上又以对具体实例的详剖细析来实现"点"的深透。

这是一套建立在深厚功力和精锐学识基础之上的研究方法。作者曾说，他之所以要写这样一部书，是为后人尽可能全面地提供从事此项研究工作的方法与资料。因此，应该说这是本书极为重要的一个方面。

以上概略介绍了本书要旨以及作者在写作时比较注重的几个方面。因本人学识浅薄，又止于粗览，所述恐不及什一。相信有志于本学科发展的人会在今后的研究工作中，逐步理解、吸收本书之精髓，本书的价值也必将随着研究工作的深入得到愈来愈充分的显现。

作者致力城市规划史研究数十年，锲而不舍。开始撰写本书时，已年逾古稀，仍以谨严的治学态度，不懈的探索精神，历时七年，终以八旬之躯，完成了这部百余万字的巨著。后学之人，在从中获取教益的同时，更当受其学者风范之激励，使这一学术领域的研究工作不断深入与拓展，这也正是作者的殷切希望所在。

1995年岁末

此文是在《中国古代城市规划史》一书即将出版之前，应责任编辑吴小亚先生所托而作。因为在贺业钜先生完成这部著作的过程中，我有幸帮忙做了一些事情。

帮贺总做事，不论是查找资料、绘制插图，还是校对文稿，对我来说都是极好的学习机会。而写作此文，正好比是课目结束之后上呈先生的一份测验答卷。

2010年12月补记

初唐佛教图经中的佛寺布局构想

初唐佛教图经中的佛寺布局构想

（原载《建筑师》1998年第83期）

齐隋之际，中国社会由分裂趋于统一，自此而至盛唐，是统治集团重新确立国家典章制度且不断加以完善的时期。佛教高僧们也顺应这种大一统的形势，不仅在佛教经典的诠释、同时在生活起居以及佛寺经营等方面，都表现出一种追求完美、追求正统的倾向。在佛寺布局上，对印度早期佛寺予以更多的关注，并假托传说中释迦牟尼曾居住过25年的祇洹寺（又名祇树给孤独园）的名义，提出关于佛寺布局的构想。北齐高僧灵裕（517—605年，后期入隋）撰有《圣迹记》《佛法东行记》以及《寺诰》《僧制》等[1]。其中的《寺诰》便是一部阐述佛寺布局的专著，现已失传，但在初唐僧人的有关著作中，曾被多次提到并引用。

唐高宗乾封二年（667），终南山律宗大师道宣撰写了《关中创立戒坛图经》（下称《戒坛经》）与《中天竺舍卫国祇洹寺图经》（下称《寺经》）。这也是两部与佛寺布局有关的著作，名为“图经”，应是采用了附图与文字相对应的形式。现存版本中，仅《戒坛经》（今据金陵刻经处1962年补刻本）保留有传说源于南宋绍兴二十二年（1152）刻本的附图（图1），图中建筑形象不似唐代，疑为绍兴年间刻版时补刻；《寺经》在国内数度失传，两次从海外得回重印，附图不存，但经文中对佛寺布局述之甚详，寺内各所建筑物之间的关系、方位、院门朝向以及僧人活动走向等，均如依图叙述，有条不紊（今据金陵刻经处重印天津刻经处1931年本）。《戒坛经》经文中虽设坛

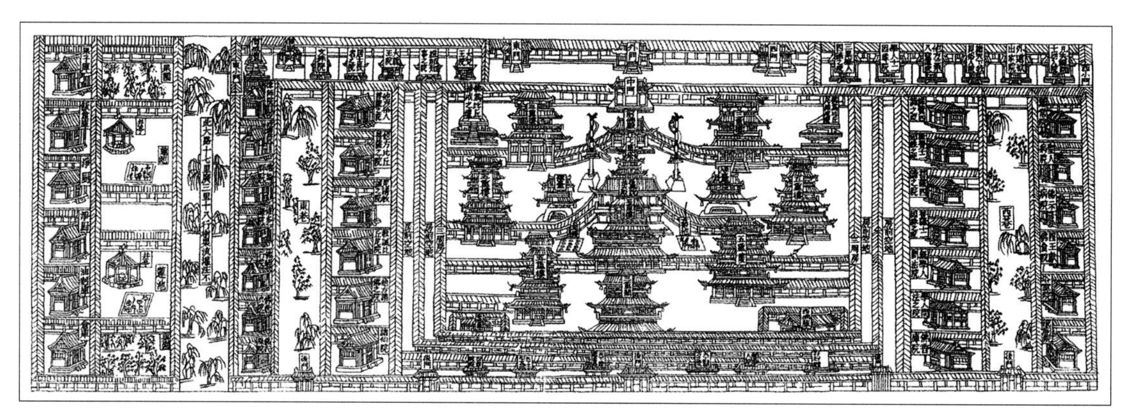

图1 《关中创立戒坛图经》附图

部分居主要篇幅，对于寺院建筑的描述较《寺经》粗略，但也大致表述出了佛寺的平面布局。下文分别据这两部图经的经文所述，绘出佛寺平面布局示意图，并加以探讨；另外，也对《戒坛经》现存刻本中的附图做一比较说明。

一

一、《寺经》中与佛寺总体布局有关的描述，依项如下：

寺名祇树给孤独园。……在舍卫城南五六里许。[2]

（此寺）大院有二。

西方大院，僧佛所居，名曰道场。……院施步檐，椽庑相架，朱粉相晖。

此寺大院，但列三门于三方，北方不开。

南面三门。中央大门有五间三重，……东西二门，三重同上，俱有三间。

入大中门，左右院巷，门户相对。

大院东门，对于中道（后文亦称中街、中永巷、大巷），东西通彻。此门高大，出诸院表，……大院西门，其状未闻。

大门（中门）之东，自分七院，（中略）上七院者，并在大门之东、东门之西。

东门之东，自分九院。（院名略）

大门之西，又有七院。（院名略）

西门之西，自分六院。（院名略）

上诸院内，各一大堂。……自上已来，总有二十九院，在中永巷之南。（院名略）

中院端门，在大巷之南，有七重楼，楼有九间五门，高广可二丈许。……向南不远，有乌头门，亦开五道。……又南即至寺大南门。

中院南门，面对端门，亦有七重，横列七门。……此中院唯佛独居，不与僧共。

入门不远，有大方池。方池正北，有大佛塔。

塔傍左右，立二钟台。

次北有大佛殿。……飞廊两注，厦宇凭空，东西夹殿（后文又称东西楼，各有三层）。

第二大复殿，高广殊状，倍加前殿。……旁有飞廊，两接楼观（后文又称东西楼台，各有五层）。

极北重阁三重，又高前殿。……重阁东西有大宝楼。

大院南门内，东畔有坛，西对方池，名曰戒坛。……门西内有坛，亦等东方。

佛院之东西北三边，永巷长列，了无门户。南从大墙，依方开户，通于大巷。

明僧院，三方绕佛（院），重屋上下，前开后开。（中略）此则绕佛房都尽。僧房院外，三周大巷，通彻无碍。两边开门，南边通中街。三门广阔，两渠双列二门东西，各有院巷，四面围墙，各旋步檐，两不相及。

中院东门之左，自分五院。（院名略）

佛院之东（依文当为北），自分六所，下之诸院，南门向巷。……东头第一名曰韦陀院，（下略）。

大院西巷门西，自分六院。（院名略）

以上所述为佛院布局，其下述及供僧院：

寺大院东大路之左，名供僧院。

路阔三里，中有林树，……东西两渠。……路之南北，左右各置一大石神。

僧净厨院，自有三所，南北而列。……从西大院东门而出，门对净厨中院南巷。

厨院南横二大院，中开一巷，南北施门。南门极大，题曰寺大园门。

门西一院，自分南北，两院中央开巷，南边东西又分二所，各开一门。

西畔一院，名诸圣人诸王天众出家处，门向东开。

东畔一院，名凡下出家处，门向东（疑为西）开。

次北一院，名曰果园，……门向南开。

门东一院，名曰竹菜园，门向西开，与向果园巷门相对。

竹菜园之东北，别有一院，名解衣车马处，门向北开，通于大巷。

次西一院，名诸王夫人解衣服院，门向南（疑为北）开。

次北中大院，名供食院，自分两所，各横分三大门，南北门入食厨院。隔以大墙中开二门，通于三所。……

最巷北大院，名僧食所。自开三门。中门之北有大食堂，堂前列树。

食林之东，有一小院，门向南开，是僧净人常行食者小便之院。

院北药库。……库北二院，西是凡僧病人所居，东是病者大小便处。

食院西方又分二院，各不相通。

南边一院，南东北门，名脱著衣院。

北有一院，名浴室坊。中有两堂，东是衣堂，西为浴室。浴具丰足。南开一门，与前相对。

在《寺经》中，佛寺由佛院及供僧院两部分组成，叙述均详。由于佛院是佛寺主体，且《戒坛经》中只述及佛院部分的布局，故下文中关于佛寺规划布局的分析，主要与佛院部分相关。此经中有关供僧院的描写，可视为对当时大型佛寺中后勤部分的设想。

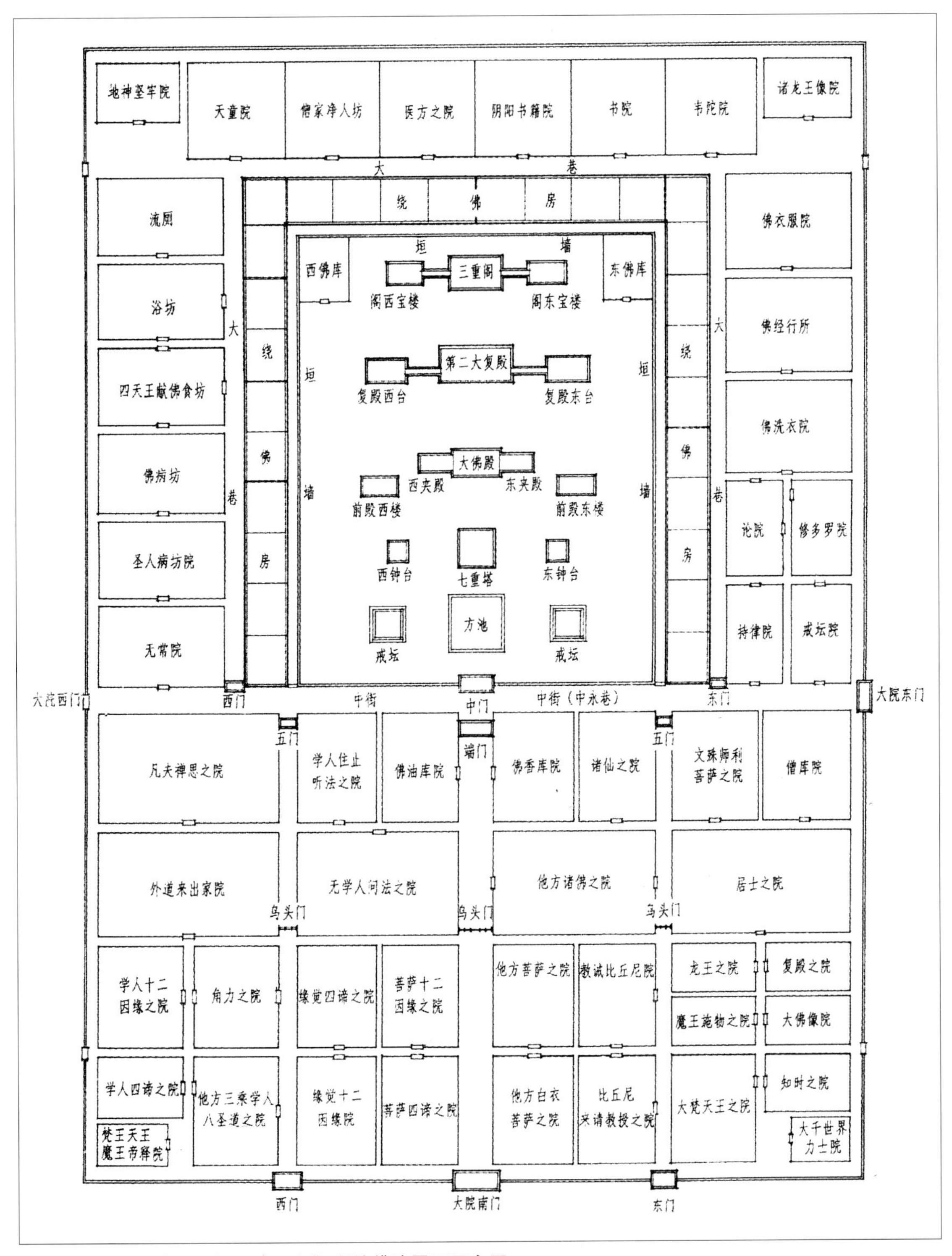

图2 据《中天竺舍卫国祇洹寺图经》所绘佛院平面示意图

据上述，绘出佛院平面布局示意图之一（图2）。

二、《戒坛经》中关于佛寺布局的表述如下：

今约祇树园中总有六十四院。

通衢大巷南有二十六院，三门之左右。

大院西门之右六院。初、三果学人四谛院。二、学人十二因缘院。三、他方三乘八圣道院。四、四天下我见俗人院。五、外道欲出家院。六、凡夫禅师十一切入院。

东门之左七院。 初、大梵天王院。二、维那知事院。三、大龙王院。四、居士清信长者院。五、文殊师利院。六、僧库院。七、僧戒坛。

中门之右七院。 初、缘觉四谛院。二、缘觉十二因缘院。三、菩萨四谛院。四、菩萨十二因缘院。五、无学人问法院。六、学人问法院。七、佛香库院。

中门之左六院。初、他方俗人菩萨院。二、他方比丘菩萨院。三、尼请教诫院。四、教诫比丘尼院。五、他方诸佛院。六、诸仙院。

绕佛院外有十九院。在通衢外巷北。自分五门二巷。周通南出。

中院东门之左七院。初、律师院。二、戒坛院。三、诸论师院。四、修多罗院。五、佛经行院。六、佛洗衣院。七、佛衣服院。

中院北有六院。初、四韦陀院。二、天下不同文院。三、天下阴阳书院。四、天下医方院。五、僧净人院。六、天下童子院。

中院西有六院。初、无常院。二、圣人病院。三、佛示病院。四、四天王献佛食院。五、浴室院。六、流厕院。

正中佛院之内有十九所。初、佛院门东，佛为比丘结戒坛。二、门西，佛为比丘尼结戒坛。三、前佛殿。四、殿东三重楼。五、殿西三重楼。六、七重塔。七、塔东钟台。八、塔西经台。九、后佛说法大殿。十、殿东五重楼。十一、殿西五重楼。十二、三重楼。十三、九金镬。十四、方华池。十五、三重阁。十六、阁东五重楼。十七、阁西五重楼。十八、东佛库。十九、西佛库。

据此可绘佛院平面布局示意图之二（图3）。

比较两图，可以看出《寺经》与《戒坛经》中关于佛寺布局的构想，有以下共同点：

1. 有明确的南北向中轴线，寺内主要建筑物均依此轴线布列。

2. 佛院以中院为核心，周围设立大量别院。整体布局主次分明，院落布列整齐有序。

3. 中院之南，有贯穿全寺的东西大道。大道以南的寺区，被三条南北向道路均分成四块。这三条道路分别通向佛寺南端的三座大门，与东西大道共同构成寺前部的主要交通脉络。

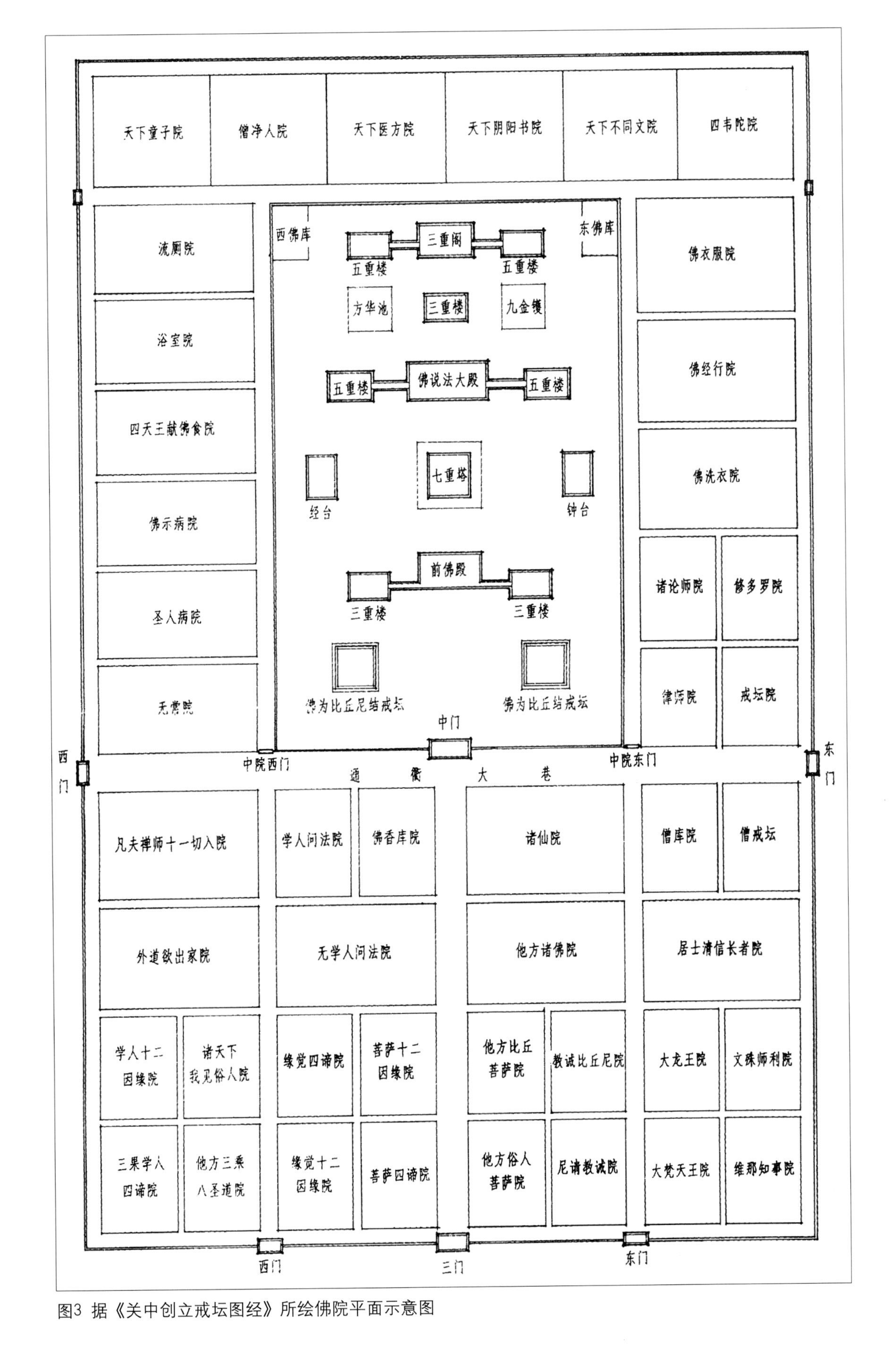

图3 据《关中创立戒坛图经》所绘佛院平面示意图

4. 布局中有明确的功能分区。以东西大道作为划分内外功能区域的界限：道南为对外接待或接受外部供养的区域；道北则是寺院内部活动区域，其中又分为中心佛院与外周僧院两大部分。

5. 别院的方位与名称大部分基本相同。

除上述共同点之外，两者之间又有一些不同之处：

1. 《寺经》中将佛寺总体分为东、西两座大院。西院是僧佛所居的寺院主体，东院则是寺院的后勤服务区。两院之间以南北向大路相隔。这在《戒坛经》现存刊本中未见述及（但附图中却有所表现，见下文）。

2. 《寺经》中佛院的东、西、北三面设有明僧院，又称绕佛房，为《戒坛经》经文中所无，附图中有三周房，但与《寺经》经文所述形式不同（见下文）。

3. 中院建筑物的配置有所不同。《寺经》中，佛塔在中门内、前殿前，而《戒坛经》中，佛塔在前殿之后、说法大殿前。

据以上分析比较，可以看出这两部图经经文所表述的佛寺布局构想大同小异，这与吸收初唐时期城市规划及宫殿布局特点有必然的联系（见下文），同时也与上述《寺诰》等著作的流传有一定关系。《戒坛经》记其撰述为“修缉所闻，统收经律”，且明确指出：“案北齐灵裕法师《寺诰》，述祇洹图经，具明诸院，大有准的。”《寺经》虽标榜其另有传授，但经文中多处引用了《寺诰》[3]，不自觉地流露出它们之间的联系。另一方面，由于写书时间都在乾封二年，著述时可能有意识地各有侧重，避免重复，并有一些各自创造发挥之处，故而对寺院布局的描述详简有别、略有不同[4]。

二

《寺经》与《戒坛经》经文中，作者都一致强调书中所述是印度祇洹寺的原始形象。但是将据其复原的佛寺平面与目前所知魏晋、北朝及隋唐时期的都城与宫城平面（图4～图8）相比较，不难看出它们在总体格局上的一致，其中与唐长安宫城平面尤为相似，而与印度早期佛寺的平面布局相比，却没有明显的相似之处（图9）。中国古代城市布局在魏晋至隋唐这段时期的演变发展中，形成了明显的时代特征。如贯穿东西城门的御道（宫城内为永巷），道北宫城（宫城内为内宫）、道南里坊（宫城内为政府机构）以及南城墙开三（四）门的布局方式，是这一历史时期城市（宫城）规划中的突出特点，自曹魏邺城至西晋洛阳，又经南北朝时的北魏平城、洛阳而至隋唐长安，形成一种既定模式。此期宫殿建筑、内廷建筑大致具有相同的特点，甚至大型宅邸中也出现过类似的布局[5]，特别是以东西向横街（通衢大巷）划分内外功能分区，成为一种被普遍采用的布局方式。同时，图经中的一些建筑物名称（如乌头门）以及对建筑物外观形象的描述（如重阁，五间三重，院施步檐，椽庑相架等），也与这一时期文献中关于宫殿

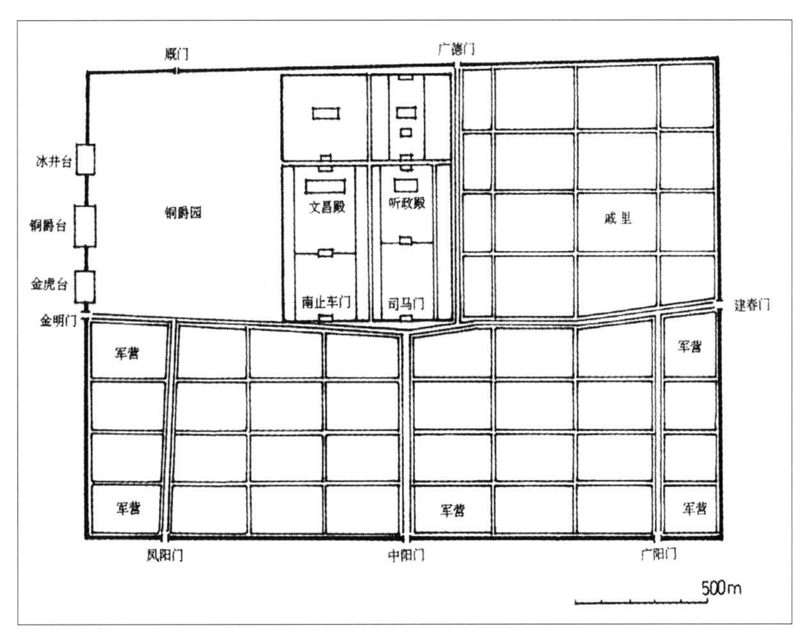

图4 曹魏邺城平面示意图

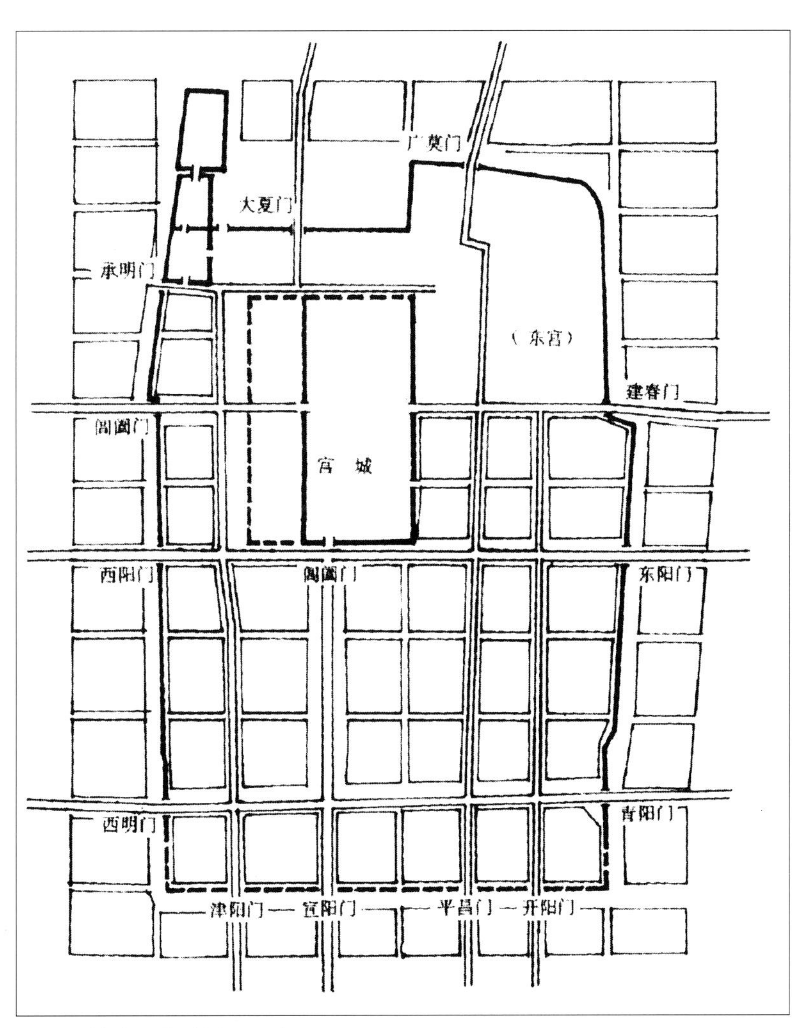

图5 北魏洛阳内城平面示意图

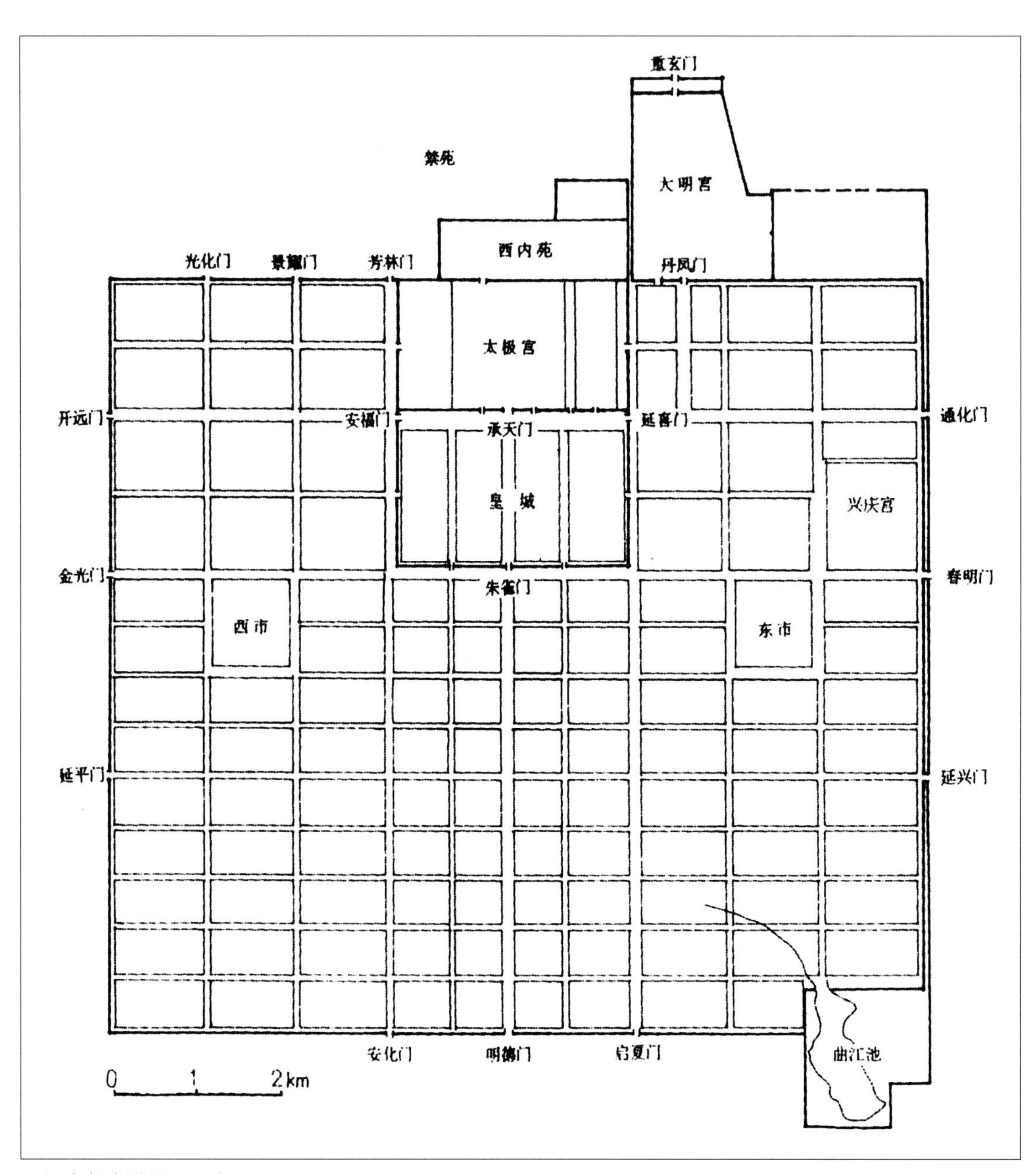

图6 唐长安城平面示意图

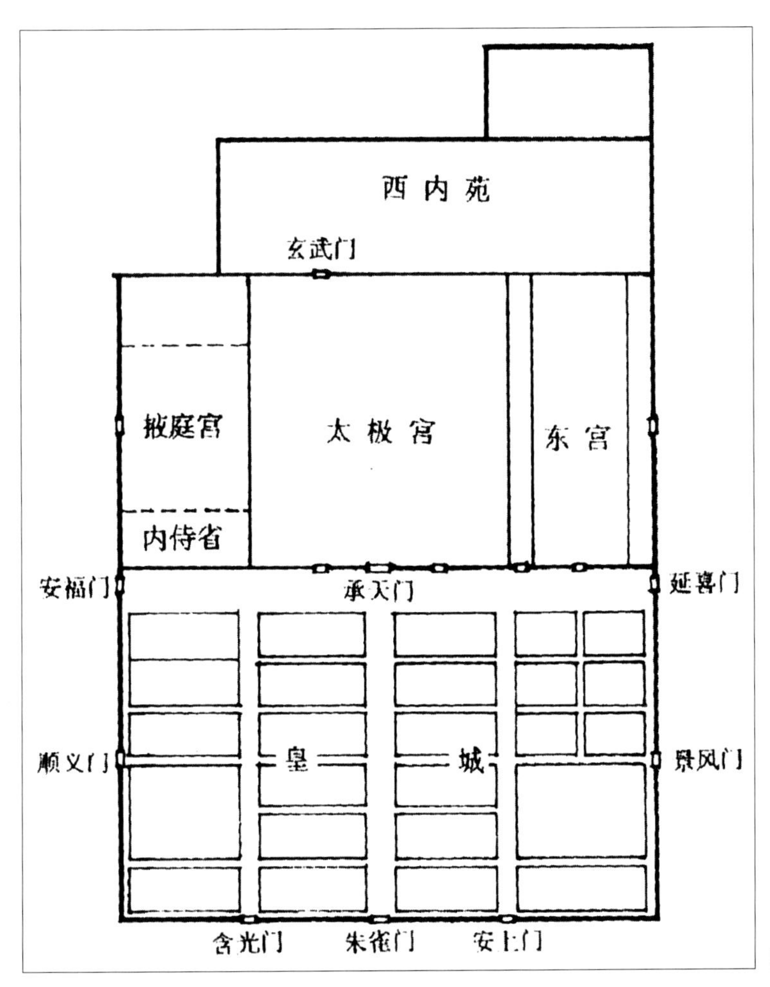

图7 唐长安宫城平面示意图

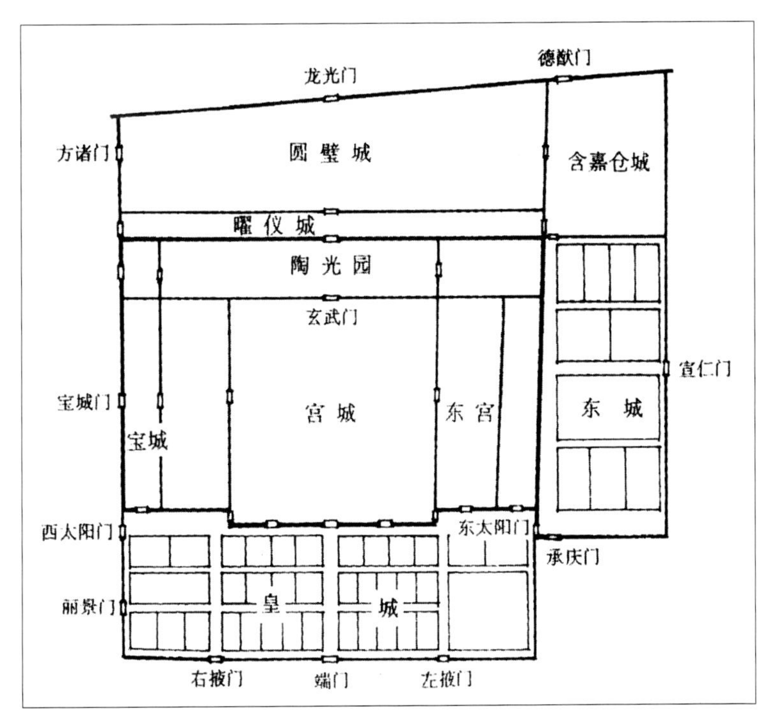

图8 隋东都洛阳宫城平面示意图

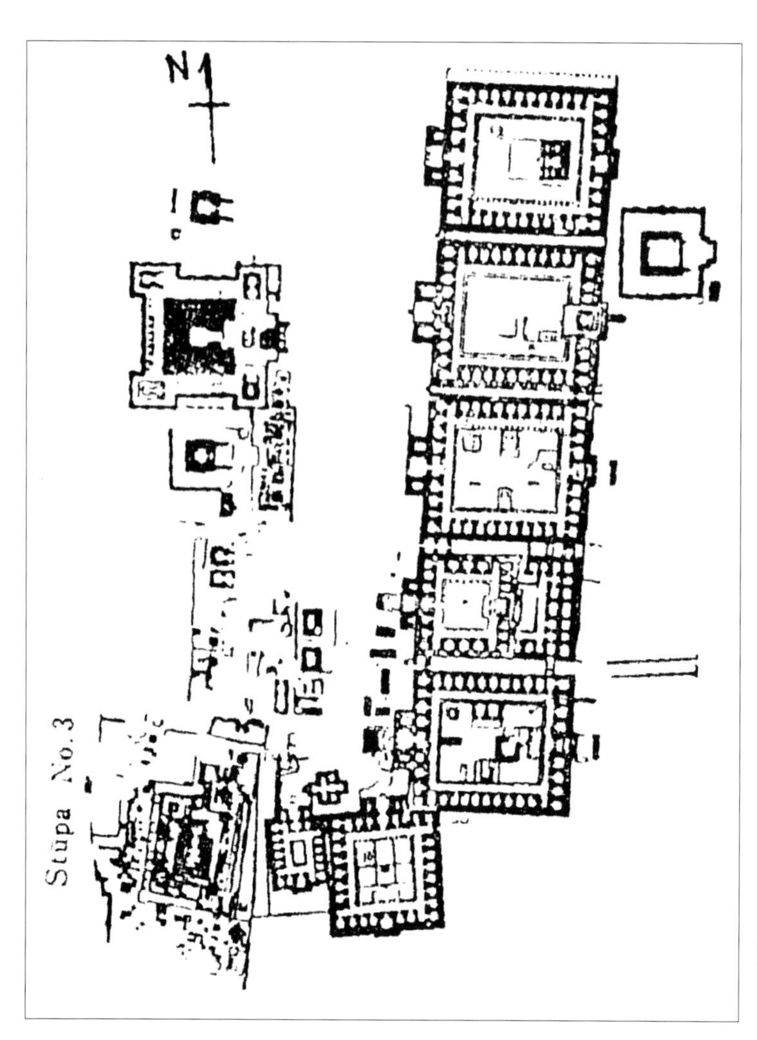

图9　印度那烂陀大寺（创建于5世纪）遗址平面图（引自[日]宫治昭《印度美术史》）

建筑的描述十分相近。由此可见，初唐佛教图经中所描述的佛寺布局实脱胎于当时汉地所流行的规划布局形式。

从《戒坛经》和《寺经》中述及的其他有关著作中的文字，也可看出当时关于印度佛寺布局的叙述已存在明显的混乱。如《戒坛经》记："又检《圣迹记》云，绕祇洹园有一十八寺，并有僧住。又别图云，祇洹一寺，十字巷通于外院。又云寺有二门，一南一东。又云寺有五门。又云七日所成，大房三百口，六十余院。"《寺经》则记："案裕师《圣迹记》，寺开东北二门，绕祇洹院有十八寺。又案《寺诰》云，祇洹一所，四门通彻，十字交过。据今上图，北方无门。以事详之，则前后起造制度各别，随时闻见，既而列之，不足疑怪，此之图经，最初布金绳之作也。"抑或初期佛教僧人们尚着意于叙述印度祇洹寺的情况，后来出于顺应形势、订立规制的目的，便开始托名祇洹，提出各自的设想。《寺经》在篇尾还自我排解道："如有所说，与法不违，佛亦听之"，可知书中所谓依傍祇洹的说法不过是一种幌子。实际上，自灵裕而至道宣，他们所宣扬并提倡的，均为纯粹的中国式佛寺布局，是充分体现传统规划思想、展现本土建筑特点的寺院形象。

三

《戒坛经》现行刊本中的附图（见图1），一向被认为是反映了唐代律宗寺院的布局。将此图与经文描述相对照，图中的中院部分，即中院内各组建筑物的名称及位置，与经文记述相符；别院部分的院落名称除个别字外也与经文记述相同，由此可以确定此图确是此经附图而不是从别处搬过来的。但别院位置以及佛寺总体布局的表现，却与经文记述多有不相符合之处。其中主要的有以下几点：

1. 图中未表现中院之前的东西通衢大巷，自然也就无法表现以通衢大巷划分南北功能分区的总体布局特点以及通衢大巷以南分别通向寺南三门的三条道路、和分布在这三条道路东西两侧的二十六所别院。

2. 图中将文中所述位于通衢大巷以南、中门至南大门大路两侧的两组别院，移到了中院的东西两侧，而位于中院东西两侧的两组别院反被安置在其东西外侧；文中所述位于通衢大巷以南、东门之左和西门之右的两组院落，在图中则作横向排列。

3. 图中在中院的东西北三侧绘有三周房，《戒坛经》中不见这方面的记述。《寺经》中记有绕佛院东西北三面的明僧院（即绕佛房），应是相同性质的建筑物，但未见环绕三周的记载，此处依据何在，尚属未知。

4. 《戒坛经》经文中并未述及东侧供僧院，但附图中在佛院之东绘有一组院落，与佛院相隔以一条南北大路。院落中列出果园、净厨、饭库、油面库、仓库等名称，与《寺经》中关于供僧院的记述性质相近，但院落与建筑物的数量又相对太少（见前文引文）。

从上述《戒坛经》附图与经文的不符之处，可以看出附图并没有忠实依照经文的描述进行绘制。附图作者或许认为图中所现是否与经文完全相符并非至关紧要，因而在作图时对经文中的有关描述做了取舍，改变了一些他认为与当时的佛寺形象不相符的布局内容（如通衢大道以南的部分），使图中的佛寺符合人们所熟知的形象；或许作者并未彻底弄清经文所述的佛寺布局，而是凭借大致的印象并在作图时发挥了自己的想象。按照这幅附图中的建筑及配景形象来看，作图年代在南宋绍兴年间是有可能的。当时除流传至今的《戒坛经》和《寺经》外是否还有其他版本及同类性质的著作流行，不得而知。不过可以推测，南宋时期的佛寺布局有可能已不再采用这种以东西向通衢大巷划分南北功能分区的做法。总之，附图作者未能完整地、确切地表现图经经文中所描述的佛寺布局形式，使后人对初唐僧人所提出的佛寺规划思想缺乏正确的了解，这不能不说是一种贻误。

四

《寺经》与《戒坛经》所述的佛寺布局，虽然只是一种构想，与初唐佛寺的实际

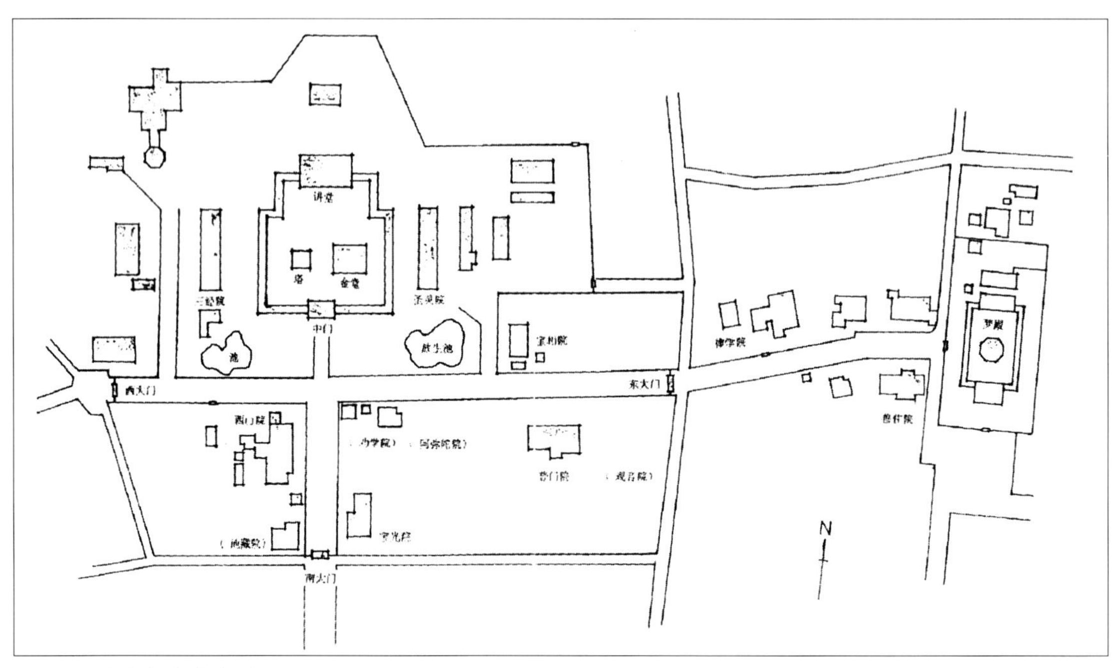

图10 日本奈良法隆寺平面图

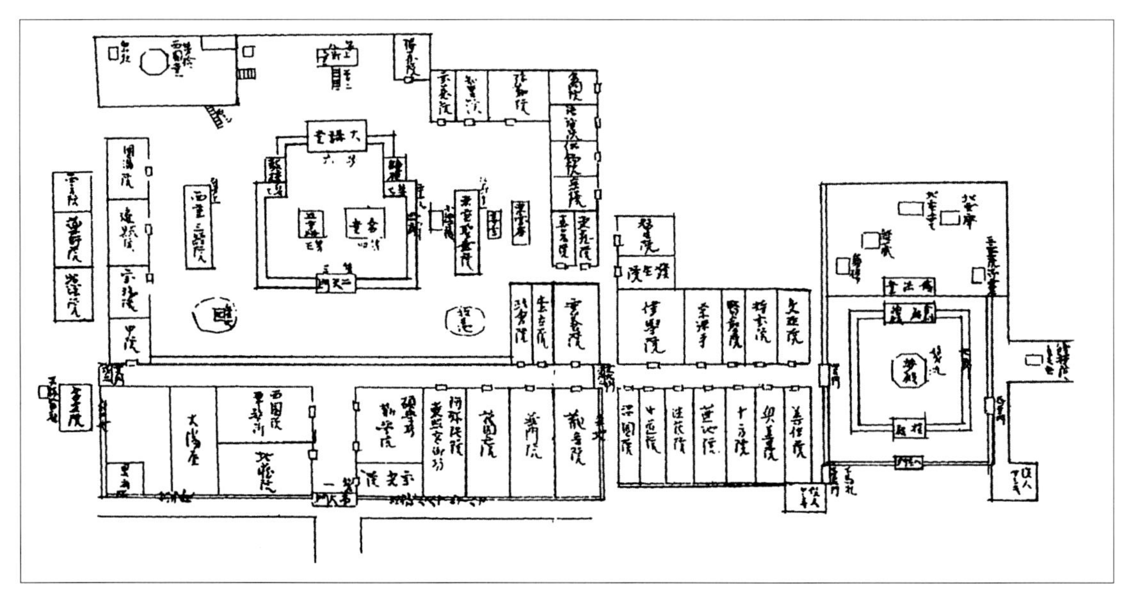
图11 日本奈良法隆寺古平面图（法隆寺藏）

情形有一定的差距。但南山律宗，特别是道宣本人在当时佛教界及社会上的地位很高，他写作此书，正为“开张视听”、“致诸教中，树立祇洹”之目的，因此当时的佛寺建造，必然会在一定程度上受其影响，对于唐代佛寺规制的形成，也会起到相当大的作用。据文献记载，唐代佛寺多有以“院”或“区”的数量预定规制的做法，如玄宗天宝十五年（756）敕建成都大圣慈寺，“并为立规制，凡九十六院八千五百区”[6]，代宗大历二年（767）内侍鱼朝恩以长安城东御赐庄园立章敬寺，“总四千一百三十余间，四十八院”[7]。可知唐代佛寺的建立确有规制，依佛寺规模大小、等级高低而定。由于我国已没有唐代佛寺的整体遗存，考古发掘中也未发现完整的早期寺院遗址，史料中又缺乏这方面的具体记载，因此，佛寺规制的具体内容，及其与初唐时期佛教僧人提出的有关构想有怎样的联系，这个问题还有待进一步的发现和研究。但这两部图经对佛寺规制的确立所起到的承启作用及影响，是可以肯定的。

日本奈良法隆寺是日本最古老的佛寺遗存，始建于6世纪，中院的主要建筑物，如金堂、五重塔等，重建于8世纪初（元明天皇和铜年间，约710年左右），相当于我国初唐后期。虽然寺内现存建筑物的建造年代多有不同，但佛寺的总体布局自8世纪起便基本确定[8]，其总体布局形式明显具有依东西向通衢大巷南北分区的特点。大巷以北是中院和两侧的院落，大巷以南及中院中门至寺院南大门之间的大道两侧，分列多所院落，这些都与图经所述的佛寺布局颇为相合（图10、11）[9]。自653—702年，正是日本为了借鉴大唐律令以制定本国制度律令向中国频派遣唐使的时期，如前述，《戒坛经》与《寺经》的写作都在乾封二年（667），因此，当法隆寺和铜年间再建时，这两部图经有可能已经传入日本并对日本佛寺的建造产生影响。《寺经》卷后记此书刊本曾两次得自日本[10]，也证实了图经在日本的长期流传。这是一个值得注意与研究的问题。

1996年

注释

[1]见《续高僧传》卷九《灵裕传》，《大正大藏经》NO.2060, p.497。

[2]唐玄奘（600—664年）所著《大唐西域记》卷六《室罗伐悉底国•逝多林给孤独园》亦记“城南五六里有逝多林，是给孤独园”。按校注文，室罗伐悉底旧译舍卫，其地即法显所谓拘萨罗国舍卫城。《大唐西域记校注》卷六，中华书局版，p.488、482。

[3]《寺经》记：“隋初魏郡灵裕法师，名行夙彰，风操贞远，撰述《寺诰》，具引祇洹。然以人代寂寥，经籍罕备，法律通会，缘叙未伦。……（此所传者）见始及终，止过晦朔。亲受遗寄，弘护在怀。……流此图经，传之后叶。庶或见者，知有所归。辄录由来，无昧宗绪。”意为灵裕撰写《寺诰》时经书不全，依据不足，叙述不明；而《寺经》所撰，乃另有所本。但《寺经》经文中多处提到并引用灵裕《寺诰》中的叙述，如在描述大院院墙时引：“案《寺诰》云，外面重院，墙外表三归依止外护相；内一重院，墙内表三

宝因果归镜相。……”在描述大院东门时引：“案《寺诰》云，此门宏壮者，表始信入道之处也。”在描述中院西侧别院时则曰：“裕师又说，次小巷北第二院，名圣人病坊院。”据此可知《寺经》的撰写实际上还是参照了灵裕的《寺诰》。

[4]《戒坛经》记：“余以恒俗所闻，唯存声说。……故示现图，开张视听。更有广相，如别所存。今略显之，且救恒要。”似乎便包含了这种意图在内。

[5]按大型宅邸依制不可开设东西大巷，否则即为僭越。《北齐书》卷13〈清河王岳传〉记：“（高）岳于城南起宅，厅事后开巷。（高）归彦奏帝曰：清河造宅，僭拟帝宫，制为永巷，但唯无阙耳。显祖闻而恶之，渐以疏岳。”说明这种逾制的做法曾出现在王府等大型邸宅中。中华书局标点本，① p.176。

[6]《佛祖统记》卷40。

[7]《长安志》卷10。中华书局影印《宋元方志丛刊》，第一卷第130页。

[8]据日本建筑史学家研究考证，法隆寺东大门建于8世纪前半（约740），与东院同时；南大门虽经白河天皇（约1100）、花园天皇（约1321年）二次重建，但未见在总体布局中位置变化的记载；西大门现状为元禄十年（1697）建四足门，但据考证原状与东大门同为八脚门，建造年代也应与之相近。见(日)伊东忠泰：《日本建筑的研究上》，昭和17年版。

[9]图版来源同上。

[10]《寺经》卷末记：“此书唐季已佚，北宋中叶得自海外，南宋以后又佚不传，今仍得自东瀛。……卷首原有彼国天和元年（1681）辛酉比丘宝觉重刻序文。”

北魏洛阳永宁寺塔复原探讨

北魏洛阳永宁寺塔复原探讨

（原载《文物》1998年第5期）

北魏孝文帝太和十七年（493）定迁都之计，经始洛京，作都城制，“城内唯拟一永宁寺地，郭内唯拟尼寺一所，余悉城郭之外”[1]。据此可知永宁寺是北魏孝文帝自平城迁都洛阳后首拟建造的国家大寺，也是唯一计划在城内建造的佛寺。但此寺于23年后（孝明帝熙平元年，516年）方始起造，时洛阳城内已是佛寺林立。作为寺内主体建筑的九层佛塔，于神龟二年（519）建成，是当时体量最大的佛塔，“去京师百里，已遥见之”。至永熙三年（534年，即北魏亡覆之年）二月，佛塔遭雷击后起火尽焚，仅存在了18年。

1979年，中国社会科学院考古研究所洛阳工作队对永宁寺塔基进行了发掘，对于佛塔的平面形式及结构做法，有了实际的认识。之后考古所的杨鸿勋先生曾做过复原研究，发表了《关于北魏洛阳永宁寺塔复原草图的说明》一文（《文物》1992年9期）。

本文拟从建筑设计的角度，对永宁寺塔的高度、比例、构架及结构做法等做一些探讨。旨在通过复原探讨，对北魏中后期木构佛塔的设计、技术及风格演变取得一定认识。

一 复原依据与参照

永宁寺塔的复原依据主要为文献记载与考古资料两方面。

（一）文献记载

已知北朝文献中，有三处关于永宁寺塔的记载：

1.魏收《魏书·释老志》：“肃宗熙平中，于城内太社西，起永宁寺。灵太后亲率百僚，表基立刹。佛图九层，高四十余丈，其诸费用，不可胜计。”[2]

2.郦道元《水经注·谷水》：“水西有永宁寺，熙平中始创也，作九层浮图。浮图下基方一十四丈，自金露柈下至地四十九丈。取法代都七级而又高广之。”[3]

3.杨衒之《洛阳伽蓝记》：“永宁寺，熙平元年灵太后胡氏所立也，在宫前阊阖门南一里御道西。……中有九层浮图一所，架木为之，举高九十丈。上有金刹，复高十丈，合去地一千尺。……刹上有金宝瓶，容二十五斛。宝瓶下有承露金盘一十一重，周匝皆垂金铎。复有铁锁四道，引刹向浮图四角。……浮图有九级，角角皆悬金铎，合上下有一百二十铎。浮图有四面，面有三户六牕。户皆朱漆，扉上各有五行金铃（釘），合有五千四百枚。复有金环铺首，……”[4]

（二）考古资料

1962年，中国社会科学院考古研究所洛阳工作队对汉魏洛阳城址进行探查，发表《汉魏洛阳城初步勘查》（《考古》1973年第4期）；1979年，发掘位于永宁寺遗址中心的佛塔基址，发表《北魏永宁寺塔基发掘简报》（《考古》1981年3期）；1996年，出版《北魏洛阳永宁寺1979～1994年考古发掘报告》（中国大百科全书出版社版）。

《报告》中记述永宁寺遗址方位和佛塔基址情况与《勘查》《简报》一致且更为详细，现简述如下：

永宁寺遗址东距汉魏洛阳故城的南北干道铜驼街250米，东北距宫城南门约1公里。

塔基位于佛寺遗址的中部偏南。

塔基有上下两层夯土台基。下层台基东西广101.2米，南北宽97.8米，高逾2.5米，是地面以下的基础部分；上层台基位于下层台基正中，四周包砌青石，长宽均为38.2米，高2.2米，是地面以上的基座部分。上层台基的四面正中，各有一条斜坡慢道通向地面，宽约4.5米，长约8.3米。

上层台基上有124个方形柱础遗迹，内有碳化木柱残迹及部分石础。柱础按内外五圈同心正方形的形式布列：最内一圈16个，4个一组，分布四角；第二圈12个，每面4柱；第三圈20个，每面6柱；第四圈28个，每面8柱；第五圈为檐柱，共48个柱位，每面12柱（各圈柱距见表1）。第四圈木柱以内，是土坯垒砌的方形实体，残长19.8米，残高3.7米，东、西、南三侧壁面的当中五间，各有佛龛遗迹，北侧壁面不见佛龛，但存壁柱遗迹。外圈檐柱间尚存部分檐墙，厚1.1米，内壁彩绘，外壁涂朱。据墙基处门窗遗迹，塔身每面九间分为三组，每组正中开门、左右置窗（图1）。

塔基遗址出土了陶质与石质等各类建筑材料，如壁画，砖、瓦，台帮石、石础、铺地石，石雕螭首、栏板等，其中多为残块。

考古发掘在一些方面，如佛寺位置、佛塔平面规模、塔身各面开间门窗等，与文献记载相吻合。两者互证，构成了复原探讨的基础。根据文献记载，可以大致了解佛塔的高度（下面还要探讨）、层数、间数和一些局部做法；通过考古发掘，能够比较确切地知道塔基的尺寸和构造方式、底层柱网布置、塔心实体的范围与向上的趋势，塔身的结构材料以及一部分细部做法与构件形式。据此可以对佛塔的柱网布置、上层规模、构架形式及一部分做法作出复原推测。 但必须承认，复原中存在着大量不可知因素。如木塔

图1-1 北魏洛阳永宁寺塔基遗址

为大火所焚，木构件不存，塔身层高、出檐、构件（如柱子、斗栱、门窗、平坐、塔刹等）的尺寸与形式，均无实证，只能参照形象资料，依个人判断进行推测和选择。北魏时期的造像塔，北朝石窟中的佛塔等建筑形象及表现建筑空间的细部做法，北魏洛阳故城的其他建筑遗址等，均可用做复原参照；日本飞鸟时期（6世纪末至7世纪初）在经由百济传入的中国南朝佛教建筑文化影响下出现的飞鸟式建筑，至今尚存6例，其建筑特点与设计手法也是复原中不可忽略的参照因素[5]。

二 复原尺度

已知北魏尺度有前、中、后三种，分别为27.88、27.97和29.59厘米[6]，用以折算塔基面方38.2米，为13.7、13.66和12.91丈，其中用前尺折算的结果与《水经注》所记“方一十四丈”相对接近，但与建塔年代不符。据实际情形推测，建塔时也不应采用这样的零数。古代营造尺度与官颁尺度的关系，目前尚不清楚。因此，考虑从塔基实测尺寸中去寻找当时可能使用的营造尺度。通过分析，发现以0.2727米/魏尺折算塔基、塔身开间、出土构件等实测尺寸，所得数据大多较为完整（表1、表2），且与文献记载相符。据此，采用这一尺度作为复原设计中的尺度（以尺为单位），复原设计中加以调整的部分数据在表中表示为调整尺寸，并回折成米，与实测尺寸比较。

据宋《营造法式》，知中国古代建筑在设计中以材分为模数；对唐代实例的分析，证实唐代建筑已运用材分模数进行设计。南北朝时期的建筑由于缺乏实例，尚无法证实这一点。但日本飞鸟式建筑中，已知奈良法隆寺金堂和五重塔，均以0.75×0.6高丽尺作为基本构件截面尺寸，同时用0.75高丽尺（材高）作为平面与高度设计的基本模数，而这应是间接传自南北朝的做法[7]；北齐遗物所见，已有形式复杂的双抄斗栱[8]。据此推

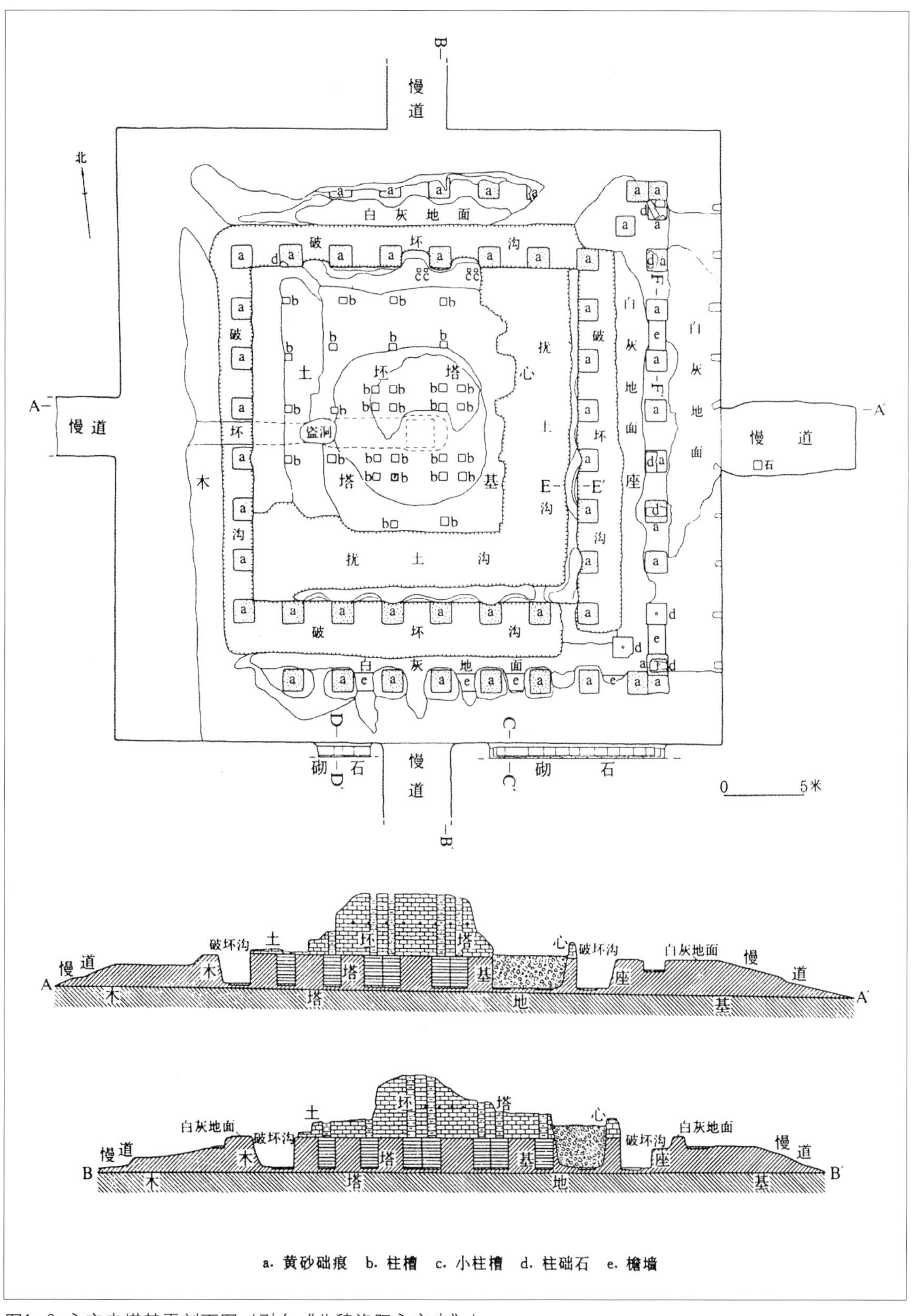

图1-2 永宁寺塔基平剖面图（引自《北魏洛阳永宁寺》）

表1　永宁寺塔基建筑尺寸　0.2727米/魏尺（括号中为0.275米/魏尺）

部位	实测尺寸（米）	折合魏尺（丈）	复原尺寸(丈)	回折成米/误差率
塔基地基	101.2×97.8	37.11×35.86	37.00×37.00	100.9/0.3%～3%
基座	38.2×38.2×2.2	14.00×14.00×0.806(0.80)		
慢道长	8.3	3.04	3.00	8.18/1.4%
宽	4.5	1.65		
一圈（塔心）础距	1.15、2.95	0.42　1.08	0.40　1.10	1.09/5% 3.00/1.7%
边柱础距	5.25	1.93	1.90	5.18/1.3%
二圈础距	3～4	1.1～1.47	1.1　1.45	3.00 3.95/1.3%
边柱础距	10.5～11	3.85～4.03	3.90	10.63/1.2%～3.4%
一～二圈柱础进深	2.5～2.8	0.92～1.03	1.00	2.73/1.8%～9%
三圈础距	3、3.5	1.10　1.28	1.10　1.30	3 3.54/1.1%
边柱础距	16	5.87	5.90	16.09/0.6%
二～三圈柱础进深	2.5～2.75 [1]	0.92	1.00	2.73/1.8%～9%
四圈础距	3	1.10		
边柱础距	21	7.70		
三～四圈柱础进深	2.75	1.01	1.00	2.73/0.7%
五圈（檐柱）础距	3	1.10		
边柱础距	29.4[2]	10.80		
四～五圈柱础进深	4.1～4.2	1.50～1.54	1.50	4.09/0.2%～2.6%
塔心体组柱中距	3	1.10		
檐墙厚	1.1	0.40		

[1]《报告》中所列仅为2.50米，此处据二圈边柱柱距（10.5—11米）与三圈边柱柱距（16米）之差，定为2.50—2.75米。

[2]《报告》中所列为30米。按此计算，梢间外柱与边柱距离为（30－3×9）/2＝1.5米，与塔基柱础方1.2米、遗址平面转角部分柱础相并的情况不符，而四圈边柱柱距与四～五圈柱础进深之和为21＋4.2×2＝29.4米，与上述情况是相符的，故复原中采用这一数据。

表2　永宁寺塔基出土构件尺寸　0.2727米/魏尺（0.275米/魏尺）

构件名称	实测尺寸（厘米）	折合魏尺（尺）	调整尺寸
塔基包边	70	2.57(2.5)	
青石宽	50	1.83	
厚	26～28	0.95～1.03	1.00
长	60～90	2.2～3.3	
慢道铺地石	54×53	1.98×1.94	2.00×2.00
塔心木柱	约50×50	1.83	1.80
础石	120×120×60	4.4×4.4×2.2	
檐柱础石卯孔	16	0.59	0.60
塔心体北侧柱槽	20×20	0.73×0.73	
并柱中距	40	1.47	1.50
土坯	49×22×9	1.80×0.81×0.33	1.80×0.80×0.33

测，北魏时期除以丈尺确定大的构架尺寸之外， 栱、枋等基本构件应采用统一截面，并有可能以截面的高度（材高）作为构架及构件的设计模数。

已知古代木构建筑实例中，用材最大的是唐代佛光寺大殿、辽代奉国寺大殿和五代华林寺大殿三例，材高均为30厘米。其中华林寺大殿实际构件的最大高度为34厘米。以九层木塔的体量，用材规制必更为可观。北魏时期是否已有固定的栔高，尚未可知，今为方便计算，定材高1.5尺，合40.9厘米；材宽1尺，合27.3厘米；栔高0.75尺， 合20.5厘米。

三 平面复原

1.底层平面

按照表1中的调整尺寸确定佛塔底层柱网平面尺寸如下（内外柱圈依循《报告》中的排序，描述内圈柱距时借用“间广”、“面阔”、“梢间”等名词）：

第五圈（檐柱）每面九间，间广11尺，梢间外柱距边柱（角柱）4.5尺，面阔10.8尺 ；

第四圈每面七间，间广11尺，面阔77尺；

第三圈每面五间，当中三间间广11尺，梢间间广13尺，面阔59尺；

第二圈每面三间，心间间广11尺，梢间间广14尺，面阔39尺；

第一圈（塔心）4组16柱，组距11尺，柱距4尺，总阔19尺。

另外，在第四、五圈之间的角柱连线上，各有一柱，《报告》中未注明其确切坐标，据图1，确定为距第四圈8尺、距第五圈7尺（垂直距离）。

文献记载此塔可登临[9]，《报告》记述塔心实体北面有排柱痕迹，并疑为上塔梯道的遗留，是正确的。塔心实体的北面设登塔梯道，东、西、南三面当中五间设佛龛。

台基面阔14丈，高8尺；台基边缘有望柱栏板；台基四面正中为慢道，长3丈，宽1.5丈，坡度为15°（《报告》记述慢道坡度为8°，疑有误，从《报告》图版五中可见东面慢道直通台基顶面）。

据此绘制底层平面复原图（图2）。

2.上层平面

中国古代楼阁式佛塔以及日本飞鸟奈良时期木构佛塔的塔身基本为直线收分，自下而上层层向内收入，各层檐口的连线为一条直线。如奈良法隆寺五重塔，每层面阔均比下层减少3材（合2.25高丽尺）。

复原中考虑塔身面阔逐层减少4.5尺（亦合3材），间广逐层减少0.5尺。据《报告》，塔心实体呈向上收分的趋势，故第四圈柱的位置亦逐层内收，面阔逐层减少3.5

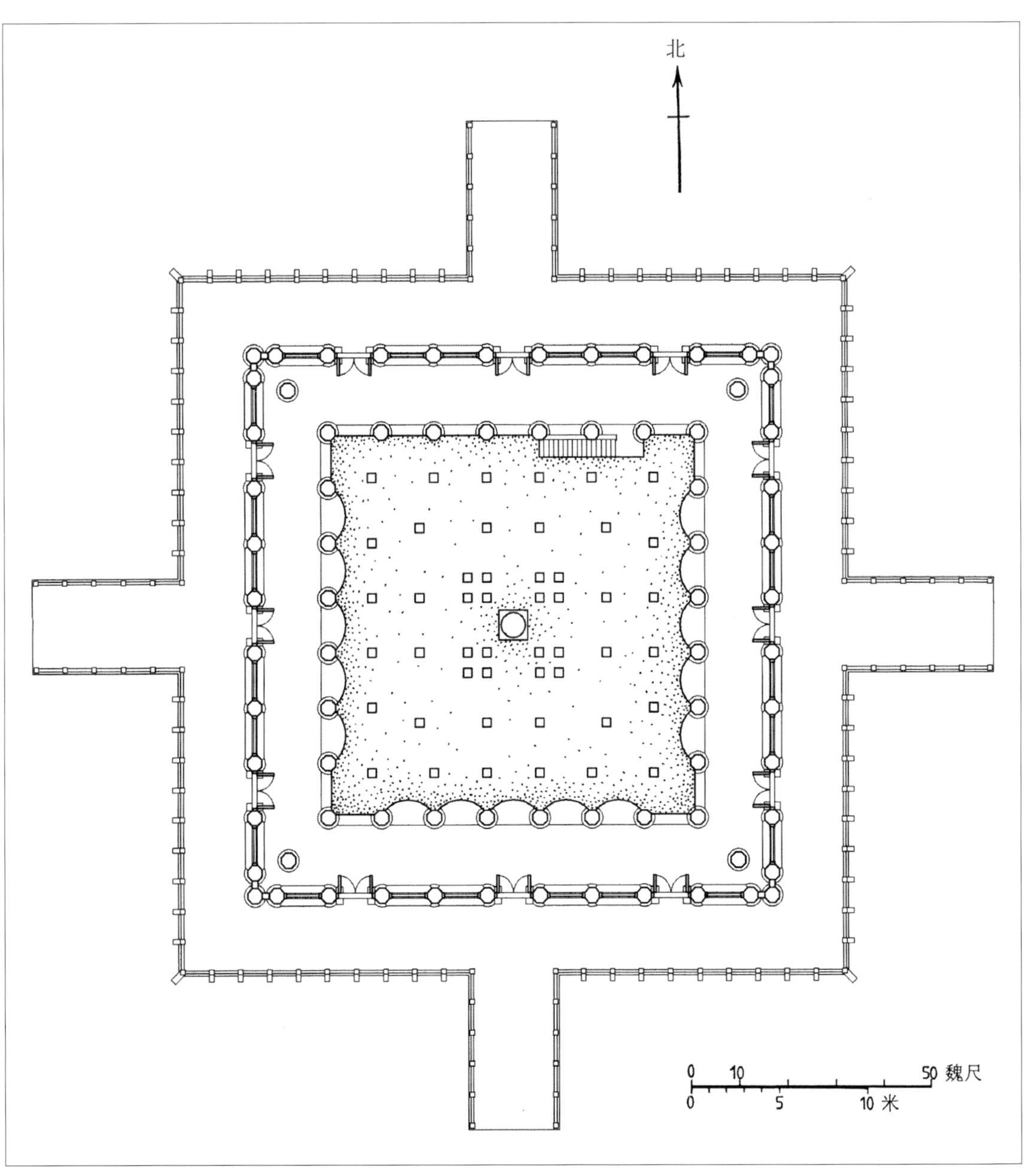

图2 北魏洛阳永宁寺塔底层平面复原图

尺，间广逐层减少0.5尺。第四、五圈柱之间的进深不变。位于塔心实体内的第二、三圈柱到六层为止，七层以上只余第一、四、五圈柱。土坯砌筑的塔心实体到七层为止。塔身平面复原尺寸详见表3。

表3　塔身各层面阔及内圈柱距复原（单位：魏尺）

	第五圈（檐柱）	第四圈	第三圈	第二圈	第一圈
底层	11×9+4.5×2=108	11×7=77	11×3+2×13=59	11+14×2=39	11+4×2=19
二层	10.5×9+4.5×2=103.5	10.5×7=73.5	10.5×3+2×12.5=56.5	10.5+13.5×2=37.5	10+4×2=18
三层	10×9+4.5×2=99	10×7=70	10×3+2×12=54	10+13×2=36	9+4×2=17
四层	9.5×9+4.5×2=94.5	9.5×7=66.5	9.5×3+2×11.5=51.5	9.5+12.5×2=34.5	9+3.5×2=16
五层	9×9+4.5×2=90	9×7=63	9×3+2×11=49	9+12×2=33	8+3.5×2=15
六层	8.5×9+4.5×2=85.5	8.5×7=59.5	8.5×3+2×10.5=46.5	8.5+11.5×2=31.5	8+3×2=14
七层	8×9+4.5×2=81	8×7=56	8×3+2×10=44	8+11×2=30	8+3×2=14
八层	7.5×9+4.5×2=76.5	7.5×7=52.5	7.5×3+2×9.5=41.5	7.5+10.5×2=28.5	7+3×2=13
九层	7×9+4.5×2=72	7×7=49	7×3+2×9=39	7+10×2=27	7+3×2=13

四　立面复原

1. 佛塔高度

文献记载塔身九层，未见异议；但塔身高度，说法不一。

魏收记洛阳永宁寺塔高“四十余丈”，数字不确。同卷记平城永宁寺七层浮图的高度，也用“三百余尺”，但记平城三级石浮图“高十丈”，又记洛阳伊阙石窟开山高广，均有确切数字，如三百一十尺、二百四十尺等。故魏说之不确，可能在于作书时未获准确数据，而且没有把握的仅是尾数。

郦道元记“浮图下基方一十四丈，自金露柈下至地四十九丈”，并说明是“取法代都七级而又高广之”。台基尺寸可以丈量，塔身高度则不易量测。郦说之确，若非数据得自他人记载或匠师之口，便是去零取整的概数[10]。与魏说相证，二者皆属可信。

杨衒之认为塔高九十丈，合刹高共一百丈，与魏、郦二说相去甚远。查《洛阳伽蓝记》中所记其他佛塔高度：景明寺七层浮图“去地百仞”，合七十丈；五层浮图（如瑶光寺、秦太上公寺等），皆高五十丈。似均以层高十丈，再以塔高几层倍之而得。依层高加倍已属误算（因各层高度不应相同），不论塔身几级、面阔几间、基方几何，一律以层高十丈计，更为大谬。故就塔高而言，杨说不足信。

复原中取郦道元“金露柈下至地四十九丈”说。但其中有两处疑问。

一是“金露柈下”所指何处？佛塔的高度，通常由台基、塔身与塔刹三部分组成。其中底层地面以下为台基部分，底层地面至顶层屋脊之间为塔身部分，顶层屋脊以上为

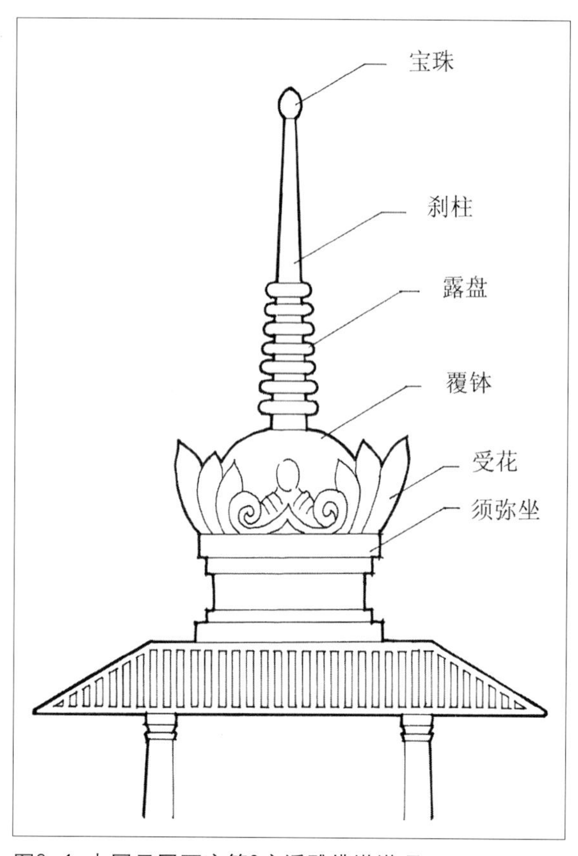

图3-1 大同云冈石窟第2窟浮雕佛塔塔顶

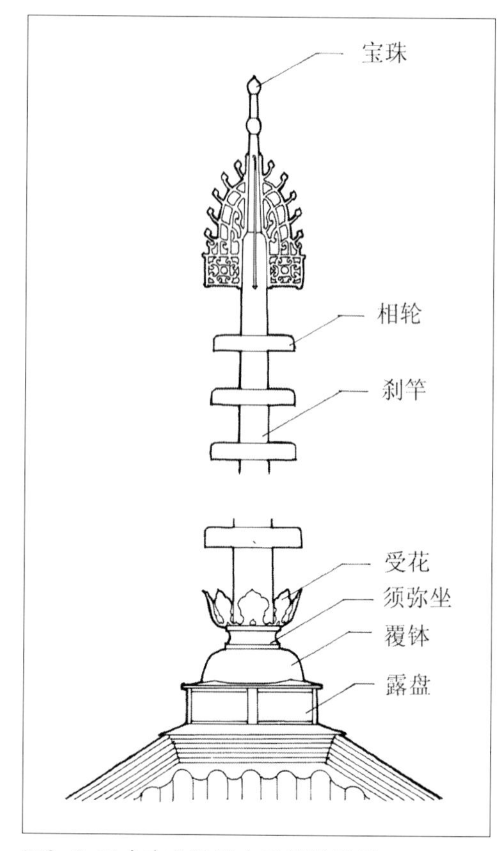

图3-2 日本奈良法隆寺五重塔塔顶

塔刹部分。现知北魏佛塔形象中，顶层屋脊以上依次为须弥座、受花、覆钵、刹柱、露盘（相轮）、宝瓶（宝珠）等（图3-1）。《洛阳伽蓝记》中记永宁寺塔“（刹上）宝瓶下有承露盘一十一重”。这里的“承露盘”是否郦说中的“金露柈”呢？如是，则“金露柈下”指的便是刹柱上最底层露盘的底部。这一部位既非塔身与塔刹分界处，亦非刹柱与覆钵交接处，更与塔身结构无涉。确指这一部位至地面的高度，令人费解。而日本飞鸟奈良期佛塔的顶层屋脊之上，依次为露盘（又称地盘、伏盘）、伏钵（覆钵）、平头（须弥腰）、受花（请花）和刹柱、九轮、宝珠等（图3-2）。露盘之下正是塔顶屋脊上皮，其距地高度也正是通常概念中的塔身高度。但这种脊上置金属方盘、上承覆钵、须弥座的塔顶形式在所知北朝佛塔形象中不存[11]；查南朝文献，塔上露盘也是仰盘，是《洛阳伽蓝记》中的“承露盘”，不是日本佛塔上加盖的覆盘[12]。因此，无论怎样不解，复原中的“金露柈”仍只能是刹柱上的“承露盘”，其中疑问只有待考。

二是“金露柈下至地四十九丈”的“地”是指塔身底层的室内地面，还是指塔基下的室外地面。虽然所差只是塔基的高度0.8丈，但涉及的还是设计方法问题。如前述，佛塔的三个组成部分，在设计上应各自独立。对日本飞鸟式塔设计规律的分析也表明塔身高度是从塔的底层地面算起[13]。因此在复原中，这一高度为露盘下至底层室内地面的高度。

2. 塔身比例

郦说中有“取法代都七级而又高广之”的说法，意即洛阳永宁寺塔的设计是参照了平城永宁寺塔的规制并在其基础上加大了体量。关于平城永宁寺塔，仅《魏书》中记载其高“三百余尺”，今暂按塔身高31丈估测；遗址未见，平面不详，据郦说，可知其规模小于洛阳永宁寺塔，今暂按间广1丈计，若面阔五间，塔身高阔比（塔身高度与底层面阔之比）为：31/5＝6.2∶1；若面阔七间，则为31/7＝4.43∶1。查现知北魏平城佛塔形象，塔身高阔比没有超过5∶1者[14]。故平城永宁寺塔很可能是面阔七间、塔身高阔比在4.5∶1左右。前述洛阳永宁寺塔底层面阔为10.8丈，姑且按塔身高49丈计，高阔比为4.54∶1，与平城永宁寺塔的塔身比例大致相符，也证明《水经注》中所言不虚。

另据日本学者记述，建于奈良时期的奈良东大寺七重木塔（750年前后）底层面阔五丈半许，总高三十三丈余，相轮高八丈八尺许[15]。计塔身高二十四丈许，高阔比约为4.36∶1，与上面推测的北魏塔身比例也很接近。

3. 层高设计

文献记载塔身各层有门，则门外应有外设勾栏的平坐。因此，塔身各层层高实际上包括三部分的高度：檐柱高、铺作层高与平坐层高。另外，底层檐口的距地高度应大于与二层檐口之间的距离，否则底层显得低矮压抑；塔身层高逐层递减，但铺作层高度因采用固定材高，不可能逐层变化；依此推算塔身的各层层高（表4）。

表4　塔身各层层高、柱高、铺作高及平坐高复原　（单位：魏尺/材高）

	层　高	柱　高	铺 作 高	平 坐 高
底　层	70.5/47	37.5/25	16.5/11	16.5/11
二　层	51/34	21/14	13.5/9	16.5/11
三　层	49.5/33	19.5/13	13.5/9	16.5/11
四　层	48/32	18.75/12.5	13.5/9	15.75/10.5
五　层	46.5/31	17.25/11.5	13.5/9	15.75/10.5
六　层	45/30	16.5/11	12.75/8.5	15.75/10.5
七　层	43.5/29	15.75/10.5	12.75/8.5	15/10
八　层	42/28	15/10	12.75/8.5	14.25/9.5
九层（含塔顶）	54/36	14.25/9.5	12/8	屋架27.75/18.5
塔身高	450/300			
塔顶至露盘底	40			
总　高	490			

此塔开间比例狭高，应是由于高层建筑为承受上部巨大荷载而采取了柱网加密的做法。这种情况在汉代石阙以及魏晋至隋唐的阙门、楼阁形象中都可见到。永宁寺南门

遗址当中五间间广为6.85米（合2.5丈），梢间广5.6米（合2丈），而塔基间广仅为3米（合1.1丈），可知当时佛塔与殿堂的设计有不同规制，不能套用一般殿堂建筑层高与间广的比例概念。

五 构架复原

1.洛阳永宁寺塔的结构特点

自南北对峙，北魏与南朝政权竞相建造大型建筑物以争雄。政治上的需求促使南北建筑技术进入新的发展时期。

南朝宋孝武帝时（454—465）造建康庄严寺七层塔。

北魏献文帝皇兴元年（467）造平城永宁寺七层塔，“高三百余尺，基架博敞，为天下第一”[16]，体量当超过建康庄严寺塔。

宋明帝泰始七年（471）建湘宫寺，“欲造十级浮图而不能，乃分为二”[17]。说明当时南朝境内尚不具备建造大体量佛塔的技术条件。

北魏迁洛之后建造的佛塔（如瑶光寺、胡统寺、秦太上君寺、秦太上公寺塔等），都只有五级。直到孝明帝时才开始建造永宁寺九层大塔（516）。

梁武帝大通元年（527）造建康同泰寺九层塔[18]，比洛阳永宁寺塔晚了11年。

南北两地的佛塔，依现知材料分析，在结构做法上是有所不同的。

山西大同方山思远浮图遗址与辽宁朝阳北塔下北魏塔基（据称即文明太后所建思燕浮图）所见，均有中心土台，云冈石窟第1、2窟中心塔柱所示，也是中心实体、外围木构的情形，表明当时建塔仍继承秦汉以来台榭建筑依附高台架立木构、借助高台体量获得大型木构建筑外观的传统做法。从北魏佛教石窟中心方柱窟的分布，可知这也是北魏境内流行的佛塔形式。

现存日本飞鸟、奈良时期的木构佛塔实例，皆为纯木构形式。底层面阔不过三间（不含副阶），角梁、檐椽均向中心刹柱幅凑，倾斜如屋面，其上置地脚圈梁一道（柱盘），上立柱。塔的上层不供登临，层高低矮，结构与底层同。文献记载东晋立塔，先行立刹，然后依傍中心刹柱，逐层架立；甚至可以先建一层，日后再加建至三层[19]，推测即是这种结构形式之滥觞。这也应是南朝佛塔常用的结构形式。依日本飞鸟时期佛塔的体量推测，南朝佛塔在层数相同的情况下，体量会比北魏佛塔小得多[20]。其中结构做法上的限定，是一个主要原因。

如上述，在拟建洛阳永宁寺塔时，汉地体量最大的佛塔，仍是平城永宁寺的七层塔。但年代相距近50年，地域相距1300里，迁都20余年间，对南方木构建筑技术应已相当熟悉，建筑的整体结构水平亦应有较大提高，在这种情势下，洛阳永宁寺塔在结构做法上应较平城永宁寺塔有所进步，不会完全取法后者。下面试根据塔基遗址对洛阳永宁寺塔的塔身结构特点作初步分析：

塔基遗址的第四圈柱子以内为土坯砌筑的中心实体；中心实体内的柱础遗迹则表明塔身结构已具备完整的木构架体系。这是洛阳永宁寺塔结构做法上的一个突出特点，也是这座佛塔得以建立的技术关键。土坯砌筑的方形实体使佛塔内部保持了传统的空间形式，木构架（井干式铺作层及内三圈柱网）对高阔比为4.6:1的土坯高台起到稳固拉结的作用，两者结合形成塔心中部坚实的木骨土坯实体，使塔身获得空前的巨大体量。对于永宁寺塔这样高阔比悬殊的建筑物，早期台榭那种当中夯土实体、四周嵌立壁柱的做法，在强度上无法达到要求，技术上也不存在实施的可能性，因此塔身平面虽然沿袭了原有形式，但塔身结构有实质不同。可以说，洛阳永宁寺塔的结构方式是以木构架为主、土坯作为填充材料并以自重对整体结构起到稳定作用。无论从内部空间、外观效果，还是从技术上说，这一做法在当时情势下都是合理、先进的。《报告》中提到中心实体内残留有木杠遗迹，据实体残存高度推测，不可能是底层柱头之上的铺作层，或许是在土坯层中隔一定高度加入纫木等构件的遗存。

从塔基遗址还可看出塔身转角结构处理上的特点。在方形平面的建筑中，四隅转角是结构的薄弱部分。秦汉建筑遗址中所见，转角部分通常用双柱，分别承担来自两个方向的枋额，柱身正向出插栱承托檐枋，45°斜向角梁则坐于檐枋的交角之上。永宁寺塔塔基遗址的转角处除保留了传统的双柱之外，在方形平面的四角，即纵横两个方向的檐柱轴线交点上，又设一角柱。这种情况的出现恐与铺作形式的发展相关：汉代建筑中仅见单抄插栱，其上虽可置多重平栱，但出挑长度有限，因而檐枋端头的悬挑长度相应较小，以檐枋交角承托角梁尚无问题；随着铺作出挑长度增加，檐枋悬挑长度加大，强度必然减弱，单纯以檐枋交角承托角梁已不再可行，需增加45°的斜向出挑构件来承托檐枋交角及其上的角梁与出檐部分。因此在双柱之间，沿45°角缝置立一柱，柱头铺作为45°斜向出挑的斗栱。洛阳出土陶屋（6世纪后半叶）与日本飞鸟时期佛塔的转角均用单柱与45°单向出挑的柱头铺作，正反映南北朝后期木构建筑技术上的这种变化，并说明在较小型建筑中，角柱可以不用2＋1的设置方式（抑或为南朝建筑的技术特点）。至隋唐以后，木构技术才发展到能够在转角铺作中同时解决三个方向的斗栱出挑，使角部构造更为完善。作为中国古代木构建筑技术自汉晋至隋唐之间的过渡形式，洛阳永宁寺塔转角三柱的做法，是目前所知的一个重要实例。

据遗址所见，第四圈与第五圈角柱连线的中部，各有一柱。从功能上看，是由于角部采用双柱而导致第四、五圈之间柱距加大（由正常间广1.1丈加柱距0.45丈而为1.55丈），45°方向的斜向构件跨度随之加大，故在斜跨当中置柱，以确保结构强度。这种做法在陕西麟游隋仁寿宫殿堂遗址中还可见到，唐代以后的遗址中就不再出现了，亦应属南北朝后期的建筑结构特点之一。

据《报告》，塔基中心有一方1.7米的竖穴，四壁直立，壁面平整，内填渣土，“已清理了2米深，仍未见底，因地下水位高，无法继续清理下去。因此，迄未获得证实其为地宫的过硬证据。”《魏书·释老志》与《洛阳伽蓝记》中，均记胡太后在立塔之初曾“亲率百僚，表基立刹”，故塔身正中应有贯穿上下的刹柱。南朝文献中多有《刹下石记》或《刹下铭》，日本飞鸟时期佛塔基址中均有刹下石，其上凿圆形或方形凹槽安刹柱柱脚，凹槽的底部或侧面开有放置舍利的小孔[21]。可知当时建塔立刹是南北方的普遍做法。故推测塔基中心竖穴应为立刹之所，还有待考古发掘进一步证实。

围绕中心竖穴的，是塔基内的第一圈柱子，共4组16柱，四四相并，各组柱距（以内柱中心计）为1.1丈，与外圈檐柱的间广相同。依上述，这4组并柱的主要作用应是护卫刹柱、与刹柱共同组成直达塔顶的结构中坚、以支撑距地四十余丈的整个塔顶部分；同时通过铺作层与外圈柱子相连接，形成方筒状的塔身整体构架。在日本飞鸟、奈良时期的木构佛塔中，刹柱四隅也同样有四根柱子，称为“四天柱”，但由于塔身体量较小，皆为单柱。与之相证，知南北朝时期木构佛塔的中心均应立有刹柱及四隅角柱，并按塔身规模选择构件的组合形式。

值得注意的是，塔身中心实体内的第二、三圈柱子的梢间间广并不与外圈柱子相对应，而是略宽一些。推测其一方面是更为注重纵向构架的连接，另一方面可能由于当时尚不能很好解决角柱上三个方向的构件交于一点的搭接问题，因此在转角处采取了错开位置的搭接方法。

2.构架复原

佛塔的基本构成方式，一如《魏书•释老志》所谓的“层层重构”。殿堂等低层建筑物可以采取比较灵活的结构方式，但多层建筑如佛塔，其内部结构始终须采用层层相叠的做法，云冈石窟所见佛塔形象如此（其典型如第39窟中心的五重塔，各层阑额均在柱头栌斗之上，上置斗栱，再托横枋，交合为一圈圈封闭的结构层），日本飞鸟、奈良时期的佛塔亦如此。 只不过前者的“层”像扁平的笼屉，而后者的“层”则像单层的小塔。

永宁寺塔的构架复原总体上是以柱网层和铺作层相间层叠，各层地面在外二圈柱子层中部起到拉结作用。

由于塔身柱网轴线层层内收，上下层柱网不对位，须合理地把上层荷载传递到下层，同时解决上下结构层之间的接固与稳定。因此，二层以上各层柱子的柱脚之下均设置地脚圈梁，内外共五道，置于下层铺作层之上（图4）；柱脚栽入圈梁之中，两侧加角背固定（图5）。二层以上各层柱子的实际高度，均包含平坐层的高度。

在上下层柱网之间是井干式的铺作层，底层铺作高11材（自阑额上皮至橑檐枋上皮），二至五层铺作高9材，六至八层铺作高8.5材。内外五圈柱头之上皆层枋重叠，纵横交互，至檐柱外出双抄，上托令栱承橑檐枋。

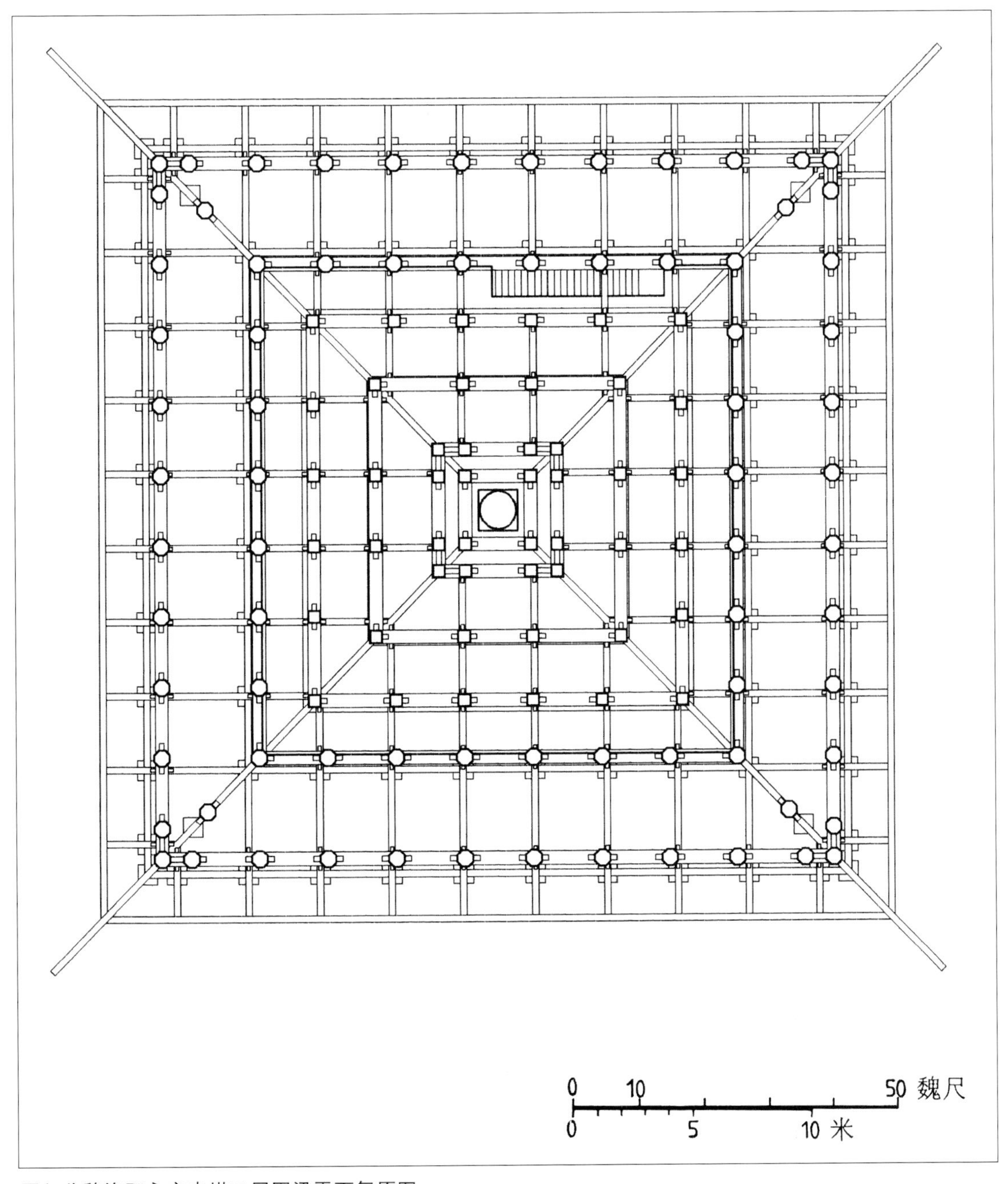

图4 北魏洛阳永宁寺塔二层圈梁平面复原图

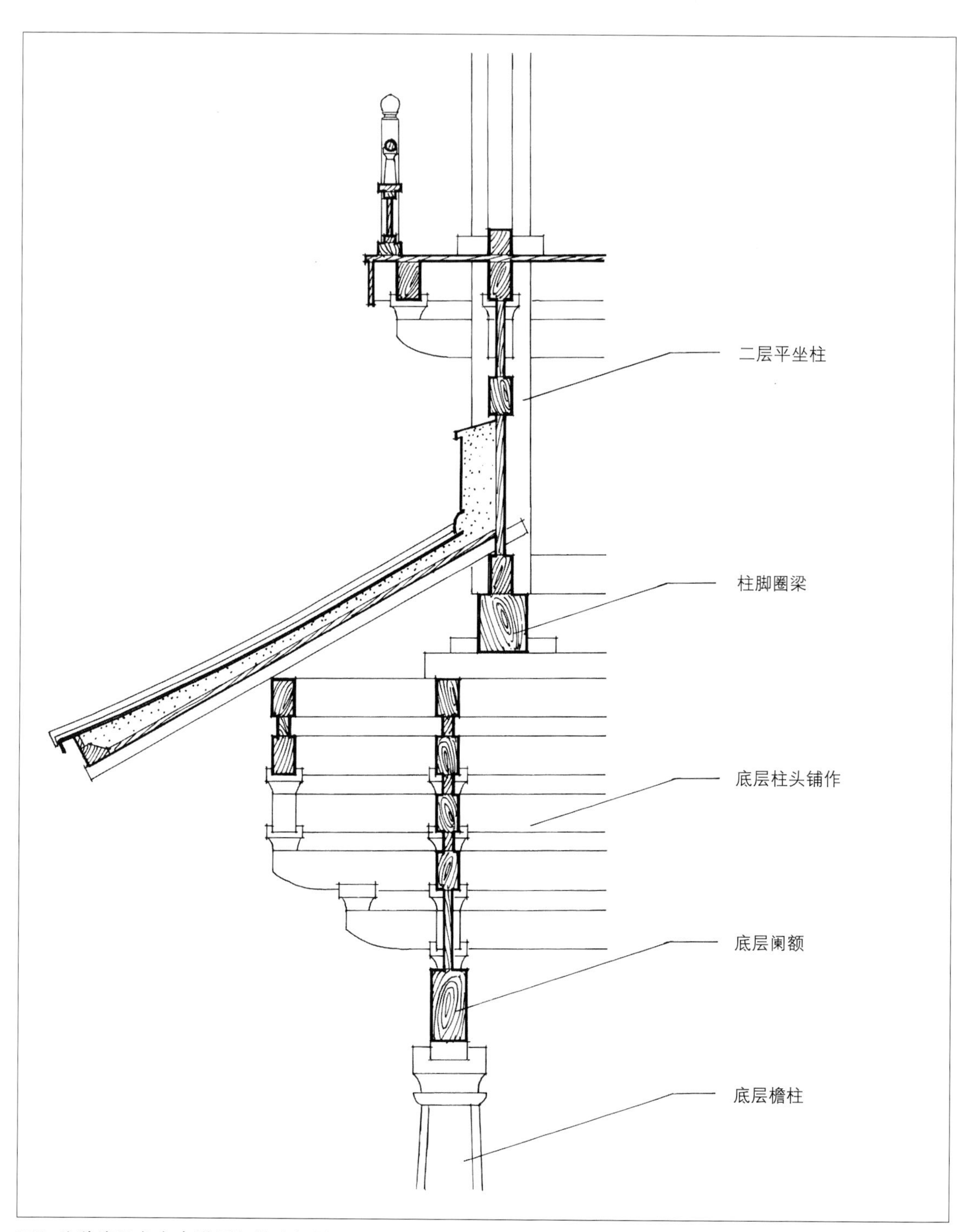

图5 北魏洛阳永宁寺塔局部构造复原图

3.细部、构件的复原

北魏都平城的后期，已开始提倡汉化，迁都洛阳之后，北魏社会更多地接受南朝文化，现存洛阳一带的佛教造像、雕刻纹饰以及洛阳周围地区的墓室画像砖等，均表现为南朝风格。如邓县北朝墓室画像砖的纹样、题材均与常州南朝墓室的画像砖极相类似。这时的建筑风格也同样有所改变。比较各地北朝石窟中的建筑形象，可以看出其间的主要区别在于铺作与构件，且以洛阳龙门石窟中的风格变化最为明显（表5）：

表5　云冈、龙门等地北朝石窟中建筑构件形式之比较

部位	云冈（北魏）	龙门（北魏）	麦积山（北魏—北周）	天龙山（北齐）	响堂山　（北齐）
屋面外观	平直	凹曲	凹曲		
斗栱	平栱，无出挑 斗栱粗阔，皿板厚重 无重栱 直线形人字栱	铺作中有外伸构件 斗栱纤细，皿板平薄 出现重栱 直线、曲线形人字栱	未见斗栱	平栱，无出挑 曲线形人字栱	双抄斗栱
栌斗	粗大，有皿板	有皿板， 无皿板	硕大，无皿板	无皿板	小，无皿板
阑额位置	栌斗之上	栌斗之上、 柱头之间	栌斗之上	栌斗之上	
檐柱	八角柱， 柱身粗壮	方柱， 柱身纤细	八角柱	八角柱	八角柱，盘龙柱

这些变化反映了北魏迁都后建筑风格的演变及构造做法上的改变，从风格上看，那种自粗阔、简洁趋于纤细、繁缛的倾向应源自南朝建筑的影响。因此，这时建造的永宁寺塔，在外观形式及细部做法上会与平城时期的佛塔、实即与平城造像塔和云冈石窟中的浮雕佛塔形象有一定差别。

相对来说，东魏北齐则在各方面与北魏后期保持了延续性的关系。自520年以后，北魏社会政治变故不断，国力民心交瘁，建筑技术与艺术风格没有条件出现大的发展。东魏政权建立之初，自洛阳迁都邺城，将洛阳宫殿整体拆卸，建筑构件水运至邺城重新装配[22]，便是明证。

安阳修定寺塔塔基下出土的北齐模制纹砖以及南响堂北齐石窟窟檐中，都出现了双抄华栱的形象（图6），这种做法不见于云冈与龙门魏窟，以其构造复杂与形式成熟的程度看，这种斗栱形式最有可能出现在洛阳宫殿与佛寺建设的高峰期，即北魏建筑技术和

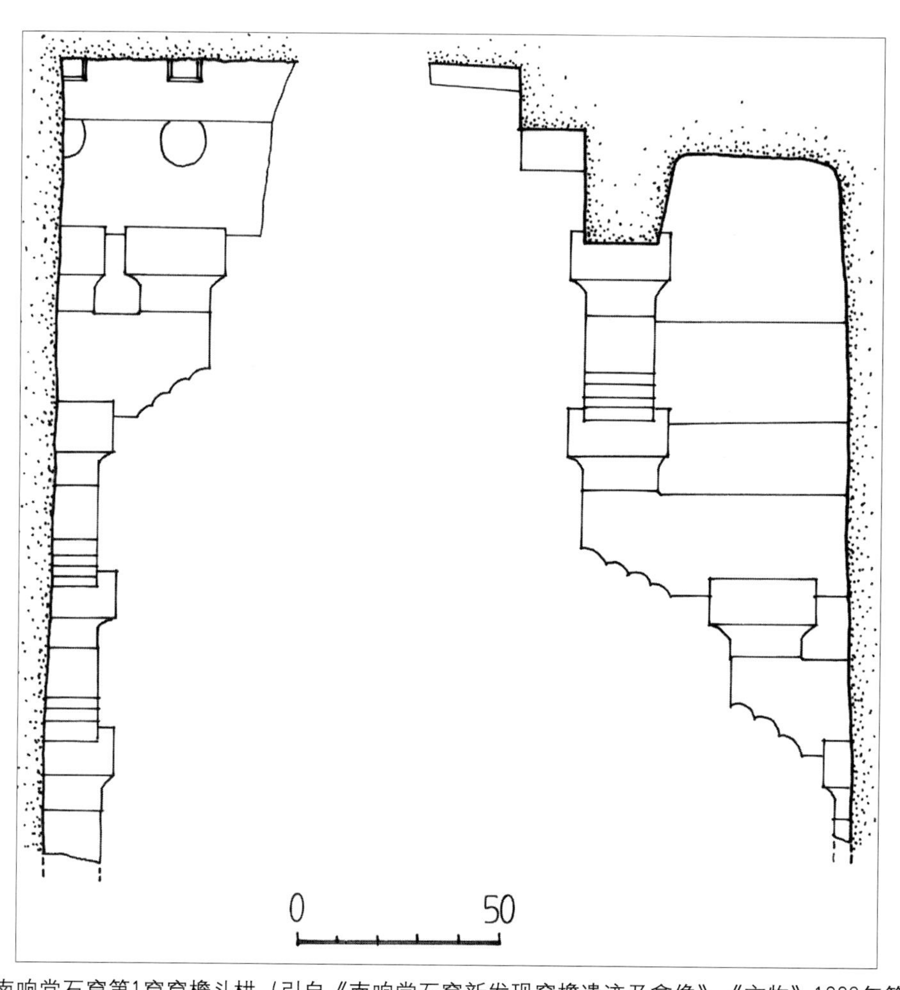

图6 北齐南响堂石窟第1窟窟檐斗栱（引自《南响堂石窟新发现窟檐遗迹及龛像》《文物》1992年第5期）

艺术大发展的时期，而不会出现在北魏后期政局动乱以至迁都邺城之后。虽然在南朝遗存中尚未发现这类构件形式，但以洛阳陶屋和日本飞鸟时期建筑形式推之，这种多重出挑的斗栱有可能是南朝地区木构架发展过程中产生的新样式，并逐渐流传到中原一带。

在建筑装饰方面，北魏后期与东魏北齐之间也有明显的承续关系。北魏正光四年（523）建闲居寺塔（今河南登封嵩岳寺塔），底层各面转角倚柱上用火珠垂莲柱头，这种柱头形式在北齐石窟中极为常见，也见于西魏北周窟室中的龛柱，而在云冈和龙门窟室中未见，应是自北魏后期沿用至北齐的样式；洛阳永宁寺塔基遗址中出土的忍冬纹瓦当，纹样风格与北齐雕刻中的忍冬纹饰相近，而与目前所知其他北魏瓦当有明显不同，说明北齐流行的装饰风格实源自北魏后期。

总之，北魏晚期的建筑细部做法在南朝建筑文化的影响下，与平城时期相比，已有较大改变，这种情况一直延续到北齐。因此，洛阳永宁寺塔的复原特别是细部构件的复原，既要参考其前50年平城时期的建筑形象，同时也应以其后50年北齐时期的建筑形象与装饰风格作为参照。

以下是各种细部、构件的复原推测：

柱身：檐柱与第四圈柱用八角形断面。据北朝石窟所见，窟檐用柱多为八角形断面，柱身直线收分。按理，在平础之上还应有一层石础，现柱础石上遗迹不存，据麦积山、天龙山石窟窟檐，柱下应有覆莲础。

柱头铺作：五铺作双抄令栱。北魏后期铺作中有否可能使用下昂，目前尚无实证，故复原中不用。

补间铺作：塔身一至五层用曲线形人字栱补间铺作。这是北朝时期普遍流行的补间铺作做法，见于北魏云冈、龙门石窟、北齐厍狄回洛墓木椁和天龙山石窟窟檐等处。现知云冈石窟屋形龛中的人字栱均作直线形，洛阳龙门石窟中始见略呈曲线形的人字栱，北齐木椁和天龙山石窟中所见，已是曲线优美的人字栱。塔身柱头铺作间距较密，复原中采用曲线形人字栱，正与栱头曲线相协调。

阑额：位于柱头栌斗之上。云冈石窟建筑形象中阑额的位置均在柱头栌斗之上，洛阳龙门石窟屋形龛中阑额的位置比较随意，既有位于柱头栌斗之上者，也有降至柱头之间或之下的。但屋形龛均呈三间小殿或厅堂的形象，其结构原则与佛塔有根本区别，而塔身层层叠构中，阑额的作用正是铺作层的底托。因此复原中仍采用阑额交圈置于柱头栌斗之上的做法。考虑塔身荷载对横向构件的重压，底层阑额断面加大至2材，并在柱头栌斗上加置替木，这种做法见于云冈第9、10窟前廊屋形龛、龙门古阳洞屋形龛以及麦积山第4窟窟檐。

门窗：双扇板门，直棂窗。据《洛阳伽蓝记》，知塔身各层各面皆有三门六窗。门为双扇板门，上饰金钉，五行五列，并饰有口衔金环的铺首。北魏门饰遗物颇多见，以大同南郊北魏宫殿遗址出土遗物的种类最全，有铺首、门钉、角页等[23]。窗的样式按现知南北朝至隋唐建筑形象，常见的只有直棂窗一种。

塔檐、塔顶：屋面均用筒板瓦，角脊脊端用兽面脊头瓦。塔基遗址中出土大量瓦件，其中瓦当直径多在15～15.5厘米，约合0.55尺，纹样有莲花、兽面、忍冬等，忍冬纹瓦当的数量最多，纹样也最具时代特征。另有二残块，《报告》中称为“兽纹方砖残块 ”，与汉魏洛阳城一号房址出土的兽面脊头瓦相较，可知是同类物件[24]。瓦面复原宽度约为34厘米（与一号房址出土小者同），合1.25尺，即为屋脊宽度。

塔刹：塔顶之上依次为须弥座、受花、覆钵、平头、刹柱（上设露盘十一重）、宝珠。露盘底部距塔顶屋脊上皮40尺。

据上述绘制洛阳永宁寺塔复原立面（图7）、剖面（图8）。

图7 北魏洛阳永宁寺塔立面复原图

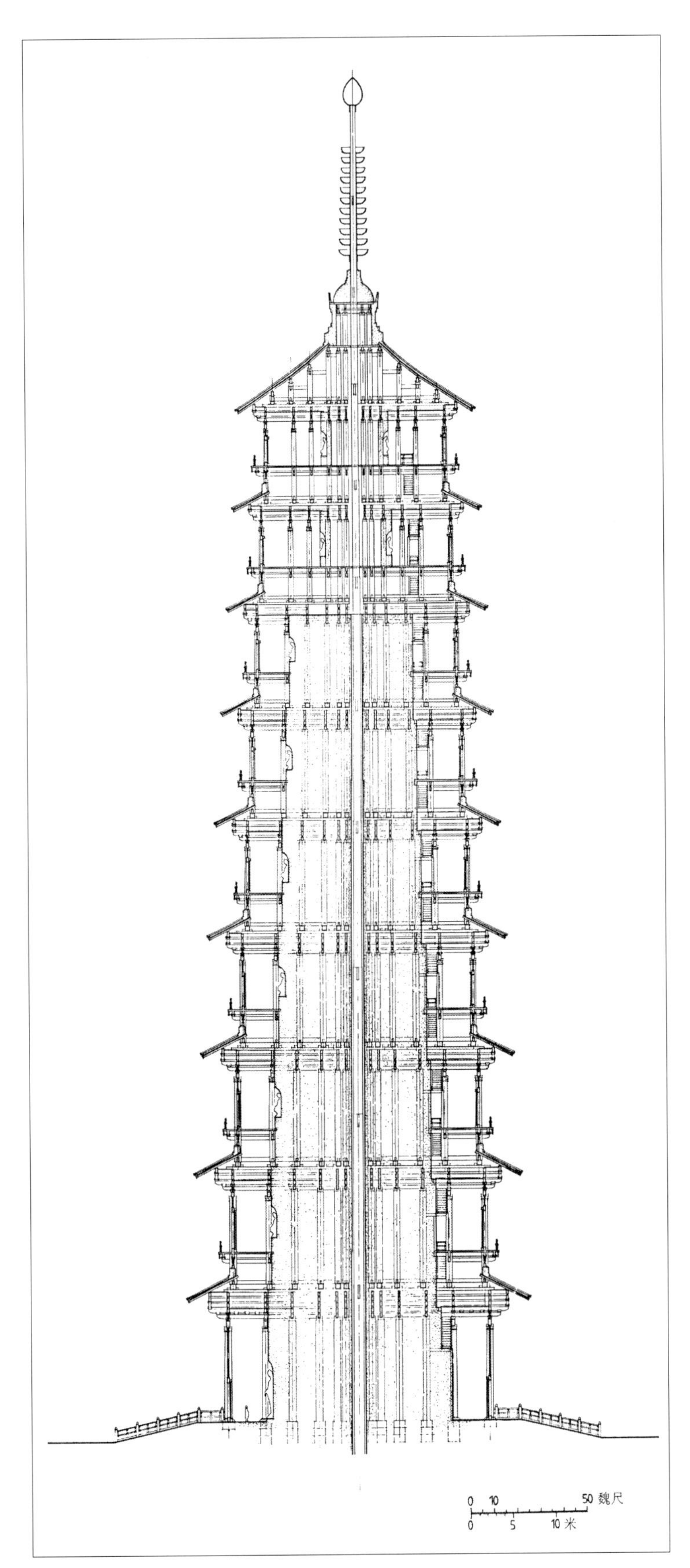

图8 北魏洛阳永宁寺塔剖面复原图

内顶：塔内第四、五圈柱之间，各层均应有木制顶棚，其形式可参照北魏石窟的内顶。云冈、敦煌、巩县各处北魏石窟，不论是方形窟，还是中心柱窟，内顶多雕绘平棊，应是当时流行的内顶样式 。据此复原永宁寺塔底层内顶平面（图9）。与云冈、巩县石窟中的中心柱窟仰视平面相对照，不难看出北魏中心方柱式窟所表现的实是北魏佛塔底层的内部空间形式（图10）。

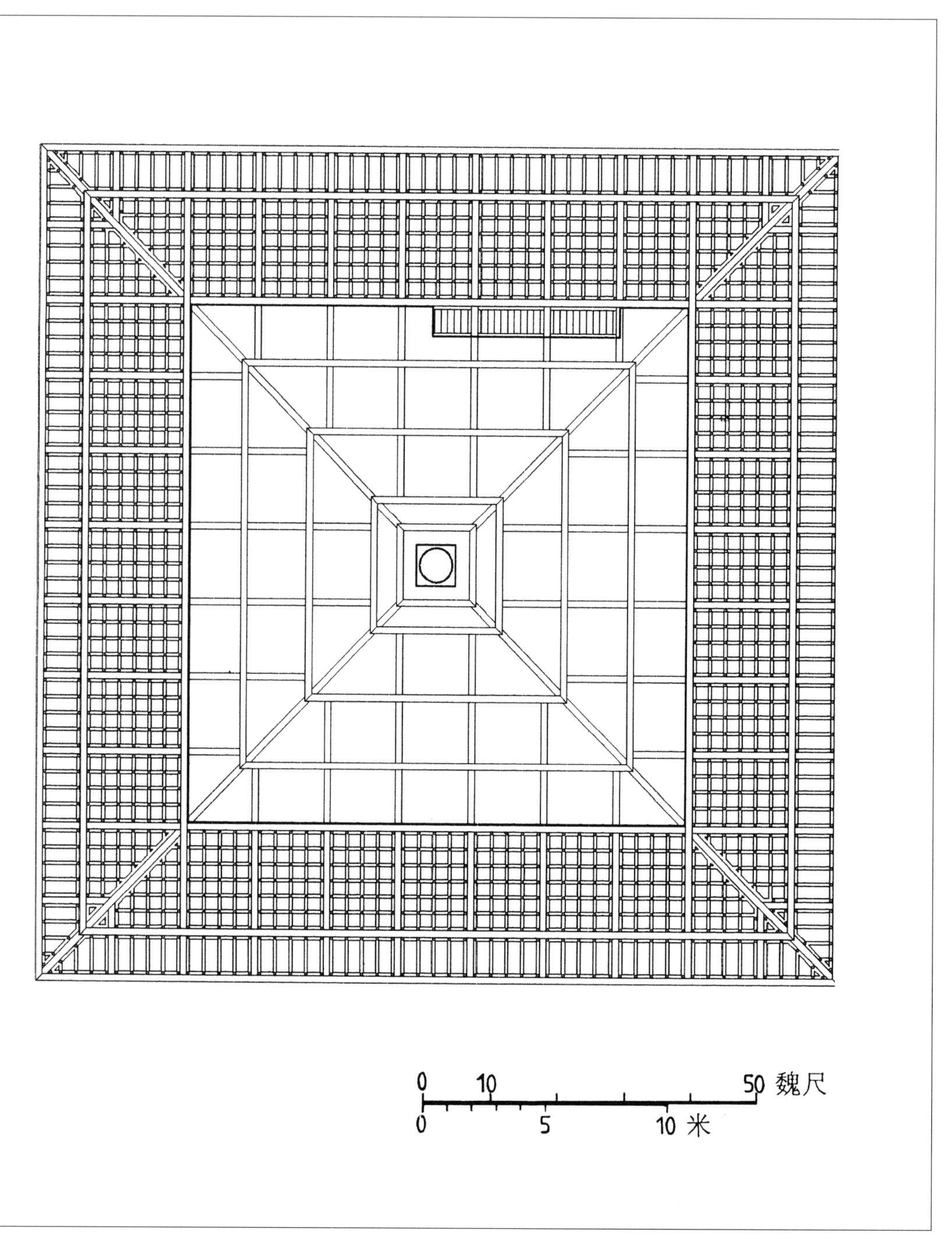

图9 北魏洛阳永宁寺塔底层内顶平面复原图

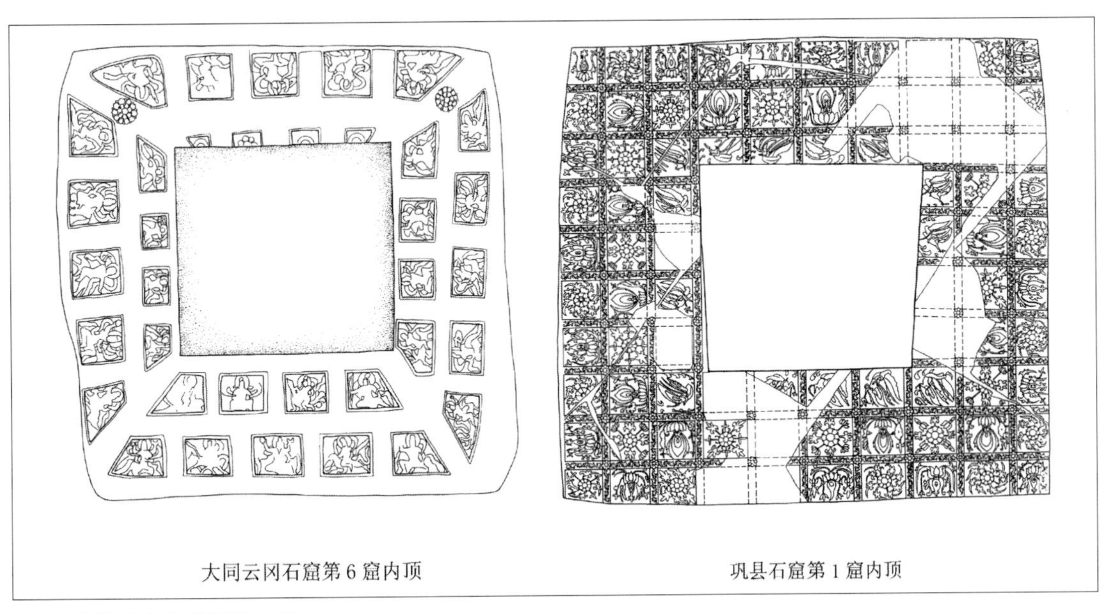

图10 北魏石窟中的平棊内顶

洛阳永宁寺塔是北魏历史上最著名的建筑物，也是中国古代建筑史上最重要的建筑物之一。通过以上复原探讨，可以确认文献中的有关记载是可信的，具有很高的史料价值；同时，对北魏佛塔的体量、比例、结构形式和建筑风格有了初步的认识和把握。洛阳永宁寺塔的塔身高45丈，约合今尺123米（在今天也是相当惊人的高度），塔身高阔比在4.5∶1左右，是南北朝时期多层木构佛塔的正常比例，但已达我国古代木构建筑高阔比的极限；南北朝时期间广一丈的房屋，属小型附属建筑，而间广一丈的佛塔，应属大塔[25]；北魏洛阳的建筑技术较平城时期应有很大进步，但出于政治上的需要，为达到空前的建筑体量，塔身结构仍采用中心实体与整体木构相结合的方式。北魏洛阳宫殿遗址中传说为“金銮殿”的基址，保存夯筑台基高达6米以上，周围有密集成组的夯土基址，说明北魏洛阳时期的大型建筑仍为土木混合结构。事实上，直到隋唐之际，楼阁建筑的发展，才逐渐改变大型建筑以夯土高台作为重要构成部分的局面，木构佛塔在结构形式上更为完善，但塔身高阔比变得粗矮，不再有能在高度上与洛阳永宁寺塔相比肩者。

复原中尚有多处未能述及，如基座、坡道、平坐、勾栏、墙体、楼梯等。限于篇幅，不再详考。

本文是在傅熹年先生主持的《中国古代建筑史·三国两晋南北朝隋唐五代卷》中有关部分的工作基础上完成的。一方面，专题著作限于体例、篇幅，许多问题只能简述，不能展开；另一方面，当时《报告》尚未发表，只能在《简报》基础上特别是依据遗址照片进行推测复原，具体数据与《报告》有些出入，门窗的位置也不准确，这次有条件得以纠正，幸甚。

再次说明，复原中存在大量不可知因素，面临多种可能性的选择，最终所选择的只是现有条件下个人主观认为相对合理的一种，而个人观点必受学识、资料等限定。随着科学不断发展，实验手段更新进步，随时都存在从不可知转化为可知的可能性，会有新的发现，为复原提供新的资料。故而每一次复原探讨都只是个性的、阶段性的，复原中处处存在不确定性。应该说，依据文献和遗址进行古代建筑的复原探讨，其意义主要不在于复原结果本身，而在于通过以复原为目标的尽可能详尽的研究探讨，对特定历史条件下的建筑风格演变与技术革新有比较切实的认识，找出连接前后发展阶段的中介，使建筑发展史中零散的环节逐渐连串起来。

注释

[1]《魏书》卷114《释老志》神龟元年（518）任城王元澄奏文。中华书局标点本，⑧p.3044。

[2]《魏书》卷114《释老志》。中华书局标点本，⑧p.3043。

[3]《水经注》卷16《谷水》。上海人民出版社版《水经注校》，p.542。

[4]《洛阳伽蓝记》卷1永宁寺条。中华书局版《洛阳伽蓝记校释》，p.17～20。

[5]傅熹年：《日本飞鸟、奈良时期建筑中所反映出的中国南北朝、隋唐建筑特点》。《文物》1992年10期。

[6]丘光明：《中国历代度量衡考》。科学出版社1992年版，p.68。

[7]傅熹年：《日本飞鸟、奈良时期建筑中所反映出的中国南北朝、隋唐建筑特点》。《文物》1992年10期。

[8]北齐双抄斗栱形象已知有二：一是河北邯郸南响堂石窟第1、2窟窟檐；二是河南安阳修定寺塔塔基下出土雕砖。前者见邯郸市峰峰矿区文管所 北京大学考古实习队：《南响堂石窟新发现窟檐遗迹及龛像》。《文物》1992年5期。据插图量测，其材高有3个数据：25.3、25.9、24.5厘米，基本一致；后者见《安阳修定寺塔》。文物出版社版，图版104、108。其中可见栱身、栱眼和枋子的高度基本一致。

[9]《洛阳伽蓝记》卷1永宁寺条记“永宁寺，熙平元年（516）灵太后胡氏所立也”，“装饰毕功，明帝与太后共登之”。中华书局版《洛阳伽蓝记校释》，p.17、27。

《魏书》卷67《崔光传》记“（神龟）二年（519）八月，灵太后幸永宁寺，躬登九层佛图”。中华书局标点本，④P.1495。

[10]郦道元《水经注》中所记建筑、石窟的尺寸尤其是高度大多只精确到丈，如卷2《河水》引《秦川记》曰：河峡崖旁有二窟，一曰唐述窟，高四十丈，西二里，有时亮窟，高百丈，广二十丈，深三十丈，……。同前，p.51。卷10《漳水》记（魏武）邺城铜雀台，“高十丈，……石虎更增二丈，立一屋，……又于屋上起五层楼，高十五丈，……南则金雀台，高八丈，……北曰冰井台，亦高八丈，……井深十五丈”。同前，p.350,351。又卷19《渭水下》记王莽九庙，“太初祖庙，东西南北各四十丈，高十七丈”。同前，p.633。估计其中会有一些是概数。

[11]洛阳龙门石窟魏窟中有几处浮雕小塔，顶部形式均与云冈石窟浮雕塔基本相同。如莲花洞外壁前方下部三层塔，塔顶、塔檐皆凹曲，瓦垄疏细，与云冈塔风格不同，但塔顶之上须弥座、受花、覆钵、刹柱的形式仍与云冈塔同。见《中国石窟•龙门石窟一》。文物出版社版，图版46。

[12]南朝梁简文帝《谢敕赉铜供造善觉寺塔露盘启》一文中有“甘露入盘，足称天酒”，可知是承露仰盘。《全上古三代秦汉三国六朝文》，中华书局影印版，③p.3007。

[13]傅熹年：《日本飞鸟、奈良时期建筑中所反映出的中国南北朝、隋唐建筑特点》。《文物》1992年10期。

[14]云冈第7窟浮雕七层塔为5∶1，第6窟中心柱上层四角九层小塔为5∶1，天安元年（462）曹天度造九层千佛小塔约为4.5∶1。

[15]伊东忠太：《日本建筑的研究》上〈日本佛塔建筑的沿革〉，龙吟社版，p.434。

[16]《魏书》卷114《释老志》。中华书局标点本，⑧p.3037。

[17]《资治通鉴》卷133《宋纪十五•明帝泰始七年（471）》。中华书局标点本，⑨p.4167。

[18]《建康实录》卷17。书中又引《舆地志》文："起寺十余年，一旦震火焚寺，唯余瑞仪柏殿，其余略尽，即更构造而作十二层塔，未就而侯景作乱，……"似乎说明梁武帝时已具备起造十二层塔的技术条件。中华书局点校本，p.681。

[19]东晋兴宁中（363—365），释慧受于建康乞王坦之园为寺，又于江中觅得一长木，"竖立为刹，架以一层"。《高僧传》卷13《释慧受传》。《大正大藏经》NO.2059,P.410。

[20]日本奈良大官大寺九层塔（飞鸟时期）的基坛面方125唐尺（合36.75米），与洛阳永宁寺塔相近，但底层每面仅五间，间广1丈，面阔5丈（合14.7米），是洛阳永宁寺塔的一半。由此推测，南朝佛塔在层数相同的情况下，体量很可能会比北方中心实体型塔小得多。《日本美術全集2•法隆寺から薬師寺へ》宮本長二郎：〈飛鳥時代の建築と仏教伽藍•飛鳥時代寺院の塔一覽〉，講談社版，p.161。

[21]出处同上。

[22]《魏书》卷79《张熠传》。中华书局标点本。

[23]山西大同南郊北魏平城宫殿遗址出土铜铺首，有长16.5厘米与13.3厘米两种规格，又有铜环，其中直径16.6厘米与13.1厘米两种可与上述铺首相配，另外还有10.2厘米的一种，当为规格更小的铺首上所用。依此推测，当时的铺首规格应与门的大小有对应关系。同时出土的还有门角页、门钉等。大同市博物馆：《山西大同南郊出土北魏鎏金铜器》。《考古》1983年第11期。

[24]中国科学院考古研究所洛阳工作队：《汉魏洛阳城一号房址和出土的瓦文》。《文物》1973年4期，参见图版一，p.3。

[25]辽宁朝阳北塔下的早期塔基每面五间，间广2.76米（约合魏尺1丈），四角方形覆盆式柱础，方124～130厘米（约合魏尺4.5～4.7尺）。据洛阳永宁寺塔的情形推测，此塔可能为五层，并且规格很高（永宁寺塔的础方不过120厘米）。张剑波　王晶辰　董高：《朝阳北塔的结构勘察与修建历史》。《文物》1992年7期。

秦安大地湾建筑遗址略析

秦安大地湾建筑遗址略析

（原载《文物》2000年第5期）

在1978－1984年甘肃秦安大地湾遗址的发掘中，发现了两类在平面规模、平面形式、构造作法上均表现出较大差异的建筑遗存。对房址使用功能的初步推测，其一是聚落中最基本的，以家庭为活动单位的居住性房址，为区别于另一类公所性居址，暂称之为“单元居址”；其二是以聚落（部族）为活动单位的公众性房址，暂称之为“公共房址”。 在已经发表的考古资料中，对于大地湾一期至仰韶晚期共四期文化遗存中的典型单元居址，以及仰韶晚期文化遗存中的两座大型公共房址的情况，均有较详尽的描述。除了惊诧并专注于这一新石器建筑文化的成就之外，大地湾遗址的发现更使人意识到，已经有条件、有必要开展对新石器建筑遗址的分类研究[1]，进行不同分期、不同遗址中同类或不同类建筑遗址之间的分析与比较，甚至同期同类同址建筑遗址之间的分析比较，以全面、细致地探讨我国新石器时期建筑文化各个发展阶段的标志与特征、各类建筑物发展演变的阶段性与自身特点，以及在科学、技术方面出现的变革与取得的进展。

本文拟据已发表的考古发掘资料，分别对大地湾遗址中的单元居址和公共房址作初步分析。前者着重于大地湾各期居址以及与其他北方新石器建筑遗址之间的比较；后者则着重于大地湾同期同类房址之间的比较，并围绕我国新石器时期建筑技术方面的问题谈一些想法。由于大地湾遗址的总体发掘平面及正式发掘报告尚未发表，因此目前对于遗址的总体规模、布局、选址、各期居址关系中反映出的聚落形态与规划意识，居住址的整体考察与比较等，尚不具备探讨条件。对于单体建筑的分类考察与比较，也只是以现有资料为限，有些只能依据简报或论述中的文字描述进行推测。

一

大地湾各期遗存中单元居址的情况概要归纳如下[2]：

一期

1980年，第四发掘区2000多平方米的范围内，发现一期房址3座，其中2座叠压在仰韶文化层的房址之下。据房址所在探方编号推测，一期房址的分布比较稀疏。房址均为圆形半地穴式，面积为6～7平方米，未见灶坑。不规则斜坡门道由外入内，于穴壁处作阶。居住面为经踩踏而成的硬土面。沿穴壁外侧地面上有柱洞分布，洞壁向地穴中心倾斜。一期灰坑H363中采集的木炭标本的碳14测定年代为距今7355±165年（经树轮校正），可作为一期房址的年代参照。

仰韶早期

此期房址的分布与数量等情况不详。房址为方形或长方形半地穴式。面积为20平方米左右。居住面与墙面皆抹草拌泥。斜坡门道，有的设阶。灶坑位置近门，多为瓢状，背门处有火种洞。柱洞见于居住面，已有中部较大柱洞与沿穴壁较小柱洞的区别。此期F17出土木炭的碳14年代测定为距今5935±110年（经树轮校正），与中期房址的年代测定数据相比照（见下文），可以看出早、中期之间紧密衔接的关系。

仰韶中期

此期房址有一百余座，仍为方形或长方形半地穴式，面积有所扩大（约20～30平方米），居住面多为草泥面层，个别又在其上铺设料礓石末面层。一些房址的地面与壁面涂有红色矿物颜料。灶坑形式由瓢状浅坑改为圆形竖穴式深坑，并在灶坑和门道之间设有风洞，个别房址中出现底部相通的双联灶（F704）。居住面上有两类柱洞：中部有两个或四个作对称分布的大柱洞，沿穴壁按一定间距分布有较小的柱洞。有的房址居住面上发现均匀覆压的草泥烧土块堆积层，其中夹有枋木炭块，疑为草泥屋顶焚毁后的遗存。

此期房址中有面积达60余平方米者，但平面形式、建筑做法遗迹及出土器物等皆不详。据平面规模推测，其使用性质与单元居址应有所区别，有可能是值得注意的另一类房址——公所性居址。

此期房址F232、F332、F330出土木炭的碳14年代测定分别为距今5890±115、5775±115、5600±120年（经树轮校正），与仰韶早期相衔接。据F13（仰韶早期）和F10（仰韶中期）相互关系示意图（图1），也可见两者的平面规模与形式基本一致。

仰韶晚期

此期房址的分布与总数不详。1982年第九发掘区（单一内涵的仰韶晚期遗址）揭露的1050平方米中，发现房址25座，多为方形或长方形平地起建式，面积在20平方米左右。采用白灰面或料礓石居住面。其中F820的居住面上发现4个较大的柱洞，分布在前中后三处。据平面推测，室内应有沿中轴线对称布列的3组较大柱洞，每组各2。灶坑为前大后小的双联灶，位置明显偏后，小灶中心距后壁不足1米（图2）。出土器物有：瓶1，盆1，罐1，瓮1，钵3，纺轮2，斧2，石凿2……典型的家庭日常用具组合。

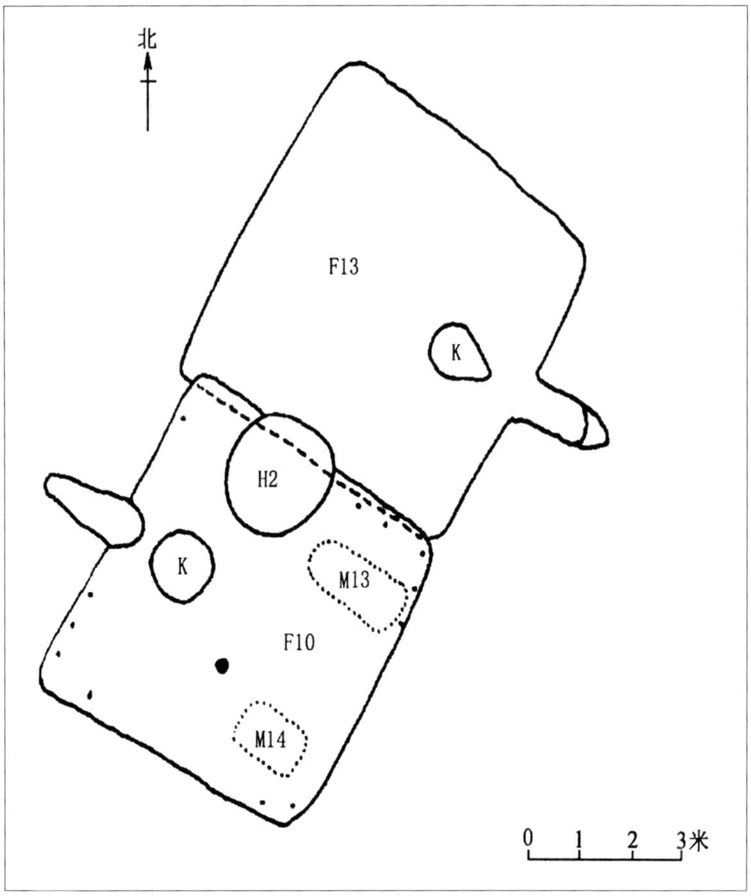

图1 F13（早期）和F10（中期）相互关系示意图

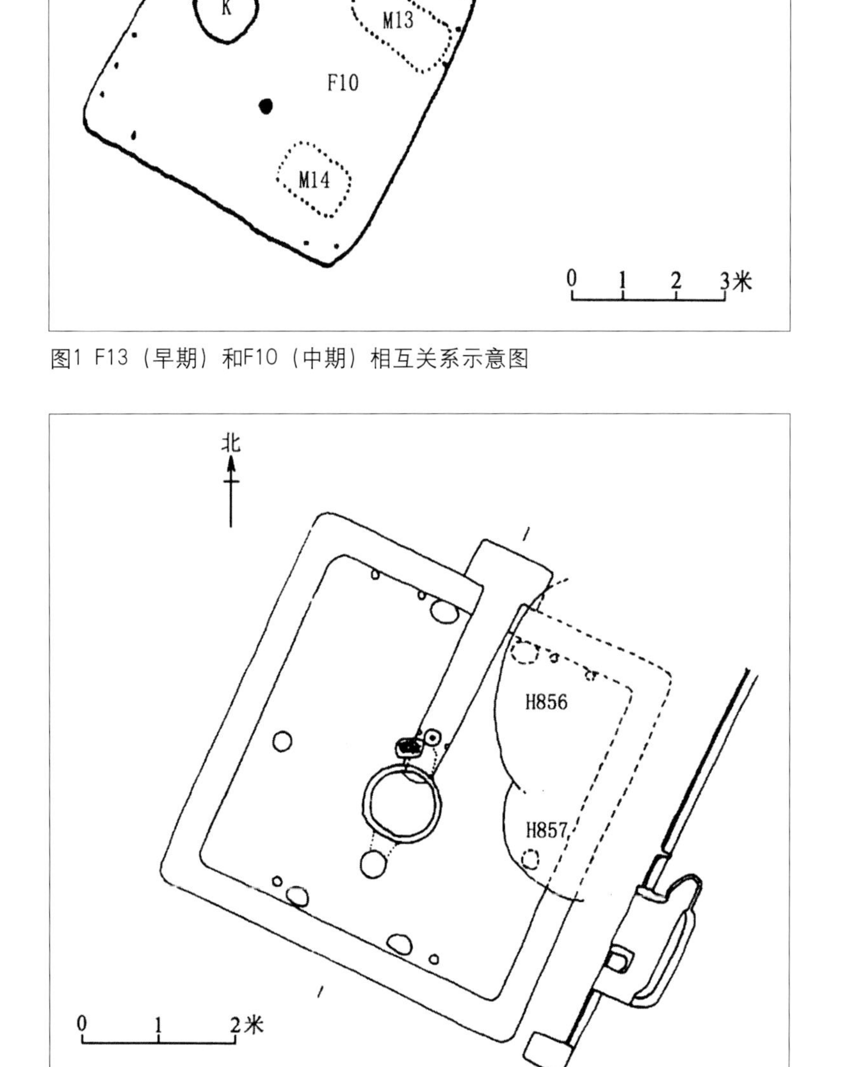

图2 F820发掘平面与剖面示意图

据碳14年代测定数据，仰韶晚期遗址的年代在距今5500－4900年。

大地湾各期单元居址的具体数据归纳在表1中。

下面分三个方面对单元居址作概略分析：

（1）平面规模与形式

单元居址的平面规模与形式取决于人类对于空间特征的把握以及对于材料性能和结构强度的认识，是人类社会文明程度的标志之一。而聚落中单元居址的规范程度，又是社会关系疏密、权威意识强弱程度的反映。

大地湾一期的年代与河南密县莪沟遗址相当或略早，两处单元居址均为圆形半地穴式。但莪沟居址的门道与穴底形状较规整，已见白胶泥居住面层、柱洞底填灰土及炭屑的做法，居住面上形成灶址（平面或弧底），并见方形（或矩形）平面房址（F1）。相比之下似可认为，在距今7000年前左右，大地湾单元居址的形态与中原地区基本处于同一发展阶段，且整体水平略低。

在大地湾一期向仰韶早期的过渡时期中（约距今7000－6000年间），单元居址的平面规模从6～7平方米发展到了20平方米左右，形状从圆形变为方形或长方形。这与有关论述中“从遗迹、遗物来看，大地湾一期与大地湾仰韶早期存在一定时间的缺环”的说法是一致的。而在整个仰韶文化时期（约距今6000－5000年间），大地湾居址的平面规模与形式相对稳定。尽管有居住面的高度由地下升至地面、四周穴壁被代之以墙壁、门道由室外进入室内以及灶坑的位置与形式等种种变化，但平面始终近乎方形，边长在4～5米左右。这种状态表明在大地湾仰韶时期确实存在一种与基本生活单元——对偶式住居相适应的单元居址模式。据目前所知，这种情形在北方新石器时期遗址中是罕见的[3]。

西安半坡仰韶遗址的年代大致为距今6700－5500年，其下限与大地湾仰韶中期相当。早晚期单元居址的平面既有圆形又有方形或长方形，面积在12～17平方米左右；并有圆形、方形房址交错层叠的情况（如F22、F23和F24）。

临潼姜寨仰韶遗址的年代约为距今6000－5000年，与大地湾相当。一至五期100多座单元居址，平面形式以方形与圆形为主，面积在20平方米左右。其中四期7座地面房址中，除一座为长方形外，余皆为圆形平面。

郑州大河村仰韶遗址中，三期居址的特点是长方形地面连间式，单间面积在5～20平方米不等，外周木骨泥墙，柱洞零散见于次要部位，火池位于屋角，年代为距今5000年左右，相当于大地湾仰韶晚期的下限；四期的典型居址则是近方形地面单体式，面积在10～30平方米不等，居住面中部有较大柱洞2～4个，烧土台位于房址中部，与三期房址有明显区别。从长方形连间式向方形单体式的转变，似乎反映出大河村仰韶晚期居址的发展趋势。其中除了诸多社会因素的作用之外，应当也反映出设计与技术上的进步。

与上述三处相比较，尤其是对照大河村三、四期之间居址形态的演变，可以认为大地湾单元居址的平面规模与形式在仰韶早、中期时已趋于统一，出现类似规制性的现

表1　大地湾各期单元居址数据（尺寸单位：厘米；　面积单位：平方米）

		F371（一期）		F5 （仰韶早期）		F337（仰韶中期）		F820（仰韶晚期）		
形式	平面	圆形		长方形		长方形圆角		方形		
	剖面	半地穴		半地穴		半地穴		平地起建		
尺寸	径	口250　底270								
	长			480		580		500（420）		
	宽			400		540		500（420）		
	面积	5.7（按底径）		19.2		31.3		25（17.6）		
穴壁	残深	65～95		56～76		40				
	面层	生土，无饰面		0.2厚黑草泥（底） 0.2厚黄草泥（面）		0.6厚草泥				
墙体	材料							垛泥墙		
	残高							30～60		
	厚							40		
	面层							不详		
居住面	垫层							12厚黄褐色垫土		
	面层	4厚踩踏硬土面		0.4～0.5厚黄草泥		0.8厚黄草泥		5厚料礓石渣与细沙		
	地、壁相接方式	弧形		弧形		不详		抹角		
柱洞	位置	穴外周	居住面	居住面		居住面		居住面		
				中部	沿穴壁	中部	沿穴壁	前	中	后
	发现数	6	1	4	13	4	31	3	1	4
	口径	20～25	20			40～70		8～37		
	底径					25～30				
	深度	30～40		不详		45～60		18～58		
	洞壁	四周夯实								
	底部	圆锥形								
门道	朝向	北		东南		西北		北偏东40		
	位置	门内外		门外		门外		门内		
	长					260		240		
	宽	40～60		74		62		42～54		
	形式	弧形斜坡，穴壁处作一阶		斜坡，入口处作三阶		斜坡 门口处作一阶		前宽后窄　向外微斜，外有门斗		
灶坑	位置	未见灶坑 东侧穴壁外周柱洞间地面上发现红烧土痕迹		近门口处		近门口处？		居住面中部偏后		
	形式			瓢形地下灶		圆形直筒地下灶		圆形大小双地下灶		
	口径			100		120		大灶85　小灶35		
	深度			35		55		60		
	火种洞			背向门道　内置陶罐		面向门道		背向门道		
	其他					风洞，在门道与灶坑之间		大灶有厚10灶圈，前方似有挡风装置		
出土物	陶器	罐1　钵2						彩陶瓶1　彩陶盆1　罐2 瓮1　钵3		
	工具	陶纺轮 骨锥　骨镞 石块　石英石片		不详		不详		陶纺轮2 石凿2		
	其他	红烧土块　兽骨						陶笄1　骨笄1　石环1 蚌饰1　鳖甲2		

象，这一点在已知同期遗址中处于较先进的发展阶段。

（2）平面格局

单元居址的平面格局主要是指门道、灶坑的位置、形式及相互关系，内部空间分隔或实际功能分区等。随着社会形态与经济生活方式的改变，以及房屋建造技术的进步，居址的平面格局处于不断地变化之中。

大地湾仰韶居址平面格局的突出特点是门道、灶坑沿中线居中布列，柱洞对称布列于中线两侧（因资料有限，此点尚需进一步确证）；突出变化也体现在门道和灶坑的形式上。早中期居址多为半地穴式，故内外联系需经由位于穴外、向内倾斜的门道。晚期居址的居住面上升，与室外地面齐平或略高，不再需要内倾的斜坡门道，但居住面上仍保留门道做法。如F820从门口至灶坑之间的狭长门道，低于居住面10厘米，微微向外倾斜，面层做法与居住面同。很显然，这种门道的功能已与早中期截然不同，除客观上起到划分室内空间的作用之外，似乎成为门口与灶坑之间的某种关联。灶坑的形式大致经历了瓢形灶（早期）——圆形直筒灶（中期）——圆形大小双联灶（晚期）的变化过程，深度逐渐加大，造型逐渐规整，构造逐渐复杂，F820的大灶带有灶圈，门道和灶坑之间设有可调节的挡风装置。炊事取暖设施的不断改善，反映出单元居址在聚落中受到重视以及大地湾人生活水平与操作技能的不断提高。从F13、F10与F820的平面比较中可见，灶坑位置由近门口处向内移至居住面的后部。这种改变可能与实际生活因素相关，如生活方式的私密性（门道宽度变窄抑或与此有关）、室内空间的功能分区、外围结构的防御性能、屋顶墙壁的采光通风等因素的改变。

（3）结构与构造

大地湾一期居址的结构方式，据F371四周向居址中心倾斜的柱洞遗迹分析，应为木构顶盖。即沿穴口外侧周圈列置斜柱，一端入土，夯实，另端在居址上方集束，形成覆于穴口之上的尖锥形屋盖构架。柱径在20厘米左右，屋盖直径约为3米。门道两侧为形成足够高度的入口，采用直柱支撑。屋面构造做法推测为构架表面绑扎水平构件，其上覆盖草泥面层。

仰韶居址的结构方式与一期相比有较大变化，而早中晚各期之间似乎没有截然的区分，这种情况无疑与平面规模、形式的延续有关。早中期居址的柱洞均位于居住面上，与地面垂直，按所在位置可分为两种：一是中部柱洞，对称布置，数量较少，柱径较大，埋置较深；二是是周边柱洞，数量较多而柱径较小，埋置较浅，间距较密。从结构作用上讲，两者都是屋面的支撑构件。据中部柱洞的对称布置方式（或2或4），推测在柱头之间，已存在水平连接构件，作为屋面斜椽的上方支点；周边柱洞的直径与埋深情况不详，从柱身紧贴穴壁，且间距过于稀疏来看，推测是作为屋面斜椽下方支点的承重柱，倚靠穴壁正可抵抗屋面荷载的水平推力，柱身高度很可能按入口高度确定。为保持稳定，周圈柱头之间也应有一道以上的水平联系构件。据边柱的布列形式，屋面应为四坡顶，构造做法有可能是绑扎木筋上敷草泥面层，边柱外侧也应采用与屋面相同的做法。

晚期的F820中，周边不见柱洞，代之以40厘米厚的垛泥墙。中部柱洞则有前中后两两对称的三组；从这种变化中似乎可以推测出两点：1.居室空间高度增加；2.屋面形式为前后双坡。屋脊位于中柱柱头之间的联系构件上，前后檐由前后柱头之间的联系构件所支撑，这样便彻底摆脱了屋面斜椽集束的构造问题。但中间双柱与前后柱之间不存在平面上的对应关系，且前后柱仍需倚靠垛泥墙保持稳定，尚未形成独立的整体构架。另外也不排除由垛泥墙承托部分屋面荷载的可能性。

虽然从大地湾仰韶居址的结构方式来看，其发展水平并未出现超越时代的特点，但平面规模与形式的相对稳定与规整，居住面、墙面构造做法以及灶坑、门道等细部的不断改善，在仰韶时期住居遗址中是极为突出的。因此可以说，大地湾单元居址的设计与建造，是超越了同期的其他遗存而具有较高的整体水平。

二

在大地湾仰韶晚期遗存中发现了两座大型房址——F405与F901，这是早中期遗存中所未见的现象。F405坐落在生土层上，F901周围近千平方米范围中未见同期房址。虽然尚未确知这两座房址在遗址群中所处的位置，但二者无疑均为聚落中具有特殊重要地位与功用的建筑物。这种地位决定了人们在建造它们时必然凝聚最高智慧，集中最大物力，注重并借鉴以往的经验教训，故而较一般居址更能体现当时的建筑技术水平与观念意识，以及当时的社会分工与生产力水平。另一方面，F405和F901虽同处五营河南岸台地上，同属仰韶晚期遗存，同是聚落中地位特殊的建筑物，规模、形式、做法均明显有别于单元居址，但两者在平面格局、细部构造与材料做法上又多有不同。已知的新石器时期聚落遗址中，也有同期数座大型房址并存者，然而只有大地湾遗址的发掘为我们提供了这样两座可资比较的大型建筑遗址。先将这两座房址的情况概述如下：

F405所在的第五发掘区位于五营河南岸半山腰上，据推测应处于大地湾遗址南端地势最高的位置。房址坐落在距地表约3.5米的生土层上，扁方形平面，朝向北偏东（河床方向）。房址的东北部被农田建设和山洪破坏（图3）。

F901所在的第十发掘区地势略低，距河1公里，高出河床约80米。房址地面距地表约2.8米，下压厚20～45厘米的仰韶晚期文化层。房址平面呈左右对称、前大后小的“凸”字形，由主室、东西侧室、后室组成。朝向南偏西30°，方位正与F405相对。主室东墙北部及北墙东部因断崖坍塌而局部毁失。需要特别说明的是，本文沿用了发掘简报中对F901平面各部分的称呼（主室、侧室、后室），而实际上在东西侧室及后室中都未发现外墙，称之为“室”是不大合适的（图4）。

F405和F901的具体情况与数据见表2。

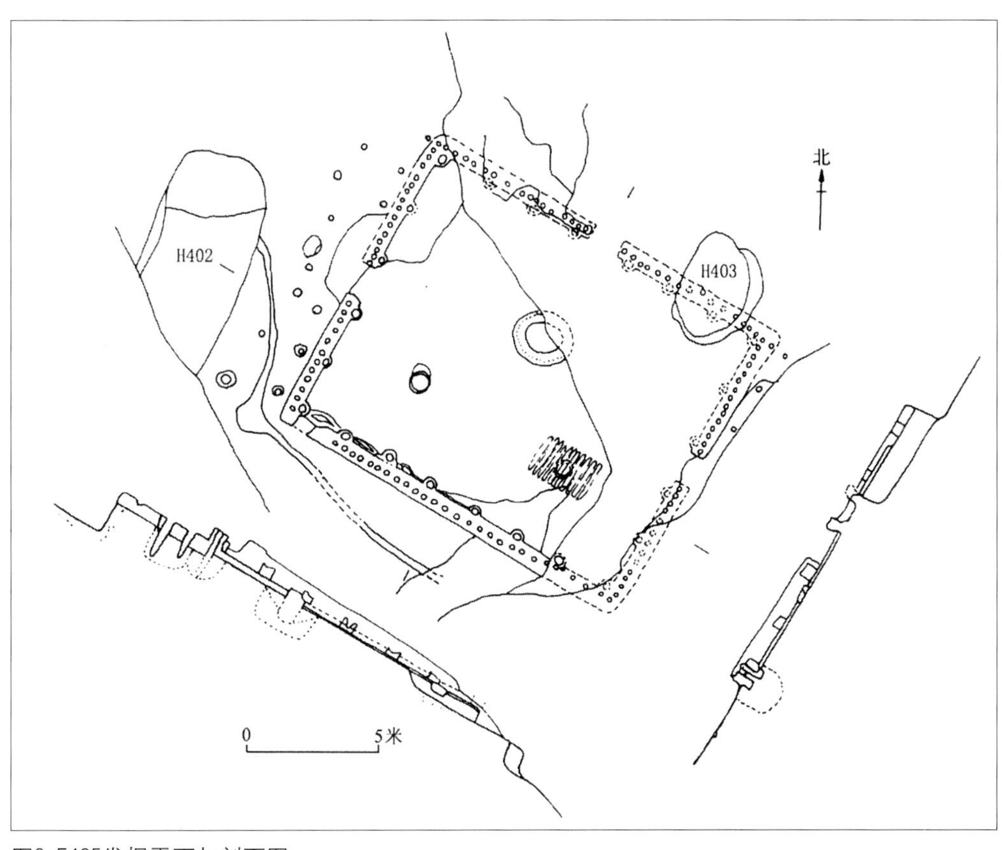

图3 F405发掘平面与剖面图

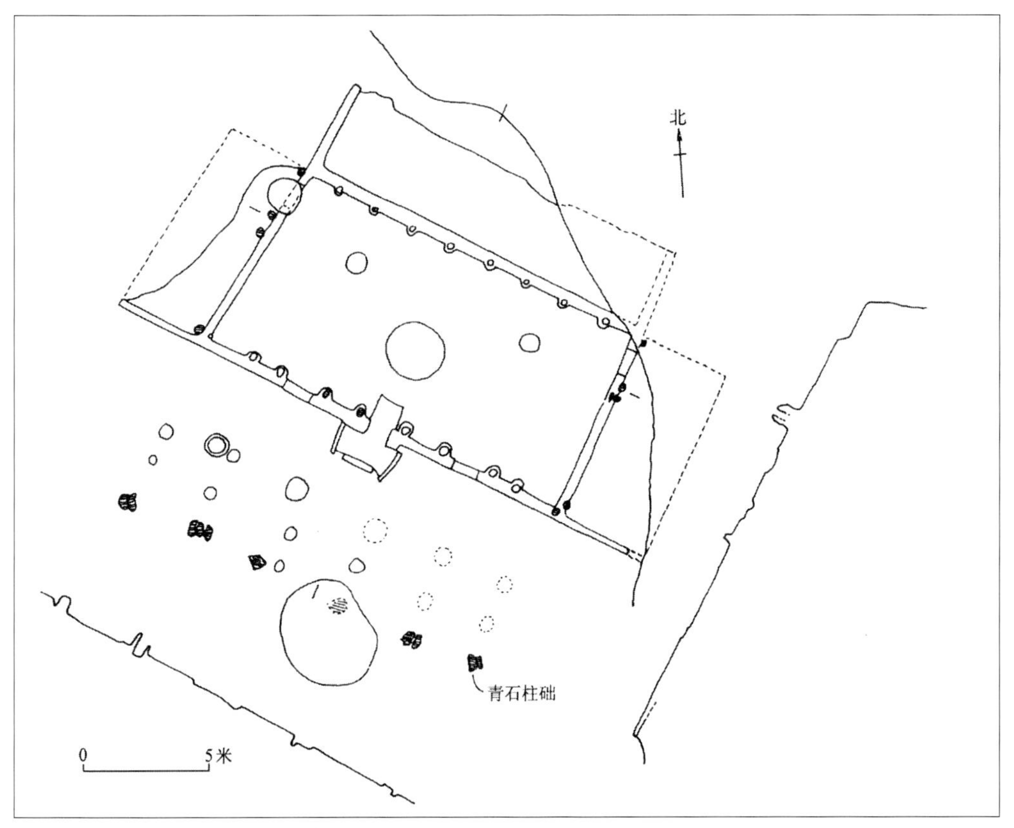

图4 F901发掘平面与剖面示意图

表2　F405和F901诸因素比较表（长度单位：厘米）

			F405	F901
平面尺寸	总体		1380～1400（面阔）×1120（进深）	2300（面阔）×1160（进深）
	主室	前后柱距	同上（内壁距同）	1600（面阔）× 800（进深）
		墙长		前1670　后1520　西836　东784
	侧室		无	800（面阔）× 347（进深）
	后室		无	1600（面阔）× 360 （进深）
地面做法			地表夯平， 20厚料礓混沙石土， 5—7料礓石白灰面层。	主室：地表夯平，15厚草泥烧土层，20厚沙石轻骨料混合层，表层水泥状胶结材料。 侧室：平整黄土硬面，分别高于主室12～20（西）和5～7（东）。 后室：黄土硬面，局部经烧烤，低于主室10～20。
墙壁	厚度		64（西）、70（南）	主室40～45，西侧室18～25 东侧室23～28
	构造		基槽深220 木骨埋深200，分层夯土 草泥垛墙， 料礓石白灰面层。	内、外层10厚红烧土 中层草泥木骨、植物茎秆层，木骨径5～15，@20～30，深116。 与地面相同的胶结料面层。
柱洞	内柱	数量	2	2
		位置	中部靠后两侧	主室中部靠后两侧
		柱中距	650	820（约为1/2主室进深）
		距前后壁柱	前800　后320	前580　后220
		柱径	东75　西81（含泥皮）	西87～90，东84～90（含泥皮）
		做法	独木，西柱径约70 草泥皮两层，厚6.5，中有绳痕，表层白灰面。	由中心大柱和东、西、南三小柱组合大柱50，小柱10～20。表皮三层，之间有植物茎秆痕，厚11.2。
		柱洞	圜底，深度不详	东深32，西深12～20，壁硬
		柱础	东柱以并排12根原木为础，西柱不详。	青石础
	内壁倚柱	数量	24	16
		位置	南北壁各6，东西壁各4，四角各1	主室南、北壁各8，四角无
		间距	西壁162～182 南壁138～152	后壁170～194，均值183 前壁边柱距113、132 门柱距226、213、240 次间柱距160、190
		柱径	40左右（据11号洞径加泥皮推测）	南壁均值51，北壁均值44（含泥皮）

续表

<table>
<tr><td rowspan="6"></td><td rowspan="3"></td><td>做法</td><td colspan="2">泥皮三层，厚10，外二层之间有绳痕，表层白灰面</td><td>保护层同墙</td></tr>
<tr><td>柱洞</td><td colspan="2">径20左右，圜底，深88（11号）</td><td>径20～39，深23</td></tr>
<tr><td>柱础</td><td colspan="2">平铺圆木，长96，径13</td><td>青石础</td></tr>
<tr><td rowspan="3">主室外柱洞</td><td>数量、位置</td><td colspan="2">西墙外14：内排6，外排8；
东墙外3</td><td>西侧4，东侧2，
南侧三排，每排6，共18</td></tr>
<tr><td>柱洞</td><td colspan="2">西侧：10～46、深55～204；
东侧：16～18、深20～60</td><td></td></tr>
<tr><td>柱础</td><td colspan="2">无础</td><td>青石础</td></tr>
<tr><td rowspan="3">门</td><td colspan="2">门数</td><td colspan="2">正门1，东西侧门各1</td><td>南壁中门1、旁门2，东西侧门各1</td></tr>
<tr><td colspan="2">门宽</td><td colspan="2">正门墙内柱洞距150
西侧门125，东侧门136</td><td>中门105～110，旁门120，125
侧门105（东）</td></tr>
<tr><td colspan="2">做法</td><td colspan="2">正门已毁
西侧门：室内地面沿门口延伸至室外，
门外有散水遗迹</td><td>中门内外有低于室内地面3～4的“凸”字形门道，外门道两侧有木骨泥墙
前方狭长烧土面，高出门道7，低于门外路土3～5，其上有门槛遗迹
旁门两侧有门框痕迹</td></tr>
<tr><td rowspan="2">灶台</td><td colspan="2">位置</td><td colspan="2">中部靠前，正对正门</td><td>中部靠前，正对正门</td></tr>
<tr><td colspan="2">尺寸</td><td colspan="2">台高20，径200；盘高40，径234</td><td>残，基部外径260</td></tr>
<tr><td rowspan="6">地面遗存</td><td rowspan="2">红烧土块</td><td>厚度</td><td colspan="2">室内46～56，南墙外10～42，
西侧檐廊15～30</td><td>主室厚达65</td></tr>
<tr><td>情况</td><td colspan="2">包含屋顶、墙壁草泥块</td><td>多数为屋顶塌落物。厚10～20，有清晰椽痕（圆柱或方木状），痕宽5～10，间距3～5，个别椽痕间有1厘米宽的绑扎痕</td></tr>
<tr><td rowspan="2">黑灰土</td><td>厚度</td><td colspan="2"></td><td>西侧室和后室10～15</td></tr>
<tr><td></td><td colspan="2"></td><td>含炭化木柱和较多的木炭灰，应属屋顶塌落堆积</td></tr>
<tr><td rowspan="2">泥皮</td><td>位置</td><td>南壁倚柱</td><td>墙内木骨柱</td><td></td></tr>
<tr><td>尺寸</td><td>长336，宽35～40</td><td>径20，长139</td><td></td></tr>
<tr><td colspan="3">碳14测定</td><td colspan="2">4520±80（5040±180年）</td><td>4740±100（5305±135）
4550±100（5080±190）
4520±100（5045±190）</td></tr>
</table>

表中数据取自简报等已发表资料，其中一些平面尺寸为依图示比例尺量测所得。

F405与F901在一些大的方面有较多共同点，其中的地面建筑、扁方形平面、中部靠后双内柱、木骨泥墙与内侧倚柱诸点，可视为反映时代与地区特征（大地湾仰韶晚期）的共同点；用料做法讲究、平面规模宏大、灶台位置近门以及门口数量在三处以上等特点，则应反映为此期公众性建筑与居住性建筑之间的明显分化。而这两座房址之间的诸多不同，则是最值得注意之处，特分述如下：

平面布局

大地湾遗址位于河流南岸，故选择朝向与地势时难以兼顾。F405 所在地点居高临下，背山面水，但朝向东北，据遗址剖面还可看出原东北部地面低陷，基础经过铺垫处理，现状中又被山洪破坏，可见建造时用地比较局促；F901朝向西南，背水面山，但房前有宽达25米的路土。两者在布局意向上的差别显而易见。应该说，F901的选址在地形地势、环境气候、使用功能方面有较全面的权衡，并有可能是建在拆除原有居址、经过重新平整的场地之上（据简报分析推测，F901下压厚20～45的仰韶晚期文化层，下为生土，说明是晚期新辟的居住区）。

F405的平面为单一主室，两侧有檐廊遗迹，主室正面与侧面各辟一门；F901的平面是由主室、东西侧室、后室及前方留有三排柱迹的宽敞空地四部分组成，主室正面辟三门，侧面各辟一门通往侧室。这些现象应是建筑功能相对复杂的反映。

据简报，F901西侧室出土的器物主要是陶容器，数量比主室出土的还多，其中有一个利用方石改造的石臼窝，应是用于加工谷物或采集品的。主室出土物中有可用作盛贮具或量具的陶制簸箕形异型器。由此推测，F901西侧室的使用功能与食物的加工、存放有关，主室的使用功能或与谷物的收获及分配有关[4]。F901的后室与主室之间并不相通，且地面做法简陋，其上也未见立柱遗迹（怀疑是否有覆罩屋面的可能性），因此F901不大可能是一座与F405同样有朝向河岸一面并起到集会中心作用的“双面”建筑物，遗址平面中所见各部分空间的功用尚属未知[5]。

结构尺寸与做法

从表2中可以看到，F405 与F901的前后壁倚柱距、内柱距、内柱至前壁倚柱的跨度、倚柱中距、前后壁倚柱直径、主室壁厚等数据以及倚柱分布、角柱有无等皆有不同。相比之下，F901的做法较为合理，似乎是借鉴于F405并加以改进的结果。一方面，是对房屋的整体结构表现出更为明确的认识——屋面的重量主要由内柱及前后壁倚柱所承托，墙体只是作为围护结构同时起到稳定倚柱的作用。于是，取消东西侧壁的倚柱，将墙体减薄，同时前后壁倚柱的中距加密，使构架更为合理；另一方面，是对构件受力状况的进一步把握——前壁倚柱径大于后壁，应是认识到在跨度不同的情况下，前壁倚柱的受力较大，用料上需加以区别；墙内木骨径减小为5～15，埋深改为1米左右，对于非承重墙来说，显然也是合理的。

两者在构件用材上也存在差异。F405内柱用独木，柱径70厘米左右（含泥皮为85），内柱与前壁倚柱之间的跨度在8米以上，说明当时木料来源十分充裕；F901的内柱为一大三小组合柱，其中大柱径只有50厘米，内柱与前壁倚柱之间的跨度则不足6米。作为一座空前规模且功能、地位特殊的建筑物，其用料必然尽可能粗壮。如果它是早于或者同时于F405建造，两者在用料上应大致相当。据此推测，F901的建造很可能是在F405之后，木料的来源似不如前。不过，从F901采用组合柱及缩小前后柱跨、加大内柱距等一系列措施，可以看出它是在节省用料的同时取得了技术上的进步，尤其对束集柱的材料性能有所把握。

F901的主室面阔16米，进深8米，恰为双正方形比例，内柱距8.2米，接近面阔的二分之一。联系大地湾仰韶居址中方形平面的流行，这应该不是一种巧合，或是一种相对成熟的、以方形作为基本平面单元的设计手法。

柱础做法

F901的构造做法在许多方面较F405更为讲究。如墙体做法（F405是简单形式的木骨垛泥墙，F901则是多层复合式的木骨夹蓖泥墙）、地面做法（F405地面为普通料礓石垫层加白灰面层，F901则采用了类似现代材料的人造轻骨料和粉末状胶结材料），等等。而特别值得注意的，是两者在柱子埋深与柱础做法上的区别。

F405内柱柱洞为圜底，埋深不详。倚柱埋深（以11号柱为例）为88。在内柱及倚柱的底部，发现以原木排列为础的做法；F901的内柱及倚柱的柱洞底部均为平底，使用了青石础，西内柱埋深32，东内柱埋深仅12～20，倚柱埋深23；在门前三排柱迹中，最靠外的一排甚至出现了地面青石础。

据以往所知，新石器时期房址中的柱洞做法一般有以下几种：

①在地面或房基上挖槽栽柱，填土夯实；

②洞底、四壁砸实后栽柱；

③栽柱后填入红烧土渣、碎陶片；

④洞底垫陶片或石子，或用碎陶片砸成鸟巢式柱础。

可知这一时期的柱础做法，首先是采用深埋与填充物固定的方式，解决柱子的稳定性问题，其次采用柱洞内壁夯实及底部加垫石子陶片等方法，解决柱子承重后的沉陷问题。南方新石器遗址中所见栽柱式干栏居址的情形也与此相似。

F405内柱的做法仍未脱此臼（唯排木为础的做法应视为解决地基塌陷的合理措施）；而F901内柱的平底浅埋柱洞及房前的地面明础，则表明这时已开始出现平置于地面的承重柱，这是木构架发展过程中的一个重要环节：只有当房屋结构构架的整体稳定性达到一定程度，才有可能不再依赖于柱子的埋深，最终摆脱“柱洞”的做法。尽管我们目前不能确知大地湾F901主室及房址前部柱迹的上部结构形式，但可以认为，它已经接近于由纵横构件搭接而成的、能够自立于地面的整体木构架。这在新石器时期建筑遗址中是十分罕见的现象（在二里头早商宫殿遗址中，仍可见到地面或夯土台上掘洞栽柱并回填夯实、柱下垫埋卵石暗础的做法），并表明在F405与F901之间，似乎也还存在着一段“缺环”。大地湾或附近地区的仰韶晚期遗址中，是否还有规模相当而做法介乎两者之间的建筑遗址，尚有待于进一步的考古发现。

结构构架

F405和F901这两座公共房址虽然在规模上远远大于单元居址，却仍保持着自仰韶早期居址中即已出现的室内后部双内柱的做法。

这种后部双内柱房屋的构架与屋面形式有两种可能性：一是以架设于两根内柱之间的长木为屋面前后坡分界，则屋顶为前坡长、后坡短（其中又可分为坡度相同与不同两种情况）。如果采用这种做法，F405前坡斜长（含出檐）将达10米左右，极为可观，F901前坡斜长则在7米左右。以往一般认为中国北方早期木构建筑的屋面多采用“长椽”，即在中栋与外墙之间架设密排木骨（苇束）、其上抹泥的做法。这在一般规模的建筑中可行，如用于F405，恐难以承受；另一是在内柱与前后壁倚柱之间架设横梁，其上选择适当位置立短柱承栋。采用这种做法，屋顶前后坡等长。F405的坡长在7米左右，F901在5米左右（不含后室），相对较为合理。

就建筑技术而言，在对大地湾单元居址的分析中，可以看到由于筑墙技术的进步，居住面由穴底逐步上升到了地面；通过对仰韶晚期公共房址的分析比较，又可推想由于木构技术的发展，柱底高度由深埋上升到了浅础甚至明础。但房屋上部的构架形式与做法（是采用长椽还是抬梁式，是采用绑扎还是榫卯，等等），目前还难以推定。

灶坑位置

将灶坑置于室内，供取暖与炊事之用，是原始住居中的普遍做法，但也往往是导致房屋毁坏的原因。F405的内柱及扶壁柱均裹以层层泥皮，应属防火措施。但泥皮若经长时间烘烤，吸聚热量，反而可能使木料炭化。遗址所见F405第2号中柱向南倾倒，显然由于南面屋顶的坍塌，其原因除了结构跨度过大之外，很可能也与其下灶坑烧烤、木椽炭化后承受不住屋顶草泥的重量有关。

尽管F901在平面格局和细部做法上较F405更为讲究，尽管F901和F405在规模、做法上皆与单元居址有所不同，但已知的大地湾房址在以下两点上几乎没有差别：

1. 室内灶坑的位置。

2. 后部双内柱的结构做法。

这是表明其文化性质一致性的根本两点。看来只有生产力的发展和技术上的进步，

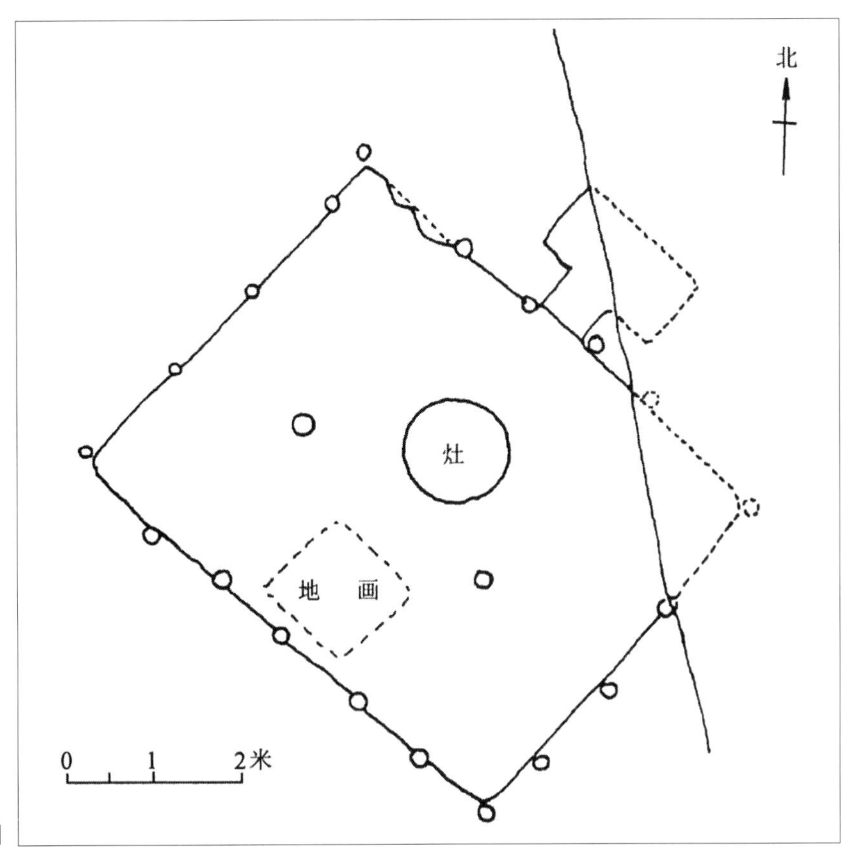

图5 F411发掘平面示意图

尚不足以改变事物的性质，唯有摆脱观念上的制约，才能有新文化的出现。技术性变革可以在短期内出现飞跃，而观念的改变则往往需要很长时间。

这里附带提一下有关F411的问题。

F411的位置距F405约70米，面积27.5平方米。据所在地层、地面做法、碳十四测定，可基本确定为仰韶晚期房址。其规模比单元居址略大，平面形式、灶坑的位置和大小比例与则接近F405，周圈柱距较大，不似泥墙木骨，也就是说可能没有外墙（图5）。

通过前文对仰韶晚期单元居址与公共房址的分析，可以看到两者在建筑规模、平面形式、灶坑位置等方面皆有不同特点。据此衡量，并结合有些文章中谈到的有关原始宗教的说法[6]，F411的确较难确认为单元居址，而可能是具有特殊用途和一定公众性功能的房址。

与其他遗址的比较

已知新石器时期房址中，平面规模在50平方米以上的即不多见，100平方米以上的更少；半坡、姜寨、北首岭等处的较大房址，面积虽然在100平方米左右，但分处居址群中，平面形式也与一般居址相近；郑州大河村、邓州八里岗排房和余姚河姆渡干栏式建筑的基址面积虽达百余平方米，但从平面形式及出土物性质来看，仍属居住性房址。如果按照居住性房址与公众性房址区分比较的原则，这些例子均应被排除；只有辽河流域新石器居址群中的诸例大型房址，在规模及使用性质上或与大地湾F901有相近之处。

兴隆洼、白音长汗、查海、赵宝沟、新乐等辽河流域新石器居址群均由圆形环沟内有规律排列的单元居址和中部的大型房址所组成。兴隆洼遗址中的单元居址总数在80座以上，规模为50～70平方米，中心部位并列有2座面积在100平方米以上的大型房址。此期房址尚处于半地穴式发展阶段，为无特定朝向的矩形平面，年代测定在BC5300年左右（未作树轮校正）[7]。新乐F2，矩形平面，面积近90平方米，是居址群中心呈“品”字形排列的3座大型半地穴式房址之一。据出土物推测，为氏族集体劳动（活动）场所，年代与兴隆洼遗址相近，平面形式也可能大致相同，建造技术较为原始（约与大地湾仰韶早期相当）[8]。另外，陕西华县泉护村遗址中的F201，平面残缺，约1500×400（1400？）厘米，估计面积为150～200平方米，半地穴式，从建筑发展阶段看，这些实例都明显早于大地湾仰韶晚期。

不仅在年代相近的各处房址中，很难找到与大地湾仰韶晚期大型房址处于相同发展阶段、可以进行相互比较的例子。甚至在甘肃仰韶文化之后的齐家文化或庙底沟二期文化中，以及在各地的龙山文化中都还没有发现处于相应发展阶段的公共房址（据说甘肃地区还有与大地湾遗址相类似的大型建筑遗存未见发表）。大地湾F405与F901主室平面格局统一，前后承重柱已形成基本相等的柱距，即“间”的雏形，室内双柱用材极大，F901已不用柱穴回填夯实而采用平底青石础的柱础做法，接近整体性木构架的结构方式，这些都已具有向宫殿建筑过渡的特点。这种伴随人类进入文明社会的高级营造活动现象，出现在地处西北、距今5000年的大地湾遗址中，是值得注重的。另外也表明新石器与夏商之间也同样存在“缺环”。进一步的探讨，还有待于新的考古发现与材料发表。

由于对遗址概貌、各区之间相对位置与关系缺乏全面认识，并限于学识水平，文中有理解不确之处、与实际情形不符之推测及其他谬误之处，敬希专家与同好指正。

1997年2月初稿，2000年1月定稿

注释

[1]建筑遗址的分类，是一种概念性的做法。因为不论对于房址的使用功能还是结构形式，实际上都只能进行有限的推测与把握，无法作出确切无误的解释；若基于房址的规模，也很难确定分界的标准。

[2]依据以下资料：

甘肃省博物馆 秦安县文化馆：《1980年秦安大地湾一期文化遗存发掘简报》。

《考古与文物》1982年2期

甘肃省博物馆文物工作队：《甘肃秦安大地湾第九区发掘简报》《秦安大地湾405号新石器时代房屋遗址》

《甘肃秦安大地湾遗址1978—1982年发掘的主要收获》

郎树德　许永杰　水　涛：《试论大地湾仰韶晚期遗存》以上《文物》1983年第11期

甘肃省文物工作队：《甘肃秦安大地湾901号房址发掘简报》《大地湾遗址仰韶晚期地画的发现》以上《文物》1986年第2期。

李最雄：《我国古代建筑史上的奇迹》《考古》1985年第8期。

[3]参照以下资料：

《西安半坡》 文物出版社　1963年版　p.41

《陕西临潼姜寨遗址第二、三次发掘的主要收获》《考古》1975年5期。

《临潼姜寨遗址第四至十一次发掘纪要》《考古》1980年3期。

《郑州大河村遗址发掘报告》《考古学报》1979年3期。

[4]据简报，T905包含了F901西侧室的大部。其出土物中有平底釜（T905㉒B:3）、敛口钵（T905㉒B:7）、侈口罐（T905㉒B:1）、大口缸（T905㉒B:14）、石臼窝（T905㉒B:15）·14（外径-24～32）等，共14件陶器、1件石器。两件陶异型器（F901:10，F901:16）应为主室内出土。

[5]在山西夏县东下冯遗址中，见商代前期圆形建筑遗址有中心十字墙，其功用被认为与粮食贮存有关。

据此推测，F901主室周围由墙体所分隔的空间（包括侧室与后室之间的东北、西北二角，惟地面做法不详），是否也可能具有类似的功用呢。见《考古》1980年2期《山西夏县东下冯遗址东区、中区发掘简报》。

[6]李仰松：《秦安大地湾遗址仰韶晚期地画研究》《考古》1986年11期。

[7]《东北亚考古学研究》文物出版社1997年版 p.184。

[8]沈阳市文物管理委员会等：《沈阳新乐遗址第二次发掘报告》《考古学报》1985年2期新乐F2是一个值得特别注意的例子。据发掘报告，F2长宽为1110×860，面积95.5平方米，半地穴式，有中心火塘，沿穴壁有柱洞34根，柱距1米左右，径12～14厘米，室内地面有柱洞15，基本按周圈方式布列，柱径10～20厘米，出土物中有5套磨盘、磨棒，大量炭化谷物，细石器，陶器，骨器（制陶工具及骨笄），鸟形木雕，煤精饰物、玛瑙、玉石（雕刻工具、珠饰）、赤铁矿、石墨（绘饰工具）等，其中陶器以深腹罐为主（东侧相距20米的F1出土器物情形类似，另见有簸箕形斜口深腹罐）。推测为氏族成员公共（集体）劳动场所。碳十四测定并经树轮校正年代为距今7245±165（5295BC）。

克孜尔中心柱窟的空间形式与建筑意象

克孜尔中心柱窟的空间形式与建筑意象

在本文的开头，先谈几点基本认识和说明。

1. 石窟空间研究

石窟和建筑物一样，都是以空间的建构为基本手段，以满足使用功能的需求。

无论中外，石窟的开凿都多多少少带有写仿同时期建筑物空间形式的特点，也就是说，都具有特定的建筑意象。

对石窟的空间形式进行分析研究，从中获得对相应历史阶段的建筑发展与形式演变的认识，应该成为建筑史研究的一个重要方面。特别是国内现存石窟大部分开凿在宋代以前，正可弥补唐宋以前建筑实物资料之不足，对中国古代建筑史的研究实有大益。

2. 石窟空间性质

按照空间的使用功能，石窟的空间性质可以区分为“窟”与“龛”两大类：

“窟（室）”——是具有合乎常人尺度的内部活动空间，通常包含有建筑空间的意象；

“龛”——是专用于安设佛像的空间，尽管其中不乏体量巨大者如云冈的“昙耀五窟”和麦积山“七佛阁”中的帐式龛，但其中都只包含有器物类空间的意象，与建筑意象之间虽有关联但存在一定的差距。

因此，从建筑史角度对石窟的空间形式进行研究探讨，主要对象是“窟”，不是“龛”。

3. 关于窟型命名

石窟窟室类型的命名，通常是由考古学家首先作出的。“中心柱窟”便是先期流行于考古界，继而被艺术史、建筑史乃至整个史学界所依循、通用的一种石窟窟室分类名称。

但是，考古界对石窟窟室类型的分类与命名，似乎没有统一的规则。有按窟室的使用功能分类者，如“塔庙窟”、“讲堂窟”、“禅窟”等；有主要依窟室平面形式分类者，如“中心柱窟”、“方形窟”等。但凡窟室平面当中带有独立实体（方形或圆形）者，不论其本身和周围空间形式如何，都被归入了“中心柱窟”一类。不可否认，这种带有一定模糊性的分类方式具有更宽泛的适应性与包容性。但也正因为如此，这种分类方式也凸显出一个很重要的问题，即容易混淆窟室空间形式以及建筑意象上的差别。

4.关于“中心柱窟”

中心柱窟是我国佛教石窟中的重要窟室类型之一，在早期窟群或群组中往往作为主窟出现。在平面形式相近的情况下，各处窟群中的中心柱窟的空间形式有着相当大的差异，甚至完全不同。在从事建筑史研究的人员看来，这种空间形式的不同，应反映为窟室中所包含建筑意象的各异；而中心柱窟在各地窟群中的分布方式以及在窟室中所占比例之不同[1]，或反映为各地各期流行（佛教）建筑样式的特点。对这种窟型的不同空间形式进行辨析，了解其中所包含的建筑意象，推测它所写仿的建筑原型，不仅具有建筑史研究方面的意义，同时或许有助于从考古学意义上对这种窟型作进一步的区分。

5.探讨范围限定

本文拟从新疆拜城的克孜尔石窟开始进行中心柱窟空间形式的分析研究。其中主要包括两个方面的内容：一是它的主要空间特点以及与国内其他石窟中的典型中心柱窟在空间形式上的不同（区别）；二是它所包含的对地面建筑物的写仿因素及建筑意象，也可以说是它所意图写仿的建筑形式与表现方法。

还需要说明一点：克孜尔中心柱窟也有着自身的演变过程，也存在着空间形式上的差别与表现意向上的不同。本文拟重点探讨的，是克孜尔中心柱窟中较为典型的以高大主室为主要特征者及其所表现的建筑意象。

一

（一）克孜尔中心柱窟概况

克孜尔石窟有编号洞窟236座，按照考古界的分类方法，大致可以分为中心柱窟、大像窟、僧房窟和方形窟四种类型[2]。其中具有礼拜功能及带有礼拜性质壁画的洞窟约为94座（中心柱窟60，大像窟7，方形窟28）[3]。中心柱窟数量最多，是克孜尔石窟中规模最大、空间构成最为复杂的一种窟室类型。

在接下来的介绍之前，我想按照自己对窟室空间性质的理解，将这四种类型中的“大像窟”做一个区分：其中带有主室者（5座）并入“中心柱窟”，无主室者（2座）改称“大像龛”。按此计算，克孜尔中心柱窟的数量应为65座。

1.空间构成

中心柱窟的典型空间形式，是由前室、主室及后室三部分构成[4]。其中主室与后室通常前后相距1～2米，之间以中心柱两侧的甬道相连通。这样一来，在窟室的中后部，即主室、后室及甬道三者之间，就形成了一个方形平面的中心实体。第一期谷西区第38

窟是克孜尔石窟中具有代表性的中心柱窟实例之一（图1）。

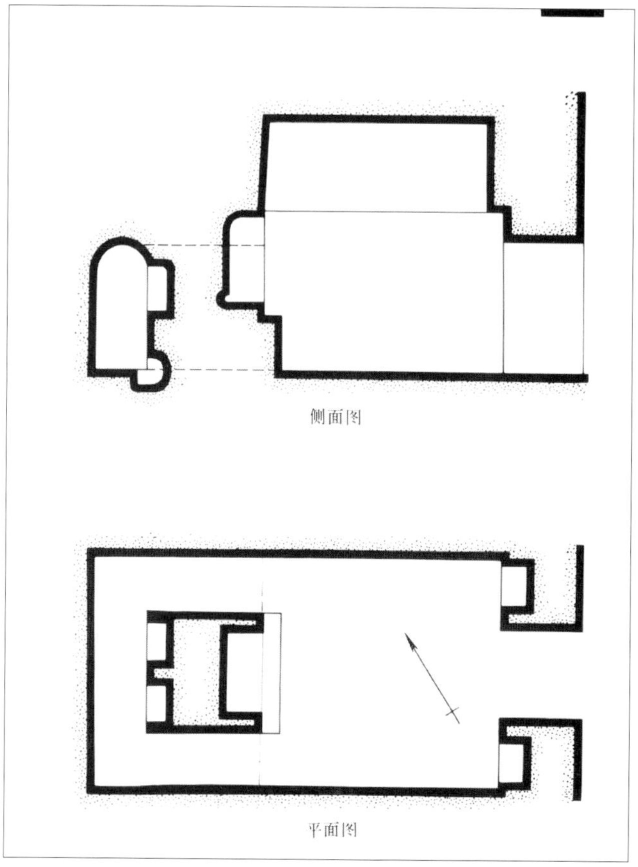

侧面图

平面图

图1—1 克孜尔第38窟实测图1—251

图1—2 克孜尔第38窟主室正壁1—82

（除注明者外，本文中的克孜尔石窟图皆引自《中国石窟·克孜尔石窟》一书，图名后面标注卷数与图号）

2. 空间功能

克孜尔中心柱窟的主室、后室和甬道在功能上有各自的特点。

主室——后部或正壁通常安置高大的立佛像或坐像，是以礼拜佛像为主要功能的场所；

后室——后部或后壁通常塑绘佛涅槃像，壁画内容表现佛弟子的哀悼诸像，是僧众及信徒瞻仰并寄托哀思之处；

甬道——以连接主、后室为主要功能。在没有高度差的环状甬道中，或许也在一定程度上保留着绕塔通道的功用。

3. 空间尺度

克孜尔中心柱窟空间尺度　　（单位：米）

窟号		38	17	8	48	47
年代（公元）		310±80	465±65	685±65	255～428	350±60
总体	面阔	3.55	3.67	4.8～5.5	4.5～5.7	8～10.7
	进深	6.55	6.67	9.5	?	16.6
主室	面阔	3.55	3.67	4.8	4.5	8
	进深	3.8	3.73	5.5	?	7.9
	顶高	**3.87**	**3.4**	**5.4**	**8.44**	**16.3**
甬道	宽度	0.84	0.83～1.2*	0.9	0.81	1.2
	进深	2.75	2.94	1.6	0.59	0.8
	顶高	**1.9**	**1.9**	**2.1**	**2.2**	?
中柱	宽度	1.87	2	3	2.88	5
	进深	1.87	1.74	1.6	1.85	4.6
后室	面阔			5.5	5.7	9.3～10.7
	进深			2.4	2.8～3.9	7.9
	顶高			**3.5**	**3.85**	?

* 1.2米是后部甬道的宽度。

由于资料不全，无法作全面统计，表中5个洞窟的数据均取自已发表资料。

据表中数据和窟室剖面图，可以看出克孜尔中心柱窟的主室与后室之间存在着空间尺度上的明显差距：主室进深较大、窟顶较高，空间尺度较大；后室进深较浅，窟顶较矮，空间尺度较小；甬道宽度狭窄，顶部低矮，空间尺度更小些（一部分窟室的后室与甬道顶部在同一高度）。在第77、43窟等窟室中，主室与后室的窟顶高差甚至在一倍左右。也就是说，围绕在窟室中部方形实体周围的，是三种高度不同、规模不等的窟室空间（图2）。

考察方形实体四面的壁画内容，也相应地有所不同：正面作为主室的后壁，壁面

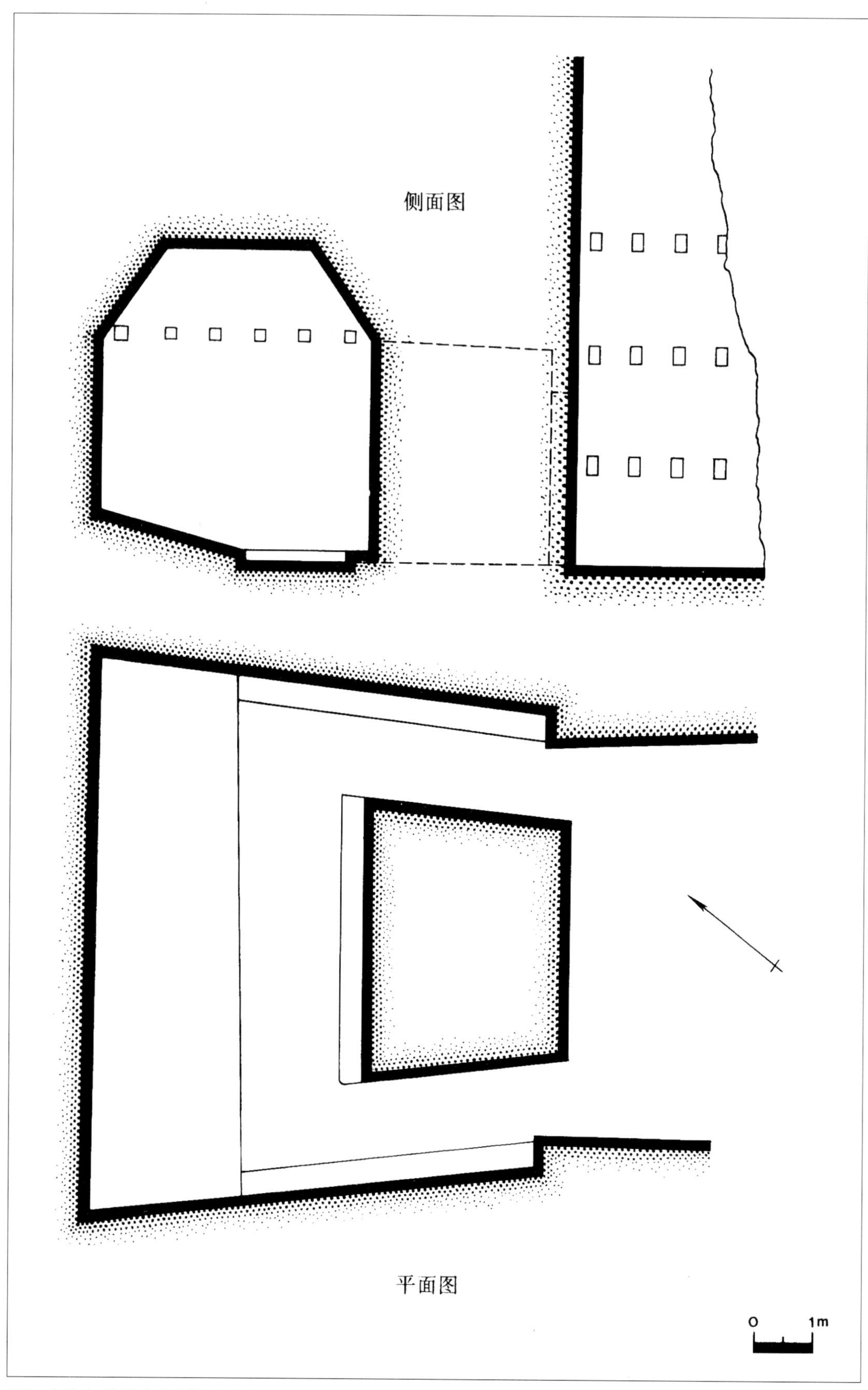

图2 克孜尔第77窟实测图2—262

绘制佛像或者用作佛像的背屏，壁画的内容通常与前室的侧壁相同；后面与后室的后壁相对，因此壁画内容往往与后室的气氛相协调；甬道的壁画内容也往往是独立的。三者之间的区分是相当明显的。不可否认，方形实体侧面与后面的壁画内容时或有相同的地方，这似乎表明它在某种程度上的独立性，但这种情况相对少见。

（二）克孜尔中心柱窟空间形式的特点

1.中心柱不具有独立的形象

在克孜尔大多数中心柱窟中，所谓的“中心柱”并不具有独立的柱体形象及意义，而只是一个由四面不同高度、不同规模的空间围合而成的实体，它的四个面只是这些空间的相应组成部分，如正面即为前室（主室）的后壁，后面即为后室的前壁。

2.中心柱不作为礼拜对象

关于如何看待克孜尔中心柱窟，考古界实际上也存在两种观点，“有人对这种窟型能否称为中心柱窟表示怀疑”，而有人认为由于“窟内都有可供绕行礼拜的通道”，因此“称为中心柱窟似无不妥”，同时认为克孜尔中心柱窟的渊源仍然是印度的支提窟，因为它仍然满足绕行礼拜的功能[5]。对于这一观点，个人以为也应该作一些分析。

印度支提窟中，除了后部的佛塔，没有其他的礼拜对象，因此，佛塔是唯一的、非常明确的绕行礼拜对象；但在克孜尔中心柱窟中，前室后壁立有高大的佛像，后室后壁绘有佛涅槃像，因此，虽然是围绕着中心实体绕行礼拜，但可以认为，礼拜的主要对象不是当中的方形实体，而是佛像。这是克孜尔中心柱窟与印度支提窟之间的一个实质性差别。

3.窟内空间及尺度变化丰富

克孜尔中心柱窟中一般包含3个以上的独立空间，即主室、后室与甬道，或前室、主室和甬道。且三者之间存在着空间尺度上的明显差距。其中主室空间尺度最大，后室次之，甬道空间尺度最小。在大像窟中，主室与后室的窟顶高差往往在一倍以上，与甬道的空间尺度差距更大。

正是这些特点构成了克孜尔中心柱窟不同于其他中心柱窟的独特的空间形式，并引发了相关的探讨。由于任何自然与文化现象都会有其自身的发展过程与演变特点，因此科学研究中进行的人为分类，其中都必然会包含从典型到非典型的各种例证。如果按照这个想法去看待中心柱窟问题，沿袭传统的窟室分类方法，那么也可以认为，在中心柱窟这个大类中，以克孜尔第77窟为代表的，是一种非典型的极端。

（三）与其他石窟中同类窟型的比较

单纯从窟室平面来看，克孜尔的中心柱窟与其他石窟中的中心柱窟确实是相似的。但是，如果我们对窟室的剖面及其空间构成作进一步的比较，就会发现克孜尔石窟的中心柱窟与其他窟群同类窟室之间的差别。

限于篇幅，其他石窟中心柱窟的详细介述在这里不能展开，只能对其窟室空间特点作简要说明，强调其与克孜尔中心柱窟空间形式之差别。

1. 新疆地区

在库车地区的库木吐喇、森木塞姆及吐鲁番的七康湖石窟中，均可见与克孜尔形态相近的主室高大的中心柱窟，但同时也有着其他形式的中心柱窟。

如距克孜尔窟群不远的拜城台台尔石窟的第16窟，虽然年代较晚，但却是一座较为典型、具有独立中心柱的中心柱窟。据许宛音《台台尔石窟踏查记》文[6]，第16窟的主室、甬道及后甬道的顶部均为平顶，主室顶高202厘米，甬道顶高190～192厘米，后甬道顶高220厘米。中心柱四面的空间高度虽然有所差别，但与克孜尔中心柱窟相比，这种差别已极度缩小；另外更重要的一点是，从窟室的壁画、造像内容上看，前室与甬道、后甬道是贯穿一致的绘有立佛，中心柱则四面开龛，具有相对的独立性。这些特点是克孜尔中心柱窟所不具备的。另外，在森木塞姆石窟的第26窟中，也出现类似的情形，与下文所述的内地石窟中的中心柱窟形态相似。

2. 河西、中原地区

中原地区的中心柱窟出现在北魏中期，约5世纪末；河西石窟是中心柱窟所占比例最大的窟群，唯其年代尚无定论，但不应晚于北魏中期。

河西、中原地区的中心柱窟之间虽仍存在着中心柱本身情况的差别，但就窟室空间而言，它们具备以下共同点：

（1）窟室中部有形态独立、四面（或三面）形象完整统一的中心柱体；

（2）中心柱周围的空间高度基本没有差异，窟室空间相对完整。

比较典型的中心柱窟，是一室、一柱，即单一窟室空间与独立中心方（圆）柱的组合。也就是说，拿掉中心柱，窟室空间仍然是完整统一的。此类包括云冈石窟第1、2、6、39诸窟，巩县石窟寺第1、4窟，敦煌莫高窟第254等北魏诸窟与隋代第303窟等，河西金塔寺第1、2窟，等等（图3）；不太典型的中心柱窟，主要区别在于中心柱后部上方与窟室后壁相连，其下形成低矮的甬道，空间形式与顶高平一者有所不同。此类包括河西文殊山第1窟，邯郸北响堂山第1、2窟，南响堂山第1、2窟，等等。

比较可知，河西与中原一带的中心柱窟，在空间形式上与克孜尔石窟的确有着明显的不同。其中最根本的差别，就在于前者有形态独立之中心柱，而后者没有。

3. 与印度支提窟的比较

在分析我国佛教石窟中的这类窟室时，应当将印度佛教石窟中的支提窟（又称塔堂窟）一并加以讨论。不仅由于它们之间的源流关系，同时由于它们都在一定程度上反映了当时佛教建筑的内部空间形式。

印度支提窟内部空间所体现的，实际上是一个完整的供奉佛塔的佛殿空间，尽管后

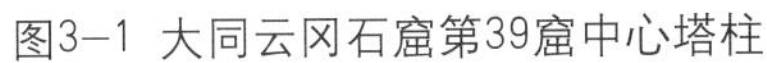

图3-1 大同云冈石窟第39窟中心塔柱

图3-2 敦煌莫高窟第303窟中心塔柱（引自《中国石窟·敦煌莫高窟》2）

部安置有佛塔，但塔体并没有对殿内空间造成任何分割，对殿内环形柱廊及顶部栱肋结构的连续性没有任何影响。就此点而言，我国佛教石窟中与之最为相近的应属云冈的第1、2窟，而克孜尔中心柱窟的内部空间形式则与之几乎没有共同之处。

二

在佛教流传的过程中，佛教建筑样式的本土化也和佛经的转译一样是不可避免的。因此可以说，现存各地石窟中，都程度不同地包含着当时所流行的建筑样式与做法的要素。上述各处中心柱窟空间形式的不同，说到底是源自它们所“写仿”的各地佛教建筑（主要是佛殿或佛塔）内部空间形式之间的差异。

另一方面，佛教建筑的空间形式必须与实际使用功能相匹配，其中最重要的，是礼拜空间与礼拜对象（佛像或佛塔等）之间在体量及数量上的匹配关系。因此，不同地区或不同时期的佛教建筑空间形式又必然是由当地、当时的佛教流布背景及供奉礼拜特点

所决定的。

（一）内地中心柱窟的建筑意象

限于篇幅，有关这个问题的探讨在此亦无法展开，只能依个人观点简而言之。

内地中心柱窟空间形式中所表现出来的建筑意象，大致包含以下几种：

一是窟内中心部位有独立的形态基本完整的佛塔，窟顶平，或雕饰平綦、天花。这种窟室所表现的，应是当中供奉佛塔以供绕行礼拜的佛殿空间，例如云冈第1、2、39窟。

二是窟内中心有独立的连接顶地的方柱，柱身四面设龛，窟顶或周圈饰平綦，或采用其他形式，所表现的应是佛塔底层的内部礼拜空间，如敦煌第251、254等北魏诸窟；另如天龙山隋大业年间开凿的第8窟，内部空间形式与同时期建造的山东历城四门塔十分相似，都是甬道周回人字披顶，可知是表现了当时流行的一种佛塔内部空间形式。

三是窟内中心方柱的柱身各面（或仅于正面）设佛帐形大龛，结合洞窟外观所展现出的单层佛塔（塔殿）的造型特点，推测其表现的应是内设佛帐的大型塔殿的内部空间，如北响堂的北洞、中洞以及南响堂第1、2窟等；另外，巩县石窟第1、4窟也有类似的表现意象，但相比之下似乎不是很明确。

总之，内地中心柱窟中，不论是中心柱，还是洞窟的内部空间或外观形式，在表现意象上都与佛塔有一定的关联。这种情况与历史文献中关于魏晋南北朝时期统治者佞佛成风、各地竞相建造佛塔的记载是颇为相符的。

（二）克孜尔中心柱窟空间形式之成因

3、4世纪时，龟兹本土佛教已然兴盛，僧徒达万人。据文献记载和宿白先生的分析推测，龟兹佛教艺术有一个特点，就是供奉大型立佛[7]。《出三藏记集》卷十一《比丘尼戒本所出本末记》中记载："拘夷国，寺甚多，修饰至丽。王宫雕镂立佛形像，与寺无异。"其中对"立佛形像"的强调，可证当时（按译本年代，为379年）当地普遍盛行的，是对佛像特别是立佛大像的礼拜；而此曰"无异"，当不仅是指佛像，同时也应包括供奉佛像的宫殿与佛殿室内空间形式在内。这个传统一直延续了数百年，至7世纪末玄奘西行路过龟兹时，仍见城门道路两侧立有高达"九十余尺"的立佛，供僧徒集会礼拜。

4～7世纪，也正是目前所知克孜尔石窟开凿的大致年代范围[8]。出于实际功能之需，石窟内部空间的营造与佛像的设立，必然与王宫、寺院建筑相接近。即便受到岩壁条件和开凿技术的限定，具体做法会有种种不同，但在建筑表现意向上应当是明确的。因此，从一开始便开凿高大宽敞的窟室以供奉佛像与立佛大像（如一期的第38窟、47窟），及至在崖壁上直接开凿立佛大龛（如三期的第70、148窟），就都是顺理成章的事情。除克孜尔石窟外，其余龟兹石窟如森木塞姆、库木吐喇、克孜尔尕哈等，皆如此。

可以说，龟兹佛教礼拜大像的这一特点，正是决定克孜尔石窟中心柱窟空间形式（不同于内地中心柱窟）的根本原因所在。

不同的建筑意象，需要以不同的空间形式加以表现。将佛像置于正壁前，一如君王临朝之位，提供宽大高敞的室内空间，以供信徒礼拜佛像之需，是龟兹工匠营造佛殿时所要达到的主要目的。而采用种种方式写仿寺院中的佛殿建筑，营造与之相近的空间氛围，则是克孜尔中心柱窟在开凿中需要完成的主要任务。

三

下面分别探讨克孜尔中心柱窟中主室、后室、甬道等各个不同空间的建筑处理方式及其所意图表达的建筑意象。

（一）主室

克孜尔中心柱窟中，供奉佛像或立佛的主室，是窟室空间构成中最重要的部分。

主室大多采用筒栱顶（又称纵券顶），极少数采用密肋、平綦、斗四（又称“套斗顶”）、穹隆顶等其他样式。

在采用筒栱顶的情况下，前后壁与顶部的交接大多是水平方向的栱顶与垂直墙面的单纯碰撞，这即便在实际建筑物中，也往往是直截了当，没有太多的变换方式可供选择。而侧壁与栱顶的交接则不同，可以没有分界，一落到底；若有分界，其处理方式也可以有极大的选择余地，做法样式也有刚柔、繁简之分。故此侧壁与栱顶的结合部，便成为窟室中最主要的表达建筑意向并加以特别处理之处。

顶壁结合部的处理手法（方式）大致为单纯线脚、添加构件与绘制壁画三种，可以依照不同的表达意向混合使用，构成多种多样的建筑效果。

1. 单纯线脚

这是一种模仿建筑物中板式出挑或砖坯砌筑效果的方式，又可分为三种：

（1）平顶

采用一条狭窄的平顶作为顶壁间的过渡。在建筑物中，这种做法通常需要在侧壁上方采用厚板铺砌并出挑，以支撑栱脚。这虽然是最简单的方式，但在窟室中，往往与绘制壁画的方式结合使用，以表现更为复杂的做法（图4-1）。

（2）曲面

采用枭混曲面作为顶壁间的过渡。据考古学家分析，这种做法在克孜尔第二阶段之后逐渐盛行并趋于复杂化[9]。因此这一部分的高度与复杂程度往往有很大的差别。

（3）叠涩

采用砖坯逐行出挑的方式作为顶壁间的过渡。与枭混曲面相比这是一种较为简单但

图4-1 克孜尔第100窟主室局部（引自《中国新疆壁画全集·克孜尔》17）

图4-2 克孜尔第192窟主室局部3-82

同样有效的做法（图4-2）。

2.添加构件

这种方式在窟室中并无实例，之所以作出这样的判断，是根据窟室壁面的现状遗迹和已知出自克孜尔石窟的残存木构件。

（1）遗迹

此类遗迹受资料发表所限，不可能作出统计。在《中国石窟•克孜尔石窟》中，仅见第8窟与第224窟主室侧壁上方有成排的方孔遗迹（图5），现举第8窟为例。

第8窟主室侧壁的顶壁结合部，采用的是平顶过渡的方式，但在平顶下方约40厘米的壁面上，凿有一排方孔遗迹，边长估计在10厘米左右，深度在10厘米以上，间距约为30厘米（中～中）。在前后壁的相应位置上，也有类似的孔洞或凹槽。这排方孔被认为是“该处原安装木建筑构件的遗迹”[10]，宿白先生则更进一步认为这里“应是像台的遗

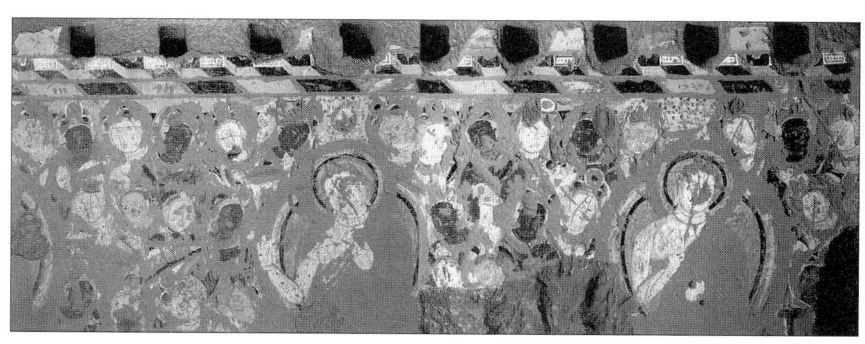

图5-1 克孜尔第8窟主室西壁局部1-22

图5-2 克孜尔第8窟主室东北隅1-16

图5-3 克孜尔第224窟主室内景3-135

图5-4 克孜尔第224窟主室东壁3-136

图6 库木吐喇GK第20窟主室东壁局部（引自《中国石窟·库木吐喇石窟》190）

迹”[11]。

推测原来方孔中所安放的应是木椽类悬挑构件。据方孔与平顶之间的距离以及平顶的宽度推测，椽身挑出的长度在20厘米左右，而前后壁上的孔槽遗迹，应该是用来安放通长的木枋，以固定椽头。椽枋之上再铺放水平构件与其他构件。库木吐喇GK20窟左壁壁画，似乎为“像台”的做法提供了形象依据（图6），即在排椽之上铺平板，设排龛，内置坐佛小像；另外也可能是绘制表示天宫的壁画，则纯属一种壁面装饰了。

（2）构件

受个人闻见及资料发表所限，仅知德国柏林东亚艺术博物馆中的民俗博物馆藏有克孜尔石窟所出的牛腿、龛口等木构件，应为早期德国探险家所携出，有的具体出处已无法详查。

《中亚艺术——附丝路北道木器参考》[12]中记述了一些出自新疆石窟（包括克孜尔）的木构件，其中最值得注意的是牛腿（书中误称为斗栱）和券形龛口（书中称为支提窟门）残片（图7-1、图7-2）。

图中左侧的牛腿（编号III 8323）出自克孜尔，截面尺寸为106×107厘米，出挑部分的长度为207厘米。后尾方形，不加雕琢，显然是插入墙体的部分；前端作蚂蚱头状，侧面雕饰线脚，上平。年代约6～7世纪。牛腿的尺寸与第8窟、第224窟中的壁面方孔皆颇为相合。另一只牛腿出自库木吐喇（右，编号III 8194），尺寸略大，450×106×118厘米，年代略晚，约7～8世纪。另图中的牛腿出自朗噶尔，侧面雕刻线脚与克孜尔第38窟壁画所见十分相似（图7-3）。

图中的龛口残片据说明是出于克孜尔后山的寺庙和背者窟（今编窟号不详），年代约为7世纪。高度为15、24厘米不等。这些残片很可能是主室侧壁上木构天宫楼阁的遗

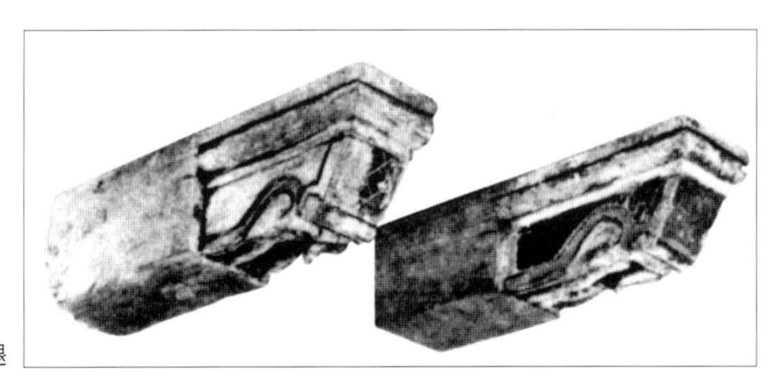

图7-1 克孜尔与库木吐喇出土牛腿

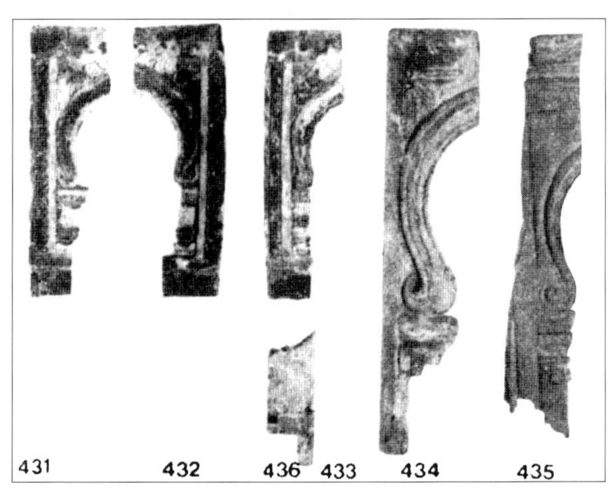

图7-2 克孜尔出土龛口残片

图7-3 朗噶尔出土牛腿

存。构造做法应是安装在牛腿所承托的枋木之上。

这些出自克孜尔石窟的木构件，虽然不能确切知晓其出处，而且仅仅根据壁面遗迹，也无法确定原来所用构件的具体形式，但这些遗迹与构件，至少说明克孜尔石窟中的确曾经有过如其窟室壁画中所绘的种种附着于壁面上的建筑做法或装饰做法。如前面根据遗迹所推测的第8窟侧壁上的“像台”做法，就有可能用到上面提到的龛口饰片。

3.绘制壁画

用壁画方式表现顶壁结合部的建筑样式，在克孜尔中心柱窟中很常见。特别是其中表现牛腿（椽木）出挑做法的壁画（图8）。

在建筑物的挑檐处加设成排的牛腿，并在牛腿之间形成类似平棊的方形天花板，是公元初年古罗马时期重要建筑物如神殿中常见的做法（图9），克孜尔石窟壁画中所表现的牛腿（椽木）出挑与这种做法明显类似。尽管所用部位、细部形象和精细程度有所不

图8-1 克孜尔第14窟东壁1-43

图8-2 克孜尔第27窟主室前壁门上右侧1-74

图8-3 克孜尔第47窟后室东端壁1-150

图8-4 克孜尔第92窟主室西壁2-76

图8-5 克孜尔第129窟南壁2-162

图9 古罗马奥斯蒂亚遗址中的檐头细部 摄影者Laurent Guyard

同，如牛腿的截面形状及线脚、天花的中心图案样式及边饰等。但总体形式的相近，仍然可以反映出当地建筑做法在一定程度上受到过来自西方建筑的影响。

而最为精彩的，当数第38窟侧壁上部所绘的伎乐天宫（图10）。

壁画中所表现的建筑样式，是一种木构的挑台，类似剧院中前部出挑的包厢。自下而上可以看出：

平綦枋、平綦板、枋外牛腿出头，以两个牛腿承挑的小挑台与低矮栏墙，台上通长的枋板，板上杯盘形支座，上部扁圆形、两端忍冬纹的券口，以及券口之间装饰菱格纹的墙面，等等。服饰华丽、姿态优美的伎乐天人两两出现在券口之中，通过画面中天人头饰、手臂与券口的叠压关系，表现了券口之内伎乐天人的活动空间（图10-4）。如果

图10—1 克孜尔第38窟东壁上部壁画线描图（自绘）

图10–2 克孜尔第38窟主室东壁上部天宫伎乐图特写1–94

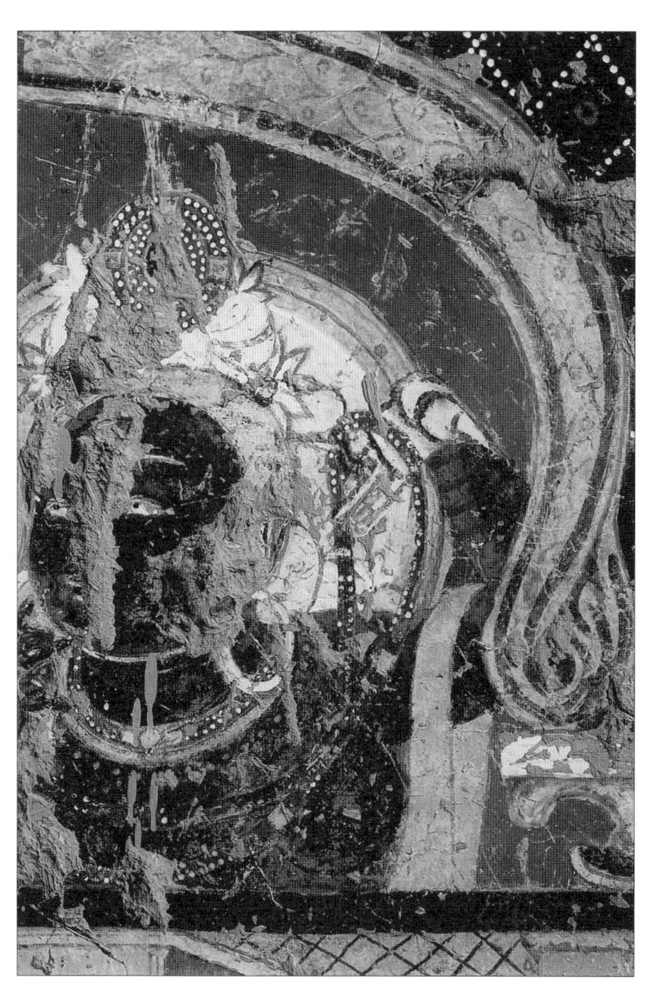

图10–3 克孜尔第38窟主室西壁天宫伎乐图特写局部1–104

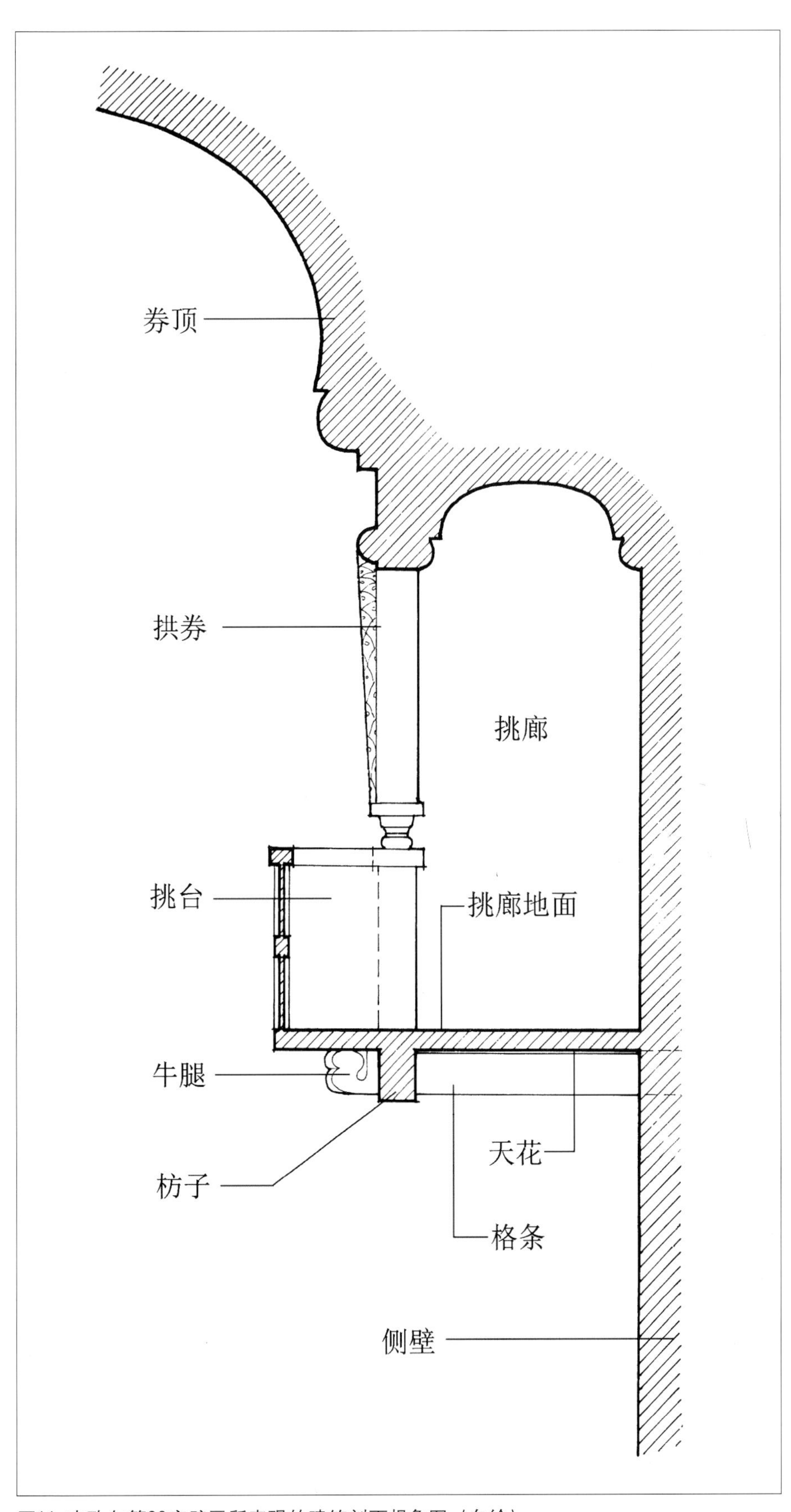

图11 克孜尔第38窟壁画所表现的建筑剖面想象图（自绘）

图12-1 贝利尼《睡着的圣母》局部（1450年，现藏巴黎罗浮宫）

不是对实际建筑样式的写仿，如此精确而合乎逻辑的表达是难以想象的。

依据第38窟主室空间形式及侧壁所绘的壁画内容，可以推测其所表现（或者说写仿）的建筑物剖面形式（图11）。

利用牛腿一类构件的悬挑作用，在建筑物内外的壁面上加设挑台，作为主体空间之外的附属活动空间，在西方建筑如殿庭、教堂、剧院中很常见。对于这种做法之起源及其发展演变，本人不具备深入探讨的能力与条件。仅据有限的资料得知，这种做法在古罗马时期的庞贝古城中已然出现，并一直延续在欧洲历史建筑特别是较高等级的建筑物之中（图12）。克孜尔石窟壁画中出现的挑台形象是否反映出当时龟兹建筑的样

图12-2 古罗马庞贝遗址中的挑台 摄影者Helen Millionshchiko

式和做法曾经受到来自西方这一传统的影响，还可作进一步的研究探讨。

上述主室侧壁顶壁结合部的种种做法，不论是曲面、叠涩、添加构件还是绘制壁画，也无论所表现的是置像还是伎乐天宫，都表明克孜尔中心柱窟中的主室作为窟内的主要活动空间，具有明确的建筑表现意象，即写仿当时较高等级建筑物如王宫、佛殿建筑中的空间形式与建筑、装饰做法。

（二）后室

后室空间的形成，是克孜尔中心柱窟的一个显著特点。

在一部分克孜尔中心柱窟中，是没有后室空间的，只有作为绕行通道一部分的后甬道。尽管在其后壁上也绘有佛涅槃像与弟子举哀等壁画内容，但其空间尺度及处理，与左右甬道是相同的，如第38、17、58、80、163、171、172、180诸窟，其中有的甚至连顶部的壁画都是连续的。推测这应该是早期形制的特点，与洞窟的年代之间并没有绝对的对应关系（图13）。

而在另一部分中心柱窟中，却有着明确的后室空间，平面较两侧甬道加宽、加深，顶部也相应加高（也有个别不加高的例子，或说明了其间的过渡）。除壁画外，有的更设置了大型涅槃像台，如第8、47、48、69、77、196、224诸窟。可知后室空间的形成，是由功能的增强所导致，涅槃大像的设置，信徒需要在此有更多停留瞻仰的时间，促使后甬道的空间尺度出现了变化，与两侧甬道有所区别，逐渐演变成为一个独立的、仅次

图13－1 克孜尔第17窟后甬道1－72

图13－2 克孜尔第38窟后甬道1－142

图14 克孜尔第47窟后室1—148

图15 克孜尔第77窟后室东北隅2—29

图16 克孜尔第77窟东甬道外侧壁2—16

于主室的第二功能空间。

第47窟的后室是个比较典型的例子（图14）。宽约10米，深约4米，横向筒栱顶，最高处距地约6米，后壁下部为通长涅槃台，顶壁结合部下方的壁面上有一圈颇为粗大的矩形孔，应是木构插件留下的遗迹。推测原来也采用了类似上述主室中所表现的建筑装饰做法。

第77窟的后室则是个颇为特殊的例子（图15）。高大宽敞的折栱顶（或称梯形顶），距地高约5米，上面绘制的是类似平棊的天花样式，内容却是清一色的伎乐天人。靠后壁的地面上留有倾斜的涅槃大像台座，宽2米余，长近9米。顶壁结合部下方的壁面上，同样留有粗大的木构件卯孔遗迹。据平棊分格，可知此类窟顶形式所表现的应是顶部结构做法之下附加的装饰做法，因此较筒栱顶无疑更具有建筑室内空间的意味，推测也应是仿自佛寺甚至王宫中的天花样式。

（三）甬道

在大多数中心柱窟中，甬道作为连接主室与后室的通道，不作特别的建筑处理，仅在个别洞窟的甬道入口处加设了券口线脚，作为进入另一尺度空间的标志。就目前个人可及资料所知，只有在第77窟甬道外侧壁的壁画中，出现了对建筑空间与做法的描绘。所绘内容也是天宫伎乐，但形式与前述第38窟主室侧壁上部的完全不同。通长的画面上，绘出一道类似敞廊的建筑形象，上覆木构廊檐，檐口一排圆椽，椽头绘有莲花，椽下垂有铃铎。廊下同样用枋木出挑承托，外沿饰有栏楯，栏板与间柱的形式也表现得相当仔细（图16）。伎乐天人于廊上凭栏而立，帔带垂落栏外，给人以居高临下的感觉。

值得注意的是，第47、77两例都是大像窟，第47窟主室内部空间高达16米余，原有大像的高度也在10米以上。以这样的尺度，在实际佛寺中也算得上是大体量的建筑物，恐怕不是一般规模的寺院所能建造的。开凿如此规模的洞窟，设置如此巨大的佛像，依内地各大窟群中大型洞窟开凿的情形判断，非皇室之力不能为之。因此，此类窟室所表现的空间组合形式、空间尺度、建筑意向与装饰样式，也绝非一般建筑中的普通做法，而应为较高等级建筑物所用。

推测这种前、后室及两侧甬道的布局，有可能即是实际佛寺或王宫建筑群中前、后殿与两侧连廊阁道布局之反映。

（四）中心柱

尽管前面已经提到，克孜尔中心柱窟内部的“中心柱”实际上只是夹嵌于四面窟室空间当中的一部分实体，并不具备独立柱体的形象，但是对这一部分也应该有所分析。所关注的，主要是除开实体前面（主室后壁）之外的侧、后三面。

如果实体平面形式接近方形，且侧、后三面的甬道顶高相同，那么，分析中心柱表面壁画的内容与形式，可以基本判定这一实体是否具有柱身或塔心柱的建筑意象。在有些窟室中，这三面的壁画内容统一，或三面开龛设像，在这种情况下，可以认为这一实体还包含有一定的塔身建筑的意味。

如果实体平面形式接近方形，但后室顶高超过两侧甬道顶高，这种情况下，三面壁画的内容难以统一，实体作为柱身的意象被大大削弱，同时已不具有独立建构的意义。

如果实体平面“由方渐扁”，主室也已转化为大像龛，这种情况下，实体作为柱身的建筑意象就荡然无存了。

结语

以上是个人对克孜尔中心柱窟空间形式与建筑意象的初步分析，归纳起来主要有以下几点：

1. 克孜尔中心柱窟的典型空间形式基本上不同于国内其他窟群的中心柱窟；

2. 克孜尔中心柱窟的中心实体基本上不作为礼拜对象（窟内的主要礼拜对象是佛像）；

3. 克孜尔中心柱窟空间形式的主要特点是以高大主室作为主要功能空间，这一特点的形成与当时龟兹佛教盛行供奉立佛大像的风气相关；

4. 克孜尔中心柱窟空间形式所反映出来的主要是龟兹佛寺中佛殿的建筑意象；

5. 结合克孜尔中心柱窟的壁画、壁面遗迹、残存构件等资料，可以了解到龟兹佛教建筑中某些部分特别是顶壁结合部的许多细部做法。

对于克孜尔中心柱窟是否还应作为中心柱窟一类中的一支，个人认为应当在不断探讨的基础上，逐渐取得共识，并顺应石窟研究的整体进展与需求而定。

关于克孜尔中心柱窟空间形式的探讨，到此暂告一段落。此稿时间拖得太久，在电脑中翻查，初稿竟是写于1999年2月，搁置已近一纪。本想待实地考察之后再接着动笔，无奈一直没有机会。1994年撰写《中国古代建筑史》第二卷（三国至五代）中的相关章节时，首次接触到国内佛教石窟的空间形式问题，对克孜尔中心柱窟的兴趣也正是从那时萌发；1996年时，曾着手开始做《中国古代佛教石窟空间形式研究》课题，后来也因种种原因而作罢。这次重又回到自己想做的事情上来，一方面算是给自己一个交代，另一方面也想以此作为开端，逐渐把这个课题捡起来继续完成，但愿这不会成为一种奢望。

1999年2月初稿，2010年10月修改补充定稿

注释

[1]如北朝石窟中，敦煌莫高窟和河西石窟（包括金塔寺、天梯山、文殊山等）、响堂山石窟等处中心柱窟的比例较大；而麦积山石窟和龙门石窟中则较少见到中心柱窟。

[2]宿白：《克孜尔部分洞窟阶段划分与年代等问题的初步探索》，《中国石窟•克孜尔石窟》第一卷，文物出版社1989年版。

[3]此据刘松柏 周基隆：《克孜尔总叙》统计所得，见《中国石窟•克孜尔石窟》第三卷，文物出版社1997年版。另一种说法为具有礼拜功能的洞窟为80座，中心柱窟“约计51座”，见马世长：《克孜尔中心柱窟主室券顶与后室的壁画》，《中国石窟•克孜尔石窟》第二卷，文物出版社1996年版。

[4]由于前室的外部因崖壁风化崩塌多已不完整，故学术界所关注的主要是其中的主室与后室两部分，但实际上，前室是这类窟室空间构成上极端重要、不容忽视的部分。

[5]马世长：《克孜尔中心柱窟主室券顶与后室的壁画》，《中国石窟•克孜尔石窟》第二卷，文物出版社1996年版。

[6]《中国石窟•克孜尔石窟》第一卷，文物出版社1989年版。

[7]宿白：《克孜尔部分洞窟阶段划分与年代等问题的初步探索》，《中国石窟•克孜尔石窟》第一卷，文物出版社1989年版。

[8]克孜尔洞窟的年代，大约起于310年±80，终于685年±65。见宿白先生文，同上。

[9]马世长：《克孜尔中心柱窟主室券顶与后室的壁画》，《中国石窟•克孜尔石窟》第二卷，文物出版社1996年版。

[10]丁明夷 马世长：《图版说明》，《中国石窟•克孜尔石窟》第一卷，文物出版社1989年版，p. 237。

[11]宿白：《克孜尔部分洞窟阶段划分与年代等问题的初步探索》，《中国石窟•克孜尔石窟》第一卷，文物出版社1989年版，p. 17。

[12][印]查娅•帕塔卡娅箸 许建英译，《中亚佛教艺术》，新疆美术摄影出版社 1992年版。

北朝后期建筑风格演变特点初探

北朝后期建筑风格演变特点初探

（原载《中国建筑文化遗产1》，2011年7月）

考察某一历史时期所流行的建筑物外观样式、结构做法以及细部装饰等，是认识并把握该时期建筑风格及其演变特点的基本方式。

据目前已知的相关形象资料，如石窟中的浮雕建筑、中心塔柱和石雕窟檐、出土造像塔、墓葬中出土的石棺椁、与建筑相关的装饰纹样，以及相关的文献记载，如《魏书》《水经注》等，我们可以大致了解北魏平城时期佛殿、佛塔的建筑外观、结构形式以及细部装饰的做法与特点。根据这些资料，我们也可以对北魏平城时期（大约为450—490）的建筑风格有一个基本的认识。

北魏太和年间（约490年前后），孝文帝实行汉化改制，太和十八年（494），都城南迁洛阳。此间北魏社会的各个方面包括建筑样式与风格都发生了较大的变化。尽管文献记载北魏洛阳的建设规模与建筑体量皆堪称空前，洛阳龙门北魏洞窟中出现的一些建筑形象，也反映出此期建筑（约500—540年之间）的结构做法、围护结构、用材比例、构件形式、装饰纹样等方面与迁都前的平城建筑样式有较大的不同。但是相对于平城时期来说，洛阳时期留下的建筑形象资料相对较少，石窟中所表现的建筑规模和体量也大都较小，因此我们对于这数十年间建筑营造的全面发展，对于建筑整体结构及细部构造、装饰等具体做法的演变轨迹及特点，无法单凭同时期的资料加以了解与把握，还须借助前后时期相关资料的比照与分析。

北魏末年，政权分裂，东魏、西魏各自将都城迁往邺城和长安，之后又分别经历北齐、北周二代，其间开凿了不少石窟，最著名者，东有响堂山，西有麦积山，都有大量建筑形象资料留存至今，从中可以对当时的建筑做法、样式及风格特点有所了解。

东魏邺城时期的建筑营造，直接承续北魏洛阳，两者之间的关系极为密切，而东魏与北齐政权之间的过渡又是极为平和自然。故若以北齐时期建筑形象资料所反映的情况，与北魏平城时期的情况进行比照、分析，或可对了解北魏洛阳时期的情况有所助益。

因此，本文主要关注的是北魏洛阳至北齐邺城这一历史阶段，时间上是自北魏孝文帝太和改制至北齐覆亡，大约490—577年的80余年间；地域上则局限于东魏北齐境内。

自北魏道武帝始营平城（398），约一百年后（494）孝文帝迁都洛阳，四十年后

（534）孝静帝又迁都邺城。本文拟首先考察分析这两次迁都分别对当时的建筑风格施加了怎样的影响，对其间建筑样式的改变（或延续）起到何种导向作用。接下来对建筑风格演变之主因进行初步探讨。由此，或可加深对北魏洛阳时期及北齐邺城时期建筑风格倾向与建筑特点的了解和认识，进而有助于对北朝后期建筑风格的演变特点作出一些估计与推测。

一 迁都洛阳与建筑风格的“南化”[1]

据文献记载，道武帝始营平城时，宫室的营造水平尚远不如南朝。之后又规划经营南平城、筑漯南宫，并勘察魏晋洛阳基址、规立平城外城、分置市里，宫室营造和城市规划的水平有显著的提高：

> （天兴六年，403年）九月，行幸南平城，规度漯南，面夏屋山，背黄瓜堆，将建新邑。……（天赐三年，406年）六月，发八部五百里内男丁筑漯南宫，门阙高十余丈，引沟穿池，广苑囿。规立外城，方二十里；分置市里，经涂洞达。三十日罢。[2]

据《中国历史地图集》，南平城位于今山西应县南10公里左右。今应县木塔前仍留存大型石础二，据有关人士告知，即北魏漯南宫中之物。石础方约1.2米，中部圆形覆盆径约0.7米，表面浮雕对龙。据之可知南平城宫室建筑的规模与奢华程度。平城北魏建筑遗址中未出此类石构件，但大同南郊宫殿遗址出有造型精美的铺首等门饰，据之，并参照云冈石窟太和年间窟室中浮雕的建筑物形象，亦可知当时的平城宫室建筑已不乏装饰与豪奢气象。

从北魏初期大规模移民的情况来看，移民的主要来源地一是后燕，一是凉州。参与平城建设的工匠也应主要来自这两个地区[3]。据此推测，平城建筑在做法与风格上很可能是以凉州地区（今河西甘肃一带）及后燕北部地区（现河北、山西一带）的建筑样式为主。凉州文化源自汉晋，故北魏平城的建设与宫室营造实际上是继承了北方中原地区的营造传统，即汉地固有传统。

北魏太和年间，孝文帝推行“汉化改制”，强行消除鲜卑族与汉族在语言、服饰、习俗等方面的差别，北魏社会因之经历了一场自上而下的文化革命。这一做法功过几何，近人有不同评说，唯其造成北魏社会的重大变革是公认的。

太和十七年，王肃自南梁来奔，令孝文帝图南之规转锐，亲贵旧臣莫能间。

太和十八年（494），孝文帝自平城迁都洛阳，在荒毁多年的魏晋洛阳基址上，重建宫城，并规划里坊。百年之前道武帝提出的“方二十里”的外城规划设想，终于在洛阳实现。

迁洛初期，洛阳宫殿在某些方面仍有可能保留平城时期的建筑规制，孝文帝时负责经营云冈石窟和平城方山陵庙的宦官王遇（钳耳庆时），迁洛后又负责了宫内建设诸事，“太极殿及东西两堂、内外诸门制度，皆遇监作”。[4]说明宫内核心部分很可能依然保留了平城宫殿的规制。但此规制之渊源，其实又是魏晋洛阳宫室[5]。

自太和十年（486）到洛阳永宁寺塔建立（516年）的30年间，是北魏统治阶级积极推行汉化政策并使整个社会完成汉化过程的主要时期。这时北魏南境以淮为界，占据了整个中原腹地，文化上愈加接近汉地正统，社会时尚也愈发与袭承东晋的南朝难分彼此。大量现存的佛教造像以及洛阳周围地区的墓室画像砖中，如邓县北朝墓室画像砖的纹样、题材均与常州南朝墓室的画像砖极为相似。由此推测，南北两地的建筑风格至北魏晚期亦当十分接近。

下面以平城洛阳石窟中的建筑形象和洛阳永宁寺塔的工匠背景为例，略作分析。

（一）平城洛阳石窟建筑形象之比较

目前所知北魏迁洛前后的建筑形象资料，除了少量考古发现之外，基本上皆出自于云冈与龙门两地石窟雕刻。平城云冈石窟中的建筑形象较多，集中于迁洛之前开凿的窟室，如第5～12窟中的仿木构窟门、屋形龛、佛塔等（图1），也有一部分是迁洛之后的作品，如第39窟中的塔柱等（图2）；洛阳龙门北魏窟室中的建筑形象相对较少，只有古阳洞中的两座屋形龛，作单层三间（或单间）歇山顶木构小殿（图3），路洞中的几处宅园厅榭（图4），另外还有莲花洞外的一座无纪年三层小塔（图5）。

图1—1 云冈第10窟前室西壁屋形龛

图1—2 云冈第9窟窟门

图1-3 云冈第12窟前室东壁屋形龛

图1-4 云冈第11窟南壁上层佛塔

图1-5 云冈第5窟后室南壁佛塔

图1-6 云冈第11窟西壁上层佛塔

图2 云冈第39窟中心塔柱（迁洛之后）

图3–1 龙门古阳洞屋形龛之一（北魏）

图3–2 古阳洞屋形龛之一局部

图3–3 龙门古阳洞屋形龛之二（北魏）

图3–4 古阳洞屋形龛之二局部

图4 龙门路洞中的厅榭建筑形象（北魏）

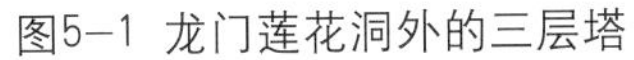

图5-1 龙门莲花洞外的三层塔　　图5-2 莲花洞外三层塔局部

比较两地石窟中的这些木构建筑形象，可以发现其间有以下一些区别：

1. 屋面

云冈石窟中所见的建筑物，不论是佛殿还是佛塔，屋面均为直坡；龙门石窟上述诸例中则都出现了凹曲屋面，说明屋面的举折已是普遍做法。

在安阳出土的北魏石刻中，则可见翼角上翘的阙屋形象，说明这时不仅屋面有举折，檐口与角梁部分的交接处理可能也开始有所变化。不过或许是由于技术含量较高，估计这种做法在当时尚不普及（图6）。

图6 安阳出土北魏石刻子母阙

2. 墙体

云冈窟门与雕刻中所见的一些建筑物，反映出平城建筑以厚重夯土墙作为承重与围护结构的特点，这明显是北方地区建筑物满足防寒功能的必要措施（图7）；龙门所见建筑物大都开敞通透，不见外墙，室内或有帷帐之类陈设。

3. 柱子

云冈建筑形象资料中所见的柱子，除简单的方柱外，多作八角柱，柱身粗壮；龙门石窟中所见，则多为柱身纤细的方柱。

4. 斗栱

云冈所见的斗栱（铺作）样式，皆为平栱，不见出跳栱，也不见重栱。栱身粗阔，弧线卷杀，斗底皿板厚重；龙门虽然未见出跳栱，但铺作中已有外伸构件，并出现重栱形象。斗栱纤细，栱身折线卷杀，皿板平薄。

图7-1 云冈第10窟后室窟门内景

图7-2 云冈第6窟南壁下层逾城出家（局部）

这些变化在一定程度上反映了北魏平城时期至洛阳时期建筑风格的演变及构造做法上的改变，从风格上看，那种自粗阔、简洁趋于纤细、繁缛的倾向应属于地域性的变化。南迁洛阳之后，气候变暖，建筑物得以摆脱平城时期那种厚重的夯土墙围护，屋面做法也可以相应减薄，荷载减轻，于是构架中的梁柱、斗栱（包括人字栱补间）等构件皆有可能变得相对纤细。估计这些都是南朝建筑所普遍具有的特点，只是目前（南朝建筑）形象资料匮乏，还有待更多的考古发现加以佐证。

（二）洛阳永宁寺塔的工匠背景

永宁寺塔是北魏洛阳最著名的建筑物，建于迁洛之后的第二十二年（516），虽然文献记载其仍依法平城佛塔规制，但从参与其事的工匠出身，可知该塔营造所采用的，是当时与南朝接壤地区的建筑技术，外观风格与平城佛塔应当有所不同。

与永宁寺塔工程有关的工匠，见于文献记载者有二人：

一是郭安兴。

> 世宗、肃宗时，豫州人柳俭、殿中将军关文备、郭安兴并机巧。洛中制永宁寺九层佛图，安兴为匠也。[6]

这里提到的三个人中，柳俭为豫州人氏，他所熟知的，应是与南朝接壤的中原地区的建筑样式。郭安兴虽籍贯不明，但从他在三人中排末位，可知其出道年代或地位靠后，当为肃宗（孝明帝，516—528年）时所用，他所熟悉的，更不会是数十年前平城建筑的北方样式，而应是在洛阳已流行数十年的中原样式。

另一是张熠。

> 永宁寺塔大兴，经营务广，灵太后曾幸作所，凡有顾问，熠敷陈指画，无所遗阙，太后善之。[7]

张熠自称是南阳人，那里也是北魏与南朝相争夺的地区，因此他所熟悉的也必然是这一地区的建筑样式。由于他对洛阳宫殿建筑样式应极为熟悉，故在东魏迁都邺城时，被委以邺城方面主管材木受纳的官员（见下文）。

郭安兴和张熠皆来自于南朝接壤的地区，而成为皇家工程项目的营造主力，可知当时南方的建筑技术确实相对发达，因此北魏都城建设多征募并依靠毗邻南朝地区的工匠实施完成。由此亦可证洛阳时期的建筑做法与风格不会趋同于平城时期的北方建筑，而应该更多地接近于南朝建筑。

以石窟建筑形象的比较以及洛阳永宁寺塔的工匠背景可知，平城迁都洛阳之后，建筑风格演变的最大特点，便是“南化”（或者说“去平城化”）。

分析其中的主要原因，有两个方面：

一是制度性因素。文明太后冯氏出身于与南朝渊源颇深的北燕朝廷，太和时期与孝文帝并称二圣，对北魏朝政具有决定性的影响力。太和年间的汉化改制以及孝文帝本人汉化倾向的形成，与之有很大关系。汉化改制使得北魏政权以及整个社会从制度上发生了变革，由此而影响到建筑规制方面的改变，为全面吸收中原地区相对先进的木构建筑技术以及南方地区建筑的样式和做法，起到强有力的推动作用。

二是地域性因素。平城与洛阳，南北相距1300里，自然条件多有不同；前者作为都城只是初建，后者自东汉、曹魏、西晋以来已历三代，虽屡遭破坏，但城市骨架和建筑基址仍在，工匠技术依然传承保留。故迁都之后，在气候、地理、文化、建筑技术等多重因素的共同作用下，建筑做法发生变化，建筑物的外观风格也随之改变。

二 迁都邺城与建筑风格的承续

相对于平城与洛阳之间建筑风格的较大变异来说，东魏北齐在各方面都与北魏晚期保持了相当大的延续性。

东魏迁都邺城，整体拆卸洛阳宫殿，将建筑构件水运至邺城重新装配，便是一个具有说服力的例证。

上文提到的张熠，既是北魏皇室工程中的重要角色，又是洛城宫殿迁邺的关键人物：

> ……天平初，迁邺草创，右仆射高隆之、吏部尚书元世俊奏曰："南京宫殿，毁撤送都，连筏竟河，首尾大至，自非贤明一人，专委受纳，则恐材木耗损，有阙经构。熠清贞素著，有称一时，臣等辄举为大将。"诏从之。熠勤于其事。寻转营构左都将。兴和初，卫大将军。宫殿成，以本将军除东徐州刺史。[8]

由此可知，北魏洛阳的宫殿建筑，竟是被全部迁移到了邺城。一如今天的古建搬迁，需先将构件编号，之后拆卸、装上竹筏、水运至邺，再按原来的做法、样式重新搭建。则东魏（以至北齐）的宫室，应当就是在这个基础上建造起来，其整体形象及单体样式与风格，无疑都继续保持了洛阳宫殿建筑的面貌。

所以，如果说东魏北齐时期的建筑是延续了北魏晚期的样式与风格，或者索性说即是北魏晚期的建筑样式，应该不会有太大的出入。以下二例在一定程度上可作为这方面的佐证：

1. 双抄斗栱样式的出现

在南响堂山石窟北齐石雕窟檐以及安阳修定寺塔塔基下出土的北齐模砖陶范中，都出现了双抄华栱的形象，斗底无皿板，栱头卷杀出现内䫜（图8），与云冈、龙门石窟中

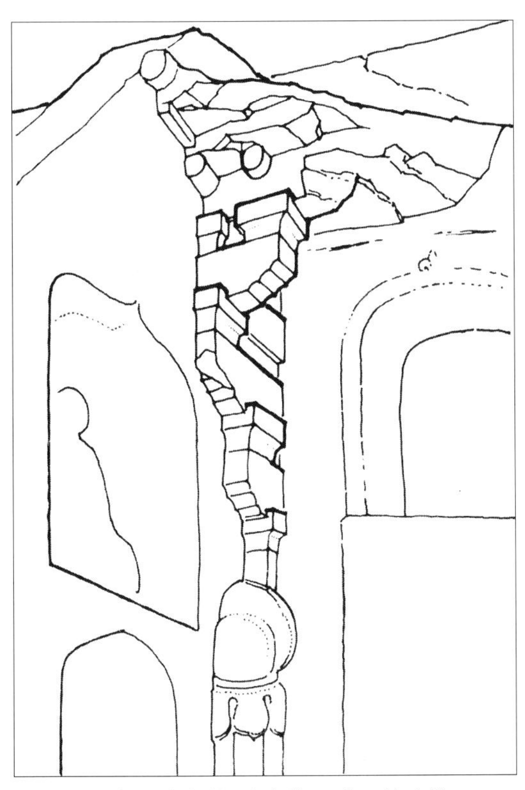

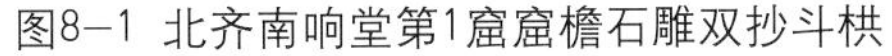
图8-1 北齐南响堂第1窟窟檐石雕双抄斗栱

图8-2 安阳修定寺塔下出土北齐双抄斗栱范

所见的无出跳栱、斗底带皿板的斗栱样式相比，又有了较大的、明显的差别，反映出建筑技术方面的进步所带来的建筑样式上的变化。以其构造复杂与形式成熟的程度，结合社会经济文化发展等条件推测，这种斗栱形式极有可能是出现在北魏建筑技术和艺术大发展的时期，也就是洛阳宫殿与佛寺建设的高峰期（即文献中所谓的世宗、肃宗时期，500—528年），而很难想象会出现在北魏晚期政局动乱以至迁都邺城之后。虽然目前在南朝遗存中尚未能够发现与这类建筑构件形式相关的资料，但以洛阳陶屋和日本飞鸟时期建筑形式推之，这种多重出挑的斗栱有可能是中原与南朝北部地区木构架发展过程中产生的一种新样式，并逐渐流传到北方地区，为北魏社会中宫殿佛寺等高等级建筑物所用，之后又随着宫室迁邺，继续为东魏、北齐上层建筑所习用。

2.永宁寺中的忍冬纹瓦当

20世纪90年代，在北魏洛阳永宁寺西门遗址中发掘出土了一批瓦当，当面纹饰共有四种，除一种为兽面纹外，其余三种均为植物纹，分别为三叶忍冬双钩纹、五叶忍冬连勾纹和狭瓣莲花连珠纹（图9），明显不同于以往北魏建筑遗址中所出的宽瓣莲花纹、兽面纹等当面纹饰。此类瓦当样式不见于其他北魏建筑遗址的考古资料，在已发表的东魏、北齐建筑遗址考古资料中也未曾见到，但是这些装饰纹样在建筑以外的北朝晚期器物、陈设中却大量可见。据目前所知，对称三叶（或五、七叶）忍冬纹常用于南北朝晚期器物与饰物之中，如南北两地皆有出土的莲花尊、灯台，以及佛教造像中菩萨的项饰

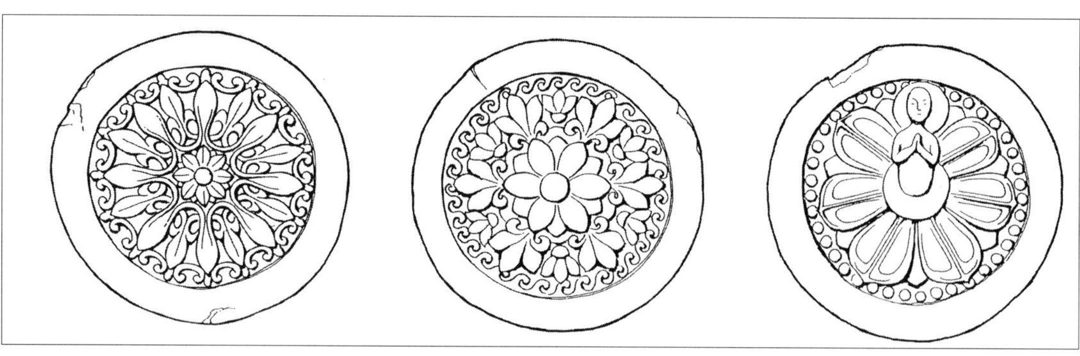

图9 北魏洛阳永宁寺西门遗址出土瓦当纹饰

之类（图10），狭瓣莲花纹、连勾、连珠纹都是东魏、北齐雕刻中最常见的纹饰，用于台座、棺床等处，双钩纹则又见于北齐安阳灵泉寺道凭塔和隋唐龛塔的塔檐与塔刹装饰。永宁寺建于516年，距北魏覆亡仅18年。个人认为，永宁寺与邺城瓦当纹饰之间的各异，并不表明两地建筑之间缺少延续性，而恰恰是表明永宁寺的装饰纹样设计中富有创造性地采用了当时最为时尚的新元素；同时说明至北魏晚期，建筑装饰纹样与风格已经开始发生改变，不仅与平城时期有较大不同，也与迁洛初期有所不同。从风格演变的总体倾向上来看，这种改变与其后的东魏、西魏、北齐、北周之间有着明显的承续关系。

北朝后期建筑与装饰风格的延续也是由社会政治经济背景条件所决定的。自520年以后，北魏社会历经变乱，东西分裂，以致政权禅让，其间政治变故不断，国力民心交瘁，建筑技术没有条件出现大的发展，只可能承续洛阳时期的做法，建筑风格自然也不可能出现较大的变化。另外，邺城、长安与洛阳之间的自然条件相对接近，满足建筑功能不需要对结构与构造做法进行较大的改变，也是建筑样式得以延续的必要前提。

图10-1 北齐娄睿墓出土贴花灯

图10-2 麦积山西魏第127窟菩萨项饰

三 北朝后期[9]建筑与装饰风格的“胡化”

在北朝后期的建筑风格延续中，除了“南化”之外，还有一种倾向特别值得关注，就是“胡化”。当然这是相对于前期的“南化”而言，因为北魏平城时期的云冈石窟雕刻中即已存在不少西方样式的成分[10]。

需要说明的是，由于汉族政权仪礼制度的一贯延续，土木混合及木构建筑自秦汉以来在官式特别是高等级建筑中始终占据主体地位。北魏洛阳时期的大规模建设中，大量吸收南朝木构技术，至北朝后期已然形成整体构架体系，结构上逐渐摆脱对夯土高台的依赖（可参见《斗栱、铺作与铺作层》一文）。这里所谓的“胡化”，主要体现在某些新出现的砖石建筑样式，以及建筑细部装饰的做法和纹饰上，对木构建筑构架体系的发展及主体地位似乎没有影响。这一点从北齐厍狄回洛墓出土木椁和隋虞弘墓出土石椁的情况中也可以得到证实。前者椁室的形式完全是汉地木构建筑样式，后者的雕饰虽然是异域风格，但椁室顶盖却是标准的九脊歇山顶（见下文）。

下面通过对砖石佛塔样式和装饰纹样的考察，对此期的“胡化”问题作初步探讨。

（一）建筑风格的“胡化”

1. 嵩岳寺塔

国内现存最古老的古代建筑实例，是建于北魏正光四年（523）的河南登封嵩岳寺塔（图11）。此塔平面为十二边形，底层之上为十五层密檐，塔身立面轮廓作抛物线形，平面及外观造型与北魏石窟中所见的仿木构佛塔全然不同。值得注意的是，此塔的建造，恰于北魏孝明帝（胡灵太后）时宋云与沙门惠生奉诏出使西域，携带大量经卷、图样返回洛阳（正光三年，522年）之后。嵩岳寺原名闲居寺[11]，是北魏宣武帝时所建的皇家寺院（兼作离宫）[12]。目前虽然尚无确证表明嵩岳寺塔与西域佛塔样式之间的直接联系，但从嵩岳寺塔的建造时间及背景上看，这两个事件之间存在联系是很有可能的，故将其视为此期建筑风格“胡化”的一个例证。

2. 单层砖石小塔

北魏云冈中所见的浮雕佛塔样式，是以层数为三至九层不等的多层仿木构佛塔为主（图1-4～图1-6），至迁洛之后，才在个别窟室中出现了一种覆钵顶单层砖石小塔。

龙门普泰洞开凿于北魏末年，洞内有北魏普泰元年（531）、东魏太平四年（537）及唐代造像铭记。其南壁浮雕小塔，为单层覆钵顶砖石塔样式，正面开龛设像，三重叠涩塔檐，角上山花蕉叶作忍冬纹状（图12），与北响堂山南洞顶部纹饰相类似（见《响堂山石窟建筑略析》一文图9）。二者年代也应当相近，或为东魏时开凿。

敦煌莫高窟北魏窟室壁画中的佛塔皆有木构瓦檐，也是至北周窟室壁画中，才见有纯砖石构造的单层小塔（图13）。据壁画内容，可知是佛舍利塔的造型。

图11 河南登封北魏嵩岳寺塔（郑泰森摄）

图12 龙门普泰洞南壁东魏北齐小塔（引自《龙门石窟》1—77文物出版社）

此类小塔也见于嵩岳寺塔底层八面（其余四面设门，图14）。和火柱垂莲倚柱一样，皆为该塔造型中体现时代特征的重要因素。

北响堂山北洞中的佛龛造型以及南响堂山第1窟中的浮雕佛塔，均为此类小塔（图15）。东魏北齐佛像背光中出现的小塔，也是这种样式（图16）。

齐隋之际，这种小塔样式普遍被用作僧人墓塔。河南宝山灵泉寺中的道凭塔与摩崖浮雕墓塔，年代自齐至唐，虽然细部有些变化，仍皆属此类（图17）。

这种单层砖石小塔造型的来源不明，推测有可能源自西域传入中土的佛舍利塔。据文献记载，南朝后期梁武帝时，曾于长干寺等地建有多处佛舍利塔，但目前尚未发现相关的形象资料，无从比较。

从唐代开始，这种单层砖石小塔的覆钵顶又渐为中土传统的瓦顶所取代，方塔用四坡顶，如山东长清的慧崇禅师塔、山西平顺的明惠禅师塔等。

400年后（10世纪）的五代吴越王时，又开始流行一种名为阿育王塔（又名宝箧印经

图13—1 敦煌莫高窟北魏第257窟壁画舍利塔

图13—2 敦煌莫高窟北周第301窟壁画舍利塔

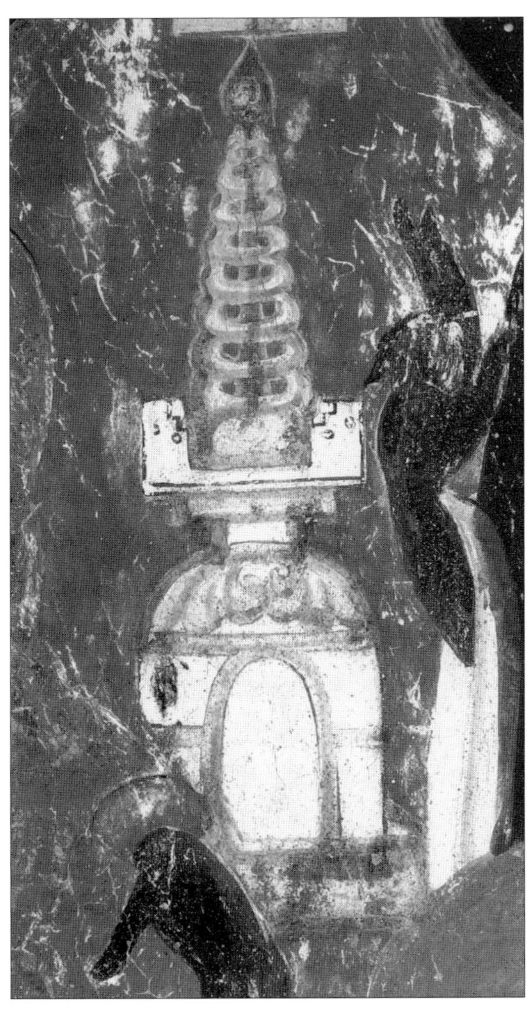

图13—3 敦煌莫高窟隋代第303窟壁画舍利塔

图13—4 敦煌莫高窟隋代第419窟壁画舍利塔

图14 北魏嵩岳寺塔底层

图15—1 北响堂北洞东魏塔龛

图15—2 南响堂第1洞北齐浮雕佛塔

图16–1 青州造像背光中的小塔（北魏–东魏，引自《青州龙兴寺佛教造像艺术》）

图16–2 青州造像背光中的小塔（东魏，引自《青州龙兴寺佛教造像艺术》）

图17–1 安阳灵泉寺北齐道凭法师烧身塔

图17–2 安阳灵泉寺初唐僧人烧身塔

图18-1 南响堂第7窟（北齐）窟檐局部

图18-2 北响堂南洞（北齐）外观

塔或金涂塔）的单层小塔样式，虽然造型与北朝后期的覆钵顶小塔相比已有很大差别，但“胡化”倾向是一致的。

3. 塔殿

这是东魏、北齐石窟窟檐中反映出来的一种建筑样式。如北响堂山南洞与南响堂山第7窟窟檐，均表现为方形塔心室、外周带有面阔三间木构副阶的单层覆钵塔的形式（图18）。窟顶外观与上述小塔相似，覆钵顶当中置宝珠垂莲纹塔刹，四面方直檐口，檐角饰忍冬纹山花蕉叶。窟内三壁三龛，且皆为佛帐龛。个人以为它们所写仿的，有可能是当时佛寺中流行的一种带有异域风格特点的塔殿建筑样式（可参见《响堂山石窟建筑略析》一文）。

这种建筑样式不见于现存实例，但这种方形塔心室之外加设木构副阶的平面形式见于陕西扶风法门寺塔基遗址[13]（图19）。法门寺原名阿育王寺，毁于北周灭法，唐贞观五年（631年），敕于故塔基上重建佛塔。塔基平面方形，当中为夯土或砖墙围筑的塔心室，方17米左右，周回木构副阶，面阔五间，方20.8米。当心间广达5.6米（合19唐尺），甚至超过唐长安大明宫中主殿的间广尺寸（含元殿与麟德殿皆为18唐尺）。据文献记载，塔心室内为一完整的礼佛空间，设像三座，内顶作帐盖状[14]。按遗址平面和设像特点，有理由推测法门寺（阿育王寺）这座毁于北周、重建于初唐的佛塔形式，极有可能就是一座外观、内景皆与上述南北响堂山两座洞窟相类似的塔殿，只是规模更大。

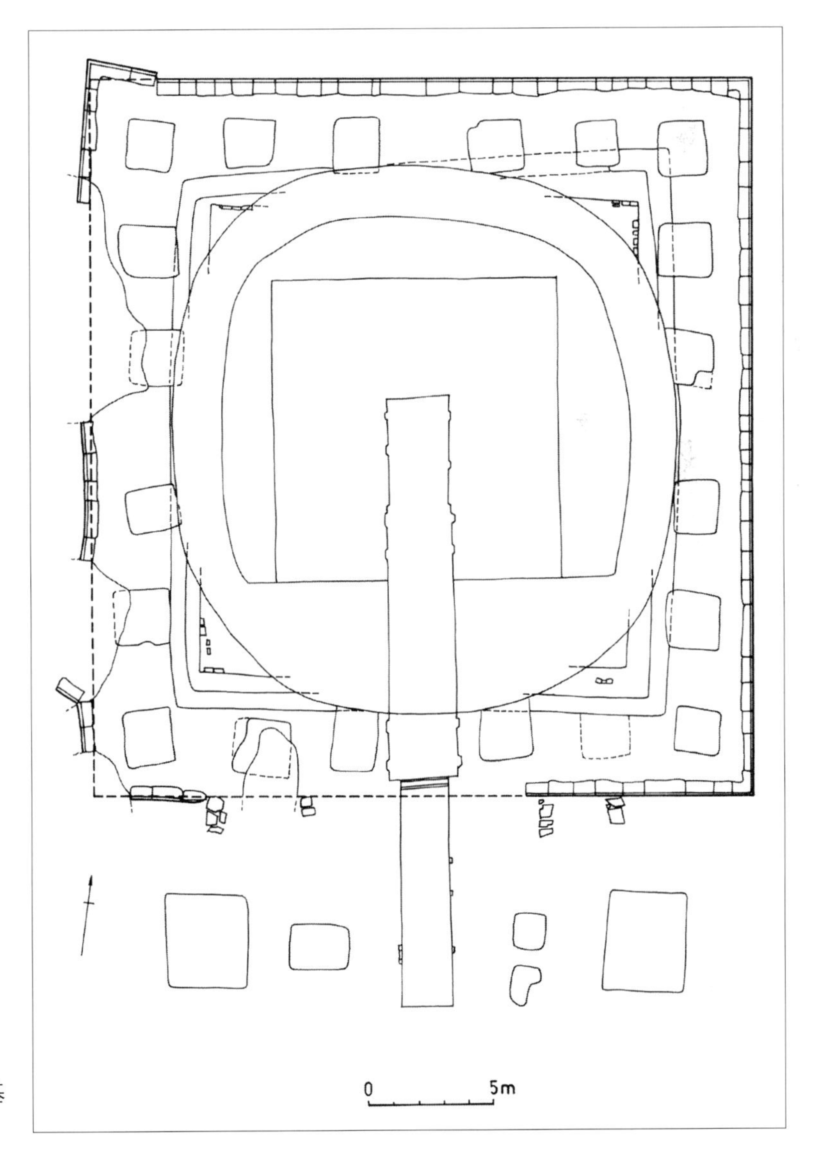

图19 陕西扶风法门寺初唐塔基遗址平面

（二）装饰风格的“胡化”

从洛阳城市规划中专设“四夷里”、“四夷馆”以迎纳四方，可知当时的北魏洛阳已然是一座国际性的大都会。如《洛阳伽蓝记》中所记：

> 自葱岭以西，至于大秦，百国千城，莫不款附。商胡贩客，日奔塞下，所谓尽天地之区已。乐中国土风，因而宅者，不可胜数。是以附化之民，万有余家。……天下难得之货，咸悉在焉。（《洛阳伽蓝记》卷三）

来自西域、波斯、大秦以及随佛教而来的各种外来建筑与装饰艺术，必然会随着经济、文化的交流，进入中土，给洛阳建筑的细部样式和装饰纹样带来诸多新元素，对北朝后期建筑风格的演变赋予一定的影响。由于缺少具体的形象资料，对这方面的研究，还只能借助有限的文献记载和其他门类的资料进行初步探讨。

1.洛阳胡寺

这里是指胡人建造的佛寺，不是指景教或其他胡地教派的寺院。

随着聚居洛阳的商胡贩客、佛教僧人规模的不断扩大，逐渐有条件同时有需求开展他们自主的营造活动，如建造供信徒礼拜的寺院。

《洛阳伽蓝记》所记寺院中，即有胡人或胡僧所立者：

> 菩提寺，西域胡人所立也，在慕义里。（卷二）
>
> 法云寺，西域乌场国胡沙门僧昙摩罗所立也。在宝光寺西，隔墙并门。……作祇洹一所，工制甚精。佛殿僧房，皆为胡饰。丹素炫彩，金玉垂辉。（卷四）

文中对法云寺建筑装饰风格的描述十分明确：完全是采用胡地样式。对于建筑本体样式，没有说；菩提寺采用何种建筑装饰风格，文中也没有明说。但既是胡人所立，推测多少会包含胡地风格在内。

洛阳胡寺中建筑装饰的具体样式，目前还没有具体形象资料以供探讨。但北齐石窟以及近年发现的北朝胡人（粟特人）墓葬中出土的各种物件，如北周史君墓[15]、隋虞弘墓所出的石椁、海外收藏的北齐石棺床等，其中的建筑形象，或许能够反映出洛阳胡寺建筑样式与装饰风格的一些特点。

（1）在南响堂山石窟第7窟窟檐中，可以明显看出一种在建筑外观与结构做法上胡汉结合、风格混杂的现象。如砖石砌筑的单层覆钵式塔身与周圈木构瓦檐副阶的结合，火珠垂莲（束莲）柱身、火焰券与上部斗栱枋楣的结合（图18-1）。据此推测，洛阳胡寺建筑中也有可能采取这样的做法，将胡汉两地不同风格的构件、装饰做法结合在一

图20-1 北周史君墓石椁（引自《文物》2005年第3期）

图20-2 史君墓石椁南壁局部

起，呈现出一种新的建筑装饰风格。

（2）史君墓和虞弘墓的墓主人都是西域胡人，从墓椁的情况来看，史君墓的石椁本身采用汉地传统建筑样式，包括屋顶、斗栱及门窗形式等，但其他雕饰内容及形象皆为异域风格（图20）；虞弘墓的石椁顶盖样式与史君墓相同，采用了汉地建筑中等级较高的九脊歇山顶样式，但椁板浮雕均为异域风格（图21）。依此推测，胡人所立的寺院中，也有可能采用这种做法，所谓的“皆为胡饰”，是指建筑外形与结构采用汉地样式，而内外壁画、雕饰与室内陈设等皆为胡地样式。

（3）在波士顿美术馆藏北齐石棺床雕刻中，见有一种异域风格的建筑形象（图22）：屋顶作低平的覆钵顶，顶中置火珠垂莲；檐口平直，外饰通长花板，当中与角部上立火珠垂莲及忍冬纹饰；檐下平棊格条，与古罗马遗址中所见类似（参见《克孜尔中心柱窟的空间形式与建筑意象》一文图12）；面阔多作三间，四柱，柱头宝珠垂莲，柱身束莲；台基高大，心间下设花砖铺砌的坡道。其中檐部装饰的火珠垂莲、忍冬纹角饰以及火珠束莲柱等，在北朝晚期石窟窟檐、石刻壁画小塔、佛帐以及出土模砖中都可见到。另外值得注意的是，石棺雕刻建筑物中又见汉式平坐勾栏（左侧楼阁）与大门做法（下方），造型样式交代细致准确，刻工技艺绝非一般，所表现的或即当时汉地胡人聚居区的建筑形象。类似的建筑装饰样式在北周史君墓石椁雕刻中同样可以见到，屋顶檐口形式几乎全同，只是柱身以下汉式成分稍多。由此推测，洛阳胡寺中也有可能采用这种从外观到细部基本为胡地风格的建筑与装饰样式。

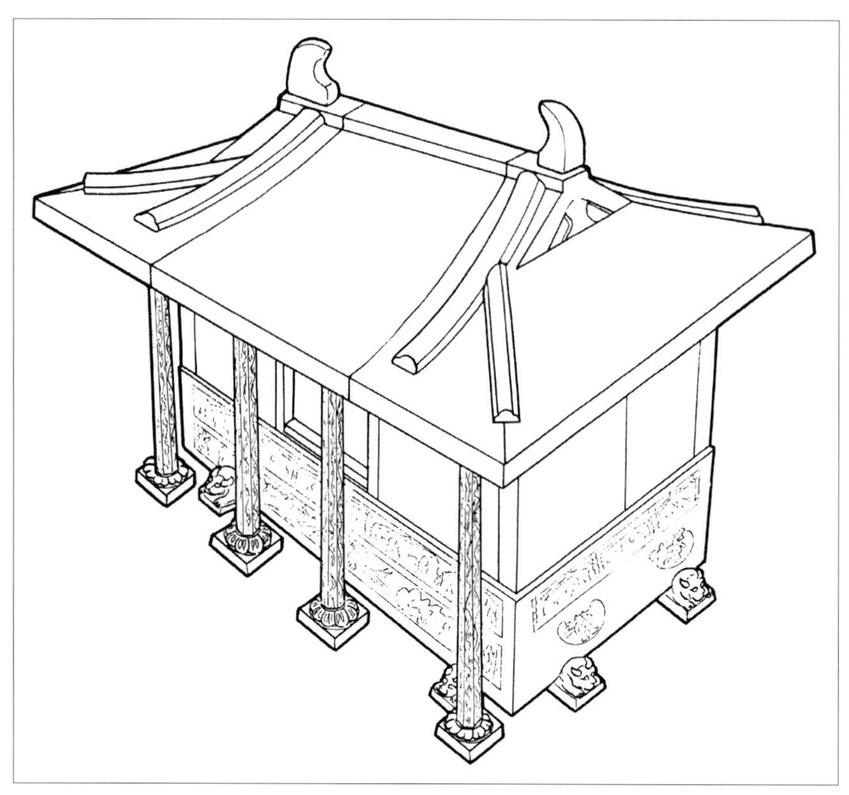

图21—1 隋虞弘墓石椁复原图（引自《太原隋虞弘墓》，文物出版社）

图21—2 虞弘墓椁板浮雕第5幅线图

图22-1 波士顿美术馆藏北齐石棺床雕刻中的建筑物之一（朱俊先生提供）

图22—2 波士顿美术馆藏北齐石棺床雕刻中的建筑物之二（朱俊先生提供）

图22–3 平坐勾栏

图22–4 门钉铺首

图22–5 屋顶檐口

2. 装饰纹样

除了少量砖瓦类构件之外，目前有关洛阳时期建筑装饰方面的形象资料还很少，要想做进一步的研究探讨，还有待更多的考古发现。但东魏北齐时期留下的一些构件装饰实物，或许可以对我们认识北朝晚期建筑装饰风格有所帮助。

安阳修定寺塔下出有大量带有异域风格纹饰的模砖，据纹饰特征判断，应属北齐时期的遗物。除椭圆形连珠纹外，其余不见于他处，皆为孤例（图23）。

椭圆形连珠纹是一种周圈带有连珠纹的椭圆形纹饰。这种纹饰在北齐遗存中多见，

图23-1 安阳修定寺塔下出土模砖中的椭圆连珠纹

图23-2 安阳修定寺塔下出土束莲座上的椭圆连珠纹

图23-3 安阳修定寺塔下出土模砖中的异域纹饰之一

图23-4 安阳修定寺塔下出土模砖中的异域纹饰之二

图24-1 青州出土北齐菩萨坤带（引自《青州龙兴寺佛教造像艺术》）

图24-2 青州出土北齐菩萨头饰（引自《青州龙兴寺佛教造像艺术》）

图25 约特干遗址（于阗国都）出土陶片（引自斯坦因《西域考古记》第26图）

被认为是北朝晚期特有的装饰纹样之一，不过从已知遗存的年代来看，这种纹饰的流行时段很短，很可能不足50年。在修定寺塔下出土的莲座束腰部分以及塔檐部分上，都可以见到这种纹饰的联排组合。在建筑以外的北齐遗存如菩萨造像的服饰、头饰中也普遍可以见到这种纹饰，只是往往单独使用，不像在建筑装饰中那样联排出现，如青州出土的北齐造像等（图24）。由于这类纹饰不见于之前的遗存中，故学界公认为是北朝晚期受西域艺术风格影响所致。据个人所知，在新疆克孜尔石窟所出龟兹国木雕，以及约特干（于阗国都城）遗址发现的陶器残片上，都可以看到这种椭圆形周圈连珠的装饰纹样（图25），只是样式较为粗略，且年代不确，尚难作为凭证。

现藏海外博物馆的北齐石棺床是反映当时装饰风格的珍贵遗存。棺床雕刻内容主要包括对墓主人庆典、祭祀及生活场景的描绘，并配以大量带有波斯、西域风格的装饰性纹样，如圆形连珠纹、忍冬纹、火珠纹、狭瓣莲纹等，从中可以看出北齐时期装饰风格的“胡化”程度（图26）。

与洛阳时期建筑风格演变中起决定性作用的是制度性和地域性因素不同，建筑与装饰风格之“胡化”，主要是以时尚性因素为主导，其中上层统治者的审美取向，起到了决定性的作用。

东魏北齐时的官方交往，多为北方与东方诸国，如突厥、契丹及高丽、百济等；与西域之间因有西魏北周相隔，交通不便，未见官方往来的记载，似乎较少联系。但是，来自以下两个方面的影响不容忽视。

一是民间商贾，其往来受国家交恶的限制较少。特别是北朝后期频繁活动并定居于中原地带的粟特族群，对社会风尚、包括建筑风格的变化，有直接的影响[16]。

一是上层恩倖中的西域人（史称“宠胡”，又

图26 弗利尔美术馆藏北齐石棺床局部

鄙之为“西域丑胡”），在北齐中后期政权中占据重要的位置，对这一历史时期社会上层乃至整个社会风气的引导与影响，有至关重要的作用。

北齐统治者自文宣帝高洋在位后期起，恣意享乐，胡气愈重，后主天统、武平时演为至烈，以至唐人撰写《北齐书》时在卷末作如下史评：

> 甚哉齐末之嬖幸也。盖书契以降，未之有焉。……西域丑胡，龟兹杂伎，封王者接武，开府者比肩。……太宁之后，奸佞浸繁，盛业鸿基，以之颠覆。（卷五十）

北齐是中国历史上著名的胡化时期之一，虽然当时木构架体系仍然作为建筑形式之主体，但对于建筑装饰风格中的胡化倾向，应当有充分的意识。

关于这种风格演变的时间段，个人认为至少应当下延至隋代。

北朝晚期，北齐界域南移至江，北周界域更南达交州，实呈南北交融、逐步走向统一的大趋势。隋代的建立，是在这个大趋势下的必然发展结果。

隋代享国二十七年，历史相对短暂，学界论述常将其与唐代相连，以“隋唐”相称。但杨隋起于齐地而成于周，其立国建制之本，皆与北朝晚期密不可分，因此在讨论北朝晚期诸多问题时，可以而且应当将隋代包含在内，称为“齐隋”、“周隋”或更为恰当。特别是就时尚风格的流行演变而论，将隋代置于北朝晚期阶段显然更为合理。北朝晚期流行的诸多典型样式大都延续至隋，入唐之后逐渐弃用。如敦煌莫高窟中的隋窟，在窟型和纹饰上也是近于周而疏于唐的。

而宋代著名学者沈括则言道：

> 中国衣冠，自北齐以来，乃全用胡服。（《梦溪笔谈》卷一）

在他的眼中，北齐胡风竟是经隋唐而下，一直沿至北宋。如果真是这样，那所涉范围当不止于衣冠，其他与装饰相关的门类，如器具、织物、陈设以及建筑装饰等，也或多或少会有所涉及。只是今天要想看清楚其中的演变轨迹，了解每一阶段的演变特点，还需要下很大力气，做很多工作。

本文只是在个人掌握的有限资料范围内，对北魏迁都洛阳期间的建筑风格“南化”、东魏迁都邺城期间的建筑做法与风格延续，以及北朝后期建筑与装饰风格“胡化”的情况作了一些初步探讨。其实在现存历史文献资料中应该还有不少相关内容，此次未能仔细查找、发掘；洛阳、邺城、西安、太原、安阳以及南京等地的南北朝考古工作中也有望发表并发现更多的相关资料。故今后仍将继续关注相关资料与研究进展，以推进这方面的后续研究。

2001年9月初稿，2010年12月修改补充

注释

[1]如下文所述，平城时期的宫室营造实际上承继的已是汉地传统，因此在谈到建筑风格的演变时，再提“汉化”就不太合适了，故个人以为 “南化”的说法相对适当些。

[2]《魏书》卷2，太祖纪。

[3]见《大移民与雁北的开发》，李凭：《东方传统》，中国发展出版社1999年版。

[4]《魏书》卷94，阉官。

[5]《魏书》卷91，术艺《蒋少游传》：“后于平城将营太庙、太极殿，遣少游乘传诣洛，量准魏晋基址。”

[6]《魏书》卷91《术艺》。

[7]同上。

[8]《魏书》卷79《张熠传》记其自云南阳西鄂人，汉侍中衡是其十世祖。

[9]这里是指北魏洛阳晚期至东魏北齐时期（约520—577年）。

[10]如云冈石窟装饰纹样中的忍冬纹，茎蔓多用双混，对称开合，与新疆图木休克托库孜萨拉依佛寺B殿基座隔间泥柱表面纹饰相近。见《新疆古代雕塑辑佚》p.132～136。另外还出现卷涡形柱头等外来样式。

[11]李邕：《嵩岳寺碑》：“嵩岳寺者，后魏孝明帝之离宫也，正光元年（520），榜闲居士（寺）。……仁寿载，改题嵩岳寺。”《李北海集》卷三。

[12]正光五年（524）秋，灵太后对肃宗谓群臣曰：“隔绝我母子，不听我往来儿间，复何用我为？放我出家，我当永绝人间，修道于嵩高闲居寺。先帝圣鉴，鉴于未然。本营此寺者，正为我今日。”《魏书》卷十六京兆王元黎传附元叉传。

[13]陕西省法门寺考古队：“扶风法门寺塔唐代地宫发掘简报》，《文物》1988年第4期。

[14]《法苑珠林》卷38《敬塔篇•感应缘》，记唐高宗显庆四年（659），有僧人在塔内施咒术，“塔内三像足下，各放光明，赤白绿色，旋绕而上，至于衡角，合成帐盖”。上海古籍出版社版，p.296。

[15]西安市文物保护考古所：《西安北周凉州萨保史君墓发掘简报》，《文物》2005年第3期。

[16]荣新江：北朝隋唐粟特人之迁徙及其聚落　国学研究6卷70页。

程越：粟特人在突厥与中原交往中的作用　新疆大学学报 哲学社会科学版1994年第22卷第1期。

《营造法式》研读笔记三则

《营造法式》篇目探讨

（原载清华《建筑史》2003年第2辑）

一 问题

流传至今的诸本《营造法式》（下简称《法式》）均为三十四卷，卷数前后连续，当中并无缺佚；第八卷《小木作制度三》，也与南宋刊本残叶相一致。但《法式》《看详·总诸作看详》中却记《法式》卷数为三十六卷，其文如下：

> 总释并总例共二卷、制度一十五卷、功限一十卷、料例并工作等第共三卷、图样六卷、目录一卷，总三十六卷，计三百五十七篇，共三千五百五十五条。

瓦 其名有二一曰瓦二曰甓
塼 其名有四一曰甓二曰瓴甋三曰㲉四曰甗甎
右入窰作制度
總諸作看詳
看詳先準
朝旨以營造法式舊文祗是一定之法及有營造位
置盡皆不同臨時不可攷據徒爲空文難以行用先
次更不施行委臣重別編修今編修到海行營造法
式總釋并總例共二卷制度一十五卷功限一十卷
料例并工作等第共三卷圖樣六卷目録一卷總三
十六卷計三百五十七篇共三千五百五十五條內

法式看詳 十二

四十九篇二百八十三條係於經史等羣書中檢尋
攷究至或制度與經傳相合或一物而數名各異已
於前項逐門看詳立文外其三百八篇三千二百七
十二條係自來工作相傳並是經久可以行用之法
與諸作諳會經歷造作工匠詳悉講究規矩比較諸
作利害隨物之大小有增減之法謂如版門制度以高一尺爲法積至二丈四尺如枓栱等功限以第六等材爲法若材增減一等其功限各有加減法之類各於逐
項制度功限料例內剏行修立並不曾㕘用舊文即
別無開具看詳因依其逐作造作名件內或有須於
畫圖可見規矩者皆別立圖樣以明制度

法式看详

查宋代晁载之《续谈助》、晁公武《郡斋读书后志》、陈振孙《直斋书录解题》中，均记《法式》卷数为三十四卷，与传本同（见附录一）；其中《续谈助》成于崇宁五年，上距《法式》北宋刊本的颁行仅三年时间，所记应当准确。

那么，为什么会出现实为三十四卷，而《看详》中记为三十六卷的情况呢？

按《看详》所述与《法式》（包括南宋残本）的内容相对照，上述数据中除了最后的条数外，其余数据经过核对，发现有以下一些问题：

1.按《看详》所列各部卷数，总释并总例2、制度15、功限10、料例3、图样6，其和已为36卷，若再加目录1卷，应为37卷，而不是36卷；

2.《看详》记“制度一十五卷”，而今本《法式》中制度部分仅为13卷，较《看详》所述少2卷；

3.《看详》记法式篇目两类，一为检寻考究经史群书而得的49篇（即《总释》部分），今本法式中仅为48篇；二为自来工作相传的308篇（即制度、功限、料例等部分），今本法式中这部分有310篇。

这三个问题中，第一条是《看详》所述自相矛盾的问题；后二条是《看详》所述与今本《法式》不相符合的问题。

二 分析

前人早已注意到了传本《法式》的卷数与《看详》中所述不符的问题，因此有推测“疑为后人所并省”者《四库全书总目》；有视《看详》《目录》各为1卷，并34卷为36卷者，同时认为“制度十五卷”中的“五”字当为“三”字传钞致误（瞿镛《铁琴铜剑楼书目》）。这些说法可否成立？问题的症结到底在什么地方？特分析如下：

1.《看详》是否应计入总卷数

《看详》记《法式》篇幅为“总三十六卷；计三百五十七篇，共三千五百五十五条”。在说明卷数（36）的同时列出篇数（357）与条数（3555），表明《法式》正文部分的卷、篇、条之间存在着纲目式的对应关系。据《看详》又知这357篇中，以编撰方式的不同可分为两部分：一为“系于经史等群书中检寻考究”的49篇（即《总释》部分）；二为“系自来工作相传，……并不曾参用旧文”的308篇（即制度、功限、料例等部分）。而《看详》中除“总诸作看详”之外的取正、定平等8篇均为《总释》中某些篇目的修立说明，显然不在其后的308篇之数。既然篇数未计入总篇数，则《看详》亦不应计入总卷数。宋人《直斋书录解题》卷四十六《营造法式》条下亦记：“三十四卷，看详一卷”，也是将《看详》列在总卷数之外的（附录二）。

2.《目录》是否应计入总卷数

前述《法式》正文部分的卷、篇、条之间存在着纲目式的对应关系。目录不属于

《法式》正文，也不包含篇数与条数，是显而易见的。同时，《看详》中所列《总释》《制度》《功限》《料例》及《图样》卷数之和已是三十六卷，故《看详》所述的“总三十六卷”，应不包括《目录》在内。

3.传本《法式》内容中的疑点

据《看详·总诸作看详》所述，《制度》部分为15卷，而传本《法式》的《制度》部分仅为13卷。以“法式”的编修体例看，这不是传抄致误，而是一个最大的疑点。

《看详·总诸作看详》中最后提道：

其三百八篇三千二百七十二条，系自来工作相传，并是经久可以行用之法，……并不曾参用旧文，即别无开具看详。因依其诸作造作名件，内或有须于图画可见规矩者，皆别立图样，以明制度。

据此可知，《法式》中图样的作用是“以明制度”，是制度文字的形象说明。对照传本《法式》中的《制度》与《图样》两部分，发现其中确实存在着图文对应方面的问题：

第三十卷《大木作制度图样上》中的图样，在《制度》部分的对应篇目恰为第一卷《大木作制度一》和第二卷《大木作制度二》，即斗栱、铺作、梁柱等内容；但是第三十一卷《大木作制度图样下》中的图样，在《制度》部分却找不到相对应的篇目。

第三十一卷共有6幅图，列为大木作制度的第十～十五图，即：

殿阁地盘分槽第十

殿堂等八铺作双槽草架侧样第十一，

殿堂等七铺作双槽草架侧样第十二，

殿堂等五铺作单槽草架侧样第十三，

殿堂等六铺作分心槽草架侧样第十四，

厅堂等间缝内用梁柱第十五。

无疑，这些图样所表达的应是营造制度中相当重要的一部分内容，在《制度》正文中，应当有与之相对应的部分。而传本《法式》正文中丝毫不见涉及这方面内容的文字，这种情况是难以理解的。

4.《制度》部分的构成比例

《制度》总13卷148篇，其中：

《大木作制度》2卷（15%）、18篇（12%），

《小木作制度》6卷（46%）、42篇（28%），

其余诸作制度 5卷（38%）、88篇（60%）。

《大木作制度》在《法式》《制度》部分中所占的比例似与其重要性不符。

三 推测

《法式》的编修完成是在元符三年（1100），至崇宁二年（1103）方始刊行。在李诫为刊行《法式》所上的《劄子》中提到，原来在《法式》编修完成之后，上面只打算录送在京官司，并未打算刊行。三年后，依李诫奏请，才按海行敕令颁降各地。

在这个背景下，根据前面的分析，不妨作一大胆推测，即：《营造法式》在崇宁二年刊行时，可能作了部分删节，唯《看详》中依然保留了说明的原文。推测这部分删节内容为：第五卷《大木作制度三》和第六卷《大木作制度四》两卷。内容有关建筑平面规制（殿堂地盘分槽、厅堂间缝用梁柱）与梁柱构架形式等。

这样，《大木作制度》部分在《制度》中所占的比例为31%（4卷）。

至于删节的原因，目前尚无确凿凭证，只能作以下初步推测：一方面是由于《法式》颁行的目的主要不在于指导设计，而是为了满足校核功限、料例的要求，故有关建筑物的平面与结构形式的内容可以删略；另一方面也可能由于这部分内容涉及宫殿建筑规制，不宜流传民间，故在海行颁降时删去。晁载之《续谈助》中节录《营造法式》文后又记："其宫殿、佛道龛帐非常所用者，皆不敢取"，也反映出民间对宫廷营造做法的避讳心理。

另外，还有个问题值得一提：

明人唐顺之《荆川稗编》卷四十六《李诫营造法式》条下抄录了《法式•看详》全文，其中最后为"屋楹数"一篇，为传本所无。按《看详》内的篇目除"总诸作看详"之外，均为《总释》中相应内容的修订说明，也就是说，若《看详》中有"屋楹数"条，则《总释》中亦应有此篇。但今本《总释》中未见"屋楹数"篇，且仅为48篇，若加上此篇，恰可与《看详》所述49篇之数相符。

2002年1月初稿，2003年发表，2003年12月重新修改

附录一　历代文献中有关《营造法式》的记述

1. 晁载之《续谈助》（《粤雅堂丛书》本）

卷五卷末记：

自卷十六至二十五并土木等功限，二十六至二十八并诸作用钉胶等料用例，自卷二十九至三十四并制度图样。并无钞。右钞崇宁二年正月通直郎试将作少监李诫所编《营造法式》，其宫殿、佛道龛帐非常所用者，皆不敢取。五年十一月二十三日润州通判厅西楼北斋伯宇记。

此为崇宁五年记文，著者所见的《法式》应当是初刊本。据文，卷数为三十四卷无

误，即总释与制度共十五卷，自卷十六起即为功限部分，与传本相符。

2.《郡斋读书志》（四库全书本）

含《志》《后志》《附志》，前二者为晁公武撰，后者为赵希弁续辑。《后志》卷一《将作营造法式》条下记“三十四卷”。据《四库总目》，晁公武撰《后志》至南渡止（即1126年之前），上距《法式》刊行的崇宁二年（1103）20余年。他所见到的也应是崇宁中“颁于列郡”的《法式》初刊本。

3.陈振孙《直斋书录解题》（四库全书本）

卷四十六《营造法式》条下记：“三十四卷、看详一卷。”

此书撰于南宋（13世纪中），虽然较《郡斋读书志》晚一百多年，但著者所见到的本子也有可能与晁公武所见相同。

4.唐顺之《荆川稗编》（四库全书本）

卷四十六《李诫营造法式》条下抄录了《法式》《看详》全文，其末尾有“屋楹数”一篇：

> 屋楹数。王（按：《旧唐书》作“殷”）盈孙传，僖宗还议立太庙，盈孙议曰：故庙十一室二十三楹，楹十一梁，垣墉广袤称之。礼记：两楹，知为两柱之间矣。然楹者柱也，自其奠庙之所而言，两楹则间于庙两柱之中，于义易晓。后人记屋室，以若干楹言之，其将通数一柱为一楹耶，抑以柱之一列为一楹也，此无辨者。据盈孙此议，则以柱之一列为一楹也。

5.《四库全书总目》

记《营造法式》（范氏天一阁本）

> “其三十一卷当为木作制度图样上篇，原本已阙，而以《看详》一卷错入其中。检《永乐大典》内亦载有此书，其所阙二十余图并在，今据以补足，仍移《看详》于卷首。”

查今本《法式》卷三十一为《大木作制度图样下篇》，有图二十二幅（《大木作制度图样上篇》的图数是三十余幅），故疑《总目》所记的“上篇”为“下篇”之误。而“下篇”图中所涉，恰是《制度》部分中所不见的有关殿堂、厅堂平面、构架形式的内容。范氏天一阁本中不见此卷，是否因《制度》缺文而有意删减，便值得注意了。

附录二 《营造法式》篇目统计表

卷序	部类	卷数	篇数	名目
一	释名	2	23	总释
二	48篇		25	
三	制度	13	30	壕寨 石作
四	148篇		7	大木18
五			11	
六			14	小木42
七			13	
八			9	
九			1	
十			3	
十一			2	
十二			17	雕、旋、锯、竹作
十三			12	瓦、泥作
十四			8	彩画作
十五			21	砖、窑作
十六	功限	10	29	壕寨 石作
十七	99篇		7	大木19
十八			3	
十九			9	
二十			14	小木42
二十一			22	
二十二			4	
二十三			2	
二十四			4	诸作9
二十五			5	
二十六	料例	3	4	石 大木 竹 瓦
二十七	13篇		4	泥 彩画 砖 窑
二十八			5	用钉、胶 诸
二十九	图样	6	8	总例 壕寨 石作
三十	50幅		9	大木15
三十一			6	
三十二			9	小木 雕木
三十三			10	彩画18
三十四			8	
	5部类	34卷	358篇	

《营造法式》词义小析

近来重读《营造法式》（下称《法式》），发现一些用词中存在含义不同的情况。其中有些词因为比较熟悉（如“材”、“椽”），对其词义（性）的变化往往不觉；有些词则因对词义（性）把握不够而造成理解中的困惑。

这种词义（性）的变化，一般是亦“名”亦“量”，即某个构件的名称有时又用以表示构件的尺寸，举三例：

材——既为名词，又为量词，有具象与抽象两种含义[1]。

《营造法式·总释》材篇下共有八条，其中一为“史记山居千章之楸。”注曰：“章，材也。”一为“傅子：构大厦者先择匠而后简材”。注曰：“今或谓之方桁。桁音衡。”其实已涉及“材”字的两种词性，前者为量词，后者为名词。

作为名词的“材”是指一种矩形断面的标准构材，这种“材”在大木作施工中往往加工为统一断面的长材（按《法式》规定，材的断面高宽比为1∶1.5），以便进一步加工成栱、昂及各种枋子。卷17《大木作功限一》“斗栱等造作功”篇下的“材：长四十尺一功”，所指便是具象的“材”。这种情况在《法式》中用到的不多。

作为量词的“材”有两种情况：一是指上述标准构材的截面尺寸，如卷四〈大木作制度一〉“材”篇下的“材有八等”，及各篇下的“广厚并如材”，所指即是；二是指标准构材的高度（《法式》称“广”），它的1/15称为“分”，二者同为大木作设计的基本度量单位。《法式》中的“材”，多数是这种含义，如〈大木作制度二〉“柱”篇下的“径两材两栔至三材”，及各篇下的名件广厚“×材×栔”等皆是。《法式》“材”篇的最后一句话是“凡屋宇之高深，名物之短长，曲直举折之势，规矩绳墨之宜，皆以所用材之分以为制度焉”。意即每一座建筑物的设计都是以其所选用之“材”的“分”数为基本模数。也可以这样理解：每座建筑物在施工时都有一把专用的营造尺，上面的刻度是材与分。另外，法式中的“材等”虽然是以标准构材的截面尺寸划定的，但同时某一等材又以其高度而不是宽度相指称。如卷19《大木作功限三》“仓廒库屋功限”篇下的“其名件以七寸五分材为祖计之”，所指即是截面高度为7.5寸的三等材。很明显，尽管“材”篇中列举了八等“材”的规定截面尺寸，但实际与建筑物高深、短长、规矩绳墨发生关系的，还是抽象的用以表示标准构件高度的“材”。

栱——同样有用指名件和名件尺寸这样两种情况。

用作名词的“栱”在《法式》中比较多见。如卷四《大木作制度一》“栱”篇下所提到的五种栱，都是指具体名件而言并规定其长度与做法；

用指名件尺寸的“栱”一般见于构件端部作栱头处理的情况，且所指为1/2栱长。一如《法式》卷四《大木作制度》“栱”篇下“令栱与瓜子栱出跳相列。承替木头或橑檐方头”。按同篇中的规定，令栱与瓜子栱均“施之于里外跳头之上”，因此它们的相对位置应是平行的，那么如何理解它们的至角相列呢？比照实例中常见的做法，可以推知这里所说的“瓜子栱”，并非指具体构件，而是指转角铺作中令栱十字相交后向外伸出的栱头长度。也就是说，此处栱长要按瓜子栱（62分）而不是令栱（72分）的二分之一，即长31分。另如卷五《大木作制度二》“侏儒柱”篇下的襻间“若两材造，即每间各用一材，隔间上下相闪，令慢栱在上，瓜子栱在下；若一材造，只用令栱”，也是同样的情况。其中提到的各种栱，指的都是襻间两端所出半栱的长度。

椽——也有两方面的含义：一是指跨置于前后槫上以承屋面的构件；一是指前后槫之间的（水平）长度，作为标志建筑物进深方向地盘的度量单位。只是这两种用法之间一般不会出现因含义变化而令人误解或困惑的现象。

总之，意识到《法式》中的词义（性）变化，对于理解《法式》文意往往会有所帮助。

2002年7月初稿，2003年5月改定

注释

[1] 梁思成先生在1946年所著的《图像中国建筑史》中即已明确指出：“材这一术语，有两种含义。（甲）某种标准大小的，用以制作斗栱中的栱的木料，……（乙）一种度量单位，……”见中国建筑工业出版社1991年所出汉英双语版，p. 15。

材等与间广的关系

以往关于法式材等的探讨，多围绕各等材具体数值之间的比例、级差关系进行，对其中的规律始终没有透彻的了解，也就是说，对这八个材等究竟是依照什么规律确定下来的问题，尚未找到令人信服的解答。

法式中区分不同的部位、构件以及制作要求，分别使用了“丈尺”、“材栔”、“分”作为长度单位[1]，其中“丈尺”是社会上普遍应用的长度单位，“材”、“栔”与“分”是专用于营造的尺寸系列中的三个不同大小的分尺寸，又统称为“材分”。按法式条文来看，“丈尺”与“材分”似乎是各用各的，不需换算，相互之间并没有直接的关联。

由于法式条文中缺乏有关建筑物尺度（面阔、间广、进深、高度等）方面的明确规定，也没有直接说明材等与建筑尺度之间的关系，因此后人只能通过对条文中的相关内容加以归纳分析，获得进一步的了解并作出推测。

在陈明达先生对《营造法式》的研究与实例分析中，就曾经发现建筑物的间广尺寸与所用材分值之间存在一定的关系：当外檐斗栱使用单补间，间广在250分左右（实例见佛光寺大殿）；使用双补间，则间广在375分左右（实例），其间的决定性因素是斗栱的宽度。

而法式条文中，凡提到间广尺寸，皆以丈尺说明，在有关补间铺作的使用规定中也不例外：

> 凡于阑额上坐栌枓安铺作者，谓之补间铺作。当心间须用补间铺作两朵，次间及梢间各用一朵。其铺作分布令远近皆匀。若逐间皆用双补间，则每间之广丈尺皆同。如只心间用双补间者，假如心间用一丈五尺，则次间用一丈之类。或间广不匀，即每补间铺作一朵不得过一尺。

这就说明，“丈尺”与“材分”之间并不是没有关系，而是这种关系当时普遍存在于工匠头脑之中，即使法式中不作明文规定，营造时也能自然应用。

其中所举的例子（心间一丈五尺、次间一丈），无疑应是当时营造中实际应用的间广尺度，应当与上述使用单双补间时的间广分数（250分、375分）基本符合。

于是偶然想到，应该按照法式中所列的八个材等，分别计算一下使用单双补间时的间广尺寸（见下表）。

材等	材的截面尺寸（寸）	材分值（寸）	按间广250分折算（尺）	按间广375分折算（尺）
1	9×6	0.6	15	22.5
2	8.25×5.5	0.55	13.75	20.625
3	7.5×5	0.5	12.5	18.75
4	7.2×4.8	0.48	12	18
5	6.6×4.4	0.44	11	16.5
6	6×4	0.4	10	15
7	5.25×3.5	0.35	8.75	13.125
8	4.5×3	0.3	7.5	11.25

据表中所列数值，可以发现：

第二，七等材的材高数值不整，由此可推知，在确定材等系列时，是以材宽为先；

在材宽的8个数值中，除了第四、五等材之外，其余6个材等都是与前面（或后面）的材等相差半寸，显示出确定材等时的确是采用了很有规律的半寸递减方法，这是以往大家都已经注意到了的一个现象；

最意外的结果出现在第四、五等材的数值中。

在以往的研究中，第四、五等材是两个特殊的材等，其截面尺寸与上下材等之间的比值关系一直令人困惑，用现代数学也难以推知其间的规律。

但从上表中可见，用这两个材等的分值折算出来的间广尺寸竟是如此地整齐！在八个材等中，第四与第六等材的数值全为整尺，第一与第五等材中，只一个有半尺的零头；相较之下，其他四个材等的数值皆有零无整，很不整齐。

假如在确定材等制度时，材宽的尺寸严格按照半寸递减法，则第三、第六两个材等之间就只能有一个材等，亦即在4寸至5寸两种材宽之间只能有4.5寸一种材宽，按上述方法折算，相应的间广尺寸为11.25尺和16.875尺，也就是说，这七个材等的分值按照250分和375分折算，不再可能出现11、12、18尺这几个整数间广尺寸。

据中国古代建筑实例的间广及规模可知，其间广往往采用整数尺寸，如唐长安大明宫中的含元殿、麟德殿等，都是采用18尺间广。佛光寺大殿则是17尺间广。而11、12、15、18尺这几种尺寸，都是比较常见的间广尺寸。这个尺寸范围几乎可以适用于一般情况下所有的厅堂与殿堂建筑。

由此似可推测，第四、五这两个材等的出现以及4.4寸、4.8寸这两个“不规范”材宽尺寸的确定，或许正是与当时建筑物中最常用的间广尺寸相关，也就是说，是为了便于实际应用而由间广尺寸反推出来的。这或许表明，虽然在《营造法式》中使用了“丈尺”与“材分”两套不同的尺寸单位，但两者之间实际上并非毫无关联，而“材分”的使用，其作用和意义也并不仅仅限于确定建筑物的用材等级和构件的具体尺寸，而应该与建筑物的整体尺度有关，特别是在建造殿阁类高等级建筑物、间广尺寸与斗栱尺寸密切相关的情况下，必是如此。只是《营造法式》中缺少这方面的明确规定而已。

进一步则可以认为，《营造法式》材等制度的确立，并不完全是采用单纯数值推演方法的结果，而是从实际应用的角度出发，与最普遍常用的工程实践经验密切结合的结果。应该说，这也是整部《营造法式》编制的根本（基础）所在。

2009年1月初稿，2010年11月改定

注释

[1]关于《营造法式》中区分使用不同尺度的问题，可参见《关于“材”的一些思考》一文中的相关探讨。

关于“材”的一些思考 

关于“材”的一些思考

（原载清华《建筑史》2008年第23辑）

提要：

对《营造法式》中“材”的不同含义加以辨析。

作为标准构材的“材”、反映建筑规格的“材等”和用于大木作设计计算的“材分”，这三者在工程实际操作中很可能并不统一，而是根据建筑物的建造背景、备料的情况，并依照工匠的技术经验而出现各种变通。因此，斗栱实际用材的大小，在宋辽金时期可能已经开始从大木作的材分设计体系中离析出来，不再作为标示建筑物等级规格和设计所用材分的依据。要评价建筑物的规格，应综合考虑建筑结构用材的整体情况。

关键词：材，材等，材分设计

“材”是北宋李诫编修的《营造法式》（下称《法式》）大木作制度中的关键词之一，在相关篇目条文中频繁出现。本文将关于“材”的一些思考提供给大家，希望通过对这些问题的讨论，引起大家对《法式》研究以及相关实例研究的进一步关注。这些思考主要围绕以下几点：

一是 “材”、“材等”、“材分”的含义与用法；

二是大木构件尺寸的表示方式；

三是通过对实例数据的分析，探讨标准构材与材分设计之间的关系。

一 材的含义及其他

1.材

《法式》中提到的“材”，有具象与抽象两种含义。

具象的“材”是指一种矩形断面的构材（按《法式》规定，其断面高宽比为1:1.5）。这种“材”在大木作施工中往往按照木料的实际长度先加工成统一断面的长材，作为进一步加工成栱、昂及各种枋子的备料。今天或可称之为“标准构材”。卷十七《大木作功限•斗栱等造作功》条下的“材长四十尺一功”，所指便是这种具象的“材”；

抽象的“材”有两种情况：

一是不确指的概念性的“材”，《大木作制度一》“材”篇中所说的“材有八等”即此。既可理解为标准构材的截面尺寸，也可看做是材等系列的总称。

另一则专指标准构材的截面高度。它的1/15称为“分”，与“材”共同作为大木作设计的基本度量单位。《大木作制度一》“材”篇中所谓“凡构屋之制，皆以材为祖”，实质正在于此。同时“材”篇最后又说“凡屋宇之高深，名物之短长，曲直举折之势，规矩绳墨之宜，皆以所用材之分以为制度焉”，特别强调了“分”的作用。我们可以这样理解：按照《法式》编修者的理想，大木作设计中使用的应当是一套特殊的尺子，上面的刻度是“材”与“分”。这套尺子一共有八把，分别与八个材等相对应。实际操作中，工匠只需选用与该建筑物所用材等相对应的那一把就可以完成规矩绳墨的任务了。

2. 材等

“材”篇中说：“材有八等，度屋之大小因而用之。”并在规定各等材截面尺寸与分值的同时说明其适用范围（按殿阁、厅堂、亭榭以及开间数等）。可知“材等”是与建筑物的类型、等级、规模相对应的用材标准。可以认为，《法式》作出这方面的明确规定，主要目的是在于规范建筑物之间的相对等级关系，以及同一建筑群中建筑物之间的主次关系。

值得注意的是，在《法式》的《功限》部分提到某等材，往往直接以其截面高度尺寸而不以×等材相称。如卷十九《大木作功限三·仓廒库屋功限》条下的“其名件以七寸五分材为祖计之”，按三等材高七寸五分，可知所指即为三等材；另同卷《营屋功限》条下又有“其名件以五寸材为祖计之”，而《法式》所定材等中并无广五寸者，与之相近的只有七等材（广五寸二分五厘、厚三寸五分）。按《看详》所述，《法式》篇目皆“系自来工作相传，并是经久可以行用之法”，因此，内容中会包含大量当时通行的、约定俗成的做法。上述情况一方面说明材的截面高度尺寸也可以作为表示“材等”的一种方式；同时说明很可能有几种 “材”（如七寸五分材、五寸材之类）已是当时实际工程中的常用材，其称呼也已为工匠所习用（显然，“×寸材”的概念要比 “×等材”更为清晰明了），因此在《法式》中仍然予以保留。这种情形提醒我们，当时木构建筑的常用材有可能按截面高度分为几种（等），其尺寸又可能取整，如五寸、七寸五分、九寸之类。这一点在实例考察时应予注意。

3. 材分

“材分”是在选定建筑物所用“材等”后，随之确定下来的用于大木作设计的长度单位，在用法上和传统的丈尺方式基本相同，只是在不同等级的建筑物中，其大小（分值）会随材等的不同而有所变化。

《法式》中的大木作构件尺寸主要是用材分方式表示，但其中又有两种不同的系列：一是“×材（×栔）”；一是“××分”。前者用于草架梁栿、阑额、檐额、柱、槫等构件，这些构件一般情况下都是等截面的或随料施用的长材。在这个系列中，只有“一材一栔（21分）”、“一材两栔（27分）”、“两材一栔（36分）”、“两材两栔（42分）”，以及“两材（30分）”、“三材（45 分）”、“四材（60分）”等有限的几种尺寸，不作过细的区分，使用起来相对比较宽泛；后者用于斗、栱、月梁、角梁、替木等，这些构件在构造组合和工艺制作方面的要求比较高，多数为变截面或形式相对复杂。在这个系列中，出现4分、6分、8分、10分、12分、14分、16分、18分、20分、23分、28分、38分、55分等大量与材栔倍数不相合的尺寸。并且，即使遇到21分、60分等与材栔倍数相合的尺寸，也用分数而不用材栔数来表示，实际操作中相对要求严谨。可知这是按不同类型构件而区分使用的两种尺寸标注方法。除此之外，偶尔也见有“加材二至三分”或“加材一分”之类的用法，一般用来区别构件性质或表示等级上的微弱差别。

二 丈尺方式的应用

尽管《法式》一再强调“以材为祖”、“以所用材之分以为制度”，大木作中的名件尺寸也主要是用材分方式来表示，但我们还是看到，材分并不是《法式》大木作中唯一使用的度量方式，有些部位和做法还是采用了丈尺方式（丈、尺、寸系列）来表示，如椽架、出际、出檐长度，生起、生出等。这些尺寸的规定方式，有的是固定值，如椽架，通常为六尺，最多不过七尺五寸；有的与建筑物的进深相对应，如出际，进深椽数越多出际长度越大；有的则与建筑物的间数相对应，如生起，间数越多则角柱生起越大。某些篇目中还可看到材分与丈尺两种方式混用的现象。如 “椽”、“檐”二篇中，椽架长度按丈尺计；椽径大小分殿阁、厅堂、余屋三等，按材分计；椽心距也同样分为三等，却用丈尺计；出檐的长度也随椽径按丈尺计（只提到三寸和五寸两种情况）。总之，这些尺寸规定无须折合成材分，也无须与所用材等相对应。

在《法式》中，建筑物的开间尺寸是与柱高尺寸相关的，但未见有专门篇目作具体的规定，直接涉及开间尺寸的说法只有《总铺作次序》中的“假如心间用一丈五尺，则次间用一丈之类”。但从《壕寨制度》中提到定平所用的直尺长一丈八尺，《大木作制度二》中规定“副阶廊舍下檐柱虽长不越间之广”，以及《大木作功限三》中提到殿宇楼阁平柱之长，有副阶者“以长二丈五尺为率”，无副阶者“以长一丈七尺为率”，副阶平柱“以长一丈五尺为率”等等，可以推知开间与柱高的尺寸很可能都是以丈尺计，且殿堂（副阶）很可能通用一丈七尺（一丈五尺）之数（故定平直尺的长度在一丈八尺便已够用），也是不需与材等、材分相对应，或折合成材分来表示的。

据此可知，在当时的工匠操作中，一些部位和构件的尺寸使用丈尺方式来表示已成既定之规。《法式》的编修既以总结工匠世代相传并经久可用之法为要，故这种尺寸标注方式亦当属其中。在陈明达先生的《营造法式大木作制度研究》[1]（下称《研究》）一书中，曾经采用将《法式》中提到的一些具体尺寸折合成材分，然后视其零整程度的方法，推测这些尺寸是“以按六等材折合成材分的可能性最大”。所列的尺寸中有开间尺寸（“一丈五尺”和“一丈”），“生起”的尺寸（“二寸”）、椽长的尺寸（“六尺”）等等。如前述，这些尺寸在《法式》中，原本便是用丈尺而不是用材分来表示的，因此应当不存在折合为材分之后的零整问题，也不存在随材等变化而变化的问题。

在今天看来，《营造法式》已是最能反映古代木构建筑设计使用“材分制”的文献依据，但其中也不可避免地包含有大量使用丈尺方式的内容，可知当时的大木作设计与施工中，材分和丈尺这两种方式是并用的。因此，“以材为祖”并不能理解为所有尺寸都走材分系列。今天我们探讨建筑造型比例和设计手法时也应当注意这一点。

三 实例分析

如前述，《法式》中关于大木作用材和构件尺寸的规定主要是以“材等”与“材分”来表示的，也就是今天我们所谓的“材分制”设计方式。按《法式》《看详》所述，这些规定“系自来工作相传并是经久可以行用之法”，也就是说，应当是早已存在于实际工程操作之中并一直在工匠中流传使用的。这一点是否与国内现存实例的情况相符，应当有一个基本的估计。这里所说的相符，既包括设计中使用模数的做法，同时也包括相关的具体规定。

另一方面，在《法式》中，标准构材的截面尺寸与用于大木作设计的材分是一致的，也就是说，具象的“材”和抽象的“材”在尺寸上是统一的。因此，以往我们在进行实例调查时，一般也都是依循《法式》的规定，采用测量栱、昂、枋等构件断面的方法来确定建筑物的用材。即在实测基础上，选取标准构件的典型断面高度，以这个高度为“材高”，确定其材等和分值的大小。而基于前面的思考，我们似乎有必要考虑这样一个问题：实例中的栱枋高度和它的1/15是否就是大木作设计中所使用的“材分” 呢？也就是说，是否确实存在着作为设计模数的“材”？这个“材”与标准构材的高度尺寸是否统一？

下面我们根据《研究》一书中的数据和实例维修报告中的数据，分别就 “用材”问题作一些初步分析。

（一）《研究》一书中数据的分析

在《研究》一书中，经过对多方面资料的汇总、整理，集中发表了27座唐宋木构建筑的实测记录数据。其中除8例的建造年代在12世纪外，其余19例均早于《法式》颁行的年代。虽然其中有些实例的数据在近年落架维修时发现不够准确，但总的来说，仍是至今为止相关研究中最全面、最详细的基础资料，以下拟引用其中的一部分实测数据作一些材分方面的初步分析。

之所以仅引用实测数据，这里作一点说明。由于中国古代各个时期的营造尺长迄无定论，使实例的实测数据折算十分困难。已知北宋尺实物的长度在30～32厘米之间不等，陈明达先生《研究》一书中取宋尺长为32厘米，而傅熹年先生《中国古代城市规划、建筑群布局及建筑设计方法研究》一书中北宋尺长取30.5厘米，北宋初尺长则取30厘米，相去甚远。这里以北宋崇宁间（1102）重建的晋祠圣母殿间广进深尺寸以31厘米/尺折算大都为整数，又建于北宋末年（1125）的少林寺初祖庵平柱高341厘米，折以一丈一尺恰为31厘米/尺故，取《法式》尺度为31厘米/尺。

另外，实例用材的尺寸似应按当时尺度与《法式》尺度同时折算，再与《法式》相较，做法上更为合理，但这样做同样遇到尺度问题，如唐尺、五代尺、辽尺与宋尺之间的沿袭与变化等。因此只得暂时不予考虑。

在这些实例的用材数据中，存在以下一些值得注意的现象：

1.材厚分数（按材高为15分计）

《法式》规定为10分。27例中有7例与《法式》相符，有14例大于10分（在10.1～11.2分之间），另6例小于10分（多为9.5～9.9分，一例为7.7分）。这几种情况都没有年代与地域分布上的特征。

2.栔高分数（按材高为15分计）

《法式》规定为6分。27例中有3例与《法式》相符，余24例皆大于6分（多在6.5～7.5分之间，最大为8.7分）。其中也都没有年代与地域分布上的特征。

3.用材等级（按26例计，应县木塔因类型不同未计入）

12例与《法式》规定相符，其中2例年代在10世纪下半、8例在11世纪、2例在12世纪上半；又其中6例（均为五间殿，都在晋冀地区）用材为24（23.5）×16（16.5、17），2例为26×17（18）。

6例偏大，年代多在11世纪之前，其中最晚的是善化寺三圣殿（1128—1143），面阔五间，按《法式》规定应当用三等材，但实际用材略大于《法式》二等材，与善化寺大殿（七间）相同；

8例偏小，年代多在10世纪之后，最早的是虎丘二山门（995—997年，关于该实例年代，学界尚存歧义），其中晋祠圣母殿与隆兴寺牟尼殿均为殿身五间、副阶周匝，按《法式》规定应当用到二等材，可实际材高只略大于五等材；又建于金天会十五年（1137）的山西佛光寺文殊殿和南宋淳熙六年（1179）的苏州玄妙观三清殿，均为殿身七间，按规定应用二等材，实际用材只相当于三等材。

上述现象中，材厚与栔高的分数偏大与按材高定分值有关，同时也说明标准构材的高宽比在这段时期内并不是那么规整。

用材相对整齐且与《法式》规定相符的是6个面阔均为五间的实例（表1），所用材高24厘米，按31厘米尺，合宋尺七寸七分，与《法式》规定的三等材（广七寸五分）相近；按32厘米/尺，恰合七寸五分，即《法式》中所谓的“七寸五分材”（见前文）。

表1　晋冀地区宋辽六实例用材　　单位：厘米，厘米/分

名称	地区	年代	间数	斗栱用材	材厚	分值	栔高
开善寺大殿	河北	1033	五	23.5×16.5	10.5	1.57	11/7
永寿寺雨华宫	山西	1008	五	24×16	10	1.6	10/6.25
广济寺三大士殿	河北	1024	五	24×16	10	1.6	10/6.25
华严寺海会殿	山西	11世纪	五	24×16	10	1.6	11/6.9
善化寺山门	山西	1128—1143	五	24×16	10	1.6	11/6.9
华严寺薄伽教藏殿	山西	1038	五	24×17	10.6	1.6	10/6.25

早期实例用材偏大、后期用材偏小的现象反映了唐宋时期木构建筑发展的总体情况，而其中的一些特殊现象，如善化寺三圣殿用材偏大、隆兴寺牟尼殿等用材偏小，也应是反映了宋辽金时期营造用材的实际状况，并应有其各自的背景。

如果将实际栱高视为材高，那么，按照《法式》“以材为祖”的规定，用材偏小，构件尺寸也应当相应偏小。实际情况是否如此呢？下面先选择表中定为三等材的山西榆次永寿寺雨华宫与定为五等材的牟尼殿殿身试作分析比较。需要说明的是，《法式》中对大木作主要构件尺寸的规定多有一定幅度，其中对梁栿、阑额尺寸的限定相对明确。因实测数据中缺少阑额尺寸，故只能选择梁栿尺寸进行比较（引用表33－1、表37－1中的数据）：

表2 北宋二实例用材与梁栿尺寸比较　　单位：厘米

	雨华宫	牟尼殿
建造年代	大中祥符元年，1008年	皇祐四年，1052年
用材	24×16	21×15（21×16*）
分值	1.6	1.4
栔	7～12	10（11*）
足材高	31～36	31（32*）
四椽栿	897×47×34	952×72×25
	广29.4分，约合2材	广51分，合3材1栔
乳栿	422×44×31	440×45×25
	广27.5分，合1材2栔	广32分，合2材余
平梁	474×37×20	470×40×23.5
	广23分，合1足材余	广29分，近2材

*《正定隆兴寺》一书中的数据：牟尼殿用材为21×16厘米，足材高32厘米。

据表2可以看出牟尼殿的标准构材高度虽然小于雨华宫，但梁栿高度均大于后者，其中乳栿、平梁截面相近，唯四椽栿相差较大。这二例的建造年代相差40余年，地点相距150公里，均不算太远。出现这种反差，确实令人费解。但如果按牟尼殿殿身“用材21×16厘米、足材高32厘米”考虑，则两者材厚相同、足材高度相近，是否在牟尼殿的构件计算时采用了与材厚、足材相关的模数？而四椽栿尺寸特大，是否与殿内藻井等构造有关？均还需作进一步的分析。

从表32－1定为三等材的12例中，也发现有4例的材厚接近同表定为二等材的诸例（17厘米）：

独乐寺山门（三间，24.5×16.8/15×10.3，分值1.63）

观音阁（五间，24×16.5/15×10.3，分值1.6）

开善寺大殿（五间，23.5×16.5/15×10.5，分值1.57）

华严寺薄伽教藏殿（五间，24×17/15×10.6，分值1.6）。

下面同样选择表中定为二等材的善化寺大殿与定为三等材的独乐寺山门、开善寺大殿、薄伽教藏殿的梁栿数据作一下比较：

表3　辽代四实例用材与梁栿尺寸比较　　单位：厘米

	善化寺大殿	独乐寺山门	开善寺大殿	华严寺薄伽教藏殿
建造年代	11世纪	984年	1033年	1038年
用材	26×17	24.5×16.8	23.5×16.5	24×17
栔	11～12	10.5	11～13	10～11
分值	1.73	1.63	1.57	1.60
足材高	37～38	35	34.5～36.5	34～35
四椽栿	1016×75×34		953×70×38	937×51×34
	广43分，约合2足材		广45分，合2足材强	广32分，合2材强
乳栿	450×52×32	429×54×30	480×57×38	455×45×24
	广30分，合2材	广33分，合2材强	广36分，合2材1栔	广28分，合2材弱
平梁	508×45×24	486×49×28	481×48×27	
	广26分	广30分，合2材	广31分，合2材强	

据表3可见独乐寺山门的材高虽小于善化寺大殿，但乳栿、平梁截面大于后者（无四椽栿）；开善寺大殿的材高更小，梁栿尺寸也接近或大于善化寺大殿（四椽栿截面与长度有关）；而薄伽教藏殿的用材虽与独乐寺山门、开善寺大殿相近，梁栿尺寸却明显偏小。与表1中的数据比较，还可看出隆兴寺牟尼殿的梁栿尺寸甚至要大于薄伽教藏殿。这似乎表明标准构材大小与结构构件计算之间并无对应关系，同时各例所用的设计方法也很可能由于具体形式与构造的不同而存在差异。

接下来再考虑一下分值。按《法式》规定，材高的1/15与足材的1/21均等同于分值。但由于用材的不规整，如分别按标准构材高度的1/15和足材（材高＋栔高）的1/21测算，所得可能为两种不同的分值，下举四例：

表4 宋辽四实例分值分析　　单位：厘米，厘米/分

	材	分值1	材厚分数	栔高	足材高	分值2	材厚分数
隆兴寺牟尼殿	21×15	1.4	10.7	10/7	31	1.48	10.13
独乐寺山门	24.5×16.8	1.63	10.3	10.5/6.4	35	1.67	10.06
开善寺大殿	23.5×16.5	1.57	10.5	11～13/7～8.3	34.5～36.5	1.64～1.74	10.06～9.5
薄伽教藏殿	24×17	1.6	10.6	10～11/6.25～6.9	34～35	1.62～1.67	10.5～10.18

表4各例按照足材高度1/21计算所得的分值2，均大于按材高1/15计算得出的分值1。而按分值2折算出的材厚分数更接近《法式》规定的10分。

综合上述，推测在11世纪前后，河北山西一带实际工程的大木用材与构件设计中可能存在这样的情况：

1. 以材厚的1/10为分值，足材高度保持在21分左右，材高减小，栔高加大；

2. 大木作设计中所用材分与标准构材的高度不一致；

3. 各例之间的大木作设计方法不统一。

（二）晋祠圣母殿实测数据分析

这里选用的是《太原晋祠圣母殿修缮工程报告》[2]（以下简称《报告》）中提供的数据。

《报告》中根据史料记载和现存题记，确认圣母殿始建于北宋太平兴国九年（984），北宋崇宁二年（1103）奉敕重修；并根据实测情况，说明重修时的用材有明显变化，柱径大小不一，斗栱总高不等，材厚相差（减小）达4厘米。

1. 斗栱用材

据《附录三•圣母殿上下檐斗栱构件检修登记表（摘录）》，圣母殿的斗栱用材尺寸的确很不整齐。以上檐前明间5号柱头斗栱为例：栱昂构件12例，截面尺寸无一相同，除足材栱及昂外，一般高在20～22之间，厚在11～17之间，其中高22者和宽15.5者各有3例，故相对标准者选择编号5－1(1)的泥道栱，为22×15.5（单材），最大者是编号5－3(6)的华头子，为32.5×17厘米（足材）。依此推测，圣母殿殿身用材为22×15.5厘米，足材高32.5厘米，栔高10.5厘米。

在这套数据中，如按材厚的1/10定分值，为1.55厘米，折算足材的高度恰为21分（栔高6.8分，材高14.2分）。22厘米合7.1寸，按《法式》规定不足四等材的材高；而15.5厘米合5寸，恰为三等材的材厚（按31厘米/尺）。从中我们同样可以看到上文提到

的材厚与足材之比为10∶21、而材高不足15的情况。

结合《报告》中提到的崇宁年间重修时缩小材厚、减低斗栱的现象，可知就在《法式》编修的同时，敕建工程中也出现了“减料”的做法。这样一来，不仅材高无法用作设计模数，就连足材的高度也不能保持与材等之间的关系了。

《法式》中的相关规定，与实际工程中采用的做法，显然出现了一定的差距。对这种情况的发展趋势作进一步的推测，则可能会出现下述情形：

一是大木作的设计仍然以该建筑所应用材等之材分为基本模数进行，以确保整体结构强度，而标准构材（即斗栱等用材）则开始选用次一等或更小的材等。

二是仍以标准构材的截面尺寸为模数，但对设计方法进行调整，重新修订制度。

今天所知元明时期大木作中斗栱用材的逐步缩减，清代初年工程做法中重新划定材等，确立以“柱径”和“斗口（材厚）”为基本模数来规定构件的尺寸，或许正可视为这种变化的一个证明。

从北宋李诫《营造法式》的编定（1100），到清代《工程做法则例》的完成（1734），其间相距600余年。可以说，两者之间在工程做法上的差别，即应反映为这600余年中官式建筑在制度（设计、施工与管理）上的演变与发展。这个题目是值得细做的，需要进一步理清思路，拟订方法，对相关实例数据进行详细的考察与分析，必要及可能时还需要对实例进行重新测绘。

2.构件用材

表5以《附录四•圣母殿柱额及梁架大木构件检修登记表（摘录）》中的一部分上檐构件数据，与《法式》中的相关规定相比较。其中内槽柱头方数据选自《附录五•圣母殿大木构件榫卯及斗栱分件图》图5中的内槽柱头方19号。

表5　晋祠圣母殿构件用材　　　　单位：厘米

构件名称	截面实测数据		折合材分*	法式大木作制度相关规定
	南缝	北缝		
上檐明间平梁	33×21		广约一足材（一材一栔）	广加材一倍
乳栿	46×28	43×27	广约两材	广两材一栔
四椽栿	45×25	49×28	广约两材	广两材两栔
六椽栿	67×31	61×33	广约三材（两材两栔）	广四材
八椽栿	62.5×34	63×34	广约两材两栔	广四材
上檐阑额	28×12		广1材加4分，厚8分	广加材一倍，厚减三分之一
上檐普拍方	12×33		广约一材一栔，厚8分	广一材一栔，厚一材
槫桔	径32		约一材一栔	径一材一栔或加材一倍
内槽柱头方	23×15		应即标准构材	

*按材高22厘米、分值1.47厘米折算。

据表可知，圣母殿的梁栿、阑额用材按标准构材高度折合的材分数均大大小于《法式》中的相关规定，其中尤以六、八椽栿相差最多（广比《法式》规定减一材三分），符合《法式》规定的只有槫径与普拍方之广。

圣母殿殿身明间与南北缝六椽栿下有三则宋代题记，一为“大宋崇宁元年九月十八日奉敕重修（脊槫下）”，另二则据考证为奉敕与主持其事的官员姓名。据此可知圣母殿的重修确为官方工程，按理应当遵照相关制度（其时《营造法式》已经编修完成，只是尚未刊刻颁行），而工程中出现的构件用材与《法式》规定不相符合，也应当是反映了当时官方工程的实际情况。也正是由于圣母殿的重修年代与《营造法式》的编修年代最为相近，这一点在今天的研究中尤应予以特别注意。

四 结论

上述思考的内容主要有以下几点：

1.《法式》中的“材”有不同的含义，应当从概念上加以辨析。

2.实例中，作为标准构材的“材”、反映建筑规格的“材等”和用于大木作设计计算的“材分”，这三者很可能并不统一，应当考虑到：规定、标准是一回事，而工程实际操作中会根据建筑物的建造背景、备料的情况，并依照工匠的技术经验而出现各种变通。

3.斗栱用材的大小，在宋辽金时期很可能已经开始从大木作的材分设计体系中离析出来，不再作为标示建筑物等级规格和材分设计的依据。如果要评价建筑物的真实规格，则隆兴寺牟尼殿的“材等”似可由五等跃升至三等，而独乐寺山门和开善寺大殿的“材等”似应改定为二等。

因此，在进行实例调查与分析的时候，有必要分别考察 “用材（标准构材）”、“材等”和“材分”的大小，而不能简单地视为同一。在已知建筑物标准构材的大小之后，要确定其所用“材等”，还需要综合多种因素如间广、进深、柱高、椽长、构件尺寸等进行全面的分析；总之，要了解一座建筑物的等级规格，不能简单地依照某一类构件的实测尺寸，而应当通过全面的资料收集和多方面的综合分析、研究探讨来作出推定。

另外，对于《法式》所给定的材等以及关于构件尺寸的各种规定，应当有切实的认识。一方面，它的确反映为当时官式建筑的等级标准，也是得到官方认可的用材制度。但另一方面，也应当看到它在实际应用上的局限性。随着政治、经济、文化诸多社会因素的改变，随着营造技术（包括非官式建筑）的不断发展，官式建筑的营造制度也必然是在不断地变化的。在分析、研究宋元时期的实例时，特别是面对带有地区特点的实例时，对于《法式》中的有关规定，应视具体情况用作参照，不宜视为标准。应当从观念上根本改变以往那种或可称之为“材分化”的做法，全面检视建筑物的自身特点，更多注意那些与《法式》规定不相吻合以及《法式》中尚未提到之处，并从中寻找其自身的发展演变规律。同时应当积极探索能够更为全面、客观地反映历史真实的表述方式与研究方法，使《法式》研究在深度和广度上有进一步的突破。

无论是《法式》，还是实例，都是值得我们不断认真加以研究的对象。面对它们，研究者必须始终保持一种清醒意识。往往当自己觉得明白的时候，实际却仍处于蒙蔽之中，这是我的体会。上面的思考也是如此，还必须继续深入、不断修正，并诚希得到专家与同好的指正。

注释

[1]《营造法式大木作制度研究》 陈明达著 文物出版社1981年10月版。

[2]《太原晋祠圣母殿修缮工程报告》柴泽俊等编著 文物出版社2000年1月版。

安阳修定寺塔出土模砖再探讨

安阳修定寺塔出土模砖再探讨

（原载《文物》2006年第3期）

安阳修定寺塔为一方形单层砖塔，始建于北齐，历经1400余年，留存至今。该塔外观的显著特征，是塔身四面满饰模制雕花饰面砖[1]（以下简称模砖）。据宿白先生考证，现状塔身饰面做法的年代应在唐建中三、四年间（782—783年）[2]，距今也有1200余年了。

在20世纪70年代的考古调查中，该塔塔基下曾出土一批与现状塔身饰面模砖风格样式不同的模砖。这批模砖的用途是什么，与修定寺塔的原貌有怎样的关系，引起了考古与建筑史学界的关注。

本文拟围绕《安阳修定寺塔》一书（下称《修定寺塔》）以及李裕群先生《安阳修定寺塔丛考》一文[3]（下称《丛考》）中提出的塔基出土模砖问题作进一步探讨。通过分析这批模砖的尺寸和样式特点，排除它们与现状修定寺塔塔身之间的直接关联，并对它们的用途作出一些推测。

一 基本情况

关于这批模砖，《修定寺塔》一书中是这样介绍的："在塔基座下及其附近清理发现了不少刻工精致的残雕砖。它们的图案不同于现在壁面的雕砖，而且就图案的艺术风格看，大部分可能为北魏末期或北齐的作品。"书中按模砖纹样作了分类介绍。最后又提道："在清理塔基饰面残雕砖的同时，还在附近发现了一批制作雕砖的残陶范。其中能识别出器类的有七：斗栱雕砖陶范（两块）……；半镂孔雕砖陶范（三块）……；鱼龙雕砖陶范；倚柱与帐幔雕砖陶范。"

出土模砖的厚度不等，背后多有背榫方槽，可知其用途确是用于建筑装饰，即拼镶并固定于建筑物的壁面之上。

出土模砖的数量，书中没有给出确切的数字。据李裕群先生考察，出土模砖现存放在"塔西100米处的仿古建筑内，数以百计，层层叠放"。

关于这批模砖的制作年代，大家一致认为其中大部分属于北朝末期。

对于这批模砖的用途，在陈明达先生为《修定寺塔》所作的序文以及《丛考》中，都作出了一些推测：

陈明达先生认为，“这些雕砖的形状、尺度，似不适用于现塔壁面，如蜀柱很短，券楣尺寸过小等。所以它们有可能是属于另一建筑物的。但也不能完全排除为此塔原物，因为它也有可能是用于阶基周围、塔顶或塔内壁面。”陈先生虽然注意到了这批雕砖的尺度与修定寺塔现状尺度不符，但仍认为有可能是塔身原物。

李裕群先生认为，这些模砖在初步拼合之后，呈现出两种立面外观形式：一种是仿木构建筑，一种是帷帐。它们之间有一个共同之处，就是当中均辟有券门。其中的帷帐立面外观与修定寺塔现状外观颇为类似；而仿木构建筑的立面外观，则与河北邯郸南响堂山石窟第1、2窟窟檐的外观形式相仿佛，尤其是双抄五铺作斗栱，只是模砖中的第二跳头之上未用令栱。因此，这批模砖可能是北齐天保年间建造修定寺塔时塔身内外所用的饰面构件。其中“仿木建筑的拼镶砖适合于镶嵌在（龙华）塔的外表”，而帐形龛形式的拼镶砖“有可能是塔内的装饰拼镶砖。这样其外观为仿木构建筑形式，塔内是帷帐形式，可以起到和谐的效果”。

二 分析探讨

从这批模砖的出土地点来看，它们应与现状修定寺塔之间存在着某种联系；模砖中的带础角柱、券门、珠帐、力士等造型，也与现状修定寺塔造型之间存在着一定的相似性。但是，如果对这批模砖的尺寸作进一步的分析，并与现状塔身的体量及某些构件尺寸作一比较，便不难发现，这批构件不可能适用于这座佛塔。

下面，先将这批模砖的尺寸数据分类列表（见表1、表2），再按仿木构与仿帐幔两种类型分别对这些尺寸进行分析。

1. 仿木构模砖

除了斗栱模砖（图1）之外，由于在同一块模砖中出现了倚柱与枋额（图2，图版75）、倚柱与门框（图4，图版76）及龛楣与门框（图3，图版71）等情况，因此可以认为，这类模砖均应是仿木构建筑外观的组成部分。《丛考》一文中的插图一五对此作出了令人信服的拼对推测（图6）。

图1《修定寺塔》图版一〇四 斗栱

在现状修定寺塔中，公认为北朝遗物的，只有东北角柱的覆莲础[4]（图5），

图2 《修定寺塔》图版七五 菱格云龙纹

图3 《修定寺塔》图版七一 火焰纹

图4 《修定寺塔》图版七六 云龙纹

图5 《修定寺塔》图版五三 东北角柱础

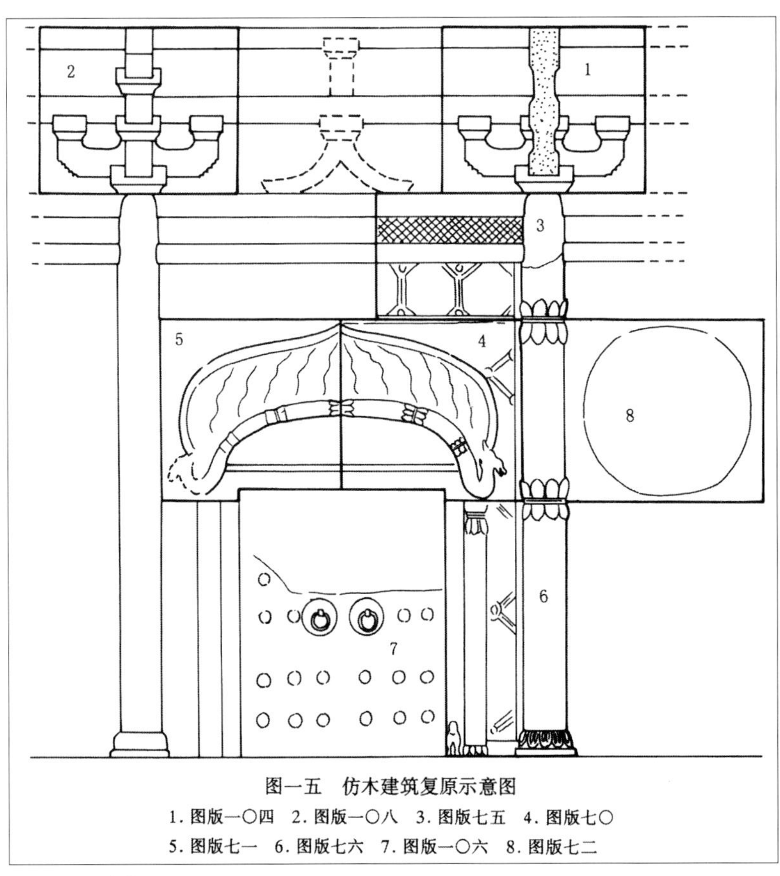

图6 《丛考》插图一五

其样式恰与出土模砖中转角倚柱的柱础相类似。于是，尽管现状塔身上部并未出现仿木构形式的模砖，我们仍然有理由将这个柱础视为出土模砖与现状塔身之间的一个重要关联物和参照点。

《修定寺塔》中记东北角柱础的覆莲上部直径37厘米，底径50厘米。据表2数据，与之相应的倚柱模砖（《丛考》称“立柱拼镶砖”、《修定寺塔》称“覆莲与云龙纹雕砖”）尺寸为柱径11厘米，础径18厘米。两者相比较，存在着约为1∶3的比例关系，也就

表1　修定寺塔出土模砖尺寸之一（据《修定寺塔》一书发表数据选择整理，尺寸：厘米）

名称		宽	高	厚	背榫	图版编号
帐幔	双鸟帐幔	45	40	10	方槽状，厚5	六二
	帐幔	25	25	12	宽5，厚6	六五
	力士与帐幔	30	47	10	宽6，厚6	六六、六七
	力士帐幔1	25.3	22	10.5	—	六八
	力士帐幔2	25.3	28	10.5	—	六九
	卷草团花	41.5	55(85)		阶状	八四
	连珠纹1	30	18	5	—	一〇〇
	连珠纹2	31	13	5	—	
券门	火焰纹1	41	41		—	七〇
	火焰纹2	33	39	13	方槽	七一
	团花	51	36.5		—	七二
倚柱	覆莲云龙纹	35	52	17	宽5，厚5	七三、七四
	菱格云龙纹	39.3	34.5	8.5	方槽	七五
	莲瓣与云纹	—	59.5*	—	—	七六
木构	斗栱	43	34	16	方槽，厚8	一〇四
	板门	48	42	6	—	一〇六
	斗栱陶范	30×24	42		—	一〇八

*莲瓣与云纹模砖的尺寸书中未见，此为按《丛考》插图测算值。

表2　修定寺塔出土模砖尺寸之二（据《丛考》一文发表数据整理，尺寸：厘米）

名　称	尺　寸	插图编号
立柱	础高6.5，直径18；柱高38，径11	图七
阑额和由额	阑额高6，由额高5.8，相距7.7，总高19.5	图八
阑额和由额	额均高5.7，相距8.2，总高19.6	图九
斗栱	砖长44，高35；栱长33.5，高7.7；枋高6	图一〇
椽飞	残长及宽均21，椽径6，椽距10.5；飞子长10，头宽3.7	图一一
瓦顶	残长37，宽30，筒瓦直径2.5，瓦垄间距5.1	图一二
瓦顶	长宽均27；筒瓦直径6.8，间距14	图一三
帐形龛边	残高43，残宽12；立颊宽4.5	图一六

是说，将倚柱模砖放大3倍（柱径33厘米、础径54厘米），即与现状塔身角柱尺度相仿。

那么，其他构件中是否也存在这种比例现象呢？据表2查《丛考》中提及的其他构件的尺寸：

重楣高6厘米，总高19.5厘米；

椽飞头宽3.7厘米，椽距10.5厘米；

屋顶筒瓦宽6.8厘米，间距14厘米；

斗栱栱长33.5厘米，材高7.7厘米，大斗总高6、底方10厘米；小斗高5，方7.5厘米；

龛楣宽44厘米。

如果同样按3倍的比例将上述构件尺寸放大，则可得到以下与建筑设计相关的基本数据：

材高23.1厘米 （按材高15分，得分值1.53厘米）；

柱径33厘米，合21.6分；

栌斗高18、上方36、底方30厘米，合高11.8分；

栱长100.5厘米，合65分；

重楣总高58.5厘米，楣高18厘米；

飞椽头宽11厘米，椽距31厘米；

筒瓦宽20厘米，中距42厘米。

将这些数据与成书于北宋熙宁二年（1103）的《营造法式》中的规定相比较，可以看出两者之间是相当接近的（见表3），唯重楣做法为宋以后所不见，椽子与瓦当的尺寸稍大，而栌斗、柱径尺寸较小。参照汉唐建筑形象资料与出土实物，以及唐宋建筑实例中反映出的大木构架演变特点等，这些情况亦属合理。

表3　部分模砖尺寸放大与《营造法式》对应比较（尺寸：厘米）

部位	模砖尺寸	放大3倍以后	营造法式中的相关规定
重楣	楣高6，总高19.5	高18，总高58.5	无此项
椽飞	头宽3.7，椽距10.5	宽11，椽距31.5	七分椽广，宽10.7
屋瓦	瓦宽6.8，间距14	瓦宽20，中距42	六寸筒瓦，宽19.5（按30.5/宋尺计，下同）
栱	高7.7	高23.1	三等材广七寸五分，约合22.9
	长33.5	长100.5，合65分	泥道栱长62分
栌斗	总高6，上宽12，下宽10	高18，上宽36，下宽30，合高11.8，上宽23.5，下宽19.6分	栌斗高20、上方32、底方24分
小斗	高5，方7.5	高15、方22.5，合高10、方14.7分	散斗高10、长16、宽14分
倚柱	径11	径33，合21.6分	厅堂柱径36、余屋柱径21～30分

由于出土模砖都是零散构件，因此从中无法找到直接反映其所在建筑物体量的尺寸。但是，我们可以通过拼接构件的方法进行推算。如建筑物的面阔，可按龛楣与倚柱模砖的宽度，得出当心间的间广为44×2＋11＝99厘米（龛楣×2＋倚柱径）；再据模砖中有转角和平贴两种倚柱，故按建筑物面阔至少三间推测，得面阔为99×3＋11＝3.08米（按三间等宽、再加倚柱宽度计）；建筑物的高度，则可按一般常规建筑做法，由倚柱、龛楣、重楣、斗栱模砖等（图版七六、七一、七五、一〇四）的尺寸进行叠加推测，得（59.5）＋43＋34.5＋34＋（9）＝1.8米（带括号的是倚柱与椽飞模砖的高度，依《丛考》插图量测而得）；另外，板门宽48厘米，是一个重要的反映建筑物体量的数据。也就是说，用这批出土模砖，大致可以拼对出一幅面阔3米左右、檐高1.8米、门宽0.48米的建筑物外观立面。

若将上述推测而得的体量数据放大3倍，再与现状修定寺塔的相关数据进行比较，则有：

板门宽度为0.48×3＝1.44米（据书中发表的平面图量测，现状修定寺塔的板门宽度略小于1.5米）；

面阔尺寸为3.08×3＝9.24米（现状塔身面阔8.3米）；

檐高尺寸为1.8×3＝5.4米（因现状塔身高度尺寸不明，推测约当菱格文砖上皮高度。在古代木构建筑实例中，这是一个适中的檐高尺度。但与呈帷帐外观的现状塔身相比，略为低矮）。

据此可以看出，依照仿木构模砖尺寸推测而得的相应建筑物的外观尺寸，大约相当于真实木构建筑物的1/3。也就是说，这批仿木构模砖很可能是遵照当时的实际营造规制按比例缩小制作，并用于一座仿木构建筑的外壁装饰。

2.仿帷帐模砖

根据模砖上的帷帐纹样，大致可以判断其所表现的部位，即上、中、下各部。《丛考》从中选择了较为典型的3块：图版六二（图7，高40厘米）、六五（图8，高40厘米[5]）、六六（图9，高47厘米），试加叠合（图10）。据模砖图片可以看出，中、下二部两块的纹样衔接颇为自然，唯上部一块的纹样风格与其他两块显得不甚谐调。若只将中下两块叠合，则高为80厘米。将这个尺寸放大三倍，可得240厘米，门券的高度也在200厘米左右，也是与实际帷帐尺度相近的。

因此，基本上可以确认，这批模砖也和仿木构模砖一样，是按照当时习用的帷帐尺寸、并以1/3的比例缩小制作的。

这批仿帷帐模砖的尺寸与现状塔身的门洞尺寸相差甚远，因此它们不可能用于后者的内壁装饰，从它们的纹样以及制作的精致程度来看，也不大可能用在相应尺度的建筑物内壁（门洞太小，内饰精美无意义）。

佛帐的形象在现存佛教石窟雕刻与壁画中常见。特别是北朝后期石窟中，多可见到

图7 《修定寺塔》图版六二　上部帷帐纹

图8 《修定寺塔》图版六五　中部帷帐纹

图9 《修定寺塔》图版六六下部帷帐纹及门侧力士

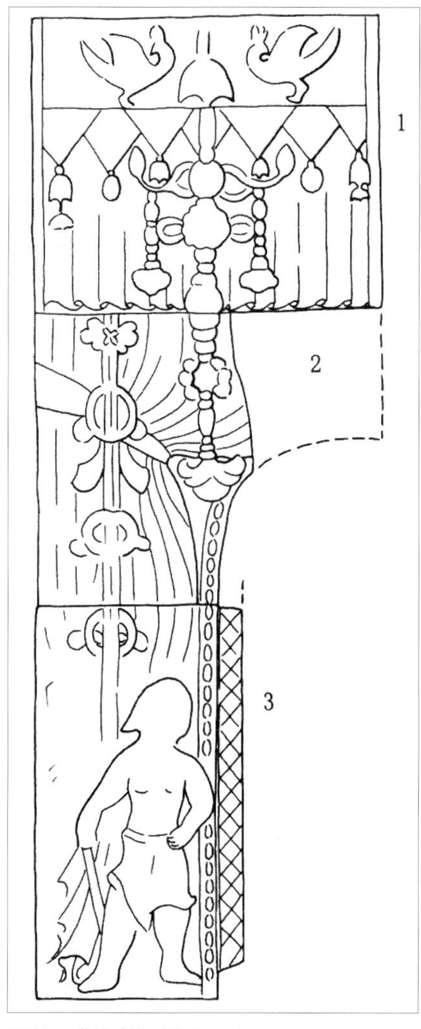

图10 《丛考》插图一七

刻画细致逼真的帐构式佛龛，如巩县石窟第1～4窟、南响堂第1、2窟，北响堂北洞、中洞的中心龛柱，又如南响堂上层诸窟、北响堂南洞中的三壁三龛以及麦积山石窟中第4窟的七佛龛；同时又有将整个窟内空间处理为帐构空间形式的做法，如麦积山石窟第27、127、141诸窟[6]。修定寺传记碑中称寺塔为“慈天之宝帐”，似表明修定寺塔原貌即是一座佛帐式建筑。据现状塔身饰面模砖的形式，也可知唐代重修此塔时所延续的正是这种表现佛帐外观的意图。另外，据史籍记载，南北朝时又有于塔身之外覆罩珠网的做法。这种做法或据佛经，或传自西域[7]。则修定寺塔所意图表现的，也有可能是一座外覆珠网璎珞的佛塔。

无论是帷帐式塔，还是塔身外覆珠网，目前所知实例，仅修定寺塔一例。唯河南密县法海寺处有一座北宋咸平元年（997）三彩帷帐式小塔[8]，外观样式和装饰做法带有与现状修定寺塔相近的特点，如须弥座式基座、转角装饰柱、塔身装饰织物纹样、塔门作双扇板门、两侧力士等（图11），或可推测这种佛塔样式曾自南北朝一直下延至宋代。

据此种种，可以推定这批仿帷帐模砖的用途，也应是这类帷帐式小塔塔身外壁的装饰构件，而它们所在塔身的体量，约仅相当于现状塔身的三分之一，这一比例现象与上述仿木构模砖中所反映者相同。

三 问题与推测

接下来的问题是，由这批模砖所装饰的体量仅为现状塔身三分之一的仿木构或仿帷帐建筑物，会用于何处呢？鉴于塔基附近出有制作模砖的残陶范，有理由认为它们是在现场制作的，故其用途似亦应与修定寺塔相关。但由于本人目前对具体情况的了解以及掌握的实物资料尚不够全面，以下的几种推测都伴随着相应的问题，在这里提出来，目的是希望引起考古界同行们的关注，以期在今后的考古发掘或考察分析中有新的发现与进展。

可能性之一：现状塔身周边四隅或设置有小塔。

大约从北朝晚期开始，出现了当中大塔、四隅小塔的组合佛塔形式，其中又有同一基座和独立基座之分[9]。大小塔位于同一基座上者，如云冈石窟第6窟中心柱上层四角九层小塔，底层四隅各有一座单层砖石小塔；另外吐鲁番交河故城北部塔群中的中心大塔（年代为麴氏高昌时期，约6世纪中），也是同一基座上呈现为当中大塔和四隅小塔的组合；大小塔均有独立基座者，如北京云居寺北塔群（当中大塔为辽代重建，四隅小塔为唐景云二年至开元十五年（711—727年）所立），图像资料又见于敦煌莫高窟第428窟西壁中层的佛塔群，当中是一座三层大塔，四隅为体量较小但造型相似的小塔（图12）。

据《修定寺塔》书中记述并载20世纪30年代所摄照片，现状塔身之下原有须弥座式

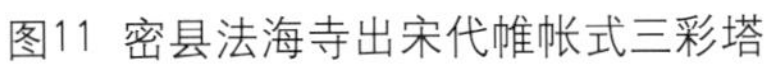
图11 密县法海寺出宋代帷帐式三彩塔

图12 敦煌莫高窟北周第428窟壁画中的金刚宝座塔

砖砌基座，约较塔身周圈宽出半米左右。至60年代，该基座已被埋压在乱石渣中。经过清理得知，基座内砌拦土墙一周，“内以六层夯土填充，每层厚25～45厘米”，则夯土的总厚度或基座的高度应在1.5米以上。根据这种情况，基本可以排除同一基座上大小塔组合的可能性。那么，这批模砖有否可能具有类似后者的用途，即用于塔身周边四隅设立的体量较小的佛塔呢？单从场地空间规模来看，这种可能性是存在的，但现状已是经过重新修整的石砌台座，原状地面遗迹已经看不到了。因此这种可能性还需要通过进一步的考古发掘加以确证或排除。

可能性之二：为建造大塔而制作的小样。

据文献记载，中国古代营造活动中，往往在建造重要建筑物之前，先制作小比例的模型，通常称作“小样”，若为木构建筑，也称“木样”[10]。因此，这批模砖或有可能是用于佛塔建造前所制作的小样，也就是提出了仿木构与仿帷帐两种方案以供选择。但要证实这一推测仍需解决不少问题：首先需要对出土模砖进行详细考察，确定其中不存在多余的重复构件；其次，从模砖的制作来看，用于小样似乎过于精致。并且假如只是用作方案选择的话，也似乎没有必要使用翻模制作的程序。

可能性之三：模砖作坊的废弃产品堆积。

据《修定寺塔》书中发表的资料来看，塔基下出土的模砖造型种类繁多，除了上述带有仿木构或仿帷帐特征者之外，还有大量其他规格、样式的模砖出现，如宝装莲瓣、飞天、鱼龙、水兽、钱纹、斜方格、莲花编织绳纹、龟甲纹、伎乐、束腰仰覆莲瓣、莲花与花绳、兽面等。纹样风格不统一，模砖厚度也不一致，不像是同一时期生产，用于同一座或同一组建筑物的构件。那么，有没有可能是不同时期、不同用途的构件堆积？附近是否还有模砖制作地点？这就需要对模砖的类型与尺寸作详细分类，在此基础上再作进一步分析，结合模砖的具体埋入情况探讨其与塔身主体的关系，是否如陈明达先生所说，其中或有曾用于阶基、塔顶的构件？同时也有助于寻找塔基之下入埋模砖的合理解释。

四 结论

安阳修定寺塔基下及附近所出模砖中的仿木构与仿帷帐模砖，不可能用于现状修定寺塔塔身，而很可能是一种小比例佛塔或佛帐式建筑物外壁的装饰构件，这种建筑物的外观体量和构件尺度大约相当于现状修定寺塔的三分之一。

这批模砖是修定寺内的重要遗物，与寺院建筑的布局、平面及造型风格均有密切关系；并且是极为罕见的北朝时期建筑构件遗存，反映了北朝后期佛塔与佛帐的外观样式与装饰风格。因此，尽管这批模砖的实际用途尚无法遽断，与现状修定寺塔之间的关系也有待进一步探讨，但它们对于中国古代建筑史研究，对于文物与艺术史研究，皆具有重要的价值。特此提请考古部门对之作出进一步的清理、考察与分析；同时也提请考古工作者在相应时段（南北朝后期至隋唐）的佛教建筑遗址发掘中，注意发现可能与之相关的迹象。

本文所用数据及插图，均采自《修定寺塔》一书以及《丛考》一文，在此特表感谢。

2003年4月初稿，2005年2月定稿，2010年12月稍作修改

注释

[1]这批出土砖构件有过各种名称：陈明达先生在为《安阳修定寺塔》一书所写序言《珍贵的实例》中称之为“模制雕砖”，书中称之为“饰面雕砖”，李裕群先生的文章中则称之为“拼镶砖”。如果要概括这些砖构件的制作、安装工艺及应用方式，或可称之为“模制拼镶浮雕饰面砖”。 本文简称 “模砖”而不用“雕砖”，意在表明它们与古代建筑中所用的铺地花砖、瓦当、兽面等陶制构件一样，都是采用翻模制作方式，以区别于传统建筑中的砖雕构件。

[2]宿白：《大功德主苻（苻璘）重修安阳修定寺塔事辑》，《燕京学报》第十五期。

[3]《安阳修定寺塔》 河南省文物研究所、安阳地区文物管理委员会、安阳县文物管理委员会编，文物出版社1983年3月版；李裕群：《安阳修定寺塔丛考》，载《宿白先生八秩华诞纪念文集》下册，文物出版社2002年版。

[4]修定寺塔的四个角柱柱础中，除东南角柱毁坏较严重外，其余三个保存尚好。这三个柱础的尺寸、造型大致相同，均属覆莲式，但覆莲样式个个不同。就莲瓣样式而言，东北角柱础的年代最早，东南角次之，二者均为北朝晚期样式；西北角最晚，已明显为唐代样式。

[5]《修定寺塔》中未注明尺寸，《丛考》中注为“残长和宽均25厘米”，但按照《丛考》图一七中的情况看，此残块高度亦应与其下方的模砖相近，在40厘米左右，否则无法拼接。

[6]见傅熹年：《麦积山石窟中所反映出的北朝建筑》，《傅熹年建筑史论文集》，文物出版社1998年。

[7]《洛阳伽蓝记》卷五记乾陀罗城东南七里有雀离浮图，“此塔初成，用真珠为罗网，覆于其上”。又《大方广佛华严经》等诸经描写佛国世界中往往“众宝璎珞，处处垂下”，“缯带宝网，以为严饰”。梁王台卿《和望同泰寺浮图诗》则有“积栱承雕桷，高檐挂珠网”句，说明木构佛塔檐下亦垂珠网。

[8]图片选自《鉴赏家》第6期，文字说明中以为旧称“三彩舍利匣”不妥，应称之为“宝箧印经式塔”。实际上该塔与流行于五代时，今称“宝箧印经式塔”者之间的区别还是相当明显的，且此类三彩塔的用途均为灰塔，故旧称无误。

[9]这种组合型佛塔的来源，是与杂密教义的传播有关，还是与西域佛塔的造型相关，尚有待查考。如那烂陀寺遗址的塔院平面中可见当中大塔与四隅小塔各自独立，且小塔的朝向不一致；而雀离浮图遗址中似乎可见位于同一基座上的中央大塔与四隅小塔的组合。

[10]《隋书》卷六载：“高祖平陈，收罗杞梓，郊丘宗社，典礼粗备，唯明堂未立。开皇十三年，诏命议之。礼部尚书牛弘、国子祭酒辛彦之等定议，事在弘传。后检校将作大匠事宇文恺依《月令》文，造明堂木样，重檐复庙，五房四达，丈尺规矩，皆有准凭，以献。”

吐鲁番古代建筑遗迹考察随笔

吐鲁番古代建筑遗迹考察随笔

（原载《纪念中国营造学社成立80周年学术研讨会论文集》）

2000年秋，参加吐鲁番地区文物保护规划工作的前期考察活动，对高昌故城、台藏塔遗址及吐峪沟、胜金口、七康湖石窟寺的现状和历史沿革有了一些初步了解。以下是考察中获得的第一感受，以及研究工作过程中积累的点滴不成熟想法，写出来供有兴趣者作进一步探讨。

一 高昌故城

高昌城滥觞于西汉时期的屯垦戍堡，从军事据点发展为郡县级城市和地方政权的都城（间或为中央政权辖属的州县），大致经历了高昌壁、高昌郡城、高昌国都、唐西州城、回鹘高昌及高昌回鹘国都五个历史时期。至明初城址废弃，历经1400余年。

故城遗址主要包括城墙与建筑基址，城墙遗址有外城、内城、小城三重，其中外城城墙相对完整，内城城墙大半缺失，城门遗址毁坏严重；现存地表可见的建筑遗迹占地约40公顷，为故城面积的20％左右。

1.规制

故城遗址现存内外三重城墙。外城周长按东晋尺长（0.245米/1尺）折合约为12里（0.245×6×300×12＝5292米）。

据《水经注》等史料记载，汉晋时期的县级城市，规模已在周十二里左右，且多有内外二～三重城墙，内城称金城或子城：

摄城（今山东聊城西北）：“城东西三里，南北二里，东西（南或北之误）隅有金城”[1]。

莒县（今山东莒县）：“其城三重，并悉崇峻，唯南开一门，内城方十二里，郭周四十许里”[2]。

枹罕（今甘肃临夏）：有外城、内城。347年后赵攻城，太守欲弃外城[3]。

临羌新城：今青海西宁市西。“城有东西门，西北隅有子城”[4]。

巫县故城：今四川巫山县，孙吴时建平郡。“城缘山为墉，周十二里一百一十步”[5]。

宜城：今湖北宜城县东南。楚鄢郢。“大城之内有金城”[6]。

西晋时，高昌大姓已持有符合晋代礼制的仪仗、象征权力的节和指挥军队的麾，并可能享有晋制州僚佐从属郡辟举的权力[7]，据此则高昌设郡之后亦可能依晋代州县城规制营造城池。敦煌遗书中的《西州图经》残卷记唐西州城内有子城：“……圣人塔一区。右在州子城外东北角”，或即反映西州城城池仍沿袭前凉高昌郡规制。

2.年代

有关高昌故城现存遗址的年代，多年来一直是学术界研究探讨的热点。

关于现状城址的形成时期，有麴氏高昌、唐西州城、回鹘高昌等几种说法：

——高昌故城的外城墙建于麴氏高昌国时期[8]。

——这个古城应是唐设西州，或以后回鹘高昌时代所改建的[9]。

——现有的高昌城应是回鹘高昌城的遗迹。……应是回鹘时期在前代高昌城的基础上改筑扩建而成的[10]。

据现有遗存及出土文物的情况分析，高昌故城的城市格局基本上是延续的，历史上没有经过大的变动。

20世纪初在中部小城的东南角出土北凉沮渠安周造寺功德碑及北凉小石塔，说明自5世纪上半叶起，小城一带就是城内地位最高、最重要的区域。20世纪初黄文弼先生考察高昌故城时，中心塔寺尚留存有四周高墙，说明北凉时期的遗存在其后历代仍受到保护而并未加以损毁。

据吐鲁番出土文书中关于麴氏高昌及唐西州城外水渠的资料比较，唐西州城基本上仍延续了麴氏高昌时期的规模[11]。

据《宋史》中所载太平兴国七年（982）宋使王延德高昌行记，高昌城内“佛寺五十余区，皆唐朝所赐额，……居民春月多群聚遨乐于其间”。说明回鹘高昌时期，城内仍保留了唐西州时期的大量佛教寺院，也意味着回鹘高昌时期基本延续了唐西州时期的城市格局。

麴氏高昌后期为抵御唐军，曾“增城深堑”，即在原有城防设施的基础上加高城墙、深掘城河；唐军攻打高昌城时还使用了楼车等专门器械。这说明至麴氏高昌后期仍保持了原有的城市规模，同时可知当时的外城墙具有较强的军事防御功能。遗址中可见内城墙墙体较薄、外无马面，基本不具防御功能，故不可能是麴氏高昌的外城墙遗迹；因此，现状外城墙除非是将麴氏高昌城的外城墙整体拆除之后重新筑造的，否则即应为麴氏高昌时期所筑。

麴氏高昌后期的延寿改制时，曾在外城东、南、西、北各面原有的“四门”之外又另辟新门，并出现了青阳、金福、金章、玄德、建阳、武城等城门名称，其中青阳门与建阳门，在北魏洛阳及宋建康都是东城城门的名称。因此，认为这种新辟城门并以汉地五行方位之说加以命名是仿效汉地都城规制的做法，已为学术界所共识。据遗址规模分析，内城每面宽度不足千米，只有外城城墙上存在四门之外再行辟门的可能。

因此可以基本推定，高昌故城现状内外城的城墙遗址均应是麴氏高昌时期的遗存。

3.建筑形式与做法

据遗存现状所反映出来的平面形式，结合20世纪初期外国探险队提供的资料，高昌故城中基本的建筑样式至少有以下三种（见表）。另外，据勘察资料记载，高昌故城中出有瓦当[12]。同时出有样式、彩绘接近于敦煌石窟的木质插栱构件[13]。这说明城内亦曾建有汉式坡顶木构建筑，但目前从遗址现状中尚无法对这类建筑物加以甄别判断。

样式编号	平面形式	结构形式	屋顶形式	举例
一	方形平面	穹隆结构	穹顶	西南大寺经堂遗址
二	矩形平面	筒栱结构	平顶	联栱排房遗址
三	回廊平面	密肋结构	平顶	西南大寺中心佛塔

第一类建筑物即当地所称“栱巴孜”，是中亚地区流行的一种建筑形式。高昌故城中外城西南角寺院中的方形平面建筑物，以及内城南部摩尼教寺院中的方形平面建筑物（在德人著作所载图片中仍可见墙体与栱门，图1），均属此类；这种形式往往为建筑群中比较重要的建筑物所采用。

第二类建筑物即故城中大量出现的夯土隔墙、土坯起栱的联栱排房，这种建筑形式应主要为市坊、民居所采用（图2）；据现存遗迹推测，该类建筑的顶部应为平顶。王延

图1 高昌故城栱巴孜遗迹及其平面示意

图2 高昌故城联栱排房遗址

德高昌行记中亦记：“地无雨雪而极热，……屋室覆以白垩。开宝二年(969)，雨及五寸，即庐舍多坏。” 屋顶以厚实覆土隔热，遇暴雨即坍毁，这正是旱热地带平顶建筑的特征。

第三类建筑形式是根据现有遗迹和出土建筑构件所作的一种推测。在西南大寺遗址中可以看到中心塔殿外墙与四周排房之间有相对的卯孔，应是放置大型水平构件所遗留的痕迹（图3、4）；而高昌故城遗址中又出有大量长度在1.5米左右的木构件（图5），从构件的尺度及形式分析，其中除了门窗框架之外，还应有架设于大梁（次梁）之间的密肋枋木，上承平顶屋面。这种做法在现存藏式建筑中多见。据遗存构件上的装饰性彩绘纹样推测，不会是一般居民住房所用，最有可能出于寺院、衙署等较高规格的建筑遗址。而据印度中亚地区的石构建筑遗存可知，中心塔殿周围带有平顶回廊，是佛教寺院建筑中普遍的形式与做法，这也应该是我国新疆地区常见的中心塔殿周围回廊的寺院建筑遗址的原有外观形式。如焉耆的七个星遗址，交河故城的大寺、小寺遗址，以及胜金

图3 高昌故城西大寺佛塔塔身卯口遗迹

图4 高昌故城西大寺佛塔北侧建筑上方卯口遗迹

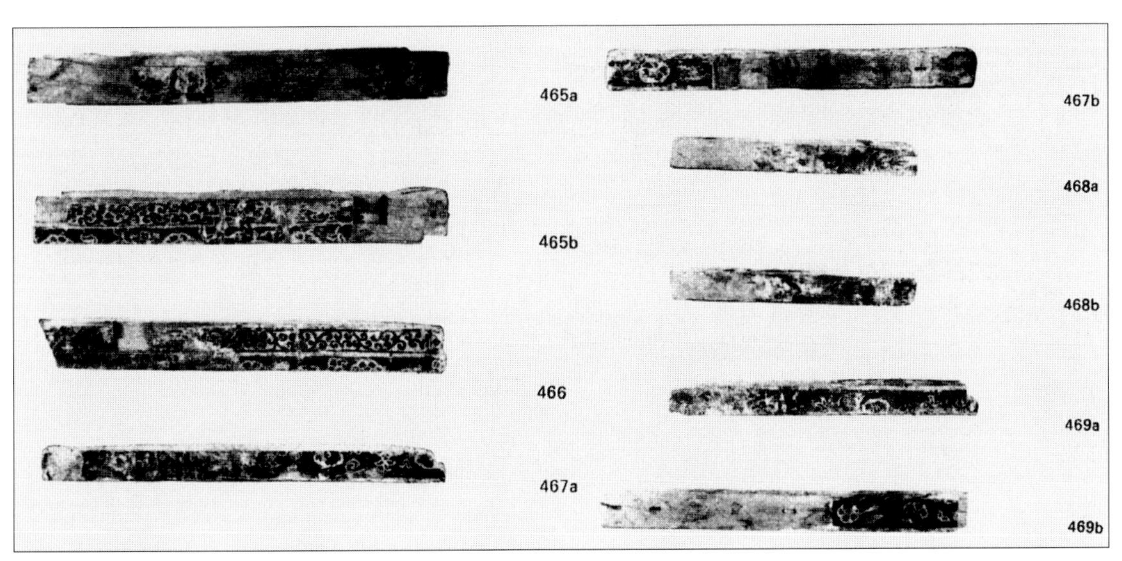

图5 高昌木构件

口佛寺遗址等等。

根据上述各种建筑平面形式在遗址中所占的比例，可以推测高昌故城中的建筑物应以穹顶与平顶两种为主，尤其是大量的居住建筑，应该是采用筒栱结构的平顶建筑。回廊平面虽然目前只见于西南大寺之中，但是否还会有其他平面形式的建筑物采用密肋梁结构，还有待进一步考察研究。

二 吐峪沟石窟寺

吐峪沟石窟寺是已知吐鲁番地区年代最早的石窟寺。窟群规模反映出该地区历史上，特别是自北凉政权统治高昌以后佛教的重要社会地位。窟群布局展示了当时石窟寺院的规制并体现了高昌石窟寺院的建造特点；同时洞窟形式与壁画风格反映出多种文化在高昌地区的汇聚，既明显具有汉地（敦煌）佛教石窟的特点，又显示出龟兹石窟的影响。

从出土带有东晋元康六年（296）题记的《诸佛要集经》写本来看，石窟寺的建造不会晚于此时。推测现存洞窟中年代最早的可能开凿于4—5世纪。与雅尔湖石窟寺（5世纪上半车师前部遗存）相比较。则吐峪沟在窟群规模、洞窟类型方面更具价值。

石窟寺位于河谷东西两侧的山腰上，下距谷底20～30米，沿沟谷两侧南北约500米范围之内分布，其中主要窟群有4处，沟东、沟西各2处，现存洞窟总计为94个。

1.窟群性质

据遗存现状推测，吐峪沟石窟寺中几乎没有可供公众周旋的通道与场地空间，除了位于沟口附近的洞窟外，各窟群的上下交通均十分不便，沟谷中没有道路，仅沟西中部窟群下方存有早期羊肠小道遗迹，其他各处窟群中均未见道路遗迹。

可以想象当时的石窟寺内外是一种与世隔绝的修行环境。因此，吐峪沟石窟寺应是主要作为僧人修行处所的佛教石窟寺院，是根据僧人修行的要求，选择人迹罕至的沟谷深处、山顶陡崖，开窟造像、筑室禅修。因此在窟群的选址、布局、建造特点与环境空间等方面，与雅尔湖、胜金口及柏孜克里克等作为王室或世俗供佛场所的佛教石窟寺院有所不同。

2.布局

吐峪沟石窟寺中两处规模较大的窟群中，显示出两种不同的布局方式，反映了当时石窟寺院择山水胜地而建、依地形规划布局的建造特点。

（1）沟东窟群在总体布局上采用了顺山势地形成组联排组合的方式，每组均由一座主要洞窟及其下数层窟前建筑所组成，并有各自的布局轴线。现状遗址中明显存在成组关系的洞窟与窟前建筑有5组，沿弧形山坳自北向南依次排列（图6）。

从这种总体布局情况分析，石窟寺开凿前应进行过规划设计，预先选定了开凿主窟

图6 吐峪沟石窟沟东窟群

的位置，并确定了相应的窟前建筑规模。

对龟兹石窟中的洞窟组合，有“五佛堂”的说法，即认为是由五座窟室组合而成一处石窟寺院，而整个窟群则由数个寺院组成。吐峪沟沟东窟群的规划设计意图是否与此有关，还有待进一步的研究。

（2）沟西窟群位于山顶人工开辟的长条形平台之上，总体布局采用了沿崖壁一字排开的方式，不存在洞窟与窟前建筑的对应组合，而是以一条通长的走廊将联排的窟室联系起来。这种布局方式明显也是针对选址情况预先设计的。

（3）窟群以中心柱窟为中心。

虽然沟东和沟西窟群采取了不同的总体布局方式，但有一点是相同的，即二者均以中心柱窟作为窟群的中心主窟。

沟东窟群的5组洞窟组合中，中心柱窟（第38窟）一组居中，左右各有两组洞窟组合；沟西窟群则以中心柱窟（第12窟）为中心，两翼各设多座联排纵券顶窟室（南5北6）。

另外值得注意的一点是：目前认为年代较早的洞窟均各自位于窟群的边缘。如沟东的第44窟位于窟群的南端，同时（就现状看）不存在窟前建筑遗迹；沟西的第20窟则位于窟群联排券室的北端。可见这两处窟群都不是以现知年代较早的洞窟为中心发展起来的。因此有必要重新审视这两座窟室的开凿背景及其与整个窟群之间的关系。

3. 洞窟

（1）窟型

沟东现存几处主要洞窟的形式均各不相同，几乎无一重复，而且集中了高昌石窟中的所有窟型，这是其他窟群中很少见到的现象。列举窟型如下：

中心柱窟（38窟）；

方形穹顶窟（44窟）；

方形平顶窟（40窟，带有圆井）；

覆斗顶窟（41窟）；

纵券顶窟（42窟，两侧带有小室）。

中心柱窟——吐峪沟中心柱窟的窟顶（中心柱四周窟顶）基本同高，前室及甬道顶部绘斗四藻井（及峻脚椽），与龟兹中心柱窟有明显差别，相对接近于敦煌与河西石窟中的同类窟型。

方形穹顶窟——这类洞窟不见于汉地石窟，在克孜尔、库木吐喇等龟兹石窟中则多为5、6世纪的遗存。吐峪沟第40、44窟从窟型上看明显是龟兹样式，但窟内壁画风格与龟兹石窟有所不同，如三角垂帐纹和立佛、千佛的画法都与汉地石窟比较接近。

这种融汇（东西）各种窟室造型及壁画风格的做法形成了吐峪沟石窟寺的独特之处。

另外值得一提的是，窟室虽然只有内部空间，但其中所反映的营造意向是明确的。如方形穹顶窟所表达的意向与前述高昌故城中的第一类建筑物（栱巴孜）相对应，中心柱窟与第三类（周围回廊的佛塔）相对应，纵券顶窟则与第二类（联栱排房）相对应。石窟内部的空间样式和装修装饰做法可以视为人们在窟室中尽可能再现建筑物内部空间形式与做法的结果，因此可以作为地面建筑复原研究的重要参照。

（2）年代

在沟东第38窟的洞窟壁画中，可以见到三个时期相重叠的遗存（图7）：在甬道顶彩绘斗四藻井的下层可见早期红色顶绘的遗迹，风格似与敦煌莫高窟北凉时期洞窟相近，应为该窟最早的彩绘遗存；覆盖其上的斗四藻井彩绘（包括前室顶部彩绘），年代可能在6世纪前后，相当于麴氏高昌时期；其下外侧墙面上的壁画千佛则为用土坯贴砌后重绘，从色彩及风格看，应为回鹘高昌时期的作品。

据此推测，吐峪沟石窟寺在创建之后很可能曾有过两次重修（壁画重绘），一次是在麴氏高昌时期，一次是在回鹘高昌时期。而该窟有可能是窟群中最早开凿的洞窟之一，其年代或在十六国时期（4世纪末—5世纪初）。

4. 壁画

现存壁画遗迹大致反映了高昌郡（北凉统治时期）、麴氏高昌时期的艺术成就。

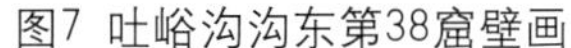
图7 吐峪沟沟东第38窟壁画

图8 吐峪沟沟西第20窟壁画

沟西第20窟南侧壁壁画。绘制年代大约应在4世纪末至5世纪初之间的高昌郡时期。壁画的内容、形式、布局、用色、风格皆独特，画风细腻，技艺高超，所绘的佛像、乐器、建筑物、纹饰等，线条精准、有力、娴熟，应出于熟练画师之手，属于原创一类的作品，而非依粉本勾描。是石窟壁画中少见的精品（图8）。

沟东第42窟侧壁与小室内的禅观图。绘制年代大约在5、6世纪。以小室壁面所绘不净观为例，其中的人物、树木及观想对象，用笔、用色均简洁明了，挥洒自如，反映了当时流行的壁画题材和通俗画法所达到的技艺水平。

由于高昌的地理位置，吐峪沟石窟寺壁画中带有明显的融汇东西的特色（这实际上应是吐峪沟石窟寺整体造型艺术的特点，但由于毁败严重，目前仅余壁画遗存），并因此构成了高昌石窟艺术的独特价值。

以第44窟窟顶彩绘为例。绘制年代约为5世纪。是高昌石窟中唯一一处穹顶条幅式彩绘。这种窟顶彩绘形式在龟兹石窟中多见，如克孜尔GK20、21、22、23、25、26、27窟，窟群区33、34、59、79窟，玛扎巴哈第1窟，森木赛姆第8、9、37、39、42窟等，穹顶亦作条幅式构图。但从此窟的佛像、纹饰（三角垂帐纹）画法看，明显为汉地风格样式，壁画的内容和其中的汉文题榜也表明这一点，是高昌石窟艺术融汇东西特点的极好例证。

由于吐峪沟石窟寺尚未进行全面的考古勘探和测绘，对于石窟寺总体遗存尚未有确切的把握。因此，该处遗址对于中西交通史、宗教史、艺术史等学术研究领域来说，仍有很大的尚待开发的学术研究潜质。

三 胜金口石窟寺

胜金口石窟寺位于木头沟河谷的南端出口，是高昌石窟遗存中距离高昌故城最近的一处。石窟寺的创建年代晚于吐峪沟、柏孜克里克、七康湖等距高昌故城较远的石窟，这似乎表明高昌郡及麴氏高昌时期石窟寺选址时所具有的远离世俗的意向，至唐西州时期以后发生一定变化。

1.寺院规制

胜金口地面寺院的规模有别，但平面布局与高昌、交河故城中的大小寺院基本相同（据国外考察资料，在七康湖西岸也有相同布局的寺院），均为沿中轴线设置寺门、广庭与中心塔殿，两侧（及后部）设置联排次要建筑与附属用房的布局方式（图9）。

已知高昌寺院遗址的平面规模如下：

高昌故城大寺　10000平方米；

交河故城大寺　87×57＝4959平方米；

交河故城西北小寺　22×22米＝484平方米；

胜金口9号寺院　70×70米＝4900平方米；

胜金口7号寺院　50×50米＝2500平方米。

其中至少可以看出四个等级：

一为高昌故城大寺，应为皇家供养的国家级寺院；

二为交河故城大寺和胜金口9号寺院，可能为王公供养的州县级寺院；

三为胜金口7号寺院，可能是受一般官吏供养的寺院；

四为交河故城西北小寺，可能属民间供养的佛堂之类。

胜金口石窟寺的窟群规模小于受王室供养的吐峪沟和柏孜克里克石窟，大于伯希哈石窟，与七康湖石窟相仿，在高昌石窟中属中等规模，这一点与地面寺院的情形是

图9 胜金口佛寺遗址

图10 胜金口石窟外观

一致的。

由此可见当时寺院的建造与石窟寺的开凿应已形成既定规制，即区分寺院的等级并规定相应的建筑规模与做法。胜金口石窟寺和地面寺院的规模虽均属中等，但布局合理、紧凑，设计手法成熟，具有较高的建造水平，在高昌佛教建筑遗迹中占据重要位置，是研究高昌宗教史、建筑史不可或缺的宝贵实例。

2. 吐蕃影响

胜金口石窟寺和地面寺院遗址所共同显示出的高墙围合、四隅角墩的城堡式外观，与吐鲁番地区现存的寺院遗址及石窟寺（如吐峪沟、柏孜克里克、七康湖等）有较大差异，而与西藏地区现存早期寺院（如萨迦、托林等寺）的外观形式有相似之处（图10）；另据国外考察资料记述，在胜金口河谷一带的佛塔中和吐峪沟等处曾出过带有藏文题记的模制泥塑（佛像、小塔等）[14]。8世纪末，西州曾一度陷于吐蕃，虽然唐朝统治秩序很快得以恢复，但高昌与吐蕃之间在宗教文化（佛教、摩尼教甚至包括景教）与建筑艺术方面是否存在交流与相互影响，胜金口地面寺院的高墙角墩是出于寺院经济发展之后的守护防卫需要，还是由于这种影响所致，都值得进一步研究。

3. 回鹘墓葬

据外国探险队的考察资料，胜金口河谷及附近高地上曾有许多佛塔，塔内都有婆罗谜文的写本残卷（少数为回鹘文或汉文）；在9号寺院北部的一处佛塔中发现摩尼教写本、带有藏文题记的模制泥塑、干花和图画等。有的塔内见有剪纸（这与阿斯塔那墓葬中的随葬物品相类似）。这些小塔都是骨灰塔，即在塔内正方形小洞中砌置骨灰罐[15]。出有宗教写本的小塔可能是僧人墓塔，但出有干花、剪纸及绘画的小塔应属世俗墓葬。胜金口的地理位置正在阿斯塔那－哈拉和卓墓地的北面，联系有关回鹘高昌丧葬习俗（埋骨于佛塔）的记载[16]，以及阿斯塔那－哈拉和卓古墓群中未见回鹘高昌时期墓葬的现象，则上述小塔以及胜金口河谷地带的性质，值得作进一步研究。通过现存遗址的保护和进一步清理，将对这方面的研究提供有价值的资料。

四 七康湖石窟寺

共有两处窟群，于谷口两侧南北相对。

洞窟开凿在经人工修整而成的陡崖上。北侧窟群所在崖体现状高约10米，南侧窟群所在崖体现状高约6米，两处之间相距约45米。

南、北窟群各自成组，窟前有用夯土墙围合而成的院落。下称南寺、北寺。

南寺共有6窟，单层，朝向西北。正中为一中心柱窟，两侧各有两座小窟；窟群东端是利用山体斜坡开凿的一座中心柱窟。

洞窟中存有一定数量的壁画。

窟口周围崖壁上有人工凿就的孔洞与凹槽，应是窟檐遗迹。

窟前院落面阔36米，进深18米，院内西侧有土坯砌筑的栱券顶房屋遗址。

窟群上方坡顶上有一塔，位置与窟群正中的中心柱窟相对应（图11）。

北寺共有3窟，单层联排，朝向南。当中为中心柱窟，两侧各一纵券顶窟。

中心柱窟内中心柱正面塑像（现状不存），余三面残存壁画。

图11 七康湖石窟南寺外观

窟前崖壁上（约位于中窟窟口上方40厘米处）有通长凹槽，应是木构窟檐遗迹。

窟前院落面阔14米，进深12.5米，占地面积约180平方米。以夯土墙围合。

1.年代

南寺诸窟中开凿年代较早的应是东侧的中心柱窟，这一现象与吐峪沟石窟相似，即最早开凿的洞窟往往偏于一隅，不是窟群主窟。窟内中心柱背后壁画保存尚好，用色以及胁侍菩萨服饰的特点反映出较明显的龟兹风格，其绘制年代应在麴氏高昌时期（460—640年），与吐峪沟石窟壁画同属高昌石窟中年代较早的作品（图12）。

从窟型看，南寺中窟的开凿年代应属麴氏高昌时期（5—6世纪），但现存壁画的绘制年代，根据所绘团花图案及用色，推测应在回鹘高昌的中晚期（约10—12世纪）。是否为后期改绘，尚待进一步考查。

2.窟型

南寺中窟的窟型尤其值得注意，前室后壁的高度与通往后室甬道的高度相差在一倍以上，现状外观与克孜尔三期的大像窟有类似之处。虽然前室后壁尚未发现立像遗迹，但从窟型判断，原状应有作为中心礼拜的对象。这种窟型在高昌石窟中是个孤例，虽然规模较克孜尔等处小了很多，仍明显可以看出龟兹石窟的影响（图13）。

3.布局

南北两处均依崖列窟，并以中心柱窟为主体，窟前有院落，四周围合。

南寺布局相对更为完整，特点突出：以中心柱窟和其上的佛塔为寺院主体，加之院

图12 七康湖南寺东窟中心柱背面壁画

图13 七康湖石窟南寺主窟

落两侧的窟前建筑，使石窟寺的总体布局与已知高昌地区较为典型的地面寺院布局有相近之处：窟前院落即相当于寺院的中庭，中心柱窟和上方的佛塔即相当于作为寺院主体的塔殿，两侧的窟前建筑相当于寺内附属用房等。就目前所知，具有这种布局特点的石窟寺在吐鲁番地区也仅此一例。

五 台藏塔

台藏塔位于高昌故城西北1公里余、阿斯塔那古墓群之南，亦即位于高昌故城遗址与阿斯塔那古墓群之间。从塔的规模与选址来看，其建造很可能与麴氏高昌上层社会有关联。

以下是关于台藏塔性质、功能等的几点探讨与推测：

1.据现存遗址推测，原状塔身底层的占地面积在1200平方米以上，是我国现存佛塔实例中底层面积最大的一座（图14），在高昌故城中也未见有类似规模的塔基遗址。说明该塔的建造具有极高的规格，并应有特殊的历史背景。另外，据塔内设像这一情况推测（见下文），该塔应是举行礼拜观瞻等仪式的场所，所以很可能是一座寺院中的主体建筑物，周围还应有其他建筑遗址。

2.高昌王陵的位置有可能在阿斯塔那古墓群南缘一带，则台藏塔的位置正在高昌王陵的南面（北距疑为麴文泰墓的TAM336号墓约1000米），亦即自高昌城前往高昌王陵的途中。故推测此塔及所在的寺院在麴氏高昌时期可能具有与王室有关的特殊功能[17]。

图14 台藏塔

3. 据塔内四壁围合、南壁正中缺口的现状推测，其内应是一座面积达200余平方米的殿堂空间，据塔身内侧壁上部的发券拱脚遗迹推测，殿顶有可能采用纵券结构。而南壁外侧与东壁内侧的交角处上部出现帆拱，表明塔门上方可能为半穹顶结构的门廊（图15）。一般认为，这种隅角帆拱的穹顶结构是中亚伊朗阿富汗一带历史上曾广为流行的建筑结构形式。从台藏塔的遗存现象推测，这一做法至迟在公元6世纪已用于（吐鲁番地区的）大型佛教建筑之中。

4. 遗址现状可见塔身各面的外观形式有所不同，不仅各面佛龛样式不同，底层浅龛与上部券龛样式不同，而且各面列龛的数量也不同。这种情况不见于高昌、交河等处佛塔遗址，亦为国内已知佛塔遗存中仅见。另外，塔身东壁可见角墩与底层连为一体，故推测塔的下部二层（高度在10米左右）有可能只是整个塔身的基座部分。上部塔身的高度不明，但塔身规模（东侧底层并列八龛，上层六龛）庞大，超过已知吐鲁番地区的其他几处大型佛塔。如sirkip大塔（图16，已毁），亦为四方形平面，基座四面开龛，其中最宽一面为六龛，塔身残存六层。据此则台藏塔的层数至少应在五层以上，甚至有可能为九层。

5. 塔身东壁、北壁上层的龛形为内外双重券龛，内口上饰火焰券龛楣，这种做法亦为此塔所仅见。已知吐鲁番古代大型佛塔实例（如高昌、交河大寺佛塔和sirkip大塔）中，均为直接在塔身表面开并列浅龛、龛内设像外露的做法。虽然台藏塔上层龛内设像

图15 台藏塔东壁上方栱脚及南壁帆栱遗迹

图16 吐鲁番SIRKIP大塔（引自斯坦因《西域考古记》）

情况不明，但相比之下，这种内外双重龛口的做法无疑更为讲究，应属更高的规格。

6.据1909年俄国考察队记述，塔内曾供奉大像，未明是立是坐[18]。据现状塔内空间的尺度比例（宽15米、高20米左右）以及内设隔墙、上部券顶的做法推测，这尊佛像有可能是立像。据国内学者研究，在佛寺、宫殿、石窟中设立大型立佛像是4—6世纪龟兹佛教艺术的特点，并对新疆以东和葱岭以西地区的佛教艺术给予重要影响[19]。

现存龟兹佛教大型造像的实例和遗迹均见于石窟，如克孜尔、森木塞姆等处，尚未见于地面寺院和佛塔遗迹之中。故台藏塔遗址及塔内设像的记述，是对于该方面研究的有价值的资料线索。

注释

[1]王国维：《水经注校》，上海人民出版社1984年版，p.183。下简称《水》。

[2]《水》p.836。

[3]《资治通鉴》中华书局标点本，p.3076。

[4]《水》p.60。

[5]《水》p.1065。

[6]《水》p.908。

[7]王素：《吐鲁番出土《地主生活图》新探》《文物》1994年第8期。

[8]柳洪亮：《古代高昌城市建设中使用的陶管道》《新疆文物》1991年第3期。

[9]阎文儒：《吐鲁番的高昌故城》《文物》1962年7、8期合刊。

[10]孟凡人：《高昌城形制初探》《中亚学刊》第5辑。

[11]孟凡人；《高昌城形制初探》《中亚学刊》第5辑。

[12]李遇春：《新疆吐鲁番、吉木萨尔勘察记》《文物参考资料》1958年11期。

[13]《中亚佛教艺术》新疆美术摄影出版社1992年版。

[14][德]勒柯克：《高昌》，新疆人民出版社，1998年版。

[15]勒柯克：《高昌》。

[16]鲁不鲁乞：《东行记》，1253年奉法王路易九世之命赴蒙古，1255年返，1256年上呈出使报告。《丝路辞典》448。

[17]柳洪亮：《高昌王陵初探 》《西域考察与研究续编》p.217，吴震：《TAM336墓主人试探》《新疆文物》1992－4。

[18][法]莫尼克•玛雅尔：《古代高昌王国物质文明史》　耿昇译，1995年中华书局版，p.112注①引S•奥登堡：《有关俄国探险团对新疆考察的初步报告》，1914年圣彼得堡版。

[19]宿白：《新疆拜城克孜尔石窟部分洞窟的类型与年代》，《中国石窟寺研究》文物出版社1996年版。

斗栱、铺作与铺作层

斗栱、铺作与铺作层

（原载《中国建筑史论汇刊》第一辑）

内容提要

“斗栱”与“铺作”虽然可以作为同一类构件的名称，但却包含有不同的时段特性。“斗栱”是始终伴随着木构架发展的一种联系构件，而“铺作”是木构架发展到一定时期才出现的高级斗栱形态。“铺作层”则是由铺作、方桁等层叠栱枋构成的一个结构层，对于增强木构建筑的整体结构强度和稳定性起到关键作用。对斗栱、铺作和铺作层的构成演变特点及其在建筑物整体构架中所起的作用加以辨析与探讨，是中国古代建筑史研究中值得重视的一个方面。

魏晋以前的建筑物多采用土木混合结构，斗栱的形式以插栱（从墙体或柱身向外伸出的斗栱）为主，斗栱之间以及斗栱与梁架之间没有紧密的联系；东晋南北朝时，斗栱之间及其与梁架之间的联系逐步加强，铺作层在南北方建筑中渐次形成，这是中国古代木构架建筑发展进入成熟期的标志。

自南北朝时起，由于佛教建筑内部设置大型佛像的功能需求，开始出现一种由铺作层和其下的柱网层结合而成的“回”形构架，并在隋唐辽宋时期的多层建筑物如佛阁、佛塔中得到广泛应用，是中国古代木构建筑发展过程中的一种重要构架形式。

唐宋时，铺作本身的复杂程度须与建筑物的等级相适配，是规范建筑礼制的要素之一。而在今天看来，铺作层之有无，甚或可以成为区分建筑物构架类型（殿堂与厅堂）的重要标志。

自南宋（金）时起，铺作层的结构作用逐步减弱，建筑物的构架形式转为以简约有效的梁柱式为主，但斗栱作为建筑物等级标志的作用仍得以延续，直至中国古代社会的终结。

关键词：斗栱　铺作　铺作层　回形构架　构架类型

Toukung, puzuo and puzuo tier

Abstract: "*Toukung*" and "*puzuo*" are names for the same building component - bracket set - with some nuances of developmental stages. While *toukung* as a joint component is used from the very beginning of wood frame buildings, *puzuo* appears as an advanced form of *toukung* only in a more developed stage. *Puzuo* tier is a structural tier consisting of *puzuo* sets and purlins that plays a key role on the overall strength and stability of a wood frame building. Hence examinations of the evolution of *toukung*, *puzuo* and *puzuo* tier, as well as their functions in the overall structure of a building, make an important dimension in the study of traditional Chinese architecture.

In the earth wall-timber frame buildings that prevailed in the Wei and Jin and earlier dynasties, *toukung* mainly takes the form of *cha kung* that projects from the wall or the column, with weak connection either between *toukungs* or between *toukung* and beam. The Eastern Jin and the Northern and Southern Danysties saw a gradual strengthening of such connections that led to the formation of *puzuo* tier in buildings of both southern and northern China. That marks the maturity of wood frame buildings in ancient China.

An epoch-making structure featuring *puzuo* tier and supporting network of columns (回-shaped structure) appeared in the Northern and Southern Dynasties in Buddhist temples housing giant Buddhist statues, and became popular in multi-floor buildings such as Buddhist towers and pagodas in the Sui and Tang Dynasties.

In the Tang and Song Dynasties, the complexity of *puzuo* was decided by the grade of the building and presented a key element in protocol of architecture. The presence and absence of *puzuo* tier is even used today as a criterion to distinguish different types of architectural structure *(diantang or tingtang)*.

From the Southern Song (and Jin) Dynasty onwards, *puzuo* tier was gradually replaced by simpler yet more effective beam-column structure. However, *toukung* was kept as a mark of grades of buildings until the end of traditional China. (黄觉译)

Keywords: *toukung, puzuo, puzuo* tier, 回-shaped structure, type of structure

“斗栱”与“铺作”所指称的，是中国古代木构建筑中最具特色故而也最令人关注的部分。研习中国古代建筑历史的人，更是时常见到和用到它们。熟视多年，却从未在意两者之间的关系和差异。直到2003年初的某个早晨，才忽然意识到它们虽然可以作为同一类构件的名称，却包含着不同的时段特性；并意识到铺作层在建筑构架中的出现及其演变是一个值得特别关注的问题。加深对于铺作层的认识，有助于了解和把握中国古代木构建筑的发展过程与历史分期；进而对于古代木构建筑物结构类型的划分，也产生了一些新的想法。

本文将关于这些问题的一些初步思考提供给大家，希望通过进一步的共同探讨，使得对于中国古代木构建筑的认识逐步充实、清晰并接近历史原貌。

还须事先说明一点，即本文的探讨范围与文字的展开前提仅限于中国古代木构建筑中的官式建筑层面（对于中国古代各个历史时期、不同地域、各种类型木构建筑的发展演变尚无能力作出总体把握），故行文中凡涉及此点处不再加以特别说明。

一 释名与定义

1. 斗栱

“斗栱”是以“斗”和“栱”两种构件叠置而成的组合构件。

先秦文献中已见关于建筑物中使用“斗”的记载，如“节（楶）”、“栭”，汉魏以后又称“栌”，一般指置于柱头之上的大斗[1]；关于“栱”的记载则相对出现较晚，最早见于汉魏文献，如“重栾”、“栾栱”、“曲枅”[2]；魏晋以后方始出现合称，如“栾栌”（《魏都赋》）“栌栱”（《洛阳伽蓝记》）、“楶栱”等[3]。隋大业十二年（616）洛阳所出《佛说药师如来本愿经》译本中，出现“斗栱”的用法[4]，是所知最早之例。

值得注意的是，这种关于“斗”、“栱”记载的先后出现，早期两者分称，后来出现合称的现象，一定程度上反映了这种组合构件生成、发展的历史过程。

2. 铺作

“铺作”表示的是所在位置不同的单组斗栱。

“铺作”一词由来待考，但至迟已见于北宋文献中。神宗朝（约1070—1080年前后）郭若虚《图画见闻志》记：“如隋唐五代以前，洎国初郭忠恕、王士元之流，画楼阁多见四角，其斗栱逐铺作为之，向背分明，不失绳墨”。似以“斗栱”为总称，而以“铺作”指称不同位置的单组斗栱；徽宗崇宁二年刊行的《营造法式》（1103年，以下简称法式）中，则定义为“今以斗栱层数相叠、出跳多寡、次序谓之铺作”，反映出铺作的两个基本构成特点：层叠与出跳。同时出现柱头、转角、补间铺作等称谓，以及四～八铺作的数字序列，所指均为单组斗栱的做法定制。对铺作的这种“定义”，是中国古代木构建筑特定发展阶段背景下的产物，表现了该阶段的斗栱形态及其规制化程度。与之相对应的铺作形象在宋代界画中往往可见：由栱枋叠构而成、形态规则有序的一组组斗栱，整齐地列置于建筑物檐下及平坐下的阑额之上。

3. 方桁

“方桁”是将各组铺作联结一体，形成纵向构架的水平构件。

这种构件在法式中称为“方桁”，亦即“材”[5]。法式的工限部分中还规定了每间铺作所用的方桁数量（八铺作一十一条，七铺作八条，六铺作六条）。《旧唐书》礼仪志记唐高宗永徽三年（652），有司上九室明堂内样，奏言中说：“方衡，一十五重。按《尚书》，五行生数一十有五，故置十五重”[6]。“方衡”即“方桁”，“重”是表示枋材层叠的量词。根据奏文中提到的方衡层数，并参照法式规定，推测它所指的有可能是明堂上下层外檐铺作中所用柱头枋层数之和[7]。现存唐辽实例中，内外柱头之上皆可见层叠的枋材，纵横交织，构成整体网状结构层，初盛唐时或即以“方衡（方桁）×重”称之。

4. 铺作层

“铺作层”是近30年来建筑史学界出现的一个新名词。陈明达先生《营造法式大木作制度研究》（文物出版社，1980年）一书中，将法式殿堂构架分解为屋架层、铺作分槽层和柱网层三个水平结构层，相应的图版中则标注为屋盖、铺作和柱网三层；傅熹年先生在《五台山佛光寺建筑》一文中（约撰于1986年）[8]，明确将唐宋殿堂构架分解为柱网、铺作层和屋顶草架三个水平构架层。其后，“铺作层”一词逐渐为建筑史学界所习用。

铺作层由铺作与方桁共同构成。参照法式中的铺作定义，尝试将其定义为：“与建筑物平面相对应的、采用层叠栱枋方式构成的整体结构层。”

如果进一步分析，则其中的方桁构成屋身方向的延续纵架、栱枋（昂）与梁栿结合构成前后方向的横架、“斗”则为上下层叠构件之间的联系构件，起到支垫与调节的作用。由此可知，宋人所谓的“铺作”，最初只是铺作层位于柱头之上的节点，后来逐渐添置于相邻柱头之间的枋额之上，其形式演变依附并限定于整个铺作层的形成与发展。因此，若要历史性地了解“铺作”的形成与演变发展过程、把握“铺作”在中国古代木构建筑中的（结构与标示）作用，必须首先着眼于对“铺作层”的整体性研究。

二 斗的初始形态

斗栱是一种很早就应用于古代建筑上的组合构件。它的最初形式大约是一块方木（斗）托在一段呈向上弯曲状的横木（栱）下方中央，横木两端之上再置方木承托上面的构件（栱或枋）。这种斗栱样式一直到汉代以后仍可见到，但它最早出现在什么时

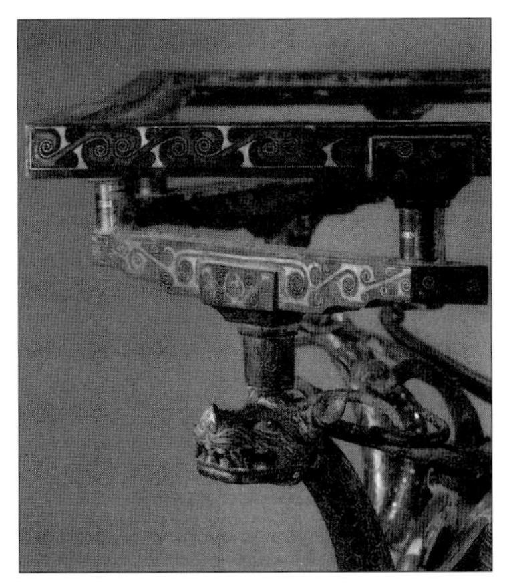

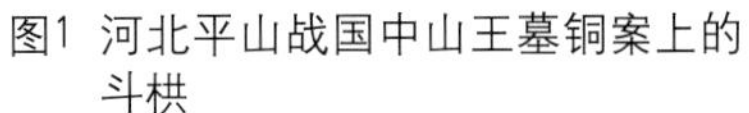

图1 河北平山战国中山王墓铜案上的斗栱

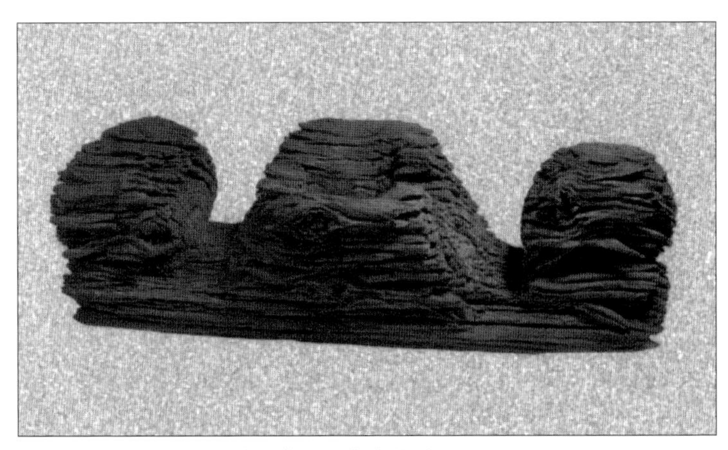

图2 新疆若羌县汉魏楼兰故城采集木构件

候，还有待查考。河北平山中山王墓出土龙凤铜案上的斗栱形象，是已知年代最早的一例（前4世纪末，图1）。从它精美的造型和复杂的构造来看，显然已是经过多次嬗变并艺术加工的作品。新疆若羌县楼兰故城遗址中采集的木构件，虽已严重风化，但据外观、尺寸推断，应是将横栱与小斗连为一体的一种建筑构件，是已知年代较早的木栱实物（公元前206—420年，图2）。虽确切年代尚无法考定，但据之可知此类木构做法已远达汉地之外的西域地区。

斗和横栱生成的初始原因，如果从木构技术上加以解释，可以理解为一种节点处理的方式。斗的作用是构件水平度的调节：如柱子的高度不齐，可用不同高度的垫木（斗）使其所承托的梁枋保持水平；横栱是应力传递的过渡：在梁枋接续点与下方的柱子之间采用横木（枅）或上加垫木的横栱，可使构件的受力状态更为合理。不过向外伸出的木枋（出跳栱），显然与前二者的作用略有不同，它们所起到的主要是承挑出檐的结构作用。

就目前所掌握的资料来看，战国至秦汉时期，北方地区建筑的结构方式以土木结构为主，多采用夯土或砌体承重、木构屋檐的做法，大型建筑物则以夯土高台与木构檐廊相结合，构成体量庞大的多层木构建筑外观（即台榭建筑）；南方地区建筑则较多采用纯木结构，并有干栏、井幹与梁柱等不同方式。

带有建筑物形象的汉代资料中（石阙、墓葬、明器、画像砖石等）表现出的斗栱构造方式主要有三种：

1. 插栱

从汉墓出土的陶楼、仓房等表现建筑物的明器中，普遍可见从壁面向外有规律地伸出多个悬挑构件，每个构件的端头上均置一组斗栱，上托屋檐。这种悬挑构件或于墙身（柱身）直出，或于墙角斜出（上置抹角栱）；直出者的形状常见为立置或平置的板式；斜出者除立置的板式之外还见有龙（兽）头等造型；立置板式构件的端头或直切，或下部抹斜（凹入），或呈上挑的曲线状（1—3世纪，图3）。在成都所出的一块汉画像

图3-1 河南密县出土陶楼斗栱

图3-2 河南焦作出土仓楼斗栱

图3-3 河南灵宝出土水榭斗栱

图3-4 甘肃武威出土汉代陶楼

图3-5 四川三台郪江崖墓柏林坡1号墓后室都柱

图3-6 河北阜城出土汉代陶楼局部

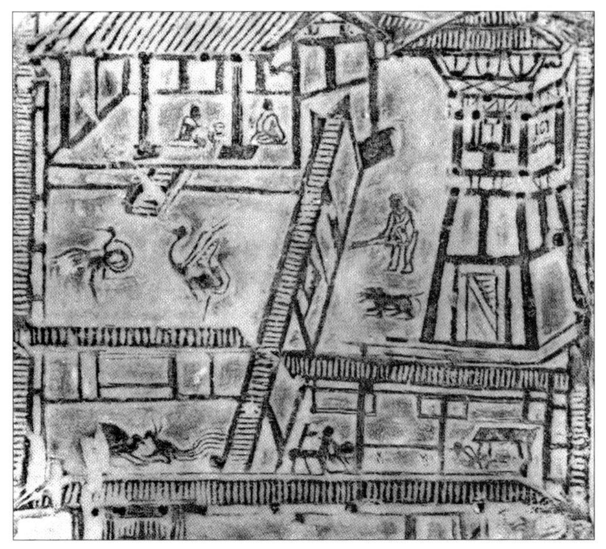

图4 成都出土汉代画像砖拓片

图5 四川雅安高颐阙右阙左侧局部

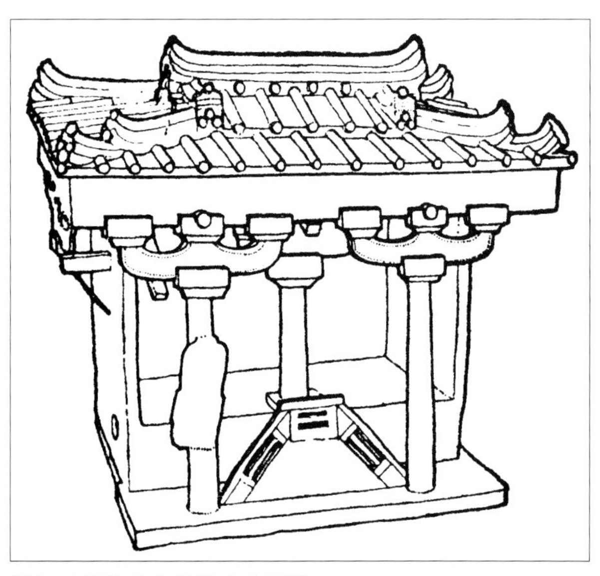

图6 四川牧马山崖墓出土明器

砖中，又可见从敞厅檐柱的柱身中挑出一栱、上置一斗承托出檐、栱尾与内部梁架并不相连的形象（图4）。可知这是一种专为承挑屋檐而设的构件，它的后尾或入墙、或入柱，位置高低颇为自由。其简洁者即一栱一斗，复杂者可于插栱端头之上叠置多层横栱；在屋角处还可通过构件角度的变换作出各种复杂的样式。按照这种构造特点，现在建筑史界通常将这种出挑构件与其上的斗栱视为一体，并称为“插栱”。这种插栱的出现可早至战国时期[9]。

2. 横栱

多见于石阙及画像砖石中表现的井幹式建筑图像。其形式通常为一组组斗栱周圈排列在水平相交的枋木（平面呈井字，故又称井口枋）之上，每组均为枋上置斗、斗托横栱、栱头小斗，其上再承井口枋（图5）。在成都画像砖中的望楼上，角部斗栱出挑，四面斗栱不出挑；在汉阙中，可见斗栱下方由略向外斜出的构件支撑，并见有栱身相连的做法。与上述出跳栱不同之处，是未见层叠的横栱与明显的出挑，它只是上下层枋木之间或屋身与屋顶之间的联系构件，起到架空、找平并装饰的作用，反映为早期木构多层建筑所采用的水平层叠构造方式。

3. 柱头斗栱

见于汉代崖墓与石室墓中。主要形式为栌斗+横栱，在室内中心柱上，也见有“栌斗＋十字栱”。反映出来的结构作用是承托梁枋（十字栱上即为纵横双向的十字梁枋）。在四川牧马山崖墓出土的东汉明器中，可以见到柱头斗栱用于前檐和室内，侧墙上则另用悬挑斗栱（插栱）的做法（图6）。

据之，这三种斗栱形式在汉代建筑中均已相当流行，并可按实际需求分别应用于一座建筑物中的不同部位。其中出挑斗栱大都为独立的、单向的插栱，相互之间缺乏关联；屋身（檐下）周圈的斗栱则基本上是不出跳且与檐柱不对位的横栱。这些可视为斗栱初始形态的主要特点，表明汉代建筑物中的斗栱之间及其与梁、柱等构件之间尚未形成牢固的联结，在中国古代木构建筑的发展过程中，该时期仍处于整体构架尚未形成的阶段。

三 铺作之滥觞

魏晋时期，由于北方地区长期战乱、政权更迭，建筑发展基本处于停滞状况，在规模和做法上都未能超越汉代；东晋以后，南北建筑仍沿袭汉魏传统；直至南北朝中期，随着社会政治经济状况的稳定与发展，建筑的面貌才出现较大的改观。依据现有形象资料中所表现出的建筑形象变化，并结合文献记载，可以在一定程度上了解南朝建筑技术对北朝建筑发展所起到的重要作用，也就是说，这种改观应当是由南而北次第发生的。

对北朝建筑的了解，主要依据现存的石窟与墓葬中的形象资料。北魏后期汉化前后（以孝文帝太和十四年为界）的石窟[10]和墓葬中，建筑物的形象出现明显改变，此点可通过北魏平城期形象资料的前后对比及其与洛阳期资料的相互比较中析出。如太和八至十三年（484—489年）云冈二期第9、10窟前廊端壁上的浮雕屋形龛，仍表现出与汉代建筑相似的特点：厚墙围合的建筑物主体前方立有片状木构架：檐柱栌斗上托通长阑额，阑额上相间列置的斗栱与人字栱，与檐柱并不对位（图7）；而在因迁洛辍工的云冈第5窟（约493年前后）、第11窟中以及三期开凿诸窟中，佛塔檐下出现了自柱头栌斗上外伸的梁头，迁洛后开凿的第39窟中心塔柱的各层斗栱已与檐柱明确对位（图8），洛阳龙门古阳洞内的一座屋形龛上，可见外檐斗栱栌斗上向外伸出上下叠置的替木与梁枋头，是表现佛殿内部梁枋与外檐斗栱相交结并向外出挑的最早形象，年代约在北魏太和末年（5、6世纪之交），同时在洞内的另一座屋形龛中，则出现了重栱形象（图9）。这些迹象表明，自太和末年起，北魏木构建筑在技术和外观形象上出现了较大的改变，构架中已开始形成内部

图7 云冈第10窟西壁屋形龛

图8-1 云冈第5窟南壁明窗西五层塔

图8-2 云冈第39窟中心塔柱

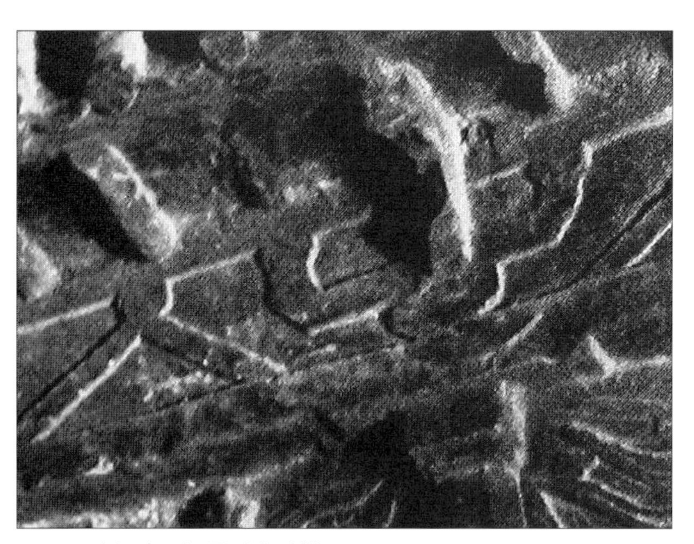

图9-1 龙门古阳洞屋形龛斗栱

图9-2 龙门古阳洞屋形龛

梁架与外部斗栱相联结的铺作层，进入了铺作的滥觞期。

由于建筑实例不存，形象资料缺乏，考古发现较少，目前对南朝建筑尚无直观的了解和准确的把握；但结合文献记载，可以在一定程度上了解南朝建筑技术的先行发展及其对北朝建筑发展所起到的重要作用。自4世纪末开始，东晋南朝在百余年内曾进行过数次大规模的城市与宫室建设[11]，南朝后期，更是以不断提高宫室规制作为保持正统的措施之一，建筑技术获得持续的发展；北魏洛阳的建设则从5世纪末才开始，始终处于积极学习、努力赶超的状态之中，建筑技术的总体水平相对滞后。从北魏孝文帝为营建洛阳派蒋少游出使南朝考察建康宫室一事中，即可看出此点。因此，上述北魏形象资料中反映出的建筑外观的种种变化，很可能是拜南朝建筑技术所赐。至于木构建筑中铺作层的形成，也同样应该是在5—6世纪中，先南后北，相继完成。

自1—2世纪到5—6世纪，从斗栱的初始形态到铺作层的出现，经历了数百年的发展历程。自此，木构建筑中的斗栱、梁枋相互连接，逐步形成具有整体结构强度的铺作层，而铺作层与阑额、柱子等构件的进一步牢固连接，便形成了同时满足各种规模、功能需求的整体木构架。因此，铺作层的出现应视为中国古代木构架体系发展进入成熟期的标志。就这个意义上讲，南北朝时期在中国古代建筑史上实据有十分重要的地位。

四 铺作层的形式

据现有相关资料推测，在南北朝后期，可能存在两种不同的铺作层形式与做法：

（一）井幹式

以水平叠置枋木构成的铺作层。见于洛阳陶屋和南响堂山石窟窟檐，可能是北朝晚期流行的铺作层形式。

1.北魏洛阳永宁寺塔基遗址

永宁寺建于孝明帝熙平元年（516），“中有九层浮图一所，架木为之”[12]，明确记载为木构佛塔；并据北魏石窟中的佛塔形象，可知塔身应逐层收分。

据考古发掘报告[13]，遗址中部是一座方约20米、残高3米余的土坯塔芯，外围有周圈柱迹（图10），表面上看，似乎仍带有早期土木混合结构以夯土台为主体、利用外围回廊形成木构建筑外观的特点，但实际上，塔芯中有着四圈共86根方50厘米的木柱遗

图10 北魏洛阳永宁寺塔遗址

迹，柱下叠置三层础石（厚达1.8米），加上外圈的38个柱础，塔基遗址中共有布列齐整的124个柱迹，形成规整的柱网平面，证明此塔确实是以木构架作为结构主体，砌筑土坯应只是为加强整体结构稳定性而采取的措施，与汉魏以前台榭建筑中外檐木构依附于夯土高台的做法已有根本性的区别。

对永宁寺塔的构架形式，可作如下推测：

据柱础厚度和“面各九间”的记载，塔身上部各层柱网的布列应与底层相近；按结构的整体性要求，各层柱网应有纵横方向的构造拉结（圈梁与梁枋，图11）；鉴于塔身收分且可登临（各层地面水平），则上下层柱网之间应有水平结构、以层叠枋木构成的井幹式“铺作层”（包括平坐层）作为过渡[14]。

据当时北魏与南朝争胜的形势，永宁寺塔的建造很可能一方面在构架做法上吸收了南朝梁初（6世纪初）的先进技术，另一方面为了在塔身高度上压倒南朝，故沿袭北方台榭建筑传统，采用了土坯塔心的做法。

2.洛阳陶屋（图12）

陶屋传为洛阳出土，具体地点及制作年代未见确切记载[15]，写仿的是一座单层木构佛殿，据外观推测它的构造是由三部分叠合而成——屋身、屋顶以及两者之间的铺作层。铺作层外观可见四面围合以及从柱头处出挑的层叠枋木（推测在实际建筑物中，这些枋木应前后贯通，向外伸出部分的形象和作用已类似于唐代斗栱中连续出跳的华栱），表现出典型的井幹式铺作层做法。

结合龙门古阳洞屋形龛中自斗栱上外伸的替木与梁枋头形象，推测铺作层的形成也可能出现这样的过程：先自栌斗横栱上向外伸出层叠的自下而上逐层出挑的梁枋头，然后才出现向内外出跳的斗栱，以缩减梁枋跨度并承托檐枋。

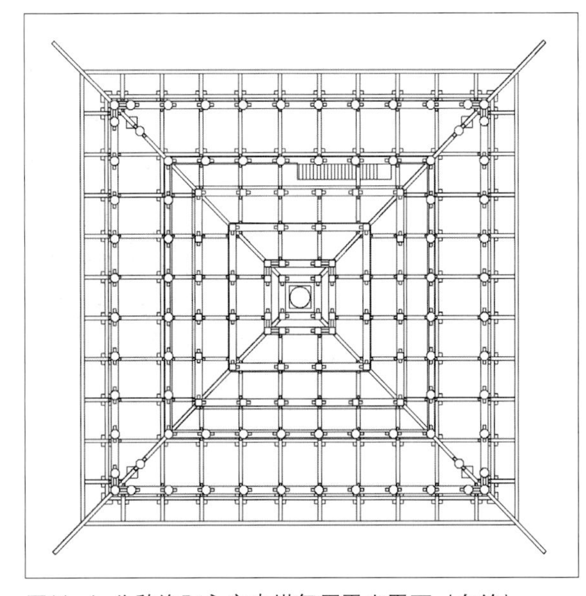
图11-1 北魏洛阳永宁寺塔复原平坐平面（自绘）

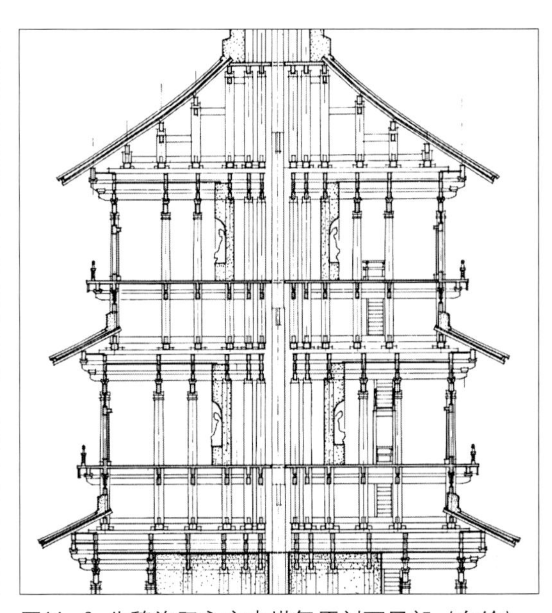
图11-2 北魏洛阳永宁寺塔复原剖面局部（自绘）

图12—1 洛阳隋代陶屋

图12—2 洛阳陶屋铺作层

图12—3 洛阳陶屋柱头铺作

3. 北齐南响堂山石窟第1、2窟窟檐

这是一组开凿于北齐天统元年（565）的双窟，据残存部分可推测窟檐原状为三间四柱，自柱头栌斗连续出两跳斗栱，跳头之上托横栱（令栱），是目前所知年代最早的五铺作双抄斗栱形象。雕刻手法极为写实，应比较忠实地体现出当时建筑物的外观特点[16]（图13）。

据云冈、龙门两地石窟中建筑形象的差别，可看出北魏洛阳的建设直接受南朝影响。若非吸纳南朝技术，北魏建筑不可能那么迅速地摆脱平城期特点。唯洛阳后期建筑形象资料留存较少，反映细部做法的更为有限。但东魏迁邺，拆卸洛阳宫殿，将建筑构件水运至邺城重新装配[17]，故东魏北齐的木构建筑无疑应延续了洛阳建筑的样式做法。因此，响堂山石窟的窟檐形式或反映为北魏晚期（520年前后）木构建筑做法之延续，铺作的样式也可能传自南朝。与洛阳陶屋所表现的铺作形式相比较，双抄跳头上多了横栱，与唐代斗栱更为接近。另据初唐石窟壁画中的相关资料推测，在铺作出跳栱头上置横栱之前，还可能有一个跳头上置替木的过渡阶段[18]。

（二）斜枋式

以上置斜枋为主要特点的铺作层。见于日本现存飞鸟式建筑实例[19]，是学界公认为自百济间接传入日本的中国南朝晚期建筑样式。现存典型实例有奈良法隆寺的金堂、五重塔以及法起寺的三重塔等。现状建筑物虽然都经过后世重建，但总体结构以及梁枋铺作等构件形式仍基本保持着原构特点。

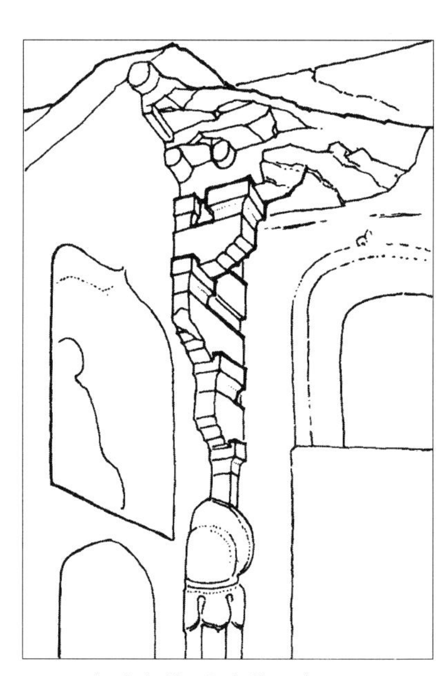
图13 南响堂第1窟窟檐局部

这些建筑物的铺作层剖面中，皆可见由斜枋（日人称“尾垂木”）、平枋与小柱组成的“三角形”构架（图14），形式上与前述采用水平栱枋层层叠置的井幹式铺作层明显不同。这根斜枋在结构上起到类似杠杆的作用——以柱头枋位为支点，利用作用于枋端的檐头下垂重力与作用于枋尾的上层构架重力相平衡。就此而言，这的确是一种简洁有效的结构做法，但已知凡采用这种做法的建筑物内部皆不作水平分层，故尽管殿阁佛塔呈现为多层结构及外观，各层皆带有平坐勾栏门窗等，却是无法登临的[20]。

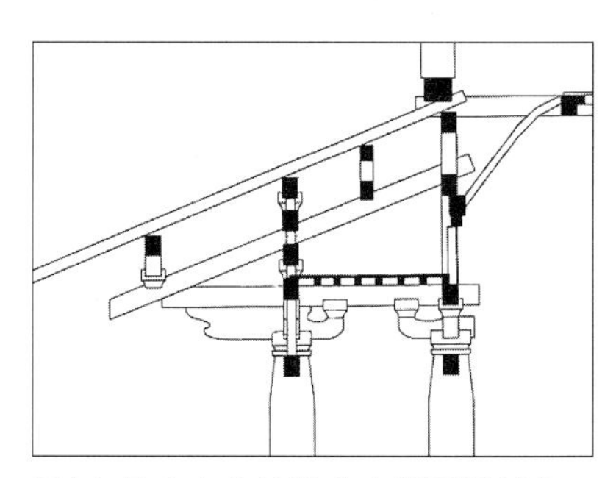
图14 日本奈良法隆寺金堂下层铺作

百济在佛寺与墓葬的营造上，明显表现出深受东晋、南朝的影响。至萧梁时期，不仅佛寺建筑和造像接受南朝样式，还曾于境内为梁武帝建寺，与梁武帝起大通寺不仅在同一年，同时寺名亦为“大通”。公元6世纪上半叶的百济砖室墓中，发现有与南朝大墓制度酷似者，还曾发现带有“梁官瓦为师矣”汉字铭文的模砖。文献记载百济曾于大同七年（541）从梁地求得工匠、画师等[21]，但实际交往必不止此。史载百济的最后一次朝贡，是在陈后主至德四年（586）。据百济接受南朝建筑文化的情况，以及百济工匠度日的年代（577[22]）推测，他们携入日本的，应是南朝后期的建筑样式，时间上应当与南响堂山窟檐雕琢的年代（565）相近。它们同源于南朝影响，两者之间的差异或反映为南朝建筑技术的自由发展与样式的不断变化。

五 “回”形构架

一种由内外双重柱圈与上部铺作层共同构成的构架形式，其空间特点为外周合围、当中虚空，内外柱圈之间保持相同柱距。因柱头间枋额平面呈“回”字，故暂名之为“回”形构架。前述日本奈良的三座飞鸟式建筑物，虽然外观形式各不相同，但殿身和塔身结构，均采用“回”形构架叠置而成，图15中所见的则是大家尚不熟知的两例日本飞鸟建筑中的殿堂平面，也是“回”形平面，且其中出现的内外柱对位方式（角柱对位、平柱不完全对位）的现象，尤其令人关注[23]。从现存日本、韩国的早期寺院遗址平面中，可以发现寺内的金堂、佛塔等建筑物多采用“回”形平面，而讲堂等不用，因此，推测这种与“回”形平面相对应的构架形式有可能主要用于建筑群中比较重要的以及二层以上的建筑物。

据文献记载，东晋时有先立刹柱、架构一层，然后依财力分期逐层构筑佛塔的做法[24]。日本多重木塔中所采用的，正是环绕中心刹柱的“回”形构架，自下而上各层皆有构成斜坡塔顶的条件，恰符合逐层加建的要求。推测这种构架形式或即是在逐层起塔的工程实践中逐步发展而来。

同样据文献记载，北魏时长安佛寺中也建有“四面立柱，当中虚构”的层阁式佛殿[25]，体现的也正是“回”形构架建筑物的内部空间特点。据此则南北朝后期北方地区很可能也出现了这种做法，并被视为一种“时尚”得以载入方志。

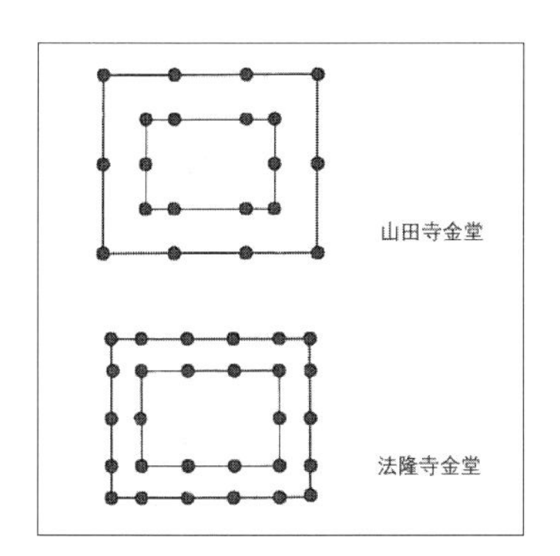

图15 日本飞鸟期“回”形殿堂平面

隋唐之际建阁之风颇盛，多为安置弥勒大像而建[26]。阁内置像，必“当中虚构”；阁高逾百尺，必以多层构架叠置而成。这使“回”形构架获得极大发展，广泛用于建造多层、中空的建筑物，成为中国古代木构建筑中一种成熟的整体构架形式。我国现存早期实例中，晚唐五台山佛光寺大殿（587），是采用“回”形构架的最早的单层建筑实例；辽代重建的蓟县独乐寺观音阁（984），则是最早的楼阁实例。阁身以三层“回”形构架水平叠构而成，同时满足了“中空置像”与“可供登临” 的双重功能）。学术界公认辽代建筑沿袭的是中唐时期北方地区的建筑做法与风格，因此这也是唐代佛阁习用的构架形式。

从构造角度分析，上述的井幹式或斜枋式铺作层均可以作为“回”形构架中的铺作层形式。所不同的是，采用井幹式铺作层的做法，更容易满足建筑物的登临功能需求。反过来说，或许正是由于对这种功能的重视，使得中国古代木构架中的铺作层最终选择了在这一做法的基础上进一步发展。

六 铺作样式的规范

在盛唐壁画中已见十分规整成熟的井幹式铺作样式，结合南北朝晚期建筑技术的发展状况，推测在隋唐南北统一的形势之下，官式建筑中有可能出现过构架与铺作层形式的调整，并确立了井幹式铺作层的规范性做法地位。

敦煌莫高窟的盛唐期壁画中（8世纪初，约与法隆寺重建同时），出现多重栱昂相迭出跳的铺作形象（法式称为七铺作双抄双昂，图16）。其中的斜昂，昂头尖削，既为洛阳陶屋和响堂山窟檐的井幹式铺作层中所不见，又与日本飞鸟式铺作层中的斜枋不论在形式和构造上均有所不同。似可认为，下昂是隋代以后出现的新构件，是在井幹式铺作层中合理吸收了斜枋式铺作层的特点，因之形成了新的铺作层样式。直至晚唐五代所建的佛光寺大殿（857）和平遥镇国寺大殿（963）中，仍然采用着几乎完全相同的样式，可见是一种规范度很高的做法，因而得以长期、广泛流传。

日本奈良时期（645—784年）建筑物的铺作层做法也出现了一些变化，虽保留了斜枋，但增加了横向多层枋栱和内柱上纵向的柱头枋。与飞鸟式建筑中的铺作层相比，井

图16 敦煌莫高窟盛唐第172窟壁画中的斗栱

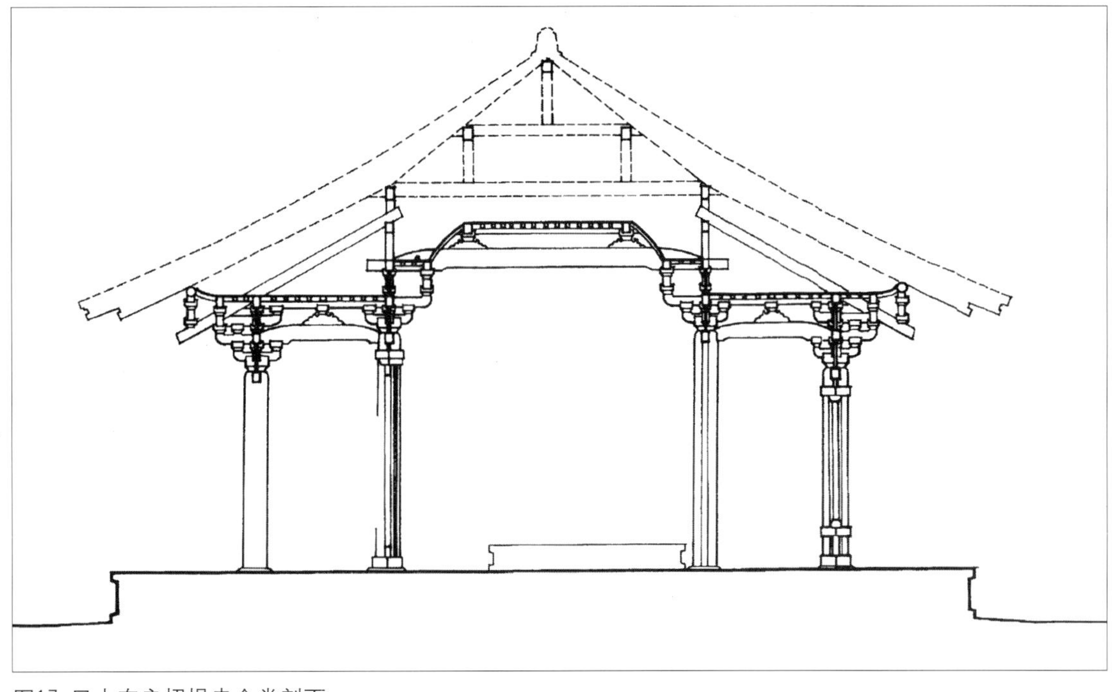

图17 日本奈良招提寺金堂剖面

幹成分明显增多。例如奈良药师寺东塔、元兴寺极乐坊五重小塔、室生寺五重塔，以及奈良唐招提寺金堂（759[27]，或反映为隋唐扬州地区官式建筑样式的影响，图17），也间接反映出这一时期中国木构建筑铺作层的调整演变趋势。

从以上情况看，似乎政治因素对于建筑技术的发展还是起到了一定的制导作用。由于北方统一政权的确立，使得北方地区流行的样式、做法如井幹式铺作层等被视为正统，作为官式建筑规范得到广泛遵循；而尚未流传至北方的一些营造技术，则仅在南方部分地区以及百济、日本等地流传。日本的多层木塔始终保持着斜枋式铺作层以及塔身不可登临的传统，构成了与中国佛塔最具差异之处。

七 阑额位置的调整

汉魏建筑形象资料中，阑额始终置于柱头栌斗之上，不与柱子发生关系，这种现象在北魏后期资料中依然可见。洛阳陶屋的正面，仍有由束莲柱、栌斗承托横栱（俗称“一斗三升”）的形象，横栱之上才是铺作层（图12－3）。而且束莲柱与柱头斗栱，明显是在屋身与屋顶对接之后补塑上去的。此点反映出当时存在的过渡性建筑做法[28]：虽然已形成完整的铺作层，却依然保留着柱头栌斗横栱托阑额的原始组合形式。类似的情况在龙门古阳洞屋形龛、敦煌莫高窟北周第428窟和隋代第433窟的壁画中均可见到，说明这种现象可能自北朝晚期至隋代，延续了相当长的一段时间。

而南北朝后期的一些形象资料，则反映出自铺作层形成之后，构架中出现了柱、额

图18 天水麦积山隋代第5窟窟檐

关系的调整，阑额的位置从柱头栌斗之上，下调至柱头之间，成为柱列中的联系构件。以下诸例可用作这方面的参考。

1. 北齐义慈惠石柱殿屋

石柱立于天统五年（569），柱顶是一座雕刻精致的三间小殿。殿身柱头栌斗之上有通长的阑额，阑额之上没有铺作层，直接为屋盖。值得注意的是，柱头之间明确刻有小枋，截面高度仅为阑额的1/2。表明这时除了栌斗之上仍设阑额之外，也出现了在建筑物柱头之间使用联系构件的做法。

2. 齐隋窟檐

太原天龙山石窟中的第16窟凿于北齐，窟檐中的阑额位置尚在柱头栌斗之上；而凿于开皇四年（584）的第8窟窟檐，檐柱之间的枋额已位于柱头之下，上置人字栱，与柱头栌斗共同承托替木檐桁。反映出齐隋之际的建筑物中已出现阑额位置下降的趋势。另外，天水麦积山第5窟窟檐中的枋额上皮与柱头平，栌斗承栱并出梁头，额上人字栱，所表现的木构做法较天龙山第8窟窟檐更为合理规整（图18，该窟年代学界公认为隋）。

3. 初唐壁画

初唐石窟墓葬壁画中所见的建筑物，檐柱柱头之间均以上下两道枋材作为联系构件，之间更以蜀柱缀连，作用较单道枋材增强。学界公认这种构件即见于文献记载的“重楣”[29]。这些形象资料中的建筑物均具有较高规格，因此它们所表现的或是都城长安和京畿地区宫殿佛寺中主要建筑物的柱额关系与样式（图16）。

尽管不同地区的做法之间会存在一定差异，重楣的做法或许会与阑额、普拍枋等并行。但从总体上看，在隋唐之际的木构建筑中，早期"柱头栌斗托阑额"的旧定式已被"阑额位于柱头之间"的新定式所替代。后者在柱头之间起到重要的拉结作用，这使柱网层的稳定性和整体强度得到极大增强，并从此与铺作层明确分开，成为两个相对独立的结构层。

八 铺作层与屋顶梁架

由于铺作层往往直接与屋盖发生关联，因此，随着铺作层形式的不同，屋顶梁架也会出现不同的处理方式。

1. 采用斜枋式铺作层的建筑物，可以顺理成章地在斜枋上架榑承椽，形成周圈的坡顶，室内中空部分的上方则是在下层坡顶之上再加设梁架，另外构成一个双坡顶，这样上下相叠，便形成了一种双折式屋顶，如日本大阪四天王寺山门、金堂和奈良法隆寺玉

图19-1 日本大阪四天王寺（复建）

图19-2 日本奈良法隆寺玉虫厨子局部

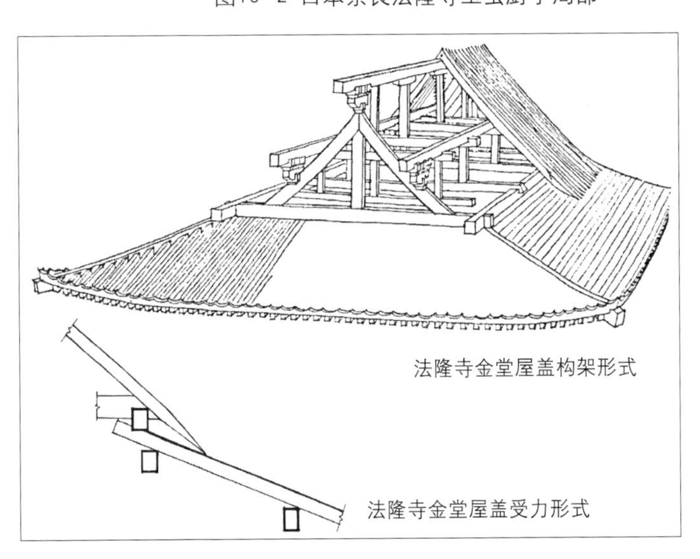

图19-3 法隆寺金堂屋盖构架与受力形式（西冈常一《法隆寺－世界最古的木造建筑》草思社2004年版）（改绘）

图20 敦煌莫高窟北周第296窟壁画中的建筑

虫厨子所表现的样子，法隆寺金堂的屋顶构架原来也应该是这样，不过现状屋面已是上下连续的了（图19）。这类屋顶形式的表现在敦煌莫高窟北周壁画中往往可见，说明绘制时遵照着一种定式（图20），可知这种屋盖形式在中国南北朝晚期已然相当流行。图中可见双折式屋顶的下方还有一圈屋檐，表现的应该是依附于主体建筑周圈的回廊，类似法式中所谓的殿身与副阶的关系。

2. 采用井幹式铺作层的建筑物，则需要依照屋顶的坡度，在水平的铺作层上架设逐步抬高的横梁，法式中称为“草架梁栿”，施工前先画侧样以确定梁柱高下亦谓之“点草架”[30]。草架只为承屋盖而设，故构件表面“皆不施斤斧”，架下施平棊（平闇），这是汴京宫中建筑的常规做法[31]。现存实例中采用这种做法的，有唐代五台山佛光寺大殿（857，图21）、辽代蓟县独乐寺观音阁（984，图22）、辽代大同华严寺薄伽教藏殿（1038）、北宋正定隆兴寺摩尼殿（1052）等。这是唐宋时期（约7—11世纪）北方中原地区较高规格建筑物中普遍采用的做法。

3. 我国南方地区现存实例中，则与上述两种有所不同。其中年代较早的有3例[32]：福州华林寺大殿（964年）、余姚保国寺大殿（1013）和莆田玄妙观三清殿（1015）。这三座建筑物的构架有以下特点：

（1）内外柱不同高，内柱高于外柱；

（2）殿内空间彻上明造，不用平棊；

（3）外檐斗栱用七铺作双抄双（三）昂[33]，昂尾托下平槫；

（4）华林寺大殿与玄妙观三清殿的内外柱头铺作后尾昂枋交叠相连（图23），铺作层呈现为与屋顶轮廓相适配的覆斗状，因此其上不需架设草架梁栿、殿内也不必安设平棊。

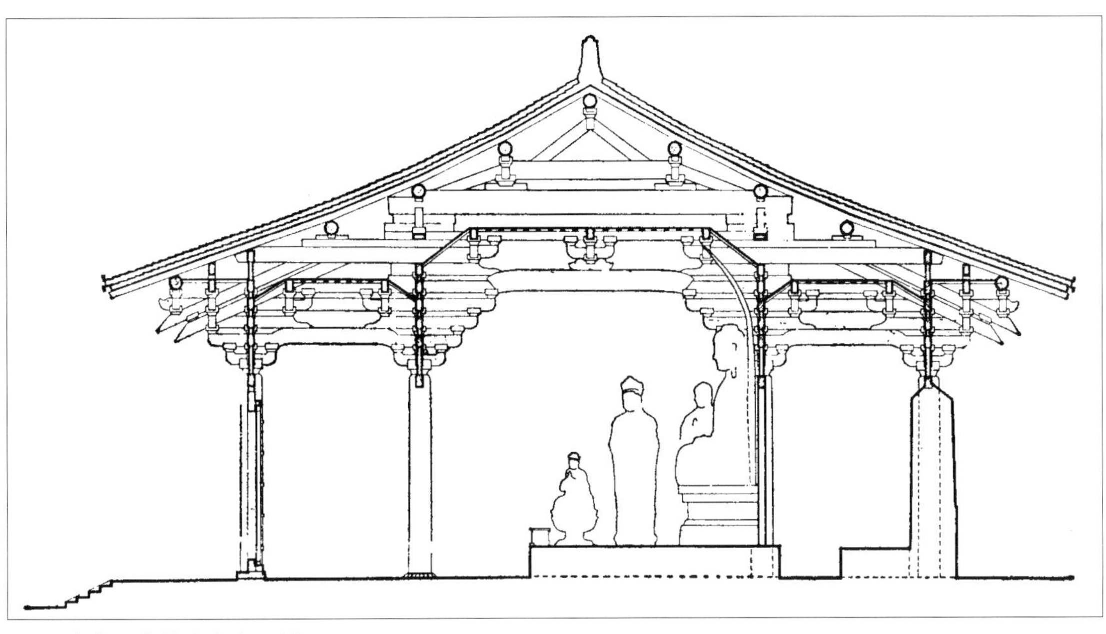

图21 唐代五台佛光寺大殿剖面

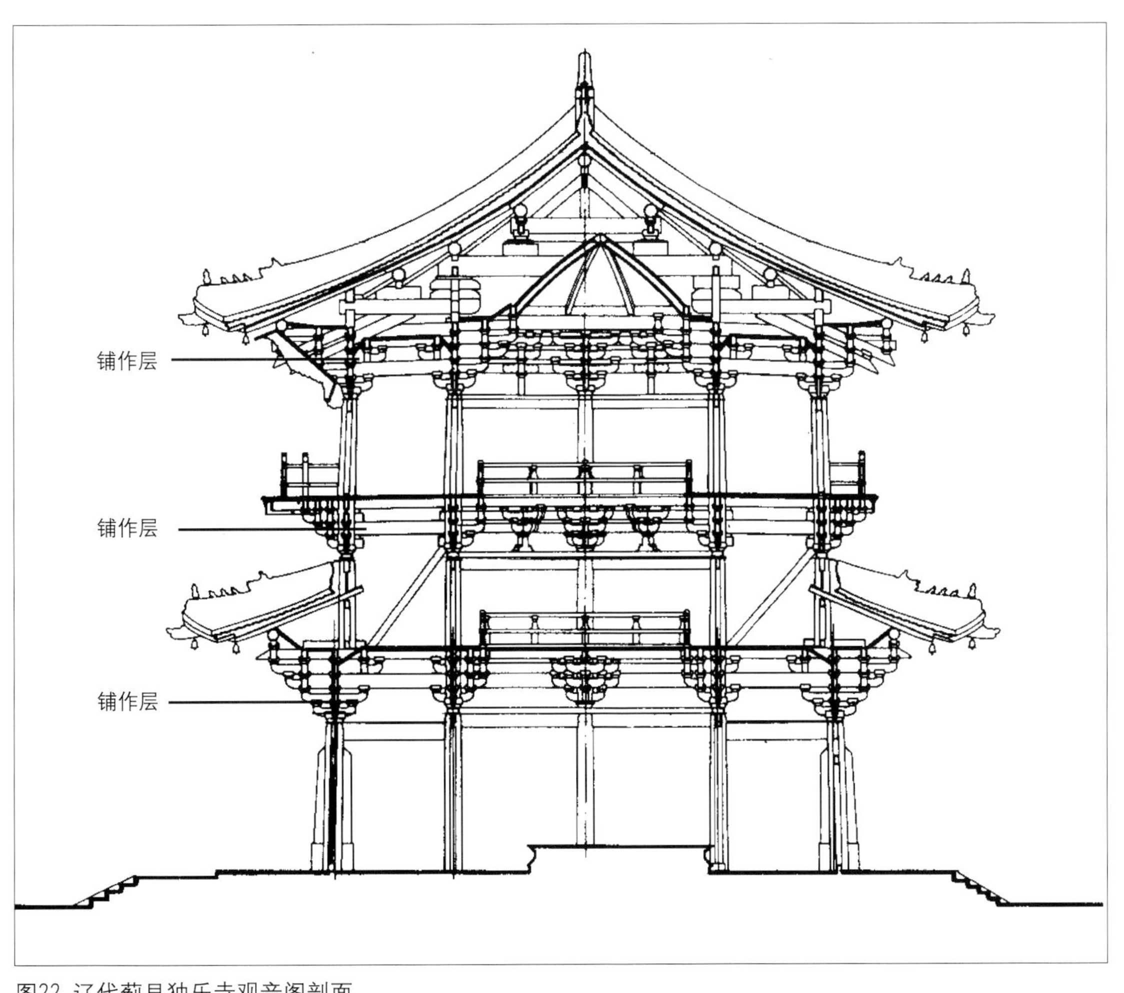

图22 辽代蓟县独乐寺观音阁剖面

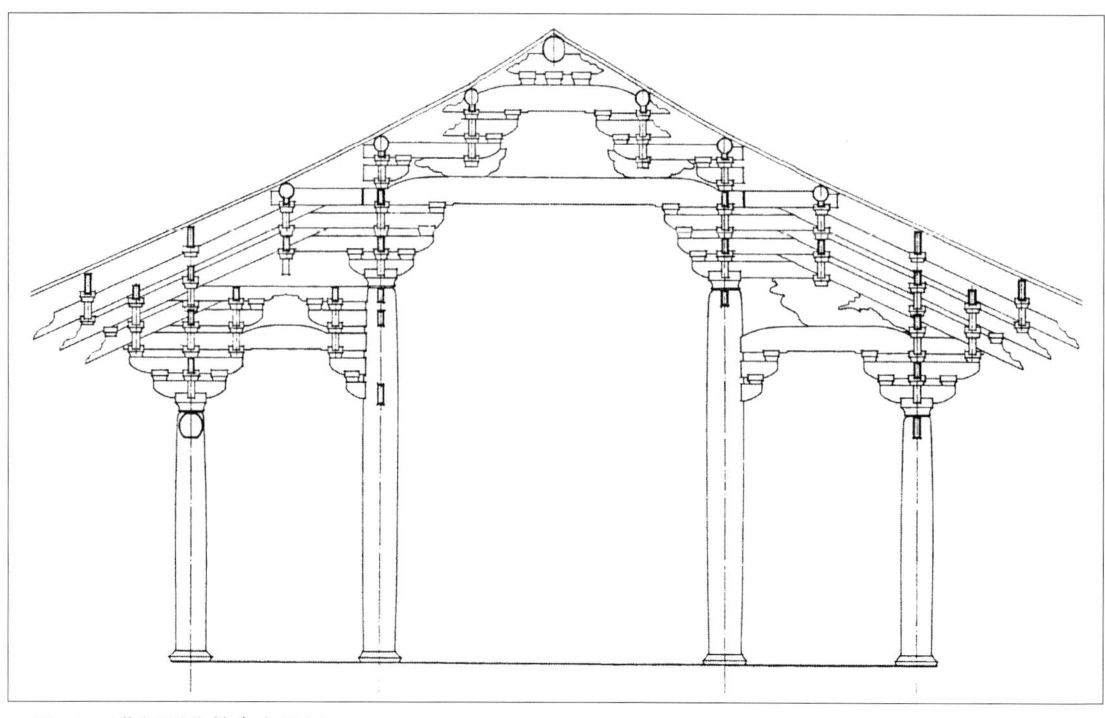

图23-1 五代福州华林寺大殿剖面

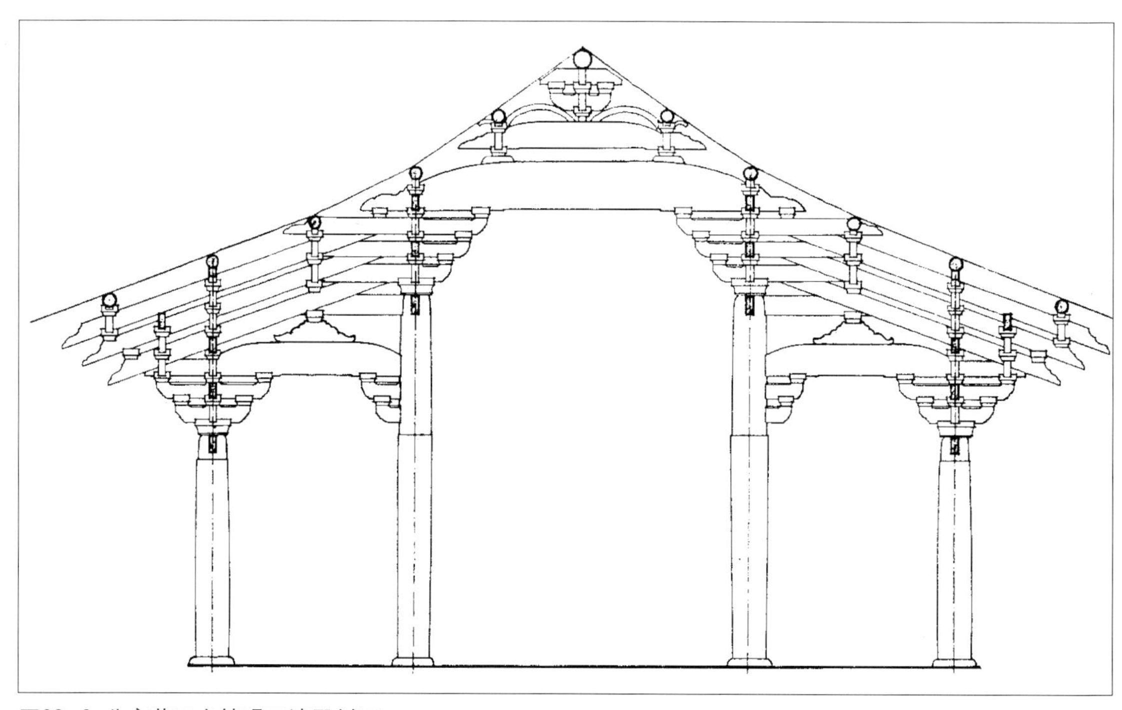

图23-2 北宋莆田玄妙观三清殿剖面

与北方中原地区“井幹式铺作层＋草架梁栿”的做法相比，这种构架形式与屋顶之间的关系显得更为简洁合理。特别是华林寺大殿和玄妙观三清殿二例，尽管内外柱不同高，但却体现为以周圈内外柱和铺作层为结构主体的“回”形构架特点。

八、铺作层与构架类型

在法式第三十一卷附图中，绘有两种剖面图：一是殿堂等“草架侧样”图（与殿堂的地盘分槽图相对应），另一是厅堂等“间缝内用梁柱”图（图24）。图中明确表现出两者之间的不同之处：

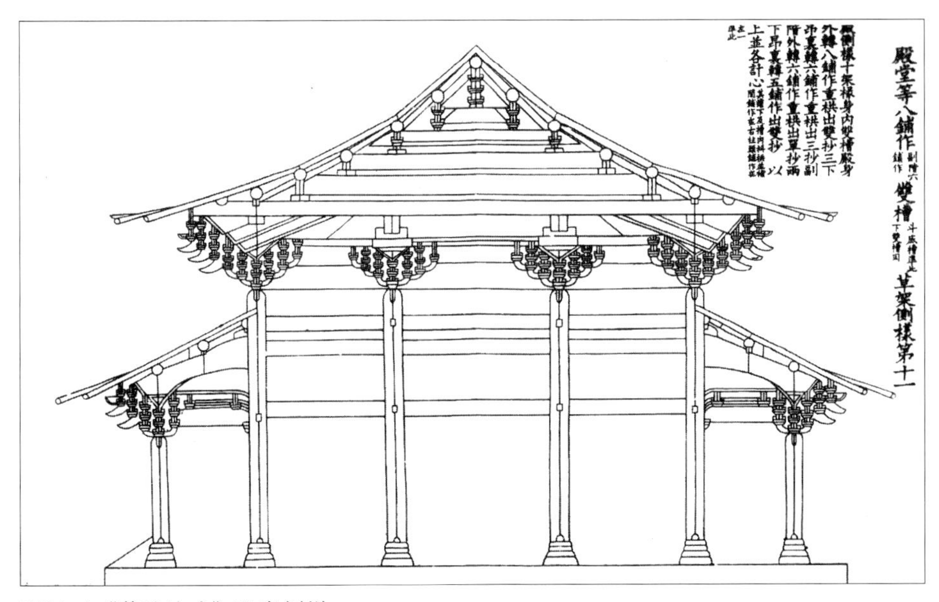

图24—1《营造法式》殿堂侧样

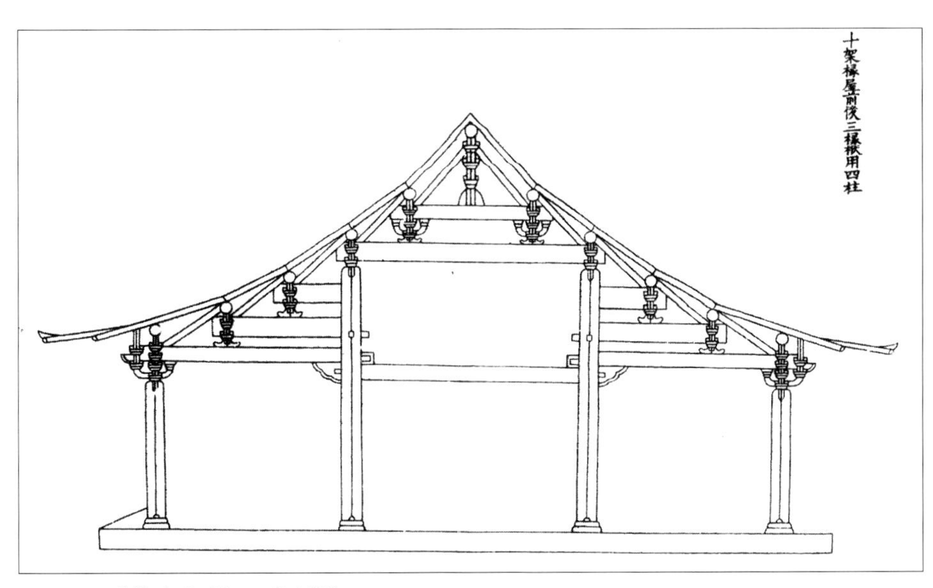

图24—2 《营造法式》厅堂侧样

殿堂——内外柱同高，柱头上置多层铺作，用平棊与草架梁栿；

厅堂——内外柱不同高，柱头上只用少量斗栱构件，不用平棊与草架梁栿。

根据这些不同，陈明达先生将其总结为两种基本结构形式——殿堂型与厅堂型[34]。

考虑到法式编撰的背景，可知其提供“殿堂”与“厅堂”这两类建筑的侧样，目的是作为北宋官式建筑的标准样式，供官方工程所选用。但如果依照这两种标准样式对现存的古代建筑实例、特别是早于法式的实例进行构架分类，就会发现一些难以契合的情况，如前述浙闽地区的3座实例。若以“内外柱同高”为必要条件，它们均不能归入殿堂型构架，但其外檐斗栱用七铺作双抄双（三）昂，却是现存实例中最高等级的铺作形式，这一点又与厅堂型构架的特点不符（法式厅堂图中所绘最多用六铺作）。如果再参考日本的实例，则可发现，在早于华林寺大殿200年建造的日本奈良唐招提寺金堂（759）中，已有类似的做法：内外柱顶高差2足材，铺作中用斜枋，殿内用平闇，或反映为中唐时期扬州地区（隋江都）的殿堂做法（图17）。

因此应当认识到，尽管法式内容中包含有一些南方地区的建筑做法和术语，但由于法式编撰的主要目的在于关防工料，加之篇幅所限，故只能规定北宋官式建筑中常用的标准样式和做法，不可能涵盖境内各地的建筑样式，更不可能涉及历史上曾出现过的各种建筑做法与构架类型。

殿堂与厅堂采用不同的构架形式，体现不同的建筑规格，这种做法的出现既与国家规制以及社会秩序的形成相关，同时又必须以木构建筑自身的技术发展为基础。假如从后者角度来考虑“殿堂” 和“厅堂”这两种构架类型的区分，或可认为它们之间的实质性区别，不宜局限于内外柱是否同高，似应在于铺作层之有无，也就是说，以铺作层在整体构架中所起到的结构作用来加以区分判定：

凡采用殿堂方式（地盘分槽）者，其平面随地盘形式呈“回”、“目”、“日 ”等形状，铺作层置于柱头之上，作为整体构架中不可缺少的水平方向的结构层；而采用厅堂方式者，则是以榑、枋（襻间）等纵向构件，将按间缝排列的一榀榀片状梁柱（排架）相连系，形成整体构架，其间可设少量斗栱，但并不需要，也无从设置铺作层。

在华林寺大殿与莆田玄妙观三清殿中，都有纵横交结、自成一体的铺作层，且铺作层在整体构架中所起到的结构作用明显较一般建筑物更为强大，铺作的构造级别更高。只是由于铺作层呈现为与屋顶轮廓相适配的覆斗状，因此便不需架设草架梁栿，也不必设平棊或平闇相遮。不过华林寺大殿和保国寺大殿的前廊顶部均设有平闇或藻井，这无疑也是体现建筑物高等规格的标示性做法，抑或鉴于中原地区殿堂建筑之成法。实际上，与法式殿堂侧样相比，所不同的只是内柱高于檐柱，因此如果要对它们的构架类型作出区分，则似乎归入殿堂型更为适宜。

九 铺作层的衰微

12世纪初，南宋朝廷避地临安，仅以原杭州治所为行宫，虽略作营造，但建筑规模与规格大大低于汴京宫殿（如南宋界画中所见，屋顶脊饰皆用瓦兽而不用鸱吻）。绍兴十二年（1142）建主殿垂栱、崇政二殿，面阔皆仅五间，“虽曰大殿，其修广仅如大郡之设厅”[35]，推测其构架亦当弃用北宋官式殿堂做法，改用相对简易的厅堂做法。至淳熙六年（1179）建苏州玄妙观三清殿，虽是九间重檐大殿，也基本保持了北宋官式殿堂建筑的内外观特点，但构架形式简化，铺作层在整体构架中的作用远不如北宋官式。

北方金元建筑中也出现同样的演变趋势。大同善化寺的山门、三圣殿（1128—1143年）及大雄宝殿中，建筑物的体量虽得到保持，但铺作层的作用相对明显减弱。宫殿建筑亦然，史料记载绍兴十六年（1146），“金主以上京宫室太狭，是月，始役五路工匠撤而新之。规模虽仿汴京，然仅得十之一二而已”[36]。以此度之，建筑物中标示规格等级的做法恐亦失之大半。

此后，木构建筑中铺作层的结构作用渐失，所占构架成分渐少，外观高度比例渐小，唯补间铺作的数量反倒相应增多。限于篇幅，就不一一列述了。

十 结语

本文以铺作层的形成、发展、衰微及其在木构架中的作用为主要视点，探讨中国古代木构建筑发展的一个特定方面。归纳其中的主要观点如下：

•铺作是木构架发展到一定时期所出现的高级斗栱形态；

•铺作层是由铺作、方桁等层叠栱枋构成的整体结构层，它的形成与完善是中国古代木构架建筑发展进入成熟期的标志；

•魏晋以前的土木混合结构建筑物中，斗栱形态主要以单个的插栱为主，斗栱之间、斗栱与梁架之间缺乏联系拉结；直至东晋南北朝时，具有整体结构作用的铺作层才在南北方建筑中渐次形成；

•由铺作层和柱网结合而成的“回”形构架，自南北朝以来广泛应用于多层、中空的建筑物，是中国古代木构建筑发展过程中的一种重要的构架形式；

•隋唐之际通过规范铺作样式、调整柱子与阑额的关系，铺作层与柱网层分别确立，使木构建筑中结构的明晰性和整体强度趋于完善；

•自南宋（金）时起，铺作层的结构作用减弱，建筑物的构架形式转为以简约有效的梁柱式为主，但斗栱作为建筑物规格标示的作用仍得以延续，直至中国古代社会终结。

本文所及仅为初步思考，成文过程中便不时“觉今是而昨非”，一路修正，自知深入下去必定会发现更多不足甚至谬误之处，然又自信开展这方面的探讨对于理清中国古代建筑的发展脉络不无裨益，故于搁置五年之后捡出发表，希望能够引起大家的关注与讨论，并切盼有识者不吝指正。

2003年8月完稿，2008年10月重订

注释

[1]《礼记》、《论语》："山节藻棁"，《尔雅》："栭谓之窠"，皆指大斗；《文选•西京赋》注文："栾，柱上曲木，两头受栌者。"

[2]《西京赋》："结重栾以相承"，《鲁灵光殿赋》："栾栱夭矫而交结"，《广雅》曰："曲枅曰栾"，前注中《西京赋》李善释"栾"为"两头受栌者"，约当今天所谓"一斗二升"式的栱。

[3]关于早期文献中的这类名词，古人的解释往往不尽相同，如亦有释"欂栌"为斗栱者，但细辨之下，"欂"与"枅"似乎都只能视作柱头之上的替木，其形式和作用皆不同于斗栱，故不取。

[4]经中描写琉璃光佛国中"城阙垣墙门窗堂阁柱梁斗栱周匝罗网。皆七宝成。如极乐国"。此经为天竺僧人达摩笈多译（一说洛阳沙门慧矩等译），文字当出自汉地沙门笔下，故建筑物描写显具汉地特点。此据《国学宝典•大正大藏经》录文。

[5]《营造法式》卷一释名"材"篇下注曰：今或谓之方桁，桁音衡。

[6]《旧唐书》卷22 仪礼二 中华书局版③ p.861。

[7]初唐铺作中的出跳栱多用偷心，故方桁应仅用作柱头枋，每间所用数量亦应较法式为少，有可能上八下七，或上九下六，合为十五。

[8]此文原发表于CHINA INSTITUTE AMERICA&CHINA HOUSE GALLERY:《CHINESE TRADITIONAL ARCHITECTURE》，后收入《傅熹年建筑史论文集》，文物出版社 1998年。

[9]傅熹年先生在中山王cuo墓王堂复原研究中，根据墓中所出龙凤方案与汉代明器陶楼斗栱形式之关联，指出自战国时起已出现从角柱出挑45°插栱、上托抹角栱以承屋檐的做法。《战国中山王cuo墓出土的〈兆域图〉及其所反映出的陵园规制》，《傅熹年建筑史论文集》，文物出版社，1998年。

[10]云冈第9、10双窟于太和十三年（489）毕工，而第6窟完工于太和十八年（494）、第5窟因迁洛而辍工，正是分属改革前后不同阶段的作品。见宿白：《平城实力的集聚和"云冈模式"的形成与发展》，《中国石窟•云冈石窟》上，文物出版社 1991年。

[11]傅熹年：《中国古代建筑史》第二卷，pp.62～63。

[12][北魏]杨衒之：《洛阳伽蓝记》卷一。

[13]中国社会科学院考古研究所：《北魏洛阳永宁寺（1979—1994年考古发掘报告）》 中国大百科全书出版社 1996年。

[14]详见拙作：《北魏洛阳永宁寺塔复原探讨》《文物》1998－5。

[15]目前公认陶屋的制作年代为隋代，可能因其外观与日本飞鸟式建筑颇多相似之故。

[16]考虑到采用石雕方式表现木构建筑必然受到工艺水平与载体条件的限定，故石窟中的建筑形象与现实建筑之间还是会有一定差距，如出跳长度等。

[17]"……天平初，迁邺草创，右仆射高隆之、吏部尚书元世俊奏曰：'南京宫殿，毁撤送都，连筏竟河，首尾大至，自非贤明一人，专委受纳，则恐材木耗损，有阙经构。（张）熠清贞素著，有称一时，臣等辄举为大将。'诏从之。" 《魏书》卷。据此，则认为东魏北齐的官式建筑延续了北魏晚期的建筑样式和做法，应不会有太大出入。

[18]敦煌第321窟初唐壁画中的楼阁上层铺作层即为双抄斗栱承替木的形象。

[19]这里所指为具有飞鸟时期典型特征的建筑样式，并非特指飞鸟时期（552—645）建造的建筑物。

[20]塔身不可登临是我国早期佛塔规制，至北朝后期方始改变。故灵太后欲登永宁寺塔，遭崔光谏阻。见《魏书》卷67崔光传。

[21]“中大通六年，大同七年，（百济）累遣使献方物，并请涅盘等经义，毛诗博士并工匠、画师等，并给之。”《南史》卷79，列传第六十九夷貊下东夷。

[22]据《新选日本史图表》 第一学习社 平成二年（1990）改订版，p. 179。

[23]引自村田健一：《山田寺金堂式平面建物の上部构造と柱配置の意味》，《奈良文化财研究所纪要·2001》。

[24]东晋兴宁中（363—365年），释慧受于建康乞王坦之园为寺，又于江中觅得一长木，“竖立为刹，架以一层”。《高僧传》卷13〈释慧受传〉，《大正大藏经》NO. 2059, p. 410。东晋宁康中（373—375年），释慧达于建康长干寺简文帝旧塔之西更竖一刹。太元十六年（391），“孝武更加为三层”，同上〈释慧达传〉，p. 409。

[25]唐长安宝刹寺“佛殿，后魏时造。四面立柱，当中虚构，起两层阁” 《长安志》卷8，崇仁坊条下。中华书局影印《宋元方志丛刊》① p. 114。

[26]长安曲池坊建福寺，本隋天宝寺，寺内隋弥勒阁，崇一百五十尺（约合42米）；7世纪末武则天于明堂后建天堂置大像，高逾三十丈（近90米）；天堂焚后，中宗神龙元年（705）立洛阳圣善寺佛阁，将天堂大像锯短移入阁中。此像仅头部便高八十三尺，可推想佛阁体量之巨大；9世纪初五台山佛光寺亦曾建“三层七间弥勒大阁，高九十五尺（约合30米）”。

[27]据《新选日本史图表》 第一学习社 平成二年（1990）改订版。

[28]虽然陶屋外壁所刻“维摩变”以及束莲柱、柱头一斗三升等形象均见于敦煌隋代壁画，但考虑到其出土地是洛阳，故其制作年代存在北朝晚期的可能性。

[29]《旧唐书》卷22，总章明堂诏，内记有“重楣，二百一十六条”。

[30]《营造法式》卷五大木作制度二，举折之制：先以尺为丈，以寸为尺，……侧画所建之屋于平正壁上；定其举之峻慢，折之圜和，然后可见屋内梁柱之高下，卯眼之远近。（今俗谓之定侧样，亦曰点草架）。

[31]《营造法式》卷二总释下“平棊”条下注文：今宫殿中其上悉用草架梁栿承屋盖之重，如攀额、樘柱、敦木㭼 、方槫之类，及纵横固济之物，皆不施斤斧。

[32]苏州虎丘二山门建筑规格较低，故不取。其年代学界也尚未取得共识。

[33]这里仍是按照法式“依跳计铺”所得的铺作数。但实际上，华林寺大殿和玄妙观三清殿均为双抄三昂，比保国寺大殿的七铺作多置一昂，而且是实实在在的昂尾上托平槫的真昂，在做法和规格上明显更为讲究。对于这种法式规定中未能涉及的情况，以及法式本身的局限性，在今后的研究中应当予以足够的认识。

[34]陈明达：《营造法式大木作制度研究》 文物出版社 1980年。

这一概念目前已普遍为建筑史界所接受，不过考虑到“结构”一词的广义内涵，若以“构架”一词代之，或许更为恰当。

[35]《宋史》卷154 中华书局版 ⑾ p. 3598。

[36]《续资治通鉴》卷127 中华书局版 ⑺ p. 3364。

南朝建筑在中国古代木构建筑发展中的作用

南朝建筑在中国古代木构建筑发展中的作用

（2003年长兴《纪念陈武帝诞辰1500周年暨南朝史研究国际学术会议》提交论文）

依据我们今天对于秦汉时期建筑和隋唐时期建筑的了解，可以看到，这两个时期的建筑物在外观与做法上存在较大的不同，也就是说，中国古代建筑的面貌在经历了魏晋南北朝时期之后，发生了较大的改变。本文就这一问题进行初步探讨，内容主要为两部分：

一是阐述秦汉至隋唐之间在建筑结构方面的发展，说明这种改变，主要是由于结构方式的进步、构架整体强度的提高而获得的。

二是通过一些间接资料，说明这种营造技术上的进步，往往是先出现在东晋南朝地区，之后逐步影响到北方地区。

通过上述两方面的探讨，最终想说明一点：尽管由于遗存实例的匮乏给南朝建筑的研究造成很大的困难，在研究成果的数量和实际进展上远不如北朝建筑，但是，在中国古代建筑发展史上，南朝建筑实据有极为重要的地位。

一

自春秋战国时起，“台榭建筑”开始盛行。这个称呼是依《尔雅》所释“四方而高曰台，有木曰榭”而来，也有人称之为高台建筑。现存燕下都遗址中的土台、秦咸阳宫宫殿遗址、汉长安王莽九庙遗址的中心建筑、东汉洛阳灵台遗址等，都属于台榭建筑遗址。在战国铜器刻纹中也可见到这种建筑物的形象，大多采用剖面图的形式加以表现。为满足统治者心理和威仪方面的需要，这类建筑物的体量往往很庞大，但是它的结构方式以及构件、做法等其实很简单，远不如隋唐建筑那样复杂。它的主体结构由高大的夯土台与木构梁架所组成。土台可以是多层的，然后按照实际需要，在下部各层土台上建造檐廊，同时可以结合窟室的做法，从台壁上向内掘出小室、窖穴等，最主要的建筑物建在台顶，在这个建筑物内部，可以向下挖掘，形成窟室和窖穴，作为私密场所和仓廪府库。台顶与台下（外部）的联系，则通过长长的阶陛。实际上，台榭建筑在商周时期已经开始作为宫室建筑中的一个重要类型，如商纣的鹿台，大约就属于此类。从外观上看，它往往下大上小，层台垒榭，看上去像一座体量庞大的多层建筑，但它的木构技术，还是处于发端期。不仅没有复杂的斗栱，也解决不了梁柱等构件之间的交结问题，因此在转角部分，往往需要同时设立两根柱子，以承托两个方向的横梁。也就是说，那时的木构技术还不足以解决建筑物的整体结构强度问题，因此难以形成较大规模的整体性木构架，如果要建造体量较大，外观宏伟的建筑物，纯木构不仅在构造上同时在结构的稳定性上都很难满足要求，不得不采用内部夯土高台，其外依附木构的做法。三国西晋时的宫殿也是台榭建筑，宫中往来都通过架空的阁道。据北魏平城期有关形象资料来看（如云冈石窟第9、10窟窟檐以及屋形龛的外观），当时的一般性建筑也仍在使用这种土木混合的结构方式。

隋唐建筑的情况就不同了。隋九成宫遗址和唐长安大明宫遗址中的含元殿、麟德殿等较大规模的建筑物，虽然还有夯土墙的使用，但从遗址柱网的分布，可以看出基本上是以木构架作为结构主体。

据《旧唐书》记载，唐永徽、总章明堂也都是纯木构的大型建筑物，栋高九丈，檐径二百八十八尺，并详细地列出所需各种木构件的数量。虽然最后未能建成，但从所列数据的完整性可知，当时采用木构架建造这样大体量的建筑物，在技术上已没有问题。

在唐代石刻壁画中，也可看到体量较大、构架完整、斗栱复杂的建筑物形象。如大雁塔门楣石刻中的佛殿、敦煌经变中的佛殿等，斗栱已出现七铺作，向外出四跳以上，是现存古代建筑实例中所见最高等级的斗栱样式。

而且，隋唐时期的高层建筑，不仅不再需要靠夯土台芯来保持结构稳定，相反内部可以是空心的。史载隋唐之际建阁之风颇盛，多为安置弥勒大像而建。如长安曲池坊建福寺，本隋天宝寺，寺内隋弥勒阁，崇一百五十尺（约合42米）；7世纪末，武则天于明堂后建天堂置大像，高逾三十丈（近90米）；天堂焚后，中宗神龙元年（705）立洛阳圣善寺佛阁，将天堂大像锯短移入阁中。此像仅头部便高八十三尺，可推想佛阁体量之巨大；9世纪初五台山佛光寺亦曾建“三层七间弥勒大阁，高九十五尺（约合30米）。阁内置像，必“当中虚构”；阁高逾百尺，必以多层构架叠置而成。因此，这些都应当是体量巨大且结构整体性很强的木构建筑物。

从秦汉建筑与隋唐建筑之间的这种差别可以得知，中国古代建筑发展史上由土木混合的台榭建筑到整体性木构架建筑的过渡是在南北朝时期完成的，大约是从5世纪初至6世纪中叶这段时间内。

二

南北朝时期所留下的建筑遗迹，除了极少量的地面建筑之外，大多数是佛教石窟和遗址、墓葬等，且大多数在北方地区，南方极少，使南朝建筑这个研究领域的开拓十分艰难。目前所知的南朝建筑资料以墓葬为主，包括地面石构件如神道柱、翼兽等，近年发现的萧伟墓阙遗址，以及南京郊坛遗址，虽然是极为珍贵的资料，但从中尚无法窥见南朝建筑的实际水平。因此，目前建筑史界对于南朝建筑的探讨，往往只能借助一些间接的形象资料与研究成果，其中主要是两方面：一是北朝建筑，二是日本和韩国的早期实例与遗迹。

首先是北朝建筑的发展与进步。从《南齐书·魏虏传》中对北魏平城早期宫室“土门”、“土屋”，“门不施屋”等描写，可以了解到北魏初都平城时城市宫室建设大大落后于南朝的景况。而在我们对北朝建筑的研究中，特别是对北魏平城迁都之后建筑物形象变化的观察中，可以明显觉察出一种外来的影响力，如云冈、龙门两地石窟中的佛塔形象，前者檐口屋脊平直，后者呈现为柔美的曲线；另外，平城与洛阳两地石窟中建筑形象在风格和做法上的明显变化，也反映出单体建筑的营造技术上的进步。若非吸纳外来技术，北魏建筑不可能那么迅速地摆脱平城期的落后状态。就当时的情势来看，这种影响力应当是来自技术相对先进的南朝地区。

南北朝时期的大规模城市与宫室建设，集中在南朝都城建康和北朝后期的都城洛阳。而且是南朝在前，北朝在后。南朝都城的大规模建设，大约是从宋孝武帝453年即位以后开始的，而北魏洛阳的建设，则是在493年孝文帝迁洛以后才开始，晚了40年。太和十五年（491），孝文帝曾派蒋少游为副使出使南齐，其中应包含有考察南朝宫室的用意。之后蒋少游兼任将作大匠，主理洛阳园湖城殿的经营，并“为太极立模范”，即主持洛阳宫主殿太极殿的设计（501年建成）。北魏在这一系列营造活动中，一方面吸收南朝技术和经验，以体现帝都气概，另一方面则更企图在营造规模上压倒南朝。

关于北魏后期大型建筑物的结构情况，洛阳永宁寺塔（518年建）遗址给我们提供了一个很好的例证。表面上看，塔基中部有20米见方的土坯垒砌的塔心，似乎还保留着台榭建筑的做法，但实际上，塔身的重量完全是由内外五圈共124根木柱承担，内圈柱下用三层石础，厚度达到1.8米。说明北魏后期的这种超大型建筑也已采用整体性的木构架结构形式。但毕竟这种超大体量建筑的建造在当时还是缺乏经验的，因此还需要使用土坯塔心，对整体结构的稳定起到辅助性作用。

北魏晚期的洛阳建筑形象，或许可以借助东魏北齐遗物加以了解。东魏迁邺，拆卸洛阳宫殿，将建筑构件水运至邺城重新装配[1]，所以，认为东魏北齐的官式建筑延续了北魏晚期的建筑样式和做法应不会有太大出入。今天我们在响堂山石窟窟檐和安阳修定寺塔下出土模砖中看到的五铺作斗栱形象，在云冈、龙门石窟中都不曾出现过（龙门石窟中出现的重栱形象，也是一种相对进步的做法），或反映为北魏晚期（520年前后）木构建筑的较高级做法与样式。推测这种样式应直接传自南朝，或是接受南朝木构技术影响并进一步发展的结果。

现存的百济建筑遗迹和日本飞鸟期建筑遗迹，被学术界公认为在一定程度上反映了南朝木构建筑的技术特点与水平。前者主要是佛教寺院遗址，典型者有军守里废寺、金刚寺、定林寺、弥勒寺等，对其出土物的研究可以发现与南朝有密切联系[2]，主体建筑基址布局及开间尺寸亦应反映出南朝佛寺的布局特点与木构建筑的规制做法；后者则公认为是通过百济工匠传入日本的南朝建筑样式，现存典型实例有奈良法隆寺的金堂、五重塔以及法起寺的三重塔等。现状建筑物虽经重建，但结构与构件形式仍基本保持原构特点。

百济与南朝的交往，以南朝梁武帝时最为频繁，并于大同七年（541）从梁地求得工匠、画师等[3]。百济的最后一次朝贡，则是在陈后主至德四年（586）。据百济工匠度日的年代（577[4]）推测，他们携入日本的，有可能是南朝后期的某种建筑样式。

在百济寺院遗址和日本飞鸟式建筑中，可以看到目前最早采用“回”形构架做法的迹象。所谓“回”形构架，是一种由内外双重柱列与其上的铺作层共同构成的外周合围、当中虚空的构架形式，因平面呈“回”字，故暂名之。类似的构架在北宋《营造法式》中称作“金箱斗底槽”，是殿堂构架形式的一种。

从现存韩国、日本早期寺院遗址中的建筑物平面可以看出，主体建筑物如金堂、佛塔等，转角处往往呈现为面阔与进深尺寸相同，并有副阶，因此有采用这种构架形式的条件，而讲堂等遗址中所见则不具备这种条件。如百济定林寺金堂面阔五间，各间尺寸为1.8米、2.55米、3.35米、3.35米、3.35米、2.55米、1.8米，进深四间，尺寸为1.8米、2.55米、2.55米、2.55米、2.55米、1.8米（其中1.8米为副阶尺寸）；而讲堂面阔七间，尺寸为3.12米、3.55米、3.55米、4.20米、3.55米、3.55米、3.12米，进深三间，尺寸为2.75米、5.20米、2.75米，转角处两个方向的开间尺寸不同，显然不可能采用“回”形构架的做法，而只能采用排架式也就是宋《营造法式》中所谓的厅堂构架形式。

推测这种“回”形构架应主要为二层以上或重檐屋顶的重要建筑物所用。前面提到的日本奈良三座飞鸟式建筑物，虽然一为金堂、一为五重塔、一为三重塔，虽然外观形式个个不同，但都是寺院中的主体建筑，且结构方式基本相同，都采用“回”形构架叠置而成。

据文献记载，自东晋时起，就有先立刹柱、架构一层，然后依财力分期、逐层构筑佛塔的做法。而日本现存的木塔，基本上都是环绕中心刹柱设立自身稳定的构架、各层皆有周圈坡顶、坡顶上再架立上层立柱，这样层层叠加而成的佛塔，也正体现出中国早期佛塔下层设像、上层不可登临的特点[5]。因此，这种“回”形构架应该就是我国东晋南朝时期在营造木构佛塔过程中逐步发展起来的一种构架形式。

另据《长安志》记载，唐长安宝刹寺“佛殿，后魏时造。四面立柱，当中虚构，起两层阁”，应是与奈良法隆寺金堂相似的层阁式佛殿。其中所谓的“四面立柱，当中虚构”，正是“回”形构架建筑物最突出的内部空间特点，说明北魏时长安佛寺中已出现这种做法，并被视为一种“时尚”而得以载入方志。这种构架的形成和推广对接下去的隋唐建阁之风起到直接的影响。唐宋时期的楼阁建筑，基本上都是采用这种构架形式，如现存的独乐寺观音阁、应县木塔等，实际上都是采用这种“回”形构架层叠、上面覆盖屋顶的做法。

至南宋以后，中国古代木构建筑的构架形式才又一次出现改变，不过这次是向简约方向发展，也就是更多地保留《营造法式》中所谓厅堂构架的特点，而较少延续殿堂构架的做法。如果说这次改变与南北朝时期有什么共同点的话，那就是它同样也是滥觞于南方江浙地区，继而影响到北方及各地。

可以说，江浙地区在中国古代建筑史上是曾经起到过极为重要作用的地区，自南朝（5、6世纪间）以降，这一地区的建筑文化，包括总体布局、营造技术与建筑风格等，不仅对我国北方地区，同时对周围的日本、韩国等地区皆产生过重要的影响。基于这样一种认识，我们对南朝地区的考古发掘寄予特别的期望（尽管目前考古发掘大都限于抢救性发掘，并且发现地面建筑实例的可能性的确已经很小），衷心希望有一天能够发现、发掘类似洛阳永宁寺塔遗址、临漳邺城佛寺塔基遗址以及百济定林寺、弥勒寺遗址那样能够充分展示建筑规模与技术水平的考古遗址，使南朝建筑在中国古代建筑史以及东南亚建筑史上获得实实在在的地位，也使得相关的学术研究与国际性的学术交流得以进一步的展开。

注释

[1]“……天平初，迁邺草创，右仆射高隆之、吏部尚书元世俊奏曰：‘南京宫殿，毁撤送都，连筏竟河，首尾大至，自非贤明一人，专委受纳，则恐材木耗损，有阙经构。（张）熠清贞素著，有称一时，臣等辄举为大将。’诏从之。”《魏书》卷79。

[2]据有关学者研究，百济定林寺与洛阳永宁寺出土的佛像及影塑像之间具有明显的相似性，鉴于百济与北魏没有官方联系，因此这种相似性实由于二者皆仿效南朝造型艺术的结果。甚至定林寺的命名也可能仿自建康的上定林寺。见杨泓：《百济定林寺遗址初论》，载《宿白先生八秩华诞纪念文集》下册pp661～680。

[3]“中大通六年，大同七年，（百济）累遣使献方物，并请涅盘等经义，毛诗博士并工匠、画师等，并给之。”《南史》卷79，列传第六十九夷貊下东夷。

[4]据《新选日本史图表》 第一学习社 平成二年（1990）改订版，p.179。

[5]北魏洛阳永宁寺塔建成后，灵太后欲登塔，遭大臣崔光谏阻，认为“宝塔高华，堪室千万，唯盛言香花礼拜，岂有登上之义？”“恭敬拜跽，悉在下级”。故知当时登塔的行为仍被视为不合规制。见《魏书》卷67崔光传。

火珠柱浅析

火珠柱浅析

火珠柱浅析
——兼谈嵩岳寺塔的建造年代

（原载《北朝史研究》2004年1月商务印书馆版）

火珠柱是指柱头采用火珠造型的一种柱式。火珠包括当中的珠体与外周的珠焰两部分；作为火珠与柱身之间的过渡，或表示为火珠底部的托件，柱端往往饰有垂莲（下垂的莲瓣），另外也见有仰莲、束莲或盘形、束带等其他样式。

一

据本人所知的有限资料，列举火珠柱式及其相关形象资料并说明如下：

（一）火珠＋垂莲

1. 河南登封嵩岳寺塔（图1）

北魏正光四年（523）。塔身砖作。底层平面为十二边形，故转角有倚柱十二。柱头皆凸雕火珠，珠体浑圆，珠焰桃形；柱端饰垂莲，随柱身作五瓣（因柱身截面嘱意八角，正面仅见五折）；柱身平直无饰；柱下覆盆并多边形础座。

图1 河南登封北魏嵩岳寺塔底层柱式

2. 河南登封碑楼寺造像碑

北齐。碑座侧面雕神王像龛，龛柱柱头用火珠，珠体平圆、珠焰桃形；柱端垂莲；柱身无饰。

3. 麦积山石窟

火珠垂莲柱式是麦积山石窟中最常见的装饰样式之一，主要见于窟檐及窟龛龛柱造型，列举部分实例如下：

①第43窟窟檐（图2）

为西魏文帝后乙弗氏瘗窟。按《北

图2—1 麦积山西魏第43窟窟檐

图3 麦积山北周第141窟龛柱

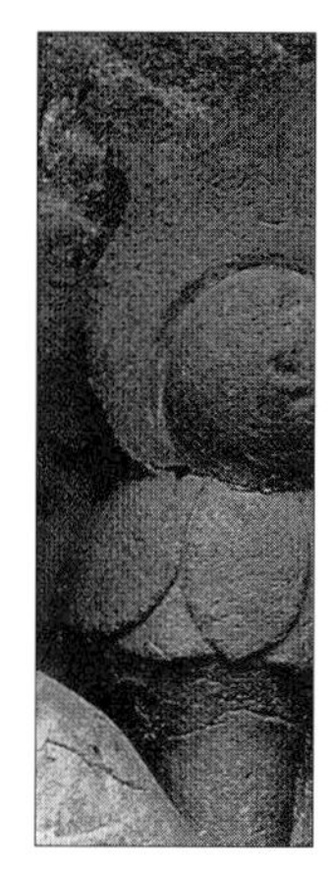
图4—1 麦积山北周第48窟龛柱之一

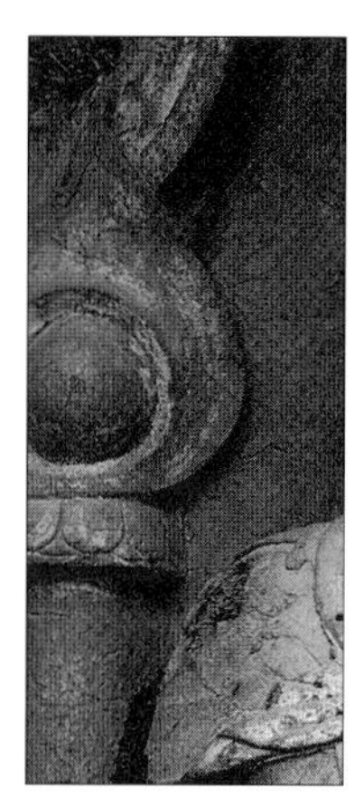
图4—2 麦积山北周第48窟龛柱之二

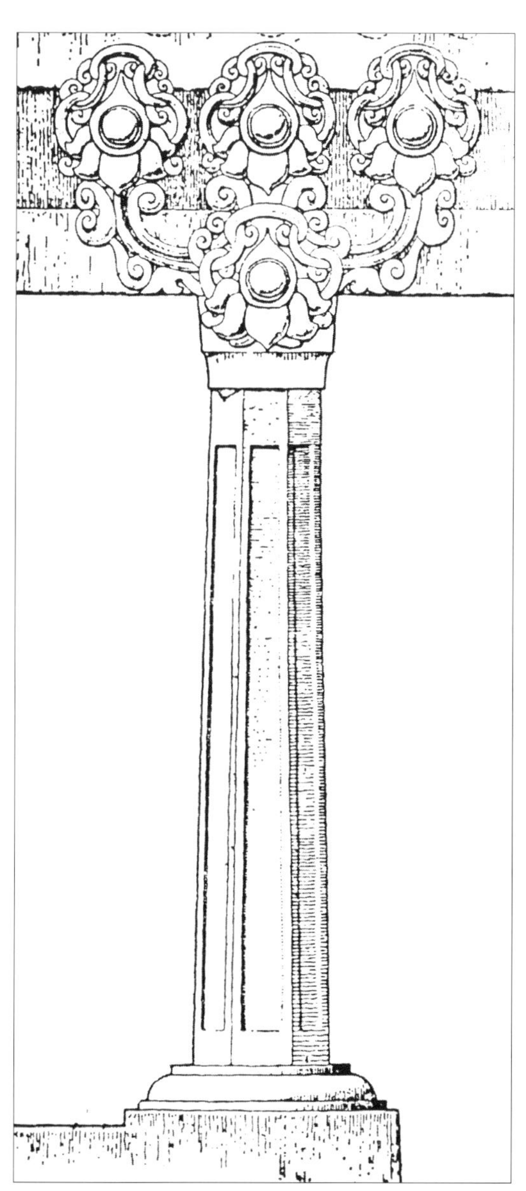
图2—2 麦积山第43窟窟檐柱式（引用傅熹年先生图）

史》中的有关记载，年代应在西魏大统六年（540年）。窟檐三间四柱，柱头大斗之上各雕一组四朵垂莲火珠，珠体凸圆，珠焰桃形，垂莲饱满，其布列方式颇似木构柱头铺作中的泥道栱；并于心间阑额上置形式相同的垂莲火珠一朵，似有补间之意。

②第141窟佛龛龛柱（图3）

北周。正壁佛龛右侧龛柱塑作火珠柱头、柱端垂莲。珠体凸圆，珠焰飘动，形态自然；柱身无饰。

③第48窟佛龛龛柱（图4）

北周。柱头均作火珠，柱端均饰垂莲，但珠体、珠焰及莲瓣的样式与比例略有不同。柱身无饰。

④第5窟窟门及佛龛龛柱（图5）

隋代。窟檐三间四柱。心间窟门券龛龛柱用火珠柱头，珠体略平，但周边下凹，故显得凸起；珠焰作向上飘动状；垂莲饱满；柱下覆莲础；柱身无饰。造型与北周第141窟正壁龛柱基本相同，应是麦积山所见该柱式之典型样式；两侧佛龛龛柱亦同。

图5 麦积山隋代第5窟龛柱

图6 北响堂东魏北洞龛柱

4. 响堂山石窟

火珠垂莲柱式同样是响堂山石窟中最常见的装饰样式之一，大量见于窟檐和窟龛龛柱，列举部分实例如下：

①北响堂北窟（图6）

约东魏武定五年（547）[1]。

窟内中心柱下部佛坛侧面神王龛间柱以及上部列龛间柱，柱头均用火珠，柱端饰垂莲；侧壁列龛的间柱柱头均饰火珠，珠体平圆、珠焰喷放；柱端饰垂莲；柱身满雕云纹、中部饰束莲（束带用连珠纹）；龛楣正中亦饰有形式相同的火珠一枚。

②北响堂中窟（图7）

约北齐天保年间（551—559年）[2]。

窟门两侧有高大立柱，柱头火珠，珠体平圆，外周为盘状珠焰，柱端垂莲，柱身中部饰束莲，柱脚用蹲兽。窟内佛坛正面列龛亦用火珠垂莲间柱。

③南响堂第1、2窟窟檐（图8）

北齐天统元年至北齐末年（565—576年）[3]。

窟檐三间四柱，用凸雕手法自崖壁雕凿而出，可见上下、内外二重：上部为仿木构形式的方柱，下部紧贴方柱外缘作火珠垂莲柱。柱头火珠，珠体凸圆、珠焰桃形；边柱柱身饰束莲二道，下为覆莲础；窟门两侧立柱柱身更加饰缠龙，龙体至门券上方交颈回首。

④南响堂第7窟

年代同上。窟檐三间四柱，亦自崖壁凿出。柱端垂莲之上为周饰冋纹的盘状火珠柱头，柱身中部饰束莲，边柱柱脚作覆莲础，心间柱下为蹲兽，造型与北响堂中窟相仿；窟内佛坛正 面的壸门间柱亦用火珠垂莲柱式。

⑤南响堂第5窟

年代同上。窟内佛坛正面神王列龛，龛柱均用火珠垂莲柱式。但窟门两侧仅用束莲柱直接承托火焰券门楣，不用火珠柱头。

（二）火珠+其他

1. 四川成都万佛寺出土佛教石刻（图9）

年代暂定为南朝梁（约6世纪）。据考，石刻内容为《弥勒下生经》（见下文）。画面上部佛帐两侧对称竖立二柱，柱形独立、高大。柱头火珠，圆形珠体，桃形珠焰；柱端、柱脚皆作圆形托盘状，形式莫辨；柱身无饰。画面下部正中亦见形式相同、左右对称二柱。

图7 北响堂北齐中洞窟口立柱

图8 南响堂北齐第1窟窟口立柱

图9 成都万佛寺出土南朝弥勒经石刻

2. 南响堂山石窟造像石刻（图10）

北齐末年（565—576年）。出于南响堂第1窟前壁内窟门上方，现藏美国华盛顿弗利尔美术馆。石刻上部缺损，但仍可辨所刻内容为佛说法图，画面中部对称竖立二柱，其中一柱柱头火珠，珠体平圆、珠焰尖桃状，柱端用束带，柱身饰束莲，柱脚残；另一柱柱头残，柱端束带，柱身束莲，柱脚覆莲础。

3. 麦积山石窟第141窟侧壁后部佛龛龛柱

北周。柱头火珠，珠体凸圆、珠焰自然飘动状；柱端束带；柱脚垂莲、不落地；柱身无饰。

4. 麦积山石窟第27窟佛龛龛柱

北周。柱头火珠，珠体凸圆、珠焰桃形；柱端仰莲、下有托盘；柱脚垂莲、不落地；柱身无饰。

5. 安阳灵泉寺灰塔龛柱

岚峰山25号塔（唐贞观十五年，641年）龛柱，整体细长，柱头火珠，珠体平圆，正中有一道水平阴刻纹，珠焰桃形；柱端垂莲；柱身中部饰束莲一道。河南省古代建筑保护研究所：《宝山灵泉寺》 河南人民出版社1991年12月版。

6. 巩县石窟寺主窟外的小龛（图11）

唐龙朔年间（661—663年）。

第4窟外东侧的第117龛（龙朔二年，662），龛周阴刻双线，其中约与佛头齐平的两侧位置上阴刻火珠垂莲；第4窟外上方的第101～103龛（龙朔三年，663），龛周未刻双线，仅两侧各阴刻火珠垂莲一朵。

第5窟外东侧的第219龛，（龙朔元年，661），柱头火珠，珠体平圆，珠焰桃形，表面阴刻火焰纹；柱端、柱身皆饰束莲（柱端用束莲的做法仅见于此）。

其右下方小龛的龛柱形式略同，唯火珠珠体呈心形（上凹），与珠焰之间多加一道刻纹。

图10 南响堂北齐第1窟出石刻造像

图11-1 巩县石窟寺第117龛（龙朔二年，662）

图11-2 巩县石窟寺第219龛（龙朔元年，661）

（三）相关说明

1. 同样根据本人所接触到的有限资料，在云冈、龙门、巩县、敦煌、安西及河西各处的北朝（581年以前）窟室中，以及各地石窟的唐代（618年以后）窟室中，均未见火珠垂莲柱式及相关造型；甚至天龙山、安阳石窟中的北齐至隋代窟室中也未见这种柱式。

2. 巩县石窟中的火珠垂莲龛柱仅见于一部分龙朔年间开凿的小龛，同是唐龙朔三年开凿的第124龛及第3窟窟门东侧唐乾封二年（667）的第291龛等小龛中均未见；并且其中除龙朔元年的第219龛及其右下侧小龛龛柱采用了浮雕手法外，大部分小龛龛口仅阴刻双线和火珠垂莲，潦草简陋，已很难视为一种柱式。

3. 南北响堂山石窟也有一些窟室中未见火珠垂莲柱式，如南响堂上层最后开凿的第3窟及北响堂中开凿较晚的南窟。

4. 另外还有一种相类似的宝珠垂莲造型（区别在于珠体桃形，周圈不带珠焰）。已知资料的年代也基本为北朝晚期，大部分为齐隋。限于篇幅，不一一列举。

5. 火珠垂莲造型除用于柱头外，还用于塔（顶）饰、帐（顶）饰、冠饰与服饰。相关形象资料亦见于南北朝晚期，多为齐隋。

6. 敦煌莫高窟隋唐时期弥勒经变（阿弥陀经变）壁画中，见有一种顶端装饰火珠垂莲、柱身纤长的花柱（图12），但与上述各例相比，形态、风格已然迥异。

上述各例中年代最早的是嵩岳寺塔（北魏正光四年，523年，见下文），年代最晚的是巩县石窟寺第101～103龛（唐龙朔三年，663）。由于南方资料欠缺，故目前就已知的北方资料而言，火珠（垂莲或其他）柱式是仅见于北朝晚期至初唐（约520—670年）建筑与石窟、石刻遗存中的一种装饰样式。

图12 敦煌莫高窟初唐第321窟壁画中的花柱

二

十年前，在探讨响堂山石窟建筑时，曾疑这种柱头采用火珠造型的柱式与《弥勒下生经》中关于“明珠柱”的描述有关（见《响堂山石窟建筑略析》一文）。

据《佛说弥勒下生经》中描述：弥勒佛所在的翅头末大城中：

> ……街巷道陌，广十二里，……巷陌处处，有明珠柱，皆高十里，其光照曜，昼夜无异，灯烛之明，不复为用。[4]

不久前在世纪坛举办的国宝展中，见到四川成都万佛寺所出南朝石刻一件，正面宝盖，上饰火珠垂莲、羽葆流苏，与所知北朝晚期浮雕佛帐的风格极似。但因展陈方式所限，未能细察石刻背面；最近在《敦煌研究》2001年第1期上看到赵声良：〈成都南朝浮雕弥勒经变与法华经变考论〉一文，考证石刻背面的浮雕，是依据罗什译本《弥勒经变》所作，其中包括“弥勒说法”、“龙王罗刹扫除”、“老人入墓”、“弥勒三会”、“一种七收”等内容，并附有石刻背面图片（见前文描述）。如考证不误，则其中所见立于上部佛帐两侧和下部法会前方两侧的火珠柱式，应即是当时工匠按照《弥勒下生经》中的相关描述创作出来的“明珠柱”柱式形象。

以南朝石刻中的这种“明珠柱”柱式与前述各例火珠柱相较，可以看到具有一些相同的因素和一致性：

1. 构成特点

都具有由柱础、柱身及火珠柱头三部分组成的相同的构成特点。

2. 造型特点

嵩岳寺塔底层倚柱与麦积山各窟龛柱，具有珠体浑圆、珠焰桃形、柱身无饰等相同的造型与装饰特点。

3.设立场所与方式

南响堂第1窟造像石刻中所见的于佛说法处前方对称竖立火珠柱的做法，与南朝石刻中所见相一致。

麦积山西魏、北周诸窟龛柱，以及隋代第5窟窟门、龛柱的柱头火珠垂莲，皆凸出于龛楣火焰券之外，且造型上没有一般情况下龛柱与龛楣之间的承托关系；南响堂第1、2窟窟檐在雕造时则注意将火珠柱与其后的仿木构檐柱分开。可以说，这些手法的目的都是企图在外观效果上强调火珠垂莲柱的独立造型，其中也应包含有在佛龛（佛窟）前方两侧立柱的意图。

上述相同因素与一致性表明，从柱式造型及其设立方式上讲，前述诸例火珠柱均可视同于“明珠柱”，并应具有与佛经中所述“明珠柱”相同的象征性功用。由此也应当考虑到它们的出现很可能与《弥勒下生经》的流行有关。

三

目前考古发现中尚未见到独立的火珠柱遗存。但据史料记载，南朝梁时，确有于佛寺内竖立明珠柱的做法：

> 初，开善寺藏法师与胤遇于秦望山，后还都，卒于钟山。死日，胤在波若寺见一名僧，授胤香炉奁并函书，云：“贫道发自扬都，呈何居士。”言讫失所在。胤开函，乃是《大庄严论》，世中未有。访之香炉，乃藏公所常用。又于寺内立明珠柱，柱乃七日七夜放光。太守何远以状启昭明太子，太子钦其德，遣舍人何思澄致手令以褒美之。中大通三年卒，年八十六。
>
> ——《南史》卷三十《何尚之传·何胤》[5]

《梁书》所记略同。据文推测，何胤立柱的年代应是在梁天监元年至中大通三年（502—531年）之间。

南朝齐梁时期，盛行弥勒下生信仰，“广赞弥勒下生，梁时已入荆楚民俗”宿白：《南朝龛像遗迹初探》[6]。虽然何胤所立明珠柱的位置、体量、数量、造型皆不详，是否与我们所讨论的火珠柱情形相近，也无法确知。但以史料记载，结合《弥勒下生经》中的描述及成都所出南朝弥勒经变石刻，或可认为于寺内立明珠柱，以为弥勒佛所居翅头末城之像（也许还有祈福禳灾之类的含义），是南朝梁时（502—557年）佛寺中曾经出现过的一种做法。

北魏太和年间（5世纪末），因僧人起义而对弥勒出世之信仰有所忌讳。亦见宿白先生文。北魏末年（此指孝明帝熙平元年之后，即516—534年）至北朝晚期的相关情况，目前尚未见诸记载。前述各例火珠柱在造型上具有与南朝石刻相同的特点，其出现的场所和所在的位置与佛塔、佛坛、佛像或佛说法处有关，年代在北魏末年至初唐之间，这种现象是否可能表明这时北地亦受南朝梁时盛行弥勒下生信仰的影响而（在佛寺中及社会上）出现种种相关的建筑做法与装饰样式，是值得注意的。

四

虽然前述各例火珠柱柱式在构造特点上具有共性，但各例之间在外观样式和装饰做法上的差异也是显而易见的。其中主要的差异，一是造型，其中主要为珠焰形状与柱身装饰；二是雕刻手法。

嵩岳寺塔底层倚柱、麦积山北周第48窟龛柱及成都万佛寺石刻中所见的柱式，整体以柱础、柱身与柱头火珠三部分组成，珠体浑圆、珠焰桃形、柱身无饰，造型简洁规整；应当是较原始的、基本的火珠柱样式。嵩岳寺塔的珠体采用凸雕手法，珠焰平雕而有厚度。麦积山所见珠体凸塑，珠焰则为一层薄塑。

麦积山西魏第43窟仿木构窟檐柱头上方的火珠垂莲，虽整体呈现为成组的装饰性构件，但单体形状仍属规整，采用的是浅浮雕手法。北周第141窟与隋代第5窟龛柱的火珠形象略有变化，出现了珠焰向上飘摆的生动造型。第141窟主龛可见珠体凸塑、珠焰平塑；第5窟所见珠体与珠焰之间的周圈下凹，则应属压地手法。

北响堂北窟侧壁塔龛之间的火珠垂莲柱，喷放的珠焰已将珠体和垂莲一并包融，柱身中部饰有带连珠纹的束莲，柱身表面饰双道云纹，风格绚丽；且塔龛檐中、顶部皆饰火珠，呈现为成组成片的装饰性效果，令窟内熠熠生辉。从雕刻手法上看，主要为剔地浅雕。

南响堂山诸窟所见，柱身饰一至二道束莲，第1、2窟窟门两侧柱身在束莲外又加饰缠龙。柱头雕刻用起突手法，火珠近半球状，珠焰有较大厚度。

北响堂中窟和南响堂第7窟中则出现一种珠焰环绕珠体的圆盘式火珠造型，珠焰表面阴刻冋纹（勾云纹），为响堂山特有的样式，他处未见。

巩县石窟寺唐龙朔元年第219龛龛柱珠焰表面阴刻火焰纹、柱端与柱中皆饰束莲、柱身刻竖向凹槽的样式，也为该处所特有；其右下方小龛龛柱的造型与之略同，只是珠体形状转为心形（类似的珠体形象又见于日本弥弘博物馆所藏北齐石刻中的帐顶中心饰物）。雕刻手法中明显带有压地与平钑的特点。

这种造型风格与雕刻手法的差异，其一或反映为各例之间存在雕造规格上的差异，如麦积山第43窟为文帝后瘗窟，北响堂北窟为高齐皇室所开，故创意不凡、工艺精湛、造型瑰丽；其二或反映为不同地区的流行样式，如麦积山石窟中的火珠造型基本统一，柱身较少装饰；而响堂山石窟和巩县石窟所见，珠焰刻纹与柱身装饰较多；其三或反映为该柱式在流行过程中的衍化与演变，如以地域相近的嵩岳寺塔底层倚柱与巩县石窟寺龙朔小龛龛柱相比较（相距约40公里），前者造型规整、比例精当、立体凸雕、风格简洁，后者则纤弱而粗率，手法类于平面线刻。对照敦煌初唐壁画中所见的“花柱”，可以看出造型风格由简洁而繁缛，由粗壮而纤弱的变化趋势。

至于柱端除垂莲外的各种不同饰物，如成都南朝造像中呈盘状（因图片清晰度所限，火珠下部盘形底托及柱脚的形式无法细辨），麦积山第144窟龛柱和南响堂1窟造像中用束带，麦积山第27、14窟龛柱用仰莲等，似乎与年代之间缺乏对应关系，但各种柱端饰物对于柱头火珠来说均保持为一种合理的承托物造型形态，唯巩县石窟寺唐龙朔小龛龛柱将通常饰于柱身中部的束莲纹移用于柱端，似属该柱式的流行进入式微期后出现的无规则现象。

五

嵩岳寺即北魏嵩高闲居寺，隋代改今名（图13）。据史料记载，始建于北魏宣武帝永平年间（508—511年），为皇室所建[7]。孝明帝正光元年（520）正式榜题寺名，并大肆扩建，佛塔的创建也应在此时。同年七月，朝中变乱，工程搁置。大约到正光四年（523）才又重新开始[8]。近年在塔下地宫中发现刻有（大魏正光四年）铭记的佛像，塔下地宫与塔身用砖的热释光测定，数据中有年代距今1560（1580）±160年者[9]，即上下限在292（272）—592（612）年。

近年有学者对嵩岳寺塔的建造年代提出质疑，认为该塔非北魏末年所建，而应是建于唐开元二十一年（733）[10]。遗憾的是，在其一系列论证中，未能注重嵩岳寺塔本身提供的证据。

依据前述火珠垂莲柱式的流行时段与演变特点，则嵩岳寺塔的建造既不可能早至北魏太和年间，也不可能晚至东魏北齐，只能是在北魏晚期。这与该塔地宫出土北魏正光四年造像的现象相符，也证明建筑史界公认的北魏正光四年建塔的结论无误。其实不仅仅是火珠柱式，塔身底层的另外一些装饰样式如火焰门券、单层砖雕小塔等的造型，也都具有与火珠垂莲柱式相一致的时代特征，其中小塔塔身上部与塔顶蕉叶纹饰的造型特点，又见于河南安阳灵泉寺道凭法师灰塔（北齐河清二年，563年），以及南响堂第3窟（北齐末年，窟内未完工）窟顶，亦属北朝晚期所特有，其后实例中未再得见的样式之一。

除此之外，还必须注意的是：嵩岳寺塔底层的设计手法也与唐代密檐塔全然不同。

嵩岳寺塔的底层可分为截然不同的上下两部分，下部外壁素平，上部装饰华丽，唯门券上下贯通。尽管目前尚不明了这种上下分层的实际含义，但明确可知在设计建造此

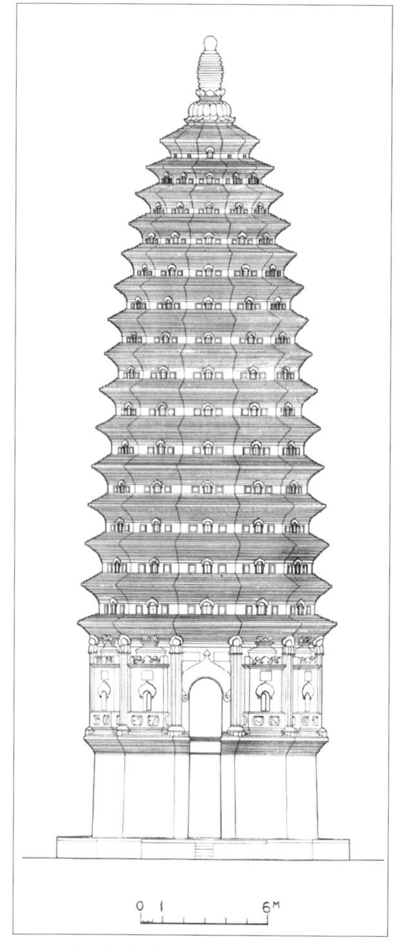

图13 河南登封北魏嵩岳寺塔立面图

图14 河南登封唐代法王寺塔

图15 敦煌莫高窟隋302窟西披壁画小塔

塔时，对塔身底层的外观是极端重视的。十二边形平面，转角火珠垂莲倚柱、四面火焰券门以及其余八面的砖雕小塔，风格瑰丽庄重。

而现存各例密檐唐塔，底层塔身平面一律为方形，外壁面无任何装饰，如河南登封法王寺塔（图14）；同时，据各例的底层塔身比例以及外壁面上的残存卯口可知，当时流行的是抬高底层塔身并在其外设置木构檐廊（副阶周匝）的做法。据贞观五年（631）所建的扶风法门寺塔遗址，以及敦煌隋代壁画中的佛塔形象，推测这种做法应是始自隋代（图15）。

因此可以认为，北魏嵩岳寺塔与现存唐代密檐塔之间，从平面形式到立面构造处理以至装饰风格，都存有极大差异，是两种完全不同、各具特点的密檐佛塔样式。

结　　语

火珠垂莲柱式是流行于北朝晚期的一种装饰样式，流行时限大约在北魏末年至隋代之间（约520—620年）。它的出现可能与北朝社会受南朝盛行弥勒信仰的影响有关。该柱式的样式与风格在流行过程中有所变化，主要表现为由简趋繁（后期则流于纤弱粗率）。据已知实例的造型、风格变化特点，可基本判定带有该柱式造型的建筑物、石刻造像等所处的时代。

特定的装饰风格应是判断建筑物年代的可靠依据。即便是刻意仿古，也不可避免地会在大处或小处（整体或细部）露出一如古代器物、书画鉴定中所见的种种作伪迹象。故对于装饰样式及风格衍变的研究，有其特定的意义。但这种研究，必须本着实事求是的态度，在对尽可能广泛、详细的资料进行客观的分析与比较的基础上作出。本文是试图以这种方式对北朝晚期建筑样式与装饰风格进行探讨的一个开端，恳切希望得到建筑史并考古、历史学界诸位大家及同好的指教与帮助。

注释

[1]据《资治通鉴》卷160。

[2]据《续高僧传·明芬传》。

[3]据第2窟外壁隋《滏山石窟之碑》。

[4]上海古籍出版社1995年影印版。

[5]中华书局排印本第三册792页。

[6]《考古学报》1989年第4期。

[7]《魏书》卷90〈冯亮传〉："亮既雅爱山水，又兼巧思，……世宗给其工力，令与沙门统僧暹、河南尹甄琛等，周视嵩高形胜之处，遂造闲居佛寺。林泉既奇，营制又美，曲尽山居之妙。"中华书局标点本，⑥P. 1931。下文记冯亮于延昌二年（513）冬卒于嵩高道场寺，则闲居寺的造立，应在永平年间（508—

511）。同书卷16《元叉传》：“正光五年（524）秋，灵太后对肃宗谓群臣曰：‘隔绝我母子，不听我往来儿间，复何用我为？放我出家，我当永绝人间，修道于嵩高闲居寺。先帝圣鉴，鉴于未然，本营此寺者，正为我今日’。”②P.405。

[8]《魏书》卷9《肃宗本纪》记神龟二年（519）“九月庚寅，皇太后幸嵩高山”。中华书局标点本，① P.229。同卷又记正光元年秋七月，侍中元叉、中侍中刘腾“幽皇太后于北宫，杀太尉清河王怿，总勒禁旅，决事殿中”。同上P.230。至正光四年（523）刘腾死后，太后返政。事见《肃宗纪》、《元叉传》、《宣武灵皇后胡氏传》等。依此闲居寺的扩建，应在正光四年以后方有可能顺利进行，故佛塔的实际创立年代，也应以正光四年为宜。

[9]河南省古代建筑保护研究所：《登封嵩岳寺塔地宫清理简报》。《文物》1992年第1期。

[10]曹汛：《嵩岳寺塔建于唐代》《建筑学报》1996年第6期。

安阳灵泉寺北齐双石塔再探讨

安阳灵泉寺北齐双石塔再探讨

（原载《文物》2008年第1期）

在安阳灵泉寺西侧台地上，有两座东西并立的小石塔。西塔正面有“大齐河清二年三月十七日”、“宝山寺大论师凭法师烧身塔”题铭二道；东塔无题铭，但体量、形式皆与西塔基本相同。故世人一直以“北齐双石塔”相称（图1）。

近年有学者对石塔的年代提出质疑，认为其建造年代不在北齐，而应在唐永徽元年至七年间，塔上的题记年款则为宋人伪刻[1]。

图1—1 灵泉寺东西双塔

图1—2 西塔

图1—3 东塔

从今天回溯一千多年前的事物，如果还能够一下子看得很明白，那是天大的运气。而看不明白，或看法不一致，则是再正常不过的事情。实际上，只要还有考证的可能，也是一种运气。繁复细琐并不可怕，有时甚至必要，怕的是无证可考。

这两座石塔留存至今的历史信息，大致有题铭（字体和内容）、外观形式、双塔格局等等。本人曾于2001年5月往灵泉寺考察，但由于石塔周围加设了护栏，未能就近观察测绘，故本文主要参照《宝山灵泉寺》一书中所提供的各项资料与数据。

本文拟在这些历史信息的基础上，对照其他相关资料，对它们的建造年代进行探讨，主要阐明以下两个观点：

一是通过对西塔题铭的分析，确认其建造年代与题铭年代相符，为北齐河清二年（563）；

二是通过对东西二塔外观样式的分析比较，推测东塔为后人仿建，其建造年代至少要比西塔晚百年以上。

一 对西塔题铭的分析

（一）题铭字体与笔迹

1. 西塔题铭

西塔正面刻有两条题铭：

一在正壁券门东侧，竖行，11字：“大齐河清二年三月十七日”。

一在正壁券门上端，横行，12字：“宝山寺大论师凭法师烧身塔”（图2）。

仔细分析字体与笔迹，可以发现这两条题铭中的字迹大小基本相同，分布均匀，字体统一，唯笔迹粗细有变化：第1条中后2字与前9字相比，笔迹较为纤细；第2条中的字体笔迹则与第1条后2字相一致，均属纤细。

据此可以作出两点推测：

图2 西塔题铭

图3 修定寺出土北齐舍利函题铭

一是两条题铭不是同时、同工所刻，而是曾间隔了一段时间。刻完第一条的前9字之后，因某种原因，更换了刻工。但从题铭总体来看，第二次刻铭仍然依照原有书丹镌刻，故字体未变。

二是第1条题铭前9字“大齐河清二年三月十七日”，应与石塔的建造年代相关。若是后人假托，不会出现这种字体不变而笔迹变化的情况。而或许是由于时局动乱的缘故，齐隋之际的确存在这种中断之后再行续刻题铭的情况（见下文）。

以下选择安阳修定寺所出舍利石函底座上的题铭，以及同寺摩崖龛塔上的题铭数例与西塔题铭试作比较。

2. 与修定寺舍利石函题铭的比较

与双石塔相距30余里的修定寺中，出有舍利石函，上有四面题铭（图3）。

第一面字体、笔迹统一，字迹大小、分布基本均匀，记为“释迦牟尼佛舍利塔……天保五年岁次甲戌四月丙辰八日癸亥大齐皇帝供养尚书令平阳王高淹供养”。第二面前半字体、笔迹与第一面相同，唯字体稍大，记为“王母太妃尼法藏供养……平阳王妃冯供养”等内廷供养人。自第二面后半开始，题铭字体完全改变，记为“武平七年正月廿日逢周武帝破灭佛法至大隋国……”，知为隋人续刻。

图4 灵泉寺唐代龛塔题铭

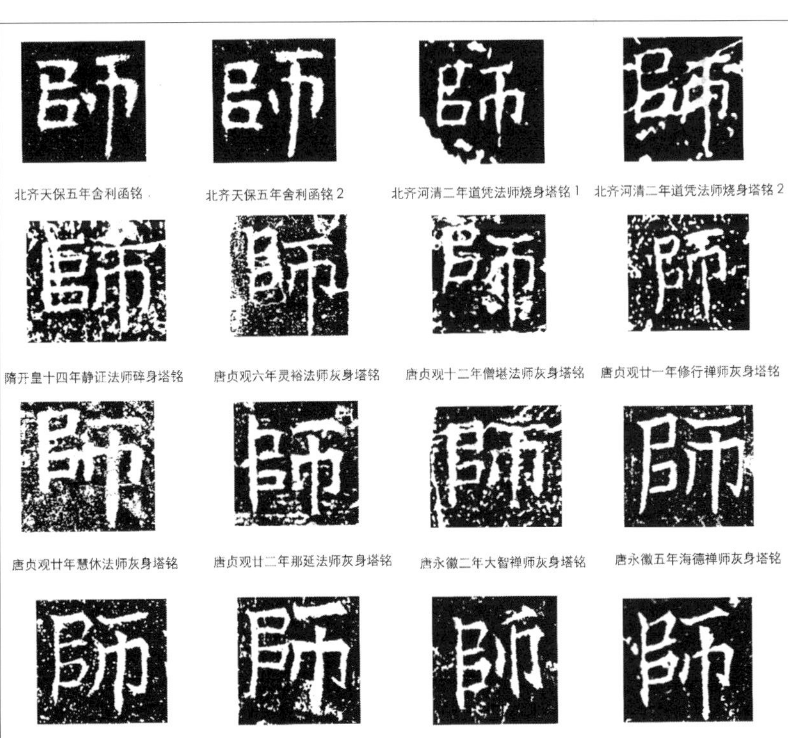

图5 “师”字比较

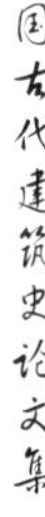

以之与上述西塔题铭相较，可以看出：

西塔第一条题铭与舍利石函第一面及第二面前半题铭的字体相同，尤以第一面的“齐”字和第二面的“师”字完全一致。其中特别值得注意的是“师”字左旁的写法是上下不出头的（图5）。

3. 与摩崖龛塔题铭的比较

灵泉寺摩崖龛塔的开凿年代是在隋开皇至唐开元之间（约6世纪末至8世纪中，150年间）。选择其中字迹清晰者进行比较，可以发现其间字体变化较大，写法多有不同（图4）。特别是“师”字左旁的写法，变化尤为明显。或上下出头，或上添一横，虽有个别出头较少，但从整体趋势分析判断，与北齐舍利石函和西塔题铭中的字体有着显著的不同（图5）。

归纳上述，值得注意两点：

一是西塔题铭的镌刻曾经中断。

二是西塔题铭中“师”字的写法，与修定寺舍利函相同而与灵泉寺隋唐龛塔明显不同。

由此推断，西塔题铭的年代应为北齐，不可能晚至隋唐以后。即使因接续原有书丹而无法确定第二条题铭续刻的年代，也不致影响对该塔题铭年代的判断。

（二）题铭内容

西塔题铭中，有以下几点值得注意：

1. 宝山寺

《高僧传》卷十《邺西宝山寺释道凭传四》记：“以齐天保十年三月七日卒于邺城西南宝山寺，春秋七十有二。”又据北宋绍圣元年《有隋相州天禧镇宝山灵泉寺传法高僧灵裕法师传并序》记载，宝山寺创建于东魏武定四年（546），隋开皇十一年（591）改名为灵泉寺[2]。可知西塔题铭与史载相吻合。

2. 无“故”字

查灵泉寺隋唐摩崖龛塔题铭，僧人名讳之前皆有“故”字，典型格式为“××寺故大××法师灰身塔”。西塔题铭中则无“故”字，显见与隋唐龛塔不同。

3. 烧身塔

僧人行烧身（荼毗）之法，迄自东晋，下至宋代。但遍查《宝山灵泉寺》一书中所载隋唐龛塔题铭，不见“烧身塔”之名。尤其是入唐之后，绝大多数为“灰身塔”，极少数见有“散身塔”、“灵塔”诸称，至盛唐之后又见有“像塔”、“影塔”之称。书中见有明确塔名的题铭，宝山区29例，其中“灰身塔”19例、“支（枝）提塔”5例、“碎身塔”1例、“像塔”2例、“影塔”2例；岚峰山区35例，其中“灰身塔（窣堵）”33例、“灵塔”1例、“散身塔”1例。合计64例，“灰身塔”52例，占81%。

因此，“烧身塔”也是西塔题铭与隋唐龛塔明显不同而值得注意之处。

4.河清二年

据传记，道凭大师逝于天保十年（559），而西塔题铭为河清二年（563），时隔四年。按当时僧人死后经年方荼毗入塔者史载不乏。如与道凭大师同时的邺西云门寺僧稠大师，逝于北齐乾明元年（560）四月，荼毗立塔是在一年之后（皇建二年，561）[3]；宝山65号智×论师灰身塔铭记其卒于贞观十六年，贞观十八年建塔；宝山108号方律师像塔题铭记其卒于开元十年，开元十五年起塔安葬；宝山74号比丘慈明支提塔龛题铭记其卒于开皇十四年（594），建塔在仁寿三年（603），相隔近10年；而逝于隋大业元年（605）的灵裕大师，其龛塔的建造已是唐贞观六年（632），相隔竟达27年！

故依西塔题铭所记，道凭大师逝后四年烧身入塔或事出有因，但亦未出情理之外。

归纳上述，西塔题铭内容与有关道凭大师的文献记载相符，而与灵泉寺隋唐龛塔题铭有明显区别，故题铭年代亦即建塔年代不可能是在唐代。

二 东西塔外观样式的分析比较

西塔的外观样式是一种方形塔身、单层覆钵塔顶的小塔。据所知资料，这种小塔样式的出现始于北魏晚期，流行于北齐。在云冈三期窟中可以看到这种小塔的形象；又见于河南登封嵩岳寺塔底层各面所雕小塔，所不同的是未雕塔刹；龙门北朝石窟和南北响堂山中的浮雕小塔亦属此类[4]（图6），甚至北响堂山南窟以及南响堂山第7窟外观所表现的实际上都是这种小塔周圈加设木构檐廊的形象。只是这些塔的塔身内外大都雕有佛像与胁侍等，是佛塔，而西塔则是沿袭这种小塔样式用作僧人墓塔之例。在灵泉寺僧人灰身龛塔中，这种小塔样式一直沿用至初唐（约650年前后，见表1）。其中细部造型与西塔相似者，集中在唐贞观廿三年至永徽七年（649－656年）这一时段（图7）。

一种造型样式的流行，总会经过滥觞、成熟、程式化诸阶段。其发展、衰没自应有轨迹可寻。而作品造型样式之优劣以及其历史和艺术价值之高下，则与其发展阶段密切相关，一般说来，处于滥觞和成熟期的作品价值较高，进入程式化阶段以后者相对低下。而作品总体比例的和谐、形式构成的合理、纹饰线条的流畅、制作手法的娴熟等，都可以作为进一步考量作品以及判别其价值高下的种种依准。但如果不是处于该类样式的发展阶段之中而是后人仿制的结果，便只有仿制水平的高低之分，谈不上历史和艺术价值了。

东西塔的外观形式颇为相似，体量及也基本相同，但是仔细观察，可以发现两者之间存在着一些重要的差异，换句话说，是一些同时期建造物之间不应有的差异。其中东塔的图形规范程度以及雕工熟练程度都与西塔相差甚远。

图6-1 云冈第14窟南壁小塔

图6-2 嵩岳寺塔底屋小塔

图6-3 龙门第1034窟南壁小塔

图7-1 灵泉寺唐永徽年间龛塔

图7-2 灵泉寺唐永徽年间龛塔(局部)

表1　采用单层覆钵顶小塔造型的龛塔

编号	塔铭	年代	与西塔细部造型比较
宝3	道正法师支提塔	隋开皇十年（590）	无受花
宝68	比丘道寂颠生安乐灰身塔	隋仁寿元年（601）	无受花
宝72	—	唐贞观廿三年（649）	相似
宝76	故优婆塞张容子灰身塔	唐永徽元年（650）	相似
宝66	光天寺故大上座慧登法师灰身塔	唐永徽五年（654）	相似
宝32	—	唐永徽七年（656）*	相似
宝93	清信士冯仁×灰身塔	唐显庆二年（657）	受花不用忍冬纹
宝63	—	不明	相似
宝87	—	不明	受花不用忍冬纹
岚45	光天寺故大比丘尼普相法师灰身塔	唐贞观十八年（644）	无受花
岚54	圣道寺故大比丘尼××法师灰身塔	唐永徽六年（655）	相似，基座雕对狮

*图中注为十一年，误，应为永徽七年，年底改年号为显庆元年。

1. 刹下受花

西塔刹下受花采用忍冬纹和当中卷涡纹的组合。据云冈二期浮雕佛塔相应部位的造型（图8），可以看出其形式逐渐演变进而程式化的轨迹，当中对卷的涡纹实际上是两端外卷的叶片相对挨近简化而成。这种样式流行于北朝后期，见于嵩岳寺塔底层各面砖雕龛塔顶部（图9）、南响堂山3窟顶部等处。自西塔以至唐永徽年间的龛塔，则形成忍冬纹、卷涡纹的分布组合，成为该样式的一种程式化做法。

图8 云冈北魏雕刻佛塔刹座

与西塔相比，东塔刹下受花的高度明显加高，由此导致整体比例的改变，以及当中的卷涡曲线不再自然流畅，而带有硬性上折的特点。

图9 北魏嵩岳寺塔底层小塔刹座

另外，西塔受花的底部并不是直接坐于覆钵之上，其间有平头作为过渡，这一做法与嵩岳寺塔底层各面小塔相同，实际上是由通常所见北朝佛塔形象中的刹下须弥坐演化而来，是符合佛塔实际构造的做法。在采用同一造型的灵泉寺唐代龛塔中，即便比例、雕工不精，但在该处却无一例外地保留了这一特点；而东塔的受花竟然是直接坐于覆钵之上，显然缺乏逻辑关系（图10）。

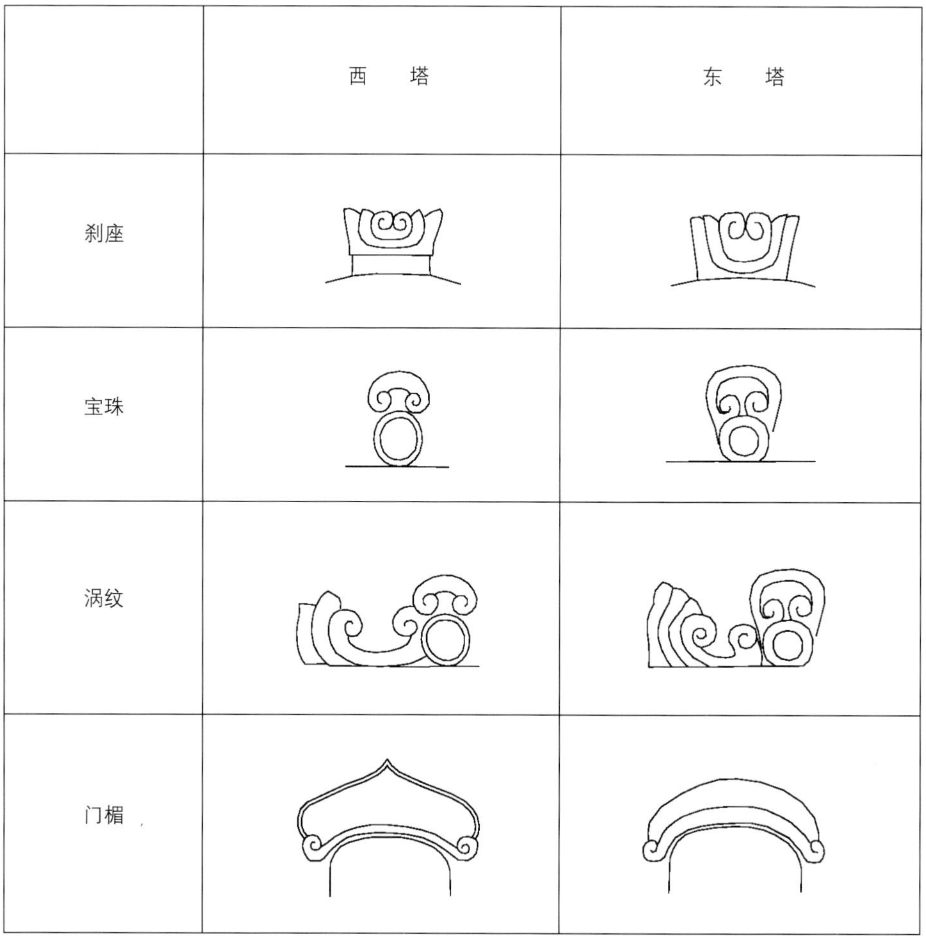

	西　塔	东　塔
刹座		
宝珠		
涡纹		
门楣		

图10 灵泉寺东西塔细部比较

2. 檐部

西塔檐部采用角部忍冬纹、当中宝珠纹加卷涡纹的组合。塔檐角部用忍冬纹是北朝后期小塔中常见的样式之一（另外一种是用山花蕉叶），如北响堂山南窟和龙门小塔，但当中用圆形宝珠两侧加向上卷曲的涡纹，同时与宝珠上方向下卷曲的涡纹相叠相续，共同形成云头状纹饰。只种纹饰只见于灵泉寺诸塔，亦应为一种晚期出现的程式化样式。

与西塔相比，东塔这部分的文饰结构有较大改变。塔檐两端忍冬叶数量增多、正中的宝珠造型内径缩小，上方向下卷曲的涡纹加高，特别是宝珠两侧的涡纹卷曲方向发生改变，不是两端向内对卷，而是靠宝珠一端向外翻卷，且与宝珠上方的涡纹之间完全脱开，不存在关联，显得既不合理也不协调，同样也与隋唐龛塔所延续的程式化做法不相吻合（图10）。

3. 门楣

西塔门楣采用北朝后期流行且在隋唐龛塔中仍大量沿用的火焰券，

东塔使用圆弧券，这种券楣在隋唐龛塔中也很少见到，不知所本（图10）。

4. 比例

两者的外观比例也有所不同。据书中测绘线图，东塔的塔檐出挑比西塔为小，塔身也较西塔略窄，从整体上看，东塔较西塔更为瘦高。但东塔的塔门却比西塔宽了4厘米，因此塔门占塔身立面的比例，要比西塔大得多，这是一个不小的变化，或许与塔内像设的体量相关。

两者相较，西塔的整体比例和各部分之间的相互关系较为协调舒展，而东塔则相对生硬局促。由于书中提供的数据不全，测绘图上也未注比例尺，因此尚无法作进一步的详细分析。

石塔的建造方式有两种可能，一是将石材运到山上，就地凿造；二是描绘图样，在石材加工地凿就之后运往山上安装。由于石塔的工程量及所费时日远大于龛塔，且从立塔处的环境考虑，也理应受到尊重。因此推想东塔的建造很可能是采取后者做法，而上述东西塔之间外观上的种种差异，便应与图样的描绘转达以及匠人的师承渊源、技艺水平有关。

价值的发掘往往在于比较。西塔本是一座普通的小型石塔，并无特殊的艺术价值，但一经与东塔相比，便突现出造型、比例、雕饰等诸方面的优势，加深了人们对它的认识，突显出其作为北朝晚期具有一定代表性的典型程式化作品所应有的历史文物价值。

三 对东西塔格局的分析

灵泉寺僧人墓塔除大量的摩崖龛塔之外，只有这两座小石塔，可知是为寺院历史上最负盛名者所立。从二塔体量相同、东西并列的格局来看，东塔所供奉的也必是一位与道凭大师地位相当的高僧大德，而不可能是一般高僧，更不可能是普通僧人。

在唐初终南山律宗大师道宣撰写的《续高僧传》中，安阳宝山寺（隋灵泉寺）只有两位高僧忝列其中。一位是道凭大师，另一位是齐隋之际的灵裕大师[5]。但在灵泉寺龛塔群中，已见灵裕大师的灰身塔（编号为宝山59号，图）。该塔题铭为"灵裕法师灰身塔　大唐贞观六年（632）岁次壬辰八月……"，是灵泉寺现存（宝山及岚峰山二区）13座高度在160厘米以上的龛塔中年代最早的一座（见表2）。与僧传所载是否为同一座塔，还不能确认，但据龛塔体量及题铭，可知确为灵裕法师所建无疑。试想，如果东塔确是在灵裕大师逝后为其所建，便没有必要再开凿龛塔；若不是为灵裕大师所建，在寺史上又的确再没有哪位高僧具有与道凭大师比肩的地位。

表2　宝山灵泉寺大体量龛塔表（高度在160厘米以上者）

	编号	高度	题铭一	题铭二
1	宝山59	162.5	灵裕法师灰身塔	大唐贞观六年岁次壬辰八月……
2	宝山80	163	故大僧堪法师灰身塔	大唐贞观十二年四月八日造
3	岚峰山47	216.5	光天寺故大比丘尼僧顺禅师散身塔	大唐贞观十四年
4	岚峰山25	160	唐故慧静法师灵塔	大唐贞观十五年
5	岚峰山42	164	圣道寺大比丘尼静感禅师灰身塔	贞观廿年三月廿一日
6	宝山79	160	报应寺故大海云法师灰身塔	大唐贞观廿年四月八日敬造
7	宝山110	165.5	……开元十三年	—
8	宝山104	173	—	—
9	宝山108	173.5	故方律师像塔之铭	—
10	宝山109	161	大唐相州安阳县大云寺故大德××法师影塔之铭并序	—
11	宝山111	175.5	—	—
12	宝山112	169.5	—	—
13	岚峰山26	172.5	慈润寺故大慧休法师灰身塔	……一年

注：表中数据取自《宝山灵泉寺》图七十五～七十八，表中各例有确切年代者按早晚排序，无年代者按编号排序。

依此推测，则东塔的建造或许是出于后人对灵裕大师历史地位的崇敬与追认，其年代应在灵裕龛塔凿就之后，也就是唐贞观六年（632）之后。再进一步据东塔与灵泉寺龛塔中采用同一样式者造型上的出入之处推测，东塔的年代还应在唐永徽、显庆年（660）之后，也就是说，至少要比西塔晚百年以上。寺内现存宋代碑文记载北宋绍圣元年（1094）时就曾有人于"寺东南隅岭麓之上"为灵裕大师立塔设像[6]，在本单位（建筑历史研究所）保存40年的灵泉寺图片资料中，也见有两处灵裕大师塔（图11，其中一处传为宋人所建），则东塔的建造很可能也是出于同样的目的。当然这只是一

图11 灵泉寺后人所建灵裕法师塔

种猜想，其中尚有诸多难以解决的问题，有待进一步探究，如塔身为何无题铭、其确切建造年代等。

总之，西塔的建造年代是北齐河清二年（563）无疑，东塔的建造应晚于西塔，但具体年代尚难推定，这是本文初步探讨得出的结论。由于本人知识结构所限，特别是有关历代书体，素无研究，也未及查对更多资料，还望大家不吝赐教。

2004年8月初稿，2007年4月改定

注释

[1]曹汛：《走进年代学》，《建筑师》109期，2004年6月出版。

[2]《有隋相州天禧镇宝山灵泉寺传法高僧灵裕法师传并序》："开皇十一年……宝山寺御自注额改号灵泉寺，盖取八山之泉、师之上字，合以为称。"

[3]《高僧传》卷十九。

[4]《龙门石窟雕刻粹编·佛塔》杨超杰，严辉著，中国大百科全书出版社，2002年。

[5]《续高僧传》卷十：邺西宝山寺释道凭传："以齐天保十年三月七日卒于邺城西南宝山寺 春秋七十有二。"《续高僧传》卷十一：相州演空寺释灵裕传："宝山一寺。裕之经始，（娄）叡为施主。……奄终于演空寺焉。春秋八十有八。即大业元年正月二十二日也。哀动山寺。即殡于宝山灵泉寺侧。起塔崇焉。"

[6]灵泉寺内现存《有隋相州天禧镇宝山灵泉寺传法高僧灵裕法师传并序》，记"安东王娄睿……为戒师造宝山寺以居之"，"开皇十一年……宝山寺御自注额改号灵泉寺，盖取八山之泉、师之上字，合以为称"，"信士郭文真[率]众于寺之东南隅岭麓之上建塔设像，[令]好古观风之士瞻仰有归矣。时绍圣元年（1094）十二月八日释德殊叙并题额"。

集安高句丽早期壁画墓建筑因素探讨

集安高句丽早期壁画墓建筑因素探讨

中国高句丽王城、王陵及贵族墓葬已于2004年列入世界遗产名录，诸多报刊纷纷登载相关的图片资料与介绍文字，使这批富含历史文化信息的重要遗产在获得文物保护最高级别地位的同时，在前所未有的广泛程度上受到世人瞩目，这无疑也将促进对这批文化遗产的更为广泛深入的研究。

东汉时期盛行于中原地区的以绘制壁画为主要特征之一的厚葬风气，至曹魏时由于统治者力倡薄葬而废止，迄至北朝中期，中原及周围地区的壁画墓几乎绝迹[1]，直到北魏迁洛之后（五六世纪之交，约逾300年），才重又复兴，并下延至唐辽时期。而在集安高句丽墓葬中，壁画墓的始兴却是在4世纪中～5世纪初，约当东晋十六国[2]，正值中原地区壁画墓萧落之时。

集安高句丽墓葬中，绘有壁画的计20座，绝大多数是封土石室墓，依据墓室结构、壁画内容和绘画技法等，考古界对壁画墓进行了分期，其中划为早期者为万宝汀1368号、角抵墓和舞踊墓3座。这3座墓室的壁画中，除了沿袭东汉壁画墓中的一些基本内容如表现墓主生前生活场景及天文星象之外，还出现了一些在汉墓中尚未见知的因素，如墓室四隅四壁绘出的柱枋斗栱等。其意向应与汉墓中顶部绘出天花藻井、壁面雕绘开启门扇相同，都是将墓室表现为墓主生前所居住的建筑物，只是墓室建筑化处理的方式、建筑构件及装饰物的形象与汉墓皆有不同，而年代相近的实例也正为中原及周围地区所缺，故这些资料对于建筑史研究来说尤显珍贵。

本文拟对高句丽早期壁画墓中表现建筑意向的有关资料作一归纳和分析，以补益建筑历史中该时段建筑实物与形象资料之不足，并通过分析比较，获得对高句丽建筑文化与汉晋之间关系的一些初步认识。

在高句丽早期壁画墓中，个人所关注到的建筑因素大致有表现方式（建筑结构类型）、组合特点（建筑构件样式）、构件色彩、装饰图案诸方面。

一 表现方式（建筑结构类型）

这三座早期墓葬的墓室都是方形平面、直壁、攒尖顶石构。壁面和四隅均绘有立柱与枋额的形象，在柱、枋的结合部位则绘有垫木或斗栱。枋额以上即是采用叠涩方式垒砌的墓顶。万宝汀M1386的墓顶绘有平綦，角抵、舞踊二墓依照斗八叠涩的石材表面绘有走兽仙人及各种图案。由此可知，壁画中所表现的只是木构建筑物屋身部分的结构主体，或者说，其中所表达的应是写仿木构建筑内部空间的意向。这样一方面可使墓室展现为建筑物的室内，同时又可通过壁画表现室外场景，可以将这种方式理解为是与石室

图1 角抵墓主壁壁画

图2 舞踊墓内景

墓的平面、结构相适从的一种简化了的示意性表现方式。

在角抵、舞踊二墓中，只绘有四隅的角柱，壁面当中没有柱子，应是表现为单开间的建筑物（图1、图2）；在万宝汀M1386中，除了四隅立柱外，四壁当中也绘有立柱，似乎表现为枋下加柱的结构做法，且枋柱交接处无斗栱，只作替木状[3]，柱子的宽度也较小（图3）。结合墓室的空间形式和尺度，以及墓室四壁的壁画内容加以考察，可以认为采用这样的表现方式是适当的，从中还可体会到墓室建筑与木构建筑物在设计尺度以及等级规格上的对应关系。角抵墓的平面基本为方形，边长在3.2米左右，正是一般建筑物常用的开间尺度，同时也满足在壁面上绘制夫妻对坐图、狩猎图等整幅图形的要求（图1）。M1386的墓室平面规格为3.2×2.44米（按中原晋尺的长度，为13×10尺），也在一般建筑的开间正常尺度范围之内，之所以处理为枋下加柱，有可能表现为规格较低因而构件用材较小需要附加支撑的建筑形象，此点在构件色彩处理上也可得到证实（见下文）。

考察比较洛阳地区的西晋墓空间尺度，墓室的宽度一般也在2.6～3.2米[4]。尽管洛阳西晋墓中未见壁画墓做法，但墓室空间尺度的一致性表明墓室宽度与木构建筑物的开间尺度之间很可能有着对应的关系，即设计和建造中可能采用相同或相近的数值。

再比较洛阳金谷园新莽墓，其中已出现壁面彩绘立柱、枋额，墓顶穹隆，上绘云鹤等；顶中藻井，绘日月之象[5]。则可知高句丽壁画墓的渊源仍是中原汉墓。

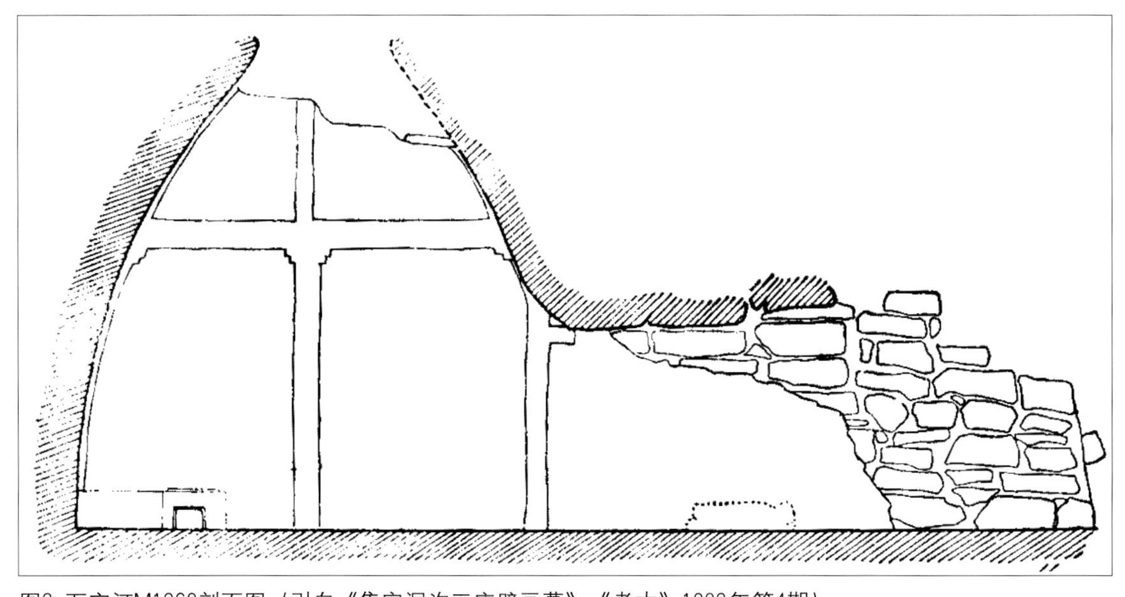

图3 万宝汀M1368剖面图（引自《集安洞沟三座壁画墓》《考古》1983年第4期）

二 组合特点（建筑构件样式）

角抵墓、舞踊墓中所见的建筑构件形式及其组合样式，有以下特点：

1. 斗底皿板：斗的形式为耳平特高，欹矮，与后来常见者比例不同，而最明显的特征是表现为斗底垫有皿板。不过仅见于柱头栌斗和横栱端头小斗下，而不见于横栱当心斗下。从笔触上则可以看出是在斗形绘制完成之后再在底部两侧加绘两笔而成（图4）。

已知斗底皿板最早的形象资料或许是四川汉代崖墓和河南出土的汉代明器陶楼。北朝石窟中见有大量斗底皿板形象，其中龙门古阳洞屋形龛中所见者与高句丽墓室所绘相近。皿板的形象到隋唐石窟中便见不到了，一般公认为是反映了魏晋南北朝时期特有的一种做法，之后逐渐弃用。而据现存木构实例，又可知这种做法在福建等边远地区仍下延至宋代以后，被视为一种存有古意的地域性建筑特点。

2. 栱头斜切：角抵、舞踊墓中均可见栱头下部通常作卷杀处理的部位呈斜切状，以角抵墓中最为明显（图4），栱身上部作和缓下凹。这种形式的栱头虽然也见于沂南汉墓，但高句丽墓中所见还是与洛阳龙门石窟北魏古阳洞屋形龛中的斗栱更为类似（图5），而且在北魏迁洛之前开凿的云冈石窟中也并未出现。结合皿板样式的类同，颇疑这种栱头处理方式或与龙门屋形龛出于同一来源，即当时木构建筑相对发达的东晋南朝地区。而舞踊、角抵墓的年代，推测也应以5世纪初较为合理，即东晋孝武帝太元三年

图4 角抵墓壁画中的斗栱（谷德平摄）

图5 龙门古阳洞屋形龛斗栱（引自《中国石窟·龙门石窟》）

（378）营建康宫室之后[6]。

3.立柱横栱承枋额：角抵、舞踊墓中所表现的构件组合方式，均为立柱上承栌斗托横栱，横栱之上再托枋额。这是隋唐以前木构建筑中最重要的构件组合特点之一，从隋唐之际开始向立柱与枋额相交接的做法过渡。

另外，墓室四隅所绘柱身，表现的是单一角柱，而不是汉阙及汉墓明器中常见的双柱；同时斗栱的尺度与柱身相比十分硕大。这些也均可视为汉唐之间建筑的时代特征。

三 构件色彩

依据壁画中的构件形状，并与国内各地已知的汉代及魏晋墓室壁画相比较（如内蒙古和林格尔汉墓中涂作赭红色的建筑构件与建筑物形象），可知高句丽早期三座墓室中所表现的均为采用木质建筑构件的建筑物形象。

但是三墓中绘制建筑构件时所用的色彩却有所不同。角抵与舞踊二墓壁画中的柱子、斗栱和枋额，均以单一的赭红色描绘，有些部分可以看出是在赭红底上又压一道赭黑色，其上没有发现更进一步的细部纹样；而万宝汀M1368中四壁的柱子、横枋及顶部的平棊枋格，均以墨色线条表示。以往这种做法曾被认为是年代较早的特征，但现在公认该墓与角抵、舞踊墓同属早期，年代均在四五世纪前后。结合前面所说墓室空间尺度上的差别，便令人怀疑这种色彩上的差别也可能是反映了墓主人社会地位的高低。即角抵、舞踊二墓为贵族墓葬，而万宝汀M1368则应为平民墓葬。

由此推想，当时高句丽地区或已通行这样的建筑规制：普通百姓的房屋梁架只能使用墨色涂饰，只有具备一定社会地位者才能在木构建筑构件的表面使用赭红色涂饰。同样，万宝汀M1368中也只有梁柱的简单结合而没有出现斗栱的形象，也应是平民建筑与贵族建筑之间的一种差别。也就是说，高句丽壁画墓中所绘制的仿木梁架样式及色彩，反映为该地区建筑文化以及营造规制上的特点，而这种特点又可能与中原地区存在着密切的联系。这对于实例不存时期（唐以前）的建筑色彩研究，是颇为重要的形象资料。

四 装饰图案

一般说来，墓室壁画中的许多内容，如天象、四神等，通常不会用于一般建筑物；但壁画中的一些图案，有可能会表示建筑物上的饰物或即为建筑物中使用的装饰图案。

高句丽早期壁画墓中有一种特殊的图案形式颇为引人注目。在角抵、舞踊二墓中，沿着墓室四壁绘出的枋额之上，都绘有一圈连续的装饰图案，图案单元是一种内外多层

图6 舞踊墓主壁壁画

图7 舞踊墓壁画中的帐饰

图8—1 云冈第10窟西壁屋形龛局部

图8—2 云冈第9窟窟门局部

图8 云冈二期窟中的屋顶形象（引自《中国石窟·云冈石窟》）

纹样组合而成的等腰三角形，外层为火焰纹，内层以卷云纹为主；图案的高度超过枋额的高度；相邻单元采用间色的色彩处理方式，一用黑、一用朱（图1、图2）。在一根枋额上的单元数量，角抵墓中可见5个，舞踊墓中则6、7个不等。相对枋额而言，单元排列大多呈中轴对称之势，不过舞踊墓中也有不对称的情况（图6）。另外壁面转角处的情况也并不统一，有的是一个对半分布在相抵壁面上的单元；有的则正好是两个单元的交接处。由于这圈图案是绘于壁画中的枋额之上，因此给人的直观感觉很像是在表现一种与建筑构件有关的饰物或装饰做法。

类似的图案单元在角抵、舞踊墓壁画中所绘的坐帐檐口上方也可以见到（图1、图7），而且可以明确地看出它所表现的是坐帐四面檐口上方附加的装饰物，每面当中及转角部各一。只是三角形内层纹样不用卷云，而是羽状短纹和点纹相间，且全用朱色，底部正中有一墨色涂成的半圆。

在云冈石窟二期窟屋形龛的屋脊上，也见有类似的装饰纹样（图8），或一或二或四，数量不等，且并不连续。纹样构成与舞踊、角抵墓壁画中的大略相同，也是外层火焰纹的等腰三角形。年代约为5世纪后期，北魏迁都洛阳前后，年代较高句丽早期壁画墓约晚一百年左右。

尽管图案单元的细部纹样、所在部位及布列方式有所不同，但上述三者之间的关联性是明显的。也就是说，这种三角形火焰纹图案单元的确是一种曾用于建筑物和帷帐顶部的装饰纹样。

关于这种装饰样式的性质与名称，尚无统一确定的说法。汉魏六朝文献中记有一种

图9 舞踊墓壁画中的建筑形象

名为“金博山”的饰物。主要用于冠饰，也见于车饰[7]，也有用于建筑物顶部的记载[8]，据隋书、唐书记载，则又饰于簨虡，即安置在悬挂钟磬的横梁上[9]。此物的具体形象，有学者认为即汉晋墓中出土的一种盾形冠饰[10]，也有认为即出土汉魏明器和绘画中建筑物与帷帐顶上的花叶状物，包括云冈石窟屋形龛上的三角形饰物[11]。我个人认为，对于“金博山”在实际应用中的样式，目前还不是很清楚，还有待更多的考古与图像资料发现，以及对其间历史传承、样式演变的进一步关注与探讨。因此，上述高句丽壁画墓和云冈石窟中所见，也尚难确认为“金博山”，还是暂称 “三角形火焰纹”为好。

那么舞踊、角抵墓壁画中这种连续图案的表现意向，是否与壁画帐幕以及北魏屋形龛上的单个饰物相同，意为枋额上或者建筑物顶部的附加饰物呢？我们注意到舞踊墓壁画中的建筑物，只屋脊上立有竖直叶片状的饰物，未见有其他附加饰物（图9），且这种连续图案的尺度和密集程度都似乎难以与建筑物的外观相适配，即便认为有可能是建筑壁面上的彩绘，也还需要相应的证明。因此这个问题也只能悬置，得不出结论。但不论其表现意向如何，可以肯定的是，这种样式明确、绘制工整且经过统一色彩处理的图案以及它与壁画帐幕和北魏屋形龛上饰物的关联性，为我们研究古代建筑装饰的发展演变，提供了确切而宝贵的形象参照。

2004年9月初稿　2007年1月改定

注释

[1]贺西林：古墓丹青。陕西省人民美术出版社，2001年11月。

[2]关于此三墓的相对分期，学界是公认的，但在分期所对应的年代上却有变化。原来有学者认为早期墓葬的年代在3世纪中～4世纪中，相当于西晋时期，见李殿福：集安高句丽墓研究　考古学报1980年第2期；目前学界的看法则倾向于早期墓葬的年代在4世纪中至5世纪初。

[3]李殿福：集安洞沟三座壁画墓。考古1983年第4期。作者也注意到该墓的墓主身份较其他二墓为低。

[4]朱亮、李德方：洛阳魏晋墓葬分期的初步研究　洛阳考古四十年——1992年洛阳考古学术研讨会论文集 科学出版社1996年3月。

[5]洛阳博物馆《洛阳金谷园新莽时期壁画墓》《文物参考资料丛刊》第九辑。

[6]东晋义熙九年（413），高句丽曾遣使朝献，说明两国之间亦有交通。见《晋书》卷十安帝纪。

[7]《通典》卷六十五：“（翟车）轭衡上施金博山。”

[8]《水经注》卷十记后赵石虎邺城东城上“立东明观，观上加金博山，谓之锵天”，应是一种安置于屋面之上的饰件。

[9]《隋书》卷十五：“近代又加金博山于簨上，垂流苏以合采羽”。

[10]沈从文：《唐凌烟阁功臣图部分》，《中国古代服饰研究》p.287。

[11]扬之水：《帷帐故事》，《古诗文名物新证》。

椽头盘子杂谈

椽头盘子杂谈

传统的梁柱架构方式，使得带有凹曲面的坡屋顶以及宽大的出檐成为中国古代木构建筑的重要特征。当人们渐行渐近时，高大的屋顶逐渐从人们的视线中消失，只留下檐口一线勾勒出建筑物与天际之间的分界，这就使得檐口凸显为建筑外观中引人注目并加以重点装饰的重要部位之一。

从构造上来看，檐口则是覆瓦屋面与大木构架的结合部。故檐口的装饰可以分为上下两层：上层是屋面的“外缘”，包括脊头、瓦当、滴水及瓦钉等饰件；下层是构架的“外缘”，包括角梁、檐椽及椽头与椽身上的饰件与装饰做法。

随着建筑规制与等级观念的建立与发展，檐口的装饰做法也同样纳入了礼制的范畴，无论是“上层”脊兽的形式与数量多寡、瓦当的纹样种类与尺寸大小，或是“下层”的椽身粗细与绘饰纹样都具有明确的辨识性，成为反映建筑物等级的标志物。

檐口装饰做法中，有一种相对不为人所熟知但却屡见于文献记载者，便是在椽头之上加饰物件。这种椽头饰件古称“璧珰”、“璇题”，始见于汉代文献（主要见于赋文之中，可参见《魏晋南北朝建筑装饰研究》一文），其缘起无疑应当更早，是采用玉石（或金属）一类材质制作的玉璧状构件，贴饰于椽头的端部；宋代《营造法式》中则称为“椽头盘子”，是木制的与檐椽截面尺寸相同的圆饼状装饰构件。

在我国现存的古代建筑实例和已知的中国古代建筑形象资料中，几乎见不到椽头饰件。宋元木构实例中的椽头往往不加装饰，明清实例中最为常见且众所周知的椽头装饰方式是直接在椽端绘制彩画。但是在同样以大木构架作为主要结构方式的日本、韩国古代建筑中，却可以见到使用或曾经使用过椽头饰件的现象。日本现存飞鸟、奈良时期的木构建筑，椽头皆有饰件，是一种与椽头截面大小、形状相同的镂空金属片（因为日本建筑用椽皆为矩形截面，所以这种椽头饰片的形状亦作矩形）；在韩国古代建筑遗址的考古发掘中，则出有他们称之为“椽木瓦”的陶制圆形饰片，意即饰于椽木之上的瓦当。近些年来，在我国南京地区南朝建筑遗址的考古发掘中，也出现了一些与瓦当形式相同但当中带有钉孔的陶制构件，考古工作者称之为“椽当”，并认为是一种椽头装饰构件。

本文拟借《营造法式》中的“椽头盘子”之名，结合自己对相关资料的了解和认识，围绕古代建筑中椽头附加饰件的做法做些初步探讨。因为内容比较零散，故曰“杂谈”。不当之处，敬请有识之士特别是考古界人士给予指教。

一 云冈石窟中的椽头饰件

这里所提到的是据个人所知仅有的几例北魏时期的建筑椽头装饰形象资料，但其中一例的年代、真伪还有待进一步判定。

1.椽头雕饰（图1）

云冈第6窟中心塔柱下层出檐的圆椽端部，可以见到太极图形的椽头雕饰，采用的是《营造法式》中所谓的“剔地起突”即现在的浮雕方式雕作，它所表现的应是当时木构建筑中出现的某种檐椽装饰做法，按一般建筑构件实际制作情况推测，应是在椽头加钉饰片，因为采用这种方式要比直接在檐椽端头进行雕刻更易于操作，同时可以区分材质的软硬疏密，在实际应用中对椽头起到一定的保护作用。

从图片中观察，这种椽头雕饰在中心塔柱的四面似乎并不是均匀分布，南侧相对清晰，东侧亦可见，北侧、西侧未见，什么原因尚不明了（此点尚需通过石窟管理与研究部门作出进一步的判别）。而且椽头所雕的太极图形在云冈石窟中似乎是唯一的一处。这种现象令人怀疑有后人添作之嫌，如果椽头雕饰不是与洞窟营造同时，那便与北魏建筑装饰做法毫无关系。而何时因何所为，只能存疑有待考证了。

图1-1 云冈第6窟中心塔柱南侧下层椽头雕饰

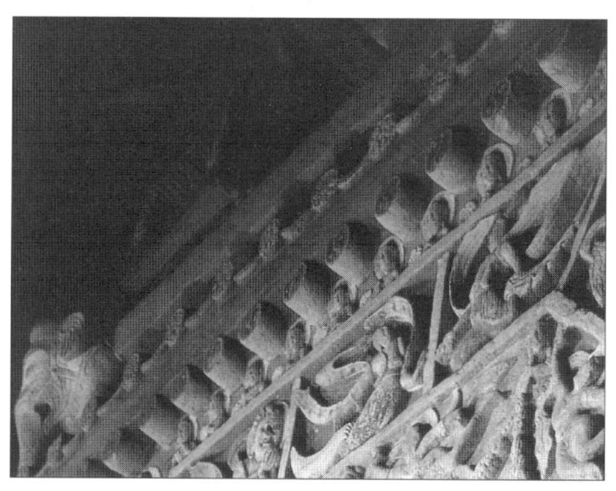

图1-2 云冈第6窟中心塔柱南侧下层椽头雕饰

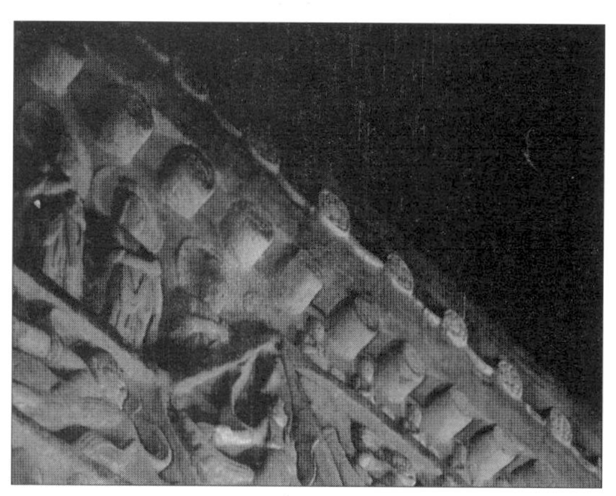

图1-3 云冈第6窟中心塔柱东侧下层椽头雕饰

2. 椽头饰片（图2）

在第9、10、12窟前廊两端的屋形龛以及第9窟窟门上方的屋盖上，都可以看到在檐椽椽头的下方，有一种圆饼状的贴饰。其色彩依现状所见，多涂黄色，或边缘用黑色。圆饼的直径与厚度则各处有所不同：以第9窟西壁屋形龛上者最大最厚，直径与檐椽相近，厚度约为直径的1/4；9窟窟门上方者直径变化不太明显，但厚度明显减薄；10窟所见者较9窟略小，而又以第12窟屋形龛上者最小最薄，直径不到椽径的1/2，厚度也减少许多。

据已发表资料，在云冈石窟其他窟室中，没有出现这种饰片。

按目前学界共识，云冈第9、10窟的开凿约与方山工程同时，为北魏孝文帝太和年间，且有可能均为精通营造之术的宦官王遇（钳耳庆时）督造；第12窟的开凿则略晚于这组双窟。椽头饰片在这三座窟室中的出现，反映出这可能是当时高等级建筑上应用的一种装饰做法（尽管可能只是短暂的应用）；而尺寸样式的逐渐弱化，则可以排除其为铃铎类构件的可能性。从色彩来看，这种椽头饰片的材质有可能是带有光泽的金属，或

图2-1 云冈第9窟前室西壁屋形龛

图2-2 云冈第9窟前室窟门上方

图2-3 云冈第10窟前室西壁屋形龛

图2-4 云冈第12窟前室西壁屋形龛局部

是带有釉色的陶制构件，也可能是加以涂绘的木制构件。总之，是通过亮丽色彩起到了强化檐口线的装饰作用。

古代文献中所记载的椽头装饰做法，至今未见确证的实物遗存或形象资料。因此，云冈第6窟中所见的椽头雕饰，即便不是北魏时期的遗存，也应可视为一个有价值的例证；而9、10窟中的椽头饰片，虽然不是附着于檐椽的端部而是椽头的下方，但是否有可能反映了“壁珰”或“椽题”在南北朝建筑中的一种存在形式呢？个人以为这个问题值得继续关注。

二 南朝椽当与百济椽木瓦

1.南朝椽当

据南朝时期梁陈赋中“绣棁玉题”、“华榱璧珰”等描述，可知当时依然有着用玉石饰片装饰椽头的做法。不过在以往的考古发掘中，始终未见此类构件遗存。

自上世纪末起，南京六朝都城遗址考古发掘中发现了一种可能与椽头装饰相关的构件。

据《南京出土南朝椽头装饰瓦件》[1]一文所展示，构件均为青灰色陶质，直径12～13厘米，饰莲纹，有12、16、8瓣数种，中心皆有圆孔，孔径0.6～0.8厘米（图3）。作者认为这种构件是用于建筑物椽头之上的装饰瓦件，故称之为“椽当”，并推测为官署建筑所用。

又据《南京出土六朝椽当初研》[2]一文，新发现六朝椽当数种，当面的纹饰有云纹、兽面纹、莲花纹三种，依所列举资料统计，当径在11～14.5厘米之间。出土地点基本上限于“六朝都城的宫城、扬州州治所在和御道两侧”，推测其使用范围限于“国家都城高等级官署类建筑物”。值得注意的是，在所出构件中，有一例不带边轮的残件，造型比例、纹饰特点和工艺水平都与其他各例有明显不同（图4）。

另据《南京出土的六朝人面纹与兽面纹瓦当》[3]一文可知，南京所出的“椽当”与同一地区出土的瓦当，在材质、样式、尺寸、纹饰等各个方面都很统一。以建邺路张府园出土的“椽当”与瓦当为例，其中的IIB型兽面纹“椽当”（径14.4）与IV型兽面纹瓦当（径14），不仅当面直径相近，且纹饰的构成也十分类似。两者之间明显的不同之处，是“椽当”的当面上有钉孔。这的确表明此类构件的应用是采用钉卯方式固定的。

2.百济椽木瓦

韩国所出同类构件及其研究成果，个人所知者有百济定林寺与弥勒寺遗址所出的椽木瓦（另据有关文章介绍，椽当实物最早见于朝鲜境内的汉晋乐浪郡遗址，在韩国和日本有多例出土[4]）。

图3-1 南京出土南朝椽头装饰瓦件1－径125mm

图3-2 南京出土南朝椽头装饰瓦件2－径122mm

图3-3 南京出土南朝椽头装饰瓦件3－径130mm

图3-4 南京出土南朝椽头装饰瓦件4－径125mm

图4 南京出土南朝无边轮椽当残片

图5—1 百济定林寺遗址出土椽当1－径193mm

图5—2 百济定林寺遗址出土椽当2－径170mm

图5—3 百济定林寺遗址出土椽当3－径129mm

（1）定林寺椽木瓦（图5）

相关资料发表在《定林寺址发掘调查报告书》中[5]。

共出40余枚（发表资料中未见完整者，恐皆为残件），均为黑灰色陶瓦，有4种样式，直径分别为12.9厘米、15.2厘米、17厘米、19.3厘米不等。当面均饰莲瓣纹，当径大者饰12瓣莲纹，小者饰8瓣莲纹。中心有孔，方0.8厘米。

（2）弥勒寺椽木瓦（图6）

1例。表面饰黄绿色釉，直径15厘米，厚度约2.5厘米。当

图6 百济弥勒寺遗址出土绿釉椽当－径150mm

面饰八瓣莲花纹，每个莲瓣的当中又饰有对称的点状忍冬纹，中部莲蕊周边饰齿纹、圆点。当中方孔，轮廓十分规则。值得特别注意的一点，是莲瓣加饰忍冬纹，这显然是相当讲究的做法，推测这样的构件不会随便用于一般建筑物。

定林寺与弥勒寺所属的百济时代（6～7世纪），正是与我国南朝梁代交往密切的时期，百济使者往返频繁，梁武帝也曾派遣工匠、画师往赴百济传授技艺，两者之间建筑文化传承关系之紧密，应该是没有疑问的，故这种椽木瓦的做法及样式很有可能与南朝建筑有关。

3. 两者的比较

南京六朝都城遗址出土的椽当与百济寺院建筑遗址所出的椽木瓦相比较，除了无边轮的一例残件与后者在各方面都很相近，可以确认为同类构件之外，其他绝大部分与后者之间还是存在着一些重要的差别：

（1）边轮

百济椽木瓦没有边轮，造型与同出的瓦当有明显不同；

南京椽当除一例残件外，均带有边轮，造型与同出的瓦当几乎完全相同。

（2）当径

百济椽木瓦的当径自12～19厘米不等，其中在15厘米以上者占多数，比同出的瓦当当径还要大许多；

南京椽当的当径在11～14.5厘米之间，其中又以径13厘米以下者居多，未见15厘米以上者，与同出瓦当的尺寸一致。

（3）工艺

百济弥勒寺出土的釉面椽木瓦，形状规整，纹饰精美，制作工艺精良。当面钉孔位置居中，孔状方形，边廓规则；

南京椽当的制作相对粗糙，当面的规整程度、纹饰的精美程度与前者相去甚远，钉孔的位置不固定，或居中，或居旁，孔状多为圆形，大小亦不规则。

上述这些差别或反映出两地所出的这类构件在制作与应用方式上的不同。

从造型上看，百济椽木瓦与瓦当之间的区别（无边轮），明确显示出两者在功能及应用方式上的不同。瓦当需要有边轮，以保证与筒瓦之间的相互连接及构件的整体强度。椽木瓦仅仅是椽头的装饰构件，因此功能上不需边轮加固，样式上也正可形成变化，避免与瓦当简单重复。所以不管从哪个方面来看，这种无边轮的造型都具有合理性；而南京出土的除了无边轮的一例残件可以认定为椽头饰件之外，其余绝大多数都带有边轮，且与瓦当的造型极度相似。为什么建筑文化有着密切联系的两地所出的同类构件样式竟会有如此之大的差别？这既令人费解，又让人心有不甘，同时也不免对其功能或者说应用方式存有疑虑。

从当径来看，百济椽木瓦的尺寸系列明确，大小4档，其中最大者达19厘米（出土15

枚），可与较高等级建筑的尺寸规模相匹配；而南京出土的椽当尺寸只在12～14厘米，只能用于一般性建筑。依照文献记载中南朝建筑的规模体量，则无论是如历代赋文中所描述的那样作为高等级建筑所特有的装饰构件，还是当时建筑物上普遍应用的做法，椽当的尺寸都不可能限于目前（南京发掘所见）的状况。如果今后在考古发掘中能够有更多的发现，形成如定林寺遗址所见的构件尺寸系列，对于这种构件使用性质的确认无疑将具有重要作用。

另外，南京出土构件的材质及工艺水平也与文献记载中的椽头饰件及其应用范围有一定的差距，很难与历史文献中描述的南朝建筑精美程度相适配。按理，椽头加饰构件的作用近乎单纯装饰，一般建筑并不需要采用，而用于高等级建筑物的装饰做法则相应地需要较高的材质要求与工艺制作水平，一如百济弥勒寺所出的釉面椽木瓦。

故个人认为，虽然依据目前的考古发现，特别是该例无边轮残件，可以确认南朝椽当遗存以及南朝建筑中椽头饰件做法的存在，但尚有待在今后的考古工作中发现更多、更大、更精美的同类构件，为这种做法提供更为充分、确凿的实物证据。

三 北宋文献中的椽头盘子

1.《营造法式》中的相关规定

颁行于北宋崇宁二年（1103）的《营造法式》中，对椽头盘子的制作、用功及样式都有明确规定，现列举主要条目如下：

（1）卷十二・旋作制度・殿堂等杂用名件・椽头盘子：

大小随椽之径。若椽径五寸，即厚一寸。如径加一寸，则厚加二分。减亦如之。（加至厚一寸二分止。减至厚六分止。）

按此，椽头盘子的一般径厚比为5:1，但径六寸以上不再加，三寸以下不再减。

（2）卷二十四・雕木作功限・混作・半混・椽头盘子：

剔地云凤或杂华：以径三寸为準，七分五厘功。

（每增、减一寸，各加减二分五厘功。如云龙造，功加三分之一。）

按此，椽头盘子的雕作功限以径三寸为准。

（3）卷二十四・旋作功限・椽头盘子：

径五寸，每一十五枚（每增、减五分，各加减一枚。），……右各一功。

按此，则椽头盘子的旋作功限是以径五寸为率。

（4）卷二十八・用钉料例・椽头盘子：

径六寸至一尺，每一个（径五寸以下三枚），右各三枚。

按此，则椽头盘子直径或可达一尺（合今尺30厘米）。

（5）卷三十二・雕木作制度图样・椽头盘子（图7）。

图7 《营造法式》椽头盘子图（引自陶本第32卷雕木作制度图样）

图中共列有四种椽头盘子图样：云龙、云凤、莲花与折枝花。

据法式条文可知，前两种即采用“剔地起突”雕法的云龙与云凤纹（见下文），后两种即属“杂花”之类。

归纳《营造法式》中关于椽头盘子的各项规定：

（1）椽头盘子采用木质制作；

（2）椽头盘子的直径与其所应用的椽头直径相同；

（3）椽头盘子的直径上可至一尺，下可至二寸，依所施用的建筑规模而定；

（4）椽头盘子的加工经过两个工种（工序）：先是旋作，将木头旋制成一定大小的圆盘作为坯盘；然后再是雕木作中的半混作（剔地，即浮雕），在盘面上进行雕刻；

（5）椽头盘子的盘面纹饰有云龙、云凤、杂花诸种；

（6）椽头盘子的制作用功按旋作与雕作分别计算；

（7）椽头盘子不论大小，每个用钉三枚。

2.相关探讨

（1）应用与规格

据上述《营造法式》中的相关条目可知，椽头盘子在北宋建筑中还在正常应用，因此法式条文中对椽头盘子的规格、样式、功限、料例（用钉数）以及技术等级（中等）皆有明确而详细的规定。但由于北宋都城汴梁遗址深埋地下，而南宋都城临安的建筑又都只是行宫、衙署规格，故这类构件至今未在考古发掘中出现。

同时可知，椽头盘子在不同等级规模建筑上的应用，除了依椽径大小而有尺寸上的差别之外，还有盘面纹饰规格的不同。卷十二雕作制度混作“起突卷叶华”条下规定，该纹饰可用于椽头盘子，同时附注："如殿阁，椽头盘子或盘起突龙凤之类"，说明花草纹可以普遍使用，但龙凤纹只有殿阁类高等级建筑物才可以使用。据雕作功限规定，又可知其中尤以云龙纹用功最多（见下文），等级自然也应最高。

但是对椽头盘子的具体应用部位，法式中没有明确的规定。据《营造法式》大木作制度，建筑物用椽分檐椽与飞椽两种，檐椽在下，为圆形截面；飞椽在上，为矩形截面。法式中只是说椽头盘子的大小随檐椽直径（飞椽尺寸曰广厚）。可盘子的应用是仅限于檐椽的椽头，还是二者皆可用，没有说。这在当时工匠中显然是有约定的，故法式中未加说明，但由于缺乏实例和形象资料，今天就弄不清楚了。

（2）盘径尺寸

对照《营造法式》雕作制度、旋作制度与用钉料例三部分中的相关规定，再结合大木作制度中的相关规定，对于椽头盘子的应用尺寸，也有一些疑问。

查《营造法式》大木作制度中的用椽之制，建筑物檐椽的尺寸皆与其所用材等相关。殿阁所用的椽径为九至十分，厅堂七至八分，余屋六至七分。殿阁若用一等材，椽径可达六寸（十分），按北宋尺长0.305厘米，则为18.3厘米，这应该是檐椽尺寸的上限。

依旋作制度规定，椽头盘子的大小随椽之径，则盘子尺寸的上限亦应为六寸；但若依用钉料例中的规定，则椽头盘子的尺寸可至一尺。二者之间竟差出四寸！不过在法式卷二十四雕木作功限中，又有"平棊事件"一条，其中提到平棊上所用的"盘子"：

> 盘子：径一尺，划云子间起突盘龙。其牡丹华间起突龙凤之类，平雕者同，卷搭者加功三分之一。
>
> 三功。每增、减一寸，各加、减三分功，减至五寸止。

依此类推，则用钉料例中的"椽头盘子"或许是包括了平棊盘子在内。

檐椽尺寸的下限未知，按用椽之制，用八等材的小殿、亭榭椽径可不足三寸。另有小木作中的天宫楼阁式佛道帐一类，所用檐椽尺寸更小。故雕作功限中以三寸盘为基准、加减一寸计功（见下文）的方法可能也在实际应用之中。

（3）制作用功

按法式规定，椽头盘子的用功分为旋作与雕作两部分，但两者的计功基准有所不同。

旋作计功是以五寸盘为基准，每15枚计一功。盘径加减五分，数量各加减一枚（即六寸盘每13枚、四寸盘每17枚计一功，类推）。

雕作计功则是以三寸盘为基准，雕云凤杂花者，每枚七分五厘功。盘径加减一寸，各加减二分五厘功（即四寸盘计一功、二寸盘计五分功，类推）。而雕云龙纹者，则要在此基础上再加三分之一功，即三寸云龙盘每枚计一功（七分五厘+二分五厘），六寸云龙盘每枚计二功（七分五厘+七分五厘+五分）。

法式中的计功基准，在以往的研究中往往被认为可能是当时比较常用的尺寸做法。但是上述两种有关椽头盘子计功基准的规定，却反映出不同工种计功基准的各自特点[6]。按照常用的椽径尺寸推测，建筑物上的椽头盘子尺寸至少应在四五寸（12～15厘米），施用于高等级建筑物上者还有可能更大，旋作计功的基准是合理的。雕作功限以三寸盘为基准，与旋作之间似乎没有关联，应是考虑到雕作工种的用功特点以及椽头盘子的实际应用情况。

按照法式功限部分的规定，一座中等规模的建筑物，仅椽头盘子的雕作一项便需耗费数百功。如按面阔五间、进深三间、间广12尺、出檐4尺、椽径5寸计，约需用檐椽220余根，按盘面雕杂花纹计，每枚1.25功，需280功。再加上旋作用功15功，共计295功；若按雕云龙纹计，则近400功。

或许正是由于椽头盘子费功太多，使这种做法的应用受到限制，以至于逐渐被弃用。笼罩在建筑物特别是广殿杰阁深檐阴影之下的椽头盘子，雕琢得再是精美，也终究是高高在上，只可远观，不能近赏。就所费功料和实际效果衡量，的确不如彩画做法更为经济实用。

四 今天的椽头饰件实例

尽管椽当在我国古代建筑实例中未曾得见，但这种做法似乎并没有彻底失传。2004年的上半年，不意之中竟两次遇到这类颇具古意的装饰做法。由此联想，这种做法的早期实例国内或许还有，只是尚未被世人发现而已。

1. 昆明的椽头盘子

2004年1月4日。在结束云南六日游、准备离开昆明回北京的那天早上，接受导游建议，去看从西伯利亚飞到滇池过冬、每天都到翠湖吃早餐的红嘴鸥。

到达湖边时间尚早，又得知翠湖公园不收门票，便进去随便逛逛。走不多远，行至路边一组普普通通的砖木建筑廊檐下，一抬头，不禁愕然：每一根檐椽头上，都钉有圆圆的雕花木盘，不正是《营造法式》中的“椽头盘子”！再绕到前面入口建筑处一看，椽头盘子的尺寸、样式、色彩竟与屋面的黄色琉璃瓦当全同（图8）。暗忖一般人不大会在意这种做法的渊源久远，以及它在官式做法中的逐渐消失，故而特意在此发掘古法。颇疑建造这座建筑物的工匠，就是来自昆明附近或云南省内的某个地区，而这种做法，或者便是汲自那里的民间建筑。

2. 北京的椽头饰片

离开昆明时，一直还惦记着翠湖公园中的椽头盘子，不承想回到北京后不久，竟又见到了另外一种形式的椽头饰件。

3月19日，为曹雪芹故居复建设计收集资料，往前门东侧一带作民居调研。按原定计划走完之后，崇文区文物旅游局的小杨同志建议去看一处老宅，并说那只是一个大宅子中的一个小院子。

院子不小，甚至比刚看完的那几座相对完整的院子还要宽敞，建筑的年代应该是在民国时期。房屋的装修很讲究，门窗花格样式很独特，院内住户说是北京城里独一份。然而最引起我注意的还是椽头的贴饰，竟是用了专门制作的景泰蓝珐琅饰片，四角用小钉子固定在椽头上。饰片方形，与椽头同样大小，图案、色彩都显着华贵。南屋、北屋、飞椽、檐椽，用了4种不同的图案样式，估计大宅之中各院的主要建筑上所用者皆个个不同，依建筑和所需构件的数量预先设计定制，很是考究（图9）。

这种饰片虽然和椽头盘子的形状、材质不同，但做法和作用基本上是相同的。

这一做法在北京的宫殿、王府、贵邸、衙署中都不曾出现过，独独见于民居之中，而且是一般认为规格较其他城区更低的崇文区民居中，的确是一件很有意思并值得继续关注的事情。对传统民居的考察和研究，应当还有大量的工作可做。如何承续前人品质精华，令传统建筑文化的枝叶特征在新建筑中不断生发，也是值得认真思考的一个命题。

图8-1 昆明翠湖公园椽头盘子1

图8-2 昆明翠湖公园椽头盘子2

图9-1 北京崇文区老宅椽头饰片1

图9-2 北京崇文区老宅椽头饰片2

以上只是将个人所知的与我国古代建筑椽头装饰构件相关的文献、考古及实物资料做了一下梳理，并略述个人浅见。

从汉魏赋文中的“璇题”、“壁珰”，到北魏云冈石窟中的椽头雕饰，以及南朝都城遗址中出土的陶制椽当，再到北宋《营造法式》中的木质椽头盘子，的确可以看出中国古代建筑椽头饰件做法有一个演变过程。但是这几个点之间的年代相隔遥远，都在五六百年；所用材质不同，先玉石，又陶质，再木质；制作方式改变，先磨制，又模制，再雕刻；样式、纹饰的变化更不必说。因此其间的变化轨迹实在难以溯寻。其中“壁珰”与“椽当”可能在汉晋南北朝时期共存，互为消长，但椽当下延至何时尚不清楚；木质椽头盘子估计自北宋以后便从官式做法中逐渐消失，但源于何时亦属未知；近年所见的椽头装饰做法，又是由何而来？问题实在太多。

总之，对椽头饰件做法的进一步认识，以及各种相关问题的解决，皆有待于更多的考古、考察发现以及大家的继续关注和深入探讨。

2010年11月统合旧稿而成

注释

[1]贺云翱 邵磊：《南京出土南朝椽头装饰瓦件》，《文物》2001年第8期。

[2]贺云翱：《南京出土六朝椽当初研》,《文物》2009年第5期。

[3]贺云翱：《南京出土的六朝人面纹与兽面纹瓦当》，《文物》2003年第7期。

[4]同注2。

[5]尹武炳：《定林寺址发掘调查报告书》，忠南大学校博物馆　忠清南道厅　1981年。

[6]《营造法式》为奉旨编修，条目所载，皆为工匠从长期实践经验中总结出来的“经久可用之法”，若内容出现前后不符或工种相异之处，个人认为其中必有缘由，应全面对照分析，不可简单忽视。

中国古代建筑装饰杂谈

中国古代建筑装饰杂谈

（2005年9月清华大学古建所长培训班专题讲座）

从大到小，由外及里。
先谈对于装饰及建筑装饰的基本认识；
再谈中国古代建筑装饰的一些相关问题；
最后谈点儿具体的装饰样式与做法问题。

一 对于装饰和建筑装饰的基本认识

1.定义

先从装饰的定义谈起。
《不列颠百科全书》中对于“装饰艺术”的定义：

> 各种能够使人赏心悦目而不一定表达理想或观点、不要求产生审美联想的视觉艺术，一般还有实用功能。陶瓷、玻璃、宝石、家具、纺织品、服装以及室内的设计，一般被认为是装饰艺术的主要形式。

我个人认为这个定义作的不够好，首先是去除了装饰对于理想或观点的表达，而且将其局限于与实用功能相关的设计艺术门类之内、排除于视觉艺术之外。

《中国大百科全书·美术卷》中对于“装饰艺术”的定义：

> 依附于某一主体的绘画或雕塑工艺。其作用在于使被装饰主体具有合乎其功利目的的美感形式。

这个定义做得比不列颠百科好得多，简洁明了，不过还是没有跳出美术或者说绘画雕塑工艺的圈子，同时仍然倾向于强调装饰的实用性。

在西方艺术理论中，对装饰的定义和说法很多，我没有花力气去作专门研究，因为觉得和中国的社会历史情况不大相符。

按照自己对装饰的认识和想法，我给它下了这样一个定义：

人们出于美化或表达意向的目的，对物体外观或表面进行技术性处理的行为与结果。

对这里面每个词都需要作一下解释：

首先是把“装饰”专美于人类了。其实动物，甚至植物也拥有装饰的能力，比如蜜蜂筑巢，是最高明的结构装饰一体化；植物为了繁衍，会把自己装扮成雌虫的模样吸引雄虫来帮助授粉。

其次是强调装饰的目的，是“美化”，增加美感。因为采用同样方式，目的不同，性质就不同，比如文身是装饰，可古代的墨刑，黥，就不能说是装饰。再如髡发，更是多种情况，个人可以将其作为表达个性的装饰方式，劳教部门可以把它作为一项管教措施，而在宗教团体里则是出家人的标记。

所谓“表达意向”，是超乎美化之上、具有特定含义的意思，比如一些标示性的饰物和图案，往往很简单，但是赋有特定含义。在后面要说的建筑装饰规制，也属于这类性质。

“物体”，是指人力所及的各类物体，包括人类自身在内的世间万物。小的自不必说，大者，按照现代行为艺术的范畴，可以是整座建造物包括建筑桥梁甚至城市、山体；其实，最大而且人们接触最频繁的物体，是地球、地面。人们采用各种方式在大地上留下痕迹，包括建造、涂绘甚至耕作，以表达美化城市、山川或其他的意愿。除了主观表达之外，另外一方面，人们对装饰的认识还包含（存在）着一种人为认定的成分。这种“装饰”产生于人们特别是文学家和艺术家的想象之中（比如梁思成先生由城墙而产生的“瓔珞”联想），再经由文字和图像传播开去。法国摄影师杨（Yann）所关注并拍摄的，正是世界各地的这类杰作。其中秘鲁南部纳斯卡平原上的巨型图案，是通过挖去地表火山岩石块露出褐黄色土壤形成的。年代至少在1500年前；形象很神秘，有的像蜂鸟，有的像烛台；长度很惊人，几十米、上百米以至上千米（图1）。

外观及表面，提出“外观”是为了包容一种整体改观的可能性，就是把整个物体变成另外一种样子，比如现代建筑的所谓本体性装饰，把房子做成像只鸟、像朵花、像条鱼等。但大多数情况下装饰还是作用于物体的表面。强调“表面”是出于行为性质的区别，装饰的目的在于强化而不是改变本体的性质，同一样式的物体可以更换各种各样的表面，就像一个人可以打扮成男女老少，可是变性手术就不属于装饰范畴了。

“技术性处理”，是强调装饰多多少少得有些技术含量，也因此必然有精粗繁简之分。否则只说作用于物体外表，那把一个瓶子擦拭干净，恐怕不能算作装饰。

“行为与结果”，是按照现代语文的说法，装饰一词应当具有两种词性，一是动词，一是名词。装饰行为的结果，或是某种饰物，或是某种做法。

如果是从实用的角度作装饰研究，或者作其他工艺门类的研究，或许应当重

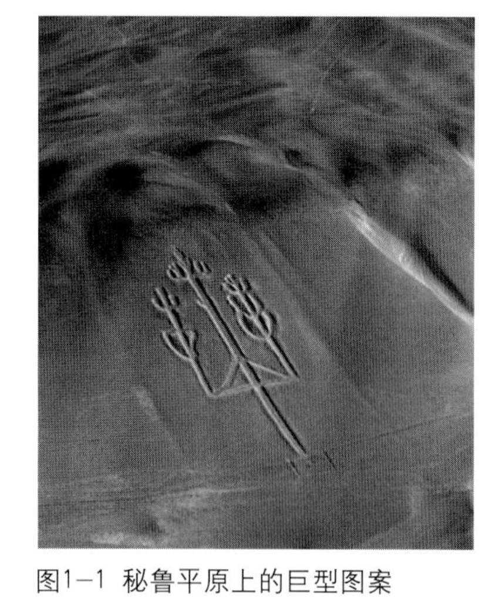

图1-1 秘鲁平原上的巨型图案

图1-2 意大利威尼斯城鸟瞰

图1 大地装饰杰作

正如定义是一种人为的表述，在人们对装饰的认识中，也同样包含（存在）着一种人为认定的成分。这种“装饰”产生于人们特别是文学家和艺术家的想象之中，再经由文字和图像传播开去。

秘鲁南部纳斯卡平原上的巨型图案，是通过挖去地表火山岩石块露出褐黄色土壤形成的。年代至少在1500年前。形象很神秘，尺度很惊人；意大利威尼斯水城的总体形态很像一块玛瑙坠饰，也有人认为很像中国古代的太极图形。

而在高空摄影师的眼中，这些无疑都是人类创造的大地装饰杰作。（选自法国摄影师Yann Arthus-Bertrand的作品集《Earth From Above》）

物，但是在研究建筑装饰时，我个人则更倾向于看重行为本身，也就是装饰做法，包括所作用的部位、所使用的材料、所采用的样式、技法等。我觉得这样做有不少好处，因为如果从物的角度出发，首先就得分清界线，就是具体到什么是装饰，什么不是装饰。而在中国古代建筑的发展过程中，建筑构件和装饰构件之间往往是很难分清的。

清华建筑学院姜娓娓同学的博士论文是写《建筑装饰与社会文化环境》的，其中引了蔡元培先生在《华工学校讲义》里的一段话，特别能够反映中国人的传统思维方式和对装饰的认识：

> 装饰者，最普通之美术也。其所取之材，曰石类、曰金类、曰陶土，此取矿物者也；曰木、曰草、曰藤、曰棉、曰麻、曰果核、曰漆，此取植物者也；曰介、曰角、曰骨、曰牙、曰皮、曰毛羽、曰丝，此取动物者也。所施之计，曰刻、曰铸、曰陶、曰镶、曰编、曰织、曰绣、曰绘。所写象者，曰几何之线画，曰动物及人类之形状，曰神话宗教及社会之事变。所附丽者，曰身体、曰被服、曰日用、曰宫室、曰都市……

我个人非常赞同这种从材料、技法、纹样、装饰施用的对象等方面来理解并说明装饰内涵的做法。

据上述对装饰的认识，则建筑装饰的定义，或可以引申为：

出于美化或特定意向对建造物外观及表面的技术性处理。

之所以说建造物而不是建筑物，就像前面所说的，除了建筑物之外，还有周围环境，广场、道路、桥梁、公园绿地等，甚至大到整个城市、区域，只要是人工建造物，都可以包含在内。

谈到这里，需要强调一点，就是在阶段性研究中得出的观点，应该是开放性的。所以对于装饰和建筑装饰的定义，还必须随着研究的不断深入逐步修正、完善甚至改变。比起那些板上钉钉的说法，我觉得这样想是更加负责任的态度。

2.应用范围

前面是关于定义的探讨，下面大致考察一下在中国古代社会中，装饰主要用在哪些方面。

从文献中看，“装饰”一词主要用在以下对象上：礼乐器具、车舆、舟船、鞍辔（马具）、兵器（戈甲剑戟之类）、帐幔、佛像，以及人物的服饰头面等。其中舆服是大宗，特别是皇家的车具服饰，光是帽子（冠和冠饰）就有好多种，历代墓葬中出土的玉饰、带钩等都属这类，古人的捣饬劲儿全在这上头。下面讲建筑装饰定位时再说。

早期文献中未见“装饰”一词，仅用“饰”，如《礼记·乐记》中有“饰以羽旄”，唐孔颖达疏曰：“饰以羽旄者，其装饰乐具以羽旄也。”南北朝时开始出现装饰一词，如《宋书•礼志》记孝武帝孝建年间（454、455）诸王表奏，认为当时下僭弥盛，“器服装饰，乐舞音容，通于王公，达于众庶。上下无辨……”也主要是指器具服饰。

用指建筑的情况不多。就我所知，最早见于北魏杨衒之的《洛阳伽蓝记》卷一永宁寺条，前面讲永宁寺塔的规模形式，后面讲塔盖好之后，“装饰毕功，明帝与太后共登之”，但这里所说的装饰应当是指整个佛塔，也包括塔内的造像之类。明确用指建筑的一例，古代文献中见于《唐会要》卷三十一《营缮令》，其中规定：“非常参官不得造轴心舍，及施悬鱼、对凤、瓦兽、通栿乳梁装饰。”下面又有：“庶人所造堂舍，不得过三间四架；门屋一间两架。仍不得辄施装饰。”对照上下文，可以知道这里所限定的建筑装饰包括悬鱼、惹草之类的构件，对凤之类的雕饰，屋顶上的瓦兽、梁栿表面的彩画涂饰等。

那么我们大致可以知道，在中国古代社会中，装饰是非常普遍的现象。如果要写《中国古代装饰史》，建筑装饰在其中最多也就占到十分之一，可能还到不了。

3.装饰的意义

我个人认为，装饰的意义首先在于区分，或者说区别。

一种是自身区别，比如说重要场合、特殊日子打扮一下，与平时有所区别；更多的是有别于他人、他物，这在中国古代社会中，是最最重要的事情，也就是古人奉行了几千年的“礼”。因此，可以用孔子的话来表述装饰的意义，就是“章疑别微”。章即彰显，别是区别。当然彰显的目的其实也是为了区别。这段话出自《礼记·坊记》：

子云，夫礼者，所以章疑别微，以为民坊者也。故贵贱有等，衣服有别，朝廷有位，则民有所让。

朝廷有位，是指尊卑之位；民有所让，是说令老百姓懂得这些区别，遵守这些规矩，看到高等级的官员贵胄，就赶紧避让、揖让。按过去老话，叫做“识礼数”。古人用什么来区分贵贱尊卑，就是靠装饰。唐代据服色视官品，同时看佩饰。白居易为中书舍人，六品，着绿衫，写诗发牢骚：“白头犹未着绯衫”。后登五品，始易绯衣，佩银鱼，仍然是较低官阶的服饰，后除尚书郎，着青袍，银鱼也换了，又有诗：“无奈娇痴三岁女，绕腰啼哭觅银鱼。”借小女的稚嫩行为表达心中的愉悦，很生动。小女儿只有三岁，她只知道那条好玩的鱼找不着了，哪里知道是因为老爸升官了呢。

建筑装饰的意义或者说是作用也是一样，可以归纳为以下几个方面：

维系社会秩序——宫殿、佛寺、衙署、府邸、民宅，各有不同的装饰做法与等级特点，令人一望可知。

满足心理需求——不单单是指奢侈做法。达官贵人、暴发户，可以争奇斗奢；文人隐士，山居野处，也可以清静素雅，按照自己的装饰方式获取精神上的惬意满足。

标志象征意义——比如台门观阙，为都城之象。天子所用级别最高，用三重阙；又如唐以来有关于旌表门闾的做法规定：

若六代同居，其旌表有厅事步栏，前列屏树，乌头正门。阀阅一丈二尺，二柱相去一丈。柱端安瓦桶，墨染，号为乌头。筑双阙，一丈，在乌头之南三丈七尺。夹街十有五步，槐柳成列。

各地民间留存至今的明清时期的旌表牌坊等亦属此类。

最后，也不可否认装饰做法对建筑构件具有一定的保护作用，比如油饰等。

4.建筑的定位

先看看历史上著名营造人物的社会地位。

在中国古代，营造是归入术艺类的（也称艺术），一般是分开来讲，艺是技艺，术是方术，史书中有术艺传，有名的艺人和术士都归在其内。艺术在今天是个好词，艺术家的地位也很高，可是在古人眼里，在文人士大夫看来，不是这样。北魏的蒋少游很有名。南齐武帝永明九年（491，北魏太和十五年），北魏孝文帝派他做李彪的副使出使南齐，弄得南朝很紧张，知道这个人有公输之思，班倕之功，北魏的宫室制度都是从他手里出来的，是孝文帝派来抄袭建康宫殿模式的，鼓动皇上扣住他，没成，结果真的被他抄去了（“少游果图画而归”）。《魏书》中有蒋少游传，但是怎么评价他的呢？我们来看看：

虽有文藻，而不得伸其才用，恒以剞劂绳尺，碎剧怱怱，徙倚园湖城殿之侧，识者为之叹慨。而乃坦尔为己任，不告疲耻。

意思就是不走正道，一天到晚忙些零七八碎的事儿，自己还挺来劲。认为他从文人圈子里跳出去，是弃德从艺，“艺成为下”，故为之叹息。

唐人张彦远的《历代名画记》中对蒋少游也是类似的评价。

另外，今天被建筑史界奉为经典的4册34卷李诫《营造法式》，颁行于北宋崇宁二年（1103），这部书在《宋史・艺文志》中归入五行类，和占卜、风水的书（如葬经、相书）归在一块；但在李诫之前，将作监曾奉朝廷之命花费20年时间编着过一部250册的《营造法式》，北宋元祐七年（1092）颁行，后佚失。这部书归入仪注类，和那些《朝会仪注》《祭服制度》《中宫仪范》《太常因革礼》等皇家仪典之类放在一块。这前后两部《营造法式》显然是两部性质不同的著作，一属礼，一属术，尽管元祐法式的实用性很差，朝廷不得不命将作监再编一部，但从《宋史・艺文志》中对这两部《营造法式》的态度，可知古人崇礼而鄙术。正是由于古人以营造为下艺，因此往往简于记述，弄得我们今天研究古代建筑史，最主要的障碍之一就是相关文献资料的匮乏。

再来看看《周礼・考工记》。

实际上，《考工记》与《周礼》是不同等级、不同性质的两种文献。

《周礼》六官中的“天、地、春、夏、秋”五官，均以“惟王建国，辨方正位，设官分职，以为民极”起首，下列官职，分述其职守范围。《考工记》则以“国有六职，百工与居一焉”起首，而六职是指“王公、士大夫、百工、商旅、农夫、妇功”；百工仅为六职之一。由此可知，六官讲的应当是国家各级政府机构的构成与职能，佚失的《冬官》应是其中的一部分。而《考工记》只是行业规范一类，两者的等级、性质皆不同。另外，《考工记》兼述三代，例如有“有虞氏上陶，夏后氏上匠，殷人上梓，周人上舆”之说（所谓夏后氏上匠，当是指治沟洫而言。殷人上梓，则是指兴礼乐用器，都不是指建筑），后人以《考工记》补《周礼》冬官，或是考虑到行业范围上的相近。因之，对于《考工记》中的记述，不能视同于《周礼》冬官。

《考工记》中，记“攻木、攻金、攻皮、设色、刮摩、抟埴之工”（共30个工种）（8），其中攻木之工者七：轮、舆、弓、庐、匠、车、梓。周人尚舆，故一器而工聚焉者，车为多。这里所说的还不是作为一般运输工具的车，那是车人的事，而是天子诸侯士大夫出征、出行的车乘。制作车乘，以轮人为轮、为盖，舆人为车，辀人为辀，三工合作而成，在《考工记》四卷中占足了一卷，四分之一篇幅，叙述极其详备，轮、盖、车、辀之制，皆有定法。四部合为一处，完整无缺，丝丝相扣，着实体现周人尚舆之风。相比之下，其他工种逊之多多，而匠人篇所述，可以说是其中最简省的。

匠人仅为百工之一，其篇以“匠人建国”、“匠人营国”起首。虽有建国、营国、为沟洫三篇，但所涉内容极少，加起来一共也就542字，刨去挖沟的232字，就剩310字，多是一些规制性的说明，很少涉及技术性层面。匠人建国一共42字，就只说了平地、辨方；匠人营国230字，国中28字、三代世室重屋明堂80字、门墙道路118字。尽管后代学者们充分理解、尽力诠释，还是不能否认匠人一篇实在是支离破碎，不成系统。

比较《考工记》中各篇的篇幅与内容的条理性，可见，当时匠人的工作相对其他工种来说，是粗活。把建筑装饰放到其他工艺门类中相比较，也可明显看出工艺程度上的差别，最精致的做法不会首先出现在建筑物上。因此，建筑装饰很自然地会从相类似的工艺做法那里取得借鉴。比如烧烤地面墙面以致坚硬，最初可能是受到制陶术的启发，墙面的涂饰可能也与彩陶绘事相关。壁柱壁带上被称为金釭的饰件，应该是直接承自轮人的手艺。同样，在接受、参照、移植的同时，在做法上则往往会滞后于其他门类。比如漆器早在战国时期已经出现，但历代木构表面仍通用粉饰油饰而不是髹漆。

其实中国古代的营造水平真的不低，就以甘肃秦安大地湾以及陕西扶风周原遗址中所体现的该地区原始社会至先秦时期的木构技术，在《考工记》匠人篇中就完全可以有相对应的反映，但是没有。所以匠人篇之于《考工记》，一如《考工记》之于《周

图2—1 唐长安大明宫遗址出土花砖

图2—2 韩国庆州雁鸭池遗址出土花砖

图2 铺地花砖的比较

在中国古代社会中，建筑虽然被纳入礼制范畴，但受重视的程度远远比不上出行仪仗、车舆样式及冠冕服饰等，从事营造被认为是一种相对粗鄙的、社会地位低下的工作。用于建筑装饰的做法较之其他工艺门类更为简陋，乃至国内出土的建筑构件，有时远不如境外小国做得精细。如这种铺地用的花砖，国内遗址中从未有过如庆州所出之精美者。这似乎也表明这种视营造为下艺的观念的确影响到了建筑及建筑装饰的质量。

礼》，都是凑数的感觉。对营造的鄙视，自古以来是一贯的。在中国古代社会中，建筑虽然被纳入礼制范畴，甚至在大地湾遗址中，已经可以看到至少三种不同规格的房址。但相对来说，建筑还不是体现等级制度最重要、最直接、最首当其冲的部分，那部分主要是与吉凶六礼直接相关的宴乐器用、车服仪仗等，建筑只是营造了一个场景。因此在历代文献中，车服（舆服）志都是非常重要的部分，其中的相关规定也是极详细、明确，比如皇帝、皇后、皇子、太后的出行仪仗、车舆样式及冠冕服饰等，而与建筑相关的规定相对少得可怜。

在多数情况下，建筑只是作为古代人类活动的一个场所，或者说构成一种场景。哪怕是我们专程前往拜谒的那些著名古迹，皆如此。只是因为我们现在面对的只有建筑遗址，能够历经千年留存至今的，除了墓葬及其随葬品就是建筑，因此它们才显得如此重要，在后人眼里就成了最大宗的文化遗产。

之所以谈定位问题，一方面因为这种观念会影响到建筑以及建筑装饰的质量，在国内出土的建筑构件中发现很多活儿做得远不如境外小国（如百济、日本）做得精细（图2地砖的比较）；另一方面，是可以帮助我们认识建筑装饰与其他装饰工艺门类的关系。也就是说，建筑装饰的发展往往会因借并滞后于其他备受重视的装饰工艺门类，这对我们的研究是很重要的一个基本观点。

5.建筑的特性

另外必须关注的一点，是中国古代营造活动中两个相互关联的特性。

首先是规制性。古代礼制社会中，由于物化的等级制度的存在，人们的各种活动都被纳入礼制的范畴。古代建筑在总体布局、建筑体量等方面体现出等级序列，不同规模等级建筑群所采用的不同等级的设计模数，关于这方面的论述，请大家看傅熹年先生的书《中国古代城市规划、建筑群、单体建筑设计手法》。

中国古代建筑装饰同样如此。无论是材料，工艺，还是造型纹样，都各自形成与建筑物的规格以及使用者的社会地位相对应的等级系列。

这是中国古代建筑文化的一大特点，也是木构传统建筑体系在帝王时代得以长期延续的根本原因。因为自周代以降，周礼的地位就一直没有被动摇颠覆过，历朝历代，特别是少数族政权为了表示正统，都主动继承中原礼仪规制。很多人在讨论这个千年一贯制问题时提出各种各样的观点，都有一定道理，但我觉得只要看看中国传统建筑体系与中国历史上的帝王时代相始终，自周至清，一脉相承这个历史现象，应当不难理解其中的根本原因，还是在于礼制的作用。

其次是由规制性而导致的匠作性。就城市、建筑群和建筑物的外观形式而言，我们应该承认，上面所说的由仪礼等级制度所决定的规制性对于建筑设计而言几乎是一种扼杀。

西方建筑是大艺术中的一个门类（分支），建筑师具有艺术家的独立人格。因此，建筑设计是一种个体创作、个性发扬的产物。而中国建筑，只是工匠在既定规制制约之下以及业主意愿支配之下的工程实践，基本上是一种服从（从属）性的劳动技能，不可能有太多的个性张扬。匠人所能够做的，只是确定建筑规模、总体布局，造定外观样式、材等大小、构架形式等（这也是宋《营造法式》与清《工部工程作法》的实用意义）。故而匠作的社会地位很低，为士人所不屑，与西方建筑师的情况截然不同。

6.建筑装饰的研究

意义

研究建筑装饰的意义之一，在于理解特定规制条件下建筑表现及发展的思路与方式。

比如在同一时代中，规格相近而功能不同的建筑物，往往需要采用不同的装饰样式或手法加以区别，比如宫殿与佛寺规格可能相近，但装饰做法会有所不同；同样，同一建筑群中不同规格的建筑物，也需要采用不同的装饰样式加以区分。

相对于建筑结构等技术性的变革而言，装饰做法的变换更为频繁，装饰样式的持久性更为短暂，相应地，其中所包含的内容也更加丰富，因此可以为建筑物年代、地域、文化风格的推定提供更为细密确凿的参照。

事实上，我们所接受、所撰写的建筑史或装饰史，都是谈论历史上曾经出现过的特别是保存至今的建造物与建造现象，是今人所知并通过研究确立了历史价值的成就、样式等等的东西，而并不是谈论历史上发生过的建筑活动的总体情况，包括建筑物的建造、更新以及破坏、毁除，包括城市的兴起、完善过程，对各个历史时期建筑状况的总体评价……过多地注重成就，强调事物的进步性和优越性，这只能称为建筑成就史。

总是抱着发扬光大民族传统的意愿，使命感，民族意识，什么都得往好里说。这也是传统，要不然建筑形态也不会千年一贯制了。不过我还是希望研究归研究，成就归成就，研究问题时可以不谈成就。物质的优劣、技术的高下，这些都是同类相比、一目了然的事情。不仅是中国与外国的建筑相比，也包括建筑与其他相关行业、工艺门类之间的比较、相同或类似的装饰做法之间的比较。比别人强的时候、比别人好的东西要说，比人家差的时候、比人家弱的事儿咱们也得认。对待历史、对待文化遗产，都应该抱有一种健康的心态。

对象

我自己划定的研究对象，主要有两个部分：

一是背景、规制、演变机制、风格分期等与建筑装饰发展相关的方面。或者说是社会性、历史性层面。对于思想性方面的内容，因地域、环境、族属不同，风俗一地一易，太过繁杂，且多属见仁见智，就不大敢涉及了。

二是部位、样式、材料、做法，即关乎建筑装饰本身的各个方面。亦即技术性和艺术性层面。当然，对于同一层面的研究，也会有角度、方法的不同，也必然有个性的成分在内。下面就来谈谈这个问题，也就是研究的限定性。

限定

首先，流传并积累到今天的历史信息，随着年代的久远而逐渐稀薄。不单单是指数量，也指个人对各种资料中所包含信息的解读能力。矛盾的两方面：一方面历史留存到今天的痕迹已是很少的一部分；而另一方面，即便是整体中的很少一部分，相当于个人来说仍是浩如烟海，收集起来极为不易。

其次，研究者个人的知识结构、内涵与学识水平，必然由基因、禀赋、外在环境及自身经历等所限定。而在研究过程中，随时随处都离不开研究者个人的取舍、判断、推测、排列与组织。研究者的主观因素对于研究成果的形式、学术成就的质量起着主导性、决定性的作用。因此，任何个人的研究与观点都不具有终结性的意义，每个人都可能因其优势取得突破，同时因其不足而留下缺憾。

所以，历史研究只是无数个人对历史碎片的捡拾与连缀，是由个体行为所构成的。任何经过个人之手的遗存，或记述、或考古，不论是有意无意，都或多或少打上了个人的“处理”或者说“选择”的印记。但是我们的研究只能依赖于这些遗存资料。于是细想之下，历史研究实近乎于一种成人游戏。我们相信一些人的说法，其实是由于他们的方法相对高明，以及他们掌握了他人无从辩驳的资料，至于这种说法与历史真实之间的距离，谁也无法量测。

还有，不同专业之间的隔阂会影响我们的眼界视阈。前一段在《中国文物报》上展开过“考古学定位”问题的研讨，后来也出现了对建筑考古和建筑史关系的讨论。

其实，有些问题是存在于人们的认识（眼界）中的，把眼界放开，问题就不存在了。

对同一对象，比如说中国的石窟，考古界、美术界、建筑界、宗教界都可以从本学科的角度进行研究，都可以将研究成果纳入本学科的成就之中；而另一方面，这些成果也同样可以整合为石窟史的研究。以中国古代建筑为对象的研究也是这样。那么，我们究竟是应当强调并坚守学科之间的差异与分界，还是追求学科之间的合作，提高同一对象的总体研究水平？我认为今天我们所应强调的，恰恰是合而不是分，是需要认识到大历史研究的跨学科性质，在对同一目标的研究中，应集中多种相关学科，充分发挥不同学科各自之所长。

对于学科之间的差异需要有所认识，但认识的目的是更好地合作互利。建筑史学和建筑考古之间确实存在差异，目前来看是不同学科之间在知识结构和研究方法上的不可替代与相互依赖性。也就是说，都必须在对方研究成果的基础上进行下一步的研究工作，或者说是需要大家共同的智慧来完成研究工作。

我们应当特别关注考古界同志们的工作，因为历史上尤其是宋代以前的地面建筑物，能够留存下来的实在太少，在缺乏实例的情况下，除了文献记载，我们就只能依赖并期待考古发掘所提供的信息，因此，我们也必须通过加强交流，使考古界的同志们能够尽可能全面地发现并留住与建筑相关的信息。

研究条件对我们的限定已经够多的了，我们不应该再自己限定自己。

二 有关建筑装饰的一些基本问题

1.装饰的相对性与层叠

具象的装饰永远是一种随着文明进化、技术进步、社会时尚、个人意趣、……而不断变化的事物，必须用历史的眼光去看待。比如，穴居时代最初出现的门道，在当时看来说不定就像今天我们看大饭店的门廊。

因此，建筑装饰是一个相对的概念。任何功能性的构件都有其原始形态，比如柱子，最初可能只是一根连枝带叶的树干，后来砍去枝叶，再后来削去表皮，再后来或砍削成规则截面，表面再加磨砻，最后发展出涂色、彩画、髹饰、镶嵌种种，这就是装饰的发展过程，其中每一步相对于前面一步来说都是进一步的装饰，反映出不同时期的装饰形态特点，应当历史地看待。而且还往往会有反流的现象，最传统、最简单的做法在某些情况下会重新变得最时髦，比如当烦琐装饰的风尚过去之后，简洁的做法如木构件的磨砻也可能成为一种新的时尚。

另外，随着装饰的发展，会出现多种做法的层叠，即多种装饰手法综合应用于一处。比如在春秋时期被认为是僭越现象的“刻桷”，按礼，诸侯庙堂的椽子只能斲而砻之，如果在上面再加雕刻，就被说成是“非正”，和“非礼”似乎有所区别。可是装饰的发展是挡不住的，后来不仅在木构件上加雕刻，还要加玉石或金属饰件，玉石饰件上再雕刻，甚至着色，金属饰件上再加錾花镏金，等等。

2.建筑装饰以彰显为第一要义

理解了建筑装饰的意义，同时认识到建筑装饰的相对性，我们可以说，大量建筑构件最初都是作为装饰构件出现的。即使某种建筑构件或装饰做法具有极为突出的功能性，但它的出现势必带有彰显的意义。

比如甘肃秦安大地湾遗址的F901中出现了料礓石地面，这种做法是不会随便用在其他房屋中的，另外，F411中的地画也必然是出于特定的目的，具有特殊的含义。

最初的屋瓦和地砖，都应该是作为装饰构件出现的。不是随便什么地面上都会突然铺上地砖、随便那座房子的屋顶上都会突然盖上瓦件。

《中国文物报》去年（2004）2月4日报道了一则消息：浙江海盐仙坛庙发现崧泽晚期早段的土台4个，南部3个东西排列，彼此相距10余米，其中2号台台顶使用了类似土坯的材料铺设。土坯近方形或长方形，约10～20厘米长，厚约10厘米，黄、灰黑等数色，从土质看是直接在生土上切割而成，不经晾晒直接铺砌，局部有变形。台上没有发现明确的建筑迹象，也没有埋设墓葬。

崧泽遗址的年代大约在前3900—前3300，不知道考古学意义上崧泽文化的年代是否也与之对应。推测崧泽文化晚期至少也在前3000年左右。我们无法确切推测土台的功能，也不知道这是否是目前所知最早的铺地砖？但我们知道了，这种铺地砖不是出现在一般的居住建筑中，而是用在上面没有建筑、没有墓葬的土台顶上。显然，这是一种强化建筑等级的装饰做法。

所以，我在这里强调：建筑装饰的彰显目的是第一位的，其作用和意义远在装饰做法的实用功能之上。

3.建筑装饰的演变机制

建筑装饰虽然附着于建筑物，但同样体现社会礼制与建筑规制的内涵，在工艺上又趋同于器皿、织物等诸多门类。因此，其发展演变主要与社会秩序的制约力度相关，与建筑的结构变化相关，也与各种工艺的流行程度相关。

（1）建筑本体的改变引起装饰变化，比如：

结构体系从土木混合向全木构的发展

建筑物檐口高度的变化

建筑构件的增加或减少

围护结构和材料的改变

等等，都会影响到建筑装饰部位和方式的改变。

如先秦时期土木混合的台榭建筑的一些做法，壁柱壁带上的金釭、夯土厚墙门上的青琐等，至发展到全木构架时期便逐渐消失。

（2）礼制的作用与反作用

仪礼、规制对建筑装饰的制约僵化作用

逾制、僭礼对建筑装饰发展的积极作用

建筑活动是社会生活的一部分，必然在特定的社会背景下展开。任何一种装饰样式，都生成于特定的社会背景之中。随着不同历史阶段、不同环境条件的变化，建筑装饰的样式与做法或许会出现相应的改变；而同样伴随着制度、观念的沿袭，装饰中又会保持着一种根本性的不变的内核。

图3–1 隋九成宫遗址出土柱础石

图3–2–1 敦煌莫高窟初唐第329窟壁画中的建筑形象

图3–2–2 敦煌莫高窟盛唐第148窟壁画中的建筑形象

图3–2 敦煌壁画中的建筑装饰

图3 建筑装饰的俭奢

由于不同历史时期对规制的限定力度不同，或者统治者的情况发生变化，建筑装饰的风格也往往会随之改变。但凡朝纲初立，往往示俭禁奢。随着国富民安，则渐失约束。故历代开国君主一般比较节俭，而末代帝王则淫奢无度。隋代九成宫、初唐大明宫含元殿、麟德殿出土的柱础都是素面不加雕饰，但到敬宗造大明宫清思殿时，竟用3000面铜镜贴遍。从敦煌初唐至盛唐壁画中对建筑装饰的表现，也可看出这种变化。

建筑装饰又与人们的服饰一样，是一种表现自我、突出自我的方式，在礼制社会中成为被规范的对象之一；当礼制相对废弛、各种社会势力竞相争霸的时期，也往往就是建筑与装饰获得发展机会的时期。因此，统一时期的文化发展与动荡时期相比，是较为缓慢的。

由于不同历史时期对规制的限定力度不同，或者说同一个朝代中，统治者的情况发生变化，建筑装饰的风格也往往会随之改变。

但凡朝纲初立，往往示俭禁奢。随国富民安，则渐失约束。故历代亡国之君，侈靡尤甚。就是说，开国君主一般都比较节俭，而末代帝王都淫奢无度。这是一般规律，史书上都这么记载。南朝宋齐梁陈，除了梁之外，代代如此。隋代九成宫、唐代初期大明宫含元殿、麟德殿出土的柱础都是素面不加雕饰的。但后来就大不同了，敬宗时造大明宫清思殿，用3000面铜镜贴遍。从敦煌唐代壁画中对建筑装饰的表现，也可明显看出这种变化（图3）。

（3）社会时尚导致的样式和风格变化

社会观念的开放程度，对外来文化的包容程度，也是对文化发展以及建筑装饰发展起到决定性作用的因素。

域外装饰纹样在建筑与陈设上的应用导致了样式风格的改变。

特定时期的装饰时尚，比如佛教自汉代传入之后，对建筑装饰有极大的影响。佛经中对佛国的描述，导致各种珍异材料用于建筑物的外观内景以及用作帐幔与天盖等饰物。

（4）对其他工艺门类制作技术及样式的通借，影响到建筑装饰的样式和做法。

如陶艺、石雕、木器、青铜器、金银器、织染等诸多工艺门类，都与建筑装饰有十分紧密的联系，而且相互之间的关系中，建筑装饰反映出工艺类似、发展滞后的特点。

（5）与文学艺术的结合，丰富并促进建筑装饰的手法和创意

历代绘画、书法、诗文对建筑地位的提升作用是十分明显的，此点反映在与建筑物相关的碑文、匾额、楹联、画壁、书壁等之中。

4.建筑装饰的发展分期

在以往的建筑史研究中，建筑装饰风格的划分往往习惯性地采取按历史时期划分的方式。如汉魏风格、南北朝风格和隋唐风格，等等。

对各个时期的装饰风格特点，尽管可以作出整体性的描述和概略性的区分，但是要探讨特定历史时期的典型纹样，如汉魏时期或南北朝时期却不那么简单。因为本土与外来的因素混杂在一起，前后时期不可避免地会有延续和继承，更为重要的是每一特定时期内又有多个各具特色的发展演变时段，如齐隋之际，6世纪至7世纪之间，便是介于南北朝与唐代之间的一个极为重要的时段，是外来文化（西域、南海）与本土文化的融会

阶段。其中有一些完全不同于前后时期的建筑造型，在今天看来，恰好可以作为判定建筑物年代的参照物。那么，是否应当有另外一种划分方式，即选择剧变时期作为风格转折点，同时以外来与本土成分的比例作为一种附带标准。这样的做法又必须以特定的地域或社会层次为前提，如南朝梁陈与北齐之间，既有地方文化的同一性，又有宫廷文化之差异。北齐统治阶层中的胡化倾向，和与南朝接壤地区的同化现象是并存的，我们不能只强调前者而忽略后者。在按历史时期所作的概略性划分之下，对这种同期并存的不同装饰风格，似有必要作更为细致的研究。

不过，今天还是只能采用传统的按时代划分的方法，对中国古代建筑装饰的发展做一个概略的划分：

史前（礼仪规制形成之前）

　　原始的装饰观念与做法

　　价值、等级观念的初步形成与体现

　　样式的雏形与工艺的进步

先秦汉魏（木构建筑结构体系形成之前）

　　与仪礼制度、建筑结构形成对应关系

　　形成材料、做法、色彩价值观念体系

　　以及基本样式、工艺与风格

十六国南北朝隋（大分大合、频繁交流时期）

　　随木构体系的改变出现变化

　　佛教艺术对建筑装饰的影响

　　接受外来影响呈现瑰丽风格

唐五代（统一之后的延续、定型）

　　齐隋风格中断　新样式的输入

　　初唐简约大气　盛唐华贵精美　中唐简化艳俗　晚唐五代富丽细腻

宋辽金元　（世俗化与多族文化融会）

　　宋代写实风格及偏安政治的突出体现

　　北地异族文化与汉地主流文化的融会

明清（规制化　程序化　标准化）

　　官式建筑装饰中的样式规制化　图案程序化　构件标准化

　　民间建筑装饰中的题材多样化　地域特点鲜明

　　样式繁多　手法精细　风格缛丽

5.建筑装饰规制

当装饰做法发展或丰富到一定的时期，有足够的内涵，就具备形成规制的条件了。

比如前面说的对椽子的处理。正是按照从原木到斧削，到斫砟，到磨砻，将其分别对应于各个社会阶层，形成最早的礼制内容之一。

因此在建筑装饰中作为等级划分依据的主要是：用工多少、材料贵贱、色彩不同以及数量多寡。一般说来，用工多、材料贵、数量多的，等级较高，反之等级较低，比如大家熟知的斗栱与彩画等级、屋面琉璃瓦色彩等都是这样。

但是文献中，找不到完整的历代建筑规制，我们现在所能了解到的古代官定营缮制度，是从历代政府发布的有关诏令中收集起来的一些零散资料。下面摘出其中与建筑装饰相关的部分简单说一下。

周代（包括春秋战国）

《礼记正义》卷二十五，郊特牲：

台门而旅树……大夫之僭礼也。郑注云：言此皆诸侯之礼也。旅，道也。屏谓之树，树所以蔽行道。管氏树塞门，塞犹蔽也。《礼》：天子外屏，诸侯内屏，大夫以帘，士以帷。

《礼记正义》卷三十一，明堂位：

山节、藻棁、复庙（廇）、重檐、刮楹、达乡、反坫、出尊、崇坫、康圭、疏屏，天子之庙饰也。

《尚书·大传》王念孙《广雅疏证》引：

大夫、士有石材，庶人有石承。郑注云：石材，柱下质（櫍）也。石承，当柱下而已，不外出为饰。

《春秋穀梁传注疏》卷六：

（庄公）二十有四年，春，王三月，刻桓公桷。《礼》：天子之桷，斲之砻之，加密石焉。诸侯之椽，斲之砻之。大夫斲之。士首本。刻桷，非正也。

（庄公三（二）十有三年）秋，丹桓公楹。《礼》：天子诸侯黝垩，大夫仓，士黈。丹楹，非礼也。”

丹楹刻桷。是历史上有关建筑规制的著名例子。关于文献记载，有些值得探讨的地方：

这是春秋鲁庄公二十三年，齐桓公十五年，前671年的事。鲁庄公为迎娶齐桓公的女儿，对自己父亲桓公的庙堂大加装饰，引来史家的非议。

在宋人王钦若编着的《册府元龟》卷二百五十三中，记为：

鲁庄公二十三年秋，丹桓宫楹。礼，天子、诸侯黝垩，大夫苍，士黈。丹楹，非礼也。

但同样是宋人李昉编着的《太平御览》卷一百八十七中，却记为：

穀梁传曰，丹桓公楹，礼，天子丹，诸侯黝，大夫苍，士黈。

自此以后，这个"天子丹"的说法就比较流行了，《营造法式》也是这么引的。那么这到底是宋人杜撰出来的，还是原来就有的说法，就难以确定了。

按礼，天子之桷斫砻加密石，诸侯斫砻不加密石，庄公"刻桷"之举为礼所无，故被讥为"非正"（不正规的做法）。同样，若按礼没有丹楹的做法，则庄公丹楹之举亦当被讥为"非正"才是，但却是被讥为"非礼"（违反礼制的做法）。由此似乎可反证"丹楹"确为天子之制。且天子、诸侯同用黝垩，没有区别，似乎也不合适，故个人倾向于"丹楹"为天子之制，疑传文中佚一"丹"字。

唐代

《唐会要》卷三十一记《营缮令》下条文：

王公以下舍屋不得施重栱藻井。

非常参官不得造轴心舍，及（不得）施悬鱼、对凤、瓦兽、通栿乳梁装饰。

庶人所造堂舍，不得过三间四架；门屋（不得过）一间两架（下）。仍不得辄施装饰。

宋代

《宋史》卷一百五十四舆服志下记臣庶室屋制度：

凡公宇：栋施瓦兽，门设梐枑。诸州正牙门及城门并施鸱尾，不得施拒鹊。

凡民庶家，不得施重栱、藻井及五色文采为饰，仍不得四铺飞檐。

明清

《明史》卷六十八舆服志下记宫室制度、臣庶室屋制度、器用：

亲王府制：

洪武四年定：城高二丈九尺，正殿基高六尺九寸。正门、前后殿、四门城楼饰以青绿点金，廊房饰以青黛。四城正门以丹漆，金涂铜钉。宫殿窠栱攒项，中画蟠螭，饰以金，边画八吉祥花。

九年，定亲王宫殿、门庑及城门楼皆复以青色琉璃瓦。又命中书省臣，惟亲王宫得饰朱红、大青绿，其他居室只饰丹碧。

公主府第：洪武五年，礼部言："……今拟公主第：厅堂九间十一架，施花样兽脊，梁、栋、斗栱、檐、桷彩色绘饰，惟不用金。正门五间七架。大门绿油、铜环。石础、墙砖镌凿玲垄花样。"从之。

百官第宅：明初，禁官民房屋不许雕刻古帝后圣贤人物及日月、龙凤、狻猊、麒麟、犀象之形。

洪武二十六年定制：官员营造房屋，不许歇山转角、重檐、重栱及绘藻井。惟楼居重檐不禁。

公侯：门三间五架，用金漆及兽面锡环。家庙三间五架，复以黑板瓦，脊用花样瓦兽，梁、栋、斗栱、檐桷采绘饰，门窗、枋、柱金漆饰。

一品、二品：厅堂五间九架，屋脊用瓦兽，梁、栋、斗栱、檐桷采绘饰。门三间五架，绿油，兽面锡环。

三品至五品：厅堂五间七架，屋脊用瓦兽，梁、栋、斗栱、檐桷青碧绘饰。门三间三架，黑油，锡环。

六品至九品：厅堂三间七架，梁、栋饰以土黄。门一间三架，黑门，铁环。

品官房舍：门窗户牖不得用丹漆。

三十五年申明禁制：六品至九品厅堂梁栋只用粉青饰之。

庶民庐舍：

洪武二十六年定制：不许用斗栱，饰彩色。

清初定王府第宅制度，见《大清会典》卷八百九十五 工部 第宅：

顺治九年定：

亲王府：正殿广七间，前墀周围石栏。……正门、殿、寝均绿色琉璃瓦，后楼翼楼广庑均本色筒瓦。正殿上安鸱吻，压脊仙人以次凡七种，余屋用五种。凡有正屋正楼门柱，均红青油饰。每门金钉六十有三，梁栋贴金，绘画五爪云龙及各色花草。

世子府制：其间数修广及正门金钉、正屋压脊均减亲王七分之二。梁栋贴金，绘画四爪云蟒，各色花卉。正屋不设座。余与亲王府同。

郡王府制：与世子府同。

贝勒府制：均用筒瓦。压脊二，狮子、海马。门柱红青油饰，梁栋贴金，采画花草。余与郡王府同。

贝子府制：脊安垂兽。余与贝勒府同。

镇国公辅国公府制：均与贝子府同。

又定：公侯以下官民房屋。台阶高一尺。梁栋许绘画五彩杂花，柱用素油，门用黑饰。官员住房中梁贴金。二品以上官正屋得立望兽，余不得擅用。

归纳历代对建筑装饰的限定，主要在于斗栱、瓦件、脊饰、门饰的使用和数量，以及建筑构件表面的加工做法与色彩。

另外，还有一些对象和做法是皇家专用的。例如：

彤墀——秦汉时期，天子宫室中前殿地面漆为红色，称彤墀、后宫漆为黑色，称玄墀，考古发现咸阳宫1号遗址地面用红色，可证实这一做法。

青琐——天子专用门饰，实物形象不明，大约是在厚厚的夯土墙上开门，因此门框需要层层退入，表面加饰青色琐纹，与朱门、金铺相衬，色彩华丽。云冈石窟中的窟门形象或与之有相近之处（参见《北朝后期建筑风格演变特点初探》一文图7-1）。

图4 《毛诗图·鹿鸣之什》局部

天子所用屏风，上用斧形玉石装饰，称为斧扆。南宋马和之《毛诗图·鹿鸣之什》中，殿堂主人身后的屏风，正是此类。

藻井——用于建筑物内顶的最高等级的天花形式，专用于宫殿、佛寺中的主要建筑物，一般殿堂用平闇平棊，普通建筑不用天花，称为彻上明造。

阶陛——阶是其上直接坐落建筑物的阶基，陛是阶基之下的大台基，通常有卫兵把守，古称“陛下”。只有天子宫殿可以有阶有陛，一般建筑只能有阶，不能有陛。

龙墀——皇宫正殿明间正中栏杆断开，称为龙墀，又称折槛，有虚心纳谏的意思，盆唇木加宽，作为天子临轩之处。

斧扆——天子所用屏风称之为斧扆，上用斧形玉石装饰。南宋马和之《毛诗图•鹿鸣之什》中有绘（图4）。

鸱尾——脊饰中的鸱尾，原来并不属宫殿专用，唐以后也成为皇家专用之物。五代时政权频繁易主，只好通过加减鸱尾来调整建筑物的性质与功能。如：

五代南唐，“金陵虽升都邑，但以旧衙署为之，唯加鸱尾、栏槛而已”，《说郛》卷十七下

五代后梁时，汴州为东京，至后唐灭后梁，开封又降为宣武军节度，故天成四年五月，勅汴州宫殿并去鸱吻，赐本道节度使为治所，其衙署诸门园亭名额并废。《五代会要》卷十九

南宋偏安，仍奉汴梁为都城，行宫内建筑一律不用鸱吻，只用脊兽(图5)。

图5—1 北宋赵佶《瑞鹤图》局部

图5—2 南宋李嵩《夜潮图》局部

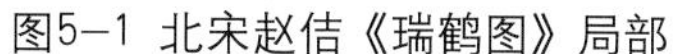

图5 脊兽的应用

脊饰中的鸱尾，自南北朝以后成为高等级建筑物如皇家宫殿和敕建寺观的专用之物。五代时政权频繁易主，只好通过加减鸱尾来调整建筑物的性质与功能。升为都城则加鸱尾，沦为州郡则去鸱尾。南宋偏安，仍奉汴梁为都城，故行宫内建筑一律不用鸱吻，只用脊兽。

另外，宋代地方政府正牙门及城门可以施鸱尾，但不得施拒鹊（鸱尾之上为防鸟雀停驻而设的针状构件），可知拒鹊也是宫殿专用之物。

6.建筑装饰部位

中国古代建筑中，很少有不加装饰的部位。自下而上，从里到外，或多或少都会采用一定的装饰做法。像地面、墙面、屋面、檐口、台基、门窗、天花、梁柱、斗栱、栏杆、阶陛等。这些部位的装饰做法，包括对建筑内外环境的处理，外如灯幢、屏树、表柱、石兽之类，内如帐幔、天盖、屏风、隔断等，往往直接反映出建筑物的规格等级，以及主人的社会地位与身份。

下面简单谈一下建筑装饰的各个部位及目前已知的做法，具体实例从略。

地面（包括室内 阶墀 庭院 甬路等）

新石器时期——层抹、涂绘、红烧土、料礓石、白灰、土坯

先秦、秦汉时期——空心砖、卵石、石材铺砌、髹漆

南北朝隋唐——玳瑁石子拼花、罽毯、钱币、石雕

墙面（包括外墙 内壁 屏门 板壁 墓室等）

新石器、三代——抹灰、绘饰、壁画

战国～三国——壁带壁柱、画像砖、织物、玉石、羽毛等

南北朝以后——琉璃、铜镜 影塑、雕砖等壁饰

屋顶（屋面 屋山 屋脊）

茅茨 陶瓦 铜瓦 琉璃瓦 夹纻瓦……

屋脊装饰

鸱尾（南北朝～唐）

鸱吻（北魏～明清）

脊兽、走兽（辽宋～明清）

火珠　宝珠•宝顶（南北朝～）

脊头瓦（南北朝～唐）

山面装饰

博风 悬鱼惹草 山花板

檐口

瓦件（西周～）

半当（战国） 圆当（秦汉～明清） 重唇板瓦（三国～宋） 花头滴水（唐～明清）

瓦钉（战国 汉 北魏 ……） 钉帽（明清）

檐椽（秦汉～） 椽头、角梁头装饰，椽身彩绘

台基

台基、平坐（土木，砖石，木构，先秦～）

须弥坐（南北朝～明清）

台帮石（隋唐）

石栏板、望柱、螭首（三国～明清）

木勾栏、雁翅版、挂檐板（汉唐～明清）

台阶、垂带、象眼、御路（汉唐～明清）

门窗

板门（汉～）、槅扇门（唐～）、花头门（五代～元？）

门楣（鸡栖木、门簪）

门砧石、门枕、门槛石

门券、窗券（南北朝～）

门板饰件：铺首　门钉　角页 ……

囧窗（先秦～汉）

棂窗（汉～宋）

绮窗（汉）

支窗（元～）

帘架（宋～明）

天花

平棊 平闇（汉～）

图6 敦煌中唐第361窟中的帐形龛

古人的直接活动空间，往往是在帷帐之内、华盖之下、围屏之中或屏风之侧，靠这些东西对建筑内外空间加以限定，构成增加人体舒适度和安全感的空间尺度。云冈、麦积山、敦煌等佛教石窟中的窟室或窟龛所表现的很多都是帐内空间。敦煌中唐第361窟中的主龛便是一座华丽的大帐，只是前面残缺了两根帐柱。这些帐、盖、屏风的装饰做法要比建筑物本身讲究得多。在宋《营造法式》中，耗费功时最多的，就是小木作中的佛道帐一类。

藻井（汉～）

承尘（帟） 天盖 宝盖

构架

斗栱、枋额（汉～）

铺作、栱眼壁、绰幕枋、雀替、雀眼网（唐～）

梁、柱、柱础、柱踬

其他

帐幔、帐饰、珠网

隔断、截间格子、碧纱橱、罩、多宝格

屏（先秦～）外屏 内屏 树 疏屏（罘罳 青琐 绮疏） 后来称照壁、影壁。

屏风（先秦～）天子斧扆，后来出现琉璃屏风 织物屏风 绘饰屏风 折叠屏风 床榻围屏等。

采用分隔、遮挡等方式，对建筑内外的空间作进一步的分层处理，是中国建筑的一大特色。古人的直接活动空间，往往是在帷帐之内、华盖之下、围屏之中或屏风之侧，靠这些东西对建筑内外空间加以限定，构成增加人体舒适度和安全感的空间尺度。云冈、麦积山、敦煌等佛教石窟中的窟室或窟龛所表现的很多都是帐内空间（图6）。这些帐、盖、屏风的装饰做法要比建筑物本身讲究得多。在宋《营造法式》中，耗费功时最多的，就是小木作中的佛道帐一类。

7.建筑装饰做法

装饰做法中所包含的三大要素为：工艺技法、造型纹饰与色彩质地。三者变换结合，作用于不同材料、不同部位，便构成丰富多彩的装饰效果。

工艺技法主要有雕刻、涂绘、模制、錾凿、错钑、镶嵌、贴络、影塑等。

造型纹饰分别对应于立体与平面的装饰构件，可以统称为样式。

色彩主要用金黄朱赭青绿黑白，前四种较高级，后四种较普通。

质地在不同材料中有不同体现，如石质、木质的细腻粗糙，织物的厚薄疏密，等等。

对于中国古代建筑装饰技法的认识不能细说，只举两个例子：

一个是陶寺遗址的墙皮，一个是营造法式中的石作。

山西陶寺早期城址（约前2300—2100）的中南部，发现约5万平方米的宫殿区。在清理核心建筑区夯土台阶之上的垃圾堆积中，出土了大块装饰戳印纹白灰墙皮和一大块带蓝彩的白灰墙皮（图7），同时还清理出推测为屋顶覆瓦的陶板残片等。

带戳印纹的白灰墙皮宽逾1米。虽整体形式不存，但从中至少可以看出两点：

一是纹样的层次处理：用区分质地的方式将墙皮表面处理为底、表二层文饰：以戳

图6 敦煌中唐第361窟中的帐形龛

古人的直接活动空间，往往是在帷帐之内、华盖之下、围屏之中或屏风之侧，靠这些东西对建筑内外空间加以限定，构成增加人体舒适度和安全感的空间尺度。云冈、麦积山、敦煌等佛教石窟中的窟室或窟龛所表现的很多都是帐内空间。敦煌中唐第361窟中的主龛便是一座华丽的大帐，只是前面残缺了两根帐柱。这些帐、盖、屏风的装饰做法要比建筑物本身讲究得多。在宋《营造法式》中，耗费功时最多的，就是小木作中的佛道帐一类。

藻井（汉～）

承尘（帟） 天盖 宝盖

构架

斗栱、枋额（汉～）

铺作、栱眼壁、绰幕枋、雀替、雀眼网（唐～）

梁、柱、柱础、柱踬

其他

帐幔、帐饰、珠网

隔断、截间格子、碧纱橱、罩、多宝格

屏（先秦～）外屏 内屏 树 疏屏（罘罳 青琐 绮疏） 后来称照壁、影壁。

屏风（先秦～）天子斧扆，后来出现琉璃屏风 织物屏风 绘饰屏风 折叠屏风 床榻围屏等。

采用分隔、遮挡等方式，对建筑内外的空间作进一步的分层处理，是中国建筑的一大特色。古人的直接活动空间，往往是在帷帐之内、华盖之下、围屏之中或屏风之侧，靠这些东西对建筑内外空间加以限定，构成增加人体舒适度和安全感的空间尺度。云冈、麦积山、敦煌等佛教石窟中的窟室或窟龛所表现的很多都是帐内空间（图6）。这些帐、盖、屏风的装饰做法要比建筑物本身讲究得多。在宋《营造法式》中，耗费功时最多的，就是小木作中的佛道帐一类。

7.建筑装饰做法

装饰做法中所包含的三大要素为：工艺技法、造型纹饰与色彩质地。三者变换结合，作用于不同材料、不同部位，便构成丰富多彩的装饰效果。

工艺技法主要有雕刻、涂绘、模制、錾凿、错钑、镶嵌、贴络、影塑等。

造型纹饰分别对应于立体与平面的装饰构件，可以统称为样式。

色彩主要用金黄朱赭青绿黑白，前四种较高级，后四种较普通。

质地在不同材料中有不同体现，如石质、木质的细腻粗糙，织物的厚薄疏密，等等。

对于中国古代建筑装饰技法的认识不能细说，只举两个例子：

一个是陶寺遗址的墙皮，一个是营造法式中的石作。

山西陶寺早期城址（约前2300—2100）的中南部，发现约5万平方米的宫殿区。在清理核心建筑区夯土台阶之上的垃圾堆积中，出土了大块装饰戳印纹白灰墙皮和一大块带蓝彩的白灰墙皮（图7），同时还清理出推测为屋顶覆瓦的陶板残片等。

带戳印纹的白灰墙皮宽逾1米。虽整体形式不存，但从中至少可以看出两点：

一是纹样的层次处理：用区分质地的方式将墙皮表面处理为底、表二层文饰：以戳

图7 陶寺遗址出土白灰墙皮

山西陶寺早期城址（约前2300—前2100）的中南部，发现约5万平方米的宫殿区。在核心建筑区夯土台阶之上，出土大块装饰戳印纹白灰墙皮，宽逾1米。从中至少可以看出两点：

一是纹样的层次处理：用区分质地的方式将墙皮表面处理为底、表二层文饰：以戳印纹为底、光滑面为表，并在表层纹样的周围刻画双线，造成略略突起的感觉。

二是纹样的构成手法：在粗大的方格纹中加饰卍字纹，从单一、平面的图案做法上升为两种纹样的组合，手法已很娴熟。

印纹为底、光滑面为表，并在表层纹样的周围刻画双线，造成略略突起的感觉。

二是纹样的构成手法：在粗大的方格纹中加饰卍字纹，从单一、平面的图案做法上升为两种纹样的组合，手法已很娴熟。

这种考究的建筑装饰做法在考古发现中十分罕见，所知三代纪年范围内出现的类似资料，似只有河南孟庄商代遗址出土的墙皮，但年代已晚于陶寺早期近千年。

宋《营造法式》石作中对雕刻技法已有细致的区分和工限规定。共分四种：剔地起突、压地隐起、减地平钑、素平（线刻）。对这四种技法，似有不同的理解。比如说素平是否包括线刻，剔地起突是否相当于木作的混作。

要理解这四种雕镌方式，必须先了解《法式》对这四种方式所规定的构件表面预处理要求：素平与减地要求斫砟三遍然后磨砻，压地隐起只需斫砟两遍，而剔地起突仅需斫砟一遍。“斫砟”即“用刀斧斫砟，令面平正”；“磨砻”则是“用沙石水磨去其斫文”。依据这些不同程度的材质平整要求，可知这四种方式都是针对平整石材表面（即“地”）所采用的处理手法。它们之间的差别与构件原表面留存的程度相关，留存越多

图8-1 密县打虎亭汉墓石门之一（减地平钑）

图8-2 打虎亭汉墓石门之二（剔地起凸）

图8-3 巩县石窟寺帝后礼佛图（剔地起凸）

图8-4 北响堂山南窟窟门饰带（压地隐起）

图8 石雕技法

宋《营造法式》石作中对雕刻技法有细致的区分和工限规定。共分四种：剔地起凸、压地隐起、减地平钑、素平（线刻），其工艺繁简程度大致为依次递减。

减地平钑从汉代起就是最为常用的技法，剔地起突在汉代也已常见，并常与减地结合运用，打虎亭汉墓中石门的制作即属此类。巩县石窟寺中的帝后礼佛图，用的是比较标准的剔地起凸技法，响堂山窟门饰带则是运用压地隐起技法之典型。

者则表面平整要求越高。

在这个基础上，对这四种技法可以这样理解：

素平应是指构件表面没有深浅上的处理，但可以有刻纹。

减地平钑从汉代起就是最为常用的技法。考察密县打虎亭汉墓即可了解其工序（图8-1）：

（1）先以墨线将文饰绘于构件表面；

（2）然后沿墨线刻画细纹（即“钑”）；

（3）最后将作为背景的部分削减下去。

这样，表面平整且刻有生动流畅细纹的人物、车马、建筑物等便在质地略粗的“地”面之上凸现出来。

剔地起凸在汉代墓葬中也已常见，并常与减地技法结合运用，如密县打虎亭汉墓的墓门雕刻就结合了这两种手法：门扇用减地平钑，而铺首用剔地起凸。

巩县石窟寺中的帝后礼佛图，用的是比较标准的剔地起突技法（图8-3）。

压地隐起是沿文饰周圈利用斜切或称片压手法区分前后上下的做法（类似今天地毯织造中的“片花”技术）。其工序也应是先将文饰墨绘于构件表面，然后直接采用片压手法进行处理，在卷草纹中，这种手法足以令花叶藤蔓之间的前后叠压、缠绕关系清晰可辨。故在南北朝时期的石窟雕刻以及雕砖中较为多见（可以巩县、响堂山窟门饰带为例），似乎是较晚出现的一种雕刻方式（图8-4）。

8.建筑装饰纹样

历代比较典型的装饰纹样

先秦——饕餮　雷云　云气　焖纹•旋纹　菱纹　鸟兽纹　山形　树形等

汉晋——凤鸟　绮纹　厥云　云气　四神　穿璧　列钱　柿蒂　博局纹　文字等

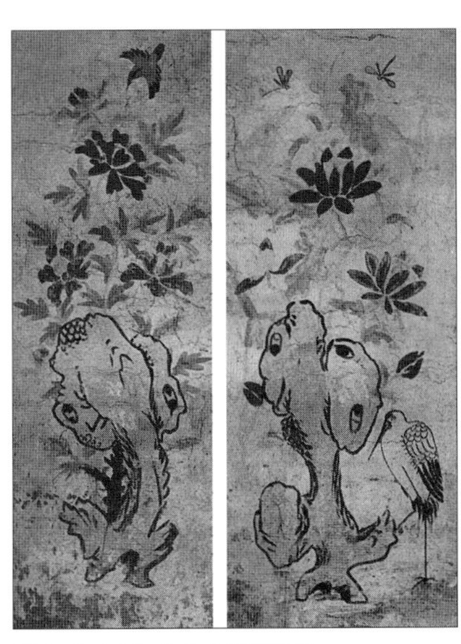

图9—1 河北宣化辽墓壁画

图9—2 四川华蓥安丙墓雕刻

图9 写生花卉

采用图案化的植物纹样如莲纹、忍冬纹等用作装饰纹样，在南北朝时期很流行；初唐以后开始出现接近自然形态的植物纹样，如石榴纹、葡萄纹等；至晚唐五代以后，写生花卉（包括盆花和折枝花）成为墓室、石窟中最常见的装饰纹样，推测也同样会应用于建筑装饰中。

南北朝～隋——卷云　忍冬卷草　莲花　锦纹　连珠·宝石连珠　人面等
唐五代——卷草·缠枝花叶　宝相花　团花　团窠　对鸟对兽等
宋辽金元——龙凤　折枝花卉　球纹　琐纹　龟纹　人物　法器等
明清——菱花　格栅　卡子　福寿等

汉魏时期的壁画与彩绘多用于敬事天地、神灵和祖先，因此选用的装饰题材往往是人们幻想出来的、现实中并不存在的、带有祈祝作用的精美诡秘之物，如兽面、四神、畏兽、无所不在的云气纹、卷草纹等。

图10-1 西汉菱花纹贴毛锦

图10-2 汉代陶楼上的绮窗

图10 绮纹与绮窗

织物纹样与建筑装饰的关系极为紧密。

绮纹流行于战国秦汉时期，是一种以菱形为基本形态加之各种变化的织物纹样，而汉赋中所谓的绮窗，其得名大约就是因为将绮纹的基本形态用在了陶楼小窗的窗格之上。

自唐代开始，随着人们艺术活动所关注（奉献、服务）对象的变化，出现对写生花草禽鸟的偏爱，装饰纹样的风格由抽象而具象。图形由幻象而实际。

只有当眼光转入现世，周围那些活生生的美好事物才可能出现在人们的艺术创造中。

7世纪左右开始出现用线描方式对翻卷花叶的细致描绘。

大雁塔门楣石刻中出现的阶下花草，今天看来颇显幼稚，在当时却可能是一种时髦。

采用植物题材用作装饰纹样，大约是在南北朝中期；而自然形态的植物纹样，至初唐以后方始出现；晚唐五代以后，写生花卉已成为墓室石窟中最常见的装饰纹样（图9）。

织物纹样与建筑装饰的关系极为紧密。

绮纹流行于战国秦汉时期，是一种以菱形为基本形态加之各种变化的织物纹样，而汉赋中所谓的绮窗，其得名大约就是因为将绮纹的基本形态用在了窗格上。在一些明器陶楼上可以见到这种窗格（图10）

屏风、罘罳也可以用绮纹，或其他类似网格状的纹样。作用就是使里面可以看见外面，而外面看不到里面。

藻井、平棊的绘饰，也和织物相类。（图11）

梁枋彩画，也是如此。敦煌彩塑中菩萨衣裙上团窠纹样的正面效果，正是俗称的“一整二破”（图12）。可知彩画的发展，实是缘自“木衣绨绣”的做法，后面还会讲到。

同类纹饰在流行期内出现风格变化，是必然的，这也是建筑装饰研究中值得注意的一个重要且有趣的问题，如清代初期的台基雕刻纹样，与中后期相比更有活力，后期则明显趋于程序化（图13）。后面谈火珠柱时还会涉及这个问题。

图11 敦煌隋代第427窟联珠平棊

织物的纹样与色彩，同样可以用作建筑物内顶天花的纹饰。

图12 织物与梁枋彩画

敦煌彩塑菩萨衣裙上团窠纹样的正面效果，正是中国古代建筑梁枋彩画中俗称的“一整二破”。可知建筑彩画的发展，实是缘自“木衣绨绣”，也就是用相同纹样的绘饰替代了用织物包裹装饰木构件的做法。在安徽明代民居的梁枋彩画中，还直接应用着这种用织物包裹构件的彩画样式。

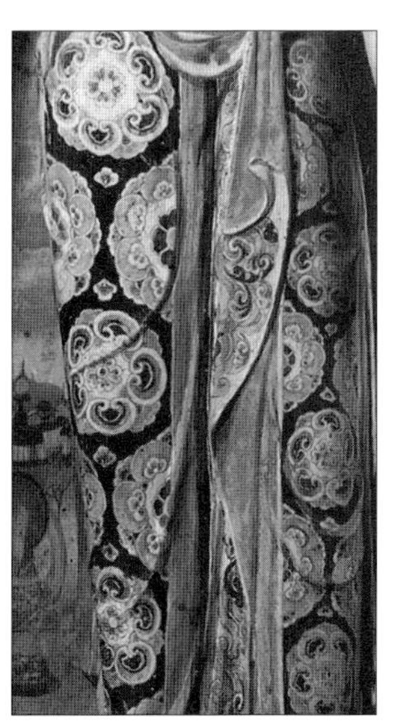

图12—1 敦煌中唐第159窟西壁龛像服饰（选自《中国石窟·敦煌莫高窟》）

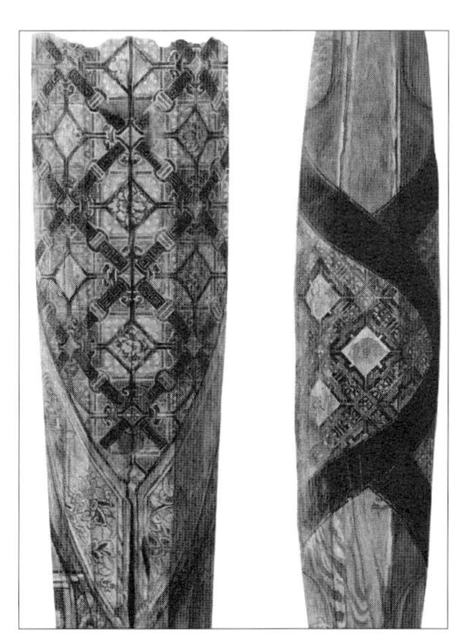

图12—2 安徽歙县呈坎乡罗东舒祠明代彩画（选自《中国古代建筑彩画》图版137）

图13–1 清昭陵隆恩殿台基雕刻纹饰

图13–2 清故宫太和殿台基雕刻纹饰

图13–3 北京明清故宫三大殿台基

图13 清代宫殿的台基纹饰

建筑装饰做法与纹饰在流行期内出现风格变化，是必然的。如清代初期（盛京）的台基造型手法虽然显得不够成熟，但雕刻纹饰风格饱满灵动，显示出新兴政权的强悍与活力；后期（北京）的台基雕刻纹饰与整体造型，都明显成熟规整，同时趋于程式化。

三 中国古代建筑装饰用材

由于中国古代用于建筑装饰的材料极为丰富。除土、木、砖、石、陶等常用材之外，还有不少见于文献和考古出土的材料，所以单独作为一个部分来谈，时间有限，大家所熟知的砖头瓦块石雕什么的这里就不谈了。

1.琉璃和玻璃

古代文献中的“琉璃”一词，包含两类不同的材质：一种是指人工烧制的透明对象，类似今天所说的“玻璃”。这种琉璃的生产，在我国约始于春秋战国之际，多用于日常器皿与饰物，也有用于建筑室内者，如汉晋时的琉璃屏风……另一种是指表面涂挂透明釉彩的陶土构件，即今天所说的“琉璃”，多用于建筑瓦件与装饰性构件。

在事关宋代以前的文献记载中，大多数情况下，“琉璃”一词所指的是前者，只有少数情况是指后者。而“玻璃（玻瓈）”一词则相反，早期特指透明的天然材质，与车渠玛瑙等相列，后来逐渐特指透明的人工烧制品，其间两者往往掺杂混用，直至清人著作中，才基本弄清楚。因此，探讨琉璃构件在建筑中的使用，必须对相关文献作仔细分析。

琉璃瓦

《南齐书·魏虏传》中讥北魏平城“宫门稍覆以屋，犹不知为重楼”。却记其“有祠屋，以琉璃为瓦”。时在献文帝禅位之前（470年之前）；《本纪》中又记东昏侯（500）讥武帝青楼“何不纯用琉璃”，知当时南朝亦有琉璃瓦屋面做法。但这种琉璃瓦是否今天概念的琉璃瓦，还尚无考古资料确证（网上见南京出有青瓷瓦当，但年代地点不确，今注）。北魏永宁寺塔基和西门遗址出土瓦件中，均未见琉璃瓦。据《洛阳伽蓝记》，永宁制度比拟魏宫，则当时宫室可能亦未用琉璃瓦。

唐代用琉璃瓦已经没有疑问，大明宫三清殿遗址出土三彩琉璃瓦，敦煌壁画中宫殿的形象中不少可以见到屋面用黑瓦（青掍瓦）、檐口边缘用琉璃瓦的，类似今天所说的“剪边”。

玻璃

现在考古出土的唐代玻璃器是不少，但建筑构材未见。按说，用作建筑材料的玻璃大约要在12世纪以后，由意大利传至各地。可是在宋人笔记和辑纂的类书中，发现一条有趣的记载：

> 鱼藻洞　鱼朝恩有洞房，四壁夹安瑠璃板，中贮江水及萍藻诸色虾，号鱼藻洞。南康记

鱼朝恩是唐玄宗至代宗期间很有权势的一位宦官（742—770），如果记载属实，则唐代建筑中就有使用玻璃的做法，而且是室内四壁以玻璃为夹层，当中注水以贮鱼藻，类似今天的水族馆，施工难度可想而知。这个说法最早出自《云仙杂记》卷五，据说是唐人冯贽撰写的。清人编入《四库全书》，但认定为伪书。从宋人频繁引文可知，即便是伪书，至少也是五代宋初出炉的。

2.金属

据文献记载，铸铜为饰，是秦汉以至魏晋时期建筑装饰的一大特色。商周以来铸铜技术与车具制造的发达，为这一做法在建筑中的应用提供了技术支持，如宫门、城门前列置人像、瑞兽、祥禽之类，另外，又有屋顶立金凤、门上安铺首、勾栏寻杖（阑楯），以及壁柱、壁带等木构节点连接件等。

铜人等

这一做法迄自秦代，盛于西汉，而终于魏晋。据说这种做法，在一定程度上是接受了外来的影响。

秦始皇二十六年（前221），收天下兵，聚之咸阳，销以为钟鐻，金人十二，重各千石，置廷宫中。

《西都赋》记西汉长安宫室“列钟虡于中庭，立金人于端闱”。

西汉末年，长安毁于战乱，这些物件作为宫室标志，被后代帝王陆续搬运出长安，从相关文献记载中，可知长安宫城的内外，立有大量铜人、钟虡、飞廉、铜马、天禄、虾蟆等。

东汉永平五年（62），自长安迎取飞廉并铜马，置上西门外平乐馆。不过东汉也有铸造，中平三年（186），修玉堂殿时，铸铜人四，黄钟四及天禄、虾蟆。

东汉末年，又是一次大战乱，董卓为了铸钱，悉取洛阳及长安铜人、钟虡、飞廉、铜马之属，又太史灵台及永安候铜阑楯亦取之。

不过好像并没有毁完，魏明帝青龙三年（235）大治（洛阳）宫室，“备如汉西京之制”。景初元年（237），又徙长安钟虡、骆驼、铜人、承露盘。盘折，铜人重不可致，便发铜新铸。

十六国时后赵石虎营邺都、襄国，又从洛阳劫掠一回：

徙洛阳钟虡、九龙、翁仲、铜驼、飞廉于邺，一钟没于河，募浮没三百人入河，系以竹絙，牛百头，鹿栌引之，乃出。造万斛舟以渡之，以四轮缠辋，车辙广四尺，深二尺，运至邺。

铜凤（金凤）

在高大建筑屋顶上立凤鸟，是汉代宫室的一大特征，画像砖石中往往可见。其实战国铜器刻纹中已见。

《三辅黄图》记：

建章宫　正门曰阊阖，左凤阙，高二十五丈。阙上有金凤，高丈余。宫门北起圆阙，高二十五丈，上有铜凤凰。建章宫南有玉堂……铸铜凤，高五尺，饰黄金，栖屋上，下有转枢，向风若翔。

阙顶、殿顶皆立凤凰，还能旋转，以别风向。铜凤或高丈余，或高五尺，当视建筑物高下体量而定。

《晋书》五行志记“石虎时邺城凤阳门上金凤凰二头飞入漳河”。

又武则天造东都明堂，“上施铁凤，高一丈，饰以黄金”。已不用铜，改用铁。

铜柱

是指宫殿建筑中以铜为柱的做法。

秦始皇二十年（前227），荆轲刺秦王，匕首入铜柱，说明秦咸阳宫已用铜柱。

西晋武帝泰始二年（266）七月辛巳，营太庙，致荆山之木，采华山之石，铸铜柱十二，涂以黄金，镂以百物，缀以明珠。

武帝太康五年五月，宣帝庙地陷梁折。八年正月，太庙殿又陷，改作庙，筑基及泉。其年九月，遂更营新庙，远致名材，杂以铜柱。

又有立铜柱以为界标或威仪的做法。汉元鼎二年（前115）伏波将军马援于安南交趾立铜柱定疆界。

唐时，武则天曾征敛东都铜造天枢于端门之外，玄宗时令毁天枢取其铜铁充军国杂用。

目前考古发掘与古代实例中所见到的金属饰件，多用于壁柱壁带、斗栱、门窗、勾栏等处，还有角梁、檐椽端头饰件以及其下悬挂的铃铎等，在佛教建筑中还用于塔刹装饰。

金缸

读音有二，工，缸，《急就篇》（汉史游撰，唐颜师古注）记：

钉，车毂中铁也。锏，轴上铁也。施钉锏者，所以护轴使不相摩垦也。

图14 陕西凤翔姚家岗出土金属构件

长42厘米，宽16厘米，1973—1974年陕西凤翔姚家岗秦故雍城遗址窖穴中出土，年代定为春秋中期，现藏陕西省博物馆。

这类构件现在大家称之为“金钉”。“钉”是古代木制车轮上铁件的名称，这里借以指称古代木构建筑上的一种金属构件。

从战国秦汉至魏晋南北朝，北方大型建筑中一直沿用以夯土台为结构主体、外包木构的做法（即所谓的台榭建筑），壁柱和壁带是其中重要的结构构件。推测“金钉”应是壁带与壁柱上所用的铜质构件，起到连接固定同时兼有装饰的作用。

又宋郑樵《通志》注音工，故取工。

从战国秦汉至魏晋南北朝，北方大型建筑中一直沿用以夯土台为结构主体、外包木构的做法（即所谓的台榭建筑）。先把夯土台按平面切削出柱位，然后嵌入隔间壁柱，柱身半露。柱间再以水平方向的壁带作为联系构件。据汉代文献记载，汉长安未央宫昭阳舍，壁带上以金釭、玉璧、明珠、翠羽为饰，《景福殿赋》中亦记“落带金釭”。推测应该是壁带与壁柱上所用的铜质构件，一方面作为装饰，同时起连接固定木构件的作用。北朝建筑中仍有壁带，但文献中不再提到金釭。

陕西凤翔姚家岗秦故雍城遗址出土的金属构件，现在大家都称之为金釭（图14）。

斗栱

汉代以前，由于整体木构架尚未形成，因此斗栱通常以插栱的形式出现。1972年江苏沙洲出土的这例战国早期的铜斗栱，也是插栱，长62，高38，可以是真实建筑构件的尺寸。不过它应该是套在悬臂木枋上，或作为檐下的装饰品，不起承重作用。（图15）

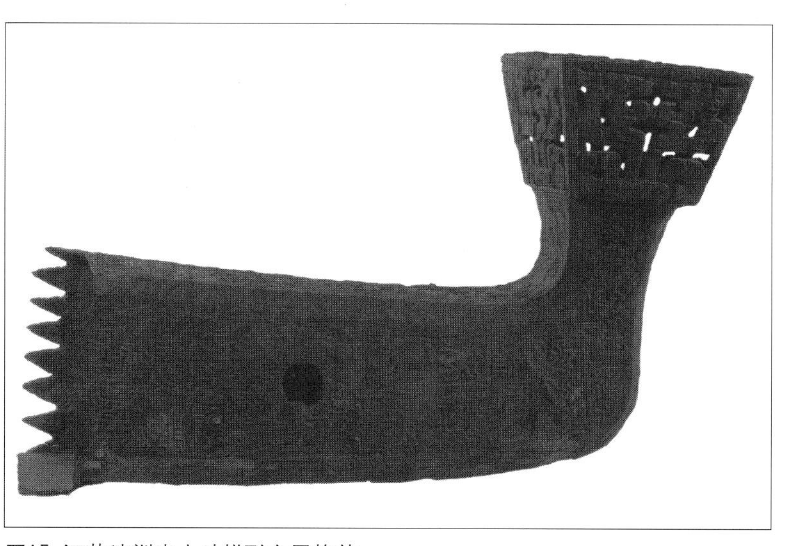

图15 江苏沙洲出土斗栱形金属构件

长62厘米，高38厘米，外表通饰蟠螭纹。1962年江苏沙洲鹿苑出土，年代定为战国早期，现藏南京博物院。构件后尾的齿形以及栱身中部的圆孔，表明它在使用中很可能是固定于木质构件的端头。这样大尺寸的铜质斗栱，仅此一件，是个珍贵的孤例。

铜镜 金银箔

据文献记载和考古发掘，并参照日本平安、镰仓早期的建筑装饰实例，推测唐代宫殿与佛寺中，最为豪华讲究的装饰，是在木构件表面贴敷黄白金箔、镶嵌螺钿与铜件，以取得辉煌效果的做法。

《旧唐书》卷153《薛存诚传附子廷老传》：

> 敬宗荒姿，宫中造清思院新殿，用铜镜三千片，黄白金薄十万番。

西安大明宫清思殿遗址发掘，证实了上述文献记载，出土铜镜残片17片，鎏金铜装饰残片多片。见马得志：《唐长安城发掘新收获》，《考古》1987年第4期。

日本岩手县中尊寺金色堂，建于1124年，为平安晚期作品，堂内木构表面镶嵌金铜、螺钿，纹样以大小团窠与团花、联珠带饰为主。参照敦煌壁画中的建筑纹饰，可知均为受唐代建筑影响的样式与做法。虽年代较晚，仍在一定程度上折射出唐代建筑装饰的面貌（图16）。

图16 日本岩手县中尊寺金色堂内景

中尊寺金色堂建于1124年，为平安晚期作品，堂内木构表面镶嵌金铜、螺钿，纹样以大小团窠与团花、连珠带饰为主。参照敦煌壁画中的建筑纹饰，可知均为受唐代建筑影响的样式与做法。虽年代较晚，仍在一定程度上折射出唐代建筑装饰的面貌。

门饰

铺首

虽然文献记载和汉墓石刻壁画中很早就见有门扇铺首的样式，但大多数铺首实物多出于墓室棺椁，少有能够确认为用于门扇者。只有燕下都老姆台所出的铺首，是迄今所知制作最精、样式最华贵的一例，尺度也最大，宽37厘米，通高75厘米，按照这个尺度推测，应当是用于宫殿建筑的大门之上（图17）。

图17 燕下都遗址出土铺首

通高74.5厘米，宽36.8厘米。1966年河北易县燕下都遗址老姆台出土，年代定为战国中晚期，现藏河北省考古研究所。据构件尺寸推测，可能是应用于大型建筑物的木门之上。

1982年，大同南郊轴承厂北魏宫殿遗址出了一批窖藏铜鎏金铺首和环，将近70件。其中包括三种样式的铺首16件，三种样式的环9件，两种铜牌饰（梯形的是角页），五种样式的圆泡（门钉）。从出土铜鎏金构件的组合上看，应该是建筑上所用的门饰，只是铺首的尺寸似乎不够大。最大的一例只有16.5厘米，一般只有13厘米，因此有人仍怀疑不是建筑用材，但据同出的门钉判断，应该是门扇上所用的构件。还有一例是宁夏固原雷祖庙北魏墓出的铺首，样式相近，但直径只有11厘米。这些铺首和山西大同北魏太和元年（477）宋绍祖墓出土石椁上的铺首形象相比较，共同的特点很明显，近方形，鼻下穿环，上方有小人。这些构件对于建筑装饰研究很重要。云冈第9、10窟中的仿木构做法样式，加上这批构件，可以使我们了解到北魏平城时期，宫殿建筑虽然还处于土木结构阶段，但装饰风格已经很华丽了（图18）。

图18-1 大同出土铺首133厘米×128厘米

图18-2 大同出土环径166厘米

图18-3 固原北魏太和年间墓葬出土铺首112厘米×105厘米

图18-4 固原同墓出土环110厘米×75厘米

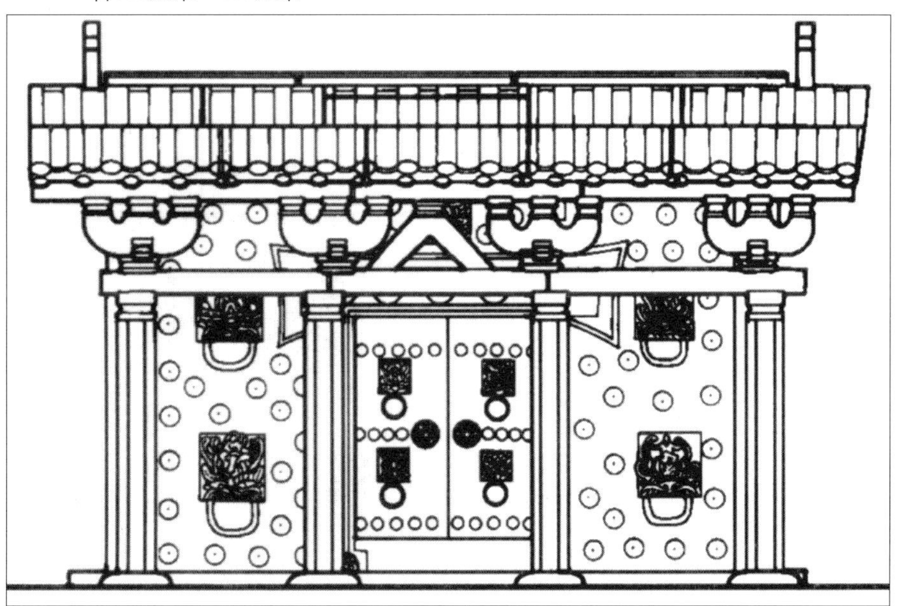

图18-5 大同北魏宋绍祖墓出土石室正面

图18 北魏时期的铺首

1982年，大同南郊轴承厂北魏宫殿遗址窖藏出有将近70件铜鎏金铺首和环，其中包括三种样式的铺首，三种样式的环，两种铜牌饰（梯形的是角页），五种样式的圆泡（门钉）。从构件组合上看，应该都是建筑物门扇上所用的装饰构件。宁夏固原雷祖庙北魏墓出的铺首，样式相近，但直径稍小。山西大同北魏太和元年（477）宋绍祖墓出土石椁上雕刻的铺首形象，也是近方形立面，鼻下穿环，上方有小人，反映出北魏铺首的造型特点。

自战国到明清，铺首的样式从鼻中穿环，发展到口中衔环，是什么时候变的，原来一直以为是7世纪前后，隋或初唐。最近发现北齐娄睿墓出土的贴花壶上已经出现口中衔环的铺首形象，而河南安阳桥村隋墓出土铺首，瓷质，白胎无釉，这款铺首高25.5厘米，宽23.6厘米，个儿挺大。虽然口部比例已经很大，但鼻孔部留有铁锈，似曾穿有铁环。说明自南北朝晚期至隋唐之间，是一个样式变换的过渡时期。清昭陵的铺首则完全是口中衔环的样式了（图19）。

图19—1 北齐娄睿墓出土贴花盖壶铺首

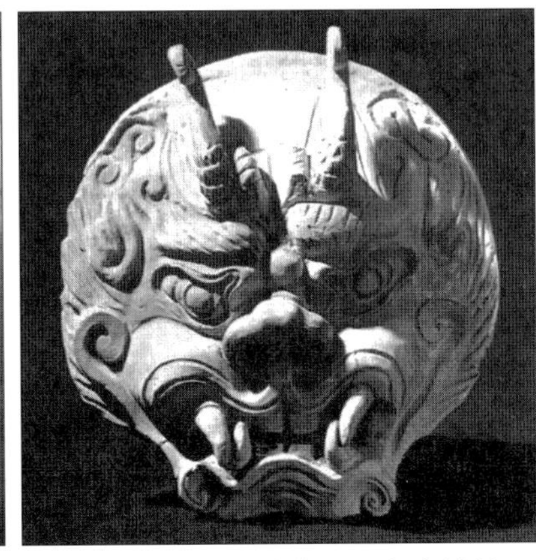

图19—2 安阳桥村隋墓出土白瓷铺首 25.6厘米×23.5厘米

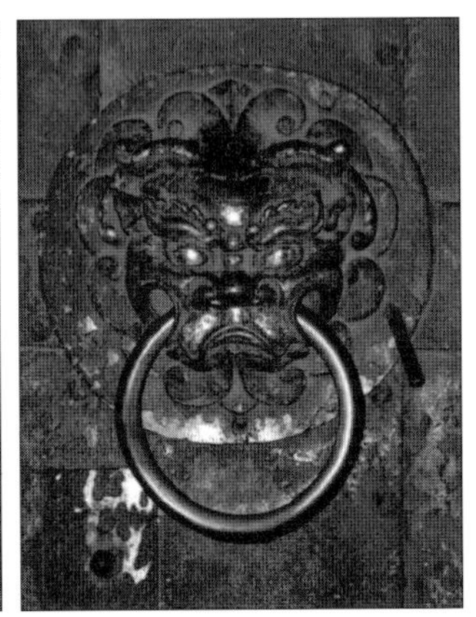

图19—3 清昭陵铺首

图19 铺首与环衔接方式的演变

自战国以来，铺首的样式皆为鼻中穿环。北朝晚期的北齐娄睿墓出土的贴花壶上，出现了口中衔环的铺首形象，而河南安阳桥村隋墓出土白瓷铺首，高25.5厘米，宽23.6厘米。鼻孔部仍留有铁锈，似曾穿有铁环。这说明自南北朝晚期至隋唐之间，是铺首衔环样式变换的过渡时期。唐代以后的铺首则完全是口中衔环的样式了。

角页

角页是门扇近轴部的饰物。已知为春秋中期的一副，从纹样推测可能是山西出的。图20，其一高28.6厘米，宽22.6厘米，厚7.9厘米，用于门扇的外下角，有靴臼，现存伦敦不列颠博物馆；另一高23厘米，宽20厘米，用于门扇的内下角。花纹与上件类同，应同出一地。现存瑞典斯德哥尔摩远东古物博物馆。

黑龙江宁安渤海国遗址也出过类似的铜构件。

大同南郊北魏宫殿遗址所出的是饰片，但上面有门钉痕迹，应当也是门上用的角页，位置可能在门扇的上部。上饰镂空花纹，典型的北魏太和年间流行的忍冬龟背纹（图21）。

门钉

实物也是大同北魏遗址见到的种类最多，直径大者七八厘米，小的三五厘米，有的带钉孔，有的本身带钉（图22）。

图20—1 春秋中期人形纹门饰　图20—2 春秋中期人形纹门饰

图20 春秋门角页（选自《欧洲所藏中国青铜器遗珠》）

角页是门扇近轴部的饰物。已知为春秋中期的一副，其一高28.6厘米，宽22.6厘米，厚7.9厘米，用于门扇的外下角，有靴臼，现存伦敦不列颠博物馆；另一高23厘米，宽20厘米，用于门扇的内下角。花纹与上件类同，应同一地区所出，现存瑞典斯德哥尔摩远东古物博物馆。

图21 北魏门角页

大同南郊北魏宫殿遗址所出的门角页，位置可能在门扇的上部。上饰镂空花纹，典型的北魏太和年间流行的忍冬龟背纹。

图22—1 大同出土钉帽　图22—2 大同出土金属门饰

图22 北魏门钉

大同南郊北魏宫殿遗址所出的门钉种类最多，直径大者七八厘米，小的三五厘米，有的带钉孔，有的本身带钉。

洛阳隋唐东都右掖门遗址出有铁盖钉，扁圆形盖，径9厘米，钉长17.5厘米，是穿透门板的长度。

另外，唐墓中也出有不少类似构件，但图片发表较少，考古的同志们对建筑这块的关注似乎还是少了一些。

铜钱铺地

唐玄宗时，巨富王元宝尝以金银垒为屋壁，以红泥泥之，别置礼贤堂，以沉香为轩槛，镔针甃地面，锦文石为柱础。又以铜丝穿钱，甃于后圃花径中，贵其泥雨不滑。是用金属作装饰的一个极端例子。

3.蚌壳

《中国文物报》2004年刊登山东临淄战国墓（临国1、2号）发掘，报道中谈到墓室四壁修整后刷白粉。近二层台的“四周墓壁上有麻布帷帐，上用加工成的圆形蚌饰固定点缀，蚌饰内侧是红色绘成的涡纹或卷云纹”。并指出“甲字形平面、椁室周围填充石子、蚌壳是战国早期齐墓的特点”。这些装饰虽然是用在墓室四壁，但由此可以推测建筑墙体的表面和周围散水等都有可能使用蚌壳。

青州博物馆藏有凤凰台遗址出土的战国嵌贝砖，云形（形状像旌旗），砖为泥制灰陶，模制，两个侧面的表面均开有凹槽，内嵌贝壳。“贝壳系用较大的蚌壳制成，将蚌壳磨制成与凹槽大小、弧度、宽窄相同的长条状，用一种黑色颗粒状（应为黍子）的黏合剂将贝壳粘嵌入凹槽中。”这件饰物残件长45厘米，宽20厘米，这种尺度有可能用于建筑物，但由于是双面加饰，所以可以肯定不是墙面贴饰，而是单独插在某个构件的侧面或当中，以展示旌旗随风飘荡的形态，最有可能是用于屋顶或屋脊之上。可以想象，蚌壳表面的珠膜受光会形成折射，产生与土木材料完全不同的质感效果，很有创意（图23）。

联系临淄墓葬中的蚌壳帐饰（也应是墓主日常生活状况的反映），似可认为，以当地易得的蚌壳作为建筑材料甚至装饰材料，是战国时期齐地流行的一种做法，同时在装饰做法上已脱离了单纯的原形贴挂或镶嵌，而是与彩绘、磨制等手法以及涡纹、云纹等纹饰相结合而发展为复合技术的装饰工艺。

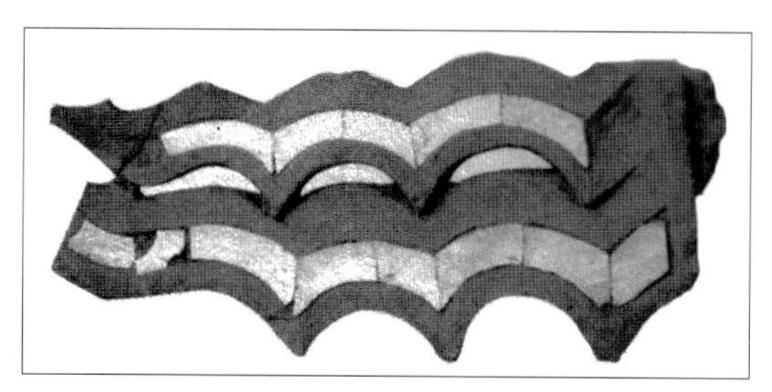

图23 齐临淄故城出土嵌贝砖（选自《青州博物馆》）

齐临淄故城凤凰台遗址出土，残件长45厘米，宽20厘米，这种尺度有可能用于建筑物。砖为泥制灰陶，模制，两个侧面的表面均开有凹槽，内嵌贝壳。由于是双面加饰，所以可以肯定不是墙面贴饰，以展示旌旗随风飘荡的形态推测，最有可能是用于屋顶或屋脊之上。

鱼骨

《封氏闻见记》卷八提到用大鱼腮中对象制作屏风，也是非常有趣的一例。

> 海州土俗工画，节度令造海图屏风二十合。予时客海上，偶于州门见人持一束黑物，形如竹篾。予问之，其人云，海鱼腮中毛，拟用作屏风贴。因问所得，云数十年前，东海有大鱼，死于岸上，收得此，惟堪用为屏风贴。前后所用无数。今官造屏风，搜求得此。奇文异色，泽似水牛角。小头似猪鬃，大头正方，长四五尺，广可一寸，亦奇物也。

此物当为大型鱼类（鲸鱼？）体内软骨，有四五尺长，截面方寸，被偶然发现之后，因纹质奇特而用作装饰材料（屏风四周的押条），竟然前后流行了数十年。由此可见古代巧匠之善于发现、富于创意，充分利用自然所赐。

4.织物

织物在古代建筑装饰中是很重要的一种材料，同时，在建筑装饰纹样的发展过程中，织物纹样的作用是贯穿始终的。

班固《西都赋》记汉武帝后宫昭阳殿“屋不呈材，墙不露形，裛以藻绣，络以纶连”。古代建筑的墙面和地面，都可采用织物装饰，梁柱等木构件的表面也可用织物包裹，分别叫做壁衣、地衣，柱衣。

壁衣

文献记载，西汉时因赵飞燕受宠，皇后为求后而与人私通，皇帝来了，只好把人藏在壁衣内。

南宋宁宗时（1200），奸臣韩侂胄过生日，士大夫或献红锦壁衣、承尘、地衣之属，“修广高下，皆与中堂等，尽密量其度而为之”。因为是事先量度了尺寸而后制作，所以尺度非常合适，但却因有私下入室窥探之嫌，反遭猜疑。

地衣

类似今天的地毯。西域盛产地毯，出于罽宾的又称罽毯。因此地衣的使用和后面提到的香料，似乎都和西域有关，大概都是西汉通西域以后的事情。

《西京杂记》，记汉宫中规地以罽宾氍毹。

《入唐求法巡礼行记》卷三，记五台山竹林寺阁院铺严道场“杂色罽毯，敷遍地上”。

宫中宴乐场所又有用丝绸铺地的做法。《资治通鉴》卷二百五十二记唐懿宗时（咸通十二年，871）：

> 上与郭淑妃思公主不已，乐工李可及作叹百年曲，其声凄婉，舞者数百

人，发内库杂宝为其首饰，以绝（粗绸）八百匹为地衣，舞罢，珠玑覆地。

贵族府邸中的地衣还可按季节更换。《资治通鉴》卷二百八十三后晋纪：

后晋天福七年，冬十月，楚王希范作天策府。

地衣：春夏用角簟，角簟，剖竹为细篾织之，藏节去筠，莹滑可爱，南蛮或以白藤为之。

秋冬用木棉。木棉，今南方多有焉。于春中作畦种之，至夏秋之交结实，至秋半其实之外皮，四裂中踊出，白如绵。土人取而纺之，织以为布，细密厚暖，宜以御冬。

石窟地面雕刻中也多见表现佛殿或佛塔内铺设地衣的做法。如云冈石窟第9、10窟窟前地面，龙门石窟宾阳中洞地面和皇甫公窟地面等（图24）。

图24—1 龙门宾阳中洞地面纹饰

图24—2 龙门宾阳中洞地面纹饰复原

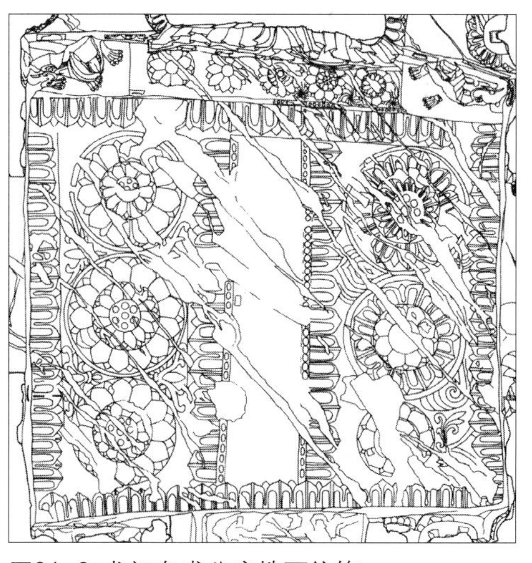

图24—3 龙门皇甫公窟地面纹饰

图24 北魏石窟地面雕刻纹饰

北魏石窟地面雕刻中多见表现铺设地衣的做法。如云冈石窟第9、10窟窟前地面，龙门石窟宾阳中洞和皇甫公窟的地面雕饰等。

柱衣

《后汉书·吕强传》，记昔师旷谏晋平公（前557～532，春秋）曰："梁柱衣绣，民无褐衣。"

《汉书》卷93佞幸传，记"柱槛衣以绨锦"。

宋仁宗景祐三年（1036）下诏禁奢：

> 凡帐幔、复壁、承尘、柱衣、额道、架帕帘、床裙，毋得用纯锦遍绣。

这种做法至今保留在藏式建筑中，如布达拉宫及各大寺院都可见到（图25）。其实藏式建筑是保留汉代建筑样式做法最多的，包括尼泊尔建筑都有汉风。

图25-1 布达拉宫白宫东大殿

图25-2 布达拉宫红宫西大殿

图25 布达拉宫中的柱衣

汉唐文献中记载的"柱衣"做法至今仍保留在藏式建筑中，如布达拉宫及西藏、青海各大寺院都可见到。藏式建筑中保留中国古代早期建筑样式做法最多。

另外，帐幔，承尘之类，实际也是建筑室内最常用的。各地石窟中内顶的壁画雕刻，除了少量平棊平闇之外，就是帐顶最多（图26）。

图26—1 龙门宾阳中洞窟顶雕刻纹饰（北魏）

图26—2 敦煌莫高窟第407窟三兔飞天藻井（隋）

图26 石窟内顶所表现的帐顶

石窟内顶的壁画、雕刻大多表现建筑室内顶部的天花和佛帐的帐顶样式，因此，除了平棊、平闇之外，就属帐顶最多。

织物纹样与建筑装饰纹样的相通关系，可以从敦煌壁画中略窥一二（图27）。

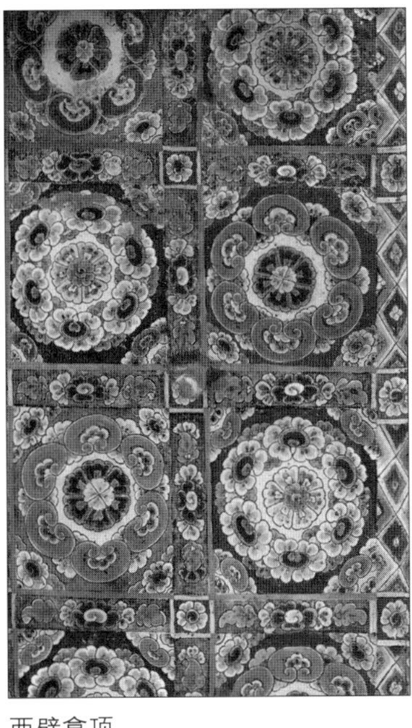

西壁龛顶

西壁龛像

图27—1 敦煌莫高窟第159窟中的西壁龛顶和西壁龛像（中唐）

人字披顶

西壁龛口胁侍

图27—2 敦煌莫高窟第402窟中的人字披顶和西壁胁侍（隋）

图27 织物与建筑装饰纹样通用

织物纹样与建筑装饰纹样的相通关系，可以从敦煌壁画中略窥一二。

5.香料

是指带有特殊香味的材料如沉、檀、桂等木料，以及麝香、乳香、芸香等各种香料。在建筑装饰中的用法，木料一般是切割成薄片用作木构件的表皮贴饰，香料则磨成粉用作墙面涂料的成分，文献中也见有“梅杏为梁”的记载，但可能都是采用帮贴的方式。

香料用于建筑装饰的历史大约也是从西汉开始。

汉武帝（前2世纪）作柏梁台，以柏香闻数里；又昆明池中有灵波殿七间，皆以桂为柱，风来自香；后宫温室则以椒涂壁，被之文绣，香桂为柱。《西京杂记》

西晋太康三年（282），石崇与王恺竞奢，崇涂屋以椒，恺用赤石脂。《资治通鉴》

南齐废帝东昏侯涂壁皆以麝香，称麝壁。《鸡石集陈氏香谱》

椒、赤石脂、麝香等材料都可作药用，因此，用香涂壁实际上是有些健身功能。

南朝最后一位皇帝陈后主至德二年（584）于后宫起临春、结绮、望仙三阁。阁高数丈。并数十间。其窗牖、壁带、悬楣、栏槛之类，并以沉檀香木为之。又饰以金玉，间以珠翠。外施珠帘，内有宝床宝帐，其服玩之属，瑰奇珍丽，近古所未有。每微风暂至，香闻数里。

隋开皇十五年，黔州刺史田宗显造大殿一十三间，以沉香贴遍。……又东西二殿，瑞像所居，并用檀贴。《三宝感通录》

隋秦王俊盛治宫室，穷极侈丽，又为水殿（推测应该是建在水池之中），香涂粉壁，玉砌金阶，梁柱楣栋之间，周以明镜，间以宝珠，极荣饰之美。《隋书》

中唐时期用香更多。

玄宗时杨国忠用沉香为阁，檀香为栏，以麝香、乳香筛土和为泥饰壁。每于春时，木芍药盛开之际，聚宾友于此阁上赏花焉。禁中沉香亭，远不侔此壮丽也。《天宝遗事》

王元宝起高楼，以银镂三棱屏风代篱落，密置香槽，香自花镂中出，号含熏阁。《清异录》

唐代宗时（770），宰相元载造芸辉堂于私第，芸辉，香草名也，出于阗国，其香洁白如玉，入土不朽，烂舂之为屑，以涂其壁，故号芸辉堂焉。而更构沉檀为梁栋，饰金银为户牖。《杜阳杂编》卷上　苏鹗

五代后晋时楚王希范作天策府，极栋宇之盛，户牖栏槛皆饰以金玉，涂壁用丹砂数十万斤。怀疑是夸大其词。

最有创意的是用酒香刷门的做法，见于宋人笔记，估计也是唐人所为。

起宅刷酒散香　莲花巷王珊起宅毕，其门刷以醇酒，更散香末，盖礼神之至。《宣武盛事》

6.髹漆

髹漆在中国古代是极为发达的一门工艺。发端于新石器时期，至秦汉时，工艺水准与官作漆器产业规模均达之巅峰，三国以后渐趋衰落。

漆器以木、麻布为胎，但同样以木材为主要构材的建筑物，却好像并未成为髹饰对象。

据文献记载，汉代就有漆地的做法，丹墀、玄墀。

《后汉纪》卷二十记梁冀孙寿在洛阳起宅：

冀于洛阳城门内起甲第，而寿于对街起宅，竞与冀相高。作阴阳殿，连阁通房，鱼池钓台。梁柱门户，铜沓纻漆。青琐丹墀，刻镂为青龙白虎，画以丹青云气。

汉代的漆器已有木胎、布胎、陶土胎的区分，其曰纻漆，可知是门户木构件的表面装饰用了漆器的做法。

后赵与唐武周时有用漆瓦盖顶的记载，应是采用漆器做法制作的屋瓦。

《洛阳伽蓝记》卷一记北魏洛阳永宁寺塔用漆饰门：

浮图有九级，角角皆悬金铎，合上下有一百二十铎。浮图有四面，面有三户六窗，户皆朱漆。扉上有五行金钉，其十二门二十四扇，合有五千四百枚。

《宋史》卷八十五记北宋时营造用漆之量巨大：

修治西京大内，合屋数千间，尽以真漆为饰，工役甚大，为费不赀。而漆饰之法，须骨灰为地，科买督迫，灰价日增，一斤至数千。于是四郊冢墓，悉被发掘，取人骨为灰矣。

宋仁宗景祐三年（1036）诏：

……非宫室寺观，毋得彩绘栋宇及间朱黑漆梁柱窗牖。

可知当时只有宫室寺观允许用朱黑色漆装饰梁柱门窗。

周必大《思陵录》中记南宋慈福宫制度（淳熙十五年，1188），其中也提到建筑装饰大量用漆，有朱红、绿、黑、金诸色。如：

后殿五间，挟屋二间，真色装造，碌（绿）漆窗隔、板壁，黑漆退光柱木，周回明窗等。头顶板瓦结瓦，方砖地面。

内殿前廊屋系朱红柱木、窗隔，殿后碌油柱木，黑漆、金漆窗隔、板壁，前后明窗。

《历代帝王宅京记》卷十七记北宋汴梁城门、门楼用朱漆：

大内正门宣德楼列五门，门皆金钉朱漆。

大门或者说城门，开合往来，最要坚固，可能是建筑中用漆最多的部位。

令人奇怪的是，髹饰一项却未见列入宋代官式建筑做法之中。《营造法式》中不记漆作，也不见"退光"一词。除彩画作提到用"金漆"之外，未见用漆之处。

按法式卷一《总释·彩画》所说：

今以施之于缣素之类者谓之画，布彩于梁栋斗栱或素象什物之类者俗谓之装銮，以粉朱丹三色为屋宇门窗之饰者谓之刷染。

知彩画者包括三类：画、装銮、刷染，其中用于建筑物者二：装銮与刷染。

明代宫室制度中，按亲王、公侯、官品等第，已有大门用漆、门窗用漆的制度。大门用漆有丹漆、金漆、绿油、黑油四等，而公侯第宅中可用"门窗枋柱金漆饰"。

明清建筑所用，说是油漆，一般都是只用桐油调色，不用漆料。

去年在长沙，曾请教傅举有先生：楚地有没有出过带漆皮的建筑构件？未得到明确答复。这个问题的解决看来只能有待考古发现了。

四 两种装饰做法

1.火珠柱

（另有专文探讨，见本集《火珠柱浅析》一文。这里只保留部分简述以及关于嵩岳寺塔建造年代和束莲柱缘起的相关探讨。今注。）

火珠柱是一种柱头采用火珠造型的柱式。

这种柱式从南北朝晚期开始出现，至初唐以后消失，流行时段前后不过百余年（约520—620年）。关注并分析它的造型变化特点，不仅有益于了解该时期建筑装饰的风格样式，抑或有助于对建筑物年代的探讨与判断。

现存火珠柱主要实例：

河南登封北魏嵩岳寺塔底层倚柱

甘肃天水麦积山石窟西魏第43窟窟檐檐柱

甘肃天水麦积山石窟北周第141窟、第27窟龛柱

甘肃天水麦积山石窟隋代第5窟龛柱

河北邯郸响堂山石窟东魏、北齐龛柱

巩县石窟唐龙朔年间（661—663年）小龛龛柱

值得注意的是，在云冈、龙门、巩县、敦煌、安西及河西各处的北朝窟室中，均未见火珠柱式；天龙山、安阳石窟中的北齐至隋代窟室，以及各地石窟隋代以后的窟室中，也都不见这种柱式。就是在麦积山石窟中，这种柱式也只见于西魏至隋代的窟室之中。

就已知实物推测，这种柱式应是流行于南北朝晚期至隋代（约520—620年）的一种柱式，有很强的时段性。

顶端饰有火珠垂莲的柱式与《弥勒下生经》中关于“明珠柱”的描述有关。据《佛说弥勒下生经》描述：

> 弥勒佛所在的翅头末大城中，……街巷道陌，广十二里，……巷陌处处，有明珠柱，皆高十里，其光照曜，昼夜无异，灯烛之明，不复为用。

《敦煌研究》2001年第1期上赵声良先生《成都南朝浮雕弥勒经变与法华经变考论》一文，考证石雕背面浮雕为依据罗什译本《弥勒经变》所作，并附有图片。其中立于佛帐及道路两侧的火珠垂莲柱，应是工匠按照弥勒经中关于“明珠柱”的描述所创作的柱式。

如果将各例柱式按地域和年代排列，可以大致看出以下一些流行与演变特点：

（1）早期造型相对简洁规整，后期造型趋于繁缛或简陋；

（2）早期珠体饱满、珠焰端正，后期珠体低平、珠焰飘曳或变形；

（3）东西魏时规格较高的处所出现复杂的组合式造型；

（4）东魏北齐各例在造型变化上似较西魏北周更为丰富。

（5）对照初唐壁画中的“花柱”，可看出这种柱式在流行过程中由简而繁、由壮硕而纤弱的变化趋势。

近年曾有学者对嵩岳寺塔的建造年代提出质疑，认为该塔非北魏末年所建，而是建于唐开元二十一年（733）。

依据前述火珠垂莲柱式的流行时段与演变特点，我想嵩岳寺塔的建造既不可能早至北魏太和年间，也不可能晚至东魏北齐，只能是在北魏晚期。这与该塔地宫出土北魏正光四年造像的现象相符，也证明建筑史界公认的北魏正光四年建塔的结论无误。其实不仅仅是火珠柱式，塔身底层的另外一些装饰样式如火焰门券、单层小塔等，也都带有明显的该时期装饰样式特征。

图28 敦煌莫高窟第427窟窟檐束莲柱（北宋）

至于嵩岳寺塔会不会是唐人仿建的，我认为不可能。历史上仿建古代建筑不可能像现在这样方便，一是没有照相术，二是没有测绘术，三是没有建筑史这个专业，没有专门做这方面研究的人。规划模式的因袭、建筑技术的传承、建筑风格的延续，往往以共时为前提。如北魏道武帝视察曹魏邺城之后经营平城、北魏孝文帝派蒋少游考察南朝建康之后规划洛阳。建筑的营造则依靠从战争俘虏和移民中获得技术熟练的工匠。如北魏早期的凉州移民，迁洛之后的青徐移民（与南朝接壤地区），等等，对北魏时期的城市与建筑都有很大的作用和影响。另外，外来艺人和工匠的作用在北魏时期也是很显著的，《洛阳伽蓝记》中所记乌苌国僧人在洛阳经营寺院便是一个例子。

火珠柱的样式在100年间就已经变化很大了，时隔200年，唐人还能照原样建造吗，要造，也只可能接近巩县石窟寺中所见的那种火珠柱样式。

与这个话题相关的还有一件事，就是敦煌北宋窟檐柱身彩绘纹饰的起源（图28）。有学者认为这种纹饰是从秦代的金釭演变而来的，我则认为那是自南北朝后期开始流行的束莲柱式。龙门古阳洞南壁上层北魏太和、景明年间（5世纪末6世纪初）比丘惠珍造像龛的龛柱上表现了一圈绑扎在柱身中部的莲瓣形金属饰片，可证这种做法在北魏中期已经出现（图29）。对照北朝晚期各地石窟中出现的垂莲、束莲柱形象，以及洛阳出土隋代陶屋上的束莲柱形象，明显可以看出其间的沿袭关系（图29）。在敦煌北宋444窟窟檐中，这种束莲纹样又见用于椽身装饰；在麦积山石窟西魏、北周窟室中，可以见到束莲纹用于帐饰的雕刻形象（图30）；另外，在北齐隋时期的灯幢、柱础、龛楣等石雕作品中，也可见束莲纹饰的广泛应用。

由此可知，束莲纹和火珠柱一样，都是北朝晚期（6世纪）以来建筑装饰做法中的流行元素，只不过比起火珠柱来，它的延续时间较为长久，直至12世纪的北宋，仍然在建筑彩绘中得以应用。

图29—1 龙门古阳洞惠珍造像龛局部（北魏）

图29—2 北响堂北洞束莲柱（东魏）

图29—3 南响堂1窟束莲柱（北齐）

图29—4 洛阳陶屋束莲柱（隋）

图29 北朝时期的束莲柱形象

敦煌莫高窟北宋窟檐柱身彩绘纹饰的起源，应是自南北朝后期开始流行的束莲柱式。龙门古阳洞南壁上层北魏太和、景明年间（5世纪末6世纪初）比丘惠珍造像龛的龛柱上表现了一圈绑扎在柱身中部的莲瓣形金属饰片，可证这种做法在北魏中期已经出现；对照北朝晚期各地石窟中出现的垂莲、束莲柱形象，以及洛阳出土隋代陶屋上的束莲柱形象，明显可以看出其间的沿袭关系。

图30−1 敦煌莫高窟第444窟窟檐束莲椽（北宋）

图30−2 天水麦积山北朝石窟壁画帐构中的束莲纹（西魏）

图30 束莲纹的其他应用方式

在敦煌北宋窟檐中，这种束莲纹又见用于椽身装饰；在麦积山石窟西魏、北周窟室中，则可以见到束莲纹用于帐饰的形象；在齐隋时期的灯幢、柱础、龛楣等石雕作品中，也可以见到束莲纹的广泛应用。

2.椽头盘子

（亦有专文探讨，为避免重复，下文略，另见本集《椽头盘子杂谈》一文。今注。）

据2005年9月19日讲稿修改，2010年9月改定

中国古代建筑的复原研究与设计 

中国古代建筑的复原研究与设计

（2006年8月北京大学考古文博院文物干部培训班专题讲座）

古代建筑的复原设计是通过研究探讨，对已经不存在的历史建筑现象作出推测，其中包括城市、建筑群和单体建筑物。研究与设计的内容可从建筑物的平面规模、整体外观、构架形式、细部做法直至装修装饰的样式与纹饰。

本文主要是结合自己的工作经历，谈谈中国古代建筑中单体建筑物（官式）复原研究与设计中的一些基本规则和方法。

一 关于复原研究与设计的几点看法

1.复原是个人对历史的理解与表达

复原是否可以实现历史建筑和历史环境的再现呢？我认为不可能，这只能是一种理想。因为今天能够掌握的历史信息极其有限，仅仅是片段甚至是零碎的。搞历史研究、搞文物保护的人，都应该有一种敬畏古人的心态。我们不能认为自己的研究成果、自己的看法就一定是准确的。我们的想法，不同观点的争论，在古人看来一定很可笑。

因此，复原成果体现的是个人对历史理解的程度（深度、广度），是个人所选择的表达方式。在同一项目（遗址）的复原中，出现不同方案是很正常的。

2.复原是一个不断面临选择的过程

不同的个人，出于对历史的不同理解，会有复原方案上的差异。而对同一个人来说，复原则是一个不断面临选择的过程。因为复原中特别是细部的复原中存在着多种可能性，在研究性的复原过程中固然可以作多种方案的比较，但是在实施性的复原设计中，就必须作出唯一的选择。有时很难作出判断，甚至事后仍然会有不同的想法。

3.复原的目的和意义在于学术研究和文化教育

复原既然不是再现历史，按照文物法，一般情况下又不允许在原址进行复原工程。那么复原研究的目的、意义何在呢？我认为主要在于两方面：

一在于学术研究。探讨历史上曾经存在过的建筑样式、建筑形制、建筑做法，对于历史研究领域的深入、拓展和交流具有重要意义；

另一在于文化教育。在博物馆、遗址公园或其他适当的场合，通过实物形象（如模型）或图像、影像进行古代城市与建筑历史的宣传展示，向公众提供一种直观感受古代社会环境与建筑文化的机会，建立起现代与古代、今人与祖先之间在精神、文化、审美等各个方面的联系，以促进全社会整体人文素质的提升。

二 复原研究与设计的几种情况

就成果而言，两种：复原研究与复原工程。只要具备一定的资料基础，就可以进行复原研究，但能够在研究基础上再获得复原工程的机会是不多的。

就程度（深度）而言，是从平面——构架——外观——细部逐步深入的，能够做到哪个程度，取决于复原对象的规模以及复原依据（资料是否充足）的情况。所以，一般城市建筑群的复原，往往止于平面，或者外观；建筑物单体的复原，则可做到外观与构架这一步；细部的复原有更多更广的资料需求，最不容易做好，但如果是复原工程，那就必须做，对不对、好不好都另说了。

如果工程项目出于不同的功能与结构要求，只做建筑物的外观复原，对构架和细部没有严格要求，则另当别论。

就基础（依据）而言，大致有构架、遗址、文献三种。

1. 构架基础上的复原

通常存在于单体建筑物复原的情况中。建筑物原构基本还在，但是经过多次重修或扩建，外观有较大改动。比如福州华林寺大殿。五代的构架包在明清的副阶之中。后来做了复原，迁建。那是上个世纪80年代的事情，如果按现在的政策，复原恐怕只能止于研究阶段，不会再进行复原工程，更不可能迁建了。

2. 遗址基础上的复原

这种情况在复原研究中最多。见于建筑群，也见于单体建筑物。往往是建筑物室内地面以上部分不存，仅存建筑基址，主要依据考古发掘资料进行复原。如唐长安的城门、大明宫建筑群等。

不同的遗址之间，由于遗址保存情况不同，信息量的差别往往很大，给复原研究带来不同的问题和难度。

同一遗址中，不同时期的考古发掘之间也会有一些相互矛盾的地方。比如唐长安大明宫遗址中的含元殿和丹凤门两处，现在考古界都做了进一步的工作，有了新的发现和说法，在建筑史界也相应引起了一些不同的看法。

3. 文献基础上的复原

这种情况是指不仅构架不存，连遗址也无法发掘，主要凭文献记载进行复原研究。如傅熹年先生进行的元大都大内宫殿的复原方案研究与设计。元大都宫殿毁于明永乐间营建北京之役，遗址被压在故宫和景山之下，无法进行考古发掘。所幸元大都宫殿的概貌在元代《南村辍耕录》等史籍中有颇为详细的记载，为复原研究与设计提供了重要的原始资料。

三 复原的几个要点

1.选择尺度

选择合乎建筑物时代及自身特点的尺度进行设计。

由于历代营造尺与官颁尺度之间的关系不是很清楚，因此复原研究与设计中，尺度的确定往往比较困难，有时也不得不主观一下。只有唐尺的0.294厘米，考古界通用，我们也用，除了唐尺之外，通常情况下是参考官尺长度同时结合遗址实际情况确定设计所用尺长。

比如做北魏洛阳永宁寺塔复原，对复原中所用尺度是这样考虑的：

已知北魏尺度有前、中、后三种，分别为27.88厘米、27.97厘米和29.59厘米，用以折算塔基面方38.2米，为13.7丈、13.66丈和12.91丈，其中用前尺折算的结果与《水经注》所记“方一十四丈”相对接近，但与建塔年代不符，推测建塔时也不应采用这样的零数。因此，考虑从塔基实测尺寸中去寻找当时可能使用的营造尺度。通过分析，发现以0.2727米/魏尺折算塔基、塔身开间、出土构件等实测尺寸，所得数据大多较为完整，且与文献记载相符，于是复原设计中便采用了这个尺长。

在分析五台山南禅寺大殿比例尺度关系的时候，也发现在用27.5厘米/尺加以换算时，所得数据中的整数最多，而以常用的29.4厘米/唐尺换算，就不行（见下表）。

	实测数据	推测尺换算	唐尺换算
明间间广	499	18尺（495）	17尺（499.8）
其余间广	330(柱头)	12尺（330）□	11.2尺（329.3）
椽长	247.5	9尺（2475）□	8.4尺（247）
平柱高	384	14尺（385）	13尺（382.2）
铺作高	162	6尺（165）	5.5尺（161.7）
举高	220.5	8尺（220）	7.5尺（220.5）□
材高	24.75	0.9尺（24.75）□	0.84尺（24.69）
材宽	16.5	0.6尺（16.5）□	0.56尺（16.46）
栔高	11	0.4尺（11）□	0.4尺（11.76）
台明高	110	4尺（110）□	3.8尺（111.7）
条砖尺寸	33×16.5×5.5	1.2×0.6×0.2尺□	1.1×0.55×0.2尺
		（33×16.5×5.5）	（32.3×16.2×5.88）

带□者表示与实测数据完全相符。

2. 把握特征

主要指时代和地域两方面的特征。

时代特征是不同于其前后时代、同时又是处在其合理发展阶段的特征。特别需要注意的是建筑物复原中不应该出现较晚时期才可能出现的做法。

所谓发展阶段，是指营造技术而言。通过对中国古代建筑史研究的累积，今天我们已经可以大致了解古代建筑（主要指木构建筑）在营造技术方面的进程。其中比较主要的一点就是土木混合结构向完整木构架的逐步过渡，这个过程大致在南北朝后期才最终完成，之后便进入构架本身的发展演变阶段，从隋唐到宋元明清，比较明显的特征表现在梁额与斗栱的做法、比例、数量和形式上。随着这两个阶段的递进，建筑物在外观、构架和细部做法上都出现许多变化。

关于各个发展阶段的具体内容限于篇幅，不能细谈，只能举例简单说明。

构架一例（可参看《斗栱 铺作 铺作层》一文）：

汉代建筑所处的发展阶段中，由于木构技术尚不发达，转角往往用双柱，斗栱往往用插栱，不可能有南北朝后期才逐渐出现的铺作层。而且汉代建筑中的柱、栌斗、横栱、阑额的组合相对固定，这一点直到隋唐以后才发生变化。洛阳出土的陶屋中虽然已经出现铺作层的形象，但仍未摆脱这种组合的痕迹；麦积山第5窟已经出现了阑额位置下降、位于柱头之间的形象，其年代公认为隋，因此，洛阳陶屋中所反映的年代特征相对更早些。另外，对照日本法隆寺藏玉虫厨子和韩国出土的百济铜塔，推测洛阳陶屋的年代有可能早到南北朝后期。

细部一例（可参看《中国古代建筑装饰杂谈》一文）：

木构架各个部分如铺作中斗、昂（嘴），栱身、柱身、梁栿的卷杀曲线，门窗，砖瓦、脊饰等的形式，不同历史时期都有各自的特点。

其中砖瓦等陶质构件的复原可以依据遗址出土物的样式定制，但是其他许多细部的复原就要靠比对参考资料或参照建筑史研究成果。比如门上用的铺首，唐以前的造型基本上是鼻中穿环的形式，大约自初唐前后就开始转换为口中衔环了。

地域性特征主要是指因自然地理环境、社会习俗、建筑材料等产生的差别。不过这还要依据复原对象的建造背景和建筑规制来掌握。要搞清楚是官方背景还是民间背景，用的是本地工匠还是外来工匠，等等。特别是对历史大背景的把握、对地域文化特点成因的了解很重要。

历史上政权交替中产生的种种文化现象、交流、融合等，都会对某些地区的建筑文化产生影响。比如会导致有些细部样式沿用的时间比较长。如皿斗，本来是魏晋南北朝建筑的构件特征，但在福建等地一直沿用到南宋以后（可参看《福州华林寺大殿复原》一文）；还有栱身卷杀中的内䪜，也是这样，北齐石窟、唐代建筑、北宋建筑中都有。也就是说，有时沿用早期做法，保留早期时代特征也成为古代建筑的地域性特征之一。

顺便谈一下风格的体现，这个东西说起来比较虚，但其实就是时代与地域特征的综合体现，包括建筑物的做法、样式、色彩等。当然在复原中所体现的必然是一种个人的感悟和趣味，你所表达的必然是你所理解和体会到的东西。

当然有些研究成果还没有那么普及，因此社会上出现的许多现象比如汉代建筑的复原往往与我们的想法不符，这是历史研究与社会实践脱节的问题，是我们的工作做得不够。

3. 确定规制

主要是指通过建筑基址所提供的信息，确定建筑群和建筑物的等级、性质，并进一步选定与之相对应、匹配的构架形式、构件及装修装饰做法。

比如说，建筑群的等级是宫殿、邸宅还是民居，建筑物在群体中的位置，是主体建筑，还是次要建筑、附属建筑，相应地都会有样式、做法、用材、色彩上的等级差别。包括平面形式（营造法式中关于殿堂厅堂平面的区别）、立面轮廓（有没有副阶，单檐还是重檐）、屋顶形式（庑殿、歇山还是悬山等）、柱梁、斗栱用材大小与出跳多寡、门窗、瓦件、脊饰的形式等，都有各个时期的规制。

4. 权衡比例

包括建筑物总体比例的确定和构件材分的计算。

对中国古代建筑设计方法及其中规律性因素的总结、归纳和研究，特别要提到的一本书是傅熹年先生的《中国古代城市规划建筑群布局及建筑设计方法研究》，中国建筑工业出版社出版。这本书对古代城市、大建筑群和单体建筑实例进行了比较分析，综合归纳，从中发现和总结出大量具有共性的现象，并进一步把其中蕴涵的设计原则、方法、规律反推出来。

四 复原的几个定式

下面简单介绍一下我们进行唐宋建筑复原设计时使用的一些常用规则与方法。

1. 柱高不越间广

这是根据唐宋实例如佛光寺大殿等的实测数据总结出来的，另外《营造法式》中也有规定：“若副阶廊舍，下檐柱虽长，不越间之广。”反过来说，假如我们看到一处建筑遗址，那么，按照“柱高不越间广”的规律，根据它的平面间广尺寸，就可以推算出檐柱的高度；如果是副阶周匝的殿堂建筑，根据副阶柱高就可以推算出殿身檐柱的高度以及中平抟距地的高度，整个建筑物的体量就基本上可以确定了。如果没有副阶，一般说来，建筑物的高度不会超过柱高的三倍，也就是三个开间（若开间在五间以上，可取次间间广尺寸）的长度。

2. 以檐柱（副阶柱）高为设计模数

这是建筑史学界前辈在对唐宋实例的实测数据进行仔细分析之后得出的共同看法。

陈明达先生的应县木塔研究和傅熹年先生对大量中日古代建筑实例数据和图形的分析研究中，都发现木构架建筑的高度与柱高之间存在整数比例关系。如木构殿堂的高度依进深不同或为檐柱（副阶柱）高的3～5倍，佛塔塔身的高度则依层数不同或为底层柱高的5～9倍，等等。实际上，这一规律的发现与应用在古代文献中已有痕迹[1]，只是在官颁的法式则例以及民间流传的工匠手册中没有写明而已。

3. 丈尺及材分共用

材分的概念是北宋《营造法式》带给我们的。但是经过分析，可以知道《法式》中提到的“材”，有具象与抽象两种含义。

具象的“材”是指一种矩形断面的构材（按《法式》规定，其断面高宽比为1:1.5）。在木构建筑施工中，往往按照木料的实际长度先加工成统一断面的长材，作为进一步加工成栱、昂及各种枋子的备料。今天称之为“标准构材”。

抽象的“材”主要指这种标准构材的截面高度。它的1/15称为“分”，与“材”共同作为大木作设计的基本度量单位。

由此可知，“材”这种概念的出现是与标准构材的大量运用相关的，据此又可以推测，材分在古代建筑设计中的运用，应该与大量使用枋材的铺作层的出现相伴随，所以很可能出现在南北朝后期。

《营造法式》中说“凡构屋之制，皆以材为祖”，又说“凡屋宇之高深，名物之短长，曲直举折之势，规矩绳墨之宜，皆以所用材之分以为制度”，特别强调材分的作用。但仔细参看法式的条文，发现并不是这样，而是分别不同情况使用不同的尺度：

构架尺寸，像间广、椽长、出檐等，用丈尺。间广一丈八尺五、椽长六尺、出檐四尺五等，甚至柱子的生起也是用丈尺不用材分；

比较粗大的构件截面尺寸，用材栔。“×材（×栔）”，用于草架梁栿、阑额、檐额、柱、榑等构件；只有“一材一栔（21分）”、“一材两栔（27分）”、“两材一栔（36分）”、“两材两栔（42分）”等有限的几种尺寸，不作过细的区分，使用起来相对比较宽泛；

比较精致的构件截面尺寸才用到分。像斗、栱、月梁、角梁、替木等，这些构件在构造组合和工艺制作方面的要求比较高，多数为变截面或形式相对复杂。出现4分、6分、8分、10分、12分、14分、16分、18分、20分、23分、28分、38分、55分等大量与材栔倍数不相合的尺寸。即使遇到21分、60分等与材栔倍数相合的尺寸，也用分数而不用材栔数来表示，实际操作中相对要求严谨。

所以，复原设计中也应当根据不同的部位，应用不同的尺度或设计模数。

4. 以间广定材分

唐宋建筑复原中往往首先遇到如何确定建筑物材分的问题。

如果遗址中有栱枋一类的木构件出土，当然就直接按截面高度的1/15定分值。如果没有，那除了按建筑等级规制、并参照营造法式的有关规定之外，我们通常会以建筑物的间广来推算材分，以取得设计中所用的基本尺寸。

已知唐代建筑遗址中，当中各间的间广通常是相等的，像唐长安大明宫含元殿、麟德殿等，实例中的五台山佛光寺大殿，当心五间的间广也是相等的。佛光寺大殿间广5米，栱高30厘米，折合分值为2厘米，正是间广的1/250，很标准。

另外一方面，间广的分值和补间铺作的数量有比较直接的关系，也就是与补间铺作的宽度有关，一般补间铺作的宽度是100分，加上当中的空档，铺作的中距在125分左右。据现存实例和形象资料分析，唐代建筑中补间铺作的数量只有一朵，五代以后才增加到两朵以上，所以在唐代建筑复原中，我们一般会将间广的1/250定为这座建筑物所使用的分值；宋辽金建筑考虑到材分的缩小或补间铺作的增加，通常以间广的1/300～375来确定分值。

分值确定之后，再以15分为材高，6～8分为栔高，21～23分为足材高。在这几个基本尺寸的基础上，再进一步推算出各个构件的截面尺寸。

五 复原设计举例

1.唐长安大明宫含元殿复原设计

这是遗址复原的一个例子。

含元殿是唐长安大明宫中的主要建筑物之一，始建于唐高宗龙朔三年（663），是一组建造在高大墩台之上的建筑群，包括正中的大殿，前方两侧的翔鸾阁与栖凤阁，以及殿阁之间的曲尺形廊道、角楼、过门等单体建筑。现仅存遗址，1961年公布为第一批全国重点文物保护单位。中国社会科学院考古研究所在1959年和1995年两次对含元殿遗址进行过发掘，遗址现已实施保护工程（图1）。

傅熹年先生做过两次复原设计：一次是在1972年做了复原研究（可参见《傅熹年建筑史论文集》）；另一次是1989—1991年在复原研究基础上主持了日本奈良中国文化村含元殿工程设计。这是由日本投资兴建的一组具有中国古代特色的建筑群，以含元殿作为组群中的主体建筑。我们作为合作设计方承担了含元殿的仿建工程设计（图2）。

这次设计是以社科院考古所1959年的考古发掘资料为主要依据，并以1972年完成的含元殿复原研究为主要参照。在确定了含元殿总体布局、外观体量、间架比例的基础上，进一步结合历史文献记载和大量参考资料，包括唐代建筑实例以及唐代石窟、墓室壁画中的建筑形象等，对建筑物的细部处理、材料做法等进行了细致的研究探讨。该项目共绘制施工图100余张，其中包括大墩台及其上各组建筑物的平立剖面、外墙大样，斗栱、梁栿、檐椽等木构做法的详图，以及鸱尾、脊头瓦、瓦当等陶构件和栏板、望柱、螭首、台帮石等石雕构件的详图等。

图1 西安唐大明宫含元殿遗址

图2 日本奈良中国文化村含元殿模型（现藏中国建筑中心）

图3 含元殿保护工程宣传册中的复原图

1995年第二次考古发掘之后，做了遗址保护工程，在保护工程的宣传册里有一幅复原图。除了龙尾道的位置改变之外，和傅先生复原方案突出不同的一点，是大殿变成了单檐（图3）。唐人李华《含元殿赋》中明确说到“飞重檐以切霞”，《旧唐书》也记载明确记载含元殿有副阶，都证明含元殿是一座殿身四周环绕副阶的重檐建筑，不知道这位作者的依据是什么。

2.元大都大内宫殿复原设计

这是文献复原的一个例子。是傅熹年先生受日本NHK电视台委托、为制作相关电视节目而进行的元大都大内宫殿的复原方案设计。

元大都宫殿毁于明永乐间营建北京之役，遗址压在故宫和景山之下，无法进行考古发掘。所幸元大都宫殿的概貌在元代《南村辍耕录》等史籍中有颇为详细的记载，如大内、兴圣宫、隆福宫和御苑等处的建筑布局、相互关系以及各重要建筑物的面阔、进深、高度尺寸、间数、层数等，为复原研究与设计提供了重要的原始资料。

复原设计首先根据文献记载，并参照永乐宫三清殿、纯阳殿、无极门、重阳殿、北岳庙德宁殿这五座元代建筑的尺寸，对元大都大内门殿的尺寸做了极细致的推算。然后在此基础上作出复原图（参见《傅熹年建筑史论文集》）。

3.福州华林寺大殿复原研究（可参见《福州华林寺大殿复原》一文）

这是构架复原的一个例子，是我1980年在清华建筑系读研时的毕业论文题目。

1979年，由导师莫宗江先生带领师兄王贵祥和我赴闽，先是完成大殿原构部分的测绘工作，然后从福州到厦门，一路考察沿途的宋代建筑实例。

大殿原构年代为北宋乾德二年（964），当时福州已是吴越属地，但吴越尚未向北宋纳土，所以仍可称为五代建筑。这座建筑是吴越派驻闽地的最高长官鲍修让所建，因此位置很显要，就在福州北面正中的越王山脚下。建筑规格很高，斗栱高达34厘米，比佛光寺大殿还高。

值得特别提到的一点是：此类构架复原中，必须认真仔细地审视原构构件中留下的各种痕迹，如榫卯、槽口等。

4.甘肃武威白塔复原设计

这是外观复原的一个例子。据遗址可知原构为实心土坯砌筑，没有内部构架，故重点是解决外观造型、比例等问题。

甘肃武威白塔寺遗址是藏传佛教的重要寺院，也是元代祖国统一的历史见证。现为全国重点文物保护单位。白塔是藏传佛教萨迦派第四世祖师萨迦•班智达圆寂后，第五世祖师八思巴于1251年为其修建的灵骨塔。该塔曾毁于元末，明清两次重修，1927年武威大地震和1966年后又遭到破坏，仅塔身基座部分残存（图4）。2001年，由于该塔在宗教社会和民族融合方面的重要地位与意义，政府决定在白塔遗址西南侧220米处予以异地重建，委托我所进行复原设计。

图4 甘肃武威白塔遗址

武威白塔建于13世纪中叶，正是噶当觉顿式塔盛行时期[2]。《安多政教史》中也记载武威白塔的建造是“仿迦当佛塔形式”。因此，用以作为白塔复原参照的，是包含与武威白塔类型相同、年代相近、地域相近、派系相同或规模相近等相关因素的噶当觉顿式塔实例及图像资料。其中西藏萨迦寺院中的早期实例与武威白塔寺有密切的派系源流关系；汉地诸塔均有确切的元代纪年，其中北京妙应寺白塔的年代与武威白塔最为相近；武威、张掖、敦煌三地的藏传佛教传播与发展，皆与青藏地区有所关联，故三地藏传佛教建筑在形式演变上会受到相应影响，具有相同的特点。

白塔复原设计首先采用对现有噶当觉顿式塔的实例与形象资料进行塔式主要特点与塔身比例关系分析的方法，在此基础上确定武威白塔的塔身体量及外观形式。在方案阶段，根据元代不同地区噶当觉顿式塔在塔身造型上的不同特点（甘肃张掖马蹄寺摩崖龛塔为覆钟式塔身，其他诸例多为覆钵式），分别作了覆钟与覆钵两种复原方案，最后考虑到班智达与八思巴之间的师徒关系以及八思巴的国师地位，反映出武威白塔与中央政权之间的联系，故实施的还是与北京妙应寺白塔相近的覆钵式方案（图5）。

5.北魏洛阳永宁寺塔复原研究（可参见《北魏洛阳永宁寺塔复原探讨》及《北朝后期建筑风格演变特点初探》二文）

此例意在说明遗址复原时如何选择设计参照物（参考资料）的问题。

该塔神龟二年（519）建成，永熙三年（534年，北魏亡覆）二月遭雷击后起火尽焚，仅存在了18年。

1979年，中国社会科学院考古研究所洛阳工作队对永宁寺塔基进行了发掘，对于佛塔的平面形式及结构做法，有了实际的认识。之后考古所的杨鸿勋先生曾做过复原研

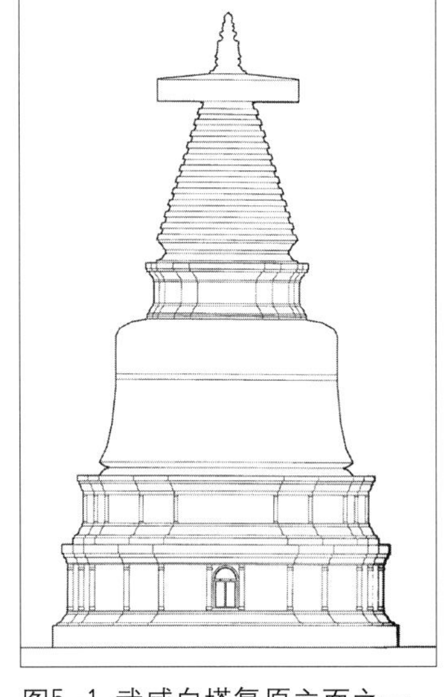

图5-1 武威白塔复原立面之一（覆钟式塔身）

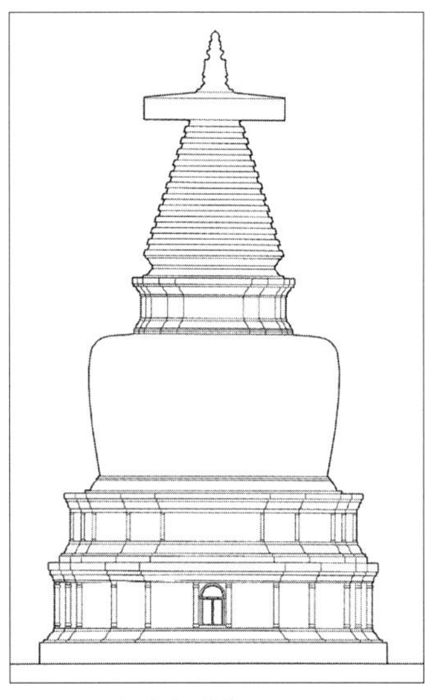

图5-2 武威白塔复原立面之二（覆钵式塔身）

图5-3 复建后的武威白塔

究，发表了《关于北魏洛阳永宁寺塔复原草图的说明》一文（刊于《文物》1992年第9期），以北魏天安二年（466）的曹天度造像塔及其他北魏平城期的建筑形象资料为主要参照。

北魏都平城的后期，已开始提倡汉化，迁都洛阳之后，更多地接受南朝文化，建筑风格也必然有所改变。从粗阔、简洁趋于纤细、繁缛。因此，这时建造的永宁寺塔，在外观形式及细部做法上会与平城时期的佛塔、造像塔和云冈石窟中的浮雕佛塔形象有较大差别。

相对来说，东魏北齐则在各方面与北魏后期保持了延续性的关系。北魏后期社会政治变故不断，国力民心交瘁，建筑技术与艺术风格没有条件出现大的发展。东魏政权建立之初，自洛阳迁都邺城，是将洛阳宫殿整体拆卸，建筑构件水运至邺城重新装配。

安阳修定寺塔塔基下出土北齐模砖以及南响堂北齐石窟窟檐中，都出现了双抄华栱的形象，以其构造复杂与形式成熟的程度看，应出现在洛阳宫殿与佛寺建设的高峰期，即北魏建筑技术和艺术大发展的时期，而不会是北魏后期政局动乱以至迁都邺城之后。

因此个人认为，洛阳永宁寺塔的复原，应当更多地以北魏洛阳时期的建筑形象资料（如龙门石窟中的屋形龛等）以及其后50年北齐时期的建筑形象与装饰风格作为参照。

6. 陕西西安唐长安延平门复原设计

此例意在说明遗址复原设计中如何应对信息匮乏、解决细部做法的问题。

延平门是唐长安外郭城门之一，是西面三门中的南门，始建于唐高宗永徽五年（654），现仅存遗址。为配合西安高新技术产业开发区建设，2005年3月，中国社会科学院考古研究所陕西第一工作队对延平门遗址进行了考古发掘；同年5月，西安高新区规划局决定在遗址南侧200余米处进行延平门复建工程，并委托我所进行方案与扩大初步设计。

设计内容包括城台、城楼以及南北两侧各一段城墙。复原设计按照初唐时期都城城门的规制和样式特点加以考虑，以历史文献记载和考古发掘资料为主要依据。但由于遗址破坏过甚，资料极少，故还须参照其他唐代城门遗址如长安外郭南面正门明德门、大明宫玄武门、重玄门的考古发掘资料，以及傅熹年先生根据考古、文献资料，经过大量研究考证所获得的明德门、玄武门、重玄门的复原设计成果等。而细部构造和材料做法问题，如城门、门道、城楼铺作、梁架以及各种木构件、陶构件、金属构件的形式与做法，则需通过对隋唐时期出土文物、文献记载、墓室壁画等形象资料的考察、选择，并结合历代建筑实例的分析考证加以解决。

关于延平门复原设计的详细情况，当另文撰述，这里仅提供少量成果图供参考（图6）。

图6-1 西安唐长安延平门遗址鸟瞰

图6-2 唐长安延平门复原效果图之一

图6–3 唐长安延平门复原效果图之二

图6–4 唐长安延平门复原效果图之三

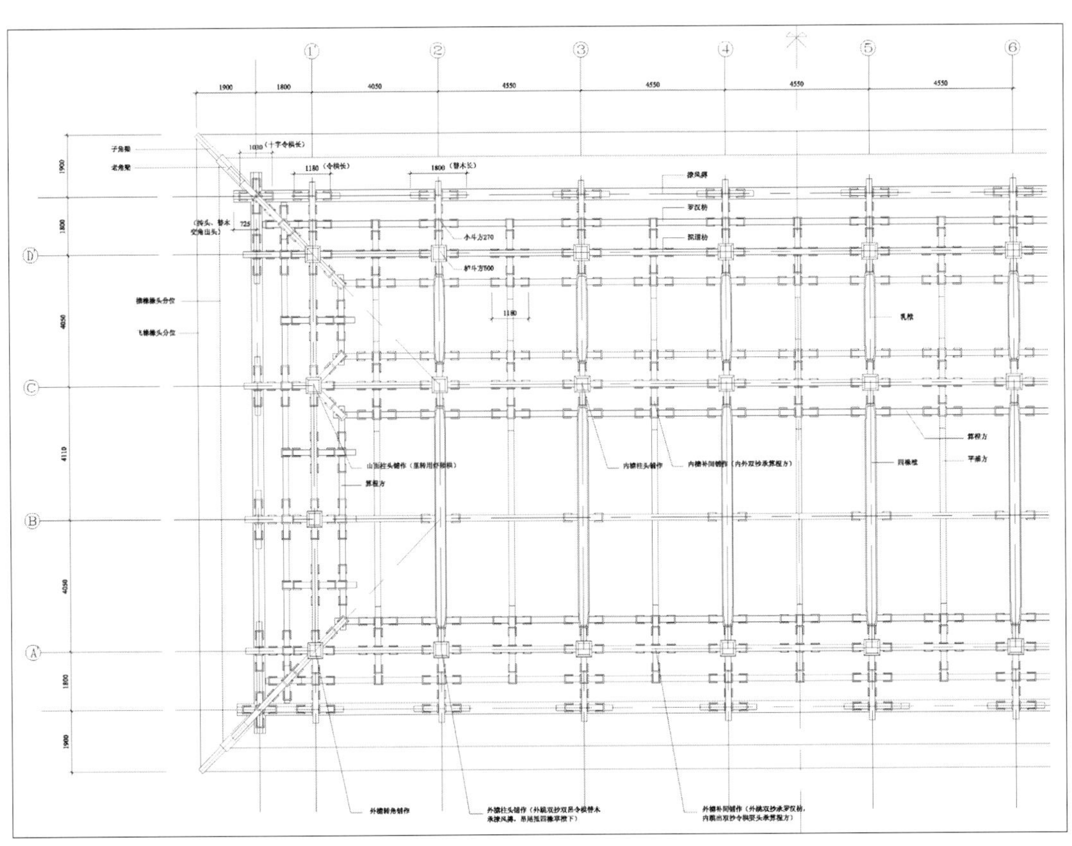

图6–5 唐长安延平门复原城楼铺作平面

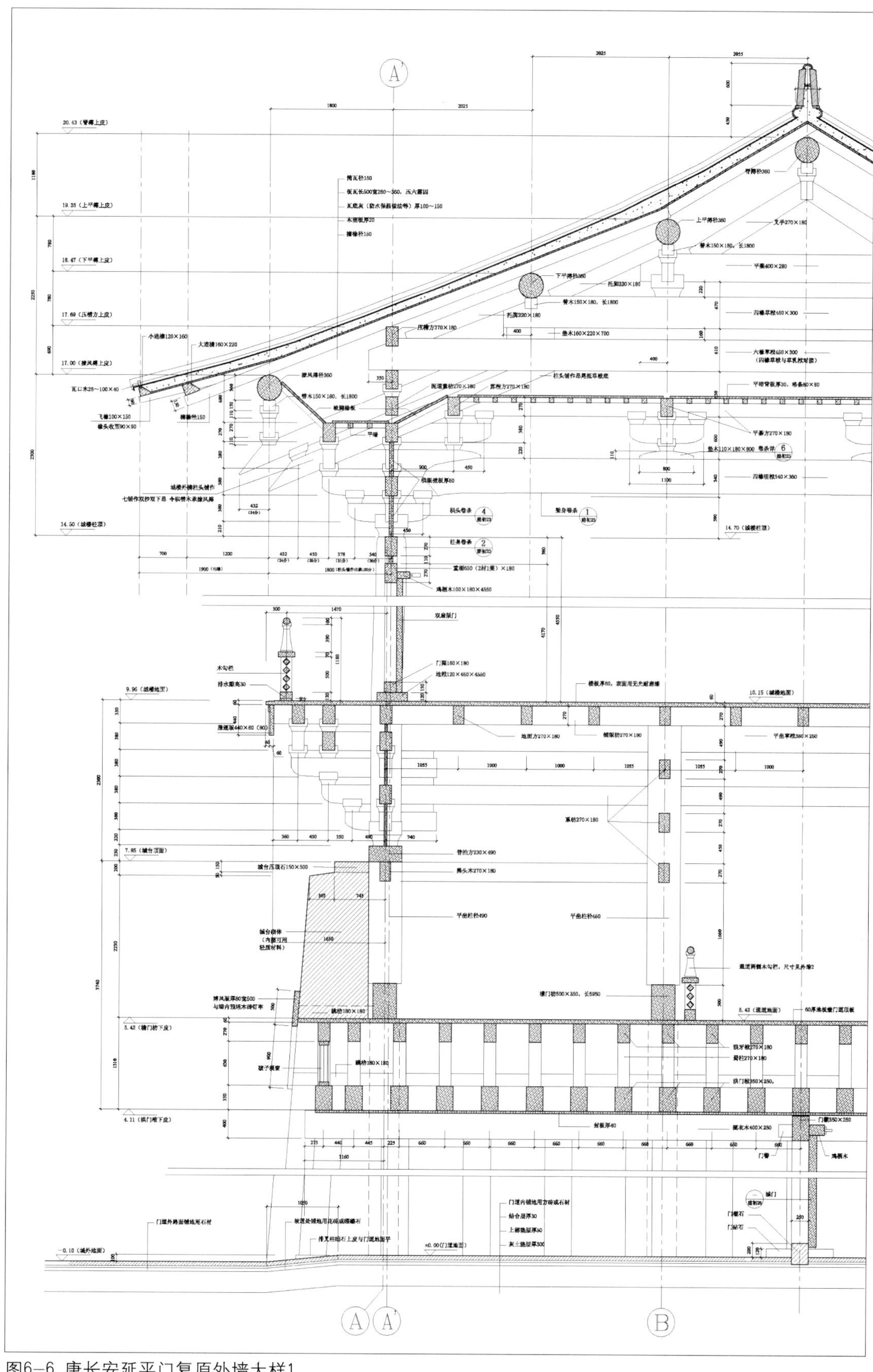

图6-6 唐长安延平门复原外墙大样1

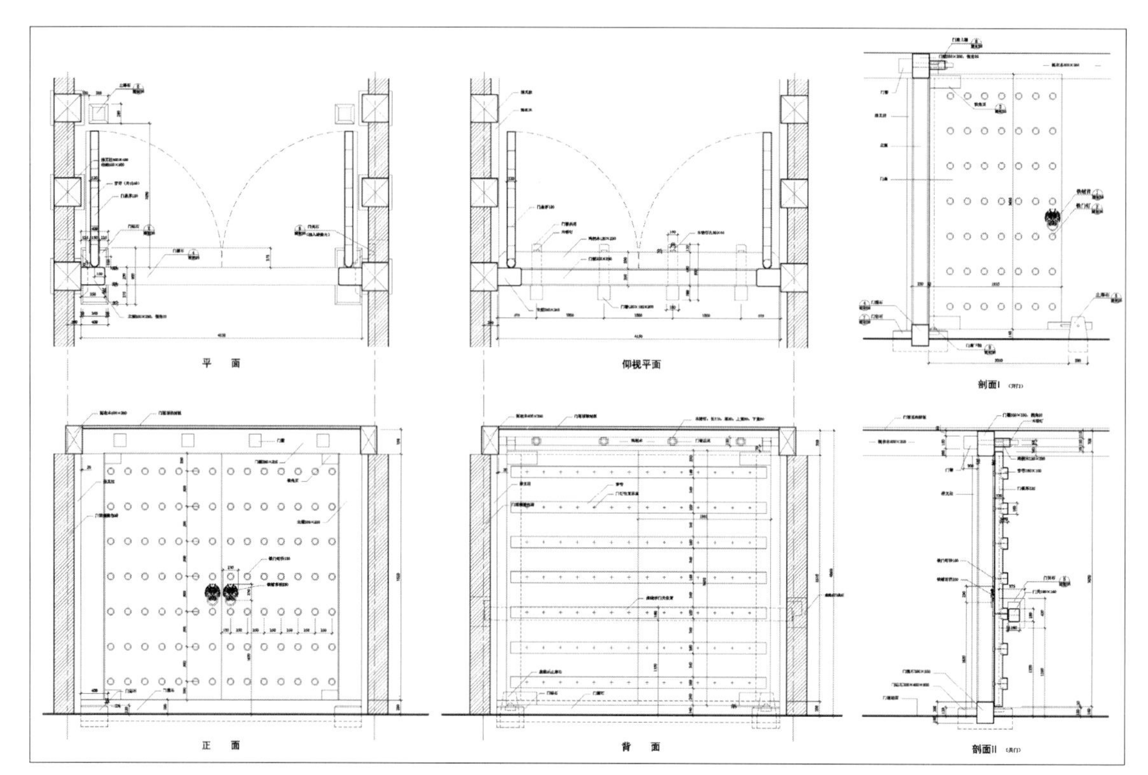

图6-7 唐长安延平门复原城门大样

正如前面说到的，在项目完成之后对自己的复原研究仍然会有不同看法。延平门复原设计中城楼的铺作形式是七铺作双抄，过后觉得规格似乎偏高了一些，可以考虑再减一档。

复原研究可以继续，可以“知今是而昨非”，不断地更改完善，为后人提供经验教训，但复原工程一旦实施便难以改动。而更重要的是，复原工程面对的是整个社会，其中如果出现不恰当的样式和做法，会对缺乏建筑历史知识因而对这方面的错误或偏差信息没有识别、抵抗能力的广大公众产生误导。因此，从事复原研究与设计工作的人必须坚守科学求真的学术风范，牢记自己的社会责任，小心谨慎，不可妄为。

据2006年8月北京大学考古文博院专题讲座稿改写，2010年11月完稿

注释

[1][北宋]文莹：《玉壶清话》卷二，记：“郭忠恕画殿阁重复之状，梓人较之，毫厘无差。太宗闻其名，诏授监丞。将建开宝寺塔，浙匠喻皓料一十三层，郭以所造小样末底一级折而计之，至上层余一尺五寸，杀收不得，谓皓曰：宜审之。皓因数夕不寐，以尺较之，果如其言。黎明，叩其门，长跪以谢。”

[2]噶当觉顿式塔的整体造型、塔身比例与后期觉顿式塔皆有较大的差别，其间最显著的不同之处，在于相轮（俗称塔脖子）部分。前者粗壮且上下收分明显；后者纤细，相应收分较少。后者实例中最广为人知者当属北京北海白塔。

#「后记」

虽然本集中的大部分论文是工作之余、兴之所至而得，但这兴致的由来，实与个人的学习工作经历以及前辈师长的引领帮助密不可分。

1978年以同等学力考取清华大学建筑系研究生班，研究方向是中国古代建筑史，师从莫宗江先生。毕业论文的题目由先生选定——福州华林寺大殿（964）的复原研究。由于大殿原构部分保存基本完好，故研究重点在于构架缺失细部以及装修装饰方面。现在看来，这个选题似乎正为个人此后的探索研究定下了基调。

1981年毕业分配到中国建筑设计研究院建筑历史所（原名中国建筑科学研究院情报所历史室）工作至2006年退休，二十五年当中，单纯从事建筑史研究的时间不过五分之一。其中最主要的是在傅熹年先生主编的《中国古代建筑史》第二卷（三国至五代）中承担了佛教建筑与建筑装饰部分的撰写（1994—1996），就此引发了对佛寺布局、石窟建筑以及历代建筑装饰做法、风格等方面的兴趣。除外的大部分时间则主要从事与中国古代建筑样式相关的各种工程设计，包括古代建筑遗址的复原设计工作，样式年代自秦汉历唐宋而至明清，建筑类型有宫殿、城池、村落、宅院、园林、佛塔种种，设计深度往往达到施工图阶段，故建筑及装饰样式的研究考证工作必不可少且引人入胜。又曾经承担所里安排的宋《营造法式》和清《营造则例》研究生课程讲授，以及宋《营造法式》电子版的整校工作，从而引起与《营造法式》相关的思考。顾往可知，个人对建筑史研究的兴趣完全是随着工作的投入而逐渐生发出来的。随着资料与思考的积累，关注与研究的范围也相对固定下来，主要集中在南北朝至唐宋时期的建筑、石窟、建筑装饰以及建筑复原等方面。唯一与工作没有直接关联的，是自1984年订阅《考古》杂志之后产生了对新石器时期建筑遗址的兴趣。

能够从事乐之不疲的专业工作，实乃人生莫大的幸运！自1978年入学，至今已逾30年，之前不知有建筑史研究一行，之后则不曾想过要改行。这个板凳在他人看来或许有些冷，但自己感觉很舒服，很享受。为此，深深感激引领我走入此门的徐伯安先生、言传身教的授业恩师莫宗江先生、鞭策鼓励令我感铭终生的贺业钜先生，以及在工作中不断给予我机会和指教的傅熹年先生。

愿以此集告慰恩师，并敬奉给所有支持、帮助我的前辈、师长、同学与朋友们。

同时衷心感谢辽宁美术出版社对本集出版给予的鼎力相助和付出的心血辛劳！

2011年3月记